# 复杂数据统计推断理论、方法及应用

田茂再　著

科学出版社

北京

## 内 容 简 介

随着现代科学技术的飞速发展，许多科学研究领域产生了多种复杂数据，复杂数据的统计建模涵盖了许多当代统计分支，推动了当代统计学理论方法的进步与发展，并且其应用层面几乎涉及各领域. 具有复杂分层结构的数据在现实生活中很普遍. 能完全剖析这类数据，发掘该类数据表象下的潜在规律性对于统计学等科研领域很有意义. 本书致力于介绍复杂分层数据分析前沿知识，侧重于系统的理论与算法介绍. 内容主要涉及线性分位回归、非参数分位回归、适应性分位回归、可加性分位回归、变系数分位回归、单指数分位回归、分位自回归、复合分位回归、高维分位回归以及贝叶斯分位回归、分层样条分位回归、分层线性分位回归、分层半参数分位回归、复合分层线性分位回归以及复合分层半参数分位回归，等等.

本书可作为统计学及其相关领域的本科生、研究生的教学参考书，也可供教师和科技人员参考.

图书在版编目(CIP)数据

复杂数据统计推断理论、方法及应用/田茂再著. —北京：科学出版社，2014

ISBN 978-7-03-040499-2

Ⅰ. ①复… Ⅱ. ①田… Ⅲ. ①统计学 Ⅳ. ①C8

中国版本图书馆 CIP 数据核字(2014) 第 082163 号

责任编辑：刘凤娟／责任校对：彭 涛

责任印制：肖 兴／封面设计：王 浩

科 学 出 版 社 出版

北京东黄城根北街 16 号

邮政编码：100717

http://www.sciencep.com

北京凌奇印刷有限责任公司 印刷

科学出版社发行 各地新华书店经销

*

2014 年 5 月第 一 版 开本：720 × 1000 1/16

2014 年 5 月第一次印刷 印张：21 1/2

字数：410 000

POD定价： 118.00元

（如有印装质量问题，我社负责调换）

# 前　言

随着科学技术的飞速发展, 许多科学研究领域产生了多种多样的海量超高维复杂数据. 这些领域包括基因学、天文学、宇宙学、流行病学、经济学、金融学、功能性磁共振成像以及图像处理等. 面对这些高速增长的复杂超高维海量数据的挑战, 要求各个领域的科学家具有快速提取所需信息的能力. 因此, 就统计学自身而言, 通过对这些复杂数据的统计推断, 研发出强有力的统计科研工具, 显然会给统计界带来切实的利益; 将有利于统计学科理论和方法在更广阔的天地中长足发展, 有利于促进对自然和科学的深度理解. 因此, 我们不难发现眼下学术造诣深厚的国际统计学大家已经将他们的研究兴趣转移到了复杂数据工程上来. 对复杂数据开展深入系统的创新性研究, 引进新思想, 研发新工具, 形成新理论, 从而推动其他重要领域和科学前沿取得突破. 其实, 随着大量产生于当今科学的复杂数据不停地快速增长, 从基因组到自然科学领域, 统计学家一直在积极参与跨学科领域的科学研究. 从统计学的发展史可以看出, 各门具体科学领域产生的复杂数据挑战越多, 统计学家面临的机遇也就越多, 相关的统计学理论和方法也得到了空前的发展. 反过来, 这些理论和方法也推动着许多重要领域或科学前沿取得突破. 本书致力于介绍复杂数据分析前沿的统计理论和方法.

关于复杂数据概念界定, 有很多不同的本书所研究的复杂数据的明显特征之一是具有高维、高频、多元或者复杂的 “时空” 分层结构等. 这类数据分析方面的主要挑战来自: ① 在高维空间中直接进行系统搜索变得非常困难; ② 一般高维函数的精确逼近很棘手; ③ 高维函数积分的实现变得很难, 甚至不可能; ④ 对感兴趣的高维多元条件随机变量分布的全面刻画尚无先例可循; ⑤ 如果没有考虑普遍存在的复杂 “时空” 分层数据的特征, 常常使得传统的统计方法表现不佳, 甚至失效. 所以, 高维多元复杂数据的统计分析是目前全世界统计学界面临的最大挑战, 这无疑是当前统计学中的研究热点问题. 基于作者前期工作的微薄积累, 本书针对复杂数据相关问题开展研究. 粗略地说, 本书即将着手分析的数据可分为 6 大类 (不严格地说): ① 空间分层数据 (hierarchical data); ② 时间纵向数据 (longitudinal data); ③ 重复测量数据 (repeated measurement data); ④ 广义聚类数据 (generalized clustered data); ⑤ 名义分类数据 (nominal categorical data); ⑥ 有序分类数据 (ordinal categorical data). 重点解决下列当代统计学前沿问题：具有 “复杂时空” 等结构的数据建模, 建立一套完善的能刻画该类型数据各层面特征的几大类 “分层分位回归模型” 的理论与方法, 并付诸实际应用.

本书的目的就是为读者提供一些复杂数据分析的知识, 侧重于理论与方法的系统性论述.

由于作者水平有限, 疏漏之处在所难免, 甚望批评指正!

本书得到下面基金的资助: 国家自然科学基金 (No.11271368), 北京市哲学社会科学规划项目 (No.12JGB051), 教育部高等学校博士学科点专项科研基金 (No.20130004110007), 国家社会科学基金重点项目 (No.13AZD064), 中国人民大学科学研究基金项目 (No.10XNL018, 10XNK025), 全国统计科研计划项目 (No.2011LZ031) 以及甘肃省教育厅“飞天学者”特聘教授计划项目. 同时感谢教育部人文社会科学重点研究基地中国人民大学应用统计科学研究中心的大力支持.

田茂再

2013 年 6 月

# 目　　录

## 第一部分　分位回归

## 第二部分 分层分位回归

# 第一部分

# 分 位 回 归

# 第 1 章　分位回归引言

## 1.1 概　　述

分位回归由 Koenker 和 Bassett (1978) 提出, 它可以看成是将经典的最小二乘方法从估计条件均值模型扩展到估计条件分位函数组合的模型. 一个重要特殊的情况就是中位数回归估计量, 它是最小化绝对误差的和. 其他的条件分位函数的估计方法是通过最小化绝对误差的非对称的加权和.

### 1.1.1 分位数定义

1. 总体无条件分位数

令随机变量 $Y$ 的累积分布函数为 $F(y)$, 则它的 $\tau$ 阶分位数 (无条件地) 定义为

$$Q_\tau(Y) = \operatorname{Arg}\inf\{y \in \mathbb{R}; F(y) \geqslant \tau\}, \quad 0 < \tau < 1.$$

若将分布函数 $F(x)$ 的逆定义为 $F_Y^{-1}(\tau) = \inf\{y \in \mathbb{R}; F(y) \geqslant \tau\}$, 则 $Q_\tau(Y) = F_Y^{-1}(\tau)$.

其实, 分位数这个术语与百分数是同义的; 中位数是分位数的一个最熟知的例子. 通常, 用样本中位数作为总体中位数 $m$ 的一个估计量. 总体中位数是一个量, 它将分布分割成两部分, 如果对于总体分布来说, 一个随机变量 $Y$ 是可以被测量的, 则 $P(Y \leqslant m) = P(Y \geqslant m) = \dfrac{1}{2}$. 特别地, 对于一个连续型随机变量, $m$ 是等式 $F(m) = \dfrac{1}{2}$ 的一个解, 其中 $F(y) = P(Y \leqslant y)$ 为累积分布函数. 作为中位数的用法的一个例子, 我们考虑工资的分布. 由于只有少数的人赚取巨额的工资, 所以这个分布是典型右偏的. 因此, 对于典型的工资, 与均值相比样本中位数是一个更好的概括.

更一般地, 25%样本分位数可以被定义为将数据分割成四分之一和四分之三两部分的值, 反过来, 可以定义 75%样本分位数. 相应地, 连续情形中总体的下四分之一分位数和上四分之三分位数各自为等式 $F(y) = \dfrac{1}{4}$ 和 $F(y) = \dfrac{3}{4}$ 的解. 一般地, 对于一个比例 $\tau(0 < \tau < 1)$, 在连续情形中, $F$ 的 $100\tau\%$分位数 (等价地, 第 $100\tau$ 的百分位数) 是 $F(y) = \tau$ 的解 $y$, 假定解是唯一的.

2. 样本无条件分位数

令 $Y_{(1)} \leqslant Y_{(2)} \leqslant \cdots \leqslant Y_{(n)}$ 表示一组来自总体 $F(x)$ 的随机样本 $\{Y_i\}_{i=1}^n$ 的顺序统计量. $F(y)$ 的传统估计方法是非参数密度估计所得的经验分布函数 $F_n(y)$, 则 $\tau$ 阶分位数 $F^{-1}(\tau), 0<\tau<1$ 的经验估计为 $F_n^{-1}(\tau)=X_{([n\tau])}$, 其中符号 $[\cdot]$ 表示 $\cdot$ 的取整.

样本中位数可以被定义为一个排了序的数据集合的中间值 (或是两个中间值的一半), 也就是说样本中位数将数据分成两部分, 每部分的数据个数是相等的.

在一次标准考试中, 如果一个学生的成绩处在 $\tau$ 分位数, 那就是说该生表现得要比 $\tau$ (如 80%) 比例的学生好, 同时比 $1-\tau$ (如 20%) 的学生差. 所以, 一半的学生表现得比中位数上的学生好, 而另一半则表现比中位数差. 类似地, 四分位数将总体分为四段, 在每一段中所占相应于总体的比例是相同的. 五分位数将总体分为五部分; 十分位数则将总体分为十部分. 在一般情况下, 分位数又称为百分位数, 或者有时候又称作分位数. 分位回归由 Koenker 和 Bassett (1978) 提出, 看在估计条件分位函数模型, 模型中响应变量条件分布的分位数表示为观察到的协变量的函数.

3. 总体条件分位数

设有随机向量 $(X,Y)$, 其中 $Y$ 在给定 $X=x$ 的情况下的条件累积分布函数为 $F_{Y|X=x}(y|x)$, 则该条件随机变量 $Y|X=x$ 的 $\tau$ 阶分位数 (条件的) 定义为

$$Q_\tau(Y|X=x)=\operatorname{Arg\,inf}\{y\in\mathbb{R}; F(y|x)\geqslant\tau\},\quad 0<\tau<1.$$

### 1.1.2　分位回归

均值回归研究的是给定解释变量后响应变量的平均变化趋势, 而分位回归测试图全面刻画条件随机变量的各分位点随解释变量的变化情况. 下面这幅图 1-1 粗略地描绘了人类在其历史长河中身体各部位高度的变化分位曲线图, 可以看出踝关节、膝关节、髋关节、下颌以及整个身高的变化趋势, 并非成直线趋势. 同时也注意到中位数回归曲线与均值回归曲线接近.

图 1-1　人类进化曲线

下面从模型角度来讲. 假定有样本序列 $\{(X_i,Y_i),i=1,\cdots,n\}$ 满足下列回归模型:

$$Y=m(X)+\varepsilon,\quad X\in\mathbb{R}^d,$$

其中 $X_i,\ i=1,\cdots,n$ 为固定设计点. 假定误差项 $\varepsilon_i,\ i=1,\cdots,n$ 为独立同分布的序列, 且分布情况未知, 则响应变量 $Y$ 的 $\tau$ 阶条件分位 $m_\tau(x)$ 满足 $\tau=P(Y\leqslant m_\tau(X)|X=x)$. 经过简单地计算, 亦可等价地定义为

$$m_\tau(x)=\operatorname{Arg}\min_{\theta\in\mathbb{R}}\mathbb{E}\{\rho_\tau(Y-\theta)|X=x\},\tag{1.1}$$

其中 $\rho_\tau(u)=u\{\tau I(u\geqslant 0)-(1-\tau)I(u<0)\}$ 为检验函数, $I(\cdot)$ 为示性函数, 不包含示性函数的检验函数的写法为

$$\rho_\tau(u)=\begin{cases}\tau u, & u\geqslant 0,\\ (\tau-1)u, & u<0.\end{cases}$$

检验函数是损失函数的一种, 直观得知检验函数均为正值, 且分位数 $\tau$ 会影响检验函数的值, 其中 $\tau$ 为我们所感兴趣的分位数.

1. **损失函数与风险函数**

所谓损失函数 (loss function), 就是定量描述决策损失大小程度的函数, 下面的图 1-2 中展示了三种不同形式的损失函数, 其中包括平方损失、绝对值损失和检验函数.

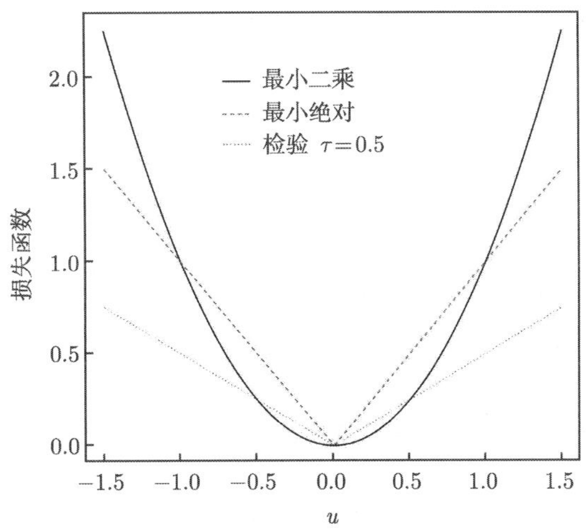


图 1-2　三种类型的损失函数

(1) 平方损失函数 (the square loss function)

平方损失函数也称为二次损失函数, 通常将平方损失函数定义为 $l(y, f(x)) = (y - f(x))^2$, 均值回归估计在平方损失在意义下的理论基础为 “残差平方和最小”, 即最小二乘估计 ( least square estimate) 的基本思路. 然而, 平方损失函数的一个明显缺陷为异常点 (outlier point) 存在的情形, 远离目标函数的孤立点往往对目标函数的影响极大, 异常点存在的情形会急剧扩增或缩减 $l(\cdot)$ 的预测值, 因此在通常经济统计、社会统计数据分析中, 为了正常使用最小二乘方法而通常首先将数据净化 (filtered data), 即去掉异常点.

(2) 绝对值损失函数 ( the absolute value loss function)

同平方损失类似, 绝对值损失也是一种衡量对统计决策造成损失的大小的一种方法, 由于二次损失中存在的平方效应, 绝对值损失的优点就显而易见, 其优点就在于其波动程度比平方损失小, 因此在某些情况下绝对值损失函数有其特定优势.

(3) 检验函数 (check function)

分位回归领域有其专门的损失函数, 我们称之为检验函数, 该函数与被估计模型的 $\tau$ 分位相关. 因此函数中多了分位数这一变元, 在通常分位数回归中, 分位数通常是给定的, 即做人们感兴趣的某一分位上的回归曲线. 当然, 近年来也有针对分位数选择的新方法提出. 例如, 检验函数的形式有多种, 但是万变不离其根本, 即下面的表达式

$$\rho_\tau(u) = (\tau I_{[u\geqslant 0]} + (1-\tau) I_{[u<0]})|u| = (\tau - I_{[u<0]})u.$$

由检验函数的定义以及图 1-2 都可以看出检验函数在原点不连续, 即有在原点不可导.

### 2. 分位数的样本实现

分位数似乎与样本观测量的排序和分类过程密不可分. 因此, 令人惊讶的是, 可以通过另一个简单的权宜之计将分位数定义为一个最优化问题. 就像能够定义样本均值为最小化残差平方和问题的解一样, 可以定义中位数为最小化绝对残差和的解. 那对于其他的分位数呢? 如果对称的绝对值函数产生中位数, 可以简单地尝试将绝对值倾斜以便得到一个非对称加权从而产生了其他的分位数. 这个“弹球游戏规则” 建议求解如下问题:

$$\min_{\xi\in\mathbb{R}} \sum \rho_\tau(y_i - \xi). \tag{1.2}$$

为了看到这个问题会导致样本分位数作为它的解, 就必须要计算目标函数关于 $\xi$ 的方向导数, 分别是从左和从右.

我们已经成功地定义无条件分位数为一个最优化问题, 那么以一个相似的方式定义条件分位数就很简单了. 最小二乘回归为如何进行提供了一个模型. 如果对于

给定的一个随机样本 $y_1, y_2, \cdots, y_n$, 可以求解

$$\min_{\mu\in\mathbb{R}} \sum_{i=1}^{n} (y_i - \mu)^2, \tag{1.3}$$

从而得到样本平均值作为无条件总体均值 $EY$ 的一个估计. 如果现在将标量 $\mu$ 替换成一个参数函数 $\mu(x_i, \beta)$, 并求解

$$\min_{\beta\in\mathbb{R}^p} \sum_{i=1}^{n} (y_i - \mu(x_i, \beta))^2, \tag{1.4}$$

得到条件期望函数 $E(Y \mid x)$ 的一个估计.

在分位回归中, 进行一个完全相同的过程. 为了得到条件中位数函数的一个估计, 简单地将式 (1.2) 中的标量 $\xi$ 替换为参数函数 $\xi(x_i, \beta)$, 并且令 $\tau$ 为$\dfrac{1}{2}$. 这种思想的变异在 18 世纪中期由 Boscovich 提出, 后来 Laplace 和 Edgeworth 等继续研究. 为了得到其他条件分位函数的估计, 简单地将绝对值替换为 $\rho_\tau(\cdot)$, 求解

$$\min_{\beta\in\mathbb{R}^p} \sum \rho_\tau(y_i - \xi(x_i, \beta)), \tag{1.5}$$

当 $\xi(x, \hat{\beta}(\tau))$ 为参数的线性函数时, 所得最小化问题就可以用线性规划方法有效地解决.

### 1.1.3 分位回归方法的演变

1. 从经典均值回归到分位回归

回归被用来量化一个响应变量和一些协变量之间的关系. 数十年来, 在应用领域当中, 标准回归已经成为最重要的统计方法之一. 例如, 几年前一个大学工会想要调查教授的收入与其做教授的时间的关系. 该工会共收集了在 1980 年到 1990 年这个期间的 459 名美国统计教授的工资数据以及他们当教授的年数; 参看 Bailar(1991). 对此一个标准的线性模型是

$$y = \boldsymbol{x}^{\mathrm{T}}\beta + \varepsilon, \tag{1.6}$$

其中 $\boldsymbol{x} = (1, x)^{\mathrm{T}}, \beta = (\beta_0, \beta_1)^{\mathrm{T}}$, $y$ 是工资, $x$ 是当教授的年数并且 $\varepsilon$ 是高斯误差. 更复杂的模型, 像是多项式回归模型, 也可以用来拟合这样的关系.

不幸的是, 均值回归模型对于工资分布的刻画是不充分的, 工资分布的形状随着做教授年数的变化并没有在曲线上显示出来. 这是由于标准的回归拟合模型仅是工资与年数之间的关系的一种平均.

为了给出工资与当教授年数之间的关系的一个更完全的刻画, 我们引进了分位回归曲线, 显然它可以在某种程度上再进行平滑. 然而, 此时工资分布形状的变化

已经比较明显地展示出来了. 完整的工资的概率分布可以近似地由分位回归曲线产生, 这些分位区间对应着一系列的 $p$ 值.

2. 从最小二乘估计到"检查函数"

为了讨论对于分位回归的估计方法的原初想法, 我们从最小二乘估计开始.

考虑简单的回归模型 (1.6). 参数向量 $\beta$ 通常由二次损失函数 $r(u)=u^2$ 估计出来, 即给定一个观测值的数据集 $\{x_i,y_i\}_{i=1}^n$, 通过对 $\beta$ 最小化

$$\sum_{i=1}^n r(y_i-\boldsymbol{x}_i^{\mathrm{T}}\beta)=\sum_{i=1}^n (y_i-\boldsymbol{x}_i^{\mathrm{T}}\beta)^2,$$

得到估计值.

最小二乘回归是关于条件期望 $E[Y|\boldsymbol{X}=\boldsymbol{x}]$ 的估计, 由于条件期望是最小化平方损失函数的期望 $E[(Y-\theta)^2|\boldsymbol{X}=\boldsymbol{x}]$ 得到的 $\theta$ 的值, 并且 $\sum\limits_{i=1}^n r(y_i-\boldsymbol{x}_i^{\mathrm{T}}\beta)$ 是它的一个样本估计.

同样地, 中位回归估计给定 $\boldsymbol{X}=\boldsymbol{x}$ 下 $Y$ 的条件中位数, 并相当于对 $\theta$ 求 $E[|Y-\theta||\boldsymbol{X}=\boldsymbol{x}]$ 的最小化. 相关的损失函数是 $|u|$. 然而更简便的是取损失函数为 $\rho_{0.5}(u)=0.5|u|$. 通过在 $\beta$ 上对 $\sum\limits_{i=1}^n \rho_{0.5}(y_i-\boldsymbol{x}_i^{\mathrm{T}}\beta)$ 最小化进行估计. $\rho_{0.5}(u)$ 重新记为 $\rho_{0.5}(u)=0.5uI_{[0,\infty)(u)}-(1-0.5)uI_{(-\infty,0)(u)}$, 其中

$$I_A(u)=\begin{cases}1, & u\in A,\\ 0, & \text{其他}\end{cases}$$

为集合 $A$ 的通常示性函数. 可以通过把 0.5 换成 $p$, 将这个定义进行推广以得到在 $\boldsymbol{x}$ 处的 $100p\%$ 分位数的一个刻画 $q_p(\boldsymbol{x})$, 此时 $\theta$ 的值使得

$$E[\rho_p(Y-\theta)|\boldsymbol{X}=\boldsymbol{x}]$$

达到最小, 其中

$$\rho_p(u)=puI_{[0,\infty)}(u)-(1-p)uI_{(-\infty,0)}(u) \tag{1.7}$$

称为检验函数.

3. 从条件偏斜分布到分位回归

我们有时候对体重与年龄的关系感兴趣 (Cole,1988). 感兴趣的两个问题是:

(a) 作为年龄的一个函数, 一个典型的体重分布是什么样的?

(b) 对于超重或过轻人群, 体重的分布作为年龄的一个函数是什么样的?

标准的均值回归并不能给出第一个问题的一个合理的答案, 因为在某些特定的年龄, 均值是向下拉的. 而分位数曲线是可以展示更加合适的曲线, 表明体重与年龄的关系.

4. 从高斯似然到非对称的 Laplace 密度

对于统计推断, 极大似然估计是最常用的方法之一. 再一次考虑回归模型 (1.6), 其中模型误差 $\varepsilon \sim N(0,\sigma^2)$ 服从一个标准偏差 $\sigma$ 已知的高斯分布. 基于来自模型的一个样本 $\{x_i, y_i\}_{i=1}^n$, $\beta$ 的似然函数为

$$L(\beta) \propto \exp\left\{-\frac{1}{2\sigma^2}\sum_{i=1}^n \left(y_i - \boldsymbol{x}_i^{\mathrm{T}}\beta\right)^2\right\}.$$

关于 $\beta$ 最大化 $L(\beta)$ 就得到了 1.1.3 节中提到的最小二乘估计. 如果现在假设模型误差 $\varepsilon$ 有概率密度函数

$$f(\varepsilon) \propto \exp\left\{-\sum_{i=1}^n \rho_p(y_i - \boldsymbol{x}_i^{\mathrm{T}}\beta)\right\},$$

其中 $\rho_p$ 是在 1.1.2 节中给出的检验函数. 那么最大化联合的似然函数与最小化检验函数是等价的. 其实, 有一个称为非对称 Laplace 密度的标准概率密度具有如下形式

$$f(\varepsilon) = p(1-p)\exp\{-\rho_p(\varepsilon)\}.$$

要从该密度模拟产生随机数 (实现值), 可以通过两个独立的指数随机变量 $U$ 和 $V$ 的简单的线性组合来产生, 线性组合为

$$\frac{1}{p}U - \frac{1}{1-p}V,$$

其中 $U$ 和 $V$ 每个均值都为 1(Yu 和 Moyeed, 2001).

5. 从污染数据到稳健估计

要估计一个总体的平均位置, 对于离群值, 样本中位数比样本均值更加稳健. 假设一大批混合有好与坏的独立观测值 $(x_i, y_i), i = 1, 2, \cdots, n$, 我们来估计条件均值 $E[Y|X=x]$. 假设数据对 $(x_i, y_i)$ 以概率 $\pi$ 是坏的, 以概率 $1-\pi$ 是好的, 并且数据的分布为

$$(X,Y) \sim \begin{cases} N(0,0,r,1,1), & \text{如果 } (x_i,y_i) \text{ 是好的}, \\ N(0,0,r,k,k), & \text{如果 } (x_i,y_i) \text{ 是坏的}, \end{cases}$$

其中 $N(\mu_1, \mu_2, r, \sigma_1^2, \sigma_2^2)$ 表示一个相关系数为 $r$ 的二元正态分布, 均值为 $\mu_1$ 和 $\mu_2$ 且方差为 $\sigma_1^2$ 和 $\sigma_2^2$. 因此, $(x_i, y_i)$ 是来自于一个共同的潜在的污染密度的独立实现值

$$f(x,y) = (1-\pi)f_1(x,y) + \pi f_2(x,y),$$

其中 $f_1$ 和 $f_2$ 是 $N(0,0,r,1,1)$ 和 $N(0,0,r,k,k)$ 各自的密度函数. 对于一个真正的污染分布, 我们假定 $k \neq 1$. 由 Yu 和 Jones (1998) 给出了一个简单的理论结果: 一个典型的核光滑算子的方差, 如 S-PLUS 的 ksmooth 的方差, 要比光滑分位回归曲线的方差大. 这也进一步证实了对于分析这种污染数据, 分位回归比均值回归更稳定.

到目前为止已经定义了分位回归并且找到了产生分位回归的动机, 基于简单的例子给出了分位回归一些典型的应用, 阐释了在许多领域中这种方法怎样能够得到有效的利用, 构造了估计的一些方法和算法, 简略提到了一些目前的研究领域, 这包括了时间序列、统计检验、可加模型及贝叶斯推断.

## 1.2 回 归 模 型

现在讨论分位回归的估计方法和算法.

### 1.2.1 参数分位回归模型

为了量化一个响应变量 $Y$ 和协变量 $x$ 之间的关系, 通常假设 $E[Y|X=x]$ 可以被 $x^{\mathrm{T}}\beta$ 的一个简单的线性组合来拟合. 类似地, 基本的分位数回归模型确定了 $Y$ 关于 $x$ 的条件分位数的线性相关性. 换句话说, 我们假定 $Y$ 的 $100p\%$ 分位数和协变量 $x$ 之间的关系是由 $q_p(x) = x^{\mathrm{T}}\beta$ 给出的.

给定一个数据集 $\{x_i, y_i\}_{i=1}^n$, 我们可以通过最小化

$$\sum_{i=1}^{n} \rho_p(y_i - x_i^{\mathrm{T}}\beta).$$

在参数回归模型中, 回归系数没有显式解, 因为检验函数在 0 点是不可导的. 然而, Pornoy 和 Koenker (1997) 论述了通过使用有关内点的最新方法来解决线性规划问题, 用 Knenker 和 D'orey (1997) 提供的算法, 最小化是可以实现的. S-PLUS 软件包中含有中位回归计算这种特殊情形, 在 http://lib.stat.cmu.edu 可以找到一般的参数分位回归的一套函数.

Koenker 和 Park(1996) 发展了一般分位回归拟合的内点算法, 参见 http://www.econ.uiuc.edu/roger/research/rq /rq.html. 这个算法是可以使用的.

### 1.2.2 Box-Cox 变换模型

1.3.4 节, 提到了通过 Box-Cox 变换进行参数分位回归的估计. 关于这种方法的技巧如下: 定义一个函数 $g(\lambda;y)$ 为

$$g(\lambda;y)=\begin{cases}(y^{\lambda}-1)/\lambda, & \lambda\neq 0,\\ \log(y), & \lambda=0.\end{cases}$$

令 $g^{-1}(\lambda;z)$ 是 $g(\lambda;y)$ 关于 $y$ 的逆函数, 所以如果 $\lambda\neq 0$, $g^{-1}(\lambda;z)=(\lambda z+1)^{1/\lambda}$, 如果 $\lambda=0$ 就为 $\exp(z)$. 那么如果 $g(\lambda;y)$ 的 $100p\%$ 分位数是 $q_p(g)$, 则 $Y$ 的 $100p\%$分位数就是 $g^{-1}\{\lambda;q_p(g)\}$. 特别地, 如果存在 $\lambda$ 的一个值使得 $g(\lambda;y)$ 和 $X$ 是正态分布的, 二元正态分布的性质说明 $g(\lambda;y)$ 的 $100p\%$ 分位数具有线性形式 $\beta_0+\beta_1\boldsymbol{x}$, 其中 $\beta_0$ 和 $\beta_1$ 都依赖于 $p$. 这样 $Y$ 的 $100p\%$分位数就由 $g^{-1}(\lambda;\beta_0+\beta_1\boldsymbol{x})$ 给出. 例如, 软件包 Statgraphics 和 S-PLUS 都允许快速地进行 Box-Cox 变换.

当然, 也可能并不存在 $\lambda$ 的值能够将变量 $Y$ 转变成具有正态性. 如果是这种情形, 可以利用一个基于检验函数的变换通过最小化

$$\sum_{i=1}^{n}\rho_p\{y_i-g^{-1}(\lambda;\beta_0+\beta_1x_i)\}$$

来找到 $\beta=(\beta_0,\beta_1)^{\mathrm{T}}$ 以及 $\lambda$. 更进一步的细节看 Buchinsky(1995).

在上面的变换结构中, 也可以假设 $\lambda$ 的值是随协变量 $X$ 变化的, 且在 Box-Cox 正态变换下的 $Y$ 的 $100p\%$ 分位数可以通过考虑 $g^{-1}(\lambda;z)$ 而给出. 所以我们不再仅估计 $\lambda$ 的一个值而是估计曲线 $\lambda(x)$. 这样, 我们需要基于核方法或平滑样条的平滑估计方法. Cole 和 Green (1992) 提出了一个对于 $\lambda(x)$ 的惩罚似然估计的一个算法. 他们基于

$$l(\lambda)-\alpha\int\lambda''(x)^2\mathrm{d}x,$$

得到 $\lambda(x)$ 的估计, 其中对数似然函数

$$l(\lambda)=\sum_{i=1}^{n}\left\{\lambda(x_i)\log(y_i)-\frac{1}{2}z_i^2\right\},$$

$z_i=g(\lambda;y_i)$, $\int\lambda''(x)^2\mathrm{d}x$ 是一个粗糙度的惩罚且 $\alpha$ 为一个平滑参数. Cole 教授有执行该程序的 Fortran code.

### 1.2.3 非参分位回归模型

我们已经看到对分位回归来说, 条件分布是其一个重要的组成部分. 最近, Yu 和 Jones (1998) 及 Hall 等 (1999) 考虑了估计条件分布的方法. 例如, $F(y|x)$ 可以通过

$$\hat{F}(y|x)=\sum_{i=1}^{n}w_i(x)I(y_i\leqslant y),$$

用非参方法估计出来, 其中 $w_i$ 是一个依赖于 $x_i$ 和 $x$ 的非零的权函数并满足 $\sum_{i=1}^{n}w_i(x)=1$.

但是用这种核权对条件分布进行估计会产生一些问题. 首先, 估计量不是一个分布函数, 因为它既不是单调的也不是仅在 0 和 1 之间取值的. 据此, Hall 等 (1999) 论述了一个所谓的关于条件分布函数的调整 Nadaraya-Watson 估计量, 具有如下的形式

$$\hat{F}(y|x)=\frac{\sum_{i=1}^{n}p_i(x)K_h(x_i-x)I(y_i\leqslant y)}{\sum_{i=1}^{n}p_i(x)K_h(x_i-x)},$$

其中$K_h(x_i-x)=K\{(x_i-x)/h\}$, 窗宽为 $h$, 核密度函数为 $K$, 且 $p_i(x)\geqslant 0,\sum_{i=1}^{n}p_i(x)=1$. 通常满足这些条件的 $p_i$ 不是唯一的.

第二个问题就是基于 $F(y|x)$ 的这些估计量的分位数曲线可能互相之间有交叉, 这当然是很荒谬的. 为了解决这个问题, Yu 和 Jones (1998) 用了一个“双核”的方法. 在这种情况下, $y$ 和 $x$ 一样也需要一个窗宽. 基本的想法就是在上面的 $\hat{F}(y|x)$ 中用一个连续分布函数 $\Omega\{(y_i-y)/b\}$ 来替换 $I(A)$; 就有

$$\hat{F}(y|x)=\sum_{i=1}^{n}w_i(x)\Omega\left(\frac{y_i-y}{b}\right),$$

其中 $\Omega(q)=\int_{-\infty}^{q}W(v)\mathrm{d}v$ 是一个分布函数, 相应的密度函数为 $W(u)$, $b>0$ 是在 $y$ 方向上的窗宽且 $w_i(x)$ 是基于核的权函数.

如果 $W$ 被取作均匀的核密度, $W(u)=0.5I(|u|\leqslant 1)$, 并且如果权

$$w_i(x)=K_h(x_i-x)/\sum_{i=1}^{n}K_h(x_i-x)$$

在 $x$ 方向的窗宽为 $h$, 可以看出 $\mathrm{d}\hat{q}_p(x)/\mathrm{d}p>0$. 这是因为 $\hat{q}_p(x)$ 是 $p$ 的一个单调函数, 所以这个方法并不会产生上面提到的交叉问题. Yu 和 Jones (1998) 论述了用双核方法估计分位函数的迭代算法.

构造了检验函数后, 就可以对基于核的分位回归进行估计, 通过考察核权检验函数的最小化

$$\min_{a}\left\{\sum_{i=1}^{n}\rho_p(y_i-a)K_h(x_i-x)\right\},\tag{1.8}$$

这里最小值 $\hat{a}=\hat{a}(x)$ 是 $100p\%$ 分位回归估计量. Yu 和 Jones (1998) 给出了一个迭代加权最小二乘方法求解 $\hat{a}$. 该算法是迭代的, 而且保证收敛.

**窗宽选择**

在 1.2.3 节中提到的与核拟合方法相关的重要的一点就是窗宽的选择. 在 $x$ 方向上有几种不同的方法选择窗宽 $h$. 其中一种方法就是由 Ruppert 等 (1995) 提出的, 它是基于渐近的均方误差和 "plug-in" 准则, 用估计量得替换渐近均方误差中一些未知的量. 这样得到的窗宽是渐近最优的. 然而, 因为我们总想要同时估计出几个分位回归函数, 一种更简单的方法 —— 大拇指准则尤为吸引人, 特别是如果它是基于渐近误差平方的一个直接近似. 选择 $x$ 方向的窗宽的一个方法就是仅对窗宽 $h_{\text{mean}}$ 进行一下修正, $h_{\text{mean}}$ 可以用于均值回归中的估计. 可以如下进行对窗宽的选择.

(a) 例如, 通过 Ruppert 等 (1995) 提出的方法得到 $h_{\text{mean}}$;

(b) 计算 $h_p=C_p h_{\text{mean}}$, 其中

$$C_p=\left[\frac{p(1-p)}{\phi\{\Phi^{-1}(p)\}^2}\right]^{1/5}.$$

可以推断出 $h_p$ 是关于 $p=0.5$ 对称的并且 $p$ 的值越极端, 对平滑性的要求就越高, 对于非常大或小的 $p$ 值, 增长是很大的.

同样地, 通过关于窗宽 $b_p$, 对估计量的渐近误差平方进行最小化, 可以得到 $b_p$ 和 $h_p$ 的如下关系:

$$\frac{b_p h_p^3}{b_{1/2}h_{1/2}^3}=\frac{\sqrt{(2\pi)}\phi\{\Phi^{-1}(p)\}}{2\{(1-p)I\left(p\geqslant\frac{1}{2}\right)+pI\left(p<\frac{1}{2}\right)\}},$$

更多相关的细节参考 Yu 和 Jones(1998).

### 1.2.4 半参分位回归模型

在 1.2.2 节中描述的罚似然估计方法是半参拟合技术的一个例子, 就像 Cole 和 Green(1992) 中讨论的一样. 更一般地, 响应 $Y$ 被假定为在参数的 (线性的) 模式下是与一些 (并非所有) 协变量相关的. 通过将线性模型中的 $x^{\mathrm{T}}\beta$ 替换为 $x^{\mathrm{T}}\beta+g(t)$, 可以确定出这样的模型:

$$q_p=x^{\mathrm{T}}\beta+g(t),$$

其中 $x$ 和 $t$ 是关于 $Y$ 的 $100p\%$ 分位数的协变量, $\beta$ 和函数 $g$ 是待估的. 但这种情况也会发生: 一个模型在理论或经验的支持下是合适的, 但随着时间或空间的变化我们对响应变量的分布的同质性仍心存疑虑. 通常, 通过最小化

$$\sum_{i=1}^{n} \rho_p\{Y_i - x_i^{\mathrm{T}}\beta - g(t)\} + \alpha \int g''(t)^2 \mathrm{d}t,$$

估计 $\beta$ 和 $g$. Koenker 等 (1992) 开创了一个算法进行最小化, 且一些相关的 S-PLUS 函数在 http://lib.stat.cmu.edu 上可以找到.

*两步法*

最小化检验函数的方法就是一个迭代的算法, 有时可能会花费很长的时间才能达到收敛. Yu (1999) 提出了一个两步段方法, 它避开了检验函数的最小化, 却与 1.2.3 节中的核估计量有着相同的渐近性质. 两步段方法是这样进行的：首先在每个协变量点上通过用 $k$ 最近邻的方法, 参见 Bhattacharya 和 Gangopadhyay (1990), 产生一个分位数的集合. 然后在这些分位数上应用简单的最小二乘核光滑以得到最终的分位回归估计量.

## 1.3 应用领域

这一章给出分位回归的一些典型应用, 从医学参考图标、生存分析、经济金融、环境模拟到异方差性的检测.

### 1.3.1 工资

分位回归方法在一些刻画 CEO(chief executive officer, 执行总裁) 工资、食物的支出和婴儿出生体重的模型中的应用中很好地表现了它的优势.

图 1-3 展示出解决这个任务的基于 Tukey 的箱线图的一种方法. 每年的 CEO 报酬被画作公司股本的市场价值的函数. 一个样本包括 1660 个公司, 根据他们的市场资本化, 将这个样本均匀分为 10 组. 对每一组包括 166 个公司, 计算出 CEO 报酬的三个四分位数, 报酬有薪水、奖金和其他的报酬, 包括通过期权定价模型在正式获得期权的时间评估的股票期权的价值. 对每一组, 领结式的盒子表示的是薪水分布的中间一半位于四分之一分位数和四分之三分位数中间. 接近每个箱子中间的水平线表示每一组中 CEO 报酬的中位数, 凹槽表示对每一个中位数估计的置信区间. 每一组中, 观测到的薪水的整个的范围由胡须似的虚线末端的水平线条来表示. 在一些情况下, 胡须可能会伸展到大于四分之一分位数和四分之三分位数之间的范围的三倍, 则他们将被截断, 剩余的边远的点用开圆圈来表示. 每一组的平均报酬也画了出来：几何平均数表示为“×”, 算数平均数表示为“$*$”.

有一个明显的趋势, 随着公司规模的增大, 报酬也在增长, 同时也能从图中觉察出几个其他的特征. 即使在取对数的尺度上, 仍然有一个扩散的趋势, 这可由报酬对数的四分之一分位数和四分之三分位数之间的差距变大看出来. 如果我们考

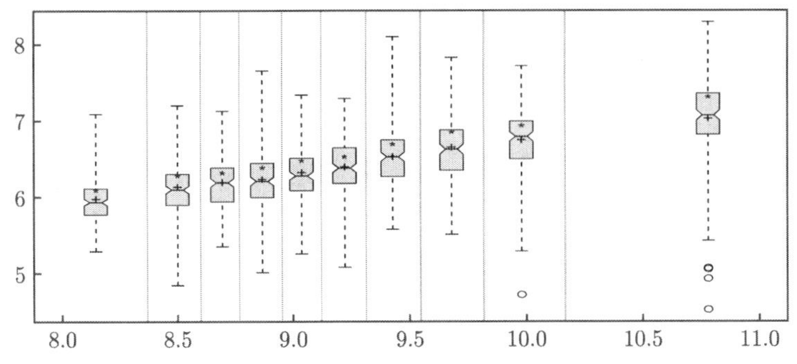


图 1-3 与公司规模对应的 CEO 薪酬

箱线图 1-3 提供了在 1999 年来按市场资本化等级分成的 10 组公司中 CEO 年报酬分布的总结. 浅灰色的垂直线划分了企业规模的十分位数. 箱子的上限和下限表示薪水的第一个和第三个四分位数, 每一组的中位数由每个箱子中间的水平条表示. 两个刻度都为底为 10 求对数, 所以在垂直刻度上 6 代表年报酬为 100 万美元. 在水平刻度上 9 代表 10 亿美元的市场资本化

虑薪水分布的上尾和下尾, 这种效果就被增强了. 通过刻画每组每年报酬的整体分布, 这个图提供了一个更加完全的景象, 而仅是简单地画出每组的均值和中位数是做不到这一点的. 这里我们在每一组中奢侈地拥有一个相当大的样本, 因此能够用一个本质上的非参的方法. 然而, 假若已经有了好几个协变量, 那么单元里的样本量将会迅速耗尽, 这是后面将讲到的 "高维灾难" 问题. 所以我们宁愿考虑对条件分位函数的估计参数模型, 而不是愿意依赖非参的箱线图上.

在经典的线性回归中, 我们也抛弃了这样的思想, 即对图 1-3 中的数据分别估计每组的均值, 我们假定这些均值落在同一条直线上, 或者一些线性平面上, 我们估计这个线性模型的参数. 最小二乘估计为估计这种条件的均值模型提供了一个合适的方法. 同样, 分位回归为估计条件分位函数提供了合适的方法.

### 1.3.2 食物开销

为了说明基本的思想我们简单地重新考虑在经济学中的一个经典的经验应用, Engel (1857) 分析了家庭食物支出和家庭收入之间的关系. 图 1-4 画出了 Engel 数据图, 该数据是来自 235 个欧洲工薪家庭. 7 条估计的分位回归线对应的是分位数 $\tau \in \{0.05, 0.1, 0.25, 0.5, 0.75, 0.9, 0.95\}$. 对应于中位数 $\tau = 0.5$ 的是中间的黑实线; 由最小二乘估计得到的条件均值函数被画成虚线.

这个图清楚地展示出, 随着家庭收入水平的提高, 食物支出的增长呈现出扩散的趋势. 分位回归线之间的空间也表明了食物支出的条件分布是左偏的: 高分位数部分比较窄的空间表明高密度和短上尾, 低分位数部分比较宽的空间表明低密度和更长的下尾.

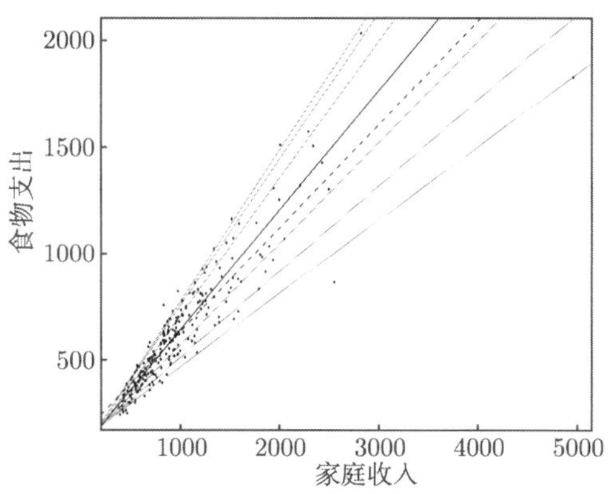


图 1-4　食品的 Engel 曲线

这个图所画的数据为 Engel(1857) 研究家庭食品支出对家庭收入的依赖. 分别对 $\tau \in \{0.05, 0.1, 0.25, 0.5, 0.75, 0.9, 0.95\}$ 的 7 条估计的分位数回归线在散点图中成阶层的出现. 中位数 $\tau = 0.5$ 的拟合由深色的实线表示; 条件均值函数的最小二乘估计由虚线表示

条件中位数和均值拟合在这个例子中非常不一样, 一部分由于条件密度的非对称性, 一部分由于拟高收入和低食物支出这样的非正常点对最小二乘拟合产生很强的影响. 注意到这种非稳健的一个结果就是最小二乘拟合对这个样本中最穷的家庭的条件均值提供了一个相当差的估计. 注意到最小二乘虚线超过了所有非常低的收入观测值.

我们偶尔会遇到这样错误的念头, 就是像分位回归可以这样实现, 即通过根据非条件分布将响应变量分割为子集, 再对这个子集分别做最小二乘. 明显地, 在因变量上截断这种形式在目前的这个例子中会产生灾难性的结果. 一般来说, 这种策略注定要失败的, 所有的原因在 Heckman(1979) 对样本选择的工作中已详细地列了出来.

相比之下, 根据条件的协变量将样本分割为子集总是一个有效的选择. 实际上这样的局部拟合构成了所有非参分位回归方法的基础. 在最极端的情况下, 我们有 $p$ 个不同的单元对应着不同情况的协变量向量 $x$, 这样分位回归则是简单的计算每个单元普通的一元分位数. 在中等的情况下, 可能希望将这些单元的估计投影到一个参数更少的 (线性) 模型上去. 这个方法的例子可以参看 Chamberlain (1994), Knight 等 (2000), 等等.

另一个变异建议我们可以估计二值响应模型族, 即响应变量超过事先确定的截断值的概率模型, 而不是去估计线性条件分位模型. 这种方法将条件分位函数的参数是线性的假设替换为假设超过既定的截断值的不同概率的一些变换, 如 Logistic 变换, 可能表示为观测到的协变量的线性函数. 条件分位的假设更自然, 只要它镶嵌在这样的模型中, 即经典的线性回归中独立同分布的误差位置漂移模型.

### 1.3.3 婴儿出生体重

在这个部分, 考虑 Abreveya (2001) 近期对不同人口统计学特征和母性行为对美国婴儿体重影响的研究. 低出生体重被认为会导致一系列后续的健康问题, 并会导致教育水平和工作情况的种种结果. 所以, 大量的研究兴趣放到了对出生体重影响因素和公共政策上, 这也许可以有效地降低婴儿低出生体重的情况.

很多对出生体重的分析都基于传统的最小二乘法. 但是, 人们已经认识到由最小二乘法所得的估计对出生体重条件均值的影响不一定能反映出对出生体重尾部分布的影响大小和实质. 对条件分位函数的估计, 则可以提供更加完整的协变效果图.

分析基于 1997 年 6 月国家卫生统计中心出版的详细出生率数据. 类似于 Abreveya (2001) 的做法, 样本有如下限定：存活且单胎, 年龄为 18~45 岁或者黑人或者白人的美国女性. 对任何下面描述的变量, 包含缺失数据的观测值都不在考虑之内. 这个筛选过程产生了 198377 个婴儿样本. 作为响应变量的出生体重单位为 g. 母亲的教育情况分为四个水平：低于高中, 高中, 大学, 大学研究生. 低于高中的分类被剔除, 所以系数可以依照这个分类依据来解读. 母亲的产前医疗护理也分为四个水平：没有产前护理检查, 在孕期第一个三月期开始产前护理检查, 第二个三月期开始和从最后一个三月期开始护理检查. 删除分类是从第一个三月期开始检查, 这剩下了 85%的样本. 是否母亲在孕期吸烟和每日吸烟数量的变量被包含在模型中. 同时, 母亲在孕期的体重 (单位为磅①) 也在考虑在内 (作为一个二次效应).

图 1-5 展现了对这个样本的分位回归结果. 不像 Engel 曲线的例子, 其中只有一个协变量, 所以整个实证分析很容易叠加在观测值的二元散点图上. 而在这个分析中, 有 15 个协变量加一个截距项. 对于 16 个系数中的每一个, 我们画出了 19 个在 0.05 到 0.95 间的分位回归估计的点线结果. 对于每个协变量, 这些点估计可以理解为在保持其他变量不变的条件下, 一个协变量每增加一个单位对出生体重产生的影响. 于是, 每个图形都有一个横坐标为分位数或者 $\tau$ 刻度, 纵坐标刻度是 g, 它表示协变量的效果. 每个图形中的虚线表示条件均值效应的最小二乘的估计. 两条点线表示对于最小二乘法估计传统的 90% 的置信区间. 灰色的阴影部分描述了一个对于分位回归估计 90%逐点的置信区间.

在图形的第一格中, 模型的截距可以理解为估计的出生体重条件分位函数, 自变量是一个未上高中的未婚白人母亲, 年龄为 27 岁, 体重增加 30 磅, 不抽烟, 并且第一次产前检查在孕期的第一个三月期情况下的估计. 母亲的年龄和体重选进来用以反映这些变量在样本中的均值. 注意在这一组的分布于 $\tau = 0.05$ 分位时, 刚好在传统定义为低出生体重婴儿的临界值处.

①1 磅 $\approx$0.45kg.

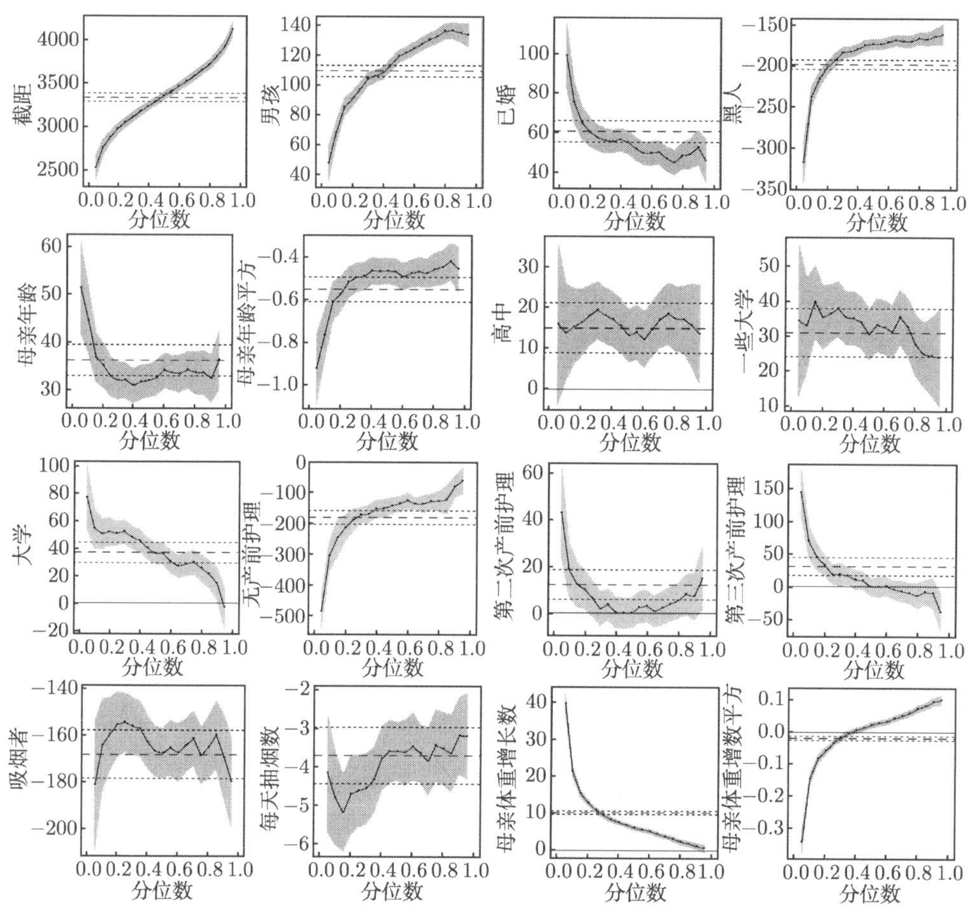


图 1-5　出生体重模型的 OLS 和分位回归估计

讨论将只局限于几个协变量. 在任何一个选定的分位下, 可以讨论, 如男孩女孩相应的体重在给定其他条件变量的情况下有多大差别. 第二格图形给出了答案. 男孩在最小二乘法的估计下明显比女孩多了 100g 的重量, 但在分位回归的结果中, 这种差异在分布较低的分位数下变得非常小, 而在分布上尾该差别大于 100g. 例如, 男孩在 0.05 分位下大于女孩 45g, 而在 0.95 分位下, 大于女孩 130g. 注意传统的最小二乘法置信区间很难展现这种差异性.

对于黑人和白人女性生产的儿童, 出生体重的差异性是明显的, 尤其在分布的左尾部. 在条件分布的第 5 个百分位点上, 这种差异大致有 $\frac{1}{3}$kg.

母亲的年龄作为一个二次效应在模型中被考虑, 在第二行前两个图形中展示. 在母亲年龄的低分位倾向于更加凹, 婴儿出生体重随着母亲年龄从 18 岁到 30 岁都在增长, 但当母亲年龄超过 30 岁的时候, 倾向于降低出生体重. 在高分位点上,这种最优年龄逐渐变老. 在第三个分位点上最优年龄大约为 36 岁, 而在 $\tau = 0.9$ 的时候大约是 40 岁.

教育水平超过高中同出生体重略微上升相关联. 高中毕业的教育水平在整个分布中都存在一个非常一致的影响, 大约 15g. 它将纯粹的位置漂移施加给条件分布, 这是不常见的例子. 对于这种效应, 分位回归结果同最小二乘法的结果十分一致, 但这是一个特例, 不是规则.

一些余下的协变量对于公共政策有重要的效应. 这些效应包括了产前护理、婚姻状况以及吸烟情况. 然而, 在相应的最小二乘法的分析中, 对这些变量因果关系的解释会产生争议. 例如, 尽管发现 (同预期一致) 没有产前护理的母亲的婴儿体重轻, 我们也发现了延迟产前护理检查于第二或第三个三月期的母亲的婴儿相比于第一期就开始护理的母亲来讲在低尾部有一个明显的出生体重上升. 这也许可以解释为母亲对希望结果的自信程度的自我选择效应.

在图 1-5 几乎所有的格中, 除了教育系数的特例, 分位回归的估计都在普通最小二乘回归置信区间之外. 这表明这些协变量的效应在整个独立变量的条件分布下不是常数. 关于这个假说的正式假设检验见于 Koenker 和 Machado (1999).

### 1.3.4 医学参考图表

在医学中, 参考 (百分位数) 图提供了一些有用的分位数集合. 它们被广泛应用于初期的医疗诊断中, 以识别出与众不同的个体, 在某种层面上讲就是说某些特定的测量值要位于某个适当的参考分布的尾部. 就像 Cole 和 Green(1992) 中探讨的一样, 当观测值 (因此就有了参考范围) 非常强地依赖于一个协变量时, 如年龄, 使用回归曲线就是非常必要的, 而一个简单的参考范围是不够的. 选出的分位数通常是一个对称子集 $\{0.03, 0.05, 0.1, 0.25, 0.5, 0.75, 0.09, 0.95, 0.97\}$.

拟合潜在的条件分布的一个显而易见的方法就是用大家熟知的条件分布 $F(y|x)$. $100p\%$ 分位数曲线相当于 $q_p(x) = F^{-1}(p|x)$. 那么, 如果这个分布是正态的, 估计 $100p\%$ 分位数曲线就是很直接的. 然而, 更普遍地, 如果这个分布是有偏的, 那么通常做一个变换使其具有正态性. 一个典型的变换就是 Box-Cox 变换, 我们将会在后面继续研究它; 参看 Cole (1988), Altman (1990) 以及 Royston 和 Wright (2000).

对于正态性变换是不可能的情形, 就发展了参数以及非参的方法, 见 Cole 和 Green (1992) 以及 Heagerty 和 Pepe (1999).

### 1.3.5 生存分析

生存分析方面的应用包括研究某个特定的协变量关于个体生存时间的效应. 在低级、中级以及高级风险人群中一个给定的协变量可能具有不同的效应. 通过考虑生存时间的几个分位数函数可以了解这些效应; 更具体的参看 Koenker 和 Geiling

(2001). 图 1-6 给出了三条分位回归曲线, $p$ 分别为 0.1, 0.5, 0.9, 这是根据斯坦福心脏移植的调查中的 184 个患者生存时间做出的, 协变量年龄从 12 岁到 64 岁 (Crowley, Hu,1977); 关于删失的中位数回归的更进一步的细节看 Yang(1999).

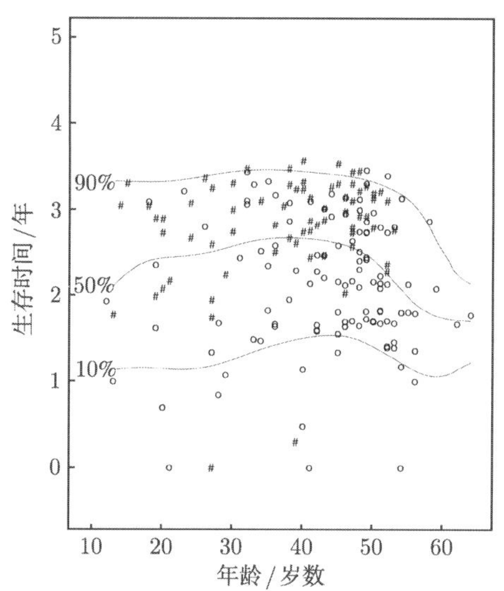


图 1-6 斯坦福心脏移植数据以及与 $p = 0.1, 0.5, 0.9$ 对应的 3 条分位曲线

o 表示完整数据, # 表示删失数据

Cox 比例风险模型通常应用于生存分析中. 或者也可以应用加速的失效时间方法来模拟生存时间的对数, 把生存时间作为协变量的一个函数 (Yang, 1999; Kottas, Gelfand, 2001). 由于它的易解释性, 这个方法是非常直观而具有吸引力的.

这个基本模型假定生存时间 $T_i$, $i = 1, \cdots, n$ 可能是删失的, 并且依赖于协变量 $\boldsymbol{X}_i$. 如果没有删失, 很自然地就会认为数据对 $\{T_i, \boldsymbol{X}_i\}_{i=1}^n$ 是多元独立同分布样本, 如果第 $i$ 个观测值被删掉了, 那么对于 $T_i$, 就观测 $Y_i$ 以代替. $T_i$ 的对数变换使得加速失效时间模型得以建立, 就是在 $\boldsymbol{X}_i$ 上对 $T_i$ 的对数做线性回归, 即

$$\log(T_i) = \boldsymbol{X}_i^{\mathrm{T}}\boldsymbol{\beta} + \varepsilon_i,$$

其中 $\varepsilon_i, i = 1, \cdots, n$ 是独立同分布的, 已知分布的函数. $\varepsilon_i$ 的均值并不被假定为 0, 因为在删失的情况下观测 $Y_i$ 替代 $T_i$, 所以向量 $\boldsymbol{\beta}$ 中并不包含截距项. 据此, 对于加速失效时间方法均值回归分析并不是一个好的估计方法. 然而用以模拟生存时间的分位数分位回归方法 (或者作为协变量和截距项的一个函数变换) 是合适的, 参见 Yang (1999) 的阐释.

### 1.3.6 金融风险管理

金融制度通常要求银行报告他们每天的风险度量称为风险价值 (VaR). 在金融

行业中, VaR 模型是最常用的衡量市场风险的模型 (Lauridsen, 2000). 令 $Y$ 是金融收益, 所以对于一个给定的 $p$ 的较低值, 如果 $y$ 满足 $P(Y \leqslant y) = p$ 就是 VaR. 变量 $Y$ 可能与协变量 $x$ 有关比如汇率.

显然, 通过对金融收益的尾部 VaR 估计是与极端的分位数估计相关的. 金融收入的分布也可以由几个分位数刻画出来. 例如, 估计金融模型中一阶段收益的一个通用的方法就是预测波动性, 然后做一个高斯假设, 参看 Hull 和 White (1998). 然而时常发现市场收益比正态分布有更多的峰度. 利用 1990 年 6 月 25 日到 1994 年 3 月 23 日期间, 英镑、德国马克以及日元对美元的日汇率的 950 个观测值, 我们对多时期的收益分布用分位回归的方法. 关于用分位回归对收益进行分析的更广泛的讨论在 Bassett 和 Chen (2001) 中给出.

### 1.3.7 经济

分位回归对于消费市场的研究是非常有用的, 由于对分别属于高、中、低消费群体的个体来说一个协变量的影响和作用可能是非常不同的. 同样地, 对于分别属于高、中、低利润机构的公司, 利率的变化对其的股票价格也可能产生不同的结果.

特别的是, 在劳动经济学中, 分位数回归现在被认为是研究工资和收入的一个标准的分析工具, 参考如 Buchinsky (1995). 研究一个群体中成员之间的收入是怎样分布的也是非常重要的, 如以确定纳税策略或者是实施社会政策.

其他的应用包括看家庭日常用电量与天气特征之间的关系. 低分位数曲线相当于基本的使用, 而高分位数曲线可能反映出一天里的活动期由于空调的使用而带来的用电量的高度使用. 参见 Hendricks 和 Koenker (1992).

### 1.3.8 环境

水文地理学是与模拟降水量及河流量相关的. 对于淡水的供给要求对干旱的可能性进行评估来帮助水库的设计, 以及对高降水量的可能性进行评估以对洪水的排放装置进行设计. 这样在水文地理统计中, 对于分布尾部的模拟以及极端分位数的信息就是至关重要的了. 假设 $q_p(s)$ 是一个水文变量的分位函数, 如每年洪水高度的最大值; 那么对于某个给定的高值 $p_0$, 如 0.9, 就有 $100(1-p_0)\%$ 的可能性超过 $q_{p_0}(x)$. 在第 $k$ 年首次超越的概率发生是 $P(K=k)=p_0^{k-1}(1-p_0)$. 变量 $K$ 的均值是 $1/(1-p_0)$, 成为一个 $100(1-p_0)\%$ 再现事件的重现期 $T$. 例如, 如果 $T$ 是 100 年, 那么 100 年里超过 $q_{0.99}(X)$ 的洪水再现的可能性是 99% .

研究污染数据时, 从公共健康的视角来讲, 与用上分位数代表更极端水平的模型相比, 均值的集中水平的模型可能是更不相关的. 更多的讨论参考如 Pandey 和 Nguyen(1999) 及 Hendricks 和 Koenker (1992).

### 1.3.9 异方差性检验

对于数据分析, 识别异方差性是一个重要的工作. 分位数图能够提供一个有用的描述性工具. 这些图不仅能够帮助我们检测异方差性, 也能让我们对于给定 $\boldsymbol{X}=\boldsymbol{x}$ 时 $Y$ 的条件分布的位置、发散程度及形状有一个大体的印象.

分位回归可以用来评估模型假设 $Y=\boldsymbol{x}^{\mathrm{T}}\beta+\varepsilon$ 的偏离. 如果 $\varepsilon$ 的分布不依赖于协变量 $\boldsymbol{X}$ 的值, 那么所有回归分位是平行的.

## 1.4 其他方面

现在简要地论述一些近年来的研究领域.

### 1.4.1 时间序列

分位回归的大多数研究都假定响应变量的观测值 $Y$ 是条件独立的. 近年来, 一些研究人员探讨了时间序列分位回归模拟的不同方法. 例如, 一个基于估计条件分布的方法是由 Cai(2002) 给出的, 而另一种基于检验函数的方法是由 Gannoun 等 (2003) 给出的. 在 Cai (2002) 的方法中, 假定时间序列 $Y_i$ 与时间序列 $X_i$ 的关系是通过模型 $Y_i=\mu(X_i)+\sigma(X_i)\varepsilon_i$ 建立的, 这里 $\mu(X_i)$ 是回归函数且 $\varepsilon_i$ 是模型误差. $\sigma(X_i)$ 对 $X_i$ 的依赖性表明这个模型是异方差的. 这个方法首先用 1.2.3 节的方法估计出给定 $X_i$ 下 $Y_i$ 的条件分布, 然后通过条件分布函数的逆估计出条件分位数. 在 Gannoun 等 (2003) 的方法中, 给定现在和过去的记录, 对一个严平稳实值过程 $Z$ 的条件分位数进行估计, $Z$ 的 $100p\%$ 分位数被刻画为

$$q_p(x)=\operatorname{Arg}\min_{\theta\in\mathbb{R}}\{E[\rho_p(Z-\theta)|X=x]\}.$$

然后, 用 1.2.3 节中基于核的检验函数来进行估计. 分位数回归也同样的被应用于纵向数据的分析中; 见 Lipsitz 等 (1997), 通过考虑遗漏计数, 对 CD4 单元计数数据描述了一个有效的分位数回归方法.

### 1.4.2 拟合优度

在一般文章中, 对分位数曲线与数据拟合程度的评估似乎得到了很少的关注, 但 Konenker 和 Machado (1999) 及 Royston 和 Wright (2000) 却是两个例外. 典型的拟合优度问题在这里是评定不同多项式模型的效能以及比较参数模型与非参模型. 在前一种情况, 对于一个参数模型 $q_p(x)=\beta_0+\beta_1x_1+\beta_2x_2$, 要检测协变量 $x_1$ 对一个响应的 $100p\%$ 分位数是否有影响. 本质上, 需要对这个参数模型和另一个更简单的参数模型 $q_p(x)=\beta_0+\beta_2x_2$ 进行假设检验. Koenker 和 Machado (1999) 着重强调了这个问题.

将要通过用免疫球蛋白 G 数据作为一个实例来激发我们的讨论. 这个数据集包括了 298 个从 6 个月大到 6 岁大的儿童的血清浓度 (单位：g/L), 并在 Isaacs 等 (1983) 中进行了更进一步的讨论. 我们令响应变量 $Y$ 为免疫球蛋白 G 的浓度, 并对不同的 $p$ 值用一个关于年龄 $x$ 的二次模型对分位回归进行拟合：

$$q_p(x) = \beta_0 + \beta_1 x + \beta_2 x^2,$$

我们用 1.2.1 节中的参数方法拟合模型. 图 1-7(a) 显示出了数据以及 $p = 0.05, 0.25, 0.5, 0.75, 0.95$ 时的分位数回归线. 除了 0.75 曲线外, 所有的曲线都有一个明显的二次形状.

另一种办法就是 1.2.3 节中介绍的基于核的非参光滑方法, 通过表达式 (3) 估计出潜在的分位数曲线. 估计出的分位数曲线在图 1-7(b) 中描绘出来.

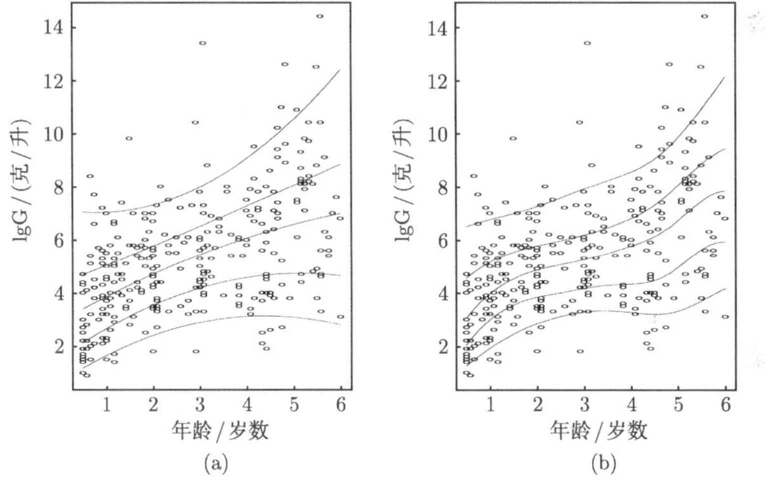


图 1-7 免疫球蛋白 G 数据

(a) 用二次模型拟合; (b) 图用非参数模型拟合

其中对应于 $p = 0.05, 0.25, 0.5, 0.75, 0.95$ 的 5 条分位回归曲线

通过对免疫球蛋白 G 数据的这些不同的参数和非参分位回归曲线的比较, 我们发现对分位回归关系的拟合优度进行评估是非常重要的. 尽管有许多研究都是关于均值回归模型的拟合优度的评价, 但由于分位回归模型和均值回归模型的定义及估计方法是非常不同的, 那些研究对分位回归模型的拟合并不适用. 几乎所有的均值回归检验统计量都是以一个二次的形式为基础的, 像是 $R^2$ 统计量, 或者是残差的平方和与一个二次的损失函数相对应.

总之, 需要判断出一个非参分位回归模型是否能够简化为一个线性的或参数分位回归模型, 这个问题是作者目前研究的一个主题, 也需要评估存在高维预测变量时一个分位回归模型的可加性. 就可解释性而言, 可加结构是非常重要的.

### 1.4.3 贝叶斯分位回归

现今, 对广义线性模型用贝叶斯推断是非常流行的; 见 Besag 和 Higdon (1999). 与传统的推断相比, 贝叶斯方法的两个优势是它能导出精确的推断, 而传统方法是渐近的推断, 并且贝叶斯推断能够更好地处理参数不确定性这种情况. 即便在复杂的情况下, 用 Markov chain Monte Carlo 方法获得后验分布是相对容易的, 见 Chen 等 (2001), 这就使得贝叶斯推断更易得到, 更具吸引力. Markov chain Monte Carlo 方法使得我们能够获得我们感兴趣的参数 $\beta$ 的完整的后验分布.

近来, Yu 和 Moyeed (2001) 通过用非对称的 Laplace 似然函数, 对于分位回归开创了一个完整的贝叶斯模型方法, 就像在 1.1.3 节中讨论的一样. 他们的方法如下.

给定观测值 $y=(y_1,\cdots,y_n)^{\mathrm{T}}$, 后验密度 $\pi(\beta|y)$ 如下得到

$$\pi(\beta|y)\propto L(y|\beta)\pi(\beta),$$

其中, $\pi(\beta)$ 是 $\beta$ 的先验分布, $L(y|\beta)$ 是基于非对称 Laplace 密度的似然函数. Yu 和 Moyeed (2001) 表明, 如果对 $\beta$ 选择了一个不合适的均匀先验也能够得到一个合适的联合后验分布, 即, 如果 $\pi(\beta)\propto 1$, 那么 $\pi(\beta|y)$ 也会是合适的. 如果存在更多的先验信息, 也可以用其他的分布.

Kottas 和 Gelfand(2001) 提出了另一种方法, 在中位数回归模型中对误差项用一个混合模型. 它们的似然是基于他们引进的偏斜分布的一个参数族.

## 1.5 软　件

贯穿统计学的科技进步集中体现在统计软件的变化中. 这对于分位回归尤其如此, 因为已经成了方法的可靠执行基础的线性规划算法对某些使用者来说在某种程度还是很深奥的, 并且广泛用于实践, 这使得分位回归方法对使用者来讲较为难懂. 自从 1950 年以来, 人们已经认识到基于最小化残差绝对值和的中位数回归方法可以表示成线性规划问题, 并且可以通过单纯性算法有效求解. Barrodale 和 Roberts (1974) 的中位数回归算法尤其影响巨大, 并且可以很容易地应用于一般分位回归. Koenker 和 D'Orey (1987) 描述了一种方法实施. 对于大规模的分位回归问题, Portnoy 和 Koenker (1997) 的研究表明内点方法和有效预处理方法的结合能够提供分位回归计算, 在同等计算规模下与最小二乘法计算媲美.

在现有应用于计量经济学的商业软件中, 只有 Stata 提供了一些基本的函数可以用于分位回归. 在 19 世纪 80 年代中期以来, 我们修改了一个专为分位回归设计

开源的程序包用于 Becker 等 (1988) 的 S 语言及相关的商业程序 Splus. 近来, 这个软件包已经拓展成了 R 语言, S 语言的 GNU 版本, 见 Koenker (1995). 这个网站统一提供了 Ox 和 Matlab 的程序.

良好的计量经济学的基本原则是每个严肃估计都应得到可靠的精确性评价. 关于分位回归估计量的渐近行为的文献很多, 不但有很多重新抽样的方法, 而且还有大量的基于渐近理论的推断方法. 我们近期对这些方法进行比较, 以解决近期在劳动经济学中典型问题的应用中置信区间的构造. 现有方法之间的差异不大, 而分位回归的推断比其他计量经济学中的推断方法更加的稳健. 这篇文章的最初版本, Koenker 和 Hallock (2000) 更加细致地描述了这个联系, 并且提供了近期分位回归应用于离散数据模型、时间序列、非参数模型以及其他领域的简介. 这些发展很多已经慢慢地融入到了标准计量经济学软件中. 除了 Stata 和 Xplore, 见 Cizek (2000) 以及网络可获取的 Splus 和 R, 迄今还没有计量经济学软件可以进行分位回归的估计和推断.

## 1.6 主要参考文献

自从 Koenker 和 Bassett (1978) 提出分位回归以来, 有关它的研究及应用得到迅猛发展. 对于美国劳工市场的研究贡献包括 Buchinsky (1994,1997). Arias 等 (2001) 利用双胞胎的数据来解释观察到的估计教育回报的奇异性. 同样有很多文献集中考虑美国以外的劳动力市场的情况, 包括 Fitzenberger (1999), Machado 和 Mata (2001) 对葡萄牙的研究; Garcia 等 (2001) 对西班牙的研究; Schultz 和 Mwabu (1998) 对南非的研究; Kahn (1998) 对国家间的比较. Machado 和 Mata(2001) 的工作尤其值得注意, 因为其提出了一种有用的方法, 即把墨西哥瓦哈卡的反事实分解法引入到了分位回归中, 并且提出了一个从分位回归过程模拟边际分布的一般方法. Tannuri (2000) 在近期对美国移民同化的研究中应用了这个方法. 在应用微观领域, Eide 和 Showalter (1998), Knight 等 (2000) 及 Levin (2001) 提出了学校质量的问题. Poterba 和 Rueben (1995) 以及 Mueller (2000) 研究了美国和加拿大 "公共–私有" 工资的差异. Abadie 等 (2001) 考虑了项目评估中的内生性处理效应. Koenker 和 Billias (2001) 探索了分位回归模型在失业时间数据的应用. Viscusi 和 Hamilton (1999) 的工作研究了关于有害废物处理的公共决策制定. 在金融领域的参考文献有如 Taylor (1999), Chernozhukov 和 Umantsev (2001), Engle 和 Manganelli (1999).

本节主要参考 Koenker 和 Hallock (2000), Enggle (1857), Cole 和 Green (1992), Crowley 和 Hu (1977), Yang (1999), Yu 和 Lu (2003), Su 和 Tian (2011) 以及 Tian 和 Chen (2006) 等.

# 第 2 章　线性分位回归

## 2.1　概　　念

Koenker 和 Bassett (1978) 介绍的分位回归 (QR) 正逐渐发展成为线性和非线性响应模型统计分析的综合方法. QR 的功能说明如下: (a) 这个模型可以用于刻画给定回归量的因变量的整体条件分布; (b) QR 系数估计的结果是稳健的, 即对因变量观察值的离群点不敏感; (c) 误差项非正态的情况下, QR 估计量结果比 OLS 有效; (d) 不同分位点上有不同的潜在解决方案可以解释为因变量对因变量条件分布的不同点上因素选择的响应差异; (e) 一个线性规划表示 (LP) 使得 QR 估计变得简单.

对分位回归至少有四个等价的数学定义.

(I) 基于条件分位函数的定义:

设 $q_p(\boldsymbol{x})$ 是因变量 $Y$ 给定 $\boldsymbol{X}=\boldsymbol{x}$ 的 $p$ 分位点, 在这种情况下, $q_p(\boldsymbol{x})$ 可以通过解

$$F(q_p(\boldsymbol{X})|\boldsymbol{x}) = P(Y \leqslant q_p(\boldsymbol{X})|\boldsymbol{X}=\boldsymbol{x}) = p$$

得到, 其中 $F$ 是 $Y$ 的累积分布;

(II) 基于分位回归模型的定义 (Bailar, 1991):

$$Y = \boldsymbol{X}^{\mathrm{T}}\beta + \varepsilon,$$

其中误差项 $\varepsilon$ 假设满足 $\text{Quantile}_p(\varepsilon) = 0$. 在标准线性回归中, 误差项假设为高斯误差;

(III) 基于损失函数的定义 (Koenker, Bassett, 1978) :

$$\min_{\beta\in\Theta} E\left\{\rho_p(\boldsymbol{Y}-\boldsymbol{X}^{\mathrm{T}}\beta)|\boldsymbol{X}=\boldsymbol{x}\right\},$$

其中 $I_A(z)$ 集合 $A$ 上的普通示性函数, $\Theta$ 是 $\beta$ 的参数空间,

$$\rho_p(z) = pzI_{[0,\infty)}(z) - (1-p)zI_{(-\infty,0)}(z)$$

称为损失函数;

(IV) 基于非对称拉普拉斯密度的定义 (Yu, Moyeed, 2001):

$$f(\varepsilon) \propto \exp\left\{-\sum_{i=1}^{n}\rho_p(y_i-\boldsymbol{x}_i^{\mathrm{T}}\boldsymbol{\beta})\right\},$$

其中 $f(\varepsilon)$ 是模型误差 $\varepsilon$ 的概率密度.

## 2.2 大样本性质

本节将考虑线性分位回归估计量的收敛速度问题. 对于基于独立同分布抽样的普通样本分位数估计, 问题会变得比较简单些, 而这同样依赖于响应变量在待估分位点附近的分布情况. 令 $Y_1, Y_2, \cdots$ 是独立随机变量, 其分布函数分别是 $F_1, F_2, \cdots$, 并且假定 $\tau$- 分位条件分位函数为

$$Q_{Y_i}(\tau|\boldsymbol{x}_i) = \boldsymbol{x}_i^{\mathrm{T}}\beta(\tau).$$

这些 $Y_i$ 的条件分布函数可以写成

$$P(Y_i \leqslant y_i|\boldsymbol{x}_i) = F_{Y_i}(y_i|\boldsymbol{x}_i) = F_i(y_i),$$

所以有

$$Q_{Y_i}(\tau|\boldsymbol{x}_i) = F_{Y_i}^{-1}(\tau|\boldsymbol{x}_i) \equiv \xi_i(\tau).$$

为了建立渐近性质, 需要下面的条件.

**假设 2.2.1** 分布函数 $\{F_i\}$ 绝对连续, 并且有连续的密度函数 $f_i(\xi)$, 它们在点 $\xi_i(\tau)$, $i = 1, 2, \cdots$ 上一致地不为 0 和 $\infty$.

**假设 2.2.2** 存在正定矩阵 $D_0$ 和 $D_1(\tau)$, 使得

(1) $\lim\limits_{n\to\infty} \dfrac{1}{n}\sum \boldsymbol{x}_i\boldsymbol{x}_i^{\mathrm{T}} = D_0$;

(2) $\lim\limits_{n\to\infty} \dfrac{1}{n}\sum f_i(\xi_i(\tau))\boldsymbol{x}_i\boldsymbol{x}_i^{\mathrm{T}} = D_1(\tau)$;

(3) $\max\limits_{i=1,\cdots,n} \|\boldsymbol{x}_i\|/\sqrt{n} \to 0$.

**定理 2.2.1** 在上述假设 2.2.1-2.2.2 之下, 有

$$\sqrt{n}(\hat{\beta}(\tau) - \beta(\tau)) \xrightarrow{\mathcal{D}} N\left(0,\ \tau(1-\tau)D_1^{-1}D_0D_1^{-1}\right),$$

而在独立同分布误差模型下, 有

$$\sqrt{n}(\hat{\beta}(\tau) - \beta(\tau)) \xrightarrow{\mathcal{D}} N\left(0,\ \frac{\tau(1-\tau)}{f_i^2(\xi_i(\tau))}D_0^{-1}\right).$$

**证明** $\sqrt{n}(\hat{\beta}(\tau) - \beta(\tau))$ 的性能来自于考虑下面的目标函数:

$$Z_n(\delta) = \sum_{i=1}^{n} \rho_\tau(u_i - \boldsymbol{x}_i^{\mathrm{T}}\delta/\sqrt{n}) - \rho_\tau(u_i),$$

其中 $u_i = y_i - \boldsymbol{x}_i^{\mathrm{T}}\beta(\tau)$. 该函数 $Z_n(\delta)$ 显然是凸函数, 并且在下面点上最小化:

$$\hat{\delta}_n = \sqrt{n}(\hat{\beta}(\tau) - \beta(\tau)).$$

根据 Knight (1998), $\hat{\delta}_n$ 的极限分布决定于函数 $Z_n(\delta)$ 的极限行为. 利用 Knight 不等式, 有

$$\rho_\tau(u-v) - \rho_\tau(u) = -v\psi_\tau(u) + \int_0^v \{I(u \leqslant s) - I(u \leqslant 0)\}\mathrm{d}s, \tag{2.1}$$

$\psi_\tau(u) = \tau - I(u \leqslant 0)$; 可以记

$$Z_n(\delta) = Z_{1n}(\delta) - Z_{2n}(\delta),$$

其中

$$\begin{aligned}
&Z_{1n}(\delta) = -\frac{1}{\sqrt{n}}\sum_{i=1}^n \boldsymbol{x}_i^{\mathrm{T}}\delta\psi_\tau(u_i),\\
&Z_{2n}(\delta) = \sum_{i=1}^n \int_0^{v_{ni}} \{I(u_i \leqslant s) - I(u_i \leqslant 0)\}\mathrm{d}s \equiv \sum_{i=1}^n Z_{2ni}(\delta),\\
&v_{ni} = \boldsymbol{x}_i^{\mathrm{T}}\delta/\sqrt{n}.
\end{aligned}$$

根据 Lindeberg-Feller 中心极限定理, 利用假设 2.2.2, 有 $Z_{1n} \to -\delta^{\mathrm{T}}W$, 其中 $W \xrightarrow{\mathcal{D}} N(0,\ \tau(1-\tau)D_0)$. 现在, 将第二项写成

$$Z_{2n}(\delta) = \sum EZ_{2ni}(\delta) + \sum\{Z_{2ni}(\delta) - EZ_{2ni}(\delta)\},$$

有

$$\begin{aligned}
\sum EZ_{2ni}(\delta) &= \sum \int_0^{v_{ni}} \{F_i(\xi_i + s) - F_i(\xi_i)\}\mathrm{d}s\\
&= \frac{1}{\sqrt{n}}\sum \int_0^{\boldsymbol{x}_i^{\mathrm{T}}\delta} \{F_i(\xi_i + t/\sqrt{n}) - F_i(\xi_i)\}\mathrm{d}s\\
&= \frac{1}{n}\sum \int_0^{\boldsymbol{x}_i^{\mathrm{T}}\delta} \sqrt{n}\{F_i(\xi_i + t/\sqrt{n}) - F_i(\xi_i)\}\mathrm{d}s\\
&= \frac{1}{n}\sum \int_0^{\boldsymbol{x}_i^{\mathrm{T}}\delta} f_i(\xi_i)t\mathrm{d}t + o(1)\\
&= \frac{1}{2n}\sum f_i(\xi_i)\delta^{\mathrm{T}}\boldsymbol{x}_i\boldsymbol{x}_i^{\mathrm{T}}\delta + o(1)\\
&\to \frac{1}{2}\delta^{\mathrm{T}}D_i\delta.
\end{aligned}$$

这样, 下面这一个界

$$V(Z_{2n}) \leqslant \frac{1}{\sqrt{n}}\max|\boldsymbol{x}_i^{\mathrm{T}}\delta|\sum EZ_{2ni}(\delta),$$

与假设 2.2.2 (3) 有

$$Z_n(\delta) \to Z_0(\delta) = -\delta^{\mathrm{T}}W + \frac{1}{2}\delta^{\mathrm{T}}D_1\delta.$$

极限目标函数 $Z_0(\delta)$ 的凸性保证了最小化子的唯一存在, 因此有

$$\sqrt{n}(\hat{\beta}(\tau) - \beta(\tau)) = \hat{\delta}_n = \mathrm{Argmin}Z_n(\delta) \to \hat{\delta}_0 = \mathrm{Argmin}Z_0(\delta).$$

参见如 Pollard (1991), Hj$\phi$rt 和 Pollard (1993), Knight (1998). 最后, 可以看出 $\hat{\delta}_0 = D_1^{-1}W$, 所以定理结果成立. 证毕. ■

## 2.3 结　论

很多以前的研究仅把注意力放在了家庭背景影响因素的平均表现上面. 看起来相当不能理解的是, 这些因素效应应该被综合起来, 以便于用一个固定数量来替换整个检验结果的分布. 显然, 知道家庭背景因素是否会像影响差生那样改变最好学生的成绩很有趣. 这些问题在本节中通过分位回归方法的各个均值进行了研究. 分位回归结果表明在数学成绩的条件分布的不同分位点上, 可能存在不同家庭背景因素的影响效应.

结果显示, 当数学成绩条件分布的分位点从 5%移动到 50% 时, 父母的数量因素倾向于对成绩有显著的影响. 这一发现说明不断上升的离婚问题会导致家庭中双亲数量的改变, 进而对分位点 5% 到 50% 的数学成绩的条件分布产生灾难性的后果. 一般说来, 兄弟姐妹的数量对学生的数学成绩有负的影响, 受影响的成绩是位于后两个高中学年的低分位点和中位数上. 我们还注意到这样一个事实, 在高中的三个学年里, 父亲的社会经济地位对数学成绩的影响要高于母亲的. 大致, 女性在高中的前两个学年表现要滞后于男性, 但是在最后一学年表现又超过了男性. 因素 "非加拿大出生" 对数学成绩的影响几乎与因素 "女性" 一样. 确实, 语言障碍是一个严重的问题. 本地学生仅在 11 年级时能从当前高中数学教学中获益. 最后, 除了在 11 年级中 5%分位点的影响外, 少数民族的学生表现不好.

## 2.4 主要参考文献

就性别而言, 在数学学习中, 有证据表明女性很可能不相信数学对她们的生活会有用 (Fennema, Sherman, 1978). 喜欢一门学科是在这门学科上取得成功的关键 (Lockhead et al., 1985). 一些对移民学校成绩的研究表明, 他们的成绩高于平均值, 如 Viadero (1997), Lapin (1998). 移民子女尤其是西班牙裔和其他有贫穷背景的遭受着大学成绩差和教育程度低之苦. 本节主要参考 Tian 和 Chen(2006) 与 Koenker(2005).

# 第 3 章　非参数分位回归

## 3.1　稳健局部逼近

本节考虑基于带有噪声的观测值的函数重构局部逼近方法, 给出局部逼近估计的相合性条件和收敛速率, 确定渐近分布, 并证明它们的稳健性.

### 3.1.1　引言

考虑重建光滑函数 $f(x)$ 和它的导数问题, 基于观测值的形式

$$y_i = f(x_i) + \xi_i, \quad i = 1, \cdots, n,$$

其中 $x_i$ 是给定的属于开区间 $X \subset \mathbb{R}$ 的观测点; $\xi_i$ 是独立同分布 (iid) 于 $G$ 的随机变量. 函数 $f: X \to \mathbb{R}^1$ 是 $l-1$ 次可微, 并且它的 $l-1$ 阶导数满足常数为 $L$ 的 Lipschitz 条件. 满足这些条件的函数 $f$ 的集合记为 $\mathscr{F}_l$.

$G$ 的分布未知, 但可以获得它的一个先验信息. 关于 $G$ 的不同类型的先验信息在下面有所描述. 这里只需令 $G$ 的方差或任意阶矩有界, 当然这不是必须的.

假定 $x$ 是集合 $X$ 的一个固定点; $F(t)$ 是某些凸的非负非单调函数; $K(u)$ 是权重函数; $h_n \to 0$ 是正数序列; $U$ 是一个实值变量 $u$ 的向量值函数, 定义表达式 $U^{\mathrm{T}}(u) = (1, u, \cdots, u^{l-1}/(l-1)!)$. 令 $u_{in} = (x_i - x)/h_n, U_{in} = U(u_{in})$.

假定存在下面形式:

$$\theta_n(x) = \operatorname{Arg}\min_{\theta \in \mathbb{R}^l} \sum_{i=1}^{n} F(y_i - \theta^{\mathrm{T}} U_{in}) K(u_{in}), \tag{3.1}$$

并且假定 $f_n^{(j)}(x)$ 是 $\theta_n(x)$ 的 $j+1$ 个元, 除以 $h_n^j$, 那么

$$\theta_n^{\mathrm{T}}(x) = (f_n^{(0)}(x), f_n^{(1)}(x)h_n, \cdots, f_n^{(l-1)}(x)h_n^{l-1}). \tag{3.2}$$

局部逼近方法 (LAM) 是一个由 $f_n^{(j)}(x)(j = 0, 1, \cdots, l-1)$ 组成的 $f^{(j)}(x)$ 的估计过程. 那么 $f^{(j)}(x)$ 是 $f$ 于点 $x$ 的 $j$ 阶导数, $f^{(0)}(x) \approx f(x)$.

LAM 的思想是, 在点 $x$ 的邻域, 条件 $f$ 是由一个 $l-1$ 阶的泰勒多项式逼近得到, 并且计算了这个多项式系数的 M 估计. 权重条件界定局部性质, 它只挑选出充分靠近 $x$ 的那些点 $x_i$.

在一些特殊情况下, 定义 (3.1) 产生一些已知的估计. 这样, 对于 $K$ = 常数, 有参数回归的 M 估计; 对 $l=1$ 和 $F(t)=t^2$ 有非参数 Nadaraya-Watson 估计 (Nadaraya, 1964). $l=1$ 情况下在参考文献 Tsybakov(1982a, 1982b, 1983) 和 Härdle (1984) 中有所研究.

如果导数 $\psi=F^l$ 是连续的, 那么等式

$$\sum_{i=1}^{n} U_{in}\psi(y_i-\theta_n^{\mathrm{T}}(x)U_{in})=0$$

再加上假设 (3.2) 就会产生 LAM 的一个等价定义.

在 Stone(1977) 和 Cleveland (1979) 中对于二次函数 $F$ 最初提出 LAM. 这种情况下所得估计关于 $y_i$ 是线性的, 并且它们有显式表达. 就像所有的线性估计一样, 它们对大的 "摆动" 都比较敏感. 为了减轻对摆动的敏感性, 很自然地应用不同于二次函数的 $F$. 在此基础上, 文章 Yatkovnik (1983) 对任意 $F$ 提出了 LAM, $f_n^{(0)}(x)$ 几乎肯定收敛到 $f(x)$ 的条件可以在 Yatkovnik (1983) 中得到.

本节探讨 LAM 估计的收敛性、渐近正态性和稳健性. 给出依概率收敛 $\theta_n(x)-\theta_n^*(x)\xrightarrow{P}0$ 的收敛条件, 其中

$$\theta_n^*(x)^{\mathrm{T}}=(f(x),f'(x)h_n,\cdots,f^{(l-1)}(x)h_n^{l-1}),$$

与 $c_n(x)\to c^*(x)$ 的充分必要收敛条件, 其中

$$c_n(x)^{\mathrm{T}}=(f_n^{(0)}(x),\cdots,f_n^{(l-1)}(x)),\quad c^*(x)^{\mathrm{T}}=(f(x),\cdots,f^{(l-1)}(x)).$$

对函数族 $\mathscr{F}_l$ 中的函数与它们的导数的所有可能的估计方法. 证明 LAM 估计在数量级方面拥有逐点收敛的最大速率, 这一事实在 Tsybakov (1982b) 中早就对 $l=1$ 情形有所说明. Stone (1980) 考虑了 $l\geqslant 1$、二次函数 $F$ 以及分布密度 $\xi_i$ 的矩与导数的某些限制. 我们得到关于最优窗宽 $h_n=\beta n^{-1/(2l-1)},\beta>0$ 下向量 $\sqrt{nh_n}(\theta_n(x)-\theta_n^*(x))$ 的渐近分布, 同时还考虑了 LAM 估计的稳健性. 最小化在 $l=2$ 下关于 $K$ 和 $\beta$ 估计的渐近误差, 给出了 LAM 估计和 Nadaraya-Watson 估计的比较.

### 3.1.2 相合性

我们给出下面的假定.

1° $f\in\mathscr{F}_l$.

2° $K$ 是一个有界函数, 并且非负, 在正的 Lebesgue 测度集中 $K>0$ .

3° $x_i$ 是立同分布的随机变量且密度函数为 $\mu$, 存在数值 $\mu_1,\mu_2$ 使得 $0<\mu_1\leqslant\mu(x)\leqslant\mu_2<\infty,\forall x\in X$. 这些 $x_i$ 独立于 $\varepsilon_i$ .

4° 函数 $F$ 是有界凸的.

固定点 $x \in X$. 在点 $x$ 的邻域我们给出 $f$ 的形式

$$f(z) = \sum_{j=1}^{l-1} f^{(j)}(x)(z-x)^j/j! + R(z-x),$$

$$R(z-x) = (z-x)^l \int_0^1 f^{(l)}(x(1-q)+zq)(1-q)^{l-1}\mathrm{d}q/(l-1)!,$$

其中 $f^{(l)}$ 是函数 $f$ 的 $l$ 阶导数的固定修正, 在 $X$ 上处处唯一确定. 为简单起见, $R$ 对 $x$ 和 $f$ 的依赖性没有界定. 令 $R_{in} = R(u_{in}h_n)$. 那么

$$f(x_i) = U_{in}\theta_n^*(x) + R_{in} = c^*(x)^{\mathrm{T}}\boldsymbol{H}_n\boldsymbol{U}_{in} + R_{in}, \tag{3.3}$$

其中 $\boldsymbol{H}_n$ 是一个 $l \times l$ 的如下形式矩阵

$$\boldsymbol{H}_n = \begin{pmatrix} 1 & & & \\ & h_n & \mathbf{0} & \\ & & \ddots & \\ & \mathbf{0} & & h_n^{l-1} \end{pmatrix}.$$

下面用 $C$ 表示有限正常数 (不必要相同). 约定 $C$ 值的选取方式为后面的取值不小于前面的取值. 通过 $D$ 定义 $K$ 的直径, 由 2° 知它是有界的. 显然

$$\sup_{|u|\leqslant D} |Uu| \leqslant C, \tag{3.4}$$

$$\sup_{f\in\mathscr{F}_l}\sup_{|u|\leqslant D} |R(uh_n)| \leqslant Ch_n^l, \tag{3.5}$$

其中 $|\cdot|$ 表示 Euclidean 模. 不失一般性, 下面假定式 (3.4) 中的 $C=1$.

下面的引理在后面很重要.

**引理 3.1.1** 如果满足条件 2° , 矩阵 $\boldsymbol{B} = \int \boldsymbol{U}\boldsymbol{U}^{\mathrm{T}}K(u)\mathrm{d}u$ 是正定的.

**证明** 对任意 $V \in R^l, \boldsymbol{V} \neq \mathbf{0}$,

$$\boldsymbol{V}^{\mathrm{T}}\boldsymbol{B}\boldsymbol{V} = \int (\boldsymbol{V}^{\mathrm{T}}\boldsymbol{U}(u))^2 K(u)\mathrm{d}u > 0,$$

因为 $K > 0$ 在一个正定测度集上, 而多项式 $\boldsymbol{V}^{\mathrm{T}}\boldsymbol{U}(u)$ 只在有限点上消失. ■

**引理 3.1.2** 假定 $\tau_{1n}, \cdots, \tau_{nn}$ 是独立同分布随机变量, 使得 $M|\tau_{1n}|^{1+\delta} = O(h_n^{-\delta}), n\to\infty$, 对某些 $\delta \in (0,1]$. 假定当 $n\to\infty$ 时 $nh_n \to \infty$, 那么

$$n^{-1}\sum_{i=1}^{n}(\tau_{in} - M\tau_{in}) \xrightarrow{P} 0, \quad n\to\infty.$$

**证明** 本引理的成立可以从独立随机变量和的矩不等式看出, 如参见 Petrov (1972)[79], 这里忽略. ■

**定理 3.1.1** 假定满足条件 $1^\circ \sim 4^\circ$, 当 $n\to\infty$ 时, $h_n \to 0, nh_n\to\infty$ 并且存在 $\varepsilon, \delta > 0$ 使得

$$\nu_{1+\delta}(t) = M|F(\xi_1 + t) - F(\xi_1)|^{l+\delta} \leqslant C, \tag{3.6}$$

$$\nu(t) = M(F(\xi_1 + t) + F(\xi_1)), \tag{3.7}$$

对 $0 < |t| \leqslant \varepsilon$. 那么 $\theta_n(x) - \theta_n^*(x) \xrightarrow{P} 0, \forall x \in X$.

**证明** 固定 $x$ 并且令 $\theta_n^* = \theta_n^*(x)$ 和 $\bar{\theta}_n = \theta_n(x) - \theta_n^*(x)$. 由式 (3.1) 和 (3.2), 有

$$\bar{\theta}_n = \mathrm{Arg}\min_{\theta\in R^l} \tilde{J}_n(\theta),$$

其中 $\tilde{J}_n(\theta) = (nh_n)^{-1}\sum_{i=1}^{n}(F(\xi_i + R_{in} - U_{in}^{\mathrm{T}}\theta) - F(\xi_i + R_{in}))K(u_{in})$. 为了证明收敛 $\bar{\theta}_n \xrightarrow{P} 0$, 应用 Nemirovskii 等 (1984) 中的引理 A1.2, 其中有如下形式的假设:

$$\exists d > 0: \lim_{n\to\infty} P\{\tilde{J}_n(\theta) \geqslant d\} = 1, \forall\theta \in S, \tag{3.8}$$

$$\lim_{\gamma\to 0}\overline{\lim_{n\to\infty}} P\left\{\sup_{\theta':|\theta-\theta'|\leqslant\gamma} |\tilde{J}_n(\theta) - \tilde{J}_n(\theta')| \geqslant \varepsilon\right\} = 0, \forall\varepsilon > 0, \theta \in \Theta, \tag{3.9}$$

其中 $S = \{\theta : |\theta| = \eta\}$, $\theta = \{\theta : |\theta| \leqslant \eta\}, \eta > 0$ 是一个充分小的数.

下面证明式 (3.1.8). 有 $\tilde{J}_n(\theta) = n^{-1}\sum_{i=1}^{n}\tau_{in}$, 其中 $\tau_{in} = h_n^{-1}K(u_{in})(F(\xi_i + R_{in} - U_{in}^{\mathrm{T}}\theta) - F(\xi_i + R_{in}))$. 应用基本不等式 $|a - b|^{1+\delta} \leqslant 2^\delta(|a|^{1+\delta} + |b|^{1+\delta})$, 得到

$$M|\tau_{in}|^{1+\delta} \leqslant Ch_n^{-\delta}\int[\nu_{1+\delta}(-U^{\mathrm{T}}\theta + R(uh_n)) + \nu_{1+\delta}(R(uh_n))]K^{1+\delta}(u)\mu(x + uh_n)\mathrm{d}u.$$

考虑到式 (3.3)~(3.5), 选择足够大的 $n$, 和足够小的 $\eta$, 使得

$$\sup_{|u|\leqslant D}(|U^{\mathrm{T}}\theta| + |R(uh_n)|) \leqslant \varepsilon/2, \quad \forall\theta \in S. \tag{3.10}$$

用 $2^\circ$, $3^\circ$, 式 (3.6) 和 (3.10), 得到 $M|\tau_{in}|^{1+\delta} = O(h_n^{-\delta})$. 不失一般性, 假定 $\delta \in (0, 1]$. 那么由引理 3.1.2 有

$$\tilde{J}_n(\theta) - M\tilde{J}_n(\theta) \xrightarrow{P} 0, \quad n \to \infty, \forall\theta \in S. \tag{3.11}$$

函数 $F$ 是连续的, 考虑到这一点以及式 (3.6), 可知 $\nu(t)$ 对于 $|t| < \varepsilon$ 连续. 利用这个事实和 Fatou 引理, 有

$$\begin{aligned}\underline{\lim_{n\to\infty}} M\{\tilde{J}_n(\theta)\} &= \underline{\lim_{n\to\infty}}\int[\nu(-U^{\mathrm{T}}\theta + R(uh_n)) - \nu(R(uh_n))]K(u)\mu(x + uh_n)\mathrm{d}u \\ &\geqslant \mu_1\int\nu(-U^{\mathrm{T}}\theta)K(u)\mathrm{d}u \triangleq \mu_1 d(\theta), \quad \theta \in S.\end{aligned} \tag{3.12}$$

但是 $d(\theta)>0$ 对任意固定的 $\theta\in S$, 这是由于考虑到条件 (3.7) 以及多项式 $\theta^{\mathrm{T}}U(u)$ 只消失于有限个数值点. $\nu(t)$ 和式 (3.4) 是连续的事实意味着 $d(\theta)$ 在紧集 $S$ 上是连续的, 所以 $d\triangleq\inf\limits_{\theta\in S}d(\theta)>0$, 再结合式 (3.11) 和 (3.12), 于是就有式 (3.8).

下面证明式 (3.9). 考虑式 (3.4) 和 (3.10), 对充分大的 $n$, 得到

$$
\begin{aligned}
&M\left\{\sup_{\theta':|\theta-\theta'|\leqslant\gamma}|\tilde{J}_n(\theta')-\tilde{J}_n(\theta)|\right\}\\
\leqslant&M\left\{\frac{1}{nh_n}\sum_{i=1}^{n}\sup_{|\nu|\leqslant\gamma}|F(\xi_i+R_{in}-U_{in}^{\mathrm{T}}\theta+\nu)-F(\xi_i+R_{in}-U_{in}^{\mathrm{T}}\theta)|K(u_{in})\right\}\\
\leqslant&\int\sup_{|\nu|\leqslant\gamma,|u|\leqslant\varepsilon/2}|F(\xi+u+\nu)-F(\xi+u)|\mathrm{d}G(\xi)\int K(u)\times\mu(x+uh_n)\mathrm{d}u. \quad (3.13)
\end{aligned}
$$

用 Nemirovskii 等 (1984) 中的引理 3.1.4, 能够很快地证明式 (3.13) 中的第一个积分部分当 $\gamma\to0$ 时趋近于 0, 因此式 (3.9) 成立.

定理 3.1.1 声称在比 Yatkovnik (1983) 的收敛条件更弱的情况下得到 $f_n^{(0)}(x)\to f(x)$, 其中假定条件是 $\xi_i$ 为有界随机变量. 对于 $j\geqslant1$, 定理 3.1.1 只隐含给出上界, 该上界是随着 $n$ 增加, $f_n^{(j)}(x)$ 与 $f^{(j)}(x)(j\geqslant1)$ 之间的距离的阶数收敛速度. 再者, 还证明在对 $h_n$ 没有附加假定的话, $f_n^{(j)}(x)$ 不会以概率收敛到 $f^{(j)}(x),j\geqslant1$. 让我们来举例说明之. 设 $F(t)=t^2$.

**定理 3.1.2** 假定满足条件 1° ~ 3°; 密度 $\mu$ 是连续的; $F(t)=t^2,0<\sigma^2=M\xi_1^2<\infty,M\xi_1=0$ 且当 $n\to\infty$ 时, $h_n\to0$, 那么条件

$$
\lim_{n\to\infty}nh_n^{2l-1}=\infty \quad (3.14)
$$

对于概率收敛 $c_n(x)\xrightarrow{P}c^*(x)$ 是充分必要条件.

**证明** 令

$$
B_n=\frac{1}{nh_n}\sum_{i=1}^{n}U_{in}U_{in}^{\mathrm{T}}K(u_{in}),
$$

$$
\eta_n=\frac{1}{\sqrt{nh_n}}\sum_{i=1}^{n}\xi_iU_{in}K(u_{in}),
$$

$$
\zeta_n=\frac{1}{nh_n}\sum_{i=1}^{n}R_{in}U_{in}K(u_{in}).
$$

那么鉴于对最小二乘估计的标准方程下

$$
\begin{aligned}
c_n(x)-c^*(x)&=\left(\frac{1}{nh_n}\sum_{i=1}^{n}H_n^2U_{in}U_{in}^{\mathrm{T}}K(u_{in})\right)^{-1}\frac{1}{nh_n}\sum_{i=1}^{n}y_iH_nU_{in}K(u_{in})\\
&=B_n^{-1}H_n^{-1}(\eta_n/\sqrt{nh_n}+\zeta_n). \quad (3.15)
\end{aligned}
$$

应用 Fatou 引理和引理 3.1.1, 得到

$$\overline{\lim_{n\to\infty}} M\{B_n\} \geqslant \mu_1 \int UU^{\mathrm{T}} K(u)\mathrm{d}u > \lambda_1 E,$$

其中 $\lambda_1 > 0$ 是一个常数; $E$ 是一个单位矩阵; 并且满足矩阵形式的不等式. 同样容易看到

$$\overline{\lim_{n\to\infty}} M\{B_n\} < \lambda_2 E, \quad \lambda_2 < \infty.$$

考虑式 (3.4), 并在矩阵 $B_n$ 中的每个元上应用引理 3.1.2, 有 $B_n - M\{B_n\} \xrightarrow{P} 0, n \to \infty$. 因此,

$$\lambda_1 E < B_n < \lambda_2 E. \tag{3.16}$$

当 $n \to \infty$ 时概率趋近于 1. 注意到式 (3.15) 和 (3.16), 得到收敛形式 $c_n(x) \xrightarrow{P} c^*(x)$ 当且仅当

$$H_n^{-1}(\eta_n/\sqrt{nh_n} + \zeta_n) \xrightarrow{P} 0, \quad n \to \infty. \tag{3.17}$$

但式 (3.5) 产生 $M|\xi_n| \leqslant Ch_n^l \int |U|K(u)\mathrm{d}u$, 由此有

$$H_n^{-1}\xi_n \xrightarrow{P} 0, \quad n \to \infty. \tag{3.18}$$

对任意 $h_n \to 0$. 将式 (3.18) 代替到式 (3.17) 中, 有收敛 $c_n(x) \xrightarrow{P} c^*(x)$ 与下面条件等价

$$H_n^{-1}\eta_n/\sqrt{nh_n} \xrightarrow{P} 0, \quad n \to \infty. \tag{3.19}$$

注意到随机向量 $\eta_n$ 是 0 均值且协方差矩阵为 $\sigma^2\mu(x)\int UU^{\mathrm{T}}K^2(u)\mathrm{d}u$ 的渐近正态分布, 并且根据引理 3.1.1, 它是正定矩阵. 那么, $\eta_n$ 不依概率趋近于零, 那么式 (3.19) 与条件 $H_n^{-1}/\sqrt{nh_n} \to 0$ 等价, 这又等价于式 (3.14). ■

### 3.1.3 收敛速率

这部分证明估计 (3.1)-(3.2), 对函数族 $\mathscr{F}_l$ 中的函数与它们的导数的所有可能的估计方法来说, LAM 估计在数量级方面拥有逐点收敛的最大速率. 对比其他的已知估计, 它们的速率在关于误差分布的相当一般的条件下达到最大. 如果误差项分布所属的类 $\mathscr{G}$ 已知, 那么可以界定参数 $F$, $K$, $h_n$ 使得 $f_n(x)$ 逐点收敛到 $f(j)$ $(j = \overline{0, l-1})$ 的速率不能改进, 这对 $f \in \mathscr{F}_l$ 和 $G \in \mathscr{G}$ 一致地成立. 对于 $l = 1$ 情况, Tsybakov (1982b) 中早就给出了一个类似的结论.

接下来, 假定满足下面的条件:

$5^\circ$ 存在 $u_0 > 0$ 那么

$$\int (\psi(\nu + u + h) - \psi(\nu + u))^2 \mathrm{d}G(\nu) \to 0, \quad h \to 0, |u| \leqslant u_0,$$

其中 $\psi$ 凸函数 $F$ 的左导数.

对典型的例子 $F$, 条件 $5^\circ$ 在关于 $G$ 相当自然的假定下就可以得到满足. 这样如果 $\psi$ 有不连续、有界且逐点常数, 那么在不连续点邻域里 $G$ 是一个有界密度.

令

$$\varphi(u) = \int \psi(u + \nu)\mathrm{d}G(\nu), \quad \varphi_2(u) = \int \psi^2(u + \nu)\mathrm{d}G(\nu).$$

让我们假定存在类 $\mathscr{G}$, $G$ 存在其中. 下面的定理对 LAM 估计产生一个收敛速率的上界.

**定理 3.1.3**　假定满足条件 $1^\circ \sim 4^\circ$ 并且 $h_n = \beta n^{-1/(2l+1)}, \beta > 0$. 进一步假定条件 $5^\circ$ 关于 $G \in \mathscr{G}$ 一致性地满足, 且存在数值 $a$, $b$, $\varDelta$, $\varepsilon > 0$ 使得对于所有 $G \in \mathscr{G}$ 有

$$\varphi(0) = 0, \quad a \leqslant (\varphi(u + \nu) - \varphi(u))/\nu \leqslant b, \quad 0 < |\nu| \leqslant \varepsilon, \quad |u| \leqslant \varepsilon \tag{3.20}$$

且

$$\sup_{G \in \mathscr{G}} \varphi_2(\pm \varDelta) < \infty. \tag{3.21}$$

那么

$$\overline{\lim_{n\to\infty}} \sup_{f \in \mathscr{F}_l} \sup_{G \in \mathscr{G}} P\{n^{l/(2l+1)}|\theta_n(x) - \theta_n^*(x)| \geqslant A\} = O(A^{-2}), \quad A \to \infty, \forall x \in X.$$

或等价形式,

$$\overline{\lim_{n\to\infty}} \sup_{f \in \mathscr{F}_l} \sup_{G \in \mathscr{G}} P\{n^{(l-j)/(2l+1)}|f_n^{(j)}(x) - f^{(j)}(x)| \geqslant A\} = O(A^{-2}),$$

$$A \to \infty, \forall x \in X, j = \overline{0, l-1}.$$

**证明**　固定 $A > 0, x \in X$. 令 $\theta_n = \theta_n(x)$, $\theta_n^* = \theta_n^*(x)$, $S_n = \{\theta : |\theta - \theta_n^*| = A/\sqrt{nh_n}\}$, $\varTheta_n = \{\theta : |\theta - \theta_n^*| \leqslant A/\sqrt{nh_n}\}$, $\eta_{in}(\theta) = -U_{in}K(u_{in})\psi(\xi_i + U_{in}^{\mathrm{T}}(\theta_n^* - \theta) + R_{in})$, $\varPsi_n(\theta) = \sum_{i=1}^{n} \eta_{in}(\theta)$, $\tilde{\varPsi}_n(\theta) = \varPsi_n(\theta) - M\varPsi_n(\theta)$.

考虑到 $F$ 是凸的并且 $K$ 是非负的, 估计 $\theta_n$ 是凸函数的最小点, 该凸函数的次梯度是 $\varPsi_n$. 用一个与 Vainberg (1972) 中定理 9.8 类似的结论, 得到如果 $\inf_{\theta \in S_n} (\theta - \theta_n^*)^{\mathrm{T}} \varPsi_n(\theta)$, 则 $\theta_n \in \varTheta_n$. 这样,

$$P\{|\theta_n - \theta_n^*| \geqslant A/\sqrt{nh_n}\} \leqslant P\left\{\inf_{\theta \in S_n} (\theta - \theta_n^*)^{\mathrm{T}} \varPsi_n(\theta) \leqslant 0\right\}. \tag{3.22}$$

但

$$\inf_{\theta\in S_n}(\theta-\theta_n^*)^{\mathrm{T}}\Psi_n(\theta)\geqslant\inf_{\theta\in S_n}(M\Psi_n(\theta)-M\Psi_n(\theta_n^*))^{\mathrm{T}}(\theta-\theta_n^*)$$
$$-\sup_{\theta\in\Theta_n}|\tilde{\Psi}_n(\theta)-\tilde{\Psi}_n(\theta_n^*)|A/\sqrt{nh_n}$$
$$-|\Psi_n(\theta_n^*)|A/\sqrt{nh_n}. \tag{3.23}$$

注意到集合 $Q_\theta=\{u:U^{\mathrm{T}}(u)(\theta_n^*-\theta)=0\}$ , 对每个 $\theta$, 它只包含有限点, 同时考虑到 2°, 3°, 式 (3.4), (3.5) 以及 (3.20), 得到

$$\begin{aligned}
&(M\Psi_n(\theta)-M\Psi_n(\theta_n^*))^{\mathrm{T}}(\theta-\theta_n^*)\\
\geqslant&\mu_1nh_n\int[\varphi(U^{\mathrm{T}}(\theta_n^*-\theta)+R(uh_n))-\varphi(R(uh_n))](U^{\mathrm{T}}(\theta_n^*-\theta))K(u)\mathrm{d}u\\
=&\mu_1nh_n\int_{u\notin Q_\theta}\frac{\varphi(U^{\mathrm{T}}(\theta_n^*-\theta)+R(uh_n))-\varphi(R(uh_n))}{U^T(\theta_n^*-\theta)}\times(U^{\mathrm{T}}(\theta_n^*-\theta))^2K(u)\mathrm{d}u\\
\geqslant&a\mu_1nh_n\int(U^{\mathrm{T}}(\theta_n^*-\theta))^2K(u)\mathrm{d}u\geqslant C_0A^2,\quad\forall\theta\in S_n,
\end{aligned}\tag{3.24}$$

其中 $n$ 充分大并且常数 $C_0$ 独立于 $A,f,$ 和 $G$. 由式 (3.22)~(3.24), 有下面形式

$$P\{|\theta-\theta_n^*|\geqslant A/\sqrt{nh_n}\}\leqslant P\{|\Psi_n(\theta_n^*)|\geqslant C_0A\sqrt{nh_n}/2\}$$
$$+P\left\{\sup_{\theta\in\Theta_n}|\tilde{\Psi}_n(\theta)-\tilde{\Psi}_n(\theta_n^*)|\geqslant C_0A\sqrt{nh_n}/2\right\}. \tag{3.25}$$

给式 (3.25) 中右边的第一项一个上界. 注意到

$$P\{|\Psi_n(\theta_n^*)|\geqslant C_0A\sqrt{nh_n}/2\}\leqslant P\{|\tilde{\Psi}_n(\theta_n^*)|\geqslant C_0A\sqrt{nh_n}/2-|M\Psi_n(\theta_n^*)|\}. \tag{3.26}$$

根据条件 2°, 3°, 有关 $h_n$ 的条件, 式 (3.4), (3.5) 以及 (3.20) , 于是有

$$\begin{aligned}
&|M\Psi_n(\theta_n^*)|\\
=&|nh_n\int U\varphi(R(uh_n))K(u)\mu(x+uh_n)\mathrm{d}u|\\
\leqslant&Cnh_n\sup_{|u|\leqslant D}|\varphi(R(uh_n))|\\
\leqslant&C_1\sqrt{nh_n},
\end{aligned}\tag{3.27}$$

其中常数 $C_1$ 独立于 $A,f,$ 和 $G$. 令 $A>4C_1/C_0$. 那么将式 (3.27) 代入式 (3.26), 利用 Chebyshev 不等式和式 (3.4), 有

$$P\{|\Psi_n(\theta_n^*)|\geqslant C_0A\sqrt{nh_n}/2\}\leqslant P\{|\tilde{\Psi}_n(\theta_n^*)|\geqslant C_0A\sqrt{nh_n}/4\}$$
$$\leqslant CA^{-2}\int\varphi_2(R(uh_n))K^2(u)\mu(x+uh_n)\mathrm{d}u.$$

然而, 考虑式 (3.5) 和 (3.21), 以及由函数 $\psi$ 的单调性导出的不等式 $\sup\limits_{\leqslant C}\varphi_2(t) \leqslant \varphi_2(-C)+\varphi_2(C)$, 有

$$\overline{\lim_{n\to\infty}}\sup_{f,G}\sup_{|u|\leqslant D}\varphi_2(R(uh_n))\leqslant\sup_{G}(\varphi_2(\Delta)+\varphi_2(-\Delta))<\infty$$

(由此及以后, $\sup\limits_{f,G}$ 表示关于 $f\in\mathscr{F}_l, G\in\mathscr{G}$ 的上确界). 那么

$$\overline{\lim_{n\to\infty}}\sup_{f,G}P\{|\Psi_n(\theta_n^*)|\geqslant C_0A\sqrt{nh_n}/2\}=O(A^{-2}),\quad A\to\infty. \tag{3.28}$$

定理 3.1.3 的结果由式 (3.25) 和 (3.28) 以及下面的引理导出. ■

**引理 3.1.3** 假定有定理 3.1.3 的条件满足, 那么

$$\overline{\lim_{n\to\infty}}\sup_{f,G}P\left\{\sup_{\theta\in\Theta_n}|\tilde{\Psi}_n(\theta)-\tilde{\Psi}_n(\theta_n^*)|\geqslant\alpha\sqrt{nh_n}\right\}=0,\quad\forall\alpha>0.$$

**证明** 假定 $\gamma>0$ 是某个数 (不同的时候可以表示不一样的值), 并且 $\mathscr{N}$ 是欧氏度量中 $\theta_n$ 的一个 $\gamma/\sqrt{nh_n}$- 网, 于是有

$$P\left\{\sup_{\theta\in\Theta_n}|\tilde{\Psi}_n(\theta)-\tilde{\Psi}_n(\theta_n^*)|\geqslant\alpha\sqrt{nh_n}\right\}\leqslant p_{1n}+p_{2n}, \tag{3.29}$$

其中

$$p_{1n}=P\left\{\max_{\theta\in\mathscr{N}}|\tilde{\Psi}_n(\theta)-\tilde{\Psi}_n(\theta_n^*)|\geqslant\alpha\sqrt{nh_n}/2\right\},$$

$$p_{2n}=P\left\{\max_{\theta\in\mathscr{N}}\sup_{\theta':|\theta-\theta'|\leqslant\gamma/\sqrt{nh_n}}|\tilde{\Psi}_n(\theta)-\tilde{\Psi}_n(\theta_n')|\geqslant\alpha\sqrt{nh_n}/2\right\}.$$

由于集合 $\mathscr{N}$ 中的元素个数没有超过 $M=C(A/\gamma)^l$, 所以有

$$p_{1n}\leqslant M\max_{\theta\in\mathscr{N}}P\left\{\left|\sum_{i=1}^n\tilde{\eta}_{in}(\theta)/\sqrt{nh_n}\right|\geqslant\alpha/2\right\}, \tag{3.30}$$

其中 $\tilde{\eta}_{in}(\theta)=(\eta_{in}(\theta)-\eta_{in}(\theta_n^*))-(M\eta_{in}(\theta)-M\eta_{in}(\theta_n^*))$. 对于任意的 $\theta\in\Theta_n$, 根据 Chebyshev 不等式, 有

$$P\left\{\left|\sum_{i=1}^n\tilde{\eta}_{in}(\theta)/\sqrt{nh_n}\right|\geqslant C\right\}\leqslant CM|\eta_{1n}(\theta)-\eta_{1n}(\theta_n^*)|^2/h_n. \tag{3.31}$$

应用 2°, 3°, 式 (3.4) 和 (3.5), 施加在 $h_n$ 上的条件, $\psi$ 的单调性以及关于 $G\in\mathscr{G}$ 条

件 5° 一致满足的事实, 有

$$\begin{aligned}
&\sup_{f,G} M|\eta_{1n}(\theta)-\eta_{1n}(\theta_n^*)|^2/h_n\\
=&\sup_{f,G} M\{(\psi(\xi_i+U_{1n}^{\mathrm{T}}(\theta_n^*-\theta)+R_{1n})-\psi(\xi_i+R_{1n}))^2|U_{1n}|^2K^2(u_{1n})/h_n\}\\
\leqslant& C\sup_G M(\psi(\xi_i+C/\sqrt{nh_n})-\psi(\xi_i-C/\sqrt{nh_n}))^2\\
=&o(1),\quad n\to\infty.
\end{aligned}\tag{3.32}$$

由式 (3.29)~(3.30) 知道, 关于 $f\in\mathscr{F}_l, G\in\mathscr{G}$ 一致地有 $p_{1n}\to 0$. 我们将要证明 $p_{2n}$ 有同样的结果, 这就完成了引理的证明. 考虑 $\psi$ 的单调性, 式 (3.4) 以及 (3.5), 有

$$\begin{aligned}
&|\varPsi_n(\theta)-\varPsi_n(\theta')|/\sqrt{nh_n}\\
\leqslant&\Big|\sum_{i=1}^n U_{in}K(u_{in})(\psi(\xi_i+U_{in}^{\mathrm{T}}(\theta_n^*-\theta)+R_{in})-\psi(\xi_i+U_{in}^{\mathrm{T}}(\theta_n^*-\theta)\\
&+U_{in}^{\mathrm{T}}(\theta-\theta')+R_{in}))\Big|/\sqrt{nh_n}\\
\leqslant&\sum_{i=1}^n|U_{in}|K(u_{in})[\psi(\xi_i+U_{in}^{\mathrm{T}}(\theta_n^*-\theta)+\gamma/\sqrt{nh_n}+R_{in})\\
&-\psi(\xi_i+U_{in}^{\mathrm{T}}(\theta_n^*-\theta)-\gamma/\sqrt{nh_n}+R_{in})]/\sqrt{nh_n}\\
\triangleq&\sum_{i=1}^n\rho_{in}(\theta),|\theta-\theta'|\leqslant\gamma/\sqrt{nh_n},\quad\theta,\theta'\in\varTheta_n.
\end{aligned}\tag{3.33}$$

注意到式 (3.20) 暗示 $\varphi$ 在零的邻域有独立于 $G\in\mathscr{G}$ 的 Lipschitz 常数的 Lipschitz 条件, 考虑到这一点, 并利用式 (3.33), 2°, 3°, 式 (3.4) 及 (3.5), 对于 $\theta,\theta'\in\varTheta_n$, $|\theta-\theta'|\leqslant\gamma/\sqrt{nh_n}$ 和充分大的 $n$, 有

$$\begin{aligned}
&|\mathbf{M}(\varPsi_n(\theta)-\varPsi_n(\theta'))|/\sqrt{nh_n}\\
\leqslant&\left|\mathbf{M}\left(\sum_{i=1}^n\rho_{in}(\theta)\right)\right|\\
\leqslant&C\sqrt{nh_n}\Big|\int K(u)[\varphi(U^{\mathrm{T}}(\theta_n^*-\theta)+\gamma/\sqrt{nh_n}+R(uh_n))\\
&-\varphi(U^{\mathrm{T}}(\theta_n^*-\theta)-\gamma/\sqrt{nh_n}+R(uh_n))]\mathrm{d}u\Big|\\
\leqslant&C_2\gamma,
\end{aligned}\tag{3.34}$$

其中常数 $C_2$ 是独立于 $f$ 和 $G$ 的. 令 $\tilde\rho_{in}(\theta)=\rho_{in}(\theta)-M\rho_{in}(\theta)$. 考虑式 (3.33) 和 (3.34), 有

$$\sup_{\theta':|\theta-\theta'|\leqslant\gamma/\sqrt{nh_n}} |\tilde{\Psi}_n(\theta)-\tilde{\Psi}_n(\theta'_n)|/\sqrt{nh_n}$$
$$\leqslant\left|\sum_{i=1}^n \rho_{in}(\theta)\right|+C_2\gamma\leqslant\left|\sum_{i=1}^n \tilde{\rho}_{in}(\theta)\right|+2C_2\gamma. \tag{3.35}$$

令 $\gamma=\alpha/8C_2$. 考虑式 (3.35), 得到

$$p_{2n}\leqslant\mathbf{M}\max_{\theta\in\mathscr{N}}P\left\{\left|\sum_{i=1}^n\tilde{\rho}_{in}(\theta)\right|\geqslant\alpha/4\right\}. \tag{3.36}$$

这里 $\tilde{\rho}_{in}$ 是零均值的独立同分布随机变量; 并且, 类似地, 对式 (3.32), 能很快地证明 $\sup\limits_{f,G} nM\tilde{\rho}_{in}^2(\theta)\to 0, n\to\infty$. 有此式以及式 (3.36), 则有

$$\sup_{f,G} p_{2n}\to 0, n\to\infty. \qquad \blacksquare$$

检查一下什么条件 (3.20)-(3.21) 可以简化到一个 $\varepsilon$- 阻滞族 $\mathscr{G}=\{G:G=(1-\varepsilon)G_0+\varepsilon\tilde{G}\}$, 其中 $G_0$ 是一个固定的对称分布函数, $\tilde{G}$ 是任意一个对称分布函数, 且 $0<\varepsilon<1$. 我们选择 $\psi$ 为奇函数 (于是 $\varphi(0)=0, \forall G\in\mathscr{G}$) 且为有界的 (这种情况下满足式 (3.21)). 对于式 (3.21) 中第二个条件有效, 那么就足以保证 $\varphi$ 在零的邻域是可微函数, 其导数关于 $G\in\mathscr{G}$ 为一致有界并且不等于零. 这个条件是满足的, 如对 $\psi(u)=\arctan u$, 与 $G_0$ 的性质无关.

如在 $l=1$(Tsybakov, 1982) 条件下, 可以得到一种比定理 3.1.3 形式更强的上界; 特别地,

$$\overline{\lim_{n\to\infty}}\sup_{f,G}\mathbf{M}|n^{(l-j)/(2l+1)}(f_n^{(j)}(x)-f^{(j)}(x))|^2\leqslant C,$$
$$\forall x\in X,\quad q>0,\quad j=\overline{0,l-1}.$$

这个事实只满足截断形式的 LAM 估计; 不给出证明.

现在考虑估计收敛速率的下界. 它们与 Tsybakov (1982) 中的定理 3 类似. 假定 $W$ 是一组单调不降函数 $w$ 的集合, 这些 $w$ 定义在正半轴上, 并且 $w(0)=0, w\not\equiv 0$. 像在 Tsybakov (1982) 中, 考虑两种形式的下界. 第一种形式包括 $w\in W$, 其中有形式:

$$\underline{\lim_{n\to\infty}}\inf_{T_n}\sup_{f\in\mathscr{F}_l,G\in\mathscr{G}} Mw(\mathscr{N}n^{(l-j)/(2l+1)}|T_n(x)-f^{(j)}(x)|)\geqslant C^{-1}>0,$$
$$\forall x\in X,\quad l\in\{1,\ 2,\cdots q\}>0,\quad j=\overline{0,l-1}, \tag{3.37}$$

其中下界取 $T_n$ 的所有估计, 也就是从 $(x,x_1,\cdots,x_n,y_1,\cdots,y_n)$ 中得到的所有可测函数. 第二种形式的下界包括依概率区分于零的正态序列

$$\lim_{t\to 0}\underline{\lim_{n\to\infty}}\inf_{T_n}\sup_{f\in\mathscr{F}_l,G\in\mathscr{G}} P\{n^{(l-j)/(2l+1)}|T_n(x)-f^{(j)}(x)|\geqslant t\}=1, \tag{3.38}$$

$$\forall x \in X, \quad l \in \{1, 2, \cdots\}, \quad j = \overline{0, l-1},$$

下界的应用在 Stone (1980) 中被提到.

**定理 3.1.4** 假定族 $\mathscr{G}$ 中存在一个分布函数 $G_0$ 满足条件

$$\int \ln \frac{\mathrm{d}G_0(y)}{\mathrm{d}G_0(y+t)} \mathrm{d}G_0(y) \leqslant I_0 t^2, \quad |t| \leqslant t_1,$$

对于某些 $I_0 \in (0, +\infty], t_1 \in (0, +\infty]$, 并且假定 $w \in W$, 那么关系 (3.37) 和 (3.38) 有效.

**证明** 该定理的证明基本上是在 Tsybakov (1982) 中定理 3 当 $N = 1$ 时的逐字重复. 唯一的不同就是选出的伪度量 $\rho$ 是 $\rho(f, g) = |f^{(j)}(x) - g^{(j)}(x)|$ 形式的; 函数 $K_0$ 的选取使得 $K_0^{(j)}(0) > 0$; 用下面得到的不等式代替 Tsybakov (1982) 中的式 (3.48):

$$\rho(s_{in} - s_{jn}) \geqslant 2a_n b_n^{-j} K_0^{(j)}(0)/(m-1), \quad i \neq j. \qquad \blacksquare$$

在对 $\mathscr{G}$ 施加严格条件下, 定理 3.1.4 可以认为是 Stone (1980) 中下界的推论.

从定理 3.1.3 和定理 3.1.4 知道, $n^{(l-j)/(2l+1)}|f_n^{(j)}(x) - f^{(j)}(x)|$ 关于 $f \in \mathscr{F}_l$ 和 $G \in \mathscr{G}$ 是概率一致有界的, 于是对于任意估计 $T_n$, 关于 $f \in \mathscr{F}_l$ 和 $G \in \mathscr{G}$, 则 $n^{(l-j)/(2l+1)}|T_n(x) - f^{(j)}(x)|$ 依概率一致不为 0. Tsybakov (1982) 中的术语, LAM 估计关于 $\mathscr{F} \times \{\mu\} \times \mathscr{G}$ 的收敛速率是弱最优的.

### 3.1.4 渐近分布

证明随机向量 $\sqrt{nh_n}(\theta_n(x) - \theta_n^*(x))$ 对于固定的 $x$ 是渐近正态的. 引入下面附加条件.

6° 函数 $\varphi$ 在零的邻域是连续可微的,

$$\varphi(0) = 0, \quad 0 < \varphi_2(0) < \infty, \quad 0 < \varphi'(0) < \infty.$$

假设在点 $x$, $f^{(l-1)}$ 存在单边导数 $f_{\pm}^{l}(x)$. 令

$$f^l(x; u) = \begin{cases} f_+^{(l)}(x), & u \geqslant 0, \\ f_-^{(l)}(x), & u < 0. \end{cases}$$

定义向量 $b$ 和矩阵 $H$ 为如下形式:

$$b = (\beta^{l+1/2}/l!) \int U u^l K(u) f^{(l)}(x; u) \mathrm{d}u,$$

$$H = (V(F, G)/\mu(x)) \int U U^{\mathrm{T}} K^2(u) \mathrm{d}u,$$

其中 $V(F, G) = \varphi_2(0)/(\varphi'(0))$.

**定理 3.1.5**　假定满足条件 1° ∼ 6°，其中 $h_n = \beta n^{-1/(2l+1)}, \beta > 0$; 密度 $\mu$ 于点 $x$ 连续, 存在单边有限导数 $f_{\pm}^{(l)}(x)$. 则随机向量 $\sqrt{nh_n}(\theta_n(x) - \theta_n^*(x))$ 是渐近正态的, 其均值为 $B^{-1}b$ 且协方差为 $B^{-1}HB^{-1}$.

**证明**　用与定理 3.1.3 的证明中相同的记号, 有

$$\overline{\eta}_n(\theta) \triangleq M\eta_{1n}(\theta) = -h_n \int U\varphi(U^{\mathrm{T}}(\theta_n^* - \theta) + R(nh_n))K(u)\mu(x + uh_n)\mathrm{d}u. \quad (3.39)$$

不难发现满足定理 3.1.3 的条件, 那么

$$\overline{\lim_{n\to\infty}} P\{\sqrt{nh_n}|\theta_n - \theta_n^*| \geqslant A\} = O(A^{-2}), \quad A \to \infty. \quad (3.40)$$

■

**引理 3.1.4**　在定理 3.1.5 的条件下,

$$\sum_{i=1}^{n} \eta_{in}(\theta_n)/\sqrt{nh_n} \xrightarrow{p} 0, \quad n \to \infty. \quad (3.41)$$

**证明**　假定 $\mathscr{U}$ 是 $\psi$ 的不连续点构成的集合. 将要证明

$$P\{\xi_i + t \in \mathscr{U}\} = 0, \quad \forall t : |t| < u_0, \quad (3.42)$$

因为 $F$ 是凸的, 所以 $\mathscr{U}$ 至多是一个可数集合. 所以为了证明式 (3.42), 只需证明

$$P\{\xi_i + t = s\} = 0, \quad \forall t : |t| < u_0, \quad s \in \mathscr{S}. \quad (3.43)$$

显然,

$$M(\psi(\xi_1 + t + h) - \psi(\xi_1 + t - h))^2 \geqslant P\{\xi_1 = s - t\}[\psi(s + h) - \psi(s - h)]^2.$$

考虑条件 5°, 当 $h \to 0$ 时上述不等式的左边趋近于零, 然而如果 $s \in \mathscr{U}$ 时右边括弧里面的表达式不趋近于零. 这表明式 (3.43) 成立, 所以式 (3.42) 也成立.

记 $\tilde{\psi}$ 为 $F$ 的右导数. LAM 的定义和 Moro-Rockafellar 定理 (Alekseev, 1979)[231] 表明存在单调不降的函数 $\psi_{in}$ 有 $\psi \leqslant \psi_{in} \leqslant \tilde{\psi}$, 并且

$$\sum_{i=1}^{n} U_{in}K(u_{in})\psi_{in}(\xi_i + U^{\mathrm{T}}(\theta_n^* - \theta_n) + R_{in})/\sqrt{nh_n} = 0.$$

于是

$$\begin{aligned} & P\left\{\left|\sum_{i=1}^{n} \eta_{in}(\theta_n)/\sqrt{nh_n}\right| \geqslant \varepsilon\right\} \\ & = P\left\{\left|\sum_{i=1}^{n} (\eta_{in}(\theta_n) - U_{in}K(u_{in})\psi_{in}(\xi_i + U_{in}^{\mathrm{T}}(\theta_n^* - \theta_n) + R_{in}))/\sqrt{nh_n}\right| \geqslant \varepsilon\right\} \\ & \leqslant P\left\{\sqrt{nh_n}\,|\theta_n - \theta_n^*| \geqslant A\right\} + p_{3n}, \forall \varepsilon, \quad A > 0, \end{aligned} \quad (3.44)$$

其中

$$p_{3n}=P\bigg\{\sup_{\theta\in\Theta_n}\sum_{i=1}^n|U_{in}|K(u_{in})(\bar{\psi}(\xi_i+U_{in}^{\mathrm{T}}(\theta_n^*-\theta)+R_{in})$$
$$-\psi(\xi_i+U_{in}^{\mathrm{T}}(\theta_n^*-\theta)+R_{in}))/\sqrt{nh_n}\geqslant\varepsilon\bigg\}.$$

但是

$$p_{3n}\leqslant M\max_{\theta\in\mathscr{N}}(p_{4n}(\theta)+p_n(\theta,\psi)+p_n(\theta,\bar{\psi})), \tag{3.45}$$

其中,

$$p_{4n}(\theta)=P\bigg\{\sum_{i=1}^n|U_{in}|K(u_{in})(\bar{\varphi}(\xi_i+U_{in}^{\mathrm{T}}(\theta_n^*-\theta)+R_{in})$$
$$-\psi(\xi_i+U_{in}^{\mathrm{T}}(\theta_n^*-\theta)+R_{in}))\sqrt{nh_n}\geqslant\varepsilon/2\bigg\}$$

和

$$p_n(\theta,\psi)=P\bigg\{\sup_{\theta':|\theta-\theta'|\leqslant\gamma/\sqrt{nh_n}}\bigg|\sum_{i=1}^n|U_{in}|K(u_{in})(\psi(\xi_i+U_{in}^{\mathrm{T}}(\theta_n^*-\theta)+R_{in})$$
$$-\psi(\xi_i+U_{in}^{*}(\theta_n^*-\theta')+R_{in}))/\sqrt{nh_n}\bigg|\geqslant\varepsilon/4\bigg\}.$$

选择 $\gamma=\varepsilon/8C_2$ 并且利用式 (3.33) 和 (3.34), 能够很容易证明当 $n\to\infty$ 时 $p_n(\theta,\psi)\to 0$. 相似地, $p_n(\theta,\bar{\psi})\to 0, n\to\infty$, 因为 $\bar{\psi}$ 同时满足条件 5°, 6° 和 $\psi$ (这从式 (3.42) 可以看出). 考虑到式 (3.4) 和 (3.5), 存在一个 $n_0$ 使得 $|U_{1n}^{\mathrm{T}}(\theta_n^*-\theta)+R_{1n}|<u_0$ 对 $\theta\in\Theta_n$, $|u_{in}|\leqslant D$ 和 $n>n_0$. 利用式 (3.42), 有

$$\begin{aligned}p_{4n}(\theta)&\leqslant nP\{(\bar{\psi}(\xi_1+U_{1n}^{\mathrm{T}}(\theta_n^*-\theta)+R_{1n}-\psi(\xi_1+U_{1n}^{\mathrm{T}}(\theta_n^*-\theta)+R_{1n}))K(u_{1n})\neq 0\}\\&\leqslant nP\{\xi_1+U_{1n}^{\mathrm{T}}(\theta_n^*-\theta)+R_{1n}\in\mathscr{U},|u_{1n}|\leqslant D\}=0,\quad n>n_0,\quad \theta\in\Theta_n.\end{aligned}$$

于是, $p_{3n}\to 0, n\to\infty$. 现在转到当 $n\to\infty$ 时式 (3.44) 的上极限问题上来. 当 $A\to\infty$ 时, 利用式 (3.39), 得到式 (3.41), 证毕. ■

考虑到式 (3.40) 和引理 3.1.3, 有

$$(\widetilde{\Psi}_n(\theta_n^*)-\widetilde{\Psi}_n(\theta_n))/\sqrt{nh_n}\xrightarrow{p}0,\quad n\to\infty, \tag{3.46}$$

这一结果与式 (3.41) 一起产生下面的结论:

$$\widetilde{\Psi}_n(\theta_n^*)/\sqrt{nh_n}+\overline{\eta}_n(\theta_n)\sqrt{n/h_n}\xrightarrow{p}0,\quad n\to\infty. \tag{3.47}$$

从式 (3.47), 引理 3.1.5 和引理 3.1.6 可知定理 3.1.5 成立. ■

**引理 3.1.5**　在定理 3.1.5 的条件下, 有

$$\sqrt{\frac{n}{h_n}}\overline{\eta}_n(\theta_n) \xrightarrow{P} -\frac{\varphi'(0)\mu(x)\beta^{l+1/2}}{l!}\int Uu^l K(u)f^{(l)}(x;u)\mathrm{d}u \\ +\varphi'(0)\mu(x)B\sqrt{nh_n}(\theta_n-\theta_n^*). \tag{3.48}$$

**证明**　由式 (3.4), (3.5) 和 (3.40), 随机变量序列 $\sqrt{nh_n}\sup\limits_{|u|\leqslant D}|U^{\mathrm{T}}(\theta_n-\theta_n^*)+R(uh_n)|$ 是依概率有界的, 因此

$$\sqrt{nh_n}\sup_{|u|\leqslant D}|\varphi(U^{\mathrm{T}}(\theta_n-\theta_n^*)+R(uh_n))-\varphi'(0)[U^{\mathrm{T}}(\theta_n-\theta_n^*)+R(uh_n)]|\xrightarrow{p}0,\quad n\to\infty.$$

当 $n\to\infty$ 时, 从上式和式 (3.39), 有

$$\sqrt{\frac{n}{h_n}}\overline{\eta}_n(\theta_n)\xrightarrow{P}-\varphi'(0)\sqrt{nh_n}\int UK(u)\mu(x+uh_n)R(uh_n)\mathrm{d}u \\ +\varphi'(0)\int UU^{\mathrm{T}}K(u)\mu(x+uh_n)\mathrm{d}u\sqrt{nh_n}(\theta_n-\theta_n^*). \tag{3.49}$$

因为 $\sqrt{nh_n}(\theta_n-\theta_n^*)$ 是概率有界的, 式 (3.49) 右边第二项和式 (3.47) 右边的第二项之差接近零. 此外,

$$\lim_{n\to\infty}\sqrt{nh_n}R(uh_n)=\beta^{l+1/2}\lim_{n\to\infty}R(uh_n)/h_n^l \\ =\beta^{l+1/2}\lim_{n\to\infty}\frac{u^l}{(l-1)!}\int_0^1(1-\theta)^{l-1}f^l(x+\theta uh_n)\mathrm{d}\theta=\frac{\beta^{l+1/2}u^l f^{(l)}(x;u)}{l!}. \tag{3.50}$$

式 (3.49) 右边积分号里面取极限并且考虑式 (3.50), 得到式 (3.48) 右端第一项. ■

**引理 3.1.6**　有

$$\frac{1}{\sqrt{nh_n}}\widetilde{\Psi}_n(\theta_n^*)\xrightarrow{D}\mathscr{N}(0,\mu(x)\varphi_2(0)\int UU^{\mathrm{T}}K^2(u)\mathrm{d}u.$$

**证明**　因为当 $n\to\infty$ 时, $\sqrt{(n/h_n)}\eta_n(\theta_n^*)$ 依概率趋近于式 (3.48) 右边的第一项, 有

$$\lim_{n\to\infty}\mathrm{cov}\{\eta_{1n}(\theta_n^*),\eta_{1n}(\theta_n^*)\}/h_n=\lim_{n\to\infty}M\{\eta_{1n}(\theta_n^*)\eta_{1n}^{\mathrm{T}}(\theta_n^*)\}/h_n \\ =\lim_{n\to\infty}\int UU^{\mathrm{T}}K^2(u)\varphi_2(R(uh_n))\mu(x+uh_n)\mathrm{d}u=\varphi_2(0)\mu(x)\int UU^{\mathrm{T}}K^2(u)\mathrm{d}u.$$

验证 Lindeberg 条件

$$\lim_{n\to\infty}n^{-1}\sum_{i=1}^n M\{(|\eta_{in}(\theta_n^*)|^2/h_n)\chi(|\eta_{in}(\theta_n^*)|\geqslant\varepsilon\sqrt{nh_n})\},\quad\forall\varepsilon>0.$$

由此可以充分看出

$$|\eta_{in}(\theta_n^*)| \leqslant C|\psi(\xi_i)|K(u_{in}) \leqslant C|\psi(\xi_i)|,$$

并且考虑条件 $\varphi_2(0) < \infty$, 有

$$\lim_{n\to\infty} \int \psi^2(\xi_1)\chi(|\psi(\xi_1)| \geqslant (\sqrt{nh_n}/C)\mathrm{d}G(\xi_1)).$$

基于定理 3.1.5, LAM 估计的渐近误差由矩阵 $\varSigma = B^{-1}(H + bb^{\mathrm{T}})B^{-1}$ 定义, 该矩阵依赖于问题的未知参数 $f$ 和 $G$ 与 $F, K$, 和 $\beta$ 的估计. 用准则 $\varSigma$, 我们感兴趣的是最小最大化 (关于 $F, k$, $\beta$ 的最小化, 关于 $f \in \mathscr{F}_l, G \in \mathscr{G}$ 的最大化) LAM 估计. 对 Tysbakov (1982) 中 $l = 1$ 情况下的问题已经解决.

对 $l > 1$ 情况下, 关于变量 $F$ 和 $G$ 的对于 $\varSigma$ 的最小最大问题化简到对于 $V(F, G)$ 的最小最大化问题 (Huber, 1984), 因为 $\varSigma = V(F, G)\varSigma_1 + \varSigma_2$, 其中 $\varSigma_1$, $\varSigma_2$ 是与 $F$ 和 $G$ 相互独立的正定矩阵. 特别地, 假定分布函数 $G$ 的凸子族有绝对连续密度 $p(t) = \mathrm{d}G(t)/\mathrm{d}t$ 和有限的 Fisher 信息 $I(p) = \displaystyle\int (p'(t))^2/p(t)\mathrm{d}t$. 接着假定, 存在 $p^* = \operatorname{Arg}\min_{p: G\in\mathscr{G}} I$ . 那么存在稳健的 LAM 估计, 也就是说, 该估计中的函数 $F = F^*$ 满足下面的条件:

$$\max_{G\in\mathscr{G}} V(F^*, G) = \min_{\mathscr{F}} \max_{G\in\mathscr{G}} V(F, G). \tag{3.51}$$

如果有 $F^* = -\ln p^*$, 那么表达式 (3.51) 等于 $I^{-1}(p^*)$. 类 $\mathscr{G}$ 的例子与函数 $F^*$ 可以在 (Tsypkin, 1984)[156] 中找到. 在 $l = 2$ 情况下, 关于剩余变量的最小最大问题在下面的章节中将考虑到. ■

### 3.1.5 最优估计

假定 $l = 2$ 和 $K$ 是对称核函数 (即 $K(u) = K(-u)$). 那么矩阵 $B$ 和 $H$ 是对角矩阵, 并且该估计的各个元的渐近估计有如下形式:

$$M(n^{2/5}(f_n^{(0)}(x) - f(x)))^2 \sim \left(\int K(u)\mathrm{d}u\right)^{-2} \times \left[\frac{\beta^4}{4}(\Delta f(+)\int u^2K(u)\mathrm{d}u)^2 + V(F, G)\int K^2(u)\mathrm{d}u/(\beta\mu(x))\right], \tag{3.52}$$

$$M(n^{1/5}(f_n^{(1)}(x) - f'(x)))^2 \sim \left(\int u^2K(u)\mathrm{d}u\right)^{-2} \times \left[\frac{\beta^2}{4}\left(\Delta f(-)\int |u|^3K(u)\mathrm{d}u\right)^2 + V(F, G)\int u^2K^2(u)\mathrm{d}u/(\beta^3\mu(x))\right], \tag{3.53}$$

其中 $\Delta f(+) = (f_+^{(2)}(x) + f_-^{(2)}(x))/2, \Delta f(-) = (f_+^{(2)}(x) - f_-^{(2)}(x))/2$ 和 $\sim$ 表示关于渐近分布计算出的期望值. 假定族 $\mathscr{G}$ 满足第 4 部分后半部分的条件. 那么, 作为关于式 (3.52) 和 (3.53) 的右侧 $G \in \mathscr{G}, f \in \mathscr{F}_2$ 的最大化的结果并且替换 $F = F^*$, 我们能够得到下面的函数:

$$R_0(K,\beta) = \left(\int K(u)\mathrm{d}u\right)^{-2}\left[\frac{\beta^4L^2}{4}\left(\int u^2K(u)\mathrm{d}u\right)^2 + \int K^2(u)\mathrm{d}u/(\beta\mu(x)I(p^*))\right],$$

$$R_1(K,\beta)=\left(\int u^2K(u)\mathrm{d}u\right)^{-2}\left[\frac{\beta^2L^2}{4}\left(\int |u|^3K(u)\mathrm{d}u\right)^2+\int u^2K^2(u)\mathrm{d}u/(\beta^3\mu(x)I(p^*))\right].$$

不难看出关于 $K \geqslant 0$ 和 $\beta > 0$ 最小化 $R_i(K,\beta),\ i = 0, 1$, 可以分别由下式得到

$$\beta_0^* = (15/(L^2\mu(x)I(p^*)))^{1/5}, \quad K_0^* = (1-u^2)_+,$$

$$\beta_1^* = (40/(L^2\mu(x)I(p^*)))^{1/5}, \quad K_1^* = (1-|u|)_+,$$

其中 $g_+ = \max\{0, g\}$. 这里保证 (一致地关于 $G \in \mathscr{G}$ 与 $f \in \mathscr{F}_2$ ) 估计 $f(x)$ 和 $f'(x)$ 的准确性由下面的表达式分别给出:

$$R_0^* = R_0(K_0^*, \beta_0^*) = n_0(\sqrt{L}/(\mu(x)I(p^*)))^{4/5},$$

$$R_1^* = R_1(K_1^*, \beta_1^*) = n_1(L^3/(\mu(x)I(p^*)))^{2/5},$$

其中 $n_0 = 3^{1/5}/(5^{1/5}\cdot 4), n_1 = 3/(5^{3/5}\cdot 4^{2/5})$. 估计函数 $f$ 的最优核与其导数证明是不同的. 很容易证明, 然而, 当用 $K_1^*$ 替代 $K_0^*$ 或反过来是, 选出的非最优核部分元对估计的精度影响确实相当微弱 (参见 Tysbakov (1982) 中表 3-1 中类似的结论). 关于 Lipschitz 常数 $L$ 的不准确界定情况, LAM 估计仍然具有稳定性. 让我们给出数值例子. 假定 $\beta_i^*(L_1),\ i = 0,\ 1$ 是系数 $\beta_i^*$ 的值, 其中未知 Lipschitz 常数 $L$ 的真值由提出的一个 $L_1$ 替代. 直观计算, 表 3-1 给出式 (3.54) 和 (3.55) 对不同 $L_1/L$ 的值.

**表 3-1**

| $L_1/L$ | 1/2 | 1/1.5 | 1/1.25 | 1.25 | 1.5 | 2 |
|---|---|---|---|---|---|---|
| 式 (3.54) | 1.662 | 1.063 | 1.018 | 1.015 | 1.046 | 1.122 |
| 式 (3.55) | 1.219 | 1.076 | 1.024 | 1.025 | 1.085 | 1.264 |

$$\frac{R_0(K_0^*, \beta_0^*(L_1))}{R_0^*} = \frac{1}{5}\left(\frac{L}{L_1}\right)^{8/5} + \frac{4}{5}\left(\frac{L_1}{L}\right)^{2/5}, \tag{3.54}$$

$$\frac{R_1(K_1^*, \beta_1^*(L_1))}{R_1^*} = \frac{3}{5}\left(\frac{L}{L_1}\right)^{4/5} + \frac{2}{5}\left(\frac{L_1}{L}\right)^{6/5}. \tag{3.55}$$

结论是, 对比 Nadaraya-Watson 和 LAM 估计的均方误差, 假定函数 $f$ 是二阶连续可微的. 记 Nadaraya-Watson 估计量为 $f_n$. Collomb (1977) 中已经证明在 2° 和 3° 满足的条件下, 核 $K$ 是对称的,

$$\int K(u)\mathrm{d}u = 1, \quad M\xi_i = 0, \quad \sigma^2 = M\xi_1^2 < \infty, \quad h_n = \beta n^{-1/5},$$

并且密度 $\mu$ 于点 $x$ 是连续可微的, 那么

$$\begin{aligned} M(n^{2/5}(\hat{f}_n(x) - f(x)))^2 \sim & \frac{\sigma^2}{\beta\mu(x)} \int K^2(u)\mathrm{d}u \\ & + \frac{\beta^4}{4}\left(\int u^2K(u)\mathrm{d}u\right)^2 \left(f''(x) + \frac{2\mu'(x)f'(x)}{\mu(x)}\right)^2. \end{aligned} \tag{3.56}$$

考虑式 (3.52), 对 LAM 估计有下面的表达式 $\int K(u)\mathrm{d}u = 1, F(t) = t^2$,

$$M(n^{2/5}(f_n^{(0)}(x) - f(x)))^2 \sim \frac{\sigma^2}{\beta\mu(x)} \int K^2(u)\mathrm{d}u + \frac{\beta^4}{4}\left(\int u^2K(u)\mathrm{d}u\right)^2 (f''(x))^2. \tag{3.57}$$

如果 $u'(x) = 0$, 会看到这将发生, 如对于密度 $\mu$ 在 $X$ 上是均匀的情况, 那么表达式 (3.56) 和 (3.57) 吻合. 同时, 在没有假定 $\mu$ 可微的条件下能够得到表达式 (3.57), 在实际中很难达验证可微性.

### 3.1.6 主要参考文献

本节主要参考 Tsybakov (1982a, 1982b, 1983), 介绍了基于带有噪声的观测值的函数重构局部逼近方法, 给出了局部逼近估计的相合性条件和收敛速率, 确定了渐近分布, 并证明了它们的稳健性.

## 3.2 非参数函数估计

当边际密度或回归函数的导数很大时, 基于局部常数拟合核方法的偏差会有相反的效果. 这一缺点可以通过考虑基于局部线性拟合的一类核估计来修复. 这些估计量具有所期望的渐近性质, 并可用于估计条件分位数, 还可使通常的均值回归稳健. 此外, 这些估计量在边界点和内点上的条件渐近正态性均可得到. 这项研究的一个重要结论是, 该方法在设计密度的支撑集无论边界点还是内点上, 都具有良好的抽样性质. 因此, 方法不需要做边界修正. 我们还对这种局部线性逼近方法的应用进行了讨论.

### 3.2.1 引言

在回归函数的非参数估计中, 大多数方法发展至今都是基于均值回归函数的. 例如, Hardle (1990) 和 Wahba (1990) 中有很好的介绍, 并且在一般该学科领域中有趣的应用. 然而, 抛开均值去考虑其他函数就会有新的发现. 本书用光滑函数如平均值、中位数、百分位数及其他稳健泛函提出了一个一般非参数的框架来研究协变量之于响应变量的效应.

要估计一个协变量之于响应变量的效应, 根据研究情况, 当离群点存在时人们可以选择条件均值函数、中位数、百分位数及其他稳健模型. 例如, 非参数均值回归是估计当条件均值函数光滑时, 一个协变量之于一个响应变量效应的一种方法. 在涉及非对称条件分布 (如收入或住房数据) 的数据分析中, 人们似乎更倾向于选择条件中位数, 因为这样得到的结果更容易解释.

假设选择函数 $m(\cdot)$ 用来模拟响应变量和协变量之间的关系. $m(\cdot)$ 是根据条件分布定义的. 具体来说, 对于 $\mathbb{R}$ 上一个给定的凸函数 $l(\cdot)$, 它在原点具有唯一的最小值, 定义 $m_l(x)$ 使下式 (关于 $a$ 的) 最小:

$$E(l(Y-a)|X=x), \tag{3.58}$$

即

$$m_l(x)=\operatorname{Arg}\min_a E(l(Y-a)|X=x). \tag{3.59}$$

举例来说, 由 $l(z)=z^2$ 可得到回归函数 $m(x)=E(Y|X=x)$; 由 $l(z)=|z|$ 可得到条件中位数函数 $m(x)=\text{med }(Y|X=x)$; 当稳健性问题通过选择 $l(\cdot)$ 满足 $l'(\cdot)=\psi(\cdot)$ 而得以解决时, 设定 $l(z)=|z|+(2p-1)z$ 可得到 $p$ 百分位函数. 具体参见 Hampel 等 (1986) 和 Huber(1981) 的参考文献.

一种比较流行的方法是基于局部常数拟合的思想. 准确来说, 给定一个来自总体 $(X,Y)$ 的随机样本 $(X_1,Y_1),\cdots,(X_n,Y_n)$, 则局部常数拟合就是用估计量:

$$\hat{m}_n(x)=\operatorname{Arg}\min_a\sum_{i=1}^n l(Y_i-a)K\left(\frac{x-X_i}{h_n}\right),$$

其中 $h_n$ 和 $K$ 分别表示窗宽和有界核函数. 在平方损失的特殊情形下, 由这一方法可得到常见的 Nadaraya-Watson(1964) 估计量. 将权值 $K((x-X_i)/h_n)$ 用 Gasser-Müller 核权代替, 可得到 Gasser-Müller(1979) 估计量. 基于局部中位数和局部 M-估计量的核估计量同样可由上面的局部常数拟合得到. 统计学家对这些局部光滑量已做了大量研究, 如 Härdle 和 Gasser(1984), Tsybakov (1986), Truong (1989), Hall 和 Jones (1990) 与 Chaudhuri (1991) 等. 从函数逼近的观点, 用一个常数来局部逼

近函数 $m_l(\cdot)$, 由此得到一个一阶近似误差 $O(h_n)$. 然而, 有关曲线估计的文献中, 多数渐近性质集中于考虑二阶偏差 $O(h_n^2)$. 因此, 基于局部常数拟合的方法具有严重的缺陷: 渐近偏差涉及回归函数和设计密度的导数. Fan(1992, 1993) 认为基于局部常数拟合的方法无法应对高聚类设计密度问题和 Minmax 效应为 0. 此外, 这些方法会带来边界效应, 需要做边际修正, 如 Gasser 和 Müller (1979), Rice(1984) 及 Hall 和 Wehrly(1991) 文献所示. 再则, 这些不好的特征归因于局部常数拟合. 上述缺点可以通过局部线性拟合来修复.

局部线性拟合的思想是: 设点 $z$ 在 $x$ 邻域内, $m_l(z) = m_l(x) + m_l'(x)(z-x) \equiv a + b(z-x)$ 来逼近未知函数 $m_l(\cdot)$. 从局部来讲, 估计 $m_l(x)$ 等价于估计 $a$. 这激发我们定义下式:

$$\hat{m}_l(x) \equiv \hat{m}_{l,n}(x) = \hat{a},$$

其中

$$(\hat{a}, \hat{b}) = \operatorname{Arg}\min_{(a,b)} \sum_{i=1}^{n} l(Y_i - a - b(X_i - x))K\left(\frac{x - X_i}{h_n}\right). \tag{3.60}$$

Tsybakov (1986) 文献也说到了这个动机并讨论了这一估计量. 由于局部线性逼近在所有的点 (包括边界点) 都二阶逼近于未知函数 $m_l(x)$, 将会证明偏差总是二阶的.

之前对这一方法的研究主要集中在均值回归函数的估计, 如 Stone(1977), Cleveland (1979), Tsybakov (1986) 和 Fan (1992, 1993). 此外, 中位数或分位数的非线性估计量已经过多名作者的研究. Chaudhuri (1991) 考虑了利用分段多项式的基于直方图方法. 在这种情形下, 最终估计在所选择区域 (Bin) 的边界点上是不连续的. Tsybakov (1986) 研究了在某种程度上受限于同方差模型的方法. 他证明了渐近正态性并研究了局部逼近法收敛的最优速率. Fan (1992, 1993) 对均值回归的这一局部线性方法增加了更多见地. 例如, 估计量 (3.60) 在所有的平滑估计量中 (包括线性、非线性及具有有界二阶导数的回归函数类) 具有极小极大效应. 而且, 此估计量适用于各种各样的设计密度函数 —— 均匀的和非均匀的, 固定还是随机设计的, 甚至无论内点还是边界点. 目前这项研究的灵感来自于 Fan (1992, 1993) 对均值回归研究得到的一些性质. 对于一个凸函数 $l$, 我们将要证明式 (3.60) 定义的估计量继承了这些优良性质, 但在此我们考虑了稳健性.

### 3.2.2 大样本性质

本节建立了估计量 (3.60) 在内点和边界点的条件渐近正态性. 定理 3.2.1 和定理 3.2.2 表明所提出的估计量具有期望的偏差和方差. 方差项与由基于局部常数拟

合的普通核方法得到的结果相同. 然而, 偏差项不包含边际密度 $f_X$ 的导数, 这一性质由普通核方法并不能得到. 这具有以下含义:

a. 估计量的偏差不受 $f_X(x)$ 和 $m_l(x)$ 的影响;

b. 无须额外的边界修正, 即可减小在边界点上的重大偏差;

c. 插入式数据驱动窗宽选择机制不要求对边界密度的导数做估计.

令 $f(x) \equiv f_X(x)$ 是 $X$ 的密度函数, $g(y|x)$ 是给定 $X=x$ 时 $Y$ 的关于测度 $\mu$ 的条件密度函数. 同时令

$$\varphi(t|x) = E[l(Y - m_l(x) + t)|X = x]. \tag{3.61}$$

接下来, 将会分别用 $\varphi'(t|x)$ 和 $\varphi''(t|x)$ 来表示 $(\partial\varphi(t|x)/\partial t)$ 和 $(\partial^2\varphi(t|x)/\partial^2 t)$. 做如下的假定.

**假设 3.2.1**　(i) 函数 $l(\cdot)$ 是凸的, 且在 0 点具有唯一的最小值. $\varphi''(t|z)$ 是关于 $t$ 的函数, 在 0 点邻域内连续且在 $x$ 邻域内点 $z$ 一致连续. 假定 $\varphi(t|z)$,$\varphi'(t|z)$ 和 $\varphi''(t|z)$ 是关于 $z$ 的函数, 对所有的小 $t$, 在 $x$ 的邻域内有界且连续, $\varphi(0|x) \neq 0$.

(ii) 核 $K(\cdot) \geqslant 0$ 具有有界支撑, 且满足

$$\int_{-\infty}^{+\infty} K(z)\mathrm{d}z = 1, \quad \int_{-\infty}^{+\infty} zK(z)\mathrm{d}z = 0.$$

(iii)$X$ 的密度函数 $f(\cdot)$ 是连续的且 $f(x) > 0$.

(iv) 对每一个 $y$, 函数 $g(y|x)$ 在 $x$ 点是连续的. 此外, 存在正整数 $\varepsilon$, $\delta$ 和正的函数 $G(y|x)$ 使得 $\sup_{|x_n - x| \leqslant \varepsilon} g(y|x_n) \leqslant G(y|x)$ 成立, 并且有

$$\int |l'(y - m_l(x))|^{2+\delta} G(y|x)\mathrm{d}\mu(y) < \infty$$

和

$$\int (l(y-t) - l(y) - l'(y)t)^2 G(y|x)\mathrm{d}\mu(y) = o(t^2) \quad t \to 0.$$

(v) 函数 $m_l(\cdot)$ 有连续的二阶导数.

**评注**　假设 3.2.1(i) 保证了式 (3.59) 解的唯一性. 为了达到理想的收敛速度, 要求 $l(\cdot)$ 光滑. 在这节中, 对 $\varphi$ 施加光滑性使得 $l(z) = |z| + (2p-1)z$ 情形也包含在内 (如分位回归). 假设 3.2.1(ii)(v) 和 3.2.1(iii) 用来证明偏差和方差分别具有需要的收敛速度. 假设 3.2.1(iv) 是在证明渐近正态性时控制收敛定理和矩计算所要求的.

**定理 3.2.1**　假定假设 3.2.1 成立, $nh_n \to \infty$ 且 $h_n \to 0$. 那么估计量 (3.60) 是渐近正态的. 即

$$P\left(\frac{\hat{m}_l(x) - m_l(x) - \beta(x)h_n^2}{\sqrt{\tau^2(x)/(nh_n)}} \leqslant t|X_1, \cdots, X_n\right) = \varPhi(t) + o_p(1), \tag{3.62}$$

其中 $\Phi(\cdot)$ 是标准正态分布函数和

$$\beta(x) = (1/2)m_l''(x)\int v^2 K(v)\mathrm{d}v, \tag{3.63}$$

$$\tau^2(x) = \frac{\displaystyle\int K^2(v)\mathrm{d}v}{f(x)} \frac{\displaystyle\int [l'(y - m_l(x))]^2 g(y|x)\mathrm{d}\mu(y)}{[\varphi''(0|x)]^2}. \tag{3.64}$$

在控制收敛定理下, 式 (3.62) 的条件渐近正态性表明其非正态形式为

$$P\Big(\frac{\hat{m}_l(x) - m_l(x) - \beta(x)h_n^2}{\sqrt{\tau^2(x)/(nh_n)}} \leqslant t\Big) = \Phi(t) + o(1). \tag{3.65}$$

此外, 条件渐近正态性比无条件情形更具有吸引力: 人们期望这一渐近正态性对给定的协变量而不是多次重复实验的平均值成立. 条件渐近正态性也表明了这一结果对固定的设计点 $\{x_j = G^{-1}(j/n), j = 1, \cdots, n\}$ 和 $G'(x) = f_X$ 成立. 式 (3.65) 的无条件结果是对 Tsybakov (1986) 结果的拓展, 他解决了具有界支撑集设计密度的严格同方差回归模型问题 ($\sigma^2(x) \equiv \sigma^2$). 定理 3.2.1 不需要这些限制. 这个要求 $h_n = O(n^{-1/5})$ 也不再需要.

注意到提出的估计量的 "渐近偏差" $\beta(x)h_n^2$ 仅仅依赖于待估函数. 从它的结构来看, 这是很自然的. 偏差来自于通过线性函数对潜在曲线做局部逼近的误差. 然而, 渐近方差依赖于函数 $l(\cdot)$. 例如, 局部均值估计量的渐近方差不同于局部中位数估计量的渐近方差.

作为定理 3.2.1 的应用, 窗宽 $h_n$ 可通过极小化下式选择:

$$\int_{-\infty}^{+\infty} (\beta^2(x)h_n^4 + \tau^2(x)/(nh_n))w(x)\mathrm{d}x,$$

其中 $w(\cdot)$ 是一个具有紧支集的非负函数. 由此产生了最优窗宽

$$h_{n,\mathrm{opt}} = \left(\frac{\displaystyle\int_{-\infty}^{+\infty} \sigma_l^2(x)f^{-1}(x)w(x)\int_{-\infty}^{+\infty} K^2(v)\mathrm{d}v}{\displaystyle\int_{-\infty}^{+\infty} (m_l''(x))^2 w(x)\mathrm{d}x\left[\int_{-\infty}^{+\infty} v^2K(v)\mathrm{d}v\right]^2}\right)^{1/5} n^{-1/5},$$

其中

$$\sigma_l^2(x) = \int_{-\infty}^{+\infty} [l'(y - m_l(x))]^2 g(y|x)\mathrm{d}\mu(y)(\varphi''(0|x))^{-2}.$$

Fan 和 Gijbels (1992) 讨论了如何将一个变化的窗宽纳入估计量 $\hat{m}_l(x)$.

接下来研究估计量在设计密度 $f_X$ 支撑集的边界点上的性质. 不失一般性, 假定 $f_X$ 的支撑集是 $[0,1]$, 考虑左边界点 $x_n = ch_n$, 其中 $c$ 是一个正整数. 我们做如下的假定.

**假设 3.2.2** (i) 函数 $l$ 在点 $x=0$ 满足假设 3.2.1(i).

(ii) 核 $K(\cdot)\geqslant 0$ 具有界集.

(iii) $X$ 的密度函数 $f_X(\cdot)$ 具有支撑 $[0,1]$. 另外, 假定 $f(0)=\lim_{z\downarrow 0}f_X(z)$ 存在且为正.

(iv) 假定 $g(y|0)\equiv\lim_{z\downarrow 0}g(y|z)$ 存在. 另外, 存在正数 $\varepsilon$, $\delta$ 和正函数 $G$ 使得 $\sup_{x_n\leqslant\varepsilon}g(y|x_n)\leqslant G(y)$,

$$\int|l'(y-m_l(0))|^{2+\delta}G(y)\mathrm{d}\mu(y)<\infty,$$

$$\int(l(y-t)-l(y)-l'(y)t)^2G(y)\mathrm{d}\mu(y)=o(t^2),\quad t\to 0,$$

其中 $m_l(0)=\lim_{z\downarrow 0}m_l(z)$ 假定存在.

(v) 函数 $m_l(\cdot)$ 具有连续的二阶导数.

参见假设 3.2.1 后面的标注, 它说明了给出假设 3.2.2 的动机.

继 Gasser 和 Müller (1979) 的公式, 现在描述估计量在边界点的渐近性质.

**定理 3.2.2** 假定 3.2.2 成立, $h_n\to 0$, $nh_n\to\infty$. 那么

$$P\left(\frac{\hat{m}_l(x_n)-m_l(x_n)-\beta h_n^2}{\sqrt{\tau^2(x)/(nh_n)}}\leqslant t|X_1,\cdots,X_n\right)=\varPhi(t)+o_p(1),\tag{3.66}$$

其中

$$\beta=(1/2)m_l''(0)\alpha(c),\quad \tau^2=\frac{\beta(c)}{f(0)}\frac{\displaystyle\int[l'(y-m_l(0))]^2g(y|0)\mathrm{d}\mu(y)}{[\varphi''(0|0)]^2},\tag{3.67}$$

$$\alpha(c)=\frac{c_2^2-c_1c_3}{c_0c_2-c_1^2},\quad \beta(c)=\frac{\displaystyle\int_{-\infty}^{c}(c_2-c_1v)^2K^2(v)\mathrm{d}v}{(c_0c_2-c_1^2)^2}$$

和

$$c_j=\int_{-\infty}^{c}v^jK(v)\mathrm{d}v,\quad j=1,2,3.$$

**证明** 接下来, 令 $a_n=m_l(ch_n)$ 和 $b_n=m_l'(ch_n)$. 回想一下, $\hat{m}_l(x_n)=\hat{a}$ 和 $(\hat{a},\hat{b})$ 极小化

$$\sum l(Y_i-a-b(X_i-x_n))K\left(\frac{x_n-X_i}{h_n}\right).$$

令

$$\bar{\theta}_n=\sqrt{nh_n}(\hat{a}-m_l(x_n),h_n(\hat{b}-m_l'(x_n)))^{\mathrm{T}},\quad Z_i=(1,(X_i-x_n)/h_n)^{\mathrm{T}},$$

并记

$$Y_i^* = Y_i - m_l(x_n) - m_l'(x_n)(X_i - x_n), \quad K_i = K\left(\frac{x_n - X_i}{h_n}\right).$$

那么, $\bar{\theta}_n$ 极小化函数

$$G_n(\theta) = \sum [l(Y_i^* - \theta' Z_i/\sqrt{nh_n}) - l(Y_i^*)]K_i.$$

注意到, 函数 $G_n(\theta)$ 关于 $\theta$ 是凸的. 这足以证明这一函数逐点收敛到其条件期望, 此由 Pollard (1991) 的凸性定理 (收敛性在 $\theta$ 的任一紧集上是一致的) 得到. 记

$$\begin{aligned} G_n(\theta) = & E(G_n(\theta)|\boldsymbol{X}) + (nh_n)^{-1/2} \\ & \times \left(\sum l'(Y_i^*) Z_i K_i - E(l'(Y_i^*)|X_i) Z_i K_i\right)' \theta + R_n(\theta). \end{aligned} \tag{3.68}$$

令 $M$ 为一实数, 使得区间 $[-M, M]$ 包括支撑集 $K$. 由泰勒展式,

$$\begin{aligned} m_l(X_i) = & a_n + b_n(X_i - x_n) \\ & + (1/2) m_l''(x_n)(X_i - x_n)^2 + \xi_{n,i}, \quad |X_i - x_n| \leqslant Mh_n, \end{aligned} \tag{3.69}$$

其中 $\xi_{n,i} = o_p(h_n^2)$ 一致地成立:

$$\max_{\{i:|X_i - x_n| \leqslant Mh_n\}} \| \xi_{n,i} \|_\infty = o(h_n^2).$$

由式 (3.61) 和 (3.69), 有

$$\begin{aligned} & E(G_n(\theta)|\boldsymbol{X}) \\ = & \sum \left[\varphi\left(m_l(X_i) - a_n - b_n(X_i - x) - \frac{\theta' Z_i}{\sqrt{nh_n}} | X_i\right)\right. \\ & \left. - \varphi(m_l(X_i) - a_n - b_n(X_i - x)|X_i)\right] K_i \\ = & \sum \varphi'(m_l(X_i) - a_n - b_n(X_i - x)|X_i) \frac{\theta' Z_i}{\sqrt{nh_n}} K_i \\ & + 1/2 \sum \varphi''(m_l(X_i) - a_n - b_n(X_i - x)|X_i) \frac{(\theta' Z_i)^2}{nh_n} K_i(1 + o_p(1)) \\ = & \frac{1}{\sqrt{nh_n}} \sum E(l'(Y_i^*)|X_i)(\theta' Z_i) K_i \\ & + \frac{1}{2nh_n} \theta' \left(\sum K_i \varphi''(0|X_i) Z_i Z_i'\right) \theta (1 + o_p(1)). \end{aligned} \tag{3.70}$$

由式 (3.70) 可证明 (见引理 3.2.1)

$$\frac{1}{nh_n} \sum_i K_i \varphi''(0|X_i) Z_i Z_i' = \mathcal{S} + o_p(1), \tag{3.71}$$

其中

$$\mathcal{S}=\varphi''(0|0)f(0)\begin{pmatrix} c_0 & c_1 \\ c_1 & c_2 \end{pmatrix}.$$

将上式代入式 (3.70), 得到

$$E(G_n(\theta)|\boldsymbol{X})=\frac{1}{\sqrt{nh_n}}\sum E(l'(Y_i^*)|X_i)(\theta' Z_i)K_i+(1/2)\theta'\mathcal{S}\theta(1+o_p(1)). \quad (3.72)$$

接下来证明式 (3.68) 定义的 $R_n(\theta)$, $R_n(\theta)=o_p(1)$. 注意到 $ER_n(\theta)=0$. 由假设 3.2.1(iv), 有

$$\begin{aligned} E(R_n^2(\theta))\leqslant & nE(l(Y_1^*-\theta' Z_1/\sqrt{nh_n})-l(Y_1^*)-l'(Y_1^*)\theta' Z_1/\sqrt{nh_n})^2K_1^2 \\ \leqslant & n\int\int(l(Y_1^*-\theta' Z_1/\sqrt{nh_n})-l(Y_1^*)-l'(Y_1^*)\theta' Z_1/\sqrt{nh_n})^2G(y)\mathrm{d}\mu(y) \\ & \times K^2\left(\frac{x_n-v}{h_n}\right)f(v)\mathrm{d}v \\ = & o\Big(n\int\frac{(\theta' Z_1)^2}{nh_n}K^2\left(\frac{x_n-v}{h_n}\right)f(v)\mathrm{d}v\Big) \\ = & o(1). \end{aligned}$$

因而 $R_n(\theta)=o_p(1)$. 此式与式 (3.72) 一起可得到

$$G_n(\theta)=(1/2)\theta'\mathcal{S}\theta+W_n'\theta+r_n(\theta), \quad (3.73)$$

其中对每一个固定的 $\theta$ 有 $r_n(\theta)=o_p(1)$ 和

$$W_n=(nh_n)^{-1/2}\sum l'(Y_i^*)Z_iK_i.$$

很容易看到 $W_n$ 具有有界的二阶矩因此是随机有界的. 因为凸函数 $G_n(\theta)-W_n'\theta$ 依概率收敛到凸函数 $(1/2)\theta'\mathcal{S}\theta$, 对任意紧集 $K$, 由 (Pollard, 1991) 的凸性引理可得

$$\sup_{\theta\in K}|r_n(\theta)|=o_p(1).$$

即, 在任意紧集上, 凸函数 $G_n(\theta)$ 对 $\theta$ 的二阶逼近一致地成立. 因而, 再由凸性假定, $G_n(\theta)$ 的最小值 $\bar{\theta}_n$ 以概率收敛到式 (3.73) 右边的最小值 $\hat{\theta}_n=-\mathcal{S}^{-1}W_n$:

$$\bar{\theta}_n-\hat{\theta}_n=o_p(1).$$

最后一句陈述很容易由一些基本论述证明, 它们可由 Pollard (1991) 定理 1 证明的最后部分得到. 上述等式的第一个部分是

$$\sqrt{nh_n}(\hat{m}_l(x_n)-m_l(x_n)-V_n)=o_p(1),$$

其中 $V_n=U_n/[\varphi''(0|0)f(0)(c_0c_2-c_1^2)]$ 和

$$U_n=\frac{1}{nh_n}\sum l'(Y_i^*)(c_2-c_1(X_i-x_n)/h_n)K_i. \tag{3.74}$$

等价地, 对任意 $\varepsilon>0$, 有

$$EP(\sqrt{nh_n}|\hat{m}_l(x_n)-m_l(x_n)-V_n|\geqslant\varepsilon|\boldsymbol{X})=o(1).$$

这表明

$$P(\sqrt{nh_n}|\hat{m}_l(x_n)-m_l(x_n)-V_n|\geqslant\varepsilon|\boldsymbol{X})=o_p(1).$$

因此, 由 $U_n$ 可得到条件渐近正态性, 有关这一点将由引理 3.2.3 可得. 证毕. ■

**引理 3.2.1** 在假设 3.2.2 下, 式 (3.71) 成立.

**证明** 令 $s_j=1/nh_n\sum\varphi''(0|X_i)((X_i-x_n)/h_n)^jK((x_n-X_i)/h_n), j=0,1,2.$ 那么 $s_j$ 是式 (3.2.71) 左边定义的矩阵的一个典型元素. 因而, 只需要研究 $s_j$. 由紧集可得 $K$.

$$E(s_j)=\int_{c-1/h_n}^{c}\varphi''(0|x_n-h_nv)f(x_n-h_nv)v^jK(v)\mathrm{d}v=f(0)\varphi''(0|0)c_j(1+o(1)).$$

最后一个等式由控制收敛定理得来. 同上类似的论述, 可得

$$\begin{aligned}\operatorname{var}(s_j)&\leqslant\frac{1}{nh_n^2}E\left[\varphi''(0|X_1)\left(\frac{X_1-x_n}{h_n}\right)^jK\left(\frac{x_n-X_1}{h_n}\right)\right]^2\\&=\frac{1}{nh_n}\int_{c-1/h_n}^{c}(\varphi''(0|x_n-h_nv)v^jK(v))^2f(x_n-h_nv)dv=o(1).\end{aligned}$$

因而, $s_j=f(0)\varphi''(0|0)c_j+o_p(1)$. 可得结论. ■

**引理 3.2.2** 在假设 3.2.2 下, 有

$$E(U_n|\boldsymbol{X})=dh_n^2(1+o_p(1)),$$

$$\operatorname{var}(U_n|\boldsymbol{X})=\frac{v^2}{nh_n}(1+o_p(1)),$$

其中 $U_n$ 由式 (3.74) 定义, $d=(1/2)m_l''(0)f(0)\varphi''(0|0)(c_2^2-c_1c_3)$ 且 $v^2=f(0)\int[l'(y-m_l(0))]^2g(y|0)\mathrm{d}\mu(y)\int_{-\infty}^{c}(c_2-c_1u)^2K^2(u)\mathrm{d}u$.

**证明** 由 $m_l(x)$ 的定义记 $\varphi'(0|x)=0$. 根据泰勒展式, 有

$$\varphi'(t|x)=\varphi''(0|x)t(1+o(t)),\quad t\to0.$$

此式与式 (3.69) 联立可得

$$
\begin{aligned}
E(U_n)=&\int_{c-1/h_n}^{c}\varphi'((1/2)m_l''(x_n)h_n^2v^2(1+o(1))|x_n-h_nv)\\
&\cdot(c_2-c_2v)K(v)f(x_n-h_nv)\mathrm{d}v\\
=&dh_n^2(1+o(1)).
\end{aligned}
$$

为得到条件结果, 进行如下. 假定 $K$ 的支撑集包含于 $[-M,M]$, 那么

$$
\left|c_1-c_2\frac{X_1-x_n}{h_n}\right|K\left(\frac{X_1-x_n}{h_n}\right)\leqslant CK\left(\frac{X_1-x_n}{h_n}\right), \tag{3.75}
$$

其中 $C=|c_1|+|c_2|M$. 由式 (3.75) 和 (3.69) 可得

$$
\begin{aligned}
&E[E(U_n)|\boldsymbol{X}-E(U_n)]^2\\
=&\frac{1}{nh_n^2}\mathrm{var}\left(\varphi'(m_l(X_1)-a_n-b_n(X_1-x_n)|X_1)\left[c_2-c_1\frac{X_1-x_n}{h_n}\right]K\left(\frac{X_1-x_n}{h_n}\right)\right)\\
\leqslant&\frac{C^2}{nh_n^2}E\left[\varphi'(m_l''(x_n)(X_i-x_n)^2/2+o(h_n^2)|X_1)K\left(\frac{X_1-x_n}{h_n}\right)\right]^2\\
=&\frac{C^2}{nh_n^2}\int_{c-1/h_n}^{c}[\varphi''(0|x_n-h_nv)O(h_n^2)K(v)]^2f(x_n-h_nv)\mathrm{d}v\\
=&O\Big(\frac{h_n^4}{nh_n}\Big).
\end{aligned} \tag{3.76}
$$

因而,

$$
E(U_n|\boldsymbol{X})=E(U_n)+o_p(h_n^2)=dh_n^2(1+o_p(1)).
$$

可得第一个论断.

第二个论断类似讨论可得. 更确切地, 进行如下. 首先

$$
\mathrm{var}(U_n|\boldsymbol{X})=\frac{1}{n^2h_n^2}\sum Z_{n,i}+o_p\Big(\frac{1}{nh_n}\Big), \tag{3.77}
$$

其中

$$
Z_{n,i}=\left[c_2-c_1\frac{X_i-x_n}{h_n}\right]^2K^2\left(\frac{x_n-X_i}{h_n}\right)E(l'^2(Y_i-a_n-b_n(X_i-x_n))|X_i).
$$

由式 (3.75) 和条件 Jensen 不等式有

$$
\begin{aligned}
E|Z_{n,i}|^{1+\delta/2}\leqslant&C^{2+\delta}E\left|l'(Y_1-a_n-b_n(X_1-x_n))K\Big(\frac{x_n-X_1}{h_n}\Big)\right|^{2+\delta}\\
\leqslant&C^{2+\delta}h_n\int_{c-1/h_n}^{c}\int|l'(y-a_n+b_nh_nv)|^{2+\delta}g(y|x_n-h_nv)\mathrm{d}\mu(y)K^{2+\delta}(v)\\
&\times f(x_n-h_nv)\mathrm{d}v\\
=&O(h_n).
\end{aligned} \tag{3.78}
$$

由独立随机变量 (参见 Tsybakov (1986) 引理 2) 和的矩不等式, 有

$$\frac{1}{n}\sum Z_{n,i}/h_n = EZ_{n,i}/h_n + o_p(1) = \upsilon + o_p(1).$$

由最后一个等式和式 (3.77), 可得第二个论断.

**引理 3.2.3** 在假设 3.2.2 下, 有

$$P\{\sqrt{nh_n}(U_n - dh_n^2)/\upsilon \leqslant t|\boldsymbol{X}\} = \Phi(t) + o_p(1),$$

其中 $d$ 和 $\upsilon$ 在引理 3.2.2 中定义.

**证明** 记

$$Z_{n,i}^* = \left[c_2 - c_1\frac{X_i - x_n}{h_n}\right]K\left(\frac{x_n - X_i}{h_n}\right)l'(Y_i - a_n - b_n(X_i - x_n)).$$

那么

$$U_n - E(U_n|\boldsymbol{X}) = \frac{1}{nh_n}\sum[Z_{n,i}^* - E(Z_{n,i}^*|X_i)]. \tag{3.79}$$

注意给定 $\boldsymbol{X}$, 式 (3.79) 是独立随机变量的和. 证明

$$P\left\{\frac{U_n - E(U_n|\boldsymbol{X})}{\sqrt{\mathrm{var}(U_n|\boldsymbol{X})}} \leqslant t|\boldsymbol{X}\right\} = \Phi(t) + o_p(1), \tag{3.80}$$

这足以证明 "有条件的" Lyapunov 条件:

$$\frac{1}{(nh_n)^{2+\delta}[\mathrm{var}(U_n|\boldsymbol{X})]^{1+\delta/2}}\sum E(|Z_{n,i}^*|^{2+\delta}|X_i) = o_p(1),$$

对某些 $\delta > 0$, 由式 (3.68), 有

$$E\left\{\sum E(|Z_{n,i}^*|^{2+\delta}|X_i)\right\} = nE|Z_{n,i}^*|^{2+\delta} = O(nh_n).$$

那么

$$\sum E(|Z_{n,i}^*|^{2+\delta}|X_i) = O_p(nh_n).$$

由此式和引理 3.2.2 的第二个论断可得到 "有条件的" Lyapunov 条件. 由式 (3.80) 和引理 3.2.2 可得到引理 3.2.3. ■

**注 3.2.1** 注意到, 对右边界点 $x_n = 1 - ch_n$ 具有类似的结果. 对均值为 0 的核函数, 有

$$\alpha(\infty) = \int u^2K(u)\mathrm{d}u, \quad \beta(\infty) = \int K^2(u)\mathrm{d}u.$$

如果 0 点是一个内点, 则表达式 (3.66) 在 $c = \infty$ 时成立. 因此, 估计量在边界点具有良好的性质且无须修正. 相反, 基于局部常数拟合的估计量, 如 Nadaraya-Watson

估计量和局部中位数估计量在边界点的收敛速率较慢, 需要做边界修正. 这从另一方面支持了局部线性拟合方法.

当损失函数是二次的, Fan 和 Gijbels (1992) 证明了估计量 $\hat{m}_l(x_n)$ 在边界点的渐近 MSE 是 $\beta^2 h_n^4 + \tau^2/(nh_n)$. 上述定理将以上结果统一到所有的凸损失函数来解决渐近正态性问题而非渐近 MSE. 另外, 由于估计量 (3.60) 的隐式表达, 定理 3.2.1 与定理 3.2.2 的证明与 Fan 和 Gijbels (1992) 及 Fan (1993) 的证明很不相同. 注意到定理 3.2.1 与定理 3.2.2 的证明非常相似, 而定理 3.2.2 的证明运用更广, 需要更多细节, 所以将只证明定理 3.2.2.

接下来将讨论定理 3.2.1 与定理 3.2.2 的结果及应用, 包括回归估计量、条件中位数和条件分位函数及稳健非参数函数估计.

### 3.2.3　百分位与预测

定理 3.2.1 与定理 3.2.2 根据 $l(\cdot)$ 的不同选择有各种广泛的应用. 包括基于条件均值、条件中位数和分位数的回归问题及稳健函数. 每一种情形都会在本节详细地讨论.

为方便起见, 使用符号

$$\hat{m}_l(x) - m_l(x) \sim_c N\left(\beta(x)h_n^2, \frac{\tau^2(x)}{nh_n}\right)$$

表示式 (3.62). 这里, $\sim_c$ 表示给定协变量 $X_1, \cdots, X_n$ 下的条件渐近分布.

令 $0 < p < 1$, $p$ 阶条件分位数 $F^{-1}(p|X = x)$ 是条件分布 $F(\cdot|X = x)$ 的 $p$ 阶分位. Hogg (1975) 称之为一个基于加权绝对误差损失或简单百分位回归的回归问题. 基于局部中位数平滑的方法已被研究过, 如 Janssen 和 Veraverbeke (1987), Lejeune 和 Sarda (1988), Truong (1989) 以及 Chaudhuri (1991). 但这些估计量通常比局部线性估计量的偏差更大, 边界点上更为显著.

百分位数回归有很多重要的应用. 尤其让人感兴趣的是非对称分布的中位数函数 $F^{-1}(1/2|X = x)$, 它是一般均值回归的一个有用的替代. 百分位数回归对预测区间的估计也非常有用. 例如, 给定协变量 $X = x$ 预测相应变量, 可利用 $F^{-1}(\alpha/2|x)$ 和 $F^{-1}(1 - \alpha/2|x)$ 的估计来得到 $100\%(1 - \alpha)$ 非参数预测区间. 这自然可以与非参数模型方法进行比较, 后者无法处理因模型的错分而带来的偏差.

上述定义的条件分位数可通过选择适当的函数 $l(\cdot)$ 纳入框架. 假定要估计 $p$ 阶条件分位数 $\xi_p(x)$, 那么令 $l(z) = |z| + (2p - 1)z \equiv l_p(z)$ 由式 (3.59) 可以得到 $\xi_p(x)$. 令 $g(y|x)$ 为在给定 $X = x$ 下 $Y$ 的关于测度 $\mu(y) = y$ 的条件密度.

**定理 3.2.3**　假定 $h_n \to 0$, 且 $nh_n \to \infty$.

(i)(内点性质)　如果假设 3.2.1(ii)-(v) 成立, $l = l_p$, 那么

$$\hat{m}_l(x) - \xi_p(x) \sim_c N\left(\beta(x)h_n^2, \frac{\tau^2(x)}{nh_n}\right),$$

其中

$$\beta(x) = (1/2)\xi_p''(x)\int v^2K(v)\mathrm{d}v, \quad \tau^2(x) = \frac{\int K^2(v)\mathrm{d}v}{f(x)}\frac{p(1-p)}{[g(\xi_p(x)|x)]^2}.$$

(ii)(边界点性质) 如果假设 3.2.2(ii)-(v) 成立, 那么

$$\hat{m}_l(x_n) - \xi_p(x) \sim_c N\left(\beta h_n^2, \frac{\tau^2}{nh_n}\right),$$

其中

$$x_n = ch_n, \quad \beta = (1/2)\alpha(c)\xi_p''(0), \quad \tau^2 = \left(\frac{\beta(c)p(1-p)}{[g(\xi_p(0)|0)]^2 f(0)}\right).$$

**评注** 使用直方图类方法 (不连续), Chaudhuri (1991) 得到了它的概率收敛速率. 上述定理对连续估计量和渐近正态性加强了这一结论. Bhattacharya 和 Gangopadhyay (1990) 给出了弱收敛结果; 但是, 他们的方法基于局部中位数, 因而依赖于边际分布的平滑度, 且需要做边界修正.

### 3.2.4 稳健平滑

从有关稳健性的文献可知, 均值对异常点非常敏感, 见 Hampel 等 (1986) 和 Huber(1981). 由于局部平均估计量也是一个计算平均的估计量, 因为也对异常值很敏感. 为使此过程更为稳健, 建议选择函数 $l_c(\cdot)$ 使其一阶导数由 $\psi_c(y) = \max\{-1, \min\{y/c, 1\}\}$, $c > 0$ 给出, 参见 Hardle (1990) 及 Hall 和 Jones (1990) 对这一问题的有趣的论述.

假定条件密度 $g(y|x)$ 关于 $m(x)$ 是对称的. 那么 $m(x)$ 极小化式 (3.58), 其中 $l = l_c$. 令 $\hat{a}$ 和 $\hat{b}$ 极小化式 (3.60), 其中 $l(\cdot) = l_c(\cdot)$. 令 $\hat{m}_c(x) = \hat{a}$. 一个有关定理 3.2.1 和 3.2.2 的应用产生下面结果:

**定理 3.2.4** 令 $g(y|x)$ 关于 $m(x)$ 对称, $h_n \to 0$ 且 $nh_n \to \infty$.

(i)(内点性质) 对于函数 $l \equiv l_c$, 如果假设 3.2.1(ii)-(v) 成立, 那么有

$$\hat{m}_c(x) - m(x) \sim_c N\left(\beta(x)h_n^2, \frac{\tau_c^2(x)}{nh_n}\right),$$

其中

$$\beta(x) = (1/2)m''(x)\int v^2K(v)\mathrm{d}v, \quad \tau_c^2(x) = \frac{\int K^2(v)\mathrm{d}v}{f(x)}\frac{\mathrm{var}(\psi_c(Y-m(x))|X=x)}{(P(|Y-m(x)| \leqslant c|X=x))^2}.$$

(ii)(边界点性质)　对于函数 $l \equiv l_c$, 如果假设 3.2.2(ii)-(v) 成立, 那么有

$$\hat{m}_c(x_n) - m(x_n) \sim_c N\left(\beta h_n^2, \frac{\tau_c^2}{nh_n}\right),$$

其中

$$x_n = dh_n, \quad \beta = (1/2)\alpha(d)m''(0), \quad \tau_c^2 = \frac{\beta(d)}{f(0)} \frac{\mathrm{var}(\varphi_c(Y - m(0))|X = 0)}{(P(|Y - m(0)| \leqslant c|X = 0))^2}.$$

**评注**　关于收敛速率的结论 Hall 和 Jones (1990) 及 Hardle (1990) 已做了讨论. 但是, 他们的方法均基于局部常数拟合, 其偏差依赖于边际密度的导数. 此外, 这些方法具有边界效应需要做边界修正. 我们集中研究局部线性估计量的渐近正态性和边界性质. 这里的偏差仅依赖于待估函数和不受边界点影响的速率. 这些结论均提高了局部常数估计量的性能.

观察发现, 定理 3.2.4 对一般非参数回归估计 ($c = \infty$) 成立, 而且这一结果在无 $g(y|x)$ 对称的条件下也是有效的.

### 3.2.5　主要参考文献

较早的研究主要集中在均值回归函数的估计, 如 Stone (1977), Cleveland (1979), Tsybakov (1986) 和 Fan (1992, 1993). 后来, 关于中位数或分位数的非线性估计量已经过多名学者的研究. 例如, Chaudhuri (1991) 考虑了利用分段多项式的基于直方图方法. Tsybakov (1986) 研究了在某种程度上受限于同方差模型的方法. 本节的主要参考文献包括如 Fan 等 (1994).

## 3.3　局部线性分位回归

本章利用核权局部线性拟合研究非参数回归分位估计, 考虑了两个这样的估计量. 其一是基于局部极小化分位回归函数 $E\{\rho_p(Y-a)|X=x\}$, 其中 $\rho_p$ 是适当的“检验函数”. 另外一个估计量遵循一个局部线性条件分布估计量的逆, 并涉及两个而非一个平滑参数. 我们充分展示这两种方法的运作并证明每一种方法都相当不错. 尽管在实践中都可能会用到, 我们更偏好于第二种方法. 自动平滑参数选择方法是比较新颖的, 主要的分位回归平滑参数的选择原则是均值回归估计量平滑参数选择中的大拇指法则适应.

### 3.3.1　引言

虽然大多数回归关心的是回归均值函数 $m(x)$, 即响应变量 $Y$ 在给定预测变量 $X$ 为 $x$ 的条件均值, 那么在给定 $X$ 条件下 $Y$ 条件分布的其他方面也常常引起人们的兴趣. 分位回归, 本文的主题, 关注的是 $Y$ 在给定 $X = x$ 下的条件分位函数

$q_p(x), 0 < p < 1$, 单个分位函数, 特别是条件中位数, 有时候会引起人们的兴趣, 但更多时候人们希望得到当在给定 $X$ 下 $Y$ 的整个条件分布, 这样在图示的时候能给出条件分位数的整体印象. 另外, 由一组极端条件分位数给出一个条件预测区间, 人们希望多数点都位于这个区间内. 这些 "参考图表" 在医学中很常用 (Cole, 1988), 此外对这一领域的近代统计研究工作提出了启发.

Koenker 和 Bassett 于 1978 年的开创性工作使得条件分位数估计向前迈进了一大步. 这篇文章所关心的是条件分位函数的非参数估计. 当然, 由于 Koenker 和 Bassett 已经研究了这一问题, 其他很多人使用了各种特别的方法和各种适应性平滑技术. 对于回归平均数的估计、局部多项式拟合和其特殊情形即局部线性拟合方法变得越来越受欢迎. 这一课题不断发展 (Cleveland, 1979; Cleveland, Devlin, 1988; Stone, 1977), 而且最近的研究工作进一步明确了它具有多种优势, 可参见 Cleveland 和 Loader (1996), Fan (1992), Fan 和 Gijbels (1992, 1995), Hastieand 和 Loader (1993), Ruppert 和 Wand (1995), Fan 和 Gijbels (1996), Wand 和 Jones (1995). 局部多项式拟合特别是局部线性拟合可用于分位回归, 而且保留了它们自身的优势, 正如我们稍后所要描述的.

本节的目的是要将局部线性方法扩展到分位回归使得结论在实践中能立即适用. 文章中所使用的基本方法不是新的, (Chaudhuri, 1991), Fan 等 (1994), Fan 等 (1996) 提供了相关理论背景, 但一些细节和见解是非常新颖的.

事实上, 我们提出并发展了两种可用作替代的局部线性分位回归的方法, 它们的结果是等价的. 虽然用户可以考虑使用其中任一, 但是更倾向于使用第二种方法, 尽管第一种方法更直接. 已估分位函数 $\hat{q}_p(x)$ 基于最小化 $E\{\rho_p(Y-a)|X=x\}$ 的局部线性核权, 其中 $\rho_p$ 是 "检验函数":

$$\rho_p(z) = pzI_{[0,\infty)}(z) - (1-p)zI_{(-\infty,0)}(z), \tag{3.81}$$

其中 $p$ 表示当前的条件分位数. 此方法涉及一个核局部函数 $K$, 它是一个对称的概率密度函数, 参数 $h$ 是窗宽控制着平滑度. 通过首先用核权局部线性方法估计条件分布函数, 平行开发了条件分位估计的一个替代 "双核" 方法. 在这种情况下, 我们允许使用两个窗宽, 即在已有的 " $x$ 方向" 上的窗宽再引入了一个 " $y$ 方向" 上的窗宽. 对第二个窗宽的选择是令人反感的, 不过我们仍然需要在这里给出一个实践准则 (依赖于 $p$), 虽然这一步并不十分关键. 下面定义双核分位数估计量 $\tilde{q}_p$, 解决

$$p = \frac{1}{\sum_j w_j(x;h_1)} \sum_j w_j(x;h_1)\Omega\left(\frac{\tilde{q}_p(x)-Y_j}{h_2}\right), \tag{3.82}$$

其中 $\Omega$ 是核密度函数 $W$ 的分布函数. $w_j(x;h_1)$ 是与局部线性拟合相关的权函数,

$$w_j(x;h_1) = K\left(\frac{x - X_j}{h_1}\right)[S_{n,2} - (x - X_j)S_{n,1}], \tag{3.83}$$

其中

$$S_{n,l} = \sum_{i=1}^{n} K\left(\frac{x - X_j}{h_1}\right)(x - X_j)^l, \quad l = 1, 2,$$

$h_1$ 和 $h_2$ 是 $x$ 和 $y$ 平滑方向上的两个窗宽. 式 (3.82) 的右边是条件分布函数的一个 (双核) 局部线性估计, 此外, 这一等式定义了其逆为条件分位估计量. 有关 $\tilde{q}_p$ 的更多细节将在后面给出.

对 $\tilde{q}_p$ 而非 $\hat{q}_p$ 的偏好是由于前者更加顺畅的外观, 模拟中均方误差的特性较优, 并且解决了 $\hat{q}_p$ 分位数可能交叉的问题.

### 3.3.2 最小化

1. *方法*

假设 $(X_1, Y_1), \cdots, (X_n, Y_n)$ 是一组独立观测, 服从一些潜在的分布 $F(x, y)$, 其密度函数为 $f(x, y)$; 在给定 $X = x$ 情况下, $Y_i$ 来自条件分布 $F(y|x)$, 密度函数为 $f(y|x)$. $p$- 阶条件分位数 $q_p(x)$ 定义如下:

$$q_p'(x) = \mathrm{Arg}\min_a E\{\rho_p(Y - a)|X = x\},$$

其中 $\rho_p$ 由式 (3.81) 给出. 它的 "局部常数" 简单形式如下:

$$\bar{q}_p(x) = \mathrm{Arg}\min_a \sum_{i=1}^{n} \rho_p(Y_i - a)K\left(\frac{x - X_i}{h}\right),$$

这里 $h$ 和 $K$ 如前所示表示窗宽和核函数.

然而在均值回归估计中, 当今一般认为局部线性拟合要优于局部常数拟合 (参考文献在 3.1 节中已列出). 因此考虑前面提到的局部线性拟合 (在条件分位估计下局部常数和局部线性方法的直接比较参见 Yu, Jones(1997)). 局部线性拟合的思想就是用 $x$ 邻域内关于 $z$ 的线性函数 $q_p(z) = q_p(x) + q_p'(x)(z - x) \equiv a + b(z - x)$ 来逼近未知的 $p$- 分位数 $q_p(x)$. 从局部来讲, 估计 $q_p(x)$ 等价于估计 $a$, 而估计 $q_p'(x)$ 等价于估计 $b$ . 这激发我们定义估计量 $\hat{q}_p(x) = \hat{a}$, 其中 $\hat{a}$ 和 $\hat{b}$ 使得下式为最小:

$$\sum_{i=1}^{n} \rho_p(Y_i - a - b(X_i - x))K\left(\frac{x - X_i}{h}\right). \tag{3.84}$$

这一估计方法保留了局部线性均值拟合的各种优点, 如在条件分位下的适应性和在边界点的良好性质. 式 (3.84) 已被 Chaudhuri (1991), Fan 等 (1994) 及 Koenker 等 (1992) 做了讨论.

为了估计 $\hat{q}_p$, 使用迭代重加权最小二乘算法, 算法细节 Yu (1997) 做了证明.

2. 均方误差

评估 $\hat{q}_p(x)$ 的性能的一个重要方法就是计算其均方误差 (MSE) (条件的或非条件的). 对于局部线性条件分位拟合, MSE($\hat{q}_p(x)$ (随着 $n \to \infty, h = h(n) \to 0, nh \to \infty$) 的渐近形式已由 Fan 等 (1994) 给出. 因为在下面的章节中会用到, 所以这里再现了这一结果. 在 Fan 等给定的某些条件下, 这包括 $x$ 不是太靠近设计支撑的边界以及一些关于 $q_p(x)$ 的光滑条件, 则有

$$\mathrm{MSE}(\hat{q}_p(x)) \simeq \frac{1}{4}h^4\mu_2(K)^2 q_p''(x)^2 + \frac{R(K)p(1-p)}{nhg(x)f(q_p(x)|x)^2}, \tag{3.85}$$

其中 $\mu_2(K) = \int u^2K(u)\mathrm{d}u, R(K) = \int K^2(u)\mathrm{d}u$, $g$ 是 “设计密度”, 即 $X$ 的边际密度. 同样根据 Fan 等 (1994), 假如 $x = ch, 0 < c < 1$ 是边界点 (且 $K$ 的支撑集为 $[-1,1]$, $g$ 的支撑集为 $[0,1]$), 那么

$$\mathrm{MSE}(\hat{q}_p(ch)) \simeq \frac{1}{4}h^4\alpha_c^2(K)q_p^{''}(0+)^2 + \frac{\beta_c(K)p(1-p)}{nhg(0+)f(q_p(0+)|0+)^2},$$

其中

$$\alpha_c(K) = \frac{a_2^2(c;K) - a_1(c;K)a_3(c;K)}{a_0(c;K)a_2(c;K) - a_1^2(c;K)},$$

$$\beta_c(K) = \frac{\displaystyle\int_{-1}^{c}\{a_2(c;K) - a_1(c;K)u\}^2K(u)\mathrm{d}u}{\{a_0(c;K)a_2(c;K) - a_1^2(c;K)\}^2},$$

$$a_l(c;K) = \int_{-1}^{c} u^lK(u)\mathrm{d}u, \quad l = 0,1,2.$$

当然有 $g(0+) = \lim_{z\downarrow 0} g(z)$.

MSE 的这些表达式反映了局部线性拟合的两个主要优点, 并证明了这些优势像均值回归估计一样适用于分位回归问题. 这两个优点包括 (a) 渐近偏差不依赖于设计密度 $g$, 而仅依赖于简单分位曲率函数 $q_p^{''}$; (b) 在边界点至少在数量级上, 性能优良, 而不需要做进一步的边界修正.

3. 窗宽选择

有了基本模式, 必须面对的重要问题就是窗宽选择, 因为曲线估计的好坏敏感地依赖于 $h$ 的选择. 从应用方面来说, 希望得到一个方便有效的基于数据的规则. 然而, 有关 $q_p(x)$ (Fan 和 Gijbels (1996) 指出了另一条可行的路径) 的估计问题迄今几乎还没有任何研究成果, 并且, 即使在核密度估计非常简单的情形下, 选择问题依然非常困难 (Jones et al., 1996).

出发点是渐近最优 (内点) 窗宽, 如 2.2 节所示, 即

$$h_p^5 = \frac{R(K)p(1-p)}{n\mu_2(K)^2 q_p''(x)^2 g(x) f(q_p(x)|x)^2}. \tag{3.86}$$

此式给出了最优窗宽和不同的 $p$ 值之间的关系:

$$\left(\frac{h_{p_1}}{h_{p_2}}\right)^5 = \frac{p_1(1-p_1)}{p_2(1-p_2)} \frac{q_{p_2}''(x)^2 f(q_{p_2}(x)|x)}{q_{p_1}''(x)^2 f(q_{p_1}(x)|x)}. \tag{3.87}$$

现在通过逼近未知相关分位数来简化 $h_{p_1}$ 和 $h_{p_2}$ 之间的关系. 在某些情况下, 这些逼近会远离真实, 但它提供了一个 "大拇指" 规则, 其实用性在实践和模拟中可以看到. 首先, 即使 $q_p(x)$ 本身可能会根据曲率随 $x$ 变化很大, 但任两条分位函数在任一点的二阶导数总是很近似的. 例如, 如果下面两个参数回归模型的一般型具有相同的分布误差, 则它们的分位函数就会平行, 因此它们的二阶导数相等. 更一般地, 一阶逼近取 $q_{p_1}''(x) = q_{p_2}''(x)$ 似乎也是合理的. 但是这等式对 $f(q_p(x)|x)$ 的逼近不合适, 因为对于不同的 $p$ 这一结果可能会大不一样. 不过, 我们可以在这个阶段假设一个正态分布 (条件的), 借助大拇指法则进行计算. 假设此刻, $f$ 是均值为 $\mu_x$ 方差为 $\sigma_x^2$ 的正态分布密度函数. 那么, 如果 $\phi$ 和 $\varPhi$ 是标准正态密度和分布函数, $f(q_p(x)|x) = \sigma_x^{-1}\phi(\varPhi^{-1}(p))$, 所以

$$f(q_{p_2}(x)|x)/f(q_{p_1}(x)|x) = \phi(\varPhi^{-1}(p_2))/\phi(\varPhi^{-1}(p_1)).$$

由式 (3.87) 去逼近可得到

$$\left(\frac{h_{p_1}}{h_{p_2}}\right)^5 = \frac{p_1(1-p_1)}{p_2(1-p_2)} \frac{\phi(\varPhi^{-1}(p_2))^2}{\phi(\varPhi^{-1}(p_1))^2},$$

它给出了一个整齐、明确、实用的修正 $h$ (有关 $p$ 的) 的方法.

特别地, 当 $p_2 = \dfrac{1}{2}$ 时, 有

$$h_p^5 = \pi^{-1} 2p(1-p)\phi(\varPhi^{-1}(p))^{-2} h_{1/2}^5.$$

接下来要做的就是对中位数寻找一个窗宽选择方法. 事实上, 可以根据 $h_{\text{mean}}$, 均值回归估计中 $h$ 的最优选择来表示自动窗宽 $h_{1/2}$, 其自动选择机制已在其他文献中做了研究 (Fan, Gijbels, 1995; Ruppert et al., 1995). 由 Fan(1993), 有

$$h_{\text{mean}}^5 = \frac{R(K)\sigma^2(x)}{n\mu_2(K)^2\{m''(x)\}^2 g(x)},$$

其中 $m(x)$ 和 $\sigma^2(x)$ 是条件均值和方差. 由此得出结论

$$\left(\frac{h_{\text{mean}}}{h_{1/2}}\right)^5 = \frac{4q_{1/2}''(x)^2\sigma^2(x) f(q_{1/2}(x)|x)^2}{m''(x)^2}.$$

就像前面所讨论的, $q''_{1/2}(x)$ 和 $m''(x)$ 应该近似且可以设为相同, 由正态分布 $\sigma^2(x) \times f(q_{1/2}(x)|x)^2$ 应该替代为 $\phi(\Phi^{-1}(1/2))^2 = (2\pi)^{-1}$. 因此使用

$$\left(\frac{h_{\text{mean}}}{h_{1/2}}\right)^5 = \frac{2}{\pi}.$$

总之, 平滑条件分位数的自动窗宽选择机制如下:

(a) 使用较先进的已有的方法来选择 $h_{\text{mean}}$; 这里使用 Ruppert 等 (1995) 的技术.

(b) 使用 $h_p = h_{\text{mean}}\{p(1-p)/\phi(\Phi^{-1}(p))^2\}^{1/5}$, 从 $h_{\text{mean}}$ 得到所有其他的 $h_p$.

为了看清窗宽是如何随分位数的不同而变化的, 注意到

$$b(p) = \{p(1-p)/\phi(\Phi^{-1}(p))^2\}^{1/5}$$

随 $p$ 的变化曲线以及表 3-2, 这些显示了预期对中位数的最小平滑, 且非中间分位数逐渐增加光滑性. 当然在 $p$ 和 $1-p$ 这种增加是对称的. 然而, 对中等大小的 $p$, 这种变化很小, 只有当 $p$ 接近 0 或 1 时, 变化才变得明显 (事实上, $\lim_{p\to 0} b(p) = \lim_{p\to 1} b(p) = \infty$).

**表 3-2**

| $p$ | 0.025 或 0.975 | 0.03 或 0.97 | 0.05 或 0.95 | 0.1 或 0.9 | 0.25 或 0.75 | 0.5 |
|---|---|---|---|---|---|---|
| $h$ | $1.48h_{\text{mean}}$ | $1.44h_{\text{mean}}$ | $1.34h_{\text{mean}}$ | $1.24h_{\text{mean}}$ | $1.13h_{\text{mean}}$ | $1.10h_{\text{mean}}$ |

### 3.3.3 局部线性双核

1. *方法*

引入另外一个对称核密度 $W$ 及其分布函数 $\Omega$ 并记

$$\int_{-\infty}^{y} W_{h_2}(Y_j - u)\mathrm{d}u = \Omega\left(\frac{y - Y_j}{h_2}\right).$$

随着窗宽 $h_2 \to 0$,

$$E\left\{\Omega\left(\frac{y-Y}{h_2}\right)\middle| X = x\right\} \approx F(y|x).$$

此外, 用局部线性方法做进一步逼近

$$E\left\{\Omega\left(\frac{y-Y}{h_2}\right)\middle| X = z\right\} \approx F(y|z) \approx F(y|x) + \dot{F}(y|x)(z-x) \equiv a + b(z-x),$$

其中 $\dot{F}(y|x) = \partial F(y|x)/\partial x$. 接下来定义 $\tilde{F}_{h_1,h_2}(y|x) = \tilde{a}$, 其中

$$(\tilde{a}, \tilde{b}) = \operatorname{Arg\,min} \sum_i \left(\Omega\left(\frac{y-Y_i}{h_2}\right) - a - b(X_i - x)\right)^2 K\left(\frac{x - X_i}{h_1}\right).$$

这一条件分布函数估计量与 Fan 等 (1996) 的条件密度函数估计量密切相关. 明确地有

$$\tilde{F}_{h_1,h_2}(y|x)=\frac{1}{\sum\limits_j w_j(x;h_1)}\sum_j w_j(x;h_1)\varOmega\left(\frac{\tilde{y}-Y_j}{h_2}\right), \tag{3.88}$$

其中权重 $w_j(x;h_1)$ 由式 (3.83) 给出. 注意, 此估计可在 $[0,1]$ 之外. 解式 (3.89)($0<p<1$), 并没有算法上的困难. 另外, $\tilde{F}_{h_1,h_2}$ 是连续的,

$$\tilde{F}_{h_1,h_2}(-\infty|x)=0,\quad \tilde{F}_{h_1,h_2}(\infty|x)=1.$$

因此, 要得到条件分位数估计, 定义 $\tilde{q}_p(x)$ 原则上满足 $\tilde{F}_{h_1,h_2}(\tilde{q}_p(x)|x)=p$ 使得

$$\tilde{q}_p(x)=\tilde{F}^{-1}_{h_1,h_2}(p|x). \tag{3.89}$$

但 $\tilde{F}_{h_1,h_2}(y|x)$ 在每一个 $y$ 点很偶然地可能不单调. 为了解决这一问题, 在执行过程中, 只需选择 $\tilde{q}_{1/2}(x)$ 满足式 (3.89). 于是对于 $p>1/2$, 取满足式 (3.89) 的最大的 $\hat{q}_p(x)$; 同理, 对于 $p<1/2$, 选择使得式 (3.89) 成立的最小的 $\hat{q}_p(x)$.

尽管 $\hat{q}_{p_1}$ 和 $\hat{q}_{p_2}$ 很可能相互交叉, 但是上述算法确保了这种情况不可能发生在 $\tilde{q}_{p_1}$ 和 $\tilde{q}_{p_2}$ 之间. 这就是 $\tilde{q}$ 相对于 $\hat{q}$ 的吸引人之处 (算法细节参见 Yu(1997) 的计算方法细节).

这种替代方法借助条件分布函数很有说服力, 但它的缺点是必须指定窗宽 $h_1$ 和 $h_2$. 估计量对 $h_2$ 不敏感, 我们提供了一个大拇指法则. 但是选择 $h_2=0$ 对我们而言并不具有说服力, 因为由它会得到一个非连续条件分位估计 (这是不好的, 至少在小样本情况下).

2. *均方误差*

这里需要以下条件 (Fan, 1992; Fan, Gijbels, 1995, 在均值估计情况下. 这些条件也是 Fan 等 (1994) 的条件的合适的具体化):

(1) $F(x,y), f(x,y)$ 和 $g(x)$ 的偏导数存在, 且在内点和边界点上有界并连续.

(2) $g(x)>0$, 条件密度函数 $f(y|x)>0$ 且有界.

(3) 全局条件分位数 $q_p(x)$ 是唯一的.

(4) 两个窗宽均具有如下形式：$dn^{-\beta}, 0<\beta<1$.

(5) 核 $W$ 与 $K$ 分别是二阶对称的.

记

$$F^{ab}(q_p(x)|x)=\frac{\partial^{ab}}{\partial z^a\partial y^b}F(y|z)|_{x,q_p(x)}.$$

假定 $x$ 不是边界点, 下面给出关于 $\tilde{q}_p(x)$ 的逐点性质的定理. 为了证明这一定理, 首先需要下面两个引理. 这两个引理很容易从 Fan (1993) 及 Fan 和 Gijbels (1995) 的定理 3.3.1 看出.

**引理 3.3.1** 令

$$m(x,y)=E\{\Omega(h_2^{-1}(y-Y))|X=x\},$$

定义 $\hat{m}_{h_1,h_2}(y|x)$ 是 $m(x,y)$ 的局部线性核估计量. 那么, 在定理 3.3.1 的条件下, 随着 $n\to\infty$, 有

$$\sqrt{nh_1}\{\hat{m}_{h_1,h_2}(y|x)-m(x,y)-\frac{1}{2}h_1^2\mu_2(K)F^{20}(y|x)\}\to N(0,g^{-1}(x)R(K)\sigma^2(x,y)),$$

其中 $\sigma^2(x,y)=\mathrm{var}\{\Omega(h_2^{-1}(y-Y))|X=x\}$.

**引理 3.3.2** 在定理 3.3.1 的条件下, 有

$$m(x,y)=F(y|x)+\frac{1}{2}h_2^2\mu_2(W)F^{02}(y|x)+O(h_2^2)$$

和

$$\sigma^2(x,y)=F(y|x)(1-F(y|x))-h_2F^{01}(y|x)\alpha(W)+O(h_2^2).$$

在定理 3.3.2 的条件下, 有

$$m(0+,y_0)=F(y_0|0+)+\frac{1}{2}h_2^2\mu_2(W)F^{02}(y_0|0+)+O(h_2^2)$$

和

$$\sigma^2(0+,y_0)=F(y_0|0+)(1-F(y_0|0+))-h_2F^{01}(y_0|0+)\alpha(W)+O(h_2^2).$$

**证明** 当 $h_2\to 0$ 时, 结合分部积分公式, 以上公式可由标准泰勒序列逼近得到. ■

**引理 3.3.3** 令 $\hat{f}_{h_1,h_2}(y|x)=\hat{m}^{01}_{h_1,h_2}(y|x)$; 事实上, $\hat{f}_{h_1,h_2}(y|x)$ 是 Fan 等 (1996) 讨论的条件密度的局部线性核估计量. 同时, 令 $q_p^*(x)$ 为 $\tilde{q}_p(x)$ 与 $q_p(x)$ 之间的任一随机变量. 那么, 在引理 3.3.1 和引理 3.3.2 的条件下, 有

$$\hat{f}_{h_1,h_2}(q_p^*(x)|x)=f(q_p(x)|x)+o_p(1)$$

和

$$\hat{f}_{h_1,h_2}(q_p^*(0+)|0+)=f(q_p(0+)|0+)+o_p(1).$$

**证明** 它可由 Samanta (1989) 的引理 6 和 Fan (1993) 等式 (6.4) 与 (6.5) 得到. ■

**定理 3.3.1** 在条件 (1)~(5) 下, 如果 $h_1\to 0,h_2\to 0$ 且 $nh_1\to\infty$, 那么

$$\begin{aligned}&\mathrm{MSE}(\tilde{q}_p(x))\\\simeq&\frac{1}{4}\{\mu_2(K)h_1^2F^{20}(q_p(x)|x)/f(q_p(x)|x)+\mu_2(W)h_2^2F^{02}(q_p(x)|x)/f(q_p(x)|x)\}^2\\&+\frac{R(K)}{nh_1g(x)f^2(q_p(x)|x)}(p(1-p)-h_2f(q_p(x)|x)\alpha(W))+o(h_1^4+h_2^4+h_2/nh_1),\end{aligned}$$

其中 $\alpha(W)=\int\Omega(t)(1-\Omega(t))\mathrm{d}t$.

**证明**　由引理 3.3.1 和引理 3.3.2, 有

$$\begin{aligned}E\{F_{h_1,h_2}(y|x)-F(y|x)\}^2=&\left\{\frac{1}{2}\{F^{20}(y|x)\}\mu_2(K)h_1^2+\frac{1}{2}\{F^{02}(y|x)\}\mu_2(W)h_2^2\right\}^2\\&+\frac{R(K)}{nh_1f(x)}(F(y|x)(1-F(y|x))-f(y|x)\alpha(W)h_2)\\&+o(h_2^2/nh_1+h_1^4+h_2^4).\end{aligned}$$

那么由引理 3.3.3 和下式:

$$\tilde{q}_p(x)-q_p(x)\simeq-\frac{\hat{m}_{h_1,h_2}(q_p(x)|x)-F(q_p(x)|x)}{f(q_p^*(x)|x)}.$$

可得到定理 3.3.1. ■

至于估计量在边界点上的性质, 给出如下的定理 3.3.2. 不失一般性, 考虑左边界点 $x=ch_1, 0<c<1$.

**定理 3.3.2**　假定定理 3.3.1 的条件成立, $q_p(x)$ 在 $[0,1]$ 上有界且在 0 点右连续. 那么估计量 $\tilde{q}_p(x)$ 在边界点上的 MSE 值如下式:

$$\begin{aligned}&\mathrm{MSE}(\tilde{q}_p(ch_1))\\\simeq&\frac{1}{4}\{\alpha_c(K)h_1^2F^{20}(q_p(0+)|0+)/f(q_p(0+)|0+)\\&+\mu_2(W)h_2^2F^{02}(q_p(0+)|0+)/f(q_p(0+)|0+)\}^2\\&+\frac{\beta_c(K)}{nh_1g(0+)f^2(q_p(0+)|0+)}(p(1-p)-h_2f(q_p(0+)|0+)\alpha(W))\\&+o(h_1^4+h_2^4+h_2/nh_1).\end{aligned}$$

**证明**　证明过程类似于定理 3.3.1 的证明, 这里省略. ■

如果选择 $h_1\gg h_2$, 那么 $\tilde{q}_p(x)$ 的 MSE 值的首项基本上就是定理 3.3.1 中检验函数方法的平方偏差和方差项, 且仅与 $h_1$ 有关. 事实上, 以上项仅在一个方面不同于式 (3.85): 定理 3.3.1 的偏差项 $F^{20}(q_p(x)|x)/f(q_p(x)|x)$ (涉及条件分布函数关于 $x$ 的二阶导数) 代替了 $q_p''(x)$ (分位函数本身关于 $x$ 的二阶导数). 定理 3.3.1 中 MSE 表达式的其余部分告诉如何选择 $h_2$. $\tilde{q}_p$ 的窗宽选择放在下一小节.

3. 窗宽选择

关于 $h_1$ 的选择, 仍然可以使用提出的大拇指法则, 仅在式 (3.86) 和 (3.87) 两式中用 $F^{20}(q_p(x)|x)/f(q_p(x)|x)$ 替代 $q_p''(x)$, 因此对大拇指法则对这一函数像以前一样继续有效.

目前为止, 所解释的就是一个最优化的收敛速度, 就是在定理 3.3.1 中选择尽可能大的 $h_2(h_2 \to 0)$ 来保证第二个方差项非正且偏差不增大. 这意味着 $h_2 \sim h_1$, 特别地让 $h_2 = h_1$. 但这样的结果就是用 $\{F^{20}(q_p(x)|x) + F^{02}(q_p(x)|x)\}/f(q_p(x)|x)$ 来代替 $h_1$ 最优化公式中的 $F^{20}(q_p(x)|x)/f(q_p(x)|x)$. 后者的表达式, 就不再保证 $h_1$ 大拇指法则的论述, 这在执行过程中是个至关重要的问题.

因此, 要寻求 $h_2$ (假定 $h_2 < h_1$) 的一个替代大拇指法则, 它在 MSE 中是 $n^{-4/5}$ 阶的. 直观地, 在任何情况下, $h_2$ 的选择不应该那么重要, 因为它在分布函数水平上关注的是平滑性. 此外, 我们已经在实践中尝试了 $h_2$ 的各种方法, 至少在 $h_2$ 微小变化时, 几乎没有什么影响. 但是在实践中, 还是需要指定 $h_2$ 的一个值 (并确保所选值不那么极端以致带来不必要的影响). 同时, 我们从实际计算中发现 $h_2$ 相对于 $h_1$ 不应指定太小.

因此关注 $\mathrm{MSE}(\tilde{q}_p(x))$ 中阶数为 $h_1^2h_2^2 + h_2/(nh_1)$ 的项. 尽管后者总是负的, 但前者对不同的 $x$ 可正可负. 最优 $h_2$ 或者为 $h_2 = \infty$ 或者

$$h_2 = \frac{R(K)\alpha(W)}{\mu_2(K)\mu_2(W)} \frac{f(q_p(x)|x)}{g(x)F^{20}(q_p(x)|x)F^{02}(q_p(x)|x)} \frac{1}{nh_1^3}. \tag{3.90}$$

关注后者 (必要时关注后者的模) 代表整个模拟 (即使是次优的, 它仍然是一个合理的值). 把 $h_1$ 和 $h_2$ 作为 $p$ 的函数, 有

$$\frac{h_{2,p_1}h_{1,p_1}^3}{h_{2,p_2}h_{1,p_2}^3} = \frac{f(q_{p_1}(x)|x)|F^{20}(q_{p_2}(x)|x)F^{02}(q_{p_2}(x)|x)|}{f(q_{p_2}(x)|x)|F^{20}(q_{p_1}(x)|x)F^{02}(q_{p_1}(x)|x)|}. \tag{3.91}$$

正如前面考虑的 $h_1$ 自动选择机制, 这里假设 $|F^{20}(q_{p_1}(x)|x)| = |F^{20}(q_{p_2}(x)|x)|$, 并对 $f(q_{p_2}(x)|x)$ 和 $|F^{02}(q_p(x)|x)|$ 做一个参数逼近. 这次采取双指数分布而不是正态分布, 因为后者在中位数点导数为 0, 即 $f(q_p(x)|x) = \lambda\{(1-p)I(p \geqslant 1/2) + pI(p < 1/2)\}$, $|F^{02}(q_p(x)|x)| = \lambda^2\{(1-p)I(p \geqslant 1/2) + pI(p < 1/2)\}$. 特别地, 由此产生了极为简单的逼近 $(h_{2,1/2}h_{1,1/2}^3)^{-1}h_{2,p}h_{1,p}^3 = 1$. 自动选择还没有完成. 这一步选定 $h_{2,1/2} = h_{1,1/2}^2$. 这样做的主要理由是要确保 $h_{2,p}$ 的速率如式 (3.90) 所述, 即 $h_{1,p} \to 0$, 来保证 $h_{2,p} \ll h_{1,p}$. 但有时在实践中 $h_{1,p} > 1$, 导致 $h_{2,p}$ 可能会大于 $h_{1,p}$. 不允许这种情况发生, 而且 $h_{2,p}$ 相对于 $h_{1,p}$ 不能太小 (阻止极端行为; 对 $h_{2,p}$ 中间值的敏感性不强) 来产生关于 $h_{2,p}$ 的下式:

$$\text{如果} \quad h_{1,1/2} < 1, \text{ 则 } h_{2,p} = \max\left(\frac{h_{1,1/2}^5}{h_{1,p}^3}, \frac{h_{1,p}}{10}\right); \text{ 否则}, h_{2,p} = \frac{h_{1,1/2}^4}{h_{1,p}^3}. \tag{3.92}$$

我们想法的非最优性在这里是显而易见的, 但需要重复的是所有需要的 $h_2$ 的一个“合理” 公式, 该公式是在一些其他条件界定的情况下通过大量实验得到的.

4. 结论

这里, 从实践的角度简要归纳一下结论. 已证明了局部线性条件分位估计的可行性和实用性. 结果至少同其他方法的可比较. 由于局部线性 (多项式) 方法已经在均值回归估计中得到了普遍应用, 所以认为局部线性方法也应该在条件分位估计中得到普及, 出于同样的原因: 它们的运行方式可解释且自然, 它们的渐近性质易于处理且饱含信息, 算法至少同其他方法一样可行, 且边界附近性质更优.

虽然这种方法并不新奇, 但实现过程是最新的. 特别地, 窗宽选择机制似乎能得到更合理的结果. 我们一直有点惊讶于所提出的两种方法之间的差异程度. 特别是, 双核方法中的 "垂直" 平滑似乎比检验函数方法在提供合理的额外平滑方面更有优势. 它能提供不相交的分位曲线估计, 在有限的模拟实验中, 其性能是两者中较好的. 双核法是一种切实有效的方法, 适于未来做进一步微调以得到更好的性质.

### 3.3.4　主要参考文献

Koenker 和 Bassett 于 1978 年的开创性工作使得条件分位数估计向前迈进了一大步. 后来有 Cleveland (1979), Cleveland 和 Devlin (1988), Stone (1977) 的研究工作进一步明确了它具有多种优势, 可参见 Cleveland 和 Loader (1996), Fan (1992), Fan 和 Gijbels (1992, 1995), Hastie 和 Loader (1993), Ruppert 和 Wand (1995), Fan 和 Gijbels (1996), Wand 和 Jones (1995, 第 5 章). 本节主要参考 Yu 和 Jones (1998), 介绍了将局部线性方法扩展到分位回归, 使得结论在实践中能立即使用.

# 第 4 章 适应性分位回归

## 4.1 局部常数适应性

本节使用一种适应性加权方法来考察非参数条件分位回归问题. 所提出方法的优点在于完全的适应性, 即不需要假定模型的先验信息, 不存在高维灾难问题和保留某些需要的特征, 如跳跃点, 瞬间跳出变化. 我们建立了自动选择局部适应性窗宽的准则和算法. 对于更高维的情形, 这些算法仍可用. 模拟研究和数据分析证实了所提方法在理论和实际中表现良好.

### 4.1.1 引言

分位回归具有一些有用的特质, 因而渐渐地发展成为一种综合的分析线性和非线性模型的统计方法, 目前已经有大量关于分位回归的文章. 在所有这些贡献中, 条件非参数分位回归曲线估计在统计的理论和实践前沿扮演着重要的角色.

确切地, 假设一列独立同分布的随机样本 $\{(X_i, Y_i)\}_{i=1}^n$ 满足下列模型:

$$Y_i = f(X_i) + \varepsilon_i, \quad X_i \in \mathbb{R}^d, \tag{4.1}$$

其中 $X_i$, $i = 1, \cdots, n$ 是设计点. 本节的主要兴趣点在于得到 $\tau^{\text{th}}$ 阶条件分位曲线的精确估计, 定义

$$\theta_\tau(x) = \operatorname{Arg}\min_{\theta \in \Theta} E\{\rho_\tau(Y - \theta) | X = x\}, \tag{4.2}$$

其中 $\rho_\tau(u) = u\{\tau I(u \geqslant 0) - (1 - \tau) I(u < 0)\}$ 称为损失函数, $\tau$ 即为感兴趣的分位点. 一种流行的估计方法是基于如下局部常数拟合的思想

$$\hat{\theta}_\tau(x) = \operatorname{Arg}\min_{\theta \in \Theta} \sum_{i=1}^n \rho_\tau(Y_i - \theta) K\left(\frac{X_i - x}{h(x)}\right), \tag{4.3}$$

其中 $K(\cdot)$ 在 $\mathbb{R}$ 上的核函数, $h(x)$ 是在估计点 $x$ 处的变化窗宽函数. 例如, 局部光滑程序已经由 Tsybakov (1986), Troung (1989), Hall 和 Jones (1990), Chaudhuri (1991), Fan 等 (1994), Yu 和 Jones (1998), Tian 和 Chen (2006) 研究过. 相对于常数窗宽 $h(x) = \text{constant}$, 式 (4.3) 中变化的核函数允许在局部水平上的光滑. 然而, 文献中的现有方法通常要求在计算偏差时所用函数的高阶导数的估计, 显然这一点相对于原初对函数本身估计来说更困难, 因此也很复杂. 更进一步现存的对于条

件分位回归模型的估计方法, 是基于对真实函数的光滑假设之上的, 但在间断点和尖锐边界并不满足, 这导致了过拟合问题, 参见 Müller (1992), Wu 和 Chu (1993), Banerjee 和 Rosenfeld (1993) 及 Speckman (1994), 等.

对于均值回归 (相对于分位回归), 已经提出了许多处理间断点和尖锐边界问题的方法. 例如, Polzehl 和 Spokoiny (2000, 2003) 针对带有可加误差的局部多项式模型, 提出了一种适应性加权光滑方法. 适应性加权光滑是一种迭代适应于数据的光滑方法, 是为光滑不连续回归函数而设计的. 它的基本假设为回归函数可以通过一个简单函数来逼近, 如局部常数或者局部多项式函数. 另外, 边缘估计问题已经研究过, 如 Korostelev 和 Tsybakov (1993), Scott (1992), Donoho (1999), Polzehl 和 Spokoiny (2000), 还有其中的参考文献. 然而, 目前并没有在条件分位回归中研究过类似问题.

本节通过局部常数近似, 将适应性加权光滑方法扩展到条件分位曲线的估计中. 我们建立了一个自动选择局部适应性窗宽的标准.

### 4.1.2 估计

1. 逼近

在本小节, 在式 (4.2) 定义的 $\tau^{\text{th}}$ 阶条件分位数 $\theta_\tau(x)$ 将通过一类简单的可测函数来逼近. 首先定义 $\theta_\tau(x)$ 的正部为

$$\theta_\tau^+(x) = \max\{\theta_\tau(x), 0\}, \tag{4.4}$$

$\theta_\tau(x)$ 的负部为

$$\theta_\tau^-(x) = \max\{-\theta_\tau(x), 0\}. \tag{4.5}$$

注意 $\theta_\tau^+(x)$ 和 $\theta_\tau^-(x)$ 为非负的 Borel 函数,

$$\theta_\tau(x) = \theta_\tau^+(x) - \theta_\tau^-(x), \tag{4.6}$$

其中 $|\theta_\tau(x)| = \theta_\tau^+(x) + \theta_\tau^-(x)$. 对于正部 $\theta_\tau^+(x)$.

**引理 4.1.1** 令在式 (4.4) 中定义的 $\theta_\tau^+(x)$ 为在 $(\mathbb{R}^d, \mathcal{B}^d)$, 上的 $\tau^{\text{th}}$ 条件分位函数, 其中 $\mathbb{R}^d$ 为 Borel $\sigma$-域. 那么 $\theta_\tau(x)$ 为 $(\mathbb{R}^d, \mathcal{B}^d)$ 上一列简单函数的极限, 其中 $0 \leqslant \varphi_1(x) \leqslant \varphi_2(x) \leqslant \cdots \leqslant \theta_\tau(x)$ , $\lim\limits_{n\to\infty} \varphi_n(x) = \theta_\tau(x)$, 其中简单函数定义为 $\varphi_n(x) = \sum\limits_{i=1}^{n} a_i \mathbb{I}_{A_i}(x)$, $n = 1, 2, \cdots$, 其中$A_1, \cdots, A_n \in \mathcal{B}^d$ 为 $\mathbb{R}^d$ 上的可测集, $a_1, \cdots, a_n$ 为某些实数值. $\mathbb{I}_{A_i}(\cdot)$ 为 $A_i$. 的示性函数.

**证明** 与 Shao (2003)§1.6 中的习题 17 类似.

对于在式 (4.5) 中定义的负部有类似的结果. 通过式 (4.6), 假设在式 (4.2) 中定义的真实的条件分位回归函数 $\theta_\tau(x)$ 可以由下式逼近

$$\theta_\tau(x) \approx \sum_{i=1}^{\mathcal{L}} a_i \mathbb{I}_{A_i}(x), \tag{4.7}$$

其中 $A_1, \cdots, A_{\mathcal{L}} \in \mathcal{B}^d$ 是 $\mathbb{R}^d$ 的一个剖分. 如 $A_i$ 互不相交且 $A_1 \cup \cdots \cup A_{\mathcal{L}} = \mathbb{R}^d$. 不同的 $a_i$ 刻画此剖分. 显然地, 当每个区域 $A_i$ 只包括一个点时, 假设式 (4.7) 正好是潜在的分位回归函数. 注意在实际中, $a_i$ 的真值, 区域 $A_i$, $\mathcal{L}$ 数都是未知的且需要估计. ■

2. **估计**

事实上, 式 (4.7) 中定义的条件分位回归函数 $\theta_\tau(x)$ 的重构依赖于两步: ①估计 $a_1, \cdots, a_{\mathcal{L}}$ 的值; ②界定包含 $X_i$ 的区域 $A_i$. 具体地,

$$\hat{a}_i(X_i) = \operatorname{Arg}\min_{\theta_i \in \Theta} \sum_{X_j \in A_i} \rho_\tau(Y_i - \theta_i) K\left(\frac{X_i - X_j}{h_i}\right), \quad i = 1, \cdots, \mathcal{L}, \tag{4.8}$$

这里 $h_i$ 是某一常数称为窗宽. 因此, 给定一个剖分 $A_1, \cdots, A_{\mathcal{L}} \in \mathcal{B}^d$, 容易得到潜在的条件分位函数 $\hat{\theta}_\tau(x) = \sum_{i=1}^{\mathcal{L}} \hat{a}_i \mathbb{I}_{A_i}(x)$ 的估计.

另外, 必须考虑其逆问题: 给定潜在条件分位函数 $\theta_\tau(x)$ 的一个估计 $\hat{\theta}_\tau(x)$, 怎么确定分割 $A_1, \cdots, A_{\mathcal{L}} \in \mathcal{B}^d$? 对于每一对 $X_i$ 和 $X_j$, 可以考虑绝对偏离误差 (ADE), 其中 $\mathrm{ADE}_i \equiv |\hat{\theta}_\tau(X_i) - \hat{\theta}_\tau(X_j)|$. 如果 $\mathrm{ADE}_i$ 比 $\hat{\theta}_\tau(X_i)$ 的标准偏差大, 那么称这两个点在不同的区域, 这引导定义

$$\hat{A}_i = \left\{ X_j : \left| \hat{\theta}_\tau(X_i) - \hat{\theta}_\tau(X_j) \right| \leqslant \eta \hat{V}(X_i) \right\}, \tag{4.9}$$

其中 $\eta$ 是某一控制参数且 $\hat{V}(X_i)$ 是 $\sqrt{\operatorname{var}(\hat{\theta}_\tau(X_i))}$ 的估计. 显然有

$$\widehat{V}^2(X_i) = \frac{\tau(1-\tau)}{N_i h_i \hat{a}_i(X_i) \{g(\hat{a}_i(X_i)|x)\}^2} \int_{\hat{A}_i} K^2(v) \mathrm{d}v, \tag{4.10}$$

其中 $N_i = \sharp A_i$ 是在 $A_i$, $i = 1, \cdots, \mathcal{L}$ 中的点数. $g(y|x)$ 是 $Y$ 在给定 $X = x$ 下的条件密度. 基于已得到的估计 $\widehat{A}_i$, 可以给出一个新估计量 $\hat{\theta}_\tau(X_i) = \sum_{i=1}^{\mathcal{L}} \hat{a}_i^{(1)}(X_i) \mathbb{I}_{\hat{A}_i}(X_i)$, 其中

$$\hat{a}_i^{(1)}(X_i) = \operatorname{Arg}\min_{\theta_i \in \Theta} \sum_{X_j \in \hat{A}_i} \rho_\tau(Y_i - \theta_i) K\left(\frac{X_i - X_j}{h_i}\right), \quad i = 1, \cdots, k. \tag{4.11}$$

而后重复式 (4.8) 到式 (4.11), 直到某种意义下收敛.

### 4.1.3 实现

本节提供一种实施这个过程的算法. 在没有造成混乱的情况下, 丢掉下标记 $f(x) \equiv f_X(x)$. 令 $g(y|x)$ 为关于测度 $\mu$ 在给定 $X=x$ 下 $Y$ 的密度.

**第 1 步** 初始化.

对于每一个 $X_i$, 考虑与一个小窗宽 $h_0$ 对应的初始窗口 $\Delta_0(X_i)=[X_i-h_0,\ X_i+h_0]$ 计算

$$\hat{a}_i^{(0)}(X_i)=\mathrm{Arg}\min_{\theta_i\in\Theta}\sum_{X_j\in\Delta_0(X_i)}\rho_\tau(Y_i-\theta_i)K\left(\frac{X_i-X_j}{h_0}\right), \tag{4.12}$$

然后估计 $\mathrm{var}(\hat{a}_i^{(0)}(X_i))$ 通过

$$\hat{V}^2_{\Delta_0(X_i)}=\frac{\tau(1-\tau)}{N_0h_0f(X_i)\{g(\hat{a}_i^{(0)}(X_i)|x)\}^2}\int_{\Delta_0(X_i)}K^2(v)\mathrm{d}v, \tag{4.13}$$

其中 $N_0=\sharp\Delta_0(X_i)$ 为在 $\Delta_0(X_i)$ 中的点数.

**第 2 步** 齐次性检验.

更多的关于齐次性检验的细节, 参考 Tian 和 Chan (2010) 及其中的参考文献. 给定始点的估计 $\hat{a}_i^{(0)}(X_i)$, 很自然地利用这个估计来覆盖一个更大的包括 $X_i$ 的齐性区域. 记 $\Delta_1(X_i)=[X_i-h_1,\ X_i+h_1]$, 其中 $h_1=2h_0$,$N_1=\sharp\Delta_1(X_i)$ 为 $\Delta_1(X_i)$ 中的点数. 计算

$$\hat{a}_i^{(1)}(X_i)=\mathrm{Arg}\min_{\theta_i\in\Theta}\sum_{X_j\in\Delta_1(X_i)}\rho_\tau(Y_i-\theta_i)K\left(\frac{X_i-X_j}{h_1}\right), \tag{4.14}$$

$$\hat{V}^2_{\Delta_1(X_i)}=\frac{\tau(1-\tau)}{N_ih_if(X_i)\{g(\hat{a}_i^{(1)}(X_i)|x)\}^2}\int_{\Delta_1(X_i)}K^2(v)\mathrm{d}v. \tag{4.15}$$

如果是齐次性假设, 或者等价地 $|\hat{a}_i^{(1)}(X_i)-\hat{a}_i^{(0)}(X_i)|\leqslant\eta\hat{V}_{\Delta_0(X_i)}$, 没有被拒绝, 将 $\Delta_1(X_i)$ 扩展为 $\Delta_2(X_i)=[X_i-h_2,\ X_i+h_2]$, $h_2=3h_0$, 而后重复这个过程.

**第 3 步** 迭代.

假设有估计 $\hat{a}_i^{(s-1)}(X_i)$. 记 $\Delta_s(X_i)=[X_i-h_s,\ X_i+h_s]$, $h_s=(s+1)h_0$, $N_s=\sharp\Delta_s(X_i)$. 计算

$$\hat{a}_i^{(s)}(X_i)=\mathrm{Arg}\min_{\theta_i\in\Theta}\sum_{X_j\in\Delta_s(X_i)}\rho_\tau(Y_i-\theta_i)K\left(\frac{X_i-X_j}{h_s}\right), \tag{4.16}$$

$$\hat{V}^2_{\Delta_s(X_i)}=\frac{\tau(1-\tau)}{N_ih_if(X_i)\{g(\hat{a}_i^{(s)}(X_i)|x)\}^2}\int_{\Delta_s(X_i)}K^2(v)\mathrm{d}v, \tag{4.17}$$

如果对于所有的 $l<s$, 有 $|\hat{a}_i^{(s)}(X_i)-\hat{a}_i^{(l)}(X_i)|>\eta\hat{V}_{\Delta_s(X_i)}$ 成立, 那么停止迭代, 令 $\hat{A}_i=\Delta_{s-1}(X_i)$, $\hat{\theta}_\tau(X_i)=\hat{a}_i^{(s-1)}(X_i)$.

### 4.1.4 精确风险界

1. 齐次性的适应性方法的精确性

本小节展示在齐性区域对于分位回归所提出的适应性方法的品质. 对于每一个设计点 $X_i$, 有一列区间 $\Delta_k(X_i) = [X_i - h_k,\ X_i + h_k]$, $k = 0, 1, \cdots, k^*$, 使得 $\Delta_k(X_i) \subseteq \Delta_{k+1}(X_i) \subseteq A_i$. 这里 $k^*$ 为使用的区间的最大下标. 记

$$\overline{\omega}_f(x,k) = \sup\nolimits_{x\in\Delta_k(X_i)\cup\Delta_k(X_j)} f(x), \quad \underline{\omega}_f(x,k) = \inf\nolimits_{x\in\Delta_k(X_i)\cup\Delta_k(X_j)} f(x),$$
$$\overline{D}_K(x,k) = \int_{\Delta_k(X_i)\cup\Delta_k(X_j)} K^2(v)\mathrm{d}v, \quad \underline{D}_K(x,k) = \int_{\Delta_k(X_i)\cap\Delta_k(X_j)} K^2(v)\mathrm{d}v.$$

**定理 4.1.1** 令潜在的条件分位回归函数$\theta_\tau(x) = \sum_{i=1}^{\mathcal{L}} a_i \mathbb{I}_{A_i}(x)$, 其中$A_1, \cdots, A_{\mathcal{L}} \in \mathcal{B}^d$ 是 $\mathbb{R}^d$ 的一个剖分, 即 $A_i$ 互不相交, $A_1 \cup \cdots \cup A_{\mathcal{L}} = \mathbb{R}^d$, $\mathbb{I}_{A_i}(\cdot)$ 是 $A_i$ 的示性函数. 另 $\Delta_{k^*}(X_i) \subseteq A_i$ 为通过 4.1.3 节所述适应性方法所选出来的最大区间. 对某个正常数 $C_2$, 令 $C_{k^*}^* = C_2\left\{1 + \dfrac{\overline{\omega}_f(x,k^*))}{\underline{\omega}_f(x,k^*)}\dfrac{\overline{D}_K(x,k^*)}{\underline{D}_K(x,k^*)}\right\}$ 且对某一 $\varrho$ 有 $\eta^2 \geqslant (2C_{k^*} + \varrho)\log(n)$. 那么对所有的 $k \leqslant k^*$ 和 $X_j \in \Delta_{k^*}(X_i)$, 有

$$P\{|\hat{\theta}^{(k^*)}(X_i) - \hat{\theta}^{(k^*)}(X_j)| < \eta\hat{V}_{\Delta_{k^*}(X_i)}, \text{对于所有的} i \neq j\} > 1 - d_{k^*}^*, \tag{4.18}$$

其中 $\hat{V}^2_{\Delta_{k^*}(X_i)} = \dfrac{\tau(1-\tau)}{N_{k^*}h_{k^*}f(X_i)\{\hat{a}_i^{(k^*)} - \xi_\tau\}^2}\displaystyle\int_{\Delta_{k^*}(X_i)} K^2(v)\mathrm{d}v$, 且

$$d_{k^*}^* = \sum_{k=1}^{k^*} nN_k \exp\left(-\frac{\eta^2}{2C_k^*}\right).$$

**证明** 通过归纳法来证明, 包括三个方面.

(1) 在基本的情形下:

这一步将证明对某个常数 $d_1^*$,

$$P\{|\hat{\theta}^{(0)}(X_i) - \hat{\theta}^{(0)}(X_j)| < \eta V_{\Delta_0(X_i)}, \text{对所有的 } i \neq j\} > 1 - d_1^*. \tag{4.19}$$

不失一般性, 假设每一个初始的邻域 $\Delta_0(X_i)$ 正好包含 $N_0$ 个设计点. 由定理 4.1.1 的条件, 式 (4.12) 和 (4.13) 以及 Fan 等 (1994) 的定理 3, 不难看出: $E\{\hat{a}_i^{(0)}(X_i) - \hat{a}_i^{(0)}(X_j)\} = 0$ 和

$$\begin{aligned}
&\mathrm{var}\{\hat{a}_i^{(0)}(X_i) - \hat{a}_i^{(0)}(X_j)\} \\
&= E|\hat{a}_i^{(0)}(X_i) - \hat{a}_i^{(0)}(X_j)|^2 \\
&\leqslant C_2\{E|\hat{a}_i^{(0)}(X_i)|^2 + E|\hat{a}_i^{(0)}(X_j)|^2\}
\end{aligned}$$

$$
\begin{aligned}
&= \frac{C_2\tau(1-\tau)}{N_0h_0f(X_i)\{g(a_i(X_i)|x)\}^2}\int_{\Delta_0(X_i)}K^2(v)\mathrm{d}v \\
&\quad+\frac{C_2\tau(1-\tau)}{N_0h_0f(X_j)\{g(a_i(X_j)|x)\}^2}\int_{\Delta_0(X_j)}K^2(v)\mathrm{d}v \\
&= \frac{C_2\tau(1-\tau)}{N_0h_0f(X_i)(a_i+\xi_\tau)^2}\int_{\Delta_0(X_i)}K^2(v)\mathrm{d}v+\frac{C_2\tau(1-\tau)}{N_0h_0f(X_j)(a_i+\xi_\tau)^2}\int_{\Delta_0(X_j)}K^2(v)\mathrm{d}v \\
&\equiv C_2\{V^2_{\Delta_0(X_i)}+V^2_{\Delta_0(X_j)}\},
\end{aligned}
$$

其中 $\Delta_0(X_i)$ 和 $\Delta_0(X_j)$ 是包含共同窗宽 $h_0$ 并分别以 $X_i$ 和 $X_j$ 为中心的区间. $N_0=\sharp\Delta_0$ 为在 $\Delta_0$ 中的点数, 且 $\xi_\tau$ 为 $\varepsilon$ 的 $\tau^{\mathrm{th}}$ 分位数. 第一个不等式是由于 Marcinkiewicz 和 Zygmund 不等式, 其中 $C_2$ 是依赖于 2 的正常数. 现在计算下面的概率

$$
P\{|\hat{a}_i^{(0)}(X_i)-\hat{a}_i^{(0)}(X_j)|\geqslant\eta V_{\Delta_0(X_i)},\text{对某些}i\neq j\}.
$$

显然有

$$
\begin{aligned}
&P\{|\hat{a}_i^{(0)}(X_i)-\hat{a}_i^{(0)}(X_j)|\geqslant\eta V_{\Delta_0(X_i)}\} \\
&\leqslant P\left[\frac{|\hat{a}_i^{(0)}(X_i)-\hat{a}_i^{(0)}(X_j)|}{\sqrt{\mathrm{var}\{\hat{a}_i^{(0)}(X_i)-\hat{a}_i^{(0)}(X_j)\}}}\geqslant\frac{\eta V_{\Delta_0(X_i)}}{\sqrt{C_2\{V^2_{\Delta_0(X_i)}+V^2_{\Delta_0(X_j)}\}}}\right] \\
&=P\left[|Z|\geqslant\frac{\eta V_{\Delta_0(X_i)}}{\sqrt{C_2\{V^2_{\Delta_0(X_i)}+V^2_{\Delta_0(X_j)}\}}}\right] \\
&=P\left[|Z|\geqslant\frac{\eta V_{\Delta_0(X_i)}}{\sqrt{C_2\left\{1+\frac{f(X_i)}{f(X_j)}\frac{\int_{\Delta_0(X_j)}K^2(v)\mathrm{d}v}{\int_{\Delta_0(X_i)}K^2(v)\mathrm{d}v}\right\}V^2_{\Delta_0(X_i)}}}\right] \\
&\leqslant P\left[|Z|\geqslant\frac{\eta}{\sqrt{C_2\left\{1+\frac{\overline{\omega}_f(x,0))}{\underline{\omega}_f(x,0)}\frac{\overline{D}_K(x,0)}{\underline{D}_K(x,0)}\right\}}}\right] \\
&\leqslant\exp\left(-\frac{\eta^2}{2C_0^*}\right),
\end{aligned}
$$

其中 $Z$ 代表标准正态随机变量且 $C_0^*=C_2\left\{1+\frac{\overline{\omega}_f(x,0))}{\underline{\omega}_f(x,0)}\frac{\overline{D}_K(x,0)}{\underline{D}_K(x,0)}\right\}$. 最后一个不

等式要求 $\eta \geqslant \sqrt{2C_0^*/\pi}$.

因此有

$$
\begin{aligned}
&P\{|\hat{\theta}^{(0)}(X_i)-\hat{\theta}^{(0)}(X_j)|\geqslant \eta V_{\Delta_0},\text{对某些}i\neq j\}\\
\leqslant&\sum_{i=1}^{n}\sum_{X_j\in\Delta_1(X_i)}P\{|\hat{a}_i^{(0)}(X_i)-\hat{a}_i^{(0)}(X_j)|\geqslant \eta V_{\Delta_0}\}\\
\leqslant& nN_1\exp\Big(-\frac{\eta^2}{2C_0^*}\Big).
\end{aligned}
$$

所以通过令 $d_1^*=1-nN_1\exp\left(-\dfrac{\eta^2}{2C_0^*}\right)$, 我们完成了式 (4.20) 的证明.

(2) 归纳假设:

假设对于所有的有 $k'\leqslant k$

$$
P\{|\hat{\theta}^{(k')}(X_i)-\hat{\theta}^{(k')}(X_j)|<\eta V_{\Delta_{k'}},\text{对所有的}i\neq j\}\geqslant 1-d_k^*, \tag{4.20}
$$

对某一 $d_k^*$. 在下一步中也需要证明同样的声明.

(3) 归纳步骤:

所有这些结论都可以用于 $k+1$ 的情形, 很容易验证下式

$$
P\{|\hat{\theta}^{(k+1)}(X_i)-\hat{\theta}^{(k+1)}(X_j)|<\eta V_{\Delta_{k+1}},\text{对所有的}i\neq j\}\geqslant 1-d_{k+1}^*, \tag{4.21}
$$

其中 $d_{k+1}^*=d_k^*+nN_{k+1}\exp\left(-\dfrac{\eta^2}{2C_k^*}\right)$, 且 $C_k^*=C_2\left\{1+\dfrac{\overline{\omega}_f(x,k))}{\underline{\omega}_f(x,k)}\dfrac{\overline{D}_K(x,k)}{\underline{D}_K(x,k)}\right\}$.

综合所有的迭代, 可以得到 $d_{k+1}^*$ 的上界如下:

$$
d_{k+1}^*\leqslant\sum_{k=1}^{k^*}nN_{k+1}\exp\Big(-\frac{\eta^2}{2C_{k+1}^*}\Big). \tag{4.22}
$$

定理 4.1.1 的证明完毕. ■

定理 4.1.1 展示了在使用最大邻域的情况下, 在齐次区间上的适应性估计以很大的概率为常值.

**2. 非齐性适应性估计的精确性**

本节考虑了不同的区域 $A_i$ 和 $A_l$, $i\neq l$ 差别为 $a_i-a_l$. 记

$$
\{\nu^{(1)}(x,k)\}^2=\sup_{x\in\Delta_0^{(1)}(X_i)}\frac{\tau(1-\tau)}{N_kh_kf(x)(a_i-\xi_\tau)^2}\int_{\Delta_0^{(1)}(X_i)}K^2(v)\mathrm{d}v,
$$

且

$$
\{\nu^{(2)}(x,k)\}^2=\sup_{x\in\Delta_0^{(2)}(X_l)}\frac{\tau(1-\tau)}{N_kh_kf(x)(a_i-\xi_\tau)^2}\int_{\Delta_0^{(2)}(X_l)}K^2(v)\mathrm{d}v.
$$

**定理 4.1.2**　令潜在的条件分位回归函数 $\theta_\tau(x)=\sum_{i=1}^{\mathcal{L}}a_i\mathbb{I}_{A_i}(x)$, 其中 $A_1,\cdots,A_{\mathcal{L}}\in\mathcal{B}^d$ 是 $\mathbb{R}^d$ 的一个分割, 即 $A_i$ 互不相交且 $A_1\cup\cdots\cup A_{\mathcal{L}}=\mathbb{R}^d$. $\mathbb{I}_{A_i}(\cdot)$ 是 $A_i$ 的示性函数. 假设对于常数 $C$ 有 $\sum_{k=1}^{k^*}N_k=Cn$ . 那么对于任何设计点 $X_i\in\Delta_{k^*}^{(1)}(X_i)\subseteq A_i$, $X_l\in\Delta_{k^*}^{(2)}(X_l)\subseteq A_l$, $i\neq l$ 和对所有的 $k\leqslant k^*$, 有

$$P\{|\hat{\theta}_{k^*}(X_i)-\hat{\theta}_{k^*}(X_l)|\geqslant\hat{V}_{\Delta_{k^*}(X_i)}\}\geqslant 1-\mathcal{C}_{k^*},\tag{4.23}$$

其中 $\hat{V}^2_{\Delta_{k^*}(X_i)}=\dfrac{\tau(1-\tau)}{N_{k^*}h_{k^*}f(X_i)\{\hat{a}_i^{(k^*)}-\xi_\tau\}^2}\displaystyle\int_{\Delta_{k^*}(X_i)}K^2(v)\mathrm{d}v$, 且

$$\mathcal{C}_{k^*}=Cn^2\exp\left(-\frac{\Big[|a_i-a_l|-\eta\{2\nu^{(1)}(x,0)+\nu^{(2)}(x,0)\}\Big]^2}{2\Big[\{\nu^{(1)}(x,0)\}^2+\{\nu^{(2)}(x,0)\}^2\Big]}\right).$$

**证明**　由第 3 步, 看到对于每一个 $k\geqslant 1$,

$$|\hat{a}_i^{(k)}(X_i)-\hat{a}_i^{(0)}(X_i)|\leqslant\eta V_{\Delta_0^{(1)}(X_i)},\ \text{且}\ |\hat{a}_i^{(k)}(X_l)-\hat{a}_i^{(0)}(X_l)|\leqslant\eta V_{\Delta_0^{(2)}(X_l)},\tag{4.24}$$

其中

$$V^2_{\Delta_0^{(1)}(X_i)}=\frac{\tau(1-\tau)}{N_0h_0f(X_i)(a_i-\xi_\tau)^2}\int_{\Delta_0^{(1)}(X_i)}K^2(v)\mathrm{d}v,$$

且

$$V^2_{\Delta_0^{(2)}(X_l)}=\frac{\tau(1-\tau)}{N_0h_0f(X_l)(a_l-\xi_\tau)^2}\int_{\Delta_0^{(2)}(X_l)}K^2(v)\mathrm{d}v.$$

由 Fan 等 (1994) 的定理 3 得知

$$\hat{a}_i^{(0)}(X_i)=a_i+\zeta_i\ \text{且}\ \hat{a}_l^{(0)}(X_l)=a_l+\zeta_l,$$

其中

$$\zeta_i\sim\mathcal{N}\left(0,V^2_{\Delta_0^{(1)}(X_i)}\right)\ \text{且}\ \zeta_l\sim\mathcal{N}\left(0,V^2_{\Delta_0^{(2)}(X_l)}\right).\tag{4.25}$$

因此, 由式 (4.24) 和 (4.25) 有

$$\begin{aligned}&|\hat{a}_i^{(k)}(X_i)-\hat{a}_i^{(k)}(X_l)|\\ \geqslant&|\hat{a}_i^{(0)}(X_i)-\hat{a}_i^{(0)}(X_l)|-|\hat{a}_i^{(k)}(X_i)-\hat{a}_i^{(0)}(X_i)|-|\hat{a}_i^{(k)}(X_l)-\hat{a}_i^{(0)}(X_l)|\\ \geqslant&|a_i-a_l|-|\zeta_i-\zeta_l|-\eta V_{\Delta_0^{(1)}(X_i)}-\eta V_{\Delta_0^{(2)}(X_l)}.\end{aligned}$$

因此, 从式 (4.24) 和 (4.25) 显然有

$$
\begin{aligned}
& P\left\{|\hat{a}_i^{(k)}(X_i)-\hat{a}_i^{(k)}(X_l)|<\eta V_{\Delta_0^{(1)}(X_i)}\right\} \\
\leqslant & P\left[|\zeta_i-\zeta_l|>|a_i-a_l|-2\eta V_{\Delta_0^{(1)}(X_i)}-\eta V_{\Delta_0^{(2)}(X_l)}\right] \\
= & P\left[\frac{|\zeta_i-\zeta_l|}{\sqrt{V^2_{\Delta_0^{(1)}(X_i)}+V^2_{\Delta_0^{(2)}(X_j)}}}>\frac{|a_i-a_l|-2\eta V_{\Delta_0^{(1)}(X_i)}-\eta V_{\Delta_0^{(2)}(X_l)}}{\sqrt{V^2_{\Delta_0^{(1)}(X_i)}+V^2_{\Delta_0^{(2)}(X_j)}}}\right] \\
= & P\left[|Z|>\frac{|a_i-a_l|-2\eta V_{\Delta_0^{(1)}(X_i)}-\eta V_{\Delta_0^{(2)}(X_l)}}{\sqrt{V^2_{\Delta_0^{(1)}(X_i)}+V^2_{\Delta_0^{(2)}(X_j)}}}\right] \\
\leqslant & P\left[|Z|>\frac{|a_i-a_l|-\eta\{2\nu^{(1)}(x,0)+\nu^{(2)}(x,0)\}}{\sqrt{\{\nu^{(1)}(x,0)\}^2+\{\nu^{(2)}(x,0)\}^2}}\right] \\
\leqslant & \exp\left(-\frac{\left[|a_i-a_l|-\eta\{2\nu^{(1)}(x,0)+\nu^{(2)}(x,0)\}\right]^2}{2\left[\{\nu^{(1)}(x,0)\}^2+\{\nu^{(2)}(x,0)\}^2\right]}\right),
\end{aligned}
$$

其中 $Z$ 代表标准正态变量. 将所有的情形相加, 得到如下上界:

$$
\begin{aligned}
& P\{|\hat{\theta}_{k^*}(X_i)-\hat{\theta}_{k^*}(X_l)|\geqslant \hat{V}_{\Delta_{k^*}(X_i)}\} \\
\geqslant & 1-\sum_{k=1}^{k^*} nN_k\exp\left(-\frac{\left[|a_i-a_l|-\eta\{2\nu^{(1)}(x,0)+\nu^{(2)}(x,0)\}\right]^2}{2\left[\{\nu^{(1)}(x,0)\}^2+\{\nu^{(2)}(x,0)\}^2\right]}\right) \\
\geqslant & 1-n\exp\left(-\frac{\left[|a_i-a_l|-\eta\{2\nu^{(1)}(x,0)+\nu^{(2)}(x,0)\}\right]^2}{2\left[\{\nu^{(1)}(x,0)\}^2+\{\nu^{(2)}(x,0)\}^2\right]}\right)\sum_{k=1}^{k^*} N_k \\
= & 1-Cn^2\exp\left(-\frac{\left[|a_i-a_l|-\eta\{2\nu^{(1)}(x,0)+\nu^{(2)}(x,0)\}\right]^2}{2\left[\{\nu^{(1)}(x,0)\}^2+\{\nu^{(2)}(x,0)\}^2\right]}\right) \\
\equiv & 1-\mathcal{C}_{k^*},
\end{aligned}
$$

其中 $\sum_{k=1}^{k^*} N_k = Cn$ 对于某些常数 $C$, 且

$$
\mathcal{C}_{k^*}=Cn^2\exp\left(-\frac{[|a_i-a_l|-\eta\{2\nu^{(1)}(x,0)+\nu^{(2)}(x,0)\}]^2}{2[\{\nu^{(1)}(x,0)\}^2+\{\nu^{(2)}(x,0)\}^2]}\right).
$$

定理 4.1.2 证毕. ■

定理 4.1.2 展示了在非齐性区间的情形, 对不同区域的适应性估计以很大的概率不同.

### 4.1.5 主要参考文献

局部光滑方法有很多, 参见 Tsybakov (1986), Troung (1989), Hall 和 Jones (1990), Chaudhuri (1991), Fan 等 (1994), Yu 和 Jones (1998), Tian 和 Chen (2006), Müller (1992), Wu 和 Chu (1993), Banerjee 和 Rosenfeld (1993) 及 Speckman (1994) 等. 另一方面, 有关边界估计问题的研究包括 Korostelev 和 Tsybakov (1993), Scott (1992), Donoho (1999), Polzehl 和 Spokoiny (2000), 还有其中的参考文献. 本节主要参考 Tian 和 Chan (2013), 通过局部常数近似, 将适应性加权光滑方法扩展到条件分位曲线的估计中, 并建立了一个自动选择局部适应性窗宽的准则. 我们介绍了对于条件非参数分位回归模拟的适应性方法, 给出了具体实施细节, 研究了该方法的理论性质, 进行了模拟研究, 分析了教授的收入与他们当教授年限的关系这一实际数据.

## 4.2 局部线性适应性

本书使用一种自适应的局部线性平滑的方法来考虑非参的条件分位回归问题, 研究这种方法的理论性质. 接着基于模拟例子展示了该方法与其他方法的比较. 模拟结果表明我们提出的方法的合理性, 特别是潜在图形是逐点线性情况或可以由这种类型的图形逼近估计的时候. 总之, 我们的方法在均方估计 (MSE) 和平均绝对值估计 (MAE) 准则上是优于已有的其他方法的. 该过程在增加噪声水平时算法十分稳定, 并且容易推广到高维中.

### 4.2.1 引言

对比均值回归, 条件分位回归这种方法能够看到在高维预测变量给定的时候, 响应变量的整个条件分布情况, 因此它具有广泛领域的应用. 假定有样本序列 $(X_i, Y_i)$, $i=1,\cdots,n$ 满足如下模型:

$$Y_i = m(X_i) + \varepsilon_i, \quad X_i \in \mathbb{R}^d,\ E(\varepsilon_i|X=x)=0,\ \operatorname{var}(\varepsilon_i|X=x)=\sigma^2, \tag{4.26}$$

其中 $X_i$, $i=1,\cdots,n$ 称为设计点, 假定 $\varepsilon_i$ 是独立同分布于未知分布的变量. 响应变量 $Y$ 的 $\tau$- 阶条件分位 $m_\tau(x)$ 被定义为 $\tau = P(Y \leqslant m_\tau(X)|X=x)$ 的解. 即

$$m_\tau(x) = \operatorname{Arg}\min_{\theta\in\mathbb{R}} E\{\rho_\tau(Y-\theta)|X=x\}. \tag{4.27}$$

其中 $\rho_\tau(u)=u\{\tau I(u\geqslant 0)-(1-\tau)I(u<0)\}$ 称为检验函数. 它是一种损失函数. $\tau$ 为感兴趣的分位数.

大量文献关注的是带有不变窗宽的局部常数拟合:

$$\theta_\tau(x)=\mathrm{Arg}\min_{\theta\in\mathbb{R}}E\{\rho_\tau(Y-\theta)|X=x\}K\Big(\frac{X-x}{h}\Big), \tag{4.28}$$

其中 $h$ 和 $K(\cdot)$ 分别是不变窗宽与有界核函数. 已经被证明局部常数拟合存在如下缺点: (a) 渐近偏差包括回归和设计密度的导数; (b) 这种方法不适用于高聚集型的设计密度并且有值为 0 的的最小最大效率; (c) 它存在边际效应并且需要边界修正.

另一方面, 许多文献考虑到关于变窗宽的局部线性估计方法. 局部线性拟合的思想是我们应用在 $x$ 点上 $\theta_\tau(z)$ 的泰勒展开. 也就是说, $\theta_\tau(z)\approx\theta_\tau(x)+\theta_\tau^{'}(x)(z-x)\triangleq a+b(z-x)$ 于 $x$ 点邻域 $z$ . $\theta_\tau(x)$ 的局部估计等价于估计 $a$, 估计 $\theta_\tau^{'}(x)$ 等价于估计 $b$,

$$(\hat{a},\hat{b})=\mathrm{Arg}\min_{(a,b)\in\mathbb{R}^{d+1}}\sum_{i=1}^{n}\rho_\tau(Y_i-a-b(X_i-x))K\Big(\frac{x-X_i}{h_{(x)}}\Big), \tag{4.29}$$

其中 $h(x)$ 是变化的窗宽, 它在不同情况下是适应性的. 式 (4.28) 给出了 $(\hat{a}(x), \hat{b}(x))$. 可以从 Fan 等 (1994), Tian 和 Chen (2006), Tian 和 Chan (2010) 及 Yu (1998) 中了解更多.

然而, 很多文章中所提出的方法在计算偏差时常需要计算出待估函数的高阶导数, 这显然比最初的分位函数估计给我们带来的困难更大. 更进一步地, 分位回归模拟的现有方法都是基于对待估函数的平滑假设条件下进行的, 然而这些假设在不连续点和边界都是不满足的, 常会导致过度平滑等问题, 举例参见 Polzehl 和 Spokoiny (2000, 2003). 本节提出了一种带有局部适应性窗宽选择的方法来对分位回归曲线进行局部线性拟合.

### 4.2.2 估计

首先通过正部 $\theta_\tau^+(x)=\max\{\theta_\tau(x),0\}$ 和负部 $\theta_\tau^-(x)=\max\{-\theta_\tau(x),0\}$ 来定义 $\theta_\tau(x)$, 其中 $\theta_\tau^+(x)$ 和 $\theta_\tau^-(x)$ 非负 Borel 可测函数. 那么条件分位函数为 $\theta_\tau(x)=\theta_\tau^+(x)-\theta_\tau^-(x)$. 由实值函数的基本知识, $\theta_\tau(x)$ 可由一族可测的局部线性函数逼近:

$$\theta_\tau(X_i)\approx\sum_{i=1}^{\ell}(a_i+b_i(X_i-x))\mathbb{I}_{D_i}(x), \tag{4.30}$$

其中 $\mathbb{I}(\cdot)$ 是 $D_i$ 上的示性函数, 且 $D_1,\cdots,D_\ell\in\mathcal{B}^d$ 是 $\mathbb{R}^d$ 的剖分. 那么 $D_1\cup\cdots\cup D_\ell=\mathbb{R}^d$. 事实上, 实值 $a_i$ 和 $b_i$, 区域 $D_i$ 和 $\ell$ 是未知的且需要估计的.

现在, 为了要估计由式 (4.29) 定义的条件分位函数 $\theta_\tau(X)$ , 首先估计 $a_1,\cdots,a_\ell$ 和 $b_1,\cdots,b_\ell$; 接着确定点 $X_i$ 所在的区域 $D_i$.

定义

$$
\begin{aligned}
&(\hat{a}_i(X_i),\hat{b}_i(X_i))\\
=&\operatorname{Arg}\min_{a_i,b_i\in\mathbb{R}^{d+1}}\sum_{x\in D_i}\rho_\tau(Y_i-a_i-b_i(X_i-x))K\left(\frac{x-X_i}{h_i}\right),\quad i=1,\cdots,\ell, \quad (4.31)
\end{aligned}
$$

其中, $D_1,\cdots,D_\ell\in\mathcal{B}^d$ 是 $\mathbb{R}^d$ 的一个剖分, 即有 $D_1\cup\cdots\cup D_\ell=\mathbb{R}^d$ 当区间 $D_i$ 包含点时方程 (4.29) 为潜在的分位回归函数. 在实际中, 实值 $a_i$ 和 $b_i$, 区间 $D_i$ 和 $\ell$ 都是未知并且需要估计的. 其中 $h_1<h_2<\cdots$ 为适应性窗宽序列, 它们与式 (4.27) 和 (4.28) 中定义的不同. 对于给定的剖分 $D_1,\cdots,D_\ell\in\mathcal{B}^d$, 易估计出条件分位回归函数. 也就是说, $\hat{\theta}_\tau(X_i)=\sum\limits_{i=1}^{\ell}(\hat{a}_i+\hat{b}_i(X_i-x))\mathbb{I}_{D_i}(x)$. 另一方面, 对给定的分位回归估计 $\hat{\theta}_\tau(x)$, 如何识别出剖分 $D_1,\cdots,D_\ell$ 呢? 对于每个点对 $(X_i,X_j)$, 考虑下面定义的绝对值偏差 $\mathrm{ADE}_i\equiv|\hat{\theta}_\tau(X_i)-\hat{\theta}_\tau(X_j)|$. 如果 $\mathrm{ADE}_i$ 比标准偏差 $\hat{\theta}_\tau(X_i)$ 大, 那么这两点显然处于不同区域. 所以我们对每个设计点 $X_i$, 定义如下齐性区域

$$
\hat{D}_i=\{X_j:|\hat{\theta}_\tau(X_i)-\hat{\theta}_\tau(X_j)|\leqslant\delta\hat{V}(X_i)\}, \tag{4.32}
$$

其中 $\delta$ 表示一个控制参数且 $\hat{V}(X_i)$ 为 $\sqrt{\operatorname{var}(\hat{\theta}_\tau(X_i))}$. Fan 等 (1994) 和 Yu 等 (1998) 给出了一个类似的表达

$$
\hat{V}^2(X_i)=\frac{\tau(1-\tau)R(K_i)}{n_ih_ig(X_i)\{f(\hat{\theta}_\tau(X_i)\mid X_i=x)\}^2}, \tag{4.33}
$$

其中 $R(K_i)=\displaystyle\int_{D_i(x)}K^2(u)\mathrm{d}u$. 每个区域 $D_i$, $i=1,\cdots,\ell$ 中点的个数为 $n_i$ , 且 $f(y|x)$ 是 $Y_i$ 给定 $X_i$ 情况下的条件密度. $g(x)$ 是 $X_i$ 的边际密度. 基于式 (4.31) 中估计的区域, 能够得到估计量

$$
\begin{aligned}
&(\hat{a}_i^{(1)}(X_i),\hat{b}_i^{(1)}(X_i))\\
=&\operatorname{Arg}\min_{a_i,b_i\in\mathbb{R}^{d+1}}\sum_{X_j\in\hat{D}_i}\rho_\tau(Y_j-a_i-b_i(X_j-X_i))K\left(\frac{X_i-X_j}{h_i}\right),\quad i=1,\cdots,n, \quad (4.34)
\end{aligned}
$$

其中 $n$ 是区域中的设计点的个数.

继续迭代步骤 (4.30) ~ (4.33) 直到某种意义下收敛为止.

### 4.2.3 算法

这部分建立算法步骤.

**步骤 1** 初值的选择.

对每个设计点 $X_i$, 基于拇指法则, 选出最小的初始窗宽 $h_0$, 得到最初的最小区域 $\boldsymbol{D}_0(X_i)=[X_i-h_0,\ X_i+h_0]$, 接着计算

$$\begin{aligned}&(\hat{a}_i^{(0)}(X_i),\hat{b}_i^{(0)}(X_i))\\&=\operatorname{Arg}\min_{a_i,b_i\in\mathbb{R}^{d+1}}\sum_{X_j\in\boldsymbol{D}_0(X_i)}\rho_\tau(Y_i-a_i-b_i(X_i-X_j))K\left(\frac{X_i-X_j}{h_0}\right),\end{aligned}\tag{4.35}$$

$\mathrm{var}(\hat{\theta}_i^{(0)}(X_i))$ 的估计是

$$\hat{V}^2_{\boldsymbol{D}_0(X_i)}=\frac{\tau(1-\tau)R_{\boldsymbol{D}_0}(K)}{n_0h_0g(X_i)\{f(\hat{\theta}_i^{(0)}(X_i)|x)\}^2},\quad R_{\boldsymbol{D}_0}(K)=\int_{D_i(X_i)}K^2(u)\mathrm{d}u.\tag{4.36}$$

**步骤 2** 局部线性齐性检验.

参见 Tian 和 Chan (2010) 对于齐性检验更多的讨论. 对给定的 $\hat{a}_i^{(0)}(X_i)$ 和 $\hat{b}_i^{(0)}(X_i)$, 我们想要得到包括点 $X_i$ 的最大齐性区域. 记 $\boldsymbol{D}_1(X_i)=[X_i-h_1,\ X_i+h_1]$, $h_1=2h_0$, 其中 $n_1$ 表示区域 $\boldsymbol{D}_1(X_i)$ 中 $X_i$ 的个数.

$$\begin{aligned}&(\hat{a}_i^{(1)}(X_i),\hat{b}_i^{(1)}(X_i))\\&=\operatorname{Arg}\min_{a_i,b_i\in\mathbb{R}^{d+1}}\sum_{X_j\in\boldsymbol{D}_1(X_i)}\rho_\tau(Y_i-a_i-b_i(X_i-X_j))K\left(\frac{X_i-X_j}{h_1}\right),\end{aligned}\tag{4.37}$$

其中

$$\hat{V}^2_{\boldsymbol{D}_1(X_i)}=\frac{\tau(1-\tau)R_{\boldsymbol{D}_1}(K)}{n_1h_1g(X_i)\{f(\hat{\theta}_i^{(1)}(X_i)|x)\}^2},\quad R_{\boldsymbol{D}_1}(K)=\int_{D_1(X_i)}K^2(u)\mathrm{d}u.\tag{4.38}$$

**步骤 3** 迭代.

假定得到估计 $\hat{a}_i^{(t-1)}(X_i)$, 记 $\boldsymbol{D}_t(X_i)=[X_i-h_t,\ X_i+h_t]$, 其中 $h_t=(t+1)h_0$, $n_t$ 表示区域 $\boldsymbol{D}_t(X_i)$ 中 $X_i$ 的个数, 那么

$$\begin{aligned}&(\hat{a}_i^{(t)}(X_i),\hat{b}_i^{(t)}(X_i))\\&=\operatorname{Arg}\min_{a_i,b_i\in\mathbb{R}^{d+1}}\sum_{X_j\in\boldsymbol{D}_t(X_i)}\rho_\tau(Y_i-a_i-b_i(X_i-X_j))K\left(\frac{X_i-X_j}{h_t}\right),\end{aligned}\tag{4.39}$$

$$\hat{V}^2_{\boldsymbol{D}_t(X_i)}=\frac{\tau(1-\tau)R_{\boldsymbol{D}_t}(K)}{n_1h_1g(X_i)\{f(\hat{\theta}_i^{(t)}(X_i)|x)\}^2},\quad R_{\boldsymbol{D}_t}(K)=\int_{\boldsymbol{D}_t(X_i)}K^2(v)\mathrm{d}v.\tag{4.40}$$

如果存在一个指标 $t'<t$, 那么 $|\hat{a}_i^{(t)}(X_i)-\hat{a}_i^{(t')}(X_i)|>\delta\hat{V}_{\boldsymbol{D}_{t'}(X_i)}$, 停止迭代. 则令集合 $\hat{D}_t=\hat{D}_{t-1}$ 且 $\hat{\theta}_\tau^{(t)}(X_i)=\hat{\theta}_\tau^{(t-1)}(X_i)$.

### 4.2.4 大样本性质

本节建立新方法的理论性质. 文献中有大量的关于局部线性分位回归方法的类似介绍, 参见 Fan 等 (1992, 1993, 1994).

1. 渐近性质

这个子部分讨论式 (4.30) 中定义的渐近正态性质. 下面的结果有如下假定.

(i) 非负核函数 $K(\cdot)$ 的紧支撑集为 $[-1,1]$, 并且满足

$$\int_{-\infty}^{+\infty} K(x)\mathrm{d}x = 1, \quad \int_{-\infty}^{+\infty} xK(x)\mathrm{d}x = 0. \tag{4.41}$$

(ii) $X_i$ 的边际密度函数 $g(\cdot)$ 是连续的且为正.

(iii) 给定点 $X_i$ 中 $Y_i$ 条件密度 $f(y|x)$ 关于测度 $\mu$ 是连续的. 也就是说, 存在正的常数 $\varepsilon$ 和 $\delta$ 与常数 $F(y|x)$, 那么 $\sup_{\boldsymbol{D}_i(x)} f(y|x) \leqslant F(y|x)$ 有

$$\int |\rho'(y-\theta_\tau(x))|^{2+\delta} F(y|x)\mathrm{d}\mu(y) < \infty \tag{4.42}$$

和

$$\int \left(\rho(y-t)-\rho(y)-\rho'(y)t\right)^2 F(y|x)\mathrm{d}\mu(y) = o(t^2), \tag{4.43}$$

(iv) 函数 $\theta_\tau(\cdot)$ 于 $x$ 附近是连续的且有二阶导数.

(v) 窗宽 $h_i$ 满足 $h_i \to 0, n_i h_i \to \infty$.

**定理 4.2.1** 假定 (i)~(v) 下, 有下面的估计量式 (4.31) 的渐近正态

$$\sqrt{n_i h_i}(\hat{\theta}(x)-\theta(x)) \xrightarrow{\mathcal{L}} N\Big(\frac{h_i^2}{2}\theta_\tau''(x)\mu_2(K_i)+o(h_i^2), \quad \frac{\tau(1-\tau)R(K_i)}{g(x)f^2(\theta(x)|x)}\Big), \tag{4.44}$$

其中 $\mu_2(K_i)=\int_{\boldsymbol{D}_i(x)} u^2K(u)\mathrm{d}u, R(K_i)=\int_{\boldsymbol{D}_i(x)} K^2(u)\mathrm{d}u$ .

**证明** 类似的讨论可以参见 Fan 等 (1992, 1993, 1994) 和 Cai 等 (2008). 这里省略. ■

### 4.2.5 主要参考文献

关于适应性窗宽选择有很多文献, 如 Fan 等 (1994), Tian 和 Chen 2006, Tian 和 Chan (2010), Yu 和 Jones (1998) 以及 Polzehl 和 Spokoiny (2000, 2003). 本节主要参考 Su 和 Tian (2011), 介绍了一种带有局部适应性窗宽选择的方法来对分位回归曲线进行局部线性拟合, 引入了自适应条件分位回归的估计方法, 并给出了适应性窗宽选择的法则, 给出了该方法的理论性质.

# 第 5 章　可加性分位回归

## 5.1　高维协变量情形

本节研究在含有许多协变量时的条件分位数估计问题. 特别地, 拟合因变量的条件分位数, 把它作为有关的协变量的非线性可加函数. 为了实现这个方案, 用非线性的平滑算子来估计这个未知的函数. 这个估计量提供了一种直接计算非线性函数的方法. 这种方法不需要进行任何迭代计算, 所以这个估计量可以进行快速和常规数据分析. 在理论方面, 本节证明此估计量的渐近性质, 包括它的均方误差和极限分布. 这里的定理证明当协变量的维数中等大小时, 估计量可以摆脱"维数祸根"的问题. 我们使用了模拟的数据和真实的数据例子来阐明这种方法.

### 5.1.1　引言

令 $(\boldsymbol{X}_i, Y_i;\ \ i \geqslant l)$ 是一个严格平稳的随机向量的序列, 这个序列在 $\mathbb{R}^d \times \mathbb{R}$ 空间中取值, 其中 $d \geqslant 2$. 自然地, 这种假设包含了下面这样一种情况: 所有的组对 $(\boldsymbol{X}_j, Y_j)$ 是独立同分布的. 假设 $Y$ 代表响应变量, 它依赖于随机协变量序列 $\boldsymbol{X} = (X_1, \cdots, X_d)^{\mathrm{T}}$, 其中 T 表示矩阵或者向量的转置. 典型地, 在时间序列的背景之下, $\boldsymbol{X}_i$ 代表由 $Y_i$ 的滞后项所组成的向量. 对于一确定的 $\alpha \in (0,1)$, 在给定 $\boldsymbol{x} = (x_1, \cdots, x_d)^{\mathrm{T}}$ 的条件下, $Y$ 的 $\alpha$ 条件分位数定义为 $\theta_\alpha(\boldsymbol{x})$, 使得

$$\theta_\alpha(\boldsymbol{x}) = \inf\{t \in \mathbb{R} : F(t|\boldsymbol{x}) \geqslant \alpha\},$$

其中, $F(\cdot|\boldsymbol{x})$ 表示的是在给定 $\boldsymbol{X} = \boldsymbol{x}$ 条件下 $Y$ 的条件分布. 同样地, $\theta_\alpha(\boldsymbol{x})$ 可以看成是

$$\theta_\alpha(\boldsymbol{x}) = \mathrm{Arg}\min_{\alpha \in \mathbb{R}} E\{p_\alpha(Y-a)|\boldsymbol{X} = \boldsymbol{x}\}$$

的任意一个解, 其中 $P_\alpha(z) = .5(|z| + (2\boldsymbol{\alpha} - 1)z)$ 就是所谓的检验函数.

当 $\boldsymbol{X}$ 和 $Y$ 之间的关系涉及 $Y$ 的分布时, 那么条件分位便成了一种描述整个分布的自然工具. 但是只考虑条件均值, 数据中的很多信息会丢失, 这时因为它暗含了假设: $\boldsymbol{X}$ 对 $Y$ 的条件分布的影响是不重要的. 例如, 考虑波士顿地区的业主自用住房的价值 $(Y)$ 与四个潜在相关解释变量之间的相关关系. 实证分析表明协变量的影响会随着 $Y$ 的分位数的变化而不同. 肯定地, 只处理条件均值的统计模型并不能提供上面这些信息. 因此, 就因变量和潜在的协变量之间的相关关系而言,

条件分位数可以能够提供一种独特的洞察, 而且这种方法可以对我们手头的问题也提供有意义的提示.

假设有 $(\boldsymbol{X},Y)$ 的 $n$ 个观测值, 记为 $\{(\boldsymbol{X}_1,Y_1),\cdots,(\boldsymbol{X}_n,Y_n)\}$, 其中 $\boldsymbol{X}_i=(X_{1,i},\cdots,X_{d,i})^{\mathrm{T}}(i=1,\cdots,n)$. 实际上, 这种问题就是如何使用样本中的信息来估计 $\theta_\alpha(\boldsymbol{x})$. 当处理这种估计问题时, 到目前为止最常用的方法是用线性模型 $\theta_\alpha(\boldsymbol{x})=\boldsymbol{\beta}_\alpha^{\mathrm{T}}\boldsymbol{x}$(其中 $\boldsymbol{\beta}_\alpha=(\beta_\alpha,\cdots,\beta_\alpha^{(d)})^{\mathrm{T}}$) 来为模拟 $\theta_\alpha(\boldsymbol{x})$ 和 $\boldsymbol{X}$ 之间的关系. 在这种方法中, 估计条件分位数的问题转变成了估计有限维欧几里得的参数问题. 这种线性分位的方法最初是由 Koenker 和 Bassett (1978) 提出, 而且从那时起就越来越广泛地应用于计量经济学中. 但是, 在很多现实的情况中, 这种条件分位数的线性模型不能充分地挖掘出响应变量 $Y$ 的分位数和协变量 $\boldsymbol{X}$ 之间相关关系. 事实上, 一些或者全部的成分可能是高度非线性的.

另外一种估计条件分位数的方法是非参数的方法 (如 Chaudhuri, 1991; Fan 等, 1994; De Gooijer 等, 2002). 在这种方法中, 唯一的假设是 $\theta_\alpha(\boldsymbol{x})$ 是一个合适的平滑函数, 而不是假设 $\theta_\alpha(\boldsymbol{x})$ 有一个有限维的线性参数模型. 理论上, 非参数条件分位数估计量对较大的 $d$ 而言仍然是相合的. 但在实际中因为“维数祸根”的问题, $\theta_\alpha(\boldsymbol{x})$ 的估计是很困难的. 这种问题即使在样本量适中的条件下也会发生. 再者, 在高维的条件下因为条件分位数是高维曲面, 所以它的图形描述是困难的, 这使得用于探究用途时的作用比在一维条件下的作用小了很多.

受以上想法的启发, 我们提出了一个条件分位数方案, 它通过允许是协变量的任意平滑函数来局部扩展线性分位的方法. 也就是

$$\theta_\alpha(\boldsymbol{x})=\delta+\sum_{u=1}^{n}\theta_u(x_u), \tag{5.1}$$

其中 $\delta$ 是一个常数, $\theta_\alpha(x_u)(u=1,\cdots,d)$ 是与每个协变量都相关的 $Y$ 的 $\alpha$ 分位数函数. 这种条件分位的可加结构也被 Doksurn 和 Koo (2000) 考虑过. 目标函数是可加的这种假设能够减轻维数的灾难, 正如最初由 Stone (1985, 1986) 指出的一样. 受到 Stone 降维原理的启发, Chaudhuri (1991) 提出了这样一个问题: 当 $\theta_\alpha(\cdot)$ 如式 (5.1) 中所示是可加的, 是否可以构造 $\theta_\alpha(\cdot)$ 的估计量, 使得这个估计量的收敛速度与 $d=1$ 时的最优非参数的收敛速度相同. 本节将证明这个确实是可能的. 因此通过对高维非参数分位函数提供一种低维逼近方法, 可加性可以作为降维的工具. 除了可以对付缓解维数祸根之外, 从数据分析的角度看, 附加项的方案也非常有吸引力. 每个协变量都是单独出现的, 所以这种模型也就保留了线性模型的一种重要的解释性质, 也就是, 每个协变量对于条件分位的影响不依赖于其他协变量的值. 在实际中, 这意味着, 一旦可加模型拟合了数据, 可以分别得画出 $d$ 个坐标函数以单独地检验协变量在预测 $\alpha$ 分位数时的作用.

由 Hastie 和 Tibshirani (1990) 提出的后拟合算法已经广泛地应用于估计可加条件均值模型. 这种方法是建立在反复迭代计算一维平滑器基础之上的, 直到满足某个收敛标准. 另一种可以代替后拟合算法的方法建立在边缘积分基础之上, 这种方法是由 Tjϕstheim 和 Auestad (1994), Newey (1995) 与 Linton 和 Nielsen (1995) 独立提出的. 从那时开始产生了很多对边缘积分方法的有用修改. 本节主要讨论使用边缘积分方法来估计式 (5.1) 中相加项 $\theta_u(x_u)$ $(u=1,\cdots,d)$. 特别地, 把 Fan 等 (1998) 与 Cai 和 Fan (2000) 的论文延伸到了条件分位的内容中, 称之为"平均分位估计量". 本节证明了平均分位估计量是以一维 $(d=1)$ 最优收敛速度渐近正态的. 从现实的角度出发, 这个估计量是很简单的, 因为它只需要一步计算就可以得到, 从而避免了迭代的需要. 从这种意义上说, 这种方法为计算机计算的快速执行提供了方便, 这使得它适合于"常规的"数据的分析.

### 5.1.2 方法

1. 平均分位数估计量

令 $\boldsymbol{X}^u=(X_1,\cdots,X_{u-1},\ x_u,X_{u+1},\cdots,X_d)^{\mathrm{T}}$ 和 $\boldsymbol{X}^{-u}=(X_1,\cdots,X_{u-1},X_{u+1},\cdots,X_d)^{\mathrm{T}}$, $u=1,\cdots,d$. 假设 $W_u(\cdot)$ 是一个已知的权函数, 它满足: $W_u(\cdot):\mathbb{R}^{(d-1)}\to\mathbb{R}$, 使得 $E\{W_u(\boldsymbol{X}^u)\}=1$. 考虑下面的这个量,

$$\theta_u^*(x_u)=E\{\theta_\alpha(\boldsymbol{X}^u)W_u(\boldsymbol{X}^{-u})\}. \tag{5.2}$$

权函数 $W_u(\cdot)$ 的引入是为了在渐近的意义上来提高 $\theta_u(x_u)$ 的估计量的有效性.

如果实际分位数函数有式 (5.1) 中的加和形式, 则在通常的约束$E\{\theta_\alpha^{(u)}(X_u)\}=0$ 之下, 对 $u=1,\cdots,d$, $\theta_u^*(x_u)$ 简化为

$$\theta_u^*(x_u)=\delta_u+\theta_u(x_u),$$

其中 $\delta_u=\delta+\sum\limits_{j\neq u}E\{\theta_j(X_jW_u(\boldsymbol{X}^{-u}))\}$. 因此, 除了差一个常数项外, $\theta_u^*(x_u)$ 与条件分位模型的 $\theta_u(x_u)$ 部分相吻合. 引入 $\theta_u^*(x_u)$ 的目的是为了帮助给出可加条件分位数的边际成分的相合估计, 然而这个量即使在式 (5.1) 不成立的条件下仍然是有意义的. 通过构造, 它度量了第 $u$ 个协变量对响应变量 $Y$ 的条件分位数的平均效应. 这种度量在本质上与 Chaudhuri 等 (1997) 的平均导数分位数方法类似.

假设得到了 $n$ 个观测值 $\{(\boldsymbol{X}_i,Y_i):i=1,\cdots,n\}$. 实际中, 估计 $\theta_u^*(x_u)$ 的自然方法是用相合估计量 $\hat{\theta}_\alpha(\cdot)$ 来代替式 (5.2) 中的 $\theta_\alpha(\cdot)$, 也就是

$$\hat{\theta}_u^*(x_u)=n^{-1}\sum_{i=1}^n\hat{\theta}_\alpha(\boldsymbol{X}_i^u)W_u(\boldsymbol{X}_i{}^{-u}), \tag{5.3}$$

其中

$$
\begin{aligned}
\boldsymbol{X}_i^u &= (X_{1,i},\cdots,X_{u-1,i},x_u,X_{u+1,i},\cdots,X_{d,i})^{\mathrm{T}},\\
\boldsymbol{X}_i^{-u} &= (X_{1,i},\cdots,X_{u-1,i},X_{u+1,i},\cdots,X_{d,i})^{\mathrm{T}},
\end{aligned}
$$

称 $\hat{\theta}_u^*(x_u)$ 为平均分位数估计量. 最后可加成分是通过下面的式子计算得到的

$$
\hat{\theta}_u(x_u)=\hat{\theta}_u^*(x_u)-n^{-1}\sum_{i=1}^{n}\hat{\theta}_u^*(X_{u,i}). \tag{5.4}
$$

与后拟合算法不同, 它是通过迭代得到的, 对于可加成分的估计量是明确定义的. 人们普遍认为, 后拟合算法的隐含定义使得这种方法很难揭示估计量的理论性质. 相比之下, 平均分位数估计量的明确表达形式可以直接分析它的统计性质.

2. 估计量的计算

本节通过条件分布函数的逆计算全维估计量 $\hat{\theta}_\alpha(\cdot)$; 即通过求解 $\hat{F}(\hat{\theta}_\alpha(\cdot)|)=\alpha$ 得到 $\hat{\theta}_\alpha(\cdot)$, 其中 $\hat{F}(\cdot|\cdot)$ 是 $F(\cdot|\cdot)$ 一个估计量. 对于这种方法的选择不仅受到我们在条件分位数上的早期工作的影响 (如 De Gooijer et al., 2001, 2002), 而且受到了 Hall 等 (1999) 和 Cai (2002) 工作的影响. 但是, 在原则上, 也可以利用第一部分提到的检验函数等价地计算出 $\hat{\theta}_\alpha(\cdot)$.

从 $\hat{\theta}_u^*(x_u)$ 的定义, 可以观察到, 对于可加项的每个成分 $u\in(1,\cdots,d)$ 都需要一个不同的估计量 $\hat{\theta}_\alpha(\boldsymbol{X}_i^u)$. 这里列出了利用了式 (5.3) 中的定义概述 $F(\cdot|\cdot)$ 的估计步骤. 以 $d=2$ 为例, 并且考虑在 $u=1$ 方向上的估计. 类似地, 可以得到 $u=2$ 时的情形.

通过在固定点 $x_1$ 处的线性项和在固定点 $x_2$ 处的常量项来考虑 $F(t|\boldsymbol{x})$ 的逼近.

$$
F(t|\boldsymbol{x})\approx a(\boldsymbol{x})+b(\boldsymbol{x})(X_1-x_1).
$$

注意到, 与通常的局部线性方法 (LL) 不同, 这里仅在选定的感兴趣的方向 (如 $u=1$) 上使用 LL 近似. 在多余的方向, 使用的是局部常量近似 (Fan et al., 1998). 给定 $n$ 个样本观察值, $F(t|\boldsymbol{x})$ 的 LL 估计量定义为 $\hat{a}(\boldsymbol{x})=\hat{a}$, 其中 $(\hat{a},\hat{b})$ 为使下面的式子最小化的值

$$
\sum_{i=1}^{n}(\mathbf{I}((Y_i\leqslant t)-a-b(X_{1,i}-x_1))^2K_{h_{1,n}}(x_1-X_{1,i})L_{h_{2,n}}(x_2-X_{2,i}),
$$

其中 $K_{h_{1,n}}(\cdot)=K(\cdot/h_{1,n})/h_{1,n}$, $L_{h_{2,n}}(\cdot)=L(\cdot/h_{2,n})/h_{2,n}$, $K(\cdot)$ 和 $L(\cdot)$ 是 $\mathbb{R}^1$ 中的核函数, 而且 $h_{1,n}$ 和 $h_{2,n}$ 是两个核函数各自的窗宽. $\mathbf{I}(A)$ 表示集合 $\{A\}$ 的示性函数. 在前面的方法中, 待估计的局部参数的个数减少到两个. 而如果 LL 逼近在

两方向中都使用, 那么需要估计三个参数. 因此, 有选择的 LL 近似能够简化条件分布函数估计量的计算, 尤其 $d$ 比较大时.

尽管 LL 方法的性质吸引人, 但是 LL 方法不能总是保证给出的分布函数估计是单调递增或者取值于 0 和 1 之间的. 因为估计条件分位数的方法需要条件分布的逆, 所以单调性和正函数性质是尤其必须的. Hall(1999) 提出了再加权的 Nadaraya-Waston 平滑器 (RNW), 这种 RNW 平滑器的主要优势是它不仅保持了 LL 方法中很好的性质, 而且给出了在 0 和 1 之间取值的单调分布函数.

条件分布函数的 RNW 的定义如下 (Hall et al., 1999). 与 Hall 等 (1999) 的 RNW 方法唯一不同之处在于 RNW 方法只在感兴趣的方向, 即 $u=1$ 时才使用 LL 逼近. 令 $\tau_i(\boldsymbol{x})$ 代表类似概率的因子, 满足 $\tau_i(x)\geqslant 0$, $\sum\limits_{i=1}^n\tau_i(\boldsymbol{x})=1$, 而且

$$\sum_{i=1}^n\tau_i(\boldsymbol{x})(X_{1,i}-x_1)K_{h_{1,n}}(x_1-X_{1,i})L_{h_{2,n}}(x_2-X_{2,i})=0. \tag{5.5}$$

实际情况中, 需选择因子 $\tau_i(\boldsymbol{x})$. 首先引入经验对数似然函数, 其中 $L=\sum\limits_{i=1}^n\log(\tau_i(\boldsymbol{x}))$, 通过在约束下最大化 $L$(最大化时的取值可以通过拉格朗日乘法得到), 容易得到

$$\tau_i(\boldsymbol{x})=n^{-1}\{1+\lambda(X_{1,i}-x_1)K_{h_{1,n}}(x_1-X_{1,i})L_{h_{2,n}}(x_2-X_{2,i})\}^{-1}, \tag{5.6}$$

其中 $\lambda$ 是数据和 $\boldsymbol{x}$ 的函数, 在使用了这些权值后, 条件分布函数的 RNW 估计量定义如下

$$\hat{F}(t|\boldsymbol{x})=\frac{\sum\limits_{i=1}^n\mathbf{I}(Y_i\leqslant t)\tau_i(x)K_{h_{1,n}}(x_1-X_{1,i})L_{h_{2,n}}(x_2-X_{2,i})}{\sum\limits_{i=1}^n\tau_i(\boldsymbol{x})K_{h_{1,n}}(x_1-X_{1,i})L_{h_{2,n}}(x_2-X_{2,i})}. \tag{5.7}$$

容易看出, $\lambda$ 是最小化下式的唯一最小化值:

$$-\sum_{i=1}^n\log\{1+\lambda(X_{1,i}-x_1)K_{h_{1,n}}(x_1-X_{1,i})L_{h_{2,n}}(x_2-X_{2,i})\}.$$

### 5.1.3 大样本性质

本节将推导在 $\alpha$ 混合条件下的平均分位数估计量的渐近性质. $\alpha$ 混合条件比很多其他混合模式和依赖条件更弱. 为了简化表达方式, 考虑 $\boldsymbol{X}$ 是二元随机变量的情况. 特别地, 在没有限制实际条件分位函数 $\theta_\alpha(\boldsymbol{x})$ 是可加的形式下, 得到了 $\hat{\theta}_1^*(x_1)$ 的渐近理论.

令 $\boldsymbol{x}^i = (x_1, X_{2,i})^{\mathrm{T}}$, 利用式 (5.3), 我们感兴趣的估计量通过下式给出:

$$\hat{\theta}_1^*(x_1) = n^{-1} \sum_{i=1}^{n} \hat{\theta}_\alpha(x^i) W(X_{2,i}), \tag{5.8}$$

其中 $\hat{\theta}_\alpha(\boldsymbol{x}) = \inf\{t \in \mathbb{R} : \hat{F}(t \mid \boldsymbol{x}) \geqslant \alpha\}$. 为了标记上的方便, 从 $W_1(X_{2,i})$ 去掉了下标 1. 现在定义 $\sigma_t^2(\boldsymbol{x}) = \mathrm{var}(Z \mid \boldsymbol{x})$, 其中对于某些 $t \in \mathbb{R}$ 而言, $Z = \mathbf{I}(Y \leqslant t)$. 令 $p(x)$ 表示 $\boldsymbol{X}$ 的联合密度函数, 令 $p_1(x_1)$ 和 $p_2(x_2)$ 分别代表 $X_1$ 和 $X_2$ 边际密度函数, 同时令 $f(t \mid \boldsymbol{x})$ 表示在给定的 $\boldsymbol{X} = \boldsymbol{x}$ 条件下 $Y$ 的条件密度函数. 下面的定理是把 Fan 等 (1998) 以及 Cai 和 Fan (2000) 的结果推广到了条件分位数的背景之下.

### 5.1.4 条件

在这里, 我们的目的是当涉及很多协变量时, 对于响应变量的条件分位提供一套可行的估计方法和用于数据描述的潜能. 特别地, 我们关注于响应变量的条件分位数是相关协变量非线性可加函数. 对于这种情况, 我们提出了一个可以直接计算未知函数的非参数平滑器.

(1) 权函数 $W(\cdot)$ 存在一个有限制的支撑 $D$, 而且关于 $x_2$, 权函数是一致连续的.

(2) 核函数 $K(\cdot)$ 和 $L(\cdot)$ 是具有有界支撑的对称概率密度函数.

(3) 全维函数 $\theta_\alpha(u_1, u_2)$ 关于 $u_1$ 和 $u_2$ 存在直至二阶的有限的偏导数. 对 $x_1$ 邻域中的 $u_1$ 和 $u_2 \in D$ 而言, 联合密度函数 $p(u_1, u_2)$ 与 0 差一个常量值. 进一步有, 这个联合密度函数关于 $u_1$ 和 $u_2$ 存在着直至二阶的有限的偏导数.

(4) 函数 $\sigma_t^2(\boldsymbol{u})$ 和 $c(\boldsymbol{u}) = E(|Z - F(t|\boldsymbol{u})|^{2+\delta}|X = \boldsymbol{u})$ 在点 $u_1 = x_1$ 是连续的, 而且 $E(c(\boldsymbol{X})|\Gamma(\boldsymbol{X})|^{2+\delta}|X_1 = u_1)$ 对于所有的 $u_1$, 某些 $\delta > 0$ 是有界的.

(5) 在给定的 $(\boldsymbol{X}_1, \boldsymbol{X}_i)$ 时, $(Y_1, Y_i)$ 的联合密度函数 $f_{(Y_1,Y_i)|(X_1,X_i)}$ 满足对所有的 $i > 1$ 和所有涉及的条件下, $f_{(Y_1,Y_i)|(X_1,X_i)}((y_1, y_2)|u, v) \leqslant C < \infty$ 对某个正常数 $C$ 成立. 注意这里有 $\boldsymbol{X}_1 = (X_{1.1}, X_{2.1})^{\mathrm{T}}$.

(6) 在给定的 $\boldsymbol{X} = \boldsymbol{u}$ 条件下, $Y$ 的条件分布函数 $F(y|\boldsymbol{u})$ 在点 $u_1 = x_1$ 处是有二阶连续微分的.

(7) $F(y|\boldsymbol{u})$ 有概率密度函数 $f(y|\boldsymbol{u})$, $f(y|\boldsymbol{u})$ 在点 $u$ 处是连续的, 且

$$f(\theta_\alpha(\boldsymbol{u})|\boldsymbol{u}) > 0.$$

(8) 对某个 $a > \delta/(2+\delta)$, 过程 $\{(\boldsymbol{X}_i, Y_i)\}_{i=-\infty}^{\infty}$ 与 $\sum_{\ell=1}^{\infty} \ell^\alpha [\alpha(\ell)]^{\delta/(2+\delta)} < \infty$ 有很强的混合关系, 其中 $\delta$ 是在 (4) 给定的条件下.

(9) 存在一个正数序列满足 $v_n \to \infty$ 和 $v_n = O(\sqrt{nh_{1,n}})$, 这使得

$$(n/h_{1,n})^{1/2}\alpha(v_n)\to 0.$$

**定理 5.1.1** 假设满足条件 (1)~(9), 定义常量 $k_1=\int u^2K(u)\mathrm{d}u$ 和 $k_2=\int K^2(u)\mathrm{d}u$, 如果选择的带宽使得 $h_{1,n}\to 0$ , $h_{2,n}\to 0$ 时 $nh_{1,n}^5=O(1), nh_{2,n}^5=o(1)$ 和 $nh_{1,n}h_{2,n}\to\infty$ 成立, 那么

$$(nh_{1,n})^{1/2}\Big\{\hat{\theta}_1^*(x_1)-\theta_1^*(x_1)-\mathrm{bias}(\hat{\theta}_1^*(x_1))\Big\}\xrightarrow{D}N(0,v(x_1)), \tag{5.9}$$

其中偏差和方差是通过如下的方式给出

$$\mathrm{bias}(\hat{\theta}_1^*(x_1))=\frac{1}{2}h_{1,n}^2k_1\theta_1''(x_1) \tag{5.10}$$

而且

$$v(x_1)=k_2p_1(x_1)\alpha(1-\alpha)E(\Gamma^2(\boldsymbol{X})\mid X_1=x_1)), \tag{5.11}$$

其中

$$\Gamma(\boldsymbol{x})=\frac{p_2(x_2)W(x_2)}{p(\boldsymbol{x})f(\theta_\alpha(\boldsymbol{x})\mid\boldsymbol{x})}. \tag{5.12}$$

**证明** 证明是建立在对 Fan (1998) 与 Cai 和 Fan (2000) 证明的修改和扩展基础之上的. 这里阐明了主要的思想, 但同时也省略了一些方法上的细节, 之前提到的作者的文中已经有了类似的证明, 从这个角度出发这些方法是很常规的. 理论结果是从下面的条件中推导出来的.

如同在 5.1.3 节一样, 令 $\boldsymbol{x}^i=(x_1,X_{2,i})^{\mathrm{T}}$. 并且引入简单的标记方法 $p^{(i,j)}(\boldsymbol{x})=\partial^{i+j}p(x)/\partial x_1^i\partial x_2^j$ 和 $\theta_\alpha^{(i,j)}(\boldsymbol{x})=\partial^{i+j}\theta_\alpha(\boldsymbol{x})/\partial x_1^i\partial x_2^j$. 重新利用式 (5.2), 也就是

$$E\{\theta_\alpha(x_1,X_2)W(X_2)\}=\theta_1^*(x_1). \tag{5.13}$$

对平稳的 $\alpha$ 混合序列使用中心极限定理 (McCabe, Tremayne, 1993)[128], 容易发现

$$\frac{1}{n}\sum_{i=1}^n\theta_\alpha(\boldsymbol{x}^i)W(X_{2,i})=\theta_1^*(x_1)+O_p(n^{-1/2}). \tag{5.14}$$

为了标记上的简化, 在证明的剩余部分, 丢掉了下标 $\alpha$. 结合式 (5.8) 和 (5.14), 得到

$$\hat{\theta}_1^*(x_1)-\theta_1^*(x_1)=\frac{1}{n}\sum_{i=1}^n(\hat{\theta}(x^i)-\theta(x^i))W(X_{2,i})+O_p(n^{-1/2}). \tag{5.15}$$

可以证明全维的估计量 $\hat{\theta}(x)$ 是相合估计量, 也就是 $|\hat{\theta}(x)-\theta(x)|\to 0$ 依概率收敛 (Berliner et al., 2001; De Gooijer et al., 2002). 现在采用 Cai (2002) 的引理 4. 令引理中的 $\delta_n$ 满足 $\delta_n=\hat{\theta}(\boldsymbol{x})-\theta(\boldsymbol{x})$; 这样定义是因为 $\hat{\theta}(x)$ 的相合性. 同时注意到, $\hat{F}(t|\boldsymbol{x})$ 取值于 0 和 1 之间, 而且是单调的, 所以有 $F(\theta(\boldsymbol{x})|\boldsymbol{x})=\hat{F}(\hat{\theta}(\boldsymbol{x})|\boldsymbol{x})=\alpha$. 紧接着, 该引理出了下面的等式:

$$\hat{\theta}(\boldsymbol{x})-\theta(\boldsymbol{x})=-\frac{\hat{F}(\theta(\boldsymbol{x})|\boldsymbol{x})-F(\theta(\boldsymbol{x})|\boldsymbol{x})}{f(\theta(\boldsymbol{x})|\boldsymbol{x})}+O_p((nh_{1,n}h_{2,n})^{-1})+o_p(\delta_n). \tag{5.16}$$

从式 (5.16) 可以看出, 为了研究 $\hat{\theta}(\boldsymbol{x})$ 的极限分布, 只需要研究 $\hat{F}(\cdot|\boldsymbol{x})$ 的极限分布即可.

利用式 (5.7) 中 $\hat{F}(\cdot|\cdot)$ 的定义, 有

$$\hat{F}(\theta(\boldsymbol{x})|\boldsymbol{x})=\frac{\sum_{i=1}^{n}Z_i\tau_i(\boldsymbol{x})K_{h_{1,n}}(x_1-X_{1,i})L_{h_{2,n}}(x_2-X_{2,i})}{\sum_{i=1}^{n}\tau_i(\boldsymbol{x})K_{h_{1,n}}(x_1-X_{1,i})L_{h_{2,n}}(x_2-X_{2,i})}, \tag{5.17}$$

其中 $Z_i=1(Y_i\leqslant\theta(\boldsymbol{x}))$. 类似于 Cai (2002) 引理 2 中的证明, 可以证明

$$\lambda=\frac{h_{1,n}h_{2,n}k_1p^{(1,0)}(x)}{k_2k_3p(x)}\{1+o_p(h_{1,n})\}.$$

把上面所述的 $\lambda$ 的逼近代入到 $\tau_i(\boldsymbol{x})$ 式 (5.6) 的定义中, 可以看到

$$\tau_i(\boldsymbol{x})=b_i(\boldsymbol{x})\{1+o_p(h_{1,n})\}, \tag{5.18}$$

其中

$$b_i(\boldsymbol{x})=\left[1+\frac{h_{1,n}h_{2,n}k_1p^{[1,0)}(x)}{k_2k_3p(x)}(X_{1,i}-x_1)K_{h_{1,n}}(x_1-X_{1,i})\times L_{h_{2,n}}(x_2-X_{2,i})\right]^{-1}.$$

定义 $\varepsilon_i=Z_i-F(\theta(\boldsymbol{x})|X_i)$, 现在使用式 (5.17) 和 (5.18)

$$\hat{F}(\theta(\boldsymbol{x})|\boldsymbol{x})-F(\theta(\boldsymbol{x})|\boldsymbol{x})=\{(nh_{1,n})^{-1/2}J_1+J_2\}\times J_3^{-1}\{1+o_p(h_{1,n})\}, \tag{5.19}$$

其中

$$\begin{aligned}
J_1(\boldsymbol{x})&=n^{-1/2}h_{1,n}^{1/2}\sum_{i=1}^{n}b_i(\boldsymbol{x})\varepsilon_iK_{h_{1,n}}(x_1-X_{1,i})L_{h_{2,n}}(x_2-X_{2,i}),\\
J_2(\boldsymbol{x})&=n^{-1}\sum_{i=1}^{n}[F(\theta(\boldsymbol{x})|X_i)-F(\theta(\boldsymbol{x})|\boldsymbol{x})]b_i(\boldsymbol{x})\times K_{h_{1,n}}(x_1-X_{1,i})L_{h_{2,n}}(x_2-X_{2,i}),\\
J_3(\boldsymbol{x})&=n^{-1}\sum_{i=1}^{n}b_i(\boldsymbol{x})K_{h_{1,n}}(x_1-X_{1,i})L_{h_{2,n}}(x_2-X_{2,i}).
\end{aligned}$$

首先处理 $J_2(\cdot)$ 和 $J_3(\cdot)$. 利用泰勒定理把 $F(\theta(x)|X_i)$ 按照 $\theta(X_i)$ 进行展开, 也就是

$$F(\theta(\boldsymbol{x})|X_i) \approx F(\theta(X_i)|X_i) + f(\theta(X_i)|X_i)[\theta(\boldsymbol{x}) - \theta(X_i)],$$

注意到 $F(\theta(X_i)|X_i) = F(\theta(\boldsymbol{x})|\boldsymbol{x})$, $J_2(\cdot)$ 粗略地简化为

$$J_2(\boldsymbol{x}) = f(\theta(\boldsymbol{x})|\boldsymbol{x})n^{-1}\sum_{i=1}^{n}[\theta(\boldsymbol{x}) - \theta(X_i)]b_i(x)K_{h_{1,n}}(x_1 - X_{1,i}) \times L_{h_{2,n}}(x_2 - X_{2,i}).$$

现在关于 $\boldsymbol{x}$ 展开 $\theta(X_i)$, 也利用条件 (5.5), $J_2(\cdot)$ 可以再进一步简化为 $J_2(\boldsymbol{x}) = f(\theta(\boldsymbol{x})|\boldsymbol{x})\ \{J_{21} + O_p(h_{2,n}^2)\}$, 其中

$$J_{21} = -\frac{1}{2}\theta^{(2,0)}(\boldsymbol{x})n^{-1}\sum_{i=1}^{n}(X_{1,i} - x_i)^2 b_i(\boldsymbol{x}) \times K_{h_{1,n}}(x_1 - X_{1,i})L_{h_{2,n}}(x_2 - X_{2,n}).$$

$J_2(\cdot)$ 中的 $O_p(h_{2,n}^2)$ 对应于我们不感兴趣的方向的误差项, 也就是 $X_2$ 方向. 通过简单的讨论, 很容易发现 $J_{21} = -\dfrac{1}{2}h_{1,n}^2 k_1\theta^{(2,0)}(\boldsymbol{x})p(\boldsymbol{x}) + o_p(h_{1,n}^2)$. 因此,

$$J_2(\boldsymbol{x}) = -f(\theta(\boldsymbol{x})|\boldsymbol{x})\left\{\frac{1}{2}h_{1,n}^2 k_1\theta^{(2,0)}(\boldsymbol{x})p(x) + o_p(h_{1,n}^2) + O_p(h_{2,n}^2)\right\}. \tag{5.20}$$

可以证明

$$J_3(\boldsymbol{x}) = p(\boldsymbol{x}) + o_p(1). \tag{5.21}$$

利用式 (5.20) 和 (5.21) 后, 式 (5.19) 可以简化为

$$\begin{aligned}&\hat{F}(\theta(\boldsymbol{x})|\boldsymbol{x}) - F(\theta(\boldsymbol{x})|\boldsymbol{x})\\ =&-f(\theta(\boldsymbol{x})|\boldsymbol{x})\left\{\frac{1}{2}h_{1,n}^2 k_1\theta^{(2,0)}(\boldsymbol{x}) + o_p(h_{1,n}^2) + O_p(h_{2,n}^2)\right\}\\ &-(nh_{1,n})^{-1/2}p^{-1}(x)J_1(\boldsymbol{x}).\end{aligned} \tag{5.22}$$

把式 (5.22) 代入到式 (5.16) 中, 可以得到

$$\begin{aligned}\hat{\theta}(\boldsymbol{x}) - \theta(\boldsymbol{x}) =& \frac{1}{2}h_{1,n}^2 k_1\theta^{(2,0)}(\boldsymbol{x}) + o_p(h_{1,n}^2) + O_p(h_{2,n}^2) + O_p((nh_{1,n}h_{2,n})^{-1})\\ &+(nh_{1,n})^{-1/2}f^{-1}(\theta(\boldsymbol{x})|\boldsymbol{x})p^{-1}(x)J_1(\boldsymbol{x}).\end{aligned} \tag{5.23}$$

使用关于带宽的条件 (5.1.3 节), 可以进一步的简化式 (5.23) 为

$$\begin{aligned}\hat{\theta}(\boldsymbol{x}) - \theta(\boldsymbol{x}) =& \frac{1}{2}h_{1,n}^2 k_1\theta^{(2,0)}(\boldsymbol{x}) + o_p(h_{1,n}^2)\\ &+(nh_{1,n})^{-1/2}f^{-1}(\theta(\boldsymbol{x})|\boldsymbol{x})p^{-1}(\boldsymbol{x})J_1(\boldsymbol{x}).\end{aligned} \tag{5.24}$$

现在把式 (5.24) 代入到式 (5.15) 中, 同时运用式 (5.14), 得到

$$\hat{\theta}_1(x_1)-\theta_1(x_1)-\text{bias}(\hat{(\theta)}_1(x_1))=(nh_{1,n})^{-1/2}T(x_1)+o_p(h_{1,n}^2+(nh_{1,n})^{-1/2}),\quad (5.25)$$

其中 $\text{bias}(\hat{\theta}_1(x_1))$ 是按照式 (5.10) 中的方式来定义的, 而且

$$T(x_1)=n^{-1}\sum_{i=1}^{n}J_1(x^i)A(x^i),$$

其中 $A(\boldsymbol{x})=W(x_2)/p(\boldsymbol{x})f(\theta(\boldsymbol{x})|\boldsymbol{x})$.

假设 $\varGamma(\cdot)$ 是按照式 (5.12) 中的方式来定义的, 然后定义

$$\varGamma_n(\boldsymbol{x})=n^{-1}\sum_{i=1}^{n}L_{h_{2,n}}(x_2-X_{2,i})A(x^j).$$

利用某个代数, 得到

$$T(x_1)=G(x_1)+G^*(x_1),$$

其中

$$G(x_1)=n^{-1/2}\sum_{i=1}^{n}h_1^{1/2}b_i(x^i)K_{h_{1,n}}(x_1-X_{1,i})\varGamma(x^i)\varepsilon_i,$$

而且

$$G^*=n^{-1/2}\sum_{i=1}^{n}h^{1/2}b_i(x^i)K_{h_{1,n}}(x_1-X_{1,i})\{\varGamma_n(x^i)-\varGamma(x^i)\}\varepsilon_i.$$

现在处理 $G(\cdot)$ 和 $G^*(\cdot)$. 利用 Cai 和 Fan (2000) 的第二定理, 证明得 $G^*(x_1)=o_p((nh_{1,n})^{-1/2})$. 因此式 (5.25) 简化为

$$\begin{aligned}&\hat{\theta}_1(x_1)-\theta_1(x_1)-\text{bias}(\hat{\theta}_1(x_1))\\&=(nh_{1,n})^{-1/2}G(x_1)+o_p(h_{1,n}^2+(nh_{1,n})^{-1/2}).\end{aligned}\quad (5.26)$$

定义 $\varDelta_i=h_1^{1/2}b_i(x^i)\varGamma(x^i)\varepsilon_iK_{h_{1,n}}(x_1-X_{1,i})$. 于是 $G(x_1)=n^{-1/2}\sum_{i=1}^{n}\varDelta_i$, 现在注意到要证明所期望的渐近正态结果与证明 $G(x_1)$ 的渐近正态性是一样的. 为了达到这个目的, 例行利用类似的 Doob 小模块和大模块方法于和式 $n^{-1/2}\sum_{i=1}^{n}\varDelta_i$. 最后, 为了完成这个定理的证明, 推导出 $\text{var}(G_1(x_1))$. 由平稳性注意到

$$\text{var}(G(x_1))=\text{var}(\varDelta_1)+2\sum_{i=2}^{n}\left(1-\frac{i}{n}\right)\text{cov}(\varDelta_1\varDelta_i)\equiv G_{11}+G_{12}.$$

利用条件 (7) 和后面的 Cai 和 Fan (2000) 的引理 1, 可以看出 $G_{12} \to 0$, 这样就只剩下证明方差 $\mathrm{var}(\varDelta_1)$. 首先, 注意到 $E(\varDelta_1) = 0$. 通过条件 $(X_{1,1}, X_{2,1}) = (u_1, u_2)$, 同时令 $t = \theta(x_1, u_2)$, 可以得出

$$E(\varDelta_1^2) = h_{1,n} E\{b^2(x_1, u_2) K_{h_{1,n}}^2(x_1 - u_1) \varGamma^2(x_1, u_2) \times \sigma_l^2(u_1, u_2) p(u_1, u_2) \mathrm{d}u_1 \mathrm{d}u_2\}.$$

使用变量变换, $u_1 = x_1 + h_{1,n} v_1$.

$$\begin{aligned} E(\varDelta_1^2) &= \int\int K^2(v_1) \varGamma^2(x_1, u_2) \sigma^2(x_1 + h_{1,n} v_1, u_2) \times p(x_1 + h_{1,n} v_1, u_2) \mathrm{d}v_1 \mathrm{d}u_2 \\ &\to k_2 \int K^2(v_1) \varGamma^2(x_1, u_2) \sigma_t^2(x_1, u_2) p(x_1, u_2) \mathrm{d}u_2 \\ &= k_2 p_1(x_1) \alpha(1-\alpha) E\{\varGamma^2(X_1, X_2) | X_1 = x_1)\}. \end{aligned}$$

最后一步从 $\sigma_t^2(x_1, u_2) = \alpha(1-\alpha)$ 这个事实中得到的. 把这个与式 (5.26) 结合后, 定理的证明就完成了. ■

**注 5.1.1** 上述的定理表明函数估计量 $\hat{\theta}_1^*(x_1)$ 是以 $n^{2/5}$ 的收敛速度渐近正态的, 这个估计量在从一个 $n^{2/6}$ 相合估计量 $\hat{\theta}_\alpha(x)$ 中产生 $n^{2/5}$ 收敛速度. 本节中只考虑逐点收敛.

**注 5.1.2** 注意到, 当 LL 方法用于估计 $\theta_\alpha(\boldsymbol{x})$ 时, 式 (5.10) 中的 $\hat{\theta}_1^*(x_1)$ 的偏差也就是可加估计量的渐近偏差. 在这种意义下, RNW 平滑算子也能具有 LL 方法优良的偏差性质. 对于小样本时的表现, 请看 5.1.2 节的模拟例子.

**注 5.1.3** 能够使得渐近均方误差 (MSE) 最小的最优带宽是通过下面的式子给出的

$$h_1^* = \left[\frac{v(x_1)}{k_1 \theta_1''(x_1)}\right]^{(1/5)} n^{-1/5}. \tag{5.27}$$

**推论 5.1.1** 如果选择的权函数能使得方差 $v(x_1)$ 达到最小值, 那么在定理的所有条件下,

$$(nh_{1,n})^{1/2} \{\hat{\theta}_1^*(x_1) - \theta_1^*(x_1) - \mathrm{bias}(\hat{\theta}_1^*(x_1))\} \xrightarrow{D} N(0, v^*(x_1)), \tag{5.28}$$

其中

$$v^*(x_1) = \frac{k_2 \alpha(1-\alpha)}{p_1(x_1) E(f^2(\theta_\alpha(\boldsymbol{X}) \mid \boldsymbol{X}) \mid X_1 = x_1)}.$$

**注 5.1.4** 运用拉格朗日乘子法, 限定 $\int W(x_2) p_2(x_2) \mathrm{d}x_2 = 1$, 可以看到最优的权重是

$$W(X_2) = \frac{f^2(\theta_\alpha(x_1, X_2) \mid (x_1, X_2))}{E(f^2(\theta_\alpha(\boldsymbol{X}) \mid \boldsymbol{X}) \mid X_1 = x_1)} \frac{p(x_1, X_2)}{p_1(x_1) p_2(X_2)}. \tag{5.29}$$

将这个最优权代入 $v(x_1)$, 推论成立.

**注 5.1.5**　本节中的估计量涉及了权函数 $W(.)$. 另一种代替的方法是使用不加权的平均. 在后者的这一类中, Linton 和 Nielsen (1995), Masry 和 Tjøstheim (1997), 以及 Cai 和 Masry (2000) 的可以被提及的论文都是在条件均值背景下提出的. 不加权的估计量的问题在于它不一定是有效的估计量. 解决这个问题的一个方法是引入权函数 (就像这里所做的一样), 从而在减小可加成分估计量的方差意义下, 为提高效率创造空间. 事实上, 正如在推论中指出的那样, 当权函数是按照式 (5.29) 的方法来选择时, 那么估计量就可以达到最优的效率. Linton (1997) 和 Cai (2002) 也提出了一个两阶段估计量来作为一种替代的方法.

**注 5.1.6**　有可能将定理和推论推广到维数 $d > 2$ 的情况. 正如定理中所做的, 为了达到一维非参数最优收敛速度, 必须对带宽序列加以限制. 假设一个普通的带宽 $h_{2,n}$ 被用于协变量向量, 也就是, $(X_2, X_3, \cdots, X_d)^{\mathrm{T}}$. 需要的条件是: (a) $h_{2,n} = o(1)n^{-1/5}$ 和 (b) $nh_{1,n}h_{2,n}^{d-1} \to \infty$. 但是条件 (a) 和 (b) 对于带宽参数 $h_{1,n}$ 也施加了某种限制. 特别地, 一元变量最优阶 $nh_{1,n}^5 = O(1)$ 只有在 $d < 5$ 时才能获得. 为了处理 $d \geqslant 5$ 时的情况, 必须进一步地减小在不感兴趣方向上的偏差, 这是通过令核函数 $L(\cdot)$ 是 $q$ 阶的, 窗宽为 $h_{2,n} = O(1)n^{-1/2q+1}$ 得到的. 在这种情况下, 平均分位数估计量 $\hat{\theta}_1^*(x_1)$ 在任意维数 $d$ 下是一元变量收敛速度最优的.

### 5.1.5　主要参考文献

有一种估计条件分位数的方法是非参数的方法, 如 Chaudhuri (1991), Fan 等 (1994), De Gooijer 等 (2002). 对于条件分位数方案, 它通过允许是协变量的任意平滑函数来局部扩展线性分位的方法. 条件分位的可加结构被 Doksum 和 Koo (2000) 考虑过. 目标函数是可加的这种假设能够减轻维数的灾难, 正如最初由 Stone (1985, 1986) 指出的一样. Chaudhuri (1991) 也提出了可加性问题. 由 Hastie 和 Tibshirani (1990) 提出的后拟合算法已经广泛地应用于估计可加条件均值模型. 另一种可以代替后拟合算法的方法建立在边缘积分基础之上, 这种方法是由 Tjestheim 和 Auestad (1994), Newey (1995) 与 Linton 和 Nielsen (1995) 独立提出的. 从那时开始产生了很多对边缘积分方法的有用修改. 本节主要参考 Fan 等 (1998), Cai 和 Fan (2000) 以及 Horowitz 和 Lee (2005).

## 5.2　非参数估计

本节关注的是非参数可加分位回归模型的可加部分估计. 当可加部分对于某个 $r \geqslant 2$ 是 $r$- 阶连续可导时, 得到的估计量是渐近正态分布的, 它的依概率收敛速度为 $n^{-r/(2r+1)}$. 不管协方差的维数如何, 这个结果总是成立的. 所以这个新的估计量没有维数祸根问题. 此外, 该估计量具有 Oracle 性质, 而且可以很容易通过一个连接函数推广到广义可加分位回归模型上去. 数值方面的性能和估计量的价值将通过蒙特卡罗实验和一个实例来解释说明.

### 5.2.1 引言

文章提出了下面分位回归模型中关于函数 $m_{1,\alpha},\cdots,m_{d,\alpha}$ 的非参数估计:

$$Y=\mu_\alpha+m_{1,\alpha}(X^1)+\cdots+m_{d,\alpha}(X^d)+U_\alpha, \tag{5.30}$$

这里 $Y$ 是一个实值依赖变量, 对于某个有限的 $d\geqslant 2$, $X^j(j=1,\cdots d)$ 是随机向量 $\boldsymbol{X}\in\mathbb{R}^d$ 的第 $j$ 个分量, $\mu_\alpha$ 是未知常数, $m_{1,\alpha},\cdots,m_{d,\alpha}$ 是未知函数, 并且 $U_\alpha$ 是观测不到的随机变量, 对于几乎每一个 $x$, 其在 $X=x$ 处的 $\alpha$ 条件分位数为 0. 估计是基于 $(Y,\boldsymbol{X})$ 的独立同分布的随机样本 $\{(Y_i,X_i):i=1,\cdots,n\}$ 进行的. 当 $m_{j,\alpha}$ 为 $r$ 次连续可导时, 可加部分 $m_{1,\alpha},\cdots,m_{d,\alpha}$ 的估计量逐点以 $n^{-r/(2r+1)}$ 的收敛速度概率收敛, 结果没有考虑 $\boldsymbol{X}$ 的维数, 所以渐近地不存在维数祸根的问题. 更好的是, 我们的估计有着 Oracle 性质. 特别地, 每个可加部分的中心化标准化估计量是渐近正态分布的, 有相同的均值和方差, 且在其他部分已知的情况下每个可加成分都可以得到. 最后将估计量可以直接推广到广义可加模型:

$$G(Y)=\mu_\alpha+m_{1,\alpha}(X^1)+\cdots+m_{d,\alpha}(X^d)+U_\alpha, \tag{5.31}$$

其中 $G$ 是一个已知的严格递增函数.

可加建模在多元非参数均值或者分位回归中是一个重要的降维方法. 在很多应用中简单的参数模型不能很好地拟合已有的实际数据, 从而需要一个更灵活的估计方法, 如 Härdle (1990), Horowitz (1993), Horowitz 和 Lee (2002), Horowitz 和 Savin (2001). 完全非参估计虽然避免了拟合较差问题, 但是它通常在多元背景中不受欢迎, 因为维数问题通常导致了完全非参估计在实际应用中, 由于样本量小而变得非常不准确. 非参可加模型减少了估计问题的有效维数, 所以与完全非参方法相比, 能达到更好的估计精度, 而与参数模型相比又能提供更为灵活的回归函数形式. 当简单的参数模型不能很好地拟合数据时, 可加模型就受欢迎. 其他降维的方法的例子有指标模型. 例如, 对于均值回归模型的研究方面有 Ichimura (1993), Powell 等 (1989), Hristache 等 (2001); 关于分位回归模型的研究有 Chaudhuri 等 (1997), Khan (2001), 以及对于均值部分线性模型有 Robinson (1988), 而对于分位回归部分线性模型有 He 和 Shi (1996), Lee (2003). 它们不能与可加模型嵌套, 因此不可替代. 非参数可加模型的应用实例有 Hastie 和 Tibshirani (1990), Fan 和 Gijbels (1996), Horowitz 和 Lee (2002) 以及其他一些.

就我们所知, 有三种已有的方法估计模型 (5.30): 样条法, Backfitting 和边际积分估计法. Doksum 和 Koo (2000) 考虑了样条估计量, 但是他们没有提供逐点收敛速度或者渐近分布. 这给对样条估计量进行推断带来困难, 尽管这在样本量充分大的时候不是必要的. Bertail 等 (1999) 告诉我们当估计量渐近分布和逐点收敛速度都不知道时, 如何利用子样抽样进行推断. 但是不知道样条估计能否达到最优逐点收敛速度. Huang (2003) 讨论了在可加非参均值回归模型中样条估计得到逐点渐近正态的性质是十分困难的. Fan 和 Gijbels (1996)$^{296-297}$ 为式 (5.30) 提出了 Backfitting 估计. 然而, 和样条估计量一样, Backfitting 估计的收敛率和其他渐近分布的性质也未知. De Gooijer 和 Zerom (2003) 得到了式 (5.30) 的边际积分估计量. 该估计量是渐近正态的, 所以可以使得推断显得相对直接. 但是边际积分来自于一个无约束的 $d$ 维非参数分位回归模型. 因此, 边际积分会遇到维数祸根问题, 且当 $d$ 很大的时候估计的可能会变得很不精确, 参见 De Gooijer 和 Zerom (2003) 中的评注 6 关于 $d \geqslant 5$ 时在讨厌参数方向减少偏差的必要. 总而言之, 对于已经存在的估计 (5.30) 的方法而言, 要么不能得到逐点收敛速度与渐近分布, 这使得推断变得很困难, 要么就有维数祸根的问题, 这使得对于多元问题这些估计量变得很不精确.

提出的估计量 (5.30), 它是渐近正态分布的, 所以可以在应用中允许相对简单的推断, 而且避免了维数祸根问题. 我们通过理论计算和蒙特卡罗实验证明了当 $d$ 很大的时候该估计量比边际积分估计量更加精确. 与边际积分估计量的比较十分重要, 因为边际积分是唯一一个其他现存的方法, 它具有已知收敛速度和渐近分布.

这里呈现出的估计基于 Horowitz 和 Mammen (2004) (以下简称为 HM) 的工作, 他们给出了带有连接函数的非参可加均值模型可加部分的一个估计量. 当可加部分二阶连续可导时, HM 估计量的逐点依概率收敛速度是 $n^{-2/5}$, 这不考虑 $X$ 的维数. 因此该估计量没有维数祸根的问题. 这篇文章将 HM 的方法推广到可加分位回归模型. 仿照 HM 那样, 我们使用二阶段估计方法, 该方法不需要全部维数、非限制非参估计量. 在第一阶段, 可加部分被一系列分位回归估计量所估计, 该估计量置入了可加结构 (5.30). 第二阶段每个可加部分的估计量由一维的局部多项式分位回归模型得到, 其中别的部分用第一阶段得到的估计量替代. 虽然这里提出的估计方法和 HM 估计方法在概念上很类似, 但是均值回归和分位回归很不相同, 所以推广并不是非常简单的, 也需要特殊对待.

我们的估计量避免维数祸根问题的关键是开始就强调可加性, 第一阶段的估计量与全维的非参数估计相比偏差有更快的收敛偏差. 虽然该序列估计量的方差收敛相对较慢, 第二个估计步骤产生了一个减少方差的平均效应, 因此可以得到最优的收敛率. 这里用到的方法与典型的两阶段估计不同, 它通过更新初始的相合估计而达到估计单个参数的目的. 这里有几个未知的函数, 但是我们只是更新其中的一个. 可以证明, 渐近地其他函数的估计误差并不出现在我们感兴趣的函数的更新估计中.

### 5.2.2 估计量

这一节描述了估计 $m_j(\cdot)$ 的两阶段过程, 对于任意的 $x \in \mathbb{R}^d$, 定义 $m(x) = m_1(x^1) + \cdots + m_d(x^d)$, 其中 $x^j$ 是 $x$ 的第 $j$ 个分量, 假设 $\boldsymbol{X}$ 支撑是 $\mathcal{X} \equiv [-1,1]^d$, 并且标准化 $m_1, \cdots, m_d$, 使得

$$\int_{-1}^{1} m_j(v)\mathrm{d}v = 0,$$

$j = 1, \cdots, d$. 该标准化并不失一般性, 因为 $m_j$ 没有更进一步的限制是不可识别的.

为了描述第一阶段的序列估计, 首先令 $\{p_k : k = 1, 2, \cdots\}$ 代表 $[-1,1]$ 上光滑函数的一组完整正交基. 基函数必须满足的条件在 5.2.4 节中给出. 对于任何正整数 $k$, 定义

$$P_k(x) = [1, p_1(x^1), \cdots, p_k(x^1), p_1(x^2), \cdots, p_k(x^2), p_1(x^d), \cdots, p_k(x^d)]^{\mathrm{T}}.$$

于是对于 $\theta_k \in \mathbb{R}^{kd+1}$, $P_k(x)^{\mathrm{T}}\theta_k$ 是 $\mu + m(x)$ 的序列近似. 为了得到渐近结果, $\kappa$ 必须在 $n \to \infty$ 时满足一定的条件. $\kappa$ 的上下界在 5.2.3 节给出. 对于一个随机样本 $\{(Y_i, X_i) : i = 1, \cdots, n\}$, 令 $\hat{\theta}_{nk}$ 可以看成是下式的解

$$\min_{\theta} S_{nk}(\theta) \equiv n^{-1} \sum_{i=1}^{n} \rho_\alpha[Y_i - P_k(X_i)^{\mathrm{T}}\theta], \tag{5.32}$$

其中 $\rho_\alpha(u) = |u| + (2\alpha - 1)u$ 对于 $0 < \alpha < 1$ 是检验函数. 第一阶段 $\mu + m(x)$ 的估计量定义成

$$\widetilde{\mu} + \widetilde{m}(x) = P_k(x)^{\mathrm{T}}\hat{\theta}_{nk},$$

其中 $\tilde{\mu}$ 是 $\hat{\theta}_{nk}$ 的第一个分量. 对于任意 $j = 1, \cdots, d$ 和任意的 $x^j \in [-1,1]$, 序列估计量 $m_j(x^j)$ 的估计 $\tilde{m}_j(x^j)$ 是 $\hat{\theta}_{nk}$ 适当成分与 $[p_1(x^j), \cdots, p_k(x^j)]$ 的乘积. 相同的基函数 $\{p_1, \cdots, p_k\}$ 用来逼近 $m_j(\cdot)$. 由于式 (5.30) 的可加形式, 交叉乘积并不需要.

为了描述, 比如说, $m_1(x^1)$ 的第二阶段估计量, 定义

$$m_{-1}(\widetilde{\boldsymbol{X}_i}) = m_2(X_i^2) + \cdots + m_d(X_i^d)$$

以及

$$\tilde{m}_{-1}(\widetilde{\boldsymbol{X}_i}) = \tilde{m}_2(X_i^2) + \cdots + \tilde{m}_d(X_i^d),$$

其中 $\tilde{\boldsymbol{X}}_i = (X_i^2, \cdots, X_i^d)$. 假设 $m_1$ 在 $[-1,1]$ 上至少 $r$ 阶连续可微, 那么 $m_1(x^1)$ 的第二阶段估计量是一个 $r-1$ 阶的局部多项式估计, 只是 $m_{-1}(\widetilde{\boldsymbol{X}_i})$ 被第一阶段

的估计量 $\tilde{m}_{-1}(\tilde{\boldsymbol{X}}_i)$ 所替代. 特别地, $m_1(x^1)$ 的估计量 $\hat{m}_1(x^1)$ 定义成 $\hat{m}_1(x^1)=\hat{b}_0$, 其中 $\hat{\boldsymbol{b}}_n=(\hat{b}_0,\hat{b}_1,\cdots,\hat{b}_{r-1})$ 最小化

$$\begin{aligned}S_n(b)\equiv(n\delta_n)^{-1}\times\sum_{i=1}^{n}\rho_\alpha[Y_i-\tilde{\mu}-b_0\\-\sum_{k=1}^{r-1}b_k[\delta_n^{-1}(X_i^1-x^1)]^k-\tilde{m}_{-1}(\tilde{X}_i)]\times K\left(\frac{x^1-X_i^1}{\delta_n}\right),\end{aligned}\tag{5.33}$$

核函数 $K$ 是 $[-1,1]$ 上的概率密度函数而 $\delta_n$ (窗宽) 当 $n\to\infty$ 时是趋于 0 的一列实数. $K$ 和 $\delta_n$ 的正则条件在 5.2.4 节给出. $m_2(x^2),\cdots,m_d(x^d)$ 的第二阶段估计量同样可以得到. 回归曲面估计量是 $\tilde{\mu}+\hat{m}_1(x^1)+\cdots+\hat{m}_d(x^d)$. 式 (5.33) 中 $r$ 的值会根据正在估计的可加部分 $m_j$ 的不同而不同, 如果已知不同的部分有不同的微分阶数. 如果 $m_j$ 的可微阶数未知, 那么建议令 $r=2$ (局部线性估计). 从而我们可以实现降维并且得到合理的精度而不需要假设高阶导数的存在.

因为分位回归等同于 $Y$ 的单调变换 (也就是说, $Y$ 的单调变换的分位数等于 $Y$ 分位数的单调变换), 所以可以直接地将式 (5.30) 的估计量推广到如下形式的广义可加模型:

$$G(Y)=\mu+m_1(X^1)+\cdots+m_d(X^d)+U,\tag{5.34}$$

其中 $G$ 是已知的严格递增函数, 并且在 $X=x$ 的条件下 $U$ 的 $\alpha$ 阶分位数对每一个 $x$ 为零. 在 $X=x$ 的条件下 $Y$ 的 $\alpha$ 阶分位数可以由式子 $G^{-1}[\tilde{\mu}+\hat{m}_1(x^1)+\cdots+\hat{m}_d(x^d)]$ 得到, 其中 $\tilde{\mu}+\hat{m}_1(x^1)+\cdots+\hat{m}_d(x^d)$ 由前面提到的估计过程得到, 用 $G(Y_i)$ 替代 $Y_i$.

我们通过提及该估计过程的计算方面来结束本节. 第一阶段和第二阶段估计最小化问题 (5.32) 和 (5.33) 的过程都是线性规划问题, 并且可以用线性分位回归模型提出的算法轻而易举的解决. 再者, 新的估计量不需要迭代 (backfitting 方法) 或者 $n$ 个一阶段估计 (边际积分).

### 5.2.3 大样本性质

本节给出了 5.2.2 节描述的估计量的渐近结论. 需要一些额外的记号, 对于任何的 $\boldsymbol{A}$, 令 $\|\boldsymbol{A}\|=[\mathrm{trace}(\boldsymbol{A}^{\mathrm{T}}\boldsymbol{A})]^{1/2}$ 为欧几里得范数. 令 $d(\kappa)=\kappa d+1$ 和 $b_{\kappa0}(\boldsymbol{x})=\mu+m(\boldsymbol{x})-P_\kappa(\boldsymbol{x})^{\mathrm{T}}\theta_{\kappa0}$.

为了建立渐近理论, 需要下面的条件.

**假设 5.2.1** 数据 $\{(Y_i,X_i):i=1,\cdots,n\}$ 是独立同分布的, 并且对于几乎所有的 $\boldsymbol{x}\in\mathcal{X}$, 在给定条件 $\boldsymbol{X}=\boldsymbol{x}$ 下 $Y$ 的 $\alpha$ 阶分位数为 $\mu+m(\boldsymbol{x})$.

**假设 5.2.2** $\boldsymbol{X}$ 的支撑是 $\mathcal{X} \equiv [-1,1]^d$. $\boldsymbol{X}$ 的分布在 Lebesgue 测度下绝对连续. $\boldsymbol{X}$ 的密度函数 (记为 $f_{\boldsymbol{X}}(\boldsymbol{x})$) 有界, 且不为零, 在 $\mathcal{X}$ 的内点二阶连续可微, 并且在 $\mathcal{X}$ 的边界上有连续二阶次单边导数.

**假设 5.2.3** 设 $F(u|\boldsymbol{x})$ 是在 $\boldsymbol{X}=\boldsymbol{x}$ 的条件下 $U_\alpha$ 的分布函数. 假设 $F(0|\boldsymbol{x})=\alpha$ 对几乎所有的 $\boldsymbol{x}\in\mathcal{X}$ 成立, 且 $F(\cdot|\boldsymbol{x})$ 有概率密度函数 $f(\cdot|\boldsymbol{x})$. 这里存在一个常数 $L_f<\infty$, 使得对所有 0 邻域里的 $u_1$ 和 $u_2$ 以及所有的 $\boldsymbol{x}\in\mathcal{X}$, 都有 $|f(u_1|\boldsymbol{x})-f(u_2|\boldsymbol{x})|\leqslant L_f|u_1-u_2|$. 另外, 存在常数 $c_f>0$ 和 $C_f<\infty$, 使得 $c_f\leqslant f(u|\boldsymbol{x})\leqslant C_f$ 对所有 0 邻域里的 $u$ 以及所有的 $\boldsymbol{x}\in\mathcal{X}$ 都成立.

**假设 5.2.4** 对每个 $j$, $m_j(\cdot)$ 在区间 $[-1,1]$ 内点都是 $r$ 阶连续可微的, 在 $[-1,1]$ 的边界上有 $r$ 阶单边导数, 这里 $r\geqslant 2$.

**假设 5.2.5** 定义 $\boldsymbol{\Phi}_\kappa=E[f(0|\boldsymbol{X})P_\kappa(\boldsymbol{X})P_\kappa(\boldsymbol{X})^{\mathrm{T}}]$. 对于所有的 $\kappa$, $\boldsymbol{\Phi}_\kappa$ 的最小特征根都不是 0, 并且对于所有的 $\kappa$, $\phi_\kappa$ 最大特征根都有界.

**假设 5.2.6** 定义 $\zeta_k=\sup_{\boldsymbol{x}\in\mathcal{X}}\|P_\kappa(x)\|$. 基函数 $\{p_k:k=1,2,\cdots\}$ 满足下面的条件:

(a) 每一个 $p_k$ 都是连续的.

(b) $\displaystyle\int_{-1}^{1}p_k(v)\mathrm{d}v=0$.

(c) $\displaystyle\int_{-1}^{1}p_j(v)p_k(v)\mathrm{d}v=\begin{cases}1, & \text{如果 } j=k,\\ 0, & \text{否则}.\end{cases}$

(d) 当 $\kappa\to\infty$ 时,

$$\zeta_\kappa=O(\kappa^{1/2}). \tag{5.35}$$

(e) 存在向量 $\theta_{\kappa0}\in\mathbb{R}^{d(\kappa)}$ 使得当 $k\to\infty$ 时,

$$\sup_{\boldsymbol{x}\in\mathcal{X}}|\mu+m(\boldsymbol{x})-P_\kappa(\boldsymbol{x})^{\mathrm{T}}\theta_{\kappa0}|=O(\kappa^{-r}). \tag{5.36}$$

**假设 5.2.7** $(\kappa^4/n)(\log n)^2\to 0$ 和 $\kappa^{1+2r}/n$ 有界.

为了陈述第二阶段估计量的渐近结果, 需要额外的假设.

**假设 5.2.8** (a)$\kappa=C_\kappa n^{\upsilon}$ 对于某个满足 $0<C_\kappa<\infty$ 的常数 $C_\kappa$ 成立, 且 $\nu$ 满足

$$\frac{1}{2r+1}<\nu<\frac{2r+3}{12r+6}.$$

(b) $\delta_n=C_\delta n^{-1/(2r+1)}$ 对于某个满足 $0<C_\delta<\infty$ 的常数 $C_\delta$ 成立.

**假设 5.2.9** 函数 $K$ 是在 $[-1,1]$ 上有界连续的概率密度函数, 关于 0 对称.

定义

$$\bar{P}_\kappa(\tilde{\boldsymbol{x}})=[1,\underbrace{0,\cdots,0}_{\kappa},p_1(x^2),\cdots,p_\kappa(x^2),\cdots,p_1(x^d),\cdots,p_\kappa(x^d)]^{\mathrm{T}},$$

其中 $\tilde{\boldsymbol{x}}=(x^2,\cdots,x^d)$. 下面的条件用来建立二阶段估计量的极限分布.

**假设 5.2.10**　$E[\bar{P}_\kappa(\tilde{\boldsymbol{X}})\bar{P}_\kappa(\tilde{\boldsymbol{X}})^{\mathrm{T}}|X^1=x^1]$ 的最大特征值对所有的 $\kappa$ 有界, 且 $E[\bar{P}_\kappa(\tilde{\boldsymbol{X}})\ \bar{P}_\kappa(\tilde{\boldsymbol{X}})^{\mathrm{T}}|X^1=x^1]$ 的每一个分量关于 $x^1$ 都是二阶连续可微的.

假设 5.2.1 定义了数据生成过程. 如果必要的话, 假设 5.2.2 中的有界支撑条件可以通过对 $\boldsymbol{X}$ 进行单调变换得到满足, 只要变换后的 $\boldsymbol{X}$ 的概率密度函数不为零. 另外, 假设 5.2.3 要求在 $\boldsymbol{x}$ 的某个邻域里 $f(\cdot|\boldsymbol{x})$ 一致地不为 0. 这是建立渐近理论的一个很方便的条件. 没有这个条件, 收敛速度可能会降低, 这个渐近分布可能是非正态的. 例如, 参见 Knight (1998) 在有关 $f(u|\boldsymbol{x})$ 的更一般假设下线性中位数回归估计量的渐近结果. 假设 5.2.3 中关于 $F(u|\boldsymbol{x})$ 光滑性假设以及假设 5.2.4 中有关 $m_j(\cdot)$ 的假设在广泛的应用中都是合理的, 而且包括绝大多数 $F(u|\boldsymbol{x})$ 和 $m_j(\cdot)$ 的参数界定作为其特例. 正如在 Newey (1997) 的工作和 HM 中那样, 假设 5.2.5 保证了第一阶段估计量渐近形式的协方差矩阵是非奇异的. 假设 5.2.6 对于基函数施加了限制. 当 $f_{\boldsymbol{X}}$ 不为 0, 且 $m_j$ 是 $r$ 阶连续可微时, 则假设 5.2.6 的条件由 B 样条满足. 假设 5.2.6(e) 限定了渐近偏差的阶数. 由于式 (5.30) 的可加结构, 式 (5.36) 中的一致渐近误差阶数为 $O(\kappa^{-r})$, 这不管 $X$ 的维数如何. 这帮助第二阶段的估计避免了维数祸根问题. 假设 5.2.8(a) 需要 $r\geqslant 2$. 假设 5.2.8(b) 和 5.2.9 在非参估计中是标准假设.

令 $\mu_j=\displaystyle\int_{-1}^{1}u^jK(u)\mathrm{d}u$ 表示 $K$的矩并且令 $S(K)$ 为 $r\times r$ 矩阵, 其 $(i,j)$ 分量是 $\mu_{i+j-2}$. 另外, 令 $e_l=(1,0,\cdots,0)$ 为单位向量. 仿照 Ruppert 和 Wand (1994) 以及 Fan 和 Gijbels (1996)$^{63-66}$ 那样, 令 $K_*(u)=e_1^{\mathrm{T}}S(K)^{-1}(1,u,\cdots,u^{r-1})^{\mathrm{T}}K(u)$ 为“等价核”. 对于偶数 $r$, 则 $K_*$ 是 $r$ 次核, 并且对于奇数 $r$, 则 $K_*$ 是 $r+1$ 次核. 等价核的高阶性质对分析高阶局部多项式拟合很有用. 令 $f_{X^1}(x^1)$ 为 $X^1$ 的概率密度函数, 令 $f_1(u|x^1)$ 为在 $X^1=x^1$ 条件下 $U_\alpha$ 的条件密度函数, 令 $D^km_j(x^j)$ 为 $m_j$ 的 $k$ 阶导数. 则这篇文章的主要结果如下.

在本节接下来的部分, $C$ 代表一般的常数, 它可以在不同的应用中有不同的值. 定义 $\lambda_{\min}(\boldsymbol{A})$ 和 $\lambda_{\max}(\boldsymbol{A})$ 为对称矩阵 $\boldsymbol{A}$ 最小和最大的特征根.

现在介绍一些 Koenker 和 Bassett (1978) 以及 Chaudhuri (1991) 使用过的符号, 这很有用. 令 $\mathcal{N}=\{1,\cdots,n\}$ 以及 $\mathcal{H}_k$ 为所有 $\mathcal{N}$ 的 $d(\kappa)$ 个元素子集的集合. 另外, 令 $\boldsymbol{B}(h)$ 为矩阵 (向量) $\boldsymbol{B}$ 的子矩阵 (子向量), 其行 (元素) 由元素 $h\in\mathcal{H}_k$ 标注. 特别地, 令 $\boldsymbol{P}_\kappa(h)$ 为 $d(\kappa)\times d(\kappa)$ 矩阵, 其行是向量 $\boldsymbol{P}_\kappa(\boldsymbol{X}_i)^{\mathrm{T}}$, 使得 $i\in h$, 并且令 $\boldsymbol{Y}_\kappa(h)$ 为一个 $d(\kappa)\times 1$ 向量, 其中元素为 $Y_i$ 使得 $i\in h$. 令 $\boldsymbol{P}_\kappa$ 记为 $n\times d(\kappa)$ 矩阵, 其行是向量 $\boldsymbol{P}_\kappa(\boldsymbol{X}_i)^{\mathrm{T}}$, 对于 $i=1,\cdots,n$.

下面的引理对于证明定理 5.2.1 和定理 5.2.2 很有用.

**引理 5.2.1**　假设 $\boldsymbol{P}_\kappa$ 有秩 rank$=d(\kappa)$. 于是有一个子集合 $h_\kappa\in\mathcal{H}_\kappa$ 使得问

题 (5.32) 至少有一个形如 $\hat{\theta}_{n\kappa}=\boldsymbol{P}_\kappa(h_\kappa)^{-1}\boldsymbol{Y}_\kappa(h_\kappa)$ 的解.

**证明** 这个引理来自 Koenker 和 Bassett (1978, 定理 3.1.1). ■

定义

$$\bar{\boldsymbol{H}}_{n1k}(\hat{\theta}_{nk})=\sum_{i=1,i\in h_\kappa^c}^{n}\{\alpha-\mathbb{I}[Y_i\leqslant\boldsymbol{P}_\kappa(\boldsymbol{X}_i)^{\mathrm{T}}\hat{\theta}_{nk}]\}\boldsymbol{P}_\kappa(\boldsymbol{X}_i)'\boldsymbol{P}_\kappa(h_k)^{-1}.$$

**引理 5.2.2** $\hat{\theta}_{n\kappa}=\boldsymbol{P}_\kappa(h_\kappa)^{-1}\boldsymbol{Y}_\kappa(h_\kappa)$ 对所有充分大的 $n$ 来说几乎肯定是式 (5.32) 的一个唯一解.

**证明** 对于所有充分大的 $n$, 矩阵 $\boldsymbol{P}_\kappa$ 有秩 $\mathrm{rank}=d(\kappa)$. 由引理 5.2.1, 存在一个 $h_\kappa\in\mathcal{H}_\kappa$ 使得问题 (5.32) 至少有一个形如 $\hat{\theta}_{n\kappa}=\boldsymbol{P}_\kappa(h_\kappa)^{-1}\boldsymbol{Y}_\kappa(h_\kappa)$ 的解.

在 Koenker 和 Bassett (1978) 的定理 3.1.3 中 (另见 Chaudhuri (1991) 中的事实 6.4), $\hat{\theta}_{n\kappa}=\boldsymbol{P}_\kappa(h_\kappa)^{-1}\boldsymbol{Y}_\kappa(h_\kappa)$. 为式 (5.32) 的一个唯一解当且仅当 $\bar{\boldsymbol{H}}_{n1k}(\hat{\theta}_{nk})$ 中的每一个分量严格在 $\alpha-1$ 和 $\alpha$ 之间. 也就是说, $\bar{\boldsymbol{H}}_{n1k}(\hat{\theta}_{nk})\in(\alpha-1,\alpha)^{d(k)}$. 另外, 如果 $\hat{\theta}_{n\kappa}=\boldsymbol{P}_\kappa(h_\kappa)^{-1}\boldsymbol{Y}_\kappa(h_\kappa)$ 是式 (5.32) 一个解, 那么 $\bar{\boldsymbol{H}}_{n1k}(\hat{\theta}_{nk})\in(\alpha-1,\alpha)^{d(k)}$.

由于 $P_\kappa(\boldsymbol{X}_i)$ 的分布在 Lebesgue 测度下绝对连续 (除了第一个分量), 所以在对于所有充分大的 $n$, 有 $\bar{\boldsymbol{H}}_{n1k}(\hat{\theta}_{nk})$ 位于区间的边界上的概率几乎为 0. 因此 $\hat{\theta}_{n\kappa}=\boldsymbol{P}_\kappa(h_\kappa)^{-1}\boldsymbol{Y}_\kappa(h_\kappa)$ 对于充分大的 $n$ 几乎肯定是唯一解. ■

令 $\boldsymbol{\Phi}_{nk}=n^{-1}\sum_{i=1}^{n}f(0|\boldsymbol{X}_i)P_k(\boldsymbol{X}_i)P_k(\boldsymbol{X}_i)^{\mathrm{T}}$. 令 $\mathbb{I}_n$ 为示性函数使得

$$\mathbb{I}_n=1\{\lambda_{\min}(\boldsymbol{\Phi}_{nk})\geqslant\lambda_{\min}(\boldsymbol{\Phi}_k)/2\}.$$

像在 Newey (1997) 定理 1 和 HM 引理 4 中的证明一样, 可以证明 $\|\boldsymbol{\Phi}_{nk}-\boldsymbol{\Phi}_k\|^2=O_p(\kappa^2/n)=o_p(1)$. 因此当 $n\to\infty$ 时, $\Pr(\mathbb{I}_n=1)\to1$.

定义

$$\boldsymbol{G}_{n\kappa}(\theta)=n^{-1}\boldsymbol{\Phi}_{n\kappa}^{-1}\times\sum_{i=1}^{n}\{\alpha-\mathbb{I}[U_i\leqslant P_\kappa(\boldsymbol{X}_i)'(\theta-\theta_{\kappa0})-b_{\kappa0}(\boldsymbol{X}_i)]\}P_\kappa(\boldsymbol{X}_i),$$

$$\boldsymbol{G}_{n\kappa}^*(\theta)=n^{-1}\boldsymbol{\Phi}_{n\kappa}^{-1}\times\sum_{i=1}^{n}\{\alpha-F[P_\kappa(\boldsymbol{X}_i)'(\theta-\theta_{\kappa0})-b_{\kappa0}(\boldsymbol{X}_i)|\boldsymbol{X}_i]\}P_\kappa(\boldsymbol{X}_i),$$

以及 $\tilde{\boldsymbol{G}}_{n\kappa}(\theta)=\mathbf{G}_{n\kappa}(\theta)-\boldsymbol{G}_{n\kappa}^*(\theta)$.

**引理 5.2.3** 当 $n\to\infty$ 时, 有

$$\mathbb{I}\|\tilde{\boldsymbol{G}}_{n\kappa}(\theta_{\kappa0})\|=O_p[(\kappa/n)^{1/2}].$$

**证明** 这个引理可以通过限制 $E[\mathbb{I}_n\|\tilde{\boldsymbol{G}}_{n\kappa}(\theta_{\kappa0})\|^2|\boldsymbol{X}_1,\cdots,\boldsymbol{X}_n]$, 然后应用马尔可夫不等式来证明. ■

**引理 5.2.4**　当 $n \to \infty$ 时, 有 $\mathbb{I}\|\boldsymbol{G}_{n\kappa}(\hat{\theta}_{n\kappa})\| \leqslant C\zeta_\kappa \kappa/n$ 几乎肯定成立.

**证明**　由引理 5.2.2, 有唯一一个指标集 $h_\kappa \in \mathcal{H}_\kappa$ 使得 $\hat{\theta}_{n\kappa} = \boldsymbol{P}_\kappa(h_\kappa)^{-1} \cdot \boldsymbol{Y}_\kappa(h_\kappa)$ 对于充分大的 $n$ 几乎肯定成立. 现在记 $\boldsymbol{G}_{n\kappa}(\hat{\theta}_{n\kappa}) = \boldsymbol{G}_{n\kappa 1}(\hat{\theta}_{n\kappa}) + \boldsymbol{G}_{n\kappa 2}(\hat{\theta}_{n\kappa})$, 其中

$$\boldsymbol{G}_{n\kappa 1}(\hat{\theta}_{n\kappa}) = n^{-1}\boldsymbol{\Phi}_{n\kappa}^{-1} \times \sum_{i=1, i\in h_\kappa}^{n} \{\alpha - \mathbb{I}[U_i \leqslant P_\kappa(\boldsymbol{X}_i)^{\mathrm{T}}(\hat{\theta}_{n\kappa} - \theta_{\kappa 0}) - b_{\kappa 0}(\boldsymbol{X}_i)]\} P_\kappa(\boldsymbol{X}_i),$$

以及

$$\boldsymbol{G}_{n\kappa 2}(\hat{\theta}_{n\kappa}) = n^{-1}\boldsymbol{\Phi}_{n\kappa}^{-1} \times \sum_{i=1, i\in h_\kappa^c}^{n} \{\alpha - \mathbb{I}[U_i \leqslant P_\kappa(\boldsymbol{X}_i)^{\mathrm{T}}(\hat{\theta}_{n\kappa} - \theta_{\kappa 0}) - b_{\kappa 0}(\boldsymbol{X}_i)]\} P_\kappa(\boldsymbol{X}_i).$$

注意到 $\max_{1\leqslant i\leqslant n} \mathbb{I}_n\|\boldsymbol{\Phi}_{n\kappa}^{-1} P_\kappa(\boldsymbol{X}_i)\| \leqslant C\max_{1\leqslant i\leqslant n}\|P_\kappa(\boldsymbol{X}_i)\| = C\zeta_\kappa$ 对于某个常数 $C < \infty$, 因为 $\boldsymbol{\Phi}_{n\kappa}$ 的最小特征根不为 0 (当 $\mathbb{I}_n = 1$) 时. 从而有 $\mathbb{I}_n\|\boldsymbol{G}_{n\kappa 1}(\hat{\theta}_{n\kappa})\| \leqslant C\zeta_\kappa d(\kappa)/n$.

现在考虑 $\boldsymbol{G}_{n\kappa 2}(\hat{\theta}_{n\kappa})$. 注意到 $\boldsymbol{G}_{n\kappa 2}(\hat{\theta}_{n\kappa})^{\mathrm{T}} = n^{-1} \times \bar{\boldsymbol{H}}_{n1\kappa}(\hat{\theta}_{n\kappa})\boldsymbol{P}_\kappa(h_\kappa)\boldsymbol{\Phi}_{n\kappa}^{-1}$. 如引理 5.2.2 证明过程中解释的, $\bar{\boldsymbol{H}}_{n1\kappa}(\hat{\theta}_{n\kappa})$ 的每一个分量在 $\alpha - 1$ 和 $\alpha$ 之间. 因此 $\|\bar{\boldsymbol{H}}_{n1\kappa}(\hat{\theta}_{n\kappa})\| \leqslant d(\kappa)^{1/2}$. 因为 $\boldsymbol{\Phi}_{n\kappa}$ 的最小特征根不为 0 (当 $\mathbb{I}_n = 1$), 因此可以找到常数 $C < \infty$ (与 $\kappa$ 独立), 使得

$$\mathbb{I}_n\|\boldsymbol{P}_\kappa(h_\kappa)\boldsymbol{\Phi}_{n\kappa}^{-1}\| \leqslant C\|\boldsymbol{P}_\kappa(h_\kappa)\|.$$

另外还注意到

$$\begin{aligned}&\|\boldsymbol{P}_\kappa(h_\kappa)\|^2 = \mathrm{trace}[\boldsymbol{P}_\kappa(h_\kappa)^{\mathrm{T}}\boldsymbol{P}_\kappa(h_\kappa)]\\ =&\,\mathrm{trace}[\boldsymbol{P}_\kappa(h_\kappa)\boldsymbol{P}_\kappa(h_\kappa)^{\mathrm{T}}] = \sum_{i\in h_\kappa}\|P_\kappa(\boldsymbol{X}_i)\|^2 \leqslant \zeta_\kappa^2 d(\kappa).\end{aligned}$$

从而 $\|\boldsymbol{P}_\kappa(h_\kappa)\| \leqslant \zeta_\kappa d(\kappa)^{1/2}$. 所以,

$$\mathbb{I}_n\|\boldsymbol{G}_{n\kappa 2}(\hat{\theta}_{n\kappa})\| \leqslant n^{-1}\|\bar{\boldsymbol{H}}_{n1\kappa}(\hat{\theta}_{n\kappa})\|\mathbb{I}_n\|\boldsymbol{P}_\kappa(h_\kappa)\boldsymbol{\Phi}_{n\kappa}^{-1}\| \leqslant C\zeta_\kappa d(\kappa)/n.$$

因为证明中的讨论在 $h_\kappa$ 上一致地成立, 所以立即可得本引理. ■

**引理 5.2.5**　当 $n \to \infty$ 时, 有

$$\begin{aligned}&\sup_{\|\theta-\theta_{\kappa 0}\|\leqslant C(\kappa/n)^{1/2}} \mathbb{I}_n\|\tilde{\boldsymbol{G}}_{n\kappa}(\theta) - \tilde{\boldsymbol{G}}_{n\kappa}(\theta_{\kappa 0})\|\\ =&\,O_p\Big[d(\kappa)^{1/2}\zeta_\kappa^{1/2}(d(\kappa)/n)^{3/4}\Big(\log(n + d(\kappa))\Big)^{1/2}\Big].\end{aligned}$$

**证明**　利用He 和 Shao (2000) 的引理 3.3 来证明该引理. 为此, 有等式

$$\mathbb{I}_n[\tilde{\boldsymbol{G}}_{n\kappa}(\theta) - \tilde{\boldsymbol{G}}_{n\kappa}(\theta_{\kappa 0})] = n^{-1}\sum_{i=1}^{n}\eta_i(\theta, \theta_{\kappa 0}), \tag{5.37}$$

其中

$$\eta_i(\theta,\theta_{\kappa 0})=-\mathbb{I}\boldsymbol{\Phi}_{n\kappa}^{-1}P_\kappa(\boldsymbol{X}_i)\times\{\mathbb{I}[U_i\leqslant P_\kappa(\boldsymbol{X}_i)^{\mathrm{T}}(\theta-\theta_{\kappa 0})-b_{\kappa 0}(\boldsymbol{X}_i)]-\mathbb{I}[U_i\leqslant -b_{\kappa 0}(\boldsymbol{X}_i)]$$
$$-F[P_\kappa(\boldsymbol{X}_i)^{\mathrm{T}}(\theta-\theta_{\kappa 0})-b_{\kappa 0}(\boldsymbol{X}_i)|\boldsymbol{X}_i]+F[-b_{\kappa 0}(\boldsymbol{X}_i)|\boldsymbol{X}_i]\}.$$

为了应用 He 和 Shao (2000) 的引理 3.3, 首先要验证 He 和 Shao (2000) 中的条件 $(C1)$. 具体地, 这只需证明存在 $\gamma>0$, 使得

$$E\left[\sup_{\|\theta-\theta_{\kappa 0}\|\leqslant\delta}\|\eta_i(\theta,\theta_{\kappa 0})\|^2\right]\leqslant n^\gamma\delta. \tag{5.38}$$

注意到这里用到一个事实 $\mathbb{I}[u\leqslant\cdot]$ 与 $F[\cdot|\boldsymbol{x}]$ 为单调递增函数, 以及 $|A-B|\leqslant|A_1-B|+|A_2-B|$ 对于任意满足 $A_1\leqslant A\leqslant A_2$ 的 $A,A_1,A_2$ 和 $B$ 成立, 有

$$\begin{aligned}
&E\left[\sup_{\|\theta-\theta_{\kappa 0}\|\leqslant\delta}\|\eta_i(\theta,\theta_{\kappa 0})\|^2\right]\\
=&E\Bigg[\mathbb{I}_nP_\kappa(\boldsymbol{X}_i)^{\mathrm{T}}\boldsymbol{\Phi}_{n\kappa}^{-2}P_\kappa(\boldsymbol{X}_i)\times\sup_{\|\theta-\theta_{\kappa 0}\|\leqslant\delta}\Big|\mathbb{I}[U_i\leqslant P_\kappa(\boldsymbol{X}_i)^{\mathrm{T}}(\theta-\theta_{\kappa 0})-b_{\kappa 0}(\boldsymbol{X}_i)]\\
&-\mathbb{I}[U_i\leqslant -b_{\kappa 0}(\boldsymbol{X}_i)]-F[P_\kappa(\boldsymbol{X}_i)^{\mathrm{T}}(\theta-\theta_{\kappa 0})-b_{\kappa 0}(\boldsymbol{X}_i)|\boldsymbol{X}_i]+F[-b_{\kappa 0}(\boldsymbol{X}_i)|\boldsymbol{X}_i]\Big|^2\Bigg]\\
\leqslant&E\Big\{\mathbb{I}_nP_\kappa(\boldsymbol{X}_i)^{\mathrm{T}}\boldsymbol{\Phi}_{n\kappa}^{-2}P_\kappa(\boldsymbol{X}_i)\times E\Big[\Big|\mathbb{I}[U_i\leqslant\|P_\kappa(\boldsymbol{X}_i)\|\delta-b_{\kappa 0}(\boldsymbol{X}_i)]\\
&-\mathbb{I}[U_i\leqslant -\|P_\kappa(\boldsymbol{X}_i)\|\delta-b_{\kappa 0}(\boldsymbol{X}_i)]\\
&-F[-\|P_\kappa(\boldsymbol{X}_i)\|\delta-b_{\kappa 0}(\boldsymbol{X}_i)|\boldsymbol{X}_i]+F[\|P_\kappa(\boldsymbol{X}_i)\|\delta-b_{\kappa 0}(\boldsymbol{X}_i)|\boldsymbol{X}_i]\Big|^2|\boldsymbol{X}_1,\cdots,\boldsymbol{X}_n\Big]\Big\}\\
\leqslant&Cd(\kappa)\zeta_\kappa\delta,
\end{aligned}$$

这暗示了式 (5.38).

现在应用 He 和 Shao (2000) 引理 3.3 的式 (3.8). 注意到使用和那些用来验证式 (5.38) 的讨论一样, 有

$$\sum_{i=1}^n E\left[\sup_{\|\theta-\theta_{\kappa 0}\|\leqslant C(d(\kappa)/n)^{1/2}}\|\eta_i(\theta,\theta_{\kappa 0})\|^2\right]\leqslant Cnd(\kappa)\zeta_\kappa(d(\kappa)/n)^{1/2}. \tag{5.39}$$

同样, 利用马尔可夫不等式,

$$\sum_{i=1}^n\sup_{\|\theta-\theta_{\kappa 0}\|\leqslant C(d(\kappa)/n)^{1/2}}\|\eta_i(\theta,\theta_{\kappa 0})\|^2=O_p(nd(\kappa)\zeta_\kappa(d(\kappa)/n)^{1/2}). \tag{5.40}$$

然后根据式 (5.39), (5.40) 与 He 和 Shao (2000) 引理 3.3 的式 (3.8), 有

$$\sup_{\|\theta-\theta_{\kappa 0}\|\leqslant C(d(\kappa)/n)^{1/2}}\left\|\sum_{i=1}^n\eta_i(\theta,\theta_{\kappa 0})\right\|=O_p\left[n^{1/4}d(\kappa)^{1/2}\zeta_\kappa^{1/2}d(\kappa)^{3/4}\Big(\log(n+d(\kappa))\Big)^{1/2}\right],$$

从而用式 (5.37) 证明了该引理. ■

**引理 5.2.6** 当 $n \to \infty$ 时, 有

$$\sup_{\|\theta-\theta_{\kappa 0}\| \leqslant C(\kappa/n)^{1/2}} \mathbb{I}_n \|\boldsymbol{G}_{n\kappa}^*(\theta) - \boldsymbol{G}_{n\kappa}(\theta)\| = O_p\Big[d(\kappa)/n^{1/2}\Big].$$

**证明** 用三角不等式, 有

$$\begin{aligned}&\sup_{\|\theta-\theta_{\kappa 0}\| \leqslant C(\kappa/n)^{1/2}} \mathbb{I}_n \|\boldsymbol{G}_{n\kappa}(\theta) - \boldsymbol{G}_{n\kappa}^*(\theta)\| \\ \leqslant &\sup_{\|\theta-\theta_{\kappa 0}\| \leqslant C(\kappa/n)^{1/2}} \mathbb{I}_n \|\tilde{\boldsymbol{G}}_{n\kappa}(\theta) - \tilde{\boldsymbol{G}}_{n\kappa}(\theta_{\kappa 0})\| + \mathbb{I}_n \|\tilde{\boldsymbol{G}}_{n\kappa}(\theta_{\kappa 0})\|.\end{aligned}$$

于是, 由引理 5.2.3 和引理 5.2.5 可以立即得到所需要的结果. ■

**引理 5.2.7** 当 $n \to \infty$ 时, 有

$$\mathbb{I}_n \boldsymbol{G}_{n\kappa}^*(\theta) = -\mathbb{I}_n(\theta - \theta_{\kappa 0}) + \mathbb{I}_n n^{-1} \boldsymbol{\Phi}_{n\kappa}^{-1} \sum_{i=1}^n f(0|\boldsymbol{X}_i) P_\kappa(\boldsymbol{X}_i) b_{\kappa 0}(\boldsymbol{X}_i) + \boldsymbol{R}_{n\kappa}^*,$$

其中 $\|\boldsymbol{R}_{n\kappa}^*\| = O[\zeta_\kappa \|\theta - \theta_{\kappa 0}\|^2 + \zeta_\kappa \kappa^{-2r}]$.

**证明** 定义

$$\mathbb{I}_n \tilde{\boldsymbol{G}}_{n\kappa}^*(\theta) = -\mathbb{I}_n(\theta - \theta_{\kappa 0}) + \mathbb{I}_n n^{-1} \boldsymbol{\Phi}_{n\kappa}^{-1} \sum_{i=1}^n f(0|\boldsymbol{X}_i) P_\kappa(\boldsymbol{X}_i) b_{\kappa 0}(\boldsymbol{X}_i).$$

用泰勒一次展开、假设 5.2.3 和假设 5.2.5, 以及式 (5.36), 得到

$$\begin{aligned}&\mathbb{I}_n \|\boldsymbol{G}_{n\kappa}^*(\theta) - \tilde{\boldsymbol{G}}_{n\kappa}^*(\theta)\| \\ \leqslant &C \max_{1\leqslant i\leqslant n} \mathbb{I}_n \|\boldsymbol{\Phi}_{n\kappa}^{-1} P_\kappa(\boldsymbol{X}_i)\| \times \left[n^{-1} \sum_{i=1}^n \{P_\kappa(\boldsymbol{X}_i)'(\theta - \theta_{\kappa 0}) - b_{\kappa 0}(\boldsymbol{X}_i)\}^2\right] \\ \leqslant &C\zeta_\kappa \Big\{(\theta - \theta_{\kappa 0})^{\mathrm{T}} \boldsymbol{\Phi}_{n\kappa}(\theta - \theta_{\kappa 0}) + \max_{1\leqslant i\leqslant n} b_{\kappa 0}(\boldsymbol{X}_i)^2\Big\} \\ \leqslant &C\zeta_\kappa \lambda_{\max}(\boldsymbol{\Phi}_{n\kappa})(\theta - \theta_{\kappa 0})^{\mathrm{T}}(\theta - \theta_{\kappa 0}) + C\zeta_\kappa \max_{1\leqslant i\leqslant n} b_{\kappa 0}(\boldsymbol{X}_i)^2 \\ \leqslant &O[\zeta_\kappa \|\theta - \theta_{\kappa 0}\|^2] + O(\zeta_\kappa \kappa^{-2r}),\end{aligned} \tag{5.41}$$

对所有充分大的 $n$ 成立, 从而证明了该引理. ■

**引理 5.2.8** 当 $\kappa \to \infty$ 时, 有

$$\mathbb{I}_n \left\| n^{-1} \boldsymbol{\Phi}_{n\kappa}^{-1} \sum_{i=1}^n f(0|\boldsymbol{X}_i) P_\kappa(\boldsymbol{X}_i) b_{\kappa 0}(\boldsymbol{X}_i) \right\| = O(\kappa^{-r}).$$

**证明** 这可以有直接的计算和式 (5.36) 得到. ■

下面的定理给出了第一阶段估计量的一致收敛结果.

**定理 5.2.1** 如果假设 5.2.1~ 假设 5.2.7 成立, 那么当 $n \to \infty$ 时, 有

(a) $\|\hat{\theta}_{n\kappa} - \theta_{\kappa 0}\| = O_p[(\kappa/n)^{1/2}]$, 以及

(b) $\sup_{\boldsymbol{x} \in \mathcal{X}} |\tilde{m}(\boldsymbol{x}) - m(\boldsymbol{x})| = O_p[\kappa/(n^{1/2})]$.

**证明** 通过类似于用在 He 和 Shi (1998) 定理 1 的证明中的 "凸性" 结论获得收敛速度. 定义 $\boldsymbol{M}_{n\kappa}(\theta) = -(\theta - \theta_{\kappa 0})^{\mathrm{T}} \boldsymbol{G}_{n\kappa}(\theta)$. 注意到 $\boldsymbol{M}_{n\kappa}(\theta)$ 为一个凸函数, 因此隐含有

$$\|\boldsymbol{G}_{n\kappa}(\theta)\| \geqslant \boldsymbol{M}_{n\kappa}[t(\theta - \theta_{\kappa 0}) + \theta_{\kappa 0}]/t\|\theta - \theta_{\kappa 0}\| \tag{5.42}$$

对于任意 $t \geqslant 1$. 另外, 注意到不等式 (5.42) 的右边随着 $t$ 增加缓慢. 令 $\eta_n = (\kappa/n)^{1/2}$. 如在 He 和 Shi (1998) 的 (A4) 中, 对于任意的 $\theta$, 有

$$\begin{aligned}
&\inf_{\|\theta - \theta_{\kappa 0}\| \geqslant C\eta_n} \mathbb{I}_n \|\boldsymbol{G}_{n\kappa}(\theta)\| \\
\geqslant &\inf_{\|\theta - \theta_{\kappa 0}\| = C\eta_n} \inf_{t \geqslant 1} \mathbb{I}_n \mathbf{M}_{n\kappa}[t(\theta - \theta_{\kappa 0}) + \theta_{\kappa 0}]/t\|\theta - \theta_{\kappa 0}\| \\
\geqslant &\inf_{\|\theta - \theta_{\kappa 0}\| = C\eta_n} \mathbb{I}_n \mathbf{M}_{n\kappa}(\theta)/\|\theta - \theta_{\kappa 0}\| \\
= &\inf_{\|\theta - \theta_{\kappa 0}\| = C\eta_n} -(\theta - \theta_{\kappa 0})^{\mathrm{T}} \times \mathbb{I}_n\{[\boldsymbol{G}^*_{n\kappa}(\theta) + \boldsymbol{G}_{n\kappa}(\theta) - \boldsymbol{G}^*_{n\kappa}(\theta)]\}/\|\theta - \theta_{\kappa 0}\| \\
= &\inf_{\|\theta - \theta_{\kappa 0}\| = C\eta_n} (\theta - \theta_{\kappa 0})^{\mathrm{T}}(\theta - \theta_{\kappa 0})/\|\theta - \theta_{\kappa 0}\| + \eta_n O_p(1) + O(\kappa^{-r}),
\end{aligned}$$

其中最后一个等式由引理 5.2.6 ~ 引理 5.2.8 得到. 有上面及引理 5.2.4, 对于任意 $\varepsilon > 0$ 和任何正常数 $C$, 有

$$\begin{aligned}
&\Pr(\|\hat{\theta}_{n\kappa} - \theta_{\kappa 0}\| \geqslant C\eta_n) \\
\leqslant &\Pr(\|\hat{\theta}_{n\kappa} - \theta_{\kappa 0}\| \geqslant C\eta_n, \mathbb{I}_n\|\boldsymbol{G}_{n\kappa}(\hat{\theta}_{n\kappa})\| < C\eta_n) + \Pr(\mathbb{I}_n\|\boldsymbol{G}_{n\kappa}(\hat{\theta}_{n\kappa})\| \geqslant C\eta_n) \\
< &\varepsilon,
\end{aligned}$$

这只需要当 $\kappa^2/n \to 0$. 这隐含 $\|\hat{\theta}_{n\kappa} - \theta_{\kappa 0}\| = O_p[(\kappa/n)^{1/2}]$, 这证明了 (a). 结合 (a) 和 $\zeta_k = O(\kappa^{1/2})$ 可以得到 (b) 的证明. 因为

$$\sup_{\boldsymbol{x} \in \mathcal{X}} |\tilde{m}(\boldsymbol{x}) - m(\boldsymbol{x})| \leqslant \sup_{\boldsymbol{x} \in \mathcal{X}} \|P_\kappa(\boldsymbol{x})\| \|\hat{\theta}_{n\kappa} - \theta_{\kappa 0}\|.$$ ■

He 和 Shi (1994, 1996) 得到一元和二元分位数回归模型的 B 样条估计的 $L_2$ 的收敛速度, 而 Portnoy (1997) 与 He 和 Portnoy (2000) 对于 $d \leqslant 2$ 的情况推导了光滑样条的局部渐近性质.

下面的定理建立了第一阶段估计量的 Bahadur 型展式.

**定理 5.2.2** 如果假设 5.2.1 ~ 假设 5.2.7 成立, 那么当 $n\to\infty$ 时, 有

$$\begin{aligned}&\hat{\theta}_{n\kappa}-\theta_{\kappa 0}\\=&n^{-1}\Phi_{\kappa}^{-1}\sum_{i=1}^{n}P_{\kappa}(\boldsymbol{X}_i)\{\alpha-\mathbb{I}[U_i\leqslant 0]\}+n^{-1}\Phi_{\kappa}^{-1}\sum_{i=1}^{n}f(0|\boldsymbol{X}_i)P_{\kappa}(\boldsymbol{X}_i)b_{k0}(\boldsymbol{X}_i)+\boldsymbol{R}_n,\end{aligned}$$

其中余项 $\boldsymbol{R}_n$ 满足

$$\|\boldsymbol{R}_n\|=O_p[(\kappa^2/n)^{3/4}(\log n)^{1/2}+\kappa^{3/2}/n]+o_p(n^{-1/2}).$$

**证明** 有

$$\mathbb{I}_n\boldsymbol{G}_{n\kappa}(\hat{\theta}_{n\kappa})=\mathbb{I}_n\tilde{\boldsymbol{G}}_{n\kappa}(\theta_{\kappa 0})+\mathbb{I}_n[\tilde{\boldsymbol{G}}_{n\kappa}(\hat{\theta}_{n\kappa})-\tilde{\boldsymbol{G}}_{n\kappa}(\theta_{\kappa 0})]+\mathbb{I}_n\boldsymbol{G}^*_{n\kappa}(\hat{\theta}_{n\kappa}).\tag{5.43}$$

由引理 5.2.7, 式 (5.43) 可以重写成

$$\begin{aligned}\mathbb{I}_n(\hat{\theta}_{n\kappa}-\theta_{\kappa 0})=&-\mathbb{I}_n\boldsymbol{G}_{n\kappa}(\hat{\theta}_{n\kappa})+\mathbb{I}_n\tilde{\boldsymbol{G}}_{n\kappa}(\theta_{\kappa 0})+\mathbb{I}_n[\tilde{\boldsymbol{G}}_{n\kappa}(\hat{\theta}_{n\kappa})-\tilde{\boldsymbol{G}}_{n\kappa}(\theta_{\kappa 0})]\\&+\mathbb{I}_n n^{-1}\boldsymbol{\Phi}_{n\kappa}^{-1}\sum_{i=1}^{n}f(0|\boldsymbol{X}_i)P_{\kappa}(\boldsymbol{X}_i)b_{\kappa 0}(\boldsymbol{X}_i)+\boldsymbol{R}^*_{n\kappa}.\end{aligned}\tag{5.44}$$

利用引理 5.2.4, 引理 5.2.5 和引理 5.2.7 以及定理 5.2.1(a) 到式 (5.44), 得到

$$\mathbb{I}_n(\hat{\theta}_{n\kappa}-\theta_{\kappa 0})=\mathbb{I}_n\tilde{\boldsymbol{G}}_{n\kappa}(\theta_{\kappa 0})+\mathbb{I}_n n^{-1}\boldsymbol{\Phi}_{n\kappa}^{-1}\sum_{i=1}^{n}f(0|\boldsymbol{X}_i)P_{\kappa}(\boldsymbol{X}_i)b_{\kappa 0}(\boldsymbol{X}_i)+\boldsymbol{R}_n,$$

其中剩余部分 $\boldsymbol{R}_n$, 满足

$$\|\boldsymbol{R}_n\|=O_p[(\kappa^2/n)^{3/4}(\log n)^{1/2}+\kappa^{3/2}/n].$$

定义

$$\tilde{\boldsymbol{G}}_{n\kappa}(\theta_{\kappa 0})=n^{-1}\boldsymbol{\Phi}_{n\kappa}^{-1}\sum_{i=1}^{n}\{\alpha-\mathbb{I}_n[U_i\leqslant 0]\}P_{\kappa}(\boldsymbol{X}_i).$$

利用类似于引理 5.2.3 中的证明, 有

$$E[\mathbb{I}_n\|\tilde{\boldsymbol{G}}_{n\kappa}(\hat{\theta}_{\kappa 0})-\tilde{\boldsymbol{G}}_{n\kappa}(\theta_{\kappa 0})\|^2|\boldsymbol{X}_1,\cdots,\boldsymbol{X}_n]\leqslant Cn^{-1}d(\kappa)\sup_{\boldsymbol{x}\in\mathcal{X}}|b_{\kappa 0}(\boldsymbol{x})|.$$

因此, 通过马尔可夫不等式得到

$$\mathbb{I}_n\|\tilde{\boldsymbol{G}}_{\kappa 0}(\hat{\theta}_{n\kappa})-\tilde{\boldsymbol{G}}_{n\kappa}(\theta_{\kappa 0})\|=o_p(n^{-1/2}).$$

定理可以通过以下事实得到 $\|\boldsymbol{\Phi}_{n\kappa}-\boldsymbol{\Phi}_{\kappa}\|=O_p(\kappa^2/n)=o_p(1)$ 和 $\Pr(\mathbb{I}_n=1)\to 1$, 当 $n\to\infty$ 时. ■

需要额外的记号来证明定理 5.2.3. 回忆 $D^k m_j(x^j)$ 代表 $m_j$ 的 $k$ 阶导数. 定义

$$
\begin{aligned}
\beta_n(x^1)&=[m_1(x^1),\delta_n D^1 m_1(x^1),\cdots,\delta^{r-1}D^{(r-1)}m_1(x^1)\{(r-1)!\}^{-1}]^{\mathrm{T}},\\
Z_{ni}(x^1)&=[1,\delta_n^{-1}(X_i^1-x^1),\cdots,\{\delta_n^{-1}(X_i^1-x^1)\}^{(r-1)}]^{\mathrm{T}},\\
K_{ni}(x^1)&=K\left(\frac{x^1-X_i^1}{\delta_n}\right),\\
B_i(x^1)&=m_1(X_i^1)-m_1(x^1)-\sum_{k=1}^{r-1}\{k!\}^{-1}D^k m_1(x^1)(X_i^1-x^1).
\end{aligned}
$$

为了简化符号, 依赖于 $x^1$ 的 $\beta_n(x^1),\boldsymbol{Z}_{ni}(x^1),\boldsymbol{K}_{ni}(x^1)$ 和 $B_i(x^1)$ 在证明中省略 (当不造成误解的情况下); 例如, $B_i=m_1(X_i^1)-\boldsymbol{Z}_{ni}^{\mathrm{T}}\beta_n$. 同样地, 定义

$$
\tilde{b}_{\kappa 0}(\tilde{\boldsymbol{x}})=\mu+m_{-1}(\tilde{\boldsymbol{x}})-\tilde{P}_{\kappa}(\tilde{\boldsymbol{x}})^{\mathrm{T}}\theta_{\kappa 0},
$$

其中 $\tilde{P}_{\kappa}(\tilde{\boldsymbol{x}})$ 在假设 5.2.9 已经定义, 从而 $\tilde{\mu}+\tilde{m}_{-1}(\tilde{\boldsymbol{X}}_i)=\tilde{P}_{\kappa}(\tilde{\boldsymbol{X}}_i)^{\mathrm{T}}\hat{\theta}_{n\kappa}$ 和 $[\tilde{\mu}-\mu]+[\tilde{m}_{-1}(\tilde{\boldsymbol{X}}_i)-m_{-1}(\tilde{\boldsymbol{X}}_i)]=\tilde{P}_{\kappa}(\tilde{\boldsymbol{X}}_i)^{\mathrm{T}}\times(\hat{\theta}_{\kappa 0}-\theta_{\kappa 0})-\tilde{b}_{\kappa 0}(\tilde{\boldsymbol{X}}_i)$. 最后定义

$$
\begin{aligned}
\boldsymbol{G}_n(\boldsymbol{b},x^1)&=(n\delta_n)^{-1}\sum_{i=1}^{n}\{\alpha-\mathbb{I}[U_i\leqslant \boldsymbol{Z}_{ni}^{\mathrm{T}}(\boldsymbol{b}-\beta_n)-B_i]\}\boldsymbol{Z}_{ni}\boldsymbol{K}_{ni},\\
\tilde{\boldsymbol{G}}_n(\boldsymbol{b},x^1)&=(n\delta_n)^{-1}\sum_{i=1}^{n}\{\alpha-\mathbb{I}[U_i\leqslant \boldsymbol{Z}_{ni}^{\mathrm{T}}(\boldsymbol{b}-\beta_n)-B_i\\
&\qquad+\bar{P}_{\kappa}(\tilde{\boldsymbol{X}}_i)^{\mathrm{T}}(\hat{\theta}_{n\kappa}-\theta_{\kappa 0})-\bar{b}_{\kappa 0}(\tilde{\boldsymbol{X}}_i)]\}\boldsymbol{Z}_{ni}\boldsymbol{K}_{ni},\\
\boldsymbol{G}_n^*(\boldsymbol{b},x^1)&=(n\delta_n)^{-1}\sum_{i=1}^{n}\{\alpha-F[\boldsymbol{Z}_{ni}^{\mathrm{T}}(\boldsymbol{b}-\beta_n)-B_i]-B_i|\boldsymbol{X}_i]\boldsymbol{Z}_{ni}\boldsymbol{K}_{ni},\\
\tilde{\boldsymbol{G}}_n^*(\boldsymbol{b},x^1)&=(n\delta_n)^{-1}\sum_{i=1}^{n}\{\alpha-F[\boldsymbol{Z}_{ni}^{\mathrm{T}}(\boldsymbol{b}-\beta_n)-B_i\\
&\qquad+\bar{P}_{\kappa}(\tilde{\boldsymbol{X}}_i)^{\mathrm{T}}(\hat{\theta}_{n\kappa}-\theta_{\kappa 0})-\bar{b}_{\kappa 0}(\tilde{\boldsymbol{X}}_i)|\boldsymbol{X}_i]\}\boldsymbol{Z}_{ni}\boldsymbol{K}_{ni},\\
\Delta_{\boldsymbol{G}_n}(\mathbf{b},x^1)&=\boldsymbol{G}_n(\boldsymbol{b},x^1)-\boldsymbol{G}_n^*(\boldsymbol{b},x^1),\\
\Delta_{\tilde{\boldsymbol{G}}_n}(\boldsymbol{b},x^1)&=\tilde{\boldsymbol{G}}_n(\boldsymbol{b},x^1)-\tilde{\boldsymbol{G}}_n^*(\boldsymbol{b},x^1).
\end{aligned}
$$

下面的引理对证明定理 5.2.3 很有用.

**引理 5.2.9** 当 $n\to\infty$ 时, 对任意 $x^1$ 使得 $|x^1|\leqslant 1-\delta_n$, 则

$$\|\tilde{\boldsymbol{G}}_n(\hat{\boldsymbol{b}},x^1)\|=O[(n\delta_n)^{-1}]$$

几乎处处成立.

**证明** 注意到最小化式 (5.33) 只是一个核权线性分位回归问题, 因此它有线性规划表示. 另外, 注意到 $\boldsymbol{Z}_{ni}$ 的每一个分量以 1 为界, 无论 $\boldsymbol{K}_{ni}$ 是否非零. 于是引理的证明可以用类似于引理 5.2.4 的方法. ■

**引理 5.2.10** 当 $n\to\infty$ 时, 对于任意 $x^1$ 使得 $|x^1|\leqslant 1-\delta_n$, 则

$$\|\varDelta_{\boldsymbol{G}_n}(\beta_n,x^1)\|=O_p[(n\delta_n)^{-1/2}].$$

**证明** 注意到 $\varDelta_{\boldsymbol{G}_n}(\beta_n,x^1)$ 的均值为 0, 于是通过计算 $E[\|\varDelta_{\boldsymbol{G}_n}(\beta_n,x^1)\|^2]$ 以及应用马尔可夫不等式, 知道引理成立. ■

**引理 5.2.11** 当 $n\to\infty$ 时, 对于任意 $x^1$ 使得 $|x^1|\leqslant 1-\delta_n$, 则

$$\sup_{\|\boldsymbol{b}-\beta_n\|\leqslant C(n\delta_n)^{-1/2}}\|\varDelta_{\boldsymbol{G}_n}(\boldsymbol{b},x^1)-\Delta_{\boldsymbol{G}_n}(\beta_n,x^1)\|=O_p[(n\delta_n)^{-3/4}(\log n)^{1/2}].$$

**证明** 这个证明方法和引理 5.2.5 中的类似. 这个引理某种程度上更加简单, 因为 $Z_{ni}$ 的维数是固定的. ■

**引理 5.2.12** 当 $n\to\infty$ 时, 对任意 $x^1$ 使得 $|x^1|\leqslant 1-\delta_n$, 则对于任意满足 $\|\boldsymbol{b}-\beta_n\|\leqslant C(n\delta_n)^{-1/2}$ 的 $\boldsymbol{b}$, 有

$$\|\varDelta_{\boldsymbol{G}_n}(\boldsymbol{b},x^1)-\varDelta_{\boldsymbol{G}_n}(\beta_n,x^1)\|=O_p[(n\delta_n)^{-1/2}[\kappa^2/n]^{1/4}(\log n)^{1/2}].$$

**证明** 为了证明这个引理, 定义

$$\begin{aligned}\tilde{\boldsymbol{H}}_n(\boldsymbol{b},x^1,\theta)&=(n\delta_n)^{-1}\sum_{i=1}^n\{\alpha-\mathbb{I}[U_i\\&\leqslant\boldsymbol{Z}'_{ni}(\boldsymbol{b}-\beta_n)-B_i+\bar{P}_\kappa(\tilde{\boldsymbol{X}}_i)^{\mathrm{T}}(\theta-\theta_{\kappa0})-\bar{b}_{\kappa0}(\tilde{\boldsymbol{X}}_i)]\}\boldsymbol{Z}_{ni}\boldsymbol{K}_{ni}\end{aligned}$$

$$\begin{aligned}\tilde{\boldsymbol{H}}^*_n(\boldsymbol{b},x^1,\theta)=&(n\delta_n)^{-1}\sum_{i=1}^n\{\alpha-F[\boldsymbol{Z}^{\mathrm{T}}_{ni}(\boldsymbol{b}-\beta_n)-B_i\\&+\bar{P}_\kappa(\tilde{\boldsymbol{X}}_i)'(\theta-\theta_{\kappa0})-\bar{b}_{\kappa0}(\tilde{\boldsymbol{X}}_i)|\boldsymbol{X}_i]\}\boldsymbol{Z}_{ni}\boldsymbol{K}_{ni}\end{aligned}$$

和

$$\varDelta_{\tilde{\boldsymbol{H}}_n}(\boldsymbol{b},x^1,\theta)=\tilde{\boldsymbol{H}}_n(\boldsymbol{b},x^1,\theta)-\tilde{\boldsymbol{H}}^*_n(\boldsymbol{b},x^1,\theta).$$

从而 $\tilde{\boldsymbol{G}}_n(\boldsymbol{b},x^1)=\tilde{\boldsymbol{H}}_n(\boldsymbol{b},x^1,\hat{\theta}_{n\kappa})$, $\tilde{\boldsymbol{G}}^*_n(\boldsymbol{b},x^1)=\tilde{\boldsymbol{H}}_n(\boldsymbol{b},x^1,\hat{\theta}_{n\kappa})$ 和 $\varDelta_{\tilde{\boldsymbol{G}}_n}(\boldsymbol{b},x^1)=\varDelta_{\tilde{\boldsymbol{H}}_n}(\boldsymbol{b},x^1,\hat{\theta}_{n\kappa})$. 如果能证明下式, 那么该引理得证:

$$\sup_{\|\theta-\theta_{\kappa0}\|\leqslant C[\kappa/n]^{1/2}}\|\varDelta_{\tilde{\boldsymbol{H}}_n}(\boldsymbol{b},x^1,\theta)-\varDelta_{\tilde{\boldsymbol{G}}_n}(\boldsymbol{b},x^1)\|=O_p[(n\delta_n)^{-1/2}[\kappa^2/n]^{1/4}(\log n)^{1/2}]$$

对于任意满足 $\|\boldsymbol{b}-\beta_n\|\leqslant C[n\delta_n]^{-1/2}$ 的 $\boldsymbol{b}$ 均成立. 而这个可以通过类似于引理 5.2.5 和式 (5.47) 中的证明得到. ■

定义

$$Q_n=(n\delta_n)^{-1}\sum_{i=1}^{n}f(0|\boldsymbol{X}_i)\boldsymbol{Z}_{ni}\boldsymbol{Z}_{ni}^{\mathrm{T}}\boldsymbol{K}_{ni}.$$

**引理 5.2.13** 当 $n\to\infty$ 时, 对于任意, $x^1$ 使得 $|x^1|\leqslant 1-\delta_n$, 则

$$\tilde{\boldsymbol{G}}_n^*(\hat{\boldsymbol{b}}_n,x^1)=-\boldsymbol{Q}_n(\hat{\boldsymbol{b}}_n-\beta_n)+O_p(\delta_n^r)+O_p[(\hat{\boldsymbol{b}}-\beta_n)^2]+o_p[(n\delta_n)^{-1/2}].$$

**证明** 令 $\tilde{\Delta}_i(\hat{\boldsymbol{b}}_n,x^1)=\boldsymbol{Z}_{ni}^{\mathrm{T}}(\hat{\boldsymbol{b}}_n-\beta_n)-B_i+\bar{P}_\kappa(\tilde{\boldsymbol{X}}_i)^{\mathrm{T}}(\hat{\theta}_{n\kappa}-\theta_{\kappa0})-\bar{b}_{\kappa0}(\tilde{\boldsymbol{X}}_i)$. 而 $F[\tilde{\Delta}_i(\hat{\boldsymbol{b}}_n,x^1)|\boldsymbol{X}_i]$ 的一阶泰勒展开给出了下面的式子:

$$\begin{aligned}&\tilde{\boldsymbol{G}}_n^*(\hat{\boldsymbol{b}}_n,x^1)\\=&-(n\delta_n)^{-1}\sum_{i=1}^{n}\tilde{\Delta}_i(\hat{\boldsymbol{b}}_n,x^1)f(0|\boldsymbol{X}_i)\boldsymbol{Z}_{ni}\boldsymbol{K}_{ni}\\&-(n\delta_n)^{-1}\sum_{i=1}^{n}\tilde{\Delta}_i(\hat{\boldsymbol{b}}_n,x^1)[f(\tilde{\Delta}_i^*(\hat{\boldsymbol{b}}_n,x^1)|\boldsymbol{X}_i)\\&-f(0|\boldsymbol{X}_i)]\boldsymbol{Z}_{ni}\boldsymbol{K}_{ni}\\\equiv&\tilde{\boldsymbol{G}}_{n1}^*(\hat{\boldsymbol{b}}_n)+\tilde{\boldsymbol{G}}_{n2}^*(\hat{\boldsymbol{b}}_n),\end{aligned}$$

其中 $\tilde{\Delta}_i^*(\hat{\boldsymbol{b}}_n,x^1)$ 在 0 和 $\tilde{\Delta}_i(\hat{\boldsymbol{b}}_n,x^1)$ 之间.

进一步将 $\tilde{\boldsymbol{G}}_{n1}^*(\hat{b}_n)$ 写成如下形式:

$$\tilde{\boldsymbol{G}}_{n1}^*(\hat{b}_n)=\tilde{\boldsymbol{G}}_{n11}^*+\tilde{\boldsymbol{G}}_{n12}^*+\tilde{\boldsymbol{G}}_{n13}^*+\tilde{\boldsymbol{G}}_{n14}^*, \tag{5.45}$$

其中

$$\begin{aligned}\tilde{\boldsymbol{G}}_{n11}^*&=-(n\delta_n)^{-1}\sum_{i=1}^{n}\boldsymbol{Z}_{ni}^{\mathrm{T}}(\hat{\boldsymbol{b}}_n-\beta_n)f(0|\boldsymbol{X}_i)\boldsymbol{Z}_{ni}\boldsymbol{K}_{ni},\\\tilde{\boldsymbol{G}}_{n12}^*&=(n\delta_n)^{-1}\sum_{i=1}^{n}B_if(0|\boldsymbol{X}_i)\boldsymbol{Z}_{ni}\boldsymbol{K}_{ni},\\\tilde{\boldsymbol{G}}_{n13}^*&=-(n\delta_n)^{-1}\sum_{i=1}^{n}\bar{P}_\kappa(\tilde{\boldsymbol{X}}_i)^{\mathrm{T}}(\hat{\theta}_{n\kappa}-\theta_{\kappa0})f(0|\boldsymbol{X}_i)\boldsymbol{Z}_{ni}\boldsymbol{K}_{ni},\\\tilde{\boldsymbol{G}}_{n14}^*&=(n\delta_n)^{-1}\sum_{i=1}^{n}\bar{b}_{\kappa0}(\tilde{\boldsymbol{X}}_i)f(0|\boldsymbol{X}_i)\boldsymbol{Z}_{ni}\boldsymbol{K}_{ni}.\end{aligned}$$

第一项是 $\tilde{\boldsymbol{G}}_{n11}^*=-\boldsymbol{Q}_n(\hat{\boldsymbol{b}}_n-\beta_n)$. 接下来考虑第二项 $\tilde{\boldsymbol{G}}_{n12}^*$, $\max_{1\leqslant i\leqslant n}|B_i|\leqslant C\delta_n^r$, 因为 $m_l$ 是 $r$ 阶连续可微的. 另外很容易看出

$$\left\|(n\delta_n)^{-1}\sum_{i=1}^{n}f(0|\boldsymbol{X}_i)\boldsymbol{Z}_{ni}\boldsymbol{K}_{ni}\right\|=O_p(1).$$

因此,

$$\|\tilde{\boldsymbol{G}}_{n12}^{*}\| = O_p\left(\max_{1\leqslant i\leqslant n}|B_i|\right) = O_p(\delta_n^r).$$

现在考虑式 (5.45) 中的第三项 $\tilde{\boldsymbol{G}}_{n13}^{*}$. 用定理 5.2.2, 有

$$\begin{aligned}&\tilde{G}_{n13}^{*}\\ =&-(n^2\delta_n)^{-1}\times\sum_{i=1}^{n}\bar{P}_\kappa(\tilde{\boldsymbol{X}}_i)^{\mathrm{T}}\boldsymbol{\varPhi}_\kappa^{-1}P_\kappa(\boldsymbol{X}_j)\{\alpha-\mathbb{I}[U_j\leqslant 0]\}f(0|\boldsymbol{X}_i)\mathbf{Z}_{ni}\mathbf{K}_{ni}\\ &-(n\delta_n)^{-1}\sum_{i=1}^{n}\bar{P}_\kappa(\tilde{\boldsymbol{X}}_i)^{\mathrm{T}}\bar{\boldsymbol{B}}_{n\kappa}f(0|\boldsymbol{X}_i)\boldsymbol{Z}_{ni}\boldsymbol{K}_{ni}\\ &-(n\delta_n)^{-1}\sum_{i=1}^{n}\bar{P}_\kappa(\tilde{\boldsymbol{X}}_i)^{\mathrm{T}}\boldsymbol{R}_nf(0|\boldsymbol{X}_i)\boldsymbol{Z}_{ni}\boldsymbol{K}_{ni},\end{aligned}$$

其中余项 $\boldsymbol{R}_n$ 在定理 5.2.2 中定义, 并且

$$\bar{\boldsymbol{B}}_{n\kappa} = n^{-1}\sum_{j=1}^{n}\boldsymbol{\varPhi}_\kappa^{-1}f(0|\boldsymbol{X}_j)P_\kappa(\boldsymbol{X}_j)b_{\kappa0}(\boldsymbol{X}_j).$$

利用类似于 HM 中引理 7 的证明方法, 有

$$\|\tilde{\boldsymbol{G}}_{n13}^{*}\| = o_p[(n\delta_n)^{-1/2}], \tag{5.46}$$

这只需要 $\kappa\propto n^{\nu}$, 且

$$\frac{1}{2r+1} < \nu < \frac{2r+3}{12+6}. \tag{5.47}$$

这需要 $r$ 大于或等于 2.

接下来考虑式 (5.45) 中的第四项 $\tilde{\boldsymbol{G}}_{n14}^{*}$. 注意到

$$\|\tilde{\boldsymbol{G}}_{n14}^{*}\| \leqslant \left[(n\delta_n)^{-1}\sum_{i=1}^{n}\|f(0|\boldsymbol{X}_i)\boldsymbol{Z}_{ni}\boldsymbol{K}_{ni}\|\right]O(\kappa)^{-r} = O_p(1)O(\kappa^{-r}) = o_p[(n\delta_n)^{-1/2}].$$

所以, 结合 $\tilde{\boldsymbol{G}}_{n1k}^{*}$, $k=1,2,3,4$ 可以给出

$$\tilde{\boldsymbol{G}}_{n1}^{*}(\hat{\boldsymbol{b}}_n) = -\boldsymbol{Q}_n(\hat{\boldsymbol{b}}_n-\beta_n)+O_p(\delta_n^r)+o_p[(n\delta_n)^{-1/2}].$$

现在考虑 $\tilde{\boldsymbol{G}}_{n2}^{*}(\hat{\boldsymbol{b}}_n)$, 可以从假设 5.2.3 和定理 5.2.1(b) 中得到

$$\begin{aligned}\tilde{\boldsymbol{G}}_{n2}^{*}(\hat{\boldsymbol{b}}_n) &= O_p[\{\tilde{\Delta}_i(x^1,\hat{\boldsymbol{b}}_n)\}^2]\\ &= O_p[(\hat{\boldsymbol{b}}_n-\beta_n)^2+\delta_n^{2r}+\kappa^2/n+\kappa^{-2r}]\\ &= O_p[(\hat{\boldsymbol{b}}_n-\beta_n)^2]+o_p[(n\delta_n)^{-1/2}].\end{aligned}$$

结合 $\tilde{\boldsymbol{G}}_{n\kappa}^{*}(\hat{\boldsymbol{b}}_n)$, $k=1,2$ 的结果, 从而引理得证. ■

**定理 5.2.3** 令假设 5.2.1 ~ 假设 5.2.10 成立, 并且假设 $r \geqslant 2$ 是偶数, 其中 $r$ 定义在假设 5.2.4 中. 于是当 $n \to \infty$ 时, 对于任何 $x^1$ 满足 $|x^1| \leqslant 1-\delta_n$ 有如下结果成立:

(a) $|\hat{m}_1(x^1) - m_1(x^1)| = O_p[n^{-r/(2r+1)}]$,

(b) $n^{r/(2r+1)}[\hat{m}_1(x^1) - m_1(x^1)] \to_d N[B(x^1), V(x^1)]$, 其中

$$B(x^1) = \left\{\int_{-1}^{1} u^r K_*(u)\mathrm{d}u\right\}\{r!\}^{-1} C_\delta^r D^r m_1(x^1)$$

以及

$$V(x^1) = \left\{\int_{-1}^{1} [K_*(u)]^2 \mathrm{d}u\right\} C_\delta^r \alpha(1-\alpha)/\{f_{X^1}(x^1)[f_1(0|x^1)]^2\}.$$

(c) 如果 $j \neq 1$, 则 $n^{r/(2r+1)}[\hat{m}_1(x^1) - m_1(x^1)]$ 以及 $n^{r/(2r+1)}[\hat{m}_j(x^j) - m_j(x^j)]$ 对任意满足 $|x^j| \leqslant 1-\delta_n$ 的 $x^j$ 是渐近独立正态分布的.

**证明** (a) 部分的证明可以利用定理 5.2.1(a) 中的证明方法以及引理 5.2.9~引理 5.2.13. 为了证明 (b), 记

$$\begin{aligned}\tilde{\boldsymbol{G}}_n(\hat{\boldsymbol{b}}_n, x^1) = &\Delta_{\boldsymbol{G}_n}(\beta_n, x^1) + \left[\Delta_{\boldsymbol{G}_n}(\hat{\boldsymbol{b}}_n, x^1) - \Delta_{\boldsymbol{G}_n}(\beta_n, x^1)\right] \\ &+ \left[\Delta_{\tilde{\boldsymbol{G}}_n}(\hat{\boldsymbol{b}}_n, x^1) - \Delta_{\boldsymbol{G}_n}(\hat{\boldsymbol{b}}_n, x^1)\right] + \tilde{\boldsymbol{G}}_n^*(\hat{\boldsymbol{b}}_n, x^1).\end{aligned} \tag{5.48}$$

结合引理 5.2.9, 引理 5.2.11~ 引理 5.2.13 和式 (5.48) 以及本定理的 (a) 部分, 有

$$\boldsymbol{Q}_n(\hat{\boldsymbol{b}}_n - \beta_n) = \boldsymbol{G}_n(\beta_n, x^1) - \boldsymbol{G}_n^*(\beta_n, x^1) + \tilde{\boldsymbol{G}}_{n12}^* + \boldsymbol{r}_{n1},$$

其中 $\tilde{\boldsymbol{G}}_{n12}^*$ 在引理 5.2.13 的证明过程中被定义. 剩余项 $\boldsymbol{r}_{n1}$ 满足 $\|\boldsymbol{r}_{n1}\| = o_p[(n\delta_n)^{-1/2}]$. 由一阶泰勒展开和假设 5.2.3, 很容易证明

$$\|\boldsymbol{G}_{n12}^* - \boldsymbol{G}_n^*(\beta_n, x^1)\| = O_p\left(\left\{\max_{1\leqslant i\leqslant n} |B_i|\right\}^2\right) = O_p(\delta_n^{2r}) = o_p[(n\delta_n)^{-1/2}].$$

因此, 有

$$\|\hat{\boldsymbol{b}}_n - \beta_n - \boldsymbol{Q}_n^{-1}\boldsymbol{G}_n(\beta_n)\| = o_p[(n\delta_n)^{-1/2}] \tag{5.49}$$

对于所有充分大的 $n$. 更进一步, 与建立核估计渐近性质的那些方法类似, 可以得到 $\|\boldsymbol{Q}_n^* - \boldsymbol{Q}^*\| = o_p(1)$, 其中

$$\begin{aligned}\boldsymbol{Q}^* &= \int_{\tilde{\boldsymbol{x}}\in[-1,1]^{d-1}} f(0|x^1, \tilde{\boldsymbol{x}}) f_{\boldsymbol{X}}(x^1, \tilde{\boldsymbol{x}})\mathrm{d}\tilde{\boldsymbol{x}} \times \int_{-1}^{1} \begin{pmatrix} 1 & u & \cdots & u^{r-1} \\ \vdots & \vdots & & \vdots \\ u^{r-1} & u^r & \cdots & u^{2(r-1)} \end{pmatrix} K(u)\mathrm{d}u \\ &= [f_1(0|x^1) f_{X^1}(x^1)]\boldsymbol{S}(K),\end{aligned}$$

从而有

$$\hat{\boldsymbol{m}}_1(x^1)-\boldsymbol{m}_1(x^1)=\boldsymbol{e}_1^{\mathrm{T}}(\hat{\boldsymbol{b}}_n-\beta_n)=\boldsymbol{e}_1^{\mathrm{T}}\boldsymbol{Q}_*^{-1}\boldsymbol{G}_n(\beta_n)+\boldsymbol{r}_{n2},$$

其中剩余项 $\boldsymbol{r}_{n2}$ 满足 $\|\boldsymbol{r}_{n2}\|=o_p[(n\delta_n)^{-1/2}]$.

注意到 $\boldsymbol{e}_1^{\mathrm{T}}\boldsymbol{S}(K)^{-1}(1,u,\cdots,u^{r-1})^{\mathrm{T}}K(u)$ 是 $r$ 次核函数. 于是 (b) 和 (c) 可以用局部多项式估计中建立渐近正态性的那些类似方法得到证明. ■

这个定理暗示着第二阶段估计量对于 $r$ 阶可导函数的非参数估计量达到最优收敛速度. 另外, 如果 $m_2,\cdots,m_d$ 已知, 那么它有应该有的同样的渐近分布. 定理 5.2.3 的第 (b) 和 (c) 部分暗示了 $m_1(x^1),\cdots,m_d(x^d)$ 的估计量是渐近独立分布的. 由于假设 5.2.8(a), 需要 $m_j$ 至少二阶连续可微. 该可微性与 $\boldsymbol{X}$ 的维数独立, 因此我们的估计量避免了维数祸根问题. 虽然定理 5.2.3 只是建立在 $\mathcal{X}$ 的内点上, 但是有望第二阶段估计量并不需要修改边界 (见 Fan 等 (1994) 对于边界处局部线性分位回归估计量渐近性质的讨论).

对于偶数 $r\geqslant 2$, 在式 (5.33) 中当使用 $r-2$ 次局部多项式拟合时 (如局部常数估计量在 $r=2$ 的假设下被使用), 定理的结论可能是一样的, 除了渐近偏差依赖于 $Df_{X^1}(x^1)/f_{X^1}(x^1)$, 因此不是设计自适应性的. 具体地, 在这种情况下定理 5.2.3 中的 $B(x^1)$ 具有如下形式:

$$B(x^1)=\left\{\int_{-1}^{1}u^rK_*(u)\mathrm{d}u\right\}\times\left\{\frac{D^{r-1}m_1(x^1)Df_{X^1}(x^1)}{(r-1)!f_{X^1}(x^1)}+\frac{D^rm_1(x^1)}{r!}\right\}C_\delta^r.$$

当 $r\geqslant 2$ 是奇数时, 对于任何满足 $|x^1|\leqslant 1-\delta_n$ 的 $x^1$, 可以证明

$$n^{(r+1)/(2r+3)}[\hat{m}_1(x^1)-m_1(x^1)]\rightarrow_d N[B(x^1),V(x^1)],$$

此处

$$B(x^1)=\left\{\int_{-1}^{1}u^{(r+1)}K_*(u)\mathrm{d}u\right\}\times\left\{\frac{D^rm_1(x^1)Df_{X^1}(x^1)}{r!f_{X^1}(x^1)}+\frac{D^{r+1}m_1(x^1)}{(r+1)!}\right\}C_\delta^{r+1}$$

以及

$$V(x^1)=\left\{\int_{-1}^{1}[K_*(u)]^2\mathrm{d}u\right\}\times C_\delta^{-1}\alpha(1-\alpha)/\{f_{X^1}(x^1)[f_1(0|x^1)]^2\},$$

对于某个满足 $0<C_\delta<\infty$ 的常数 $C_\delta$, 有 $\delta_n=C_\delta n^{-1/(2r+3)}$. 另外渐近方差还是相同的, 但是渐近偏差包括 $Df_{X^1}(x^1)/f_{X^1}(x^1)$. 例如, 参见 Ruppert 和 Wand (1994), Fan 和 Gijbels (1996)[61−63], 对于局部多项式均值回归模型中估计量的渐近偏差和方差的讨论.

### 5.2.4 结论

本节研发了一个非参数可加分位回归模型可加部分的估计量. 当未知函数是 $r$ 次连续可微的时候 ($r \geqslant 2$), 该估计量有 $n^{-r/(2r+l)}$ 的收敛速度. 不管协变量的维数如何, 这一结果都是成立的. 另外, 该估计量有 Oracle 性质. 具体地, 每个可加部分的估计量有相同的渐近分布, 且当其他部分已知的情况下可以得到这一分布. 最后, 这里描述的估计量可以通过一个已知的连接函数很容易拓展到广义可加分位回归模型.

### 5.2.5 主要参考文献

可加建模在多元非参数均值或者分位回归中是一个重要的降维方法. 例如, Härdle (1990), Horowitz (1993), Horowitz 和 Lee (2002), Horowitz 和 Savin (2001). 其他降维的方法的例子有指标模型, 于均值回归模型的研究方面有 Ichimura (1993), Powell 等 (1989), Hristache 等. (2001), 关于分位回归模型的研究有 Chaudhuri 等 (1997), Khan (2001), 以及对于均值部分线性模型有 Robinson (1988), 而对于分位回归部分线性模型有 He 和 Shi (1996), Lee (2003). 它们不能与可加模型嵌套, 因此不可替代. 非参数可加模型的应用实例有 Hastie 和 Tibshirani (1990), Fan 和 Gijbels (1996), Horowitz 和 Lee (2002) 以及其他一些. Doksum 和 Koo (2000) 考虑了样条估计量, Huang (2003) 讨论了在可加非参均值回归模型中样条估计得到逐点渐近正态的性质是十分困难的. Fan 和 Gijbels (1996)[296-297] 建议了式 (5.30) 的 Backfitting 估计. De Gooijer 和 Zerom (2003) 中的评注 6 关于 $d \geqslant 5$ 时在讨厌参数方向减少偏差的必要. Horowitz 和 Mammen (2004) 的工作, 给出了带有连接函数的非参可加均值模型可加部分的一个估计量. 本节主要参考 Horowitz 和 Lee (2005) 的文章, 介绍了两阶段估计量及其性质等.

# 第 6 章　变系数分位回归

## 6.1　适应性变系数分位回归

本节提出了变系数模型条件分位估计的一种新方法. 变系数模型已经成为经济、流行病学、纵向数据和医学领域处理高维数据的有力工具. 该模型有助于探测数据的动态特征, 降低模型偏差, 避免高维灾难, 同时便于解释. 尽管关于变系数模型条件均值的估计已经有很多文章, 但关于变系数模型条件分位的估计相对少很多. 本节的主要贡献包括提出了一种有效的适应性分位回归方法来诊断出齐性邻域, 进行局部自适应窗宽选择和局部线性逼近, 同时给出了估计量的风险界和最优窗宽的自动选择准则. 局部自适应窗宽的优点包括对于潜在函数的不同光滑度的自适应性、对于不连续的敏感性以及计算的直接性. 模拟研究说明了所提出估计方法的效果.

### 6.1.1　引言

变系数模型的提出旨在克服数据的高维灾难, 探测数据的动态特性. 这种模型将经典的非参数回归模型进行了推广, 这在过去的十几年间得到广泛关注. 该模型已成功地应用到了局部多维回归分析, 如 Cleveland 等 (1992), Hastie 和 Tibshirani (1993), Carroll 等 (1998), Fan 等 (1999), Fan 等 (2000), Kauermann 和 Tutz (1999), Zhang 和 Lee (2000) 等. 函数数据分析 (见 Ramsay, Silverman, 1997), 纵向数据分析, 参见如 Hoover 等 (1998), Wu 等 (1998), 非线性时间序列分析, 见 Nicholls 和 Quinn (1982), Chen 和 Tsay (1993), Cai 等 (2000) 以及变系数广义线性模型见 Cai 等 (2000). 在以上的变系数模型中, 研究者大多探讨响应变量的条件均值与所对应的预测变量间的关系. 这些模型假定条件均值函数存在, 而实际上可能并非如此 (如柯西分布的有限阶矩是不存在的). 即使条件均值存在, 但在某些应用中条件期望的估计可能是不稳健或不合适的, 见 Lawrence (2008). 例如, 在研究经济不平等性及流动性等问题时, 人们对贫穷 (下尾) 与富裕 (上尾) 的情况更感兴趣. 所以作为均质的替代, 这时考虑一系列的条件分位数.

Koenker 和 Bassett (1978) 引入的分位回归, 逐渐成为经济、医学、生物等领域非常有用的工具. 简言之, 这种模型就是将条件分位作为预测变量的函数. 与传统线性回归模型不同, 分位回归模型不是考察当协变量变化时因变量的条件均值的变化, 而是考察因变量的条件分位的变化. 所以, 该模型可以根据研究者的需要探测数据分布的任意位预定置. 如果要了解更多关于分位回归模型的发展, 可以参考文章, Koenker 和 Bassett (1982), Koenker 和 D'Orey (1993), Fan 等 (1994), Tian 和 Chen (2006), Tian 等 (2009), Wu 和 Tian 和 Chan (2010), Yu 和 Jones (1998, 2003). 近年来在分位回归框架下的变系数模型得到越来越多的关注. 针对独立时间序列数据, Honda (2004) 提出了变系数分位回归模型的局部多项式方法. Kim (2007) 提出利用局部样条方法来估计变系数分位回归模型. Cai 和 Xu (2009) 使用了局部多项式和局部常数方法来估计分位回归模型的光滑系数.

本节考虑采用局部多项式方法来逼近分位回归系数函数. 局部多项式方法由 Honda (2004) 与 Cai 和 Xu (2009) 等引入并发展. 相比较而言, 本节的创新之处在于提出一种更有效的局部自适应窗宽方法来确定用于局部线性逼近的特定齐性邻域. 另一方面, Polzehl 和 Spokoiny (2003) 只是将自适应加权光滑方法用到了均值回归, 并没有涉及分位回归. 将他们的方法拓展到条件分位回归问题是相当有挑战性并且有意思的. 其实在条件分位回归的背景下推导自适应加权光滑估计量的性质更加困难. 我们得到了在一些更弱条件下的结论. 比如, 在实际情况中, 有很多误差项并不能满足 Polzehl 和 Spokoiny (2003) 的假设, 因为矩是不存在的. 所以, 将该方法拓展到更普遍的情形是非常有必要的. 再则, 我们考虑了多种误差分布, 包括重尾分布、半重尾分布, 甚至那些方差或均值就根本不存在. 另外, 与 Polzehl 和 Spokoiny (2003) 相比, 本节在估计量的提出和解释方面要更加简洁、清楚.

### 6.1.2 自适应估计

1. 模型

假定有独立同分布的随机样本 $\{(Y_i, X_i, U_i)\}_{i=1}^n$, 其中 $Y_i \in \mathbb{R}, X_i \in \mathbb{R}^{p+1}, U_i \in \mathbb{R}$, $X_i$ 和 $U_i$ 是观测到的协变量. 对于任意的 $0 < \tau < 1$, 给定 $(X^{\mathrm{T}}, U)=(x^{\mathrm{T}}, u)$ 时, $Y$ 的 $\tau$ 阶条件分位定义为

$$q_\tau(x, u) = \operatorname{Arg}\min_{a\in\mathbb{R}} E\{\rho_\tau(Y - a)|X = x, U = u\},$$

其中 $\rho_\tau(z) = z(\tau - I_{\{z<0\}})$ 是检验函数. 变系数分位回归模型的形式如下

$$q_\tau(X_i, U_i) = \sum_{l=0}^{p} X_{il}\beta_{l,\tau}(U_i)\Delta q X_i^{\mathrm{T}}\beta_\tau(U_i),$$

其中 $U_i$ 是光滑变量, $X_i = (X_{i0}, \cdots, X_{ip})^{\mathrm{T}}$ 且 $X_{i0} \equiv 1$, $\{\beta_{l,\tau}(\cdot)\}$ 是光滑系数函数, $\beta_\tau(\cdot) = (\beta_{0,\tau}(\cdot), \cdots, \beta_{p,\tau}(\cdot))^{\mathrm{T}}$. 在实际应用中, 我们关心的是对于任意给定的 $(x, u)$ 得到 $q_\tau(x, u)$ 的估计. 这样可以转化为对于任意点 $u$, 系数函数 $\{\beta_{l,\tau}(u)\}$ 的估计.

2. 估计

这一节给出了变系数向量函数 $\beta_\tau(\cdot)$ 的估计量. 这个基于自适应加权光滑方法的估计量是很容易计算得到的.

如果 $\{\beta_{l,\tau}(\cdot)\}$ 是 $q+1$ 阶可微, 则在任意给定点 $u$ 的邻域内, $\{\beta_{l,\tau}(\cdot)\}$ 可以由多项式函数 $\beta_{l,\tau}(U) \approx \beta_{l,\tau}(u) + \beta'_{l,\tau}(u)(U-u) + \cdots + \beta^{(q)}_{l,\tau}(u)(U-u)^q/q!$ 近似得到, 而且

$$q_\tau(X_i, U_i) \approx \sum_{l=0}^{p} X_{il}\left\{\sum_{k=0}^{q}\alpha_{kl,\tau}(u)(U_i-u)^k\right\} = \sum_{l=0}^{p}\sum_{k=0}^{q} X_{il}\alpha_{kl,\tau}(u)(U_i-u)^k,$$

其中 $\alpha_{kl,\tau}(u) = \dfrac{\beta^{(k)}_{l,\tau}(u)}{k!}$. 这就激发我们定义估计量 $\hat{\beta}_{l,\tau}(u) = \hat{\alpha}_{0l,\tau}(u)$, $\hat{\beta}^{(k)}_{l,\tau}(u) = k!\hat{\alpha}_{kl,\tau}(u), k = 1, \cdots, q;\ l = 1, \cdots, p$, 其中 $\hat{\alpha}_{kl,\tau}(u)$ 分别为 $\alpha_{kl,\tau}(u)$ 的估计量. 然后, 这个估计可以由最小化下式得到

$$\sum_{U_j \in A_i} \rho_\tau\Big(Y_j - \sum_{l=0}^{p}\sum_{k=0}^{q} X_{jl}\alpha_{kl,\tau}(u)(U_j-u)^k\Big) K\Big(\frac{U_j-u}{h_i}\Big),$$

其中 $\{A_1, \cdots, A_{\mathcal{L}}\}$是 $\mathbb{R}$ 的一个划分 ( $A_i$ 互不相交, $A_1 \cup \cdots \cup A_{\mathcal{L}} = \mathbb{R}$), $u \in A_i$, $K(\cdot)$ 是核函数, $h_i$ 是区间 $A_i$ 内的窗宽. 当 $u$ 沿着向量函数 $\beta_\tau(\cdot)$ 的支撑移动时, 就可以得到整个曲线 $\beta_\tau(u)$ 的估计量 $\hat{\beta}_\tau(\cdot)$. 在通常的应用中, Fan 和 Gijbels (1996) 建议使用局部线性拟合 $q = 1$ 就已经足够. 考虑到这一点, 本节主要讨论 $q = 1$ (局部线性拟合) 的情况, 局部多项式的情况可以类似推广. 现在, 最小化问题就转化为下式的最小化

$$\sum_{U_j \in A_i} \rho_\tau\left(Y_j - \sum_{l=0}^{p} X_{jl}\{\alpha_{0l,\tau}(u) + \alpha_{1l,\tau}(u)(U_j-u)\}\right) K\Big(\frac{U_j-u}{h_i}\Big).$$

记 $a_l(\cdot) = \alpha_{0l,\tau}(\cdot)$, $b_l(\cdot) = \alpha_{1l,\tau}(\cdot)$. 这样, 得到

$$\operatorname*{Argmin}_{(a(u),b(u))\in\mathbb{R}^{(p+1)\times 2}} \sum_{U_j \in A_i} \rho_\tau\Big(Y_j - \sum_{l=0}^{p} X_{jl}\big(a_l(u) + b_l(u)(U_j-u)\big)\Big) K\Big(\frac{U_j-u}{h_i}\Big),$$

其中 $a(\cdot) =(a_0(\cdot), \cdots, a_p(\cdot))^{\mathrm{T}}$ $b(\cdot) = (b_0(\cdot), \cdots, b_p(\cdot))^{\mathrm{T}}$. 假定 $\{\beta_{l,\tau}(u)\}$ 是局部线性函数, 可以用

$$\hat{\beta}(u) = \sum_{i=1}^{\mathcal{L}} \hat{a}(u) I_{A_i}(u) \tag{6.1}$$

来逼近向量 $\beta_\tau(u)$, 其中 $I_{A_i}(\cdot)$ 是区间 $A_i$ 内的示性函数. 值得注意的是, $\hat{a}(u)$ 和区间 $A_i$ 都是未知的, 也是需要去估计的.

**注 6.1.1** 在经典的非参数回归中核函数的使用是基于潜在函数光滑的假设下的, 而在不连续点的邻域并不满足这一假设. 这经常会导致函数在这样的区间过于光滑 (或光滑不足). 基于核函数方法的其他缺点还包括边界问题、窗宽选择困难问题, 这是由于在计算偏差时需要用到潜在函数的高阶导问题, 而这显然是比最初的信号估计更复杂.

本节提出的方法可以有效地解决上述问题. 在我们的方法中, 不需要确定以上形式的窗宽, 而是用数据驱动的方法确定所感兴趣的 $u$ 点的齐性邻域, 且不需要潜在函数的先验信息. 我们的方法并不依赖于潜在函数的维数, 所以这有希望应用到高维问题中去. 需要做的就是将 $\mathbb{R}$ 划分为 $A_1, A_2, \cdots, A_L$, 这是基于潜在函数是分段常数函数这一假设的. 显然, 这一假设对于区间 $A_i$ 甚至只包含一个点的情况也是有效的.

3. 步骤

由公式 (6.1), 可以看到本节中变系数函数 $\beta(u)$ 的估计主要依赖于两步: ① $\hat{a}(u)$ 值的估计; ② 每个 $U_i$ 的齐性区间 $A_i$ 的识别. 为了更好地阐述我们的方法, 首先考虑划分 $\{A_i\}$ 已知的情况. 这样, 对于每一个 $U_i$, 估计量 $\hat{a}(U_i)$ 可以由下式得到

$$\underset{(a(U_i),b(U_i))\in\mathbb{R}^{(p+1)\times 2}}{\text{Argmin}} \sum_{U_j\in A_i} \rho_\tau\Big(Y_j - \sum_{l=0}^{p} X_{jl}\big(a_l(U_i) + b_l(U_i)(U_j - U_i)\big)\Big)K\Big(\frac{U_j - U_i}{h_i}\Big).$$

所以, 对于已知划分 $A_1, \cdots, A_{\mathcal{L}}$, 潜在函数在给定点 $U_i$ 的估计可以由 $\hat{\beta}(U_i) = \sum_{i=1}^{\mathcal{L}} \hat{a}(U_i)\, I_{A_i}(U_i)$ 轻松得到. 同时, 也可以得到 $\hat{b}(U_i)$ 的估计.

接下来考虑逆问题: 给定了 $\hat{a}(U_i)$ 和 $\hat{b}(U_i)$ 的估计, 如何识别分划 $A_1, \cdots, A_{\mathcal{L}}$. 对于每个 $U_i$ 和 $U_j (i \neq j)$, 考虑 $D_A^{il} \triangleq q\big|\hat{a}_l(U_i) - \hat{a}_l(U_j)\big|$ 和 $D_B^{il} \triangleq q\big|\hat{b}_l(U_i) - \hat{b}_l(U_j)\big|$, $l = 0, \cdots, p$. 如果存在某个 $l$, 使得 $D_A^{il}$ (或 $D_B^{il}$) 大于标准偏差 $\sqrt{\text{var}(\hat{a}_l(U_i))}$ $\Big($或者 $\sqrt{\text{var}(\hat{b}_l(U_i))}\Big)$, 那么, 就可以将这两点划分到不同的区间. 所以区间 $A_i$ 的估计可以这样得到

$$\hat{A}_i = \Big\{U_j : \big|\hat{a}_l(U_i) - \hat{a}_l(U_j)\big| \leqslant \eta_1 \hat{V}_{a_l}(U_i), \big|\hat{b}_l(U_i) - \hat{b}_l(U_j)\big| \leqslant \eta_2 \hat{V}_{b_l}(U_i), l = 0, \cdots, p\Big\},$$

其中 $\eta_1$ 和 $\eta_2$ 是调整参数, $\hat{V}_{a_l}(U_i) = \{\text{var}(\hat{a}_l(U_i))\}^{\frac{1}{2}}$, $\hat{V}_{b_l}(U_i) = \{\text{var}(\hat{b}_l(U_i))\}^{\frac{1}{2}}$. 在这些估计区间的基础上, 可以得到 $\hat{a}(U_i)$ 和 $\hat{b}(U_i)$ 新的估计, 这样一直迭代下去. 关于 $\text{var}(\hat{a}_l(U_i))$ 和 $\text{var}(\hat{b}_l(U_i))$, 可以从 Koenker 和 Bassett (1982) 中得到

$$\text{var}(\hat{a}_l(U_i)) = \{N_i h_i\}^{-1}\tau(1-\tau)\hat{\sigma}_l(U_i)\int_{A_i} K^2(v)\mathrm{d}v, \tag{6.2}$$

$$\text{var}(\hat{b}_l(U_i)) = \{N_i h_i\}^{-1}\tau(1-\tau)\hat{\sigma}_l(U_i)\int_{A_i} v^2K^2(v)\mathrm{d}v, \tag{6.3}$$

其中

$$\begin{aligned}\hat{\sigma}_l(U_i) =&\left[\hat{\omega}^*(U_i)\right]^{-2}\hat{\omega}(U_i), \hat{\omega}^*(U_i)\\=&N_i{}^{-1}\sum_{U_j\in A_i}\hat{f}_{Y|(x,u)}(\hat{q}_\tau(X_j^{\mathrm{T}},U_j))X_{jl}^2K_{h_i}(U_j-U_i),\\\hat{\omega}(U_i) =&N_i{}^{-1}\sum_{U_j\in A_i}X_{jl}^2K_{h_i}(U_j-U_i),\end{aligned}$$

$N_i=\sharp A_i$ 是区间 $A_i$ 内点的个数, $i=1,\cdots,\mathcal{L}$, $\hat{f}_{Y|(x,u)}$ 是给定 $(x,u)$ 时, $Y$ 的条件密度估计. 条件密度估计 $\hat{f}_{Y|(x,u)}$ 的计算在很多文章中都可以找到. 比如, Fan 等 (1996) 的 Nadaraya-Watson 型 (或局部线性) 双核方法, Koenker 和 Xiao (2004) 的微商方法等.

**注 6.1.2** 通常变系数函数

$$\beta(U)=(\beta_0(U_0),\beta_1(U_1),\cdots,\beta_p(U_p))^{\mathrm{T}}$$

也可能会随其他变量值的变化而发生一些微小变化, 称为“效果修正因子”(Hastie, Tibshirani, 1993). 在某些情况下, 变量 $U_j$ 是互不相同的. 不失一般性, 本节中只考虑 $U_j$ 为特别的统一变量的情况, 比如“时间”.

理论上, 应该考虑多维核函数 $K(u_0,\cdots,u_p)$, 该核函数的一个特例就是乘积核函数. 本节中核函数就可以是 $\left\{K\left(\frac{U-u}{h}\right)\right\}^{p+1}$, 而该核函数等价于 $\left\{K\left(\frac{U-u}{h^*}\right)\right\}$, 对于某个 $h^*$.

从本质上来讲, 可以用一般的权重 $\omega_{i,j}$ 来代替核权, 即

$$\underset{(a(u),b(u))\in\mathbb{R}^{(p+1)\times 2}}{\mathrm{Argmin}}\sum_{U_j\in A_i}\rho_\tau\Big(Y_j-\sum_{l=0}^{p}X_{jl}\big(a_l(u)+b_l(u)(U_j-u)\big)\Big)\omega_{i,j},$$

所以, 类似的表达式在其他文章中也曾出现, 见 Cai 和 Xu (2009).

4. 渐近性质

本节中将给出自适应加权估计量的渐近性质. 首先, 给出估计量满足相合性和渐近正态性的正则条件. 令 $\mu_j=\int u^jK(u)\mathrm{d}u$, $\nu_j=\int u^jK^2(u)\mathrm{d}u$, $\varOmega(u)\equiv E[XX^{\mathrm{T}}|U=u]$, $\varOmega^*(u)\equiv E[XX^{\mathrm{T}}f_{Y|(x,u)}(q_\tau(X,u))|U=u]$, $f_U(u)$ 是 $U$ 的边际密度函数, $I$ 是单位矩阵. 下面是要用到的 7 个假设:

(1) $\beta(u)$ 在任意点 $u_0$ 的邻域内二阶连续可微;

(2) $f_U(u)$ 连续, 且 $f_U(u_0)>0$;

(3) $f_{Y|(x^{\mathrm{T}},u)}(y)$ 有界且满足 Lipschitz 条件;

(4) 核函数 $K(\cdot)$ 对称且有一个紧支撑;

(5) $\Omega(u)$ 在 $u_0$ 的邻域内正定且连续;

(6) $\Omega^*(u)$ 在 $u_0$ 的邻域内正定且连续;

(7) 窗宽 $h_i$ 满足 $h_i \to 0$, $N_i h_i \to \infty$, 其中 $N_i = \sharp A_i$ 为区间 $A_i$ 内点的个数, $h_i$ 是齐性区间 $A_i$ 内使用的局部窗宽, $i = 1, \cdots, \mathcal{L}$.

有下面的定理.

**定理 6.1.1**(渐近正态性) 在假设 (1) ~ (7) 下, 对于 $u \in A_i$, 可以得到渐近正态性质

$$\{N_i h_i\}^{1/2} \left[ H \begin{pmatrix} \hat{a}(u) - a(u) \\ \hat{b}(u) - b(u) \end{pmatrix} - \frac{h_i^2}{2} \begin{pmatrix} \beta''(u)\mu_2 \\ 0 \end{pmatrix} \right] \longrightarrow N(0, \Sigma(u)),$$

其中 $\Sigma(u) = \mathrm{diag}\{\tau(1-\tau)\nu_0 \Sigma_\beta(u), \tau(1-\tau)\nu_2 \Sigma_\beta(u)\}$, 且 $H = \mathrm{diag}\{I, h_i I\}$, $\Sigma_\beta(u) = \dfrac{[\Omega^*(u)]^{-1}\Omega(u)[\Omega^*(u)]^{-1}}{f_U(u)}$. 特别地, 有

$$\{N_i h_i\}^{\frac{1}{2}} \left[ \hat{a}(u) - a(u) - \frac{h_i^2 \mu_2}{2} \beta''(u) \right] \longrightarrow N\Big(0, \tau(1-\tau)\nu_0 \Sigma_\beta(u)\Big).$$

**证明** 略. ■

5. 执行

本节对算法的执行步骤给出简单的描述.

1) 初始化

对每一个 $U_i$, 首先考虑很小的窗宽 $h_0$ 所构成的区间 $\Delta_0(U_i) = [U_i - h_0, U_i + h_0]$. 通过下式计算 $\Big(\hat{a}^{(0)}(U_i), \hat{b}^{(0)}(U_i)\Big)$,

$$\mathop{\mathrm{Argmin}}_{(a,b)\in\mathbb{R}^{(p+1)\times 2}} \sum_{U_j \in \Delta_0(U_i)} \rho_\tau \Big(Y_j - \sum_{l=0}^{p} X_{jl} \big(a_l(U_i) + b_l(U_i)(U_j - U_i)\big)\Big) K\Big(\frac{U_j - U_i}{h_0}\Big).$$

然后, 利用公式 (6.2) 和 (6.3) 得到 $\mathrm{var}\Big(\hat{a}_l^{(0)}(U_i)\Big)$ 和 $\mathrm{var}\Big(\hat{b}_l^{(0)}(U_i)\Big)$ (对所有 $l$).

2) 齐性检验

给定初始估计 $\Big(\hat{a}^{(0)}(U_i), \hat{b}^{(0)}(U_i)\Big)$, 使用该估计去寻找包含 $U_i$ 的更大的齐性区间. 记 $\Delta_1(U_i) = [U_i - h_1, U_i + h_1]$, $h_1 > h_0$, 通过下面的公式计算 $\Big(\hat{a}^{(1)}(U_i), \hat{b}^{(1)}(U_i)\Big)$

$$\mathop{\mathrm{Argmin}}_{(a,b)\in\mathbb{R}^{(p+1)\times 2}} \sum_{U_j \in \Delta_1(U_i)} \rho_\tau \Big(Y_j - \sum_{l=0}^{p} X_{jl} \big(a_l(U_i) + b_l(U_i)(U_j - U_i)\big)\Big) K\Big(\frac{U_j - U_i}{h_1}\Big),$$

然后利用公式 (6.2) 和 (6.3) 得到 $\mathrm{var}\Big(\hat{a}_l^{(1)}(U_i)\Big)$ 和 $\mathrm{var}\Big(\hat{b}_l^{(1)}(U_i)\Big)$ $(l = 0, \cdots, p)$. 如果不能拒绝齐性假设 (即对于每个 $U_i$ 和 $l$, 将得到的新估计 $\hat{a}_l^{(1)}(U_i)$, $\hat{b}_l^{(1)}(U_i)$ 和原来的

估计 $\hat{a}_l^{(0)}(U_i), \hat{b}_l^{(0)}(U_i)$ 进行比较, 如果对于任意的 $l$, 不能拒绝 $|\hat{a}_l^{(1)}(U_i)-\hat{a}_l^{(0)}(U_i)| \leqslant \eta_1\hat{V}_{\Delta_1}(\hat{a}_l(U_i))$ 和 $|\hat{b}_l^{(1)}(U_i)-\hat{b}_l^{(0)}(U_i)| \leqslant \eta_2\hat{V}_{\Delta_1}(\hat{b}_l(U_i))$, 则将 $U_i$ 的齐性区间由 $\Delta_1(U_i)$ 扩大到 $\Delta_2(U_i)=[U_i-h_2, U_i+h_2]$, 其中 $h_2>h_1$, 然后重复上面的步骤.

3) 迭代

已知估计 $\left(\hat{a}^{(s-1)}(U_i), \hat{b}^{(s-1)}(U_i)\right)$, 在区间 $\Delta_s(U_i)=[U_i-h_s, U_i+h_s]$ ( $h_s> h_{s-1}$) 内计算 $\left(\hat{a}^{(s)}(U_i), \hat{b}^{(s)}(U_i)\right)$:

$$\underset{(a,b)\in\mathbb{R}^{(p+1)\times 2}}{\operatorname{Argmin}} \sum_{U_j\in\Delta_s(U_i)} \rho_\tau\left(Y_j-\sum_{l=0}^{p} X_{jl}\big(a_l(U_i)+b_l(U_i)(U_j-U_i)\big)\right)K\left(\frac{U_j-U_i}{h_s}\right).$$

然后计算 $\operatorname{var}\left(\hat{a}_l^{(s)}(U_i)\right)$ 和 $\operatorname{var}\left(\hat{b}_l^{(s)}(U_i)\right)$. 对于任意的 $l$, 如果存在至少一个指标 $s'<s$ 使得 $\left|\hat{a}_l^{(s)}(U_i)-\hat{a}_l^{(s')}(U_i)\right|>\eta_1\hat{V}_{\Delta_s}(\hat{a}_l(U_i))$ 或 $\left|\hat{b}_l^{(s)}(U_i)-\hat{b}_l^{(s')}(U_i)\right|>\eta_2\hat{V}_{\Delta_s}(\hat{b}_l(U_i))$, 则停止迭代, 最终的齐性区间 $A_i=\Delta_{s-1}(U_i)$, 最终的估计

$$\hat{a}(U_i)=\hat{a}^{(s-1)}(U_i), \quad \hat{b}(U_i)=\hat{b}^{(s-1)}(U_i).$$

6. 参数选择

接下来将讨论以上小节中提到的参数的选择问题, 并建议在模拟过程中使用的一些默认值. 一般地, 围绕默认值的微小变化, 并不会给估计带来很大影响.

初始窗宽 $h_0$ 的选择非常重要, 它直接决定了初始区间内设计点的个数 $N_0$. 初始窗宽的选择必须使得初始区间内能够包含足够多的设计点. 在本节里核函数 $K(u)$ 的默认选择是高斯核函数 $K(u)=\{2\pi\}^{\frac{-1}{2}}\mathrm{e}^{\frac{-u^2}{2}}$. 选择参数 $\eta_1$ 和 $\eta_2$ 是为了防止算法丢失先前探测到的不连续性 (参考 6.1.2 节). $\eta_1$ 和 $\eta_2$ 比较合适的值是 3 和 4 之间 (Polzehl, Spokoiny, 2000). 在后面的模拟中统一使用了 3.

### 6.1.3　精确风险界

1. 齐性情形

本节证明齐性区间内变系数分位回归模型的自适应估计方法的理论性质. 对于每个设计点 $U_i$, 有一系列的邻域 $\Delta_k(U_i)=[U_i-h_k, U_i+h_k]$, $k=0,\cdots,k^*$, 且 $\Delta_k(U_i)\subseteq\Delta_{k+1}(U_i)\subseteq A_i$. 这里 $k^*$ 是所用到的邻域的最大指标. 记

$$\bar{G}_{\hat{\sigma}_l}(u,k)=\sup_{u\in\Delta_k(U_i)\cup\Delta_k(U_j)}\hat{\sigma}_l(u), \quad \underline{G}_{\hat{\sigma}_l}(u,k)=\inf_{u\in\Delta_k(U_i)\cup\Delta_k(U_j)}\hat{\sigma}_l(u),$$

$$\bar{D}_K(u,k)=\int_{\Delta_k(U_i)\cup\Delta_k(U_j)}K^2(v)\mathrm{d}v, \quad \underline{D}_K(u,k)=\int_{\Delta_k(U_i)\cap\Delta_k(U_j)}K^2(v)\mathrm{d}v,$$

$$\bar{E}_K(u,k)=\int_{\Delta_k(U_i)\cup\Delta_k(U_j)}v^2K^2(v)\mathrm{d}v, \quad \underline{E}_K(u,k)=\int_{\Delta_k(U_i)\cap\Delta_k(U_j)}v^2K^2(v)\mathrm{d}v.$$

**定理 6.1.2** 潜在的变系数函数的估计 $\hat{\beta}(u)=\sum_{i=1}^{\mathcal{L}}\hat{a}(u)I_{A_i}(u)$, 其中 $A_1,\cdots,A_{\mathcal{L}}$ 是 $\mathbb{R}$ 的一个划分, $I_{A_i}(\cdot)$ 是 $A_i$ 的示性函数. 令 $\Delta_{k^*}(U_i)\subseteq A_i$ 是由前面的自适应算法所得到的最大邻域. 令

$$C^*_{a_l,k}=C_{2,l}\left\{1+\frac{\bar{D}_K(u,k)}{\underline{D}_K(u,k)}\frac{\bar{G}_{\hat{\sigma}_l}(u,k)}{\underline{G}_{\hat{\sigma}_l}(u,k)}\right\},\quad C^*_{b_l,k}=C'_{2,l}\left\{1+\frac{\bar{E}_K(u,k)}{\underline{E}_K(u,k)}\frac{\bar{G}_{\hat{\sigma}_l}(u,k)}{\underline{G}_{\hat{\sigma}_l}(u,k)}\right\},$$

对正常数 $C_{2,l}$ 和 $C'_{2,l}$, 且对某个 $\varrho_1,\varrho_2$ 满足 $\eta_1^2\geqslant(2C_{a_l,k^*}+\varrho_1)\log(n)$, $\eta_2^2\geqslant(2C_{b_l,k^*}+\varrho_2)\log(n)$, $l=0,\cdots,p$. 则对于所有的 $k\leqslant k^*$ 及所有的 $U_i$ 及 $U_j\in\Delta_{k^*}(U_i)$, 有

$$\begin{aligned}&\mathrm{pr}\Big\{|\hat{a}_l^{(k)}(U_i)-\hat{a}_l^{(k)}(U_j)|<\eta_1\hat{V}_{a_l,\Delta_k(U_i)},\\&|\hat{b}_l^{(k)}(U_i)-\hat{b}_l^{(k)}(U_j)|<\eta_2\hat{V}_{b_l,\Delta_k(U_i)}\Big\}>1-d^*_{k^*},\end{aligned}$$

$l=0,\cdots,p,i\neq j$, 其中

$$\hat{V}^2_{a_l,\Delta_k(U_i)}=\{N_kh_k\}^{-1}\tau(1-\tau)\hat{\sigma}_l(U_i)\int_{\Delta_k(U_i)}K^2(\upsilon)\mathrm{d}\upsilon,$$

$$\hat{V}^2_{b_l,\Delta_k(U_i)}=\{N_kh_k\}^{-1}\tau(1-\tau)\hat{\sigma}_l(U_i)\int_{\Delta_k(U_i)}\upsilon^2K^2(\upsilon)\mathrm{d}\upsilon,$$

$$\begin{aligned}d^*_{k^*}=&\sum_{k=1}^{k^*}2(p+1)\max\left\{nN_k\exp\left(-\frac{\eta_1^2}{2C^*_{a_l,k-1}}\right),\right.\\&\left.nN_k\exp\left(-\frac{\eta_2^2}{2C^*_{b_l,k-1}}\right),l=0,\cdots,p\right\}.\end{aligned}$$

**证明** 证明中使用了数学归纳法.

(I) 初始步骤:

这一步将证明对某一常数 $d_1^*$,

$$\begin{aligned}\mathrm{pr}\Big\{&|\hat{a}_l^{(0)}(U_i)-\hat{a}_l^{(0)}(U_j)|<\eta_1\hat{V}_{a_l,\Delta_0(U_i)},|\hat{b}_l^{(0)}(U_i)-\hat{b}_l^{(0)}(U_j)|<\eta_2\hat{V}_{b_l,\Delta_0(U_i)},l=0,\cdots,\\&p,\ \text{对某个}\ i\neq j\Big\}\geqslant1-d_1^*.\end{aligned}\tag{6.4}$$

不失一般性, 假定每一个初始领域 $\Delta_0(U_i)$ 内包含 $N_0$ 个设计点. 记 $E\{\hat{a}_l^{(0)}(U_i)\}=a_{il}$, $E\{\hat{a}_l^{(0)}(U_j)\}=a_{jl}$. 因为 $\hat{m}_l^{(0)}(U_i)=\hat{a}_l^{(0)}(U_i)-a_{il}$, $\hat{m}_l^{(0)}(U_j)=\hat{a}_l^{(0)}(U_j)-a_{jl}$,

则有

$$
\begin{aligned}
&\operatorname{var}\Big\{\hat{a}_l^{(0)}(U_i)-\hat{a}_l^{(0)}(U_j)\Big\}\\
=&\operatorname{var}\Big\{(\hat{a}_l^{(0)}(U_i)-a_{il})-(\hat{a}_l^{(0)}(U_j)-a_{jl})+(a_{il}-a_{jl})\Big\}\\
=&E\Big|\hat{m}_l^{(0)}(U_i)-\hat{m}_l^{(0)}(U_j)\Big|^2\\
\leqslant&C_{2,l}\Big\{E|\hat{m}_l^{(0)}(U_i)|^2+E|\hat{m}_l^{(0)}(U_j)|^2\Big\}\\
=&C_{2,l}\Big\{\hat{V}^2_{a_l,\Delta_0(U_i)}+\hat{V}^2_{a_l,\Delta_0(U_j)}\Big\},
\end{aligned}
$$

其中 $\Delta_0(U_i)$ 和 $\Delta_0(U_j)$ 分别为以 $U_i$ 和 $U_j$ 为中心、以 $h_0$ 为窗宽的区间. 第一个不等式是由 Marcinkiewicz & Zygmund 公式得到的, 其中 $C_{2,l}$ 是一个依赖于 2 的正常数. 接下来, 考察如下的概率

$$
\operatorname{pr}\Big\{|\hat{a}_l^{(0)}(U_i)-\hat{a}_l^{(0)}(U_j)|\geqslant\eta_1\hat{V}_{a_l,\Delta_0(U_i)},\ \text{对某个}\ i\neq j\Big\}.
$$

有

$$
\begin{aligned}
&\operatorname{pr}\Big\{|\hat{a}_l^{(0)}(U_i)-\hat{a}_l^{(0)}(U_j)|\geqslant\eta_1\hat{V}_{a_l,\Delta_0(U_i)}\Big\}\\
\leqslant&\operatorname{pr}\left[\frac{|\hat{a}_l^{(0)}(U_i)-\hat{a}_l^{(0)}(U_j)|}{\sqrt{\operatorname{var}\{\hat{a}_l^{(0)}(U_i)-\hat{a}_l^{(0)}(U_j)\}}}\geqslant\frac{\eta_1\hat{V}_{a_l,\Delta_0(U_i)}}{\sqrt{C_{2,l}\left\{\hat{V}^2_{a_l,\Delta_0(U_i)}+\hat{V}^2_{a_l,\Delta_0(U_j)}\right\}}}\right]\\
=&\operatorname{pr}\left[|Z|\geqslant\frac{\eta_1\hat{V}_{a_l,\Delta_0(U_i)}}{\sqrt{C_{2,l}\{\hat{V}^2_{a_l,\Delta_0(U_i)}+\hat{V}^2_{a_l,\Delta_0(U_j)}\}}}\right]\\
=&\operatorname{pr}\left[|Z|\geqslant\frac{\eta_1\hat{V}_{a_l,\Delta_0(U_i)}}{\sqrt{C_{2,l}\left\{1+\dfrac{\hat{\sigma}_l(U_j)}{\hat{\sigma}_l(U_i)}\dfrac{\displaystyle\int_{\Delta_0(U_j)}K^2(v)\mathrm{d}v}{\displaystyle\int_{\Delta_0(U_i)}K^2(v)\mathrm{d}v}\right\}\hat{V}^2_{a_l,\Delta_0(U_i)}}}\right]\\
\leqslant&\operatorname{pr}\left[|Z|\geqslant\frac{\eta_1}{\sqrt{C_{2,l}\left\{1+\dfrac{\bar{G}_{\hat{\sigma}_l}(u,0)}{\underline{G}_{\hat{\sigma}_l}(u,0)}\dfrac{\bar{D}_K(u,0)}{\underline{D}_K(u,0)}\right\}}}\right]\\
\leqslant&\exp\left(-\frac{\eta_1^2}{2C^*_{a_l,0}}\right),
\end{aligned}
$$

其中 $Z$ 为标准正态随机变量,

$$
C^*_{a_l,0}=C_{2,l}\left\{1+\frac{\bar{G}_{\hat{\sigma}_l}(t,0)}{\underline{G}_{\hat{\sigma}_l}(t,0)}\frac{\bar{D}_K(u,0)}{\underline{D}_K(u,0)}\right\}.
$$

最后一个不等式需要 $\eta_1 \geqslant \dfrac{2C_{a_l,0}^{*}{}^{\frac{1}{2}}}{\pi}$.

所以, 得到

$$\begin{aligned}&\mathrm{pr}\left\{|\hat{a}_l^{(0)}(U_i)-\hat{a}_l^{(0)}(U_j)|\geqslant \eta_1\hat{V}_{a_l,\Delta_0(U_i)}, \text{对某个 } i\neq j\right\}\\ \leqslant&\sum_{i=1}^{n}\sum_{U_j\in\Delta_1(U_i)}\mathrm{pr}\left\{|\hat{a}_l^{(0)}(U_i)-\hat{a}_l^{(0)}(U_j)|\geqslant \eta_1\hat{V}_{a_l,\Delta_0(U_i)}\right\}\\ \leqslant& nN_1\exp\left(-\frac{\eta_1^2}{2C_{a_l,0}^{*}}\right).\end{aligned}$$

通过类似的证明, 可以得到

$$\mathrm{pr}\left\{|\hat{b}_l^{(0)}(U_i)-\hat{b}_l^{(0)}(U_j)|\geqslant \eta_2\hat{V}_{b_l,\Delta_0(U_i)}, \text{对某个 } i\neq j\right\}\leqslant nN_1\exp\left(-\frac{\eta_2^2}{2C_{b_l,0}^{*}}\right),$$

其中

$$C_{b_l,0}^{*}=C_{2,l}^{'}\left\{1+\frac{\bar{G}_{\hat{\sigma}_l}(u,0)}{\underline{G}_{\hat{\sigma}_l}(u,0)}\frac{\bar{E}_K(u,0)}{\underline{E}_K(u,0)}\right\}.$$

这样,

$$\begin{aligned}&\mathrm{pr}\left\{|\hat{a}_l^{(0)}(U_i)-\hat{a}_l^{(0)}(U_j)|<\eta_1\hat{V}_{a_l,\Delta_0(U_i)}, |\hat{b}_l^{(0)}(U_i)-\hat{b}_l^{(0)}(U_j)|<\eta_2\hat{V}_{b_l,\Delta_0(U_i)},\right.\\ &\qquad\left. l=0,\cdots,p, \text{对于 } i\neq j\right\}\\ =&1-\mathrm{pr}\left\{|\hat{a}_l^{(0)}(U_i)-\hat{a}_l^{(0)}(U_j)|\geqslant\eta_1\hat{V}_{a_l,\Delta_0(U_i)} \text{ 或 } |\hat{b}_l^{(0)}(U_i)-\hat{b}_l^{(0)}(U_j)|\geqslant\eta_2\hat{V}_{b_l,\Delta_0(U_i)},\right.\\ &\left. l=0,\cdots,p, \text{对于 } i\neq j\right\}\\ \geqslant&1-\sum_{l=0}^{p}\left(\mathrm{pr}\left\{|\hat{a}_l^{(0)}(U_i)-\hat{a}_l^{(0)}(U_j)|\geqslant\eta_1\hat{V}_{a_l,\Delta_0(U_i)}, \text{对于 } i\neq j\right\}\right.\\ &\left.+\mathrm{pr}\left\{|\hat{b}_l^{(0)}(U_i)-\hat{b}_l^{(0)}(U_j)|\geqslant\eta_2\hat{V}_{b_l,\Delta_0(U_i)}, \text{对于 } i\neq j\right\}\right)\\ \geqslant&1-2(p+1)\max\left(nN_1\exp\left(-\frac{\eta_1^2}{2C_{a_l,0}^{*}}\right), nN_1\exp\left(-\frac{\eta_2^2}{2C_{b_l,0}^{*}}\right), l=0,\cdots,p\right).\end{aligned}$$

令

$$d_1^{*}=2(p+1)\max\left(nN_1\exp\left(-\frac{\eta_1^2}{2C_{a_l,0}^{*}}\right), nN_1\exp\left(-\frac{\eta_2^2}{2C_{b_l,0}^{*}}\right), l=0,\cdots,p\right).$$

这样就完成了式 (6.4) 的证明.

(II) 归纳假设:

假定对于所有的 $k' \leqslant k$, 有

$$\mathrm{pr}\Big\{ |\hat{a}_l^{(k')}(U_i) - \hat{a}_l^{(k')}(U_j)| < \eta_1 \hat{V}_{a_l,\Delta_{k'}(U_i)}, |\hat{b}_l^{(k')}(U_i) - \hat{b}_l^{(k')}(U_j)| < \eta_2 \hat{V}_{b_l,\Delta_{k'}(U_i)}, \\ l = 0, \cdots, p, \text{ 对于 } i \neq j \Big\} \geqslant 1 - d_k^*,$$

对于某一 $d_k^*$. 接下来, 可以在下一步中得到类似的结果.

(III) 归纳:

对于所有 $k' \leqslant k+1$, 考虑 $k+1$ 的情况. 检验下式

$$\mathrm{pr}\Big\{ |\hat{a}_l^{(k')}(U_i) - \hat{a}_l^{(k')}(U_j)| < \eta_1 \hat{V}_{a_l,\Delta_{k'}(U_i)}, \\ |\hat{b}_l^{(k')}(U_i) - \hat{b}_l^{(k')}(U_j)| < \eta_2 \hat{V}_{b_l,\Delta_{k'}(U_i)}, l = 0, \cdots, p, \text{ 对某个 } i \neq j \Big\} \geqslant 1 - d_{k+1}^*,$$

其中

$$d_{k+1}^* \\ = d_k^* + 2(p+1) \max \left( nN_{k+1} \exp\left( -\frac{\eta_1^2}{2C_{a_l,k}^*} \right), nN_{k+1} \exp\left( -\frac{\eta_2^2}{2C_{b_l,k}^*} \right), l = 0, \cdots, p \right),$$

$$C_{a_l,k}^* = C_{2,l} \left\{ 1 + \frac{\bar{G}_{\hat{\sigma}_l}(u,k)}{\underline{G}_{\hat{\sigma}_l}(u,k)} \frac{\bar{D}_K(u,k)}{\underline{D}_K(u,k)} \right\}, \quad C_{b_l,k}^* = C_{2,l}' \left\{ 1 + \frac{\bar{G}_{\hat{\sigma}_l}(u,k)}{\underline{G}_{\hat{\sigma}_l}(u,k)} \frac{\bar{E}_K(u,k)}{\underline{E}_K(u,k)} \right\}.$$

将所有迭代加起来得到上界 $d_{k^*}^*$ 如下

$$d_{k^*}^* \leqslant \sum_{k=1}^{k^*} 2(p+1) \max \left\{ nN_k \exp\left( -\frac{\eta_1^2}{2C_{a_l,k-1}^*} \right), nN_k \exp\left( -\frac{\eta_2^2}{2C_{b_l,k-1}^*} \right), l = 0, \cdots, p \right\}.$$

定理的证明结束. ■

**注 6.1.3** $d_{k^*}^*$ 应该比较小以满足: 对于某些 $\varrho_1$、$\varrho_2$, $\eta_1^2 \geqslant (2C_{a_l,k^*} + \varrho_1)\log(n)$, $\eta_2^2 \geqslant (2C_{b_l,k^*} + \varrho_2)\log(n)$. 定理 6.1.2 表明, 如果使用的是齐性邻域, 则由自适应方法得到的估计在齐性区间内为线性函数的概率是很大的.

2. 非齐性情形

本节将考虑不同区间 $A_i$, $A_j$ $(i \neq j)$ 的情况. 记

$$\{\nu_l^{(1)}(u,k)\}^2 = \sup_{u \in \Delta_0^{(1)}(U_i)} \hat{V}^2_{a_l,\Delta_0^{(1)}}(U_i), \quad \{\nu_l^{(2)}(u,k)\}^2 = \sup_{u \in \Delta_0^{(2)}(U_j)} \hat{V}^2_{a_l,\Delta_0^{(1)}}(U_j),$$

$$\{\psi_l^{(1)}(u,k)\}^2 = \sup_{u \in \Delta_0^{(1)}(U_i)} \hat{V}^2_{b_l,\Delta_0^{(1)}}(U_i), \quad \{\psi_l^{(2)}(u,k)\}^2 = \sup_{u \in \Delta_0^{(2)}(U_j)} \hat{V}^2_{b_l,\Delta_0^{(1)}}(U_j).$$

**定理 6.1.3** 潜在变系数函数的估计 $\hat{\beta}(u)=\sum_{i=1}^{\mathcal{L}}\hat{a}(u)I_{A_i}(u)$, 其中 $A_1,\cdots,A_{\mathcal{L}}$ 是 $\mathbb{R}$ 的一个划分, $I_{A_i}(\cdot)$ 是区间 $A_i$ 的示性函数. 假定对某一常数 $C$, 有 $\sum_{k=1}^{k^*}N_k=Cn$. 则对于任意的设计点 $U_i\in\Delta_{k^*}^{(1)}(U_i)\subseteq A_i$ , $U_j\in\Delta_{k^*}^{(2)}(U_j)\subseteq A_j$, $i\neq l$ 及所有 $k\leqslant k^*$,

$$\text{pr}\Big\{|\hat{a}_l^{(k)}(U_i)-\hat{a}_l^{(k)}(U_j)|>\eta_1\hat{V}_{a_l,\Delta_0^{(1)}(U_i)}\text{ 或}|\hat{b}_l^{(k)}(U_i)-\hat{b}_l^{(k)}(U_j)|>\eta_2\hat{V}_{b_l,\Delta_0^{(1)}(U_i)},\\ l=0,\cdots,p\Big\}\geqslant 1-C_{k^*},$$

其中

$$\hat{V}^2_{a_l,\Delta_0^{(1)}(U_i)}=\{N_0h_0\}^{-1}\tau(1-\tau)\hat{\sigma}_l(U_i)\int_{\Delta_0^{(1)}(U_i)}K^2(v)\mathrm{d}v,$$

$$\hat{V}^2_{b_l,\Delta_0^{(1)}(U_i)}=\{N_0h_0\}^{-1}\tau(1-\tau)\hat{\sigma}_l(U_i)\int_{\Delta_0^{(1)}(U_i)}v^2K^2(v)\mathrm{d}v$$

且

$$C_{k^*}=Cn^2\exp\left(-\frac{\left[|b_{i0}-b_{j0}|-\eta_1\left(2\psi_0^{(1)}(u,0)+\psi_0^{(2)}(u,0)\right)\right]^2}{2\left[\left(\psi_0^{(1)}(u,0)\right)^2+\left(\psi_0^{(2)}(u,0)\right)^2\right]}\right).$$

**证明** 由前面的第 3 步, 得到对于每个 $k\geqslant 1$, 有

$$|\hat{a}_l^{(k)}(U_i)-\hat{a}_l^{(0)}(U_i)|\leqslant\eta_1\hat{V}_{a_l,\Delta_0^{(1)}(U_i)}\text{且}|\hat{a}_l^{(k)}(U_j)-\hat{a}_l^{(0)}(U_j)|\leqslant\eta_1\hat{V}_{a_l,\Delta_0^{(2)}(U_j)}.\tag{6.5}$$

根据 Cai 和 Xu (2009), 得到

$$\hat{a}_l^{(0)}(U_i)=\rho_{il}+\zeta_{il}\quad\text{和}\quad\hat{a}_l^{(0)}(U_j)=\rho_{jl}+\zeta_{jl},\tag{6.6}$$

其中

$$\zeta_{il}\sim N\left(0,V^2_{a_l,\Delta_0^{(1)}(U_i)}\right)\quad\text{和}\quad\zeta_{jl}\sim N\left(0,V^2_{a_l,\Delta_0^{(2)}(U_j)}\right),\tag{6.7}$$

$\rho_{il}$ 和 $\rho_{jl}$ 通过某些公式可以得到. 这样, 根据式 (6.5) 和 (6.6) 可以得到

$$\begin{aligned}&|\hat{a}_l^{(k)}(U_i)-\hat{a}_l^{(k)}(U_j)|\\ \geqslant&|\hat{a}_l^{(0)}(U_i)-\hat{a}_l^{(0)}(U_j)|-|\hat{a}_l^{(k)}(U_i)-\hat{a}_l^{(0)}(U_i)|-|\hat{a}_l^{(k)}(U_j)-\hat{a}_l^{(0)}(U_j)|\\ \geqslant&|\rho_{il}-\rho_{jl}|-|\zeta_{il}-\zeta_{jl}|-\eta_1V_{a_l,\Delta_0^{(1)}(U_i)}-\eta_1V_{a_l,\Delta_0^{(2)}(U_j)},\end{aligned}$$

所以根据式 (6.7) 有

$$
\begin{aligned}
&\mathrm{pr}\left\{|\hat{a}_l^{(k)}(U_i)-\hat{a}_l^{(k)}(U_j)|<\eta_1 V_{a_l,\Delta_0^{(1)}(U_i)}\right\}\\
\leqslant&\mathrm{pr}\left[|\zeta_{il}-\zeta_{jl}|>|\rho_{il}-\rho_{jl}|-2\eta_1 V_{a_l,\Delta_0^{(1)}(U_i)}-\eta_1 V_{a_l,\Delta_0^{(2)}(U_j)}\right]\\
=&\mathrm{pr}\left[\frac{|\zeta_{il}-\zeta_{jl}|}{\left\{V^2_{a_l,\Delta_0^{(1)}(U_i)}+V^2_{a_l,\Delta_0^{(1)}(U_j)}\right\}^{1/2}}>\frac{|\rho_{il}-\rho_{jl}|-2\eta_1 V_{a_l,\Delta_0^{(1)}(U_i)}-\eta_1 V_{a_l,\Delta_0^{(2)}(U_j)}}{\left\{V^2_{a_l,\Delta_0^{(1)}(U_i)}+V^2_{a_l,\Delta_0^{(2)}(U_j)}\right\}^{1/2}}\right]\\
=&\mathrm{pr}\left[|Z|>\frac{|\rho_{il}-\rho_{jl}|-2\eta_1 V_{a_l,\Delta_0^{(1)}(U_i)}-\eta_1 V_{a_l,\Delta_0^{(2)}(U_j)}}{\left\{V^2_{a_l,\Delta_0^{(1)}(U_i)}+V^2_{a_l,\Delta_0^{(2)}(U_j)}\right\}^{1/2}}\right]\\
\leqslant&\mathrm{pr}\left[|Z|>\frac{|\rho_{il}-\rho_{jl}|-\eta_1\{2\nu_l^{(1)}(u,0)+\nu_l^{(2)}(u,0)\}}{\left\{\{\nu_l^{(1)}(u,0)\}^2+\{\nu_l^{(2)}(u,0)\}^2\right\}^{1/2}}\right]\\
\leqslant&\exp\left(-\frac{\left[|\rho_{il}-\rho_{jl}|-\eta_1\left(2\nu_l^{(1)}(u,0)+\nu_l^{(2)}(u,0)\right)\right]^2}{2\left[\left(\nu_l^{(1)}(u,0)\right)^2+\left(\nu_l^{(2)}(u,0)\right)^2\right]}\right),
\end{aligned}
$$

$Z$ 是标准正态随机变量. 另外, 满足上面不等式的 $i$ 和 $j$ 的个数可以用 $\frac{nN_k}{2}$ 界定. 所以, 第 $k$ 步迭代时, 至少满足一个的概率值仍小于下式

$$
nN_k\exp\left(-\frac{\left[|\rho_{il}-\rho_{jl}|-\eta_1\left(2\nu_l^{(1)}(u,0)+\nu_l^{(2)}(u,0)\right)\right]^2}{2\left[\left(\nu_l^{(1)}(u,0)\right)^2+\left(\nu_l^{(2)}(u,0)\right)^2\right]}\right).
$$

将所有 $k\leqslant k^*$ 相加, 上界如下:

$$
\begin{aligned}
&\mathrm{pr}\left\{|\hat{a}_l^{(k)}(U_i)-\hat{a}_l^{(k)}(U_j)|\geqslant\eta_1\hat{V}_{a_l,\Delta_0^{(1)}(U_i)}\right\}\\
\geqslant&1-\sum_{k=1}^{k^*}nN_k\exp\left(-\frac{\left[|\rho_{il}-\rho_{jl}|-\eta_1\left(2\nu_l^{(1)}(u,0)+\nu_l^{(2)}(u,0)\right)\right]^2}{2\left[\left(\nu_l^{(1)}(u,0)\right)^2+\left(\nu_l^{(2)}(u,0)\right)^2\right]}\right)\\
\geqslant&1-n\ \exp\left(-\frac{\left[|\rho_{il}-\rho_{jl}|-\eta_1\left(2\nu_l^{(1)}(u,0)+\nu_l^{(2)}(u,0)\right)\right]^2}{2\left[\left(\nu_l^{(1)}(u,0)\right)^2+\left(\nu_l^{(2)}(u,0)\right)^2\right]}\right)\sum_{k=1}^{k^*}N_k\\
=&1-Cn^2\exp\left(-\frac{\left[|\rho_{il}-\rho_{jl}|-\eta_1\left(2\nu_l^{(1)}(u,0)+\nu_l^{(2)}(u,0)\right)\right]^2}{2\left[\left(\nu_l^{(1)}(u,0)\right)^2+\left(\nu_l^{(2)}(u,0)\right)^2\right]}\right)\\
\equiv&1-C_{a_l,k^*},
\end{aligned}
$$

其中, 对于某一常数 $C$, 有 $\sum_{k=1}^{k^*} N_k = Cn$.

$$C_{a_l,k^*} = Cn^2 \exp\left(-\frac{\left[|\rho_{il}-\rho_{jl}| - \eta_1\left(2\nu_l^{(1)}(u,0)+\nu_l^{(2)}(u,0)\right)\right]^2}{2\left[\left(\nu_l^{(1)}(u,0)\right)^2+\left(\nu_l^{(2)}(u,0)\right)^2\right]}\right).$$

类似地证明, 可以得到

$$\mathrm{pr}\left\{|\hat{b}_l^{(k)}(U_i)-\hat{b}_l^{(k)}(U_l)| \geqslant \eta_2 \hat{V}_{b_l,\Delta_0^{(1)}(U_i)}\right\} \geqslant 1 - C_{b_l,k^*},$$

其中

$$C_{b_l,k^*} = Cn^2 \exp\left(-\frac{\left[|b_{il}-b_{jl}| - \eta_2\left(2\psi_l^{(1)}(u,0)+\psi_l^{(2)}(u,0)\right)\right]^2}{2\left[\left(\psi_l^{(1)}(u,0)\right)^2+\left(\psi_l^{(2)}(u,0)\right)^2\right]}\right).$$

这样, 就有

$$\begin{aligned}
&\mathrm{pr}\Big\{|\hat{a}_l^{(k)}(U_i)-\hat{a}_l^{(k)}(U_j)| \geqslant \eta_1 \hat{V}_{a_l,\Delta_0^{(1)}(U_i)}\ \text{或}\ |\hat{b}_l^{(k)}(U_i)-\hat{b}_l^{(k)}(U_j)| \geqslant \eta_2 \hat{V}_{b_l,\Delta_0^{(1)}(U_i)},\\
&\qquad l=0,\cdots,p\Big\}\\
&\geqslant \mathrm{pr}\left\{|\hat{b}_0^{(k)}(U_i)-\hat{b}_0^{(k)}(U_j)| \geqslant \eta_2 \hat{V}_{b_0,\Delta_0^{(1)}(U_i)}\right\}\\
&\geqslant 1 - C_{b_0,k^*} = 1 - C_{k^*}. \quad (C_{k^*} = C_{b_0,k^*})
\end{aligned}$$

定理的证明结束. ■

需要指出的是, 序列 $N_1,\cdots,N_{k^*}$ 通常是呈指数增长, 则和函数 $\sum_{k=1}^{k^*} N_k$ 和 $N_{k^*}$ 是同阶的. 假定 $N_{k^*}=n$, 也就是当选择了最大的邻域时, 我们就停止自适应的执行步骤. 这样就会产生边界

$$\sum_{k=1}^{k^*} N_k \leqslant Cn,$$

其中 $C$ 为某个常数. 即使 $C$ 不是常数, 也不会影响定理 6.1.2 和定理 6.1.3 中的证明, 因为这一假定只是方便得到一个风险界.

**注 6.1.4** 该定理表明, 如果使用的是非齐性邻域, 则由自适应方法得到的来自不同区间的估计量不同的概率很大.

### 6.1.4 结论

对变系数分位回归模拟已经提出来的方法有局部多项式方法, 见 Honda (2004), Kim (2007), Cai 和 Xu (2009), B 样条方法 (Kim, 2007). 局部多项式估计有一些非

常好的性质, 如在渐近最大最小性、设计自适应性及边界自动修正等方面有很好的统计性质, 参见 Fan 和 Gijbels (1996). 其窗宽 $h$ 是由 AIC 准则选出来的全局窗宽. 而本节中所提出的方法是利用齐性检验方法自适应地选择局部窗宽. 局部自适应的窗宽与全局窗宽相比有更好的估计效果: (i) 与设计点密度相适应; (ii) 当数据点比较稀疏时, 自动选择较大的窗宽; (iii) 与回归函数的结构相适应, 当真实曲线较平坦时, 估计曲线就较光滑, 当真实曲线较陡峭时, 估计曲线则欠光滑 (Brockmann, 1993). Kim (2007) 提出了用多项式样条方法解决变系数分位回归模型问题. 这种方法不需要未知系数函数为共同的几阶光滑, 但使用者需要提供节点集或节点数. 与自适应方法使用齐性检验确定区间相比, B 样条方法对数据结构的适应性较差. 总体来说, 自适应方法具有以下一些很好的性质: 在没有其他先验信息 (如系数函数的光滑阶数) 的情况下, 可以很好地探测到数据的结构. 这些特征在理论结果和实例结果中都有验证.

本节中的自适应方法同样可以应用到高维数据模型中, 然而随着维数 $p$ 的增加, 齐性检验就会越来越复杂. 这样, 可以考虑用似然函数来重新定义齐性检验, 以使齐性检验能够更加简洁有效. 这个想法在以后的研究中可能会进一步探讨.

最后, 但同样重要的是, 自适应估计方法很容易通过我们的算法实现.

### 6.1.5　主要参考文献

变系数模型的提出旨在克服数据的高维灾难, 探测数据的动态特性. 参见 Cleveland 等 (1992), Hastie 和 Tibshirani (1993), Carroll 等 (1998), Fan 等 (1999), Fan 等 (2000), Kauermann 和 Tutz (1999), Zhang 和 Lee (2000) 等. 函数数据分析 (Ramsay, Silverman, 1997), 纵向数据分析, 参见如 Hoover 等 (1998), Wu 等 (1998), 非线性时间序列分析, 见 Nicholls 和 Quinn (1982), Chen 和 Tsay, (1993), Cai 等 (2000) 以及变系数广义线性模型见 Cai 等 (2000). 在某些应用中条件期望的估计可能是不稳健或不合适的, 见 Lawrence (2008). 如果要了解更多关于分位回归模型的发展, 可以参考文章, Koenker 和 Bassett (1982), Koenker 和 D'Orey (1993), Fan 等 (1994), Tian 和 Chen (2006), Tian 等 (2010), Wu 和 Tian (2008), Yu 和 Jones (1998, 2003). 近年来在分位回归框架下的变系数模型得到越来越多的关注. 针对独立时间序列数据, Honda(2004) 提出了变系数分位回归模型的局部多项式方法. Kim (2007) 提出利用局部样条方法来估计变系数分位回归模型. Cai 和 Xu (2009) 使用了局部多项式和局部常数方法来估计分位回归模型的光滑系数. 本节主要参考了张圆圆等 (2012) 采用局部多项式方法来逼近分位回归系数函数, 提出了一种更有效的局部自适应窗宽方法来确定用于局部线性逼近的特定齐性邻域, 得到了在一些更弱条件下的结论.

## 6.2 异方差变系数分位回归

本节主要考虑异方差变系数模型, 并提出一种基于复合分位回归新的估计方法. 用 LCQR 的方法估计系数函数及其导数, 同时对异方差构造一个新的估计量. 再则我们还得到误差部分条件分位曲线的估计, 详细推导出各估计量的条件偏差、方差及渐近正态性. 在选择最优窗宽的时候, 采用的是简单、快捷的插入窗宽选择器. 系数函数的估计非常有效、稳健, 且不易受异方差性及误差分布的影响. 当误差 $\varepsilon$ 为非正态分布时, 这里所得到的系数函数的估计要比局部多项式加权最小二乘估计方法更有效. 当误差 $\varepsilon$ 为正态分布时, 前者也与后者一样有效. 此外, 本节关于异方差的估计也比已有文献中的估计要有效. 提出基于 Bootstrap 方法的拟合优度检验, 以此诊断系数函数是否真的是变系数函数.

### 6.2.1 引言

变系数模型是经典线性模型的一个推广, 可用于研究回归系数是否随某些变量变化. 变系数模型主要的优点是模型偏差可大大减小, 并且可避免高维灾难等问题. 此外, 变系数模型也具有很好的解释性. 例如, Hastie 和 Tibshirani (1993), Fan 和 Zhang (1999, 2000, 2008), Honda (2004). 在变系数模型中一般假设系数是某个变量的函数, 该改变一般叫光滑变量. 在很多情况下, 模型中有异方差性, 故本节主要考虑异方差变系数模型. 异方差性主要是指误差的方差随观测值发生变化. 为了简单化, 主要考虑误差的方差随光滑变量变化的情况. 当然, 该模型可推广到更普遍的情况.

关于系数函数的估计, 现已有多种方法. Hastie 和 Tibshirani (1993) 考虑了 $L_2$ 估计方法与惩罚最小二乘方法. Fan 和 Zhang (1999) 提出了两步局部多项式最小二乘的估计方法. Chiang 等 (2001) 提出了光滑样条的方法. 当模型具有异方差性时, 若异方差的形式与大小已知, 一般可用局部多项式加权最小二乘去估计系数函数. 然而, 在很多情况下, 异方差的形式与大小是未知的, 这就使得加权的方法不可行, 因为关于异方差的估计是非常重要的. 为了估计异方差, 很多文献都用两步的方法, 即先计算估计残差, 然后利用残差估计异方差, 如 Muller (1987), Zhao (2001), Tian 和 Chan (2010). 不过, 已有的方法都不能实现系数函数与异方差的同时估计, 此外, 两者的估计都相互影响. 因此, 若能找到一个能同时且独立估计系数函数与异方差的方法则显得非常重要.

Koenker 和 Bassett (1978) 提出的分位回归是可用于估计条件分位函数, 该方法比一般的均值回归更加稳健. 例如, Koenker (2005), Tian 和 Chen (2006) 及 Tian

(2009) 基于分位回归, Zou 和 Yuan (2008) 考虑了下列线性模型

$$Y=\sum_{j=1}^{p}X_j\beta_j+\varepsilon,$$

并提出了一种新的估计方法, 即复合分位回归 (CQR). 令 $\rho_{\tau_k}(s)=s(\tau_k-I(s<0)), k=1,2,\cdots,q$ 为 $q$ 个损失函数, 其中这 $q$ 个分位点为: $\tau_k=k/(q+1)$. 通过最小化下式便可得 $\beta$ 的估计:

$$(\hat{b}_1,\cdots,\hat{b}_q,\hat{\beta}^{\mathrm{CQR}})=\mathrm{Argmin}_{b_1,\cdots,b_q,\beta}\sum_{k=1}^{q}\left\{\sum_{i=1}^{n}\rho_{\tau_k}(Y_i-b_k-X_i^{\mathrm{T}}\beta)\right\},$$

其中, $b_k$ 是 $\varepsilon$ 的 $100\tau_k\%$ 分位. 已有文献中证明, 在任何误差分布下, CQR 估计量对最小二乘估计量的相对有效性都要大于 70%. 此外, CQR 比最小二乘有效得多.

基于 CQR, Kai 等 (2010) 提出了一种新的非参回归方法, 即局部复合分为回归光滑方法. 当误差为非正态分布时, 该方法比局部多项式回归估计有效得多. 当误差为正态分布时, 前者与后者一样有效. 由于局部 CQR 方法具有这些优良性质, 我们将利用该方法估计异方差变系数模型中的系数函数.

本节提出了一种新的估计方法, 即复合分位回归与分位比平均, 去同时估计系数函数与异方差. 分别利用局部线性 CQR 与局部二次 CQR 去估计系数函数与其导数. 为了估计异方差性, 构造一个新的估计量, 即分位比平均 (AQR), 该估计量由于已有的两步估计量. 不失一般性, 我们研究了 $m$ 阶多项式 CQR-AQR. 在估计系数函数时, 本节的估计方法不需要任何关于 $\varepsilon$ 的假设, 然而在最小二乘方法中都需要对 $\varepsilon$ 进行相关的假设.

CQR-AQR 估计方法是非常有效与稳健的. 通过与加权局部多项式及一般的最小二乘比较, 当误差 $\varepsilon$ 为非正态分布时, 局部 CQR 估计更为有效与稳健, 同时在正态分布的情况下, 它也同样有效. 此外, 系数函数的估计精度不受异方差的影响. 通过与三角加权 $k$-NN 估计方法比较, AQR 估计更为有效与准确, 虽然在某些跳跃点表现不是很好. 因此, 对于异方差变系数模型, 局部 CQR-AQR 是一个非常有效且通用的估计方法. 此外, 我们的估计方法对于分位点个数 $q$ 的选取也不敏感. 不过, 如果误差为同方差, 可选取一个相对较小的 $q$; 若存在异方差性, 则选取一个相对较大的 $q$.

### 6.2.2 局部线性估计

1. 估计

假设独立同分布的样本 $\{(T_i,X_i,Y_i):i=1,\cdots,n\}$ 来自于总体 $(T,X,Y)$, 其中 $T_i\in\mathbb{R}$, $X_i=(X_{i1},X_{i2},\cdots,X_{ip})^{\mathrm{T}}\in\mathbb{R}^p$, $Y_i\in\mathbb{R}$. $T_i,X_i$ 为观测值.

当给定 $(T_i, X_i)$, 假设异方差变系数模型可表示如下：

$$Y_i = X_i^{\mathrm{T}}\beta(T_i) + \sigma(T_i)\varepsilon_i, \tag{6.8}$$

其中, $T_i$ 是光滑变量, $\beta(\cdot) = (\beta_1(\cdot), \cdots, \beta_p(\cdot))^{\mathrm{T}} \in \mathbb{R}^p$ 为未知光滑函数, $\sigma(T_i)$ 表示可能的异方差且其为未知正函数. 变量 $T$ 与变量 $X$ 相互独立. 假设 $\varepsilon_i$ 独立同分布, 来自于总体 $N(0,1)$, 此外 $\varepsilon_i$ 与 $(T_i, X_i)$ 独立. 我们的目的主要是得到关于 $\beta(T_i)$ 与 $\sigma(T_i)$ 的估计与统计推断.

记 $\varepsilon$ 的 $100\tau_k\%$ 分位数为 $c_{\tau_k}$, 其中 $\tau_1, \tau_2, \cdots, \tau_q$ 满足 $0<\tau_1<\tau_2<\cdots<\tau_q<1$. 一般地, 用等间距的分位：$\tau_k = k/(q+1)$, 其中, $k = 1, 2, \cdots, q$. 假设 $\varepsilon$ 的密度函数在任何地方都不消失. 因此, $c_{\tau_k}$ 对任何 $0 < \tau_k < 1$ 都是唯一确定的.

如果 $\beta(T_i)$ 是 $m+1$ 阶可微的, 在任何一个给定点 $t$ 的邻域内, 它可用多项式函数逼近, 即 $\beta(T_i) \approx \beta(t) + \beta'(t)(T_i - t) + \cdots + \beta^{(m)}(t)(T_i - t)^m/m!$, 同时, $\sigma(T_i)$ 可用 $\sigma(t)$ 近似. 因此, 利用局部复合分位回归, 可通过最小化下式得到 $\beta^{(j)}(t)$ 与 $a_{\tau_k}$ 的估计, 其中, $j = 0, \cdots, m$, $k = 1, \cdots, q$,

$$\sum_{k=1}^{q}\sum_{i=1}^{n}\rho_{\tau_k}\left(Y_i - a_{\tau_k} - X_i^{\mathrm{T}}\left(\sum_{j=0}^{m}\beta^{(j)}(t)(T_i - t)^j/j!\right)\right)K\left(\frac{T_i - t}{h}\right), \tag{6.9}$$

其中, $K(\cdot)$ 是核函数, $h$ 为窗宽, $a_{\tau_k}$ 是 $\sigma(t)\varepsilon$ 的 $100\tau_k\%$ 分位数, $k = 1, \cdots, q$. 一般情况下, Fan 和 Gijbels (1996) 建议用局部线性展开即可. 因此, 可考虑如下的局部线性 CQR 问题：最小化

$$\sum_{k=1}^{q}\sum_{i=1}^{n}\rho_{\tau_k}\left(Y_i - a_{\tau_k} - X_i^{\mathrm{T}}\left(\beta(t) + \beta'(t)(T_i - t)\right)\right)K\Big(\frac{T_i - t}{h}\Big). \tag{6.10}$$

通过最小化上述目标函数, 可得 $\beta(t)$, $\beta'(t)$ 与 $a_{\tau_k}$ 的估计, 其中, $k = 1, \cdots, q$. $\hat{a}_{\tau_k}$ 是 $\sigma(t)\varepsilon$ 的 $100\tau_k\%$ 分位数估计, $c_{\tau_k}$ 是 $\varepsilon$ 的 $100\tau_k\%$ 分位数, 因此可用 $\hat{a}_{\tau_k}$ 与 $c_{\tau_k}$ 的比值去估计 $\sigma(t)$, 将这个比值称为分位比估计 (quantile-ratio-estimate), 其中, $k = 1, \cdots, q$, 如果 $c_{\tau_k} \neq 0$. 基于 CQR 的思想, 同时利用所有 $q$ 个分位比 ($\hat{a}_{\tau_k}/c_{\tau_k}$, $k = 1, \cdots, q$) 提出了一个新的关于 $\sigma(t)$ 的估计, 即将这 $q$ 个不同的分位比估计值进行平均, 称该估计量为 AQR. 在下面中, $\beta(t)$ 的估计量记为 CQR, $\sigma(t)$ 的估计量记为 AQR, 因为所提出的新的估计方法可记为 CQR-AQR.

$\sigma(t)$ 的估计量 AQR 可用下式定义.

如果对任意 $k = 1, \cdots, q$, $c_{\tau_k} \neq 0$, 那么

$$\hat{\sigma}(t) = \frac{1}{q}\sum_{k=1}^{q}\frac{\hat{a}_{\tau_k}}{c_{\tau_k}}. \tag{6.11}$$

如果对于某个 $j \in \{1, \cdots, q\}$, 有 $c_{\tau_j} = 0$, 那么 AQR 可定义如下

$$\hat{\sigma}(t) = \frac{1}{q-1} \sum_{\substack{k=1 \\ k \neq j}}^{q} \frac{\hat{a}_{\tau_k}}{c_{\tau_k}}. \tag{6.12}$$

通过最小化目标函数 (6.10) 并利用 AQR 估量, 能同时得到 $\beta(t)$ 与 $\sigma(t)$ 的估计. 迄今, 没有文献提出同时估计系数函数与异方差的方法. 由于估计量 AQR 结合了关于 $\sigma(t)$ 的所有 $q$ 个不同的分位比估计, 故该估计量非常有效与稳健, 即使是对于那些跳跃很大的异方差的估计.

2. CQR 估计量的渐近性质

本节建立了 $\hat{\beta}(t)$ 的渐近性质. 令 $f_T(\cdot)$ 记为 $T$ 的边际密度函数, 令 $F(\cdot)$ 与 $f(\cdot)$ 分别记为 $\varepsilon$ 的累积分布函数与密度函数. 首先, 加入以下正则条件:

(1) $\beta(t)$ 在 $t$ 的邻域内 $m+1$ 阶连续可微;

(2) $\sigma(t)$ 是正的连续函数;

(3) $f_T(t)$ 为连续函数且 $f_T(t) > 0$;

(4) 核函数 $K(\cdot)$ 为具有紧支撑的对称函数;

(5) $E(XX^{\mathrm{T}} \mid T = t)$ 是正定的且在 $t$ 的邻域内是连续的;

(6) 窗宽 $h$ 满足 $h \to 0$, $n \to \infty$, $nh \to \infty$.

在这里, 用以下记号:

$$\mu_j = \int u^j K(u) \mathrm{d}u, \quad \nu_j = \int u^j K^2(u) \mathrm{d}u, \quad j = 0, 1, 2, \cdots,$$

$$R_1(q) = \frac{\displaystyle\sum_{k=1}^{q} \sum_{k'=1}^{q} \tau_{kk'}}{\left( \displaystyle\sum_{k=1}^{q} f(c_{\tau_k}) \right)^2}$$

与

$$R_2(q) = \frac{1}{q^2} \sum_{k=1}^{q} \sum_{k'=1}^{q} \frac{1}{c_{\tau_k} c_{\tau_{k'}}} \frac{\tau_{kk'}}{f(c_{\tau_k}) f(c_{\tau_{k'}})},$$

其中 $\tau_{kk'} \equiv \min(\tau_k, \tau_{k'}) - \tau_k \tau_{k'}$. 令$\boldsymbol{c} = \dfrac{1}{q} \displaystyle\sum_{k=1}^{q} \dfrac{1}{c_{\tau_k}}$, $\Xi = E(X^{\mathrm{T}} \mid T = t)$, $\varSigma_X = \mathrm{var}(X \mid T = t)$, $\varPsi = E(XX^{\mathrm{T}} \mid T = t)$ 和 $\varOmega = \mathrm{E}(X^{\mathrm{T}} \mid T = t) \left( \mathrm{var}(X^{\mathrm{T}} \mid T = t) \right)^{-1} \mathrm{E}(X \mid T = t)$, 而 $\mathcal{D}$ 是 $(X, T)$ 生成的 $\sigma$- 域 (代数).

下述定理分别研究了 $\hat{\beta}(t)$ 的渐近条件偏差、方差与渐近性质.

**定理 6.2.1** 在正则条件 (1) ~ (6) 下, 估计量 $\hat{\beta}(t)$ 的渐近条件偏差与方差分别为

$$\begin{aligned}\text{bias}\{\hat{\beta}(t)\mid\mathcal{D}\}&=\frac{1}{2}\beta''(t)\mu_2h^2+o_p(h^2),\\ \text{cov}\{\hat{\beta}(t)\mid\mathcal{D}\}&=\frac{\nu_0\Sigma_X^{-1}\sigma^2(t)}{nhf_T(t)}R_1(q)+o_p\left(\frac{1}{nh}\right).\end{aligned}$$

此外, 可得 $\hat{\beta}(t)$ 的渐近正态性

$$\sqrt{nh}\left\{\hat{\beta}(t)-\beta(t)-\frac{1}{2}\beta''(t)\mu_2h^2\right\}\xrightarrow{d}N\left(\mathbf{0},\frac{\nu_0\Sigma_X^{-1}\sigma^2(t)}{f_T(t)}R_1(q)\right),$$

其中, $\xrightarrow{d}$ 表示依分布收敛.

**证明** 渐近性可由定理 6.2.4 中取 $m=1$ 知其成立. 在本节主要计算了 $\hat{\beta}(t)$ 的条件偏差和方差. 当 $m=1$ 时,

$$\begin{aligned}S_{11}&=\text{diag}\{f(c_{\tau_1}),\cdots,f(c_{\tau_q})\},\\ S_{12}&=\{(f(c_{\tau_1})E(X\mid T=t),\cdots,f(c_{\tau_q})E(X\mid T))^{\mathrm{T}},\mathbf{0}_{q\times 1}\},\\ S_{22}&=\text{diag}\left\{E(XX^{\mathrm{T}}\mid T=t)\sum_{k=1}^{q}f(c_{\tau_k}),E(XX^{\mathrm{T}}\mid T=t)\mu_2\sum_{k=1}^{q}f(c_{\tau_k})\right\}.\end{aligned}$$

记

$$\begin{aligned}(S^{-1})_{22}&=(S_{22}-S_{21}S_{11}^{-1}S_{12})^{-1}=\text{diag}\left\{\frac{(\text{var}(X\mid T=t))^{-1}}{\sum_{k=1}^{q}f(c_{\tau_k})},\frac{(E(XX^{\mathrm{T}}\mid T=t))^{-1}}{\mu_2\sum_{k=1}^{q}f(c_{\tau_k})}\right\},\\ (S^{-1})_{21}&=-(S^{-1})_{22}S_{21}S_{11}^{-1}=\left(-\left\{\frac{E(X\mid T=t)(\text{var}(X\mid T=t))^{-1}}{\sum_{k=1}^{q}f(c_{\tau_k})}\right\}\mathbf{1}_{q\times 1},\mathbf{0}_{q\times 1}\right)^{\mathrm{T}},\end{aligned}$$

注意到

$$\begin{aligned}E(w_{1k}^*\mid\mathcal{D})&=\sum_{i=1}^{n}\frac{K_i}{\sqrt{nh}}\left(F\left(c_{\tau_k}-\frac{d_{i,k}}{\sigma(T_i)}\right)-F(c_{\tau_k})\right),\\ E(w_{2j}^*\mid\mathcal{D})&=\sum_{i=1}^{n}\frac{X_i^{\mathrm{T}}K_is_i^j}{\sqrt{nh}}\sum_{k=1}^{q}\left(F\left(c_{\tau_k}-\frac{d_{i,k}}{\sigma(T_i)}\right)-F(c_{\tau_k})\right),\end{aligned}$$

令 $e_1=(1,0)^{\mathrm{T}}$. 由定理 6.2.4,

$$\begin{aligned}\operatorname{bias}\{\hat\beta(t)\mid\mathcal{D}\}&=-\frac{1}{\sqrt{nh}}\frac{\sigma(t)}{f_T(t)}e_1^{\mathrm T}\{(S^{-1})_{21}E[\boldsymbol{W}_{1n}^*\mid\mathcal{D}]+(S^{-1})_{22}E[\boldsymbol{W}_{2n}^*\mid\mathcal{D}]\}\\&=-\frac{\sigma(t)}{nhf_T(t)}\frac{(\operatorname{var}(X\mid T=t))^{-1}}{\sum\limits_{k=1}^q f(c_{\tau_k})}\sum_{i=1}^n(X_i-E(X\mid T=t))K_i\\&\quad\cdot\sum_{k=1}^q\left(F\left(c_{\tau_k}-\frac{d_{i,k}}{\sigma(T_i)}\right)-F(c_{\tau_k})\right).\end{aligned}$$

由于

$$F\left(c_{\tau_k}-\frac{d_{i,k}}{\sigma(T_i)}\right)-F(c_{\tau_k})=-\frac{r_{i,1}}{\sigma(T_i)}f(c_{\tau_k})\{1+o_p(1)\}.$$

因此,

$$\begin{aligned}&\operatorname{bias}(\hat\beta(t)\mid\mathcal{D})\\=&\frac{1}{nh}\frac{\sigma(t)}{f_T(t)}(\operatorname{var}(X\mid T=t))^{-1}\sum_{i=1}^n(X_i-E(X\mid T=t))K_i\frac{r_{i,1}}{\sigma(T_i)}\{1+o_p(1)\}\\=&\frac{1}{2nh}\frac{\sigma(t)}{f_T(t)}\sum_{i=1}^nK_i\frac{\beta''(t)(T_i-t)^2}{\sigma(T_i)}\{1+o_p(1)\}\\=&\frac{1}{2}\beta''(t)\mu_2h^2+o_p(h^2).\end{aligned}$$

此外, $\hat\beta(t)$ 的条件协方差为

$$\begin{aligned}\operatorname{cov}(\hat\beta(t)\mid\mathcal{D})&=\frac{\sigma^2(t)}{nhf_T(t)}e_1^{\mathrm T}(S^{-1}\Sigma S^{-1})_{22}e_1+o_p\left(\frac{1}{nh}\right)\\&=\frac{\sigma^2(t)}{nhf_T(t)}\frac{\nu_0\sum\limits_{k=1}^q\sum\limits_{k'=1}^q\tau_{kk'}}{(\sum\limits_{k=1}^q f(c_{\tau_k}))^2}(\operatorname{var}(X\mid T))^{-1}+o_p\left(\frac{1}{nh}\right)\\&=\frac{\nu_0(\operatorname{var}(X\mid T))^{-1}\sigma^2(t)}{nhf_T(t)}R_1(q)+o_p\left(\frac{1}{nh}\right).\end{aligned}$$

定理证毕. ■

由定理 6.2.1 可得

$$\operatorname{MSE}(\hat\beta(t))=\frac{1}{4}\beta''^{\mathrm T}(t)\Psi\beta''(t)\mu_2^2h^4+\frac{\nu_0\sigma^2(t)\operatorname{tr}\{\Psi\Sigma_X^{-1}\}}{nhf_T(t)}R_1(q),$$

当 $h\to 0, nh\to\infty$. 通过直接计算, 可得 $\hat{\beta}(t)$ 的局部最优窗宽为

$$h_{\mathrm{lopt}_\beta}=\left(\frac{\nu_0\sigma^2(t)R_1(q)}{f_T(t)\mu_2^2}\frac{\mathrm{tr}\{(\mathrm{var}(X\mid T))^{-1}\}}{\mathrm{tr}\{\beta''(t)\beta''^{\mathrm{T}}(t)\}}\right)^{\frac{1}{5}}n^{-\frac{1}{5}}\sim n^{-\frac{1}{5}}.$$

可通过最小化 $\mathrm{MISE}(\hat{\beta}(t))=\int\mathrm{MSE}(\hat{\beta}(t))\mathrm{d}t$ 得到全局最优窗宽. $\hat{\beta}(t)$ 的全局最优窗宽为

$$h_{\mathrm{opt}}=\left(\frac{\nu_0R_1(q)\mathrm{tr}\{\Psi\Sigma_X^{-1}\}}{\mu_2^2}\frac{\int\sigma^2(t)\mathrm{d}t}{\int\beta''^{\mathrm{T}}(t)\Psi\beta''(t)f_T(t)\mathrm{d}t}\right)^{\frac{1}{5}}n^{-\frac{1}{5}}\sim n^{-\frac{1}{5}}. \tag{6.13}$$

3. AQR 估计量的渐近性质

本节主要研究如式 (6.11) 所示的 $\hat{\sigma}(t)$ 的渐近性质. 估计量 (6.12) 的统计性质类似可得. 下述定理给出了 $\hat{\sigma}(t)$ 的渐近条件偏差、方差与渐近正态性.

**定理 6.2.2** 在正则条件 (1) ~ (5) 下, 估计量 $\hat{\sigma}(t)$ 的渐近条件偏差与方差为

$$\mathrm{bias}\{\hat{\sigma}(t)\mid\mathcal{D}\}=\frac{1}{2}\Xi\beta''(t)\mu_2h^2c(1-\Omega)+o_p(h^2),$$
$$\mathrm{var}\{\hat{\sigma}(t)\mid\mathcal{D}\}=\frac{1}{nh}\frac{\nu_0\sigma^2(t)}{f_T(t)}(R_2(q)-R_3(q)\Omega)+o_p\left(\frac{1}{nh}\right).$$

此外, 可得 $\hat{\sigma}(t)$ 的渐近正态性

$$\sqrt{nh}\left\{\hat{\sigma}(t)-\sigma(t)-\frac{1}{2}\Xi\beta''(t)\mu_2h^2\mathbf{c}(1-\Omega)\right\}\xrightarrow{d}N\left(\mathbf{0},\frac{\nu_0\sigma^2(t)}{f_T(t)}(R_2(q)-R_3(q)\Omega)\right).$$

其中, $\xrightarrow{d}$ 表示依分布收敛.

**证明** 这里主要计算了式 (6.11) 中 $\hat{\sigma}(t)$ 的条件偏差和方差. 该证明与式 (6.12) 中的渐近正态性证明类似. 令 $e_k$ 是 $q\times 1$ 向量, 其第 $k$ 个元为 1 而所有其他元为 0, 根据定理 6.2.4, 可得

$$\begin{aligned}&\mathrm{bias}\{\hat{a}_{\tau_k}(t)\mid\mathcal{D}\}\\=&-\frac{1}{\sqrt{nh}}\frac{\sigma(t)}{f_T(t)}e_k^{\mathrm{T}}\left\{(S^{-1})_{11}E(\boldsymbol{W}_{1n}^*\mid\mathcal{D})+(S^{-1})_{12}E(\boldsymbol{W}_{2n}^*\mid\mathcal{D})\right\}\\=&-\frac{1}{\sqrt{nh}}\frac{\sigma(t)}{f_T(t)}\Big[\frac{1}{f(c_{\tau_k})}\sum_{i=1}^n\frac{K_i}{\sqrt{nh}}\left(F(c_{\tau_k}-\frac{d_{i,k}}{\sigma(T_i)})-F(c_{\tau_k})\right)\\&-\frac{E(X^{\mathrm{T}}\mid T=t)(\mathrm{var}(X^{\mathrm{T}}\mid T=t))^{-1}}{\sum_{k=1}^q f(c_{\tau_k})}\end{aligned}$$

$$\cdot \sum_{i=1}^{n} \frac{X_i K_i}{\sqrt{nh}} \sum_{k=1}^{q} \left( F(c_{\tau_k} - \frac{d_{i,k}}{\sigma(T_i)}) - F(c_{\tau_k}) \right) \Big]$$

$$= \frac{1}{nh} \frac{\sigma(t)}{f_T(t)} \sum_{i=1}^{n} K_i \frac{r_{i,1}}{\sigma(T_i)} \Big(1 - E(X^{\mathrm{T}} \mid T = t)$$

$$(\mathrm{var}(X \mid T = t))^{-1} X_i \Big) \{1 + o_p(1)\}$$

$$= \frac{1}{nh} \frac{\sigma(t)}{f_T(t)} \sum_{i=1}^{n} K_i \frac{X_i^{\mathrm{T}} \beta''(t)(T_i - t)^2}{2\sigma(T_i)} \cdot$$

$$\Big(1 - E(X^{\mathrm{T}} \mid T = t)\,(\mathrm{var}(X \mid T = t))^{-1} X_i\Big) \{1 + o_p(1)\}$$

$$= \frac{1}{2} E(X^{\mathrm{T}} \mid T = t) \beta''(t) \mu_2 h^2 (1 - \Omega) + o_p(h^2).$$

由于 $\hat{\sigma}(t) = \frac{1}{q} \sum_{k=1}^{q} \frac{\hat{a}_{\tau_k}(t)}{c_{\tau_k}}$, 可得 $\hat{\sigma}(t)$ 的条件偏差

$$\begin{aligned}
\mathrm{bias}\{\hat{\sigma}(t) \mid \mathcal{D}\} &= \frac{1}{q} \sum_{k=1}^{q} \frac{1}{c_{\tau_k}} \mathrm{bias}\{\hat{a}_{\tau_k}(t) \mid \mathcal{D}\} \\
&= \frac{1}{2} E(X^{\mathrm{T}} \mid T = t) \beta''(t) \mu_2 h^2 \left( \frac{1}{q} \sum_{k=1}^{q} \frac{1}{c_{\tau_k}} \right) (1 - \Omega) + o_p(h^2) \\
&= \frac{1}{2} E(X^{\mathrm{T}} \mid T = t) \beta''(t) \mu_2 h^2 \boldsymbol{c} (1 - \Omega) + o_p(h^2).
\end{aligned}$$

此外, $\hat{\sigma}(t)$ 的条件方差为

$$\begin{aligned}
\mathrm{var}(\hat{\sigma}(t) \mid \mathcal{D}) &= \frac{1}{q^2} \sum_{k=1}^{q} \sum_{k'=1}^{q} \frac{1}{c_{\tau_k} c_{\tau_{k'}}} \mathrm{cov}(\hat{a}_{\tau_k}(t), \hat{a}_{\tau_{k'}}(t)) \\
&= \frac{1}{nhq^2} \frac{\sigma^2(t)}{f_T(t)} \sum_{k=1}^{q} \sum_{k'=1}^{q} \frac{1}{c_{\tau_k} c_{\tau_{k'}}} \left( S^{-1} \Sigma S^{-1} \right)_{kk'} \\
&= \frac{1}{nh} \frac{\nu_0 \sigma^2(t)}{f_T(t)} \Bigg[ \frac{1}{q^2} \sum_{k=1}^{q} \sum_{k'=1}^{q} \frac{1}{c_{\tau_k} c_{\tau_{k'}}} \frac{\tau_{kk'}}{f(c_{\tau_k}) f(c_{\tau_{k'}})} \\
&\quad - \frac{1}{q^2} \sum_{k=1}^{q} \sum_{k'=1}^{q} \frac{1}{c_{\tau_k} c_{\tau_{k'}}} \frac{\sum_{k=1}^{q} \tau_{kk'}}{\sum_{k=1}^{q} f(c_{\tau_k})}
\end{aligned}$$

$$\cdot E(X^{\mathrm{T}} \mid T=t)\left(\operatorname{var}(X^{\mathrm{T}} \mid T=t)\right)^{-1} E(X \mid T=t)\Big] + o_p\left(\frac{1}{nh}\right)$$

$$= \frac{1}{nh}\frac{\nu_0\sigma^2(t)}{f_T(t)}\left(R_2(q) - R_3(q)\Omega\right) + o_p\left(\frac{1}{nh}\right).$$

定理 6.2.2 证毕. ■

由定理 6.2.2 可得

$$\begin{aligned}\mathrm{MSE}(\hat{\sigma}(t)) =& \frac{1}{4}\{E(X^{\mathrm{T}} \mid T)\beta''(t)\}^2\mu_2^2 h^4\left(\frac{1}{q}\sum_{k=1}^{q}\frac{1}{c_{\tau_k}}\right)^2 \\ &+ \frac{1}{nh}\frac{\nu_0\sigma^2(t)}{f_T(t)}R_2(q) + o_p(h^4) + o_p\left(\frac{1}{nh}\right),\end{aligned}$$

当 $h \to 0, nh \to \infty$. 通过直接计算, 可得 $\hat{\sigma}(t)$ 的局部最优窗宽为

$$h_{\mathrm{lopt}_\sigma} = \left(\frac{\nu_0\sigma^2(t)R_2(q)}{\mu_2^2\left(\dfrac{1}{q}\displaystyle\sum_{k=1}^{q}\frac{1}{c_{\tau_k}}\right)^2 f_T(t)\{E(X^{\mathrm{T}} \mid T)\beta''(t)\}^2}\right)^{\frac{1}{5}} n^{-\frac{1}{5}} \sim n^{-\frac{1}{5}}.$$

可通过最小化 $\mathrm{MISE}(\hat{\sigma}(t)) = \displaystyle\int \mathrm{MSE}(\hat{\sigma}(t))\mathrm{d}t$ 得其全局最优窗宽. $\hat{\sigma}(t)$ 的全局最优窗宽为

$$h_{\mathrm{opt}_\sigma} = \left(\frac{\nu_0 R_2(q)\displaystyle\int \sigma^2(t)f_T^{-1}(t)\mathrm{d}t}{\mu_2^2\left(\dfrac{1}{q}\displaystyle\sum_{k=1}^{q}\frac{1}{c_{\tau_k}}\right)^2 \displaystyle\int\{E(X^{\mathrm{T}} \mid T)\beta''(t)\}^2\mathrm{d}t}\right)^{\frac{1}{5}} n^{-\frac{1}{5}} \sim n^{-\frac{1}{5}}.$$

### 6.2.3 局部二次估计

1. 估计

在很多情况下对系数函数的导数估计也很感兴趣, 虽然可得到关于 $\beta'(t)$ 的估计, 但是在估计导数函数时, 二次回归更加理想. 因此, $\beta'(t)$ 的估计可通过局部二次 CQR 进一步改善.

在 $t$ 的邻域内, 考虑 $\beta(T)$ 的局部二次逼近, $\beta(T) \approx \beta(t) + \beta'(t)(T-t) + \dfrac{1}{2}\beta''(t)(T-t)^2$. 可得下列局部二次 CQR 的问题: 最小化

$$\sum_{k=1}^{q}\sum_{i=1}^{n}\rho_{\tau_k}\left(Y_i - a_{\tau_k}(t) - X_i^{\mathrm{T}}\left(\beta(t) + \beta'(t)(T_i - t) + \frac{1}{2}\beta''(t)(T_i-t)^2\right)\right)K\Big(\frac{T_i - t}{h}\Big), \tag{6.14}$$

可得 $\beta'(t)$ 的估计.

2. 渐近性质

本节建立了 $\hat{\beta}'(t)$ 的渐近性质. 下述定理给出了 $\hat{\beta}'(t)$ 的渐近条件偏差、方差与渐近正态性.

**定理 6.2.3**　在正则条件 (1) $\sim$ (6) 下, 估计量 $\hat{\beta}'(t)$ 的渐近条件偏差与方差为

$$\begin{aligned}\mathrm{bias}\{\hat{\beta}'(t)\mid\mathcal{D}\}&=\frac{1}{6}\beta'''(t)h^2\frac{\mu_4}{\mu_2}+o_p(h^2),\\ \mathrm{cov}\{\hat{\beta}'(t)\mid\mathcal{D}\}&=\frac{1}{nh^3}\frac{\nu_2\varPsi^{-1}\sigma^2(t)}{\mu_2^2 f_T(t)}R_1(q)+o_p\left(\frac{1}{nh^3}\right).\end{aligned}$$

此外, 可得 $\hat{\beta}'(t)$ 的渐近正态性

$$\sqrt{nh^3}\left\{\hat{\beta}'(t)-\beta'(t)-\frac{1}{6}\beta'''(t)h^2\frac{\mu_4}{\mu_2}\right\}\xrightarrow{d}N\left(\mathbf{0},\frac{\nu_2\varPsi^{-1}\sigma^2(t)}{\mu_2^2 f_T(t)}R_1(q)\right),$$

其中, $\xrightarrow{d}$ 表示依分布收敛.

**证明**　在定理 6.2.4 中取 $m=2$ 即可证明渐近正态性. 定理 6.2.3 的证明类似于定理 6.2.1 的证明. 记 $e_2=(0,1,0)^{\mathrm{T}}$. 我们简单计算了 $\hat{\beta}'(t)$ 的条件偏差和方差.

$$\begin{aligned}\mathrm{bias}(\hat{\beta}'(t)\mid\mathcal{D})&=-\frac{\sigma(t)}{h\sqrt{nh}f_T(t)}e_2^{\mathrm{T}}\{(S^{-1})_{21}E(\boldsymbol{W}_{1n}^*\mid\mathcal{D})+(S^{-1})_{22}E(\boldsymbol{W}_{2n}^*\mid\mathcal{D})\}\\ &=\frac{\sigma(t)}{nh^2 f_T(t)}\frac{1}{E(XX^{\mathrm{T}}\mid T=t)\mu_2}\sum_{i=1}^n X_iK_is_i\frac{r_{i,2}}{\sigma(T_i)}\{1+o_p(1)\}\\ &=\frac{\sigma(t)}{nh^2 f_T(t)}\frac{1}{E(XX^{\mathrm{T}}\mid T=t)\mu_2}\sum_{i=1}^n X_iK_is_i\frac{X_i^{\mathrm{T}}\beta'''(t)s_i^3h^3}{6\sigma(T_i)}\{1+o_p(1)\}\\ &=\frac{1}{6}\beta'''(t)h^2\frac{\mu_4}{\mu_2}+o_p(h^2).\end{aligned}$$

此外, 可得到 $\hat{\beta}'(t)$ 的条件协方差为

$$\begin{aligned}\mathrm{cov}(\hat{\beta}'(t)\mid\mathcal{D})&=\frac{\sigma^2(t)}{nh^3}\frac{1}{f_T(t_0)}e_2^{\mathrm{T}}(S^{-1}\Sigma S^{-1})_{22}e_2\\ &=\frac{\sigma^2(t)}{nh^3}\frac{\nu_2(E(XX^{\mathrm{T}}\mid T=t))^{-1}}{\mu_2^2 f_T(t)}\frac{\displaystyle\sum_{k=1}^q\sum_{k'=1}^q\tau_{kk'}}{\left(\displaystyle\sum_{k=1}^q f(c_{\tau_k})\right)^2}+o_p\left(\frac{1}{nh^3}\right)\\ &=\frac{\sigma^2(t)}{nh^3}\frac{\nu_2(E(XX^{\mathrm{T}}\mid T=t))^{-1}}{\mu_2^2 f_T(t_0)}R_1(q)+o_p\left(\frac{1}{nh^3}\right).\end{aligned}$$

定理证毕. ■

由定理 6.2.3, 可得

$$\begin{aligned}\mathrm{MSE}(\hat{\beta}'(t)) =& \frac{1}{36}\beta'''(t)\beta'''^{\mathrm{T}}(t)h^4\frac{\mu_4^2}{\mu_2^2}\\&+\frac{1}{nh^3}\frac{\nu_2(E(XX^{\mathrm{T}}\mid T))^{-1}\sigma^2(t)}{\mu_2^2 f_T(t)}R_1(q)+o_p(h^4)+o_p\left(\frac{1}{nh^3}\right),\end{aligned}$$

当 $h\to 0, nh\to\infty$. 通过直接计算, 可得 $\hat{\beta}'(t)$ 的局部最优窗宽为

$$h_{\mathrm{lopt}_{\beta'}}=\left(\frac{27\nu_2\sigma^2(t)R_1(q)}{\mu_4^2 f_T(t)}\frac{\mathrm{tr}\{(E(XX^{\mathrm{T}}\mid T))^{-1}\}}{\mathrm{tr}\{\beta'''(t)\beta'''^{\mathrm{T}}(t)\}}\right)^{\frac{1}{7}}n^{-\frac{1}{7}}\sim n^{-\frac{1}{7}}.$$

可通过最小化 $\mathrm{MISE}(\hat{\beta}'(t))=\int\mathrm{MSE}(\hat{\beta}'(t))\mathrm{d}t$ 来得其全局最优窗宽. $\hat{\beta}'(t)$ 的全局最优窗宽为

$$h_{\mathrm{opt}_{\beta'}}=\left(\frac{27\nu_2R_1(q)\int\sigma^2(t)f_T^{-1}(t)\mathrm{d}t}{\mu_4^2}\frac{\mathrm{tr}\{(E(XX^{\mathrm{T}}\mid T))^{-1}\}}{\mathrm{tr}\{\int\beta'''(t)\beta'''^{\mathrm{T}}(t)\mathrm{d}t\}}\right)^{\frac{1}{7}}n^{-\frac{1}{7}}\sim n^{-\frac{1}{7}}.$$

### 6.2.4 窗宽选择

窗宽选择是局部光滑问题中一个非常重要的问题, 它在文献中已被广泛研究. 现有很多窗宽选择的方法, 如 plug-in 方法, 见 Ruppert 等 (1995); 交叉验证方法, 渐近替代方法, 见 Fan 和 Gijbels (1995). Wu 等 (1998) 与 Cai (2000) 也指出, 当在变系数模型中用非参光滑时, 可用交叉验证的方法选择窗宽. 相应的准则可用下式表示

$$\mathrm{CV}(h)=\frac{1}{n}\sum_{i=1}^{n}\sum_{k=1}^{q}\rho_{\tau_k}\Big(Y_i-\hat{a}_{\tau_k}^{(-i)}-X_i^{\mathrm{T}}\hat{\beta}^{(-i)}(T_i)\Big),\tag{6.15}$$

其中, $\hat{a}_{\tau_k}^{(-i)}$ 与 $\hat{\beta}^{(-i)}(T_i)$ 分别表示, 当去掉所有观测值中的第 $i$ 个个体的观测时, 误差 $\sigma(T_i)\varepsilon$ 的 $100\tau_k\%$ 分位与 $\beta(T_i)$ 的局部 CQR 估计. 通过最小化 $\mathrm{CV}(h)$ 便可得窗宽 $h_{\mathrm{CV}}$.

在实际中, 逐一剔除交叉验证方法选取窗宽代价昂贵, 尽管它很自然并且是数据驱动的. 这里使用 plug-in 方法选择窗宽. 令

$$\Gamma_1=\int\beta''^{\mathrm{T}}(t)\Psi\beta''(t)f_T(t)\mathrm{d}t,\quad \Gamma_2=\int\sigma^2(t)\mathrm{d}t.$$

这个估计量 $\hat{\beta}''(t)$ 可以通过局部 3 次 CQR 拟合得到, 所用合适的先行窗宽是 $h_*$, 所以 $\Gamma_1$ 的一个自然的估计是

$$\hat{\Gamma}_1 = n_{\text{grid}}^{-1} \sum_{i=1}^{n_{\text{grid}}} \hat{\beta}''^{\text{T}}(t_i) \Psi \hat{\beta}''(t_i), \tag{6.16}$$

其中 $\{t_i : i = 1, \cdots, n_{\text{grid}}\}$ 是 $T$ 的支撑上的格子点. 当采用合适的先行窗宽是 $h_*$ 并且利用局部 3 次 CQR 拟合 $\hat{\beta}''(t)$ 时, 作为副产品, 可以得到估计量 $\hat{a}_{\tau_k}(t)$, 对于 $k = 1, \cdots, q$. 于是利用式 (6.11) 或者 (6.12), 能够得到估计量 $\hat{\sigma}^2(t)$. 这样 $\Gamma_2$ 的自然的估计就是

$$\hat{\Gamma}_2 = n_{\text{grid}}^{-1} \sum_{i=1}^{n_{\text{grid}}} \hat{\sigma}^2(t_i). \tag{6.17}$$

分别用式 (6.16) 和 (6.17) 替换掉式 (6.13) 中的 $\Gamma_1$ 和 $\Gamma_2$, 就有了估计 $\beta(t)$ 的最优窗宽. 在计算式 (6.13) 中的 $\hat{\sigma}^2(t)$ 和 $R_1(q)$ 时, 如果 $\varepsilon$ 真实分布未知, 那么就取正态分布.

### 6.2.5　假设检验

对于模型 (6.8), 实际应用感兴趣的是检验系数函数是否真的随某个变量在发生变化. 下面考虑检验问题:

$$H_0 : \beta_p(t) = \beta_p \leftrightarrow H_1 : \beta_p(t) \neq \beta_p, \tag{6.18}$$

其中 $\beta_p$ 是一个未知的常数. Cai 等 (2000) 和 Huang 等 (2002) 研究了拟合优度检验, 它基于比较原假设与备选假设下的残差平方和. 在这里, 基于原假设与备选假设下的局部线性 CQR 拟合分别得到的分位残差和 (RSQ) 之比, 我们提出了一个拟合优度检验. RSQ 类似于残差平方和, 参看以下部分. 在原假设下, 拟合模型可以写成

$$Y_i = \sum_{j=1}^{p-1} X_{ij}^{\text{T}} \beta_j(T_i) + \beta_p X_{ip} + \sigma(T_i)\varepsilon_i. \tag{6.19}$$

类似于 Fan 和 Zhang (2000), 这里提出了一种在原假设之下估计 (6.19) 中 $\beta_p$ 的新方法. 首先, 忽略 $\beta_p$ 是常数这一事实, 并且把它当作一个未知的函数 $\beta_p(t)$. 基于局部线性 CQR 估计, 得到一个估计量 $\hat{\beta}_p(t)$. 每一个 $\{\hat{\beta}_p(T_i)\}$ 都是原假设下位置参数 $\beta_p$ 的估计量, 并且将它们平均一下, 就可以得到这个估计量:

$$\hat{\beta}_p = \frac{1}{n} \sum_{i=1}^{n} \hat{\beta}_p(T_i).$$

在原假设 $H_0$ 之下, RSQ 为

$$\mathrm{RSQ}_0=\sum_{k=1}^{q}\sum_{i=1}^{n}\rho_{\tau_k}\left(Y_i-\sum_{j=1}^{p-1}X_{ij}^{\mathrm{T}}\hat{\beta}_j(T_i)-\hat{\beta}_pX_{ip}-\hat{a}_{\tau_k}(T_i)\right).$$

在备选假设 $H_1$ 之下, RSQ 为

$$\mathrm{RSQ}_1=\sum_{k=1}^{q}\sum_{i=1}^{n}\rho_{\tau_k}\left(Y_i-\sum_{j=1}^{p}X_{ij}^{\mathrm{T}}\hat{\beta}_j(T_i)-\hat{a}_{\tau_k}(T_i)\right).$$

于是, 拟合优度检验统计量为

$$\boldsymbol{Q}_n=(\mathrm{RSQ}_0-\mathrm{RSQ}_1)/\mathrm{RSQ}_1=\mathrm{RSQ}_0/\mathrm{RSQ}_1-1, \tag{6.20}$$

并且拒绝原假设 $H_0$, 对于比较大的值 $\boldsymbol{Q}_n$. 令

$$\hat{\eta}_i=Y_i-\sum_{j=1}^{p}X_{ij}^{\mathrm{T}}\hat{\beta}_j(T_i)$$

并且定义

$$Y_i^*=\sum_{j=1}^{p-1}X_{ij}^{\mathrm{T}}\hat{\beta}_j(T_i)+\hat{\beta}_pX_{ip}+\hat{\eta}_i.$$

用 Bootstrap 方法来算出 $\boldsymbol{Q}_n$ 在原假设下的分布以及检验的 $p$ 值.

**第 1 步** 从 $\{(Y_i^*,X_i,T_i):i=1,\cdots,n\}$ 中采用有放回抽样法抽取 $n$ 个个体, 并且重复这一抽样法 $J$ 次.

**第 2 步** 从每个 Bootstrap 样本中, 计算检验统计量 $\boldsymbol{Q}_n^*$, 基于 $J$ 个独立 bootstrap 样本; 计算出 $\boldsymbol{Q}_n^*$ 的经验分布;

**第 3 步** 在 $\alpha$ 水平下拒绝原假设 $H_0$, 如果观察到的检验统计量 $\boldsymbol{Q}_n$ 大于 $\boldsymbol{Q}_n^*$ 的经验分布中的上 $\alpha$ 点.

这个检验的 $p$ 值是 $J$ 次重复的 Bootstrap 抽样中事件 $\{\boldsymbol{Q}_n^*\geqslant\boldsymbol{Q}_n\}$ 发生的频率. 为了简单起见, 在计算 $\boldsymbol{Q}_n^*$ 与 $\boldsymbol{Q}_n$ 时, 使用同样的窗宽.

### 6.2.6 局部 $m$ 次多项式估计

作为局部线性及局部二次 CQR-AQR 估计的一个推广, 本节考虑 $m$ 次多项式 CQR-AQR 估计, 并为模型 (6.8) 中局部 $m$ 次多项式 CQR-AQR 估计量建立了相应的渐近理论. 对于每个给定的 $t$, 可通过最小化下式得到估计量 $\hat{a}_{\tau_k}(t),\hat{b}_j,\quad k=1,\cdots,q,\ j=0,1,\cdots,m$:

$$\sum_{k=1}^{q}\sum_{i=1}^{n}\rho_{\tau_k}\Big(Y_i-a_{\tau_k}(t)-\sum_{j=0}^{m}X_i^{\mathrm{T}}b_j(T_i-t)^j\Big)K\Big(\frac{T_i-t}{h}\Big), \tag{6.21}$$

其中, $b_j=\beta^{(j)}(t)/j!$.

为了得到局部 $m$ 阶多项式 CQR-AQR 估计, 先设定下列记号

$$u_k=\sqrt{nh}(a_{\tau_k}(t)-\sigma(t)c_{\tau_k}),\quad v_j=h^j\sqrt{nh}(j!b_j-\beta^{(j)}(t))/j!$$

与 $\theta=(u_1,u_2,\cdots,u_q;v_0,v_1,\cdots,v_m)^{\mathrm{T}}$.

定义

$$S=\begin{pmatrix}S_{11} & S_{12}\\ S_{21} & S_{22}\end{pmatrix},$$

其中 $S_{11}$ 是一个 $q\times q$ 对角矩阵, 其对角元素为 $f(c_{\tau_k})$, $k=1,2,\cdots,q$; 而 $S_{12}$ 是一个 $q\times(m+1)$ 的矩阵, 其第 $(k,j)$ 个元素为 $f(c_{\tau_k})E(X^{\mathrm{T}}\mid T)\mu_j$, $k=1,2,\cdots,q$, 且 $j=0,1,\cdots,m$, $S_{21}=S_{12}^{\mathrm{T}}$; $S_{22}$ 是一个 $(m+1)\times(m+1)$ 矩阵, 其第 $(j,j')$ 个元素为 $E(XX^{\mathrm{T}}\mid T)\mu_{j+j'}\sum\limits_{k=1}^{q}f(c_{\tau_k})$, $j,j'=0,1,\cdots,m$. 将 $S^{-1}$ 分成如下四个子矩阵:

$$S^{-1}=\begin{pmatrix}S_{11} & S_{12}\\ S_{21} & S_{22}\end{pmatrix}^{-1}=\begin{pmatrix}(S^{-1})_{11} & (S^{-1})_{12}\\ (S^{-1})_{21} & (S^{-1})_{22}\end{pmatrix},$$

这里及后面的记号 $(\cdot)_{11}$ 表示上方左边的 $q\times q$ 子矩阵, $(\cdot)_{22}$ 表示下方右边的 $(m+1)\times(m+1)$ 子矩阵.

定义

$$\Sigma=\begin{pmatrix}\Sigma_{11} & \Sigma_{12}\\ \Sigma_{21} & \Sigma_{22}\end{pmatrix},$$

其中, $\Sigma_{11}$ 是一个 $q\times q$ 矩阵, 其第 $(k,k')$ 个元素为 $\nu_0\tau_{kk'}$, $k,k'=1,2,\cdots,q$, $\Sigma_{12}$ 是一个 $q\times(m+1)$ 矩阵, 其第 $(k,j)$ 个元素为 $E(X^{\mathrm{T}}\mid T)\nu_j\sum\limits_{k'=1}^{q}\tau_{kk'}$, $k=1,2,\cdots,q$, $j=0,1,\cdots,m$, $\Sigma_{21}=\Sigma_{12}^{\mathrm{T}}$, $\Sigma_{22}$ 是一个 $(m+1)\times(m+1)$ 矩阵, 其第 $(j,j')$ 个元素为 $E(XX^{\mathrm{T}}\mid T)\nu_{j+j'}\sum\limits_{k,k'=1}^{q}\tau_{kk'}$, $j,j'=0,1,\cdots,m$.

此外, 令 $d_{i,k}=c_{\tau_k}\{\sigma(T_i)-\sigma(t)\}+r_{i,m}$, $r_{i,m}=\beta(T_i)-\sum\limits_{j=0}^{m}\beta^{(j)}(t)(T_i-t)^j/j!$, $s_i=\dfrac{T_i-t}{h}$ 与 $K\left(\dfrac{T_i-t}{h}\right)=K_i$. 令 $\eta_{i,k}^*$ 为 $I(\varepsilon_i\leqslant c_{\tau_k}-d_{i,k}/\sigma(T_i))-\tau_k$. 记

$$\boldsymbol{W}_n^*=(w_{11}^*,w_{12}^*,\cdots,w_{1q}^*;w_{20}^*,w_{21}^*,\cdots,w_{2m}^*)^{\mathrm{T}},$$

其中, $w_{1k}^*=\dfrac{1}{\sqrt{nh}}\sum\limits_{i=1}^{n}K_i\eta_{i,k}^*$, $w_{2j}^*=\dfrac{1}{\sqrt{nh}}\sum\limits_{k=1}^{q}\sum\limits_{i=1}^{n}X_i^{\mathrm{T}}K_is_i^j\eta_{i,k}^*$.

**定理 6.2.4** 在 6.2.2 节中的正则条件 (1) ~ (6) 下, 对于 $k=1,\cdots,q$, 以及 $j=0,\cdots,m$, 有

$$\hat{\theta}+\frac{\sigma(t)}{f_T(t)}S^{-1}E(\boldsymbol{W}_n^*\mid T)\xrightarrow{d}N\Big(\mathbf{0},\frac{\sigma^2(t)}{f_T(t)}S^{-1}\Sigma S^{-1}\Big), \tag{6.22}$$

其中, $\xrightarrow{d}$ 表示依分布收敛.

**证明** 记

$$\Delta_{i,k}=\frac{u_k+\sum\limits_{j=0}^{m}X_i^{\mathrm{T}}v_js_i^j}{\sqrt{nh}}.$$

由于 $Y_i-a_{\tau_k}(t)-X_i^{\mathrm{T}}\sum\limits_{j=0}^{m}b_j(T_i-t)^j=\sigma(T_i)(\varepsilon_i-c_{\tau_k})+d_{i,k}-\Delta_{i,k}$, 因此 $\hat{\theta}=(\hat{u}_1,\hat{u}_2,\cdots,\hat{u}_q;\hat{v}_0,\hat{v}_1,\cdots,\hat{v}_m)^{\mathrm{T}}$ 是使下列准则最小化的值:

$$L_n=\sum_{k=1}^{q}\sum_{i=1}^{n}\Big[\rho_{\tau_k}(\sigma(T_i)(\varepsilon_i-c_{\tau_k})+d_{i,k}-\Delta_{i,k})-\rho_{\tau_k}(\sigma(T_i)(\varepsilon_i-c_{\tau_k})+d_{i,k})\Big]K_i.$$

运用下面等式:

$$\rho_\tau(r-s)-\rho_\tau(r)=s(I(r\leqslant 0)-\tau)+\int_0^s[I(r\leqslant z)-I(r\leqslant 0)]\mathrm{d}z,$$

可将 $L_n$ 写成下式

$$\begin{aligned}L_n=&\sum_{i=1}^{n}\sum_{k=1}^{q}\frac{u_k+\sum\limits_{j=0}^{m}X_i^{\mathrm{T}}v_js_i^j}{\sqrt{nh}}\Big(I(\varepsilon_i\leqslant c_{\tau_k}-\frac{d_{i,k}}{\sigma(T_i)})-\tau_k\Big)K_i\\&+\sum_{i=1}^{n}\sum_{k=1}^{q}K_i\int_0^{\Delta_{i,k}}\Big(I(\sigma(T_i)(\varepsilon_i-c_{\tau_k})+d_{i,k}\leqslant z)\\&-I(\sigma(T_i)(\varepsilon_i-c_{\tau_k})+d_{i,k}\leqslant 0)\Big)\mathrm{d}z\\=&\sum_{k=1}^{q}\Big\{\sum_{i=1}^{n}\frac{K_i\eta_{i,k}^*}{\sqrt{nh}}\Big\}u_k+\sum_{j=0}^{m}\Big\{\sum_{k=1}^{q}\sum_{i=1}^{n}\frac{X_i^{\mathrm{T}}K_is_i^j\eta_{i,k}^*}{\sqrt{nh}}\Big\}v_j\\&+\sum_{k=1}^{q}\sum_{i=1}^{n}K_i\int_0^{\Delta_{i,k}}\Big(I(\sigma(T_i)(\varepsilon_i-c_{\tau_k})+d_{i,k}\leqslant z)\\&-I(\sigma(T_i)(\varepsilon_i-c_{\tau_k})+d_{i,k}\leqslant 0)\Big)\mathrm{d}z\\=&\boldsymbol{W}_n^{*\mathrm{T}}\theta+\sum_{k=1}^{q}B_{n,k}(\theta),\end{aligned}$$

其中, $B_{n,k}(\theta)=\sum_{i=1}^{n}K_i\int_0^{\Delta_{i,k}}\Big(I(\sigma(T_i)(\varepsilon_i-c_{\tau_k})+d_{i,k}\leqslant z)-I(\sigma(T_i)(\varepsilon_i-c_{\tau_k})+d_{i,k}\leqslant 0)\Big)\mathrm{d}z$.

令

$$S_n=\begin{pmatrix} S_{n,11} & S_{n,12}\\ S_{n,21} & S_{n,22}\end{pmatrix},$$

其中, $S_{n,11}$ 是一个$q\times q$阶对角矩阵, 其对角元素为

$$\frac{1}{nh}f(c_{\tau_k})\sum_{i=1}^{n}\frac{K_i}{\sigma(T_i)},k=1,2,\cdots,q,$$

$S_{n,12}$ 是一个 $q\times(m+1)$ 阶矩阵, 其第 $(k,j)$ 个元素为

$$\frac{1}{nh}f(c_{\tau_k})\sum_{i=1}^{n}\frac{X_i^{\mathrm{T}}K_is_i^j}{\sigma(T_i)},j=0,1,\cdots,m,$$

$S_{n,21}=S_{n,12}^{\mathrm{T}},S_{n,22}$ 是一个 $(m+1)\times(m+1)$ 阶矩阵, 其第 $(j,j')$ 个元素为

$$\frac{1}{nh}\sum_{k=1}^{q}f(c_{\tau_k})\sum_{i=1}^{n}\frac{X_iX_i^{\mathrm{T}}K_is_i^{j+j'}}{\sigma(T_i)},\quad j,j'=0,1,\cdots,m.$$

$$\begin{aligned}
&E[B_{n,k}(\theta)\mid\mathcal{D}]\\
=&E\left[\sum_{i=1}^{n}K_i\int_0^{\Delta_{i,k}}\left\{I\left(\varepsilon_i\leqslant c_{\tau_k}+\frac{z-d_{i,k}}{\sigma(T_i)}\right)\right.\right.\\
&\left.\left.-I\left(\varepsilon_i\leqslant c_{\tau_k}-\frac{d_{i,k}}{\sigma(T_i)}\right)\right\}\mathrm{d}z\mid\mathcal{D}\right]\\
=&\sum_{i=1}^{n}K_i\int_0^{\Delta_{i,k}}\left\{F\left(c_{\tau_k}-\frac{d_{i,k}}{\sigma(T_i)}+\frac{z}{\sigma(T_i)}\right)-F\left(c_{\tau_k}-\frac{d_{i,k}}{\sigma(T_i)}\right)\right\}\mathrm{d}z\\
=&\sum_{i=1}^{n}K_i\int_0^{\Delta_{i,k}}\left\{\frac{z}{\sigma(T_i)}f(c_{\tau_k}-\frac{d_{i,k}}{\sigma(T_i)})+o(z)\right\}\mathrm{d}z\\
=&\sum_{i=1}^{n}K_i\Delta_{i,k}^2f\left(c_{\tau_k}-\frac{d_{i,k}}{\sigma(T_i)}\right)\Big/2\sigma(T_i)+o_p(1)\\
=&\sum_{i=1}^{n}K_i\Delta_{i,k}^2f(c_{\tau_k})/2\sigma(T_i)+o_p(1).
\end{aligned}$$

现在证明 $\mathrm{var}[B_{n,k}(\theta)\mid\mathcal{D}]=o_p(1)$.

$$\begin{aligned}\operatorname{var}[B_{n,k}(\theta)\mid\mathcal{D}]=&\operatorname{var}\left[\sum_{i=1}^{n}K_i\int_0^{\Delta_{i,k}}\{I(\sigma(T_i)(\varepsilon_i-c_{\tau_k})+d_{i,k}\leqslant z)\right.\\&\left.-I(\sigma(T_i)(\varepsilon_i-c_{\tau_k})+d_{i,k}\leqslant 0)\}\mathrm{d}z\mid\mathcal{D}\right]\\\leqslant&\sum_{i=1}^{n}E\left[\left(K_i\int_0^{\Delta_{i,k}}\{I(\sigma(T_i)(\varepsilon_i-c_{\tau_k})+d_{i,k}\leqslant z)\right.\right.\\&\left.\left.-I(\sigma(T_i)(\varepsilon_i-c_{\tau_k})+d_{i,k}\leqslant 0)\}\mathrm{d}z\right)^2\mid\mathcal{D}\right]\\\leqslant&\sum_{i=1}^{n}K_i^2\int_0^{|\Delta_{i,k}|}\int_0^{|\Delta_{i,k}|}\left\{F\left(c_{\tau_k}-\frac{d_{i,k}}{\sigma(T_i)}+\frac{|\Delta_{i,k}|}{\sigma(T_i)}\right)\right.\\&\left.-F\left(c_{\tau_k}-\frac{d_{i,k}}{\sigma(T_i)}\right)\right\}\mathrm{d}z_1\mathrm{d}z_2\\\leqslant&\, o_p\left(\sum_{i=1}^{n}K_i^2\Delta_{i,k}^2\right)\\=&\, o_p(1).\end{aligned}$$

因此, $\sum_{k=1}^{q}B_{n,k}(\theta)\xrightarrow{p}\sum_{k=1}^{q}\sum_{i=1}^{n}K_i\Delta_{i,k}^2f(c_{\tau_k})/2\sigma(T_i)$, 可将 $\sum_{k=1}^{q}\sum_{i=1}^{n}K_i\Delta_{i,k}^2\frac{f(a_{\tau_k})}{2\sigma(T_i)}$ 的极限写成矩阵 $\frac{1}{2}\theta^{\mathrm{T}}S_n\theta$. 即

$$\sum_{k=1}^{q}B_{n,k}(\theta)\xrightarrow{p}\frac{1}{2}\theta^{\mathrm{T}}S_n\theta.$$

类似于 Parzen(1962), 有

$$\begin{aligned}&\frac{1}{nh}\sum_{i=1}^{n}K_i\xrightarrow{p}f_T(t),\\&\frac{1}{nh}\sum_{i=1}^{n}X_iK_is_i^j\xrightarrow{p}f_T(t)E(X\mid T=t)\mu_j,\\&\frac{1}{nh}\sum_{i=1}^{n}X_iX_i^{\mathrm{T}}K_is_i^j\xrightarrow{p}f_T(t)E(XX^{\mathrm{T}}\mid T=t)\mu_j.\end{aligned}$$

其中, $\xrightarrow{p}$ 表示依概率收敛. 因此,

$$S_n\xrightarrow{p}\frac{f_T(t)}{\sigma(t)}S.$$

可得

$$L_n(\theta)\xrightarrow{p}\frac{1}{2}\frac{f_T(t)}{\sigma(t)}\theta^{\mathrm{T}}S\theta+\boldsymbol{W}_n^{*\mathrm{T}}\theta.$$

因为 $L_n$ 是一个凸函数, 由 Knight (1998) 可得

$$\hat{\theta} \xrightarrow{p} -\frac{\sigma(t)}{f_T(t)} S^{-1} \boldsymbol{W}_n^*.$$

记 $\eta_{i,k} = I(\varepsilon_i \leqslant c_{\tau_k}) - \tau_k$, $\boldsymbol{W}_n = (w_{11}, \cdots, w_{1q}, w_{20}, \cdots, w_{2m})^{\mathrm{T}}$, 其中,

$$w_{1k} = \frac{1}{\sqrt{nh}} \sum_{i=1}^{n} K_i \eta_{i,k} \quad 且 \quad w_{2j} = \frac{1}{\sqrt{nh}} \sum_{k=1}^{q} \sum_{i=1}^{n} X_i^{\mathrm{T}} K_i s_i^j \eta_{i,k}.$$

根据 Cramer-Wald 定理及中心极限定理, 知道

$$\frac{\boldsymbol{W}_n \mid \mathcal{D} - E[\boldsymbol{W}_n \mid \mathcal{D}]}{\sqrt{\mathrm{cov}(\boldsymbol{W}_n \mid \mathcal{D})}} \xrightarrow{d} N(\mathbf{0}, \boldsymbol{I}_{(m+q+1)\times(m+q+1)}).$$

注意到 $\mathrm{cov}(\eta_{i,k}, \eta_{i,k'}) = \tau_{kk'}$ 与 $\mathrm{cov}(\eta_{i,k}, \eta_{j,k'}) = 0$, 如果 $i \neq j$. 类似于 Parzen(1962), 有

$$\begin{aligned}
&\frac{1}{nh} \sum_{i=1}^{n} K_i^2 \xrightarrow{p} f_T(t)\nu_0, \\
&\frac{1}{nh} \sum_{i=1}^{n} K_i^2 s_i^j X_i \xrightarrow{p} f_T(t)\nu_j E(X \mid T = t), \\
&\frac{1}{nh} \sum_{i=1}^{n} K_i^2 s_i^{j+j'} X_i X_i^{\mathrm{T}} \xrightarrow{p} f_T(t)\nu_{j+j'} E(XX^{\mathrm{T}} \mid T = t).
\end{aligned}$$

因此, $\mathrm{cov}(\boldsymbol{W}_n \mid \mathcal{D}) \xrightarrow{p} f_T(t)\varSigma$. 那么, 有

$$\boldsymbol{W}_n \mid \mathcal{D} \xrightarrow{d} N(\mathbf{0}, f_T(t)\varSigma).$$

此外,

$$\begin{aligned}
\mathrm{var}(w_{1k}^* - w_{1k} \mid \mathcal{D}) &= \mathrm{var}\Big(\frac{1}{\sqrt{nh}} \sum_{i=1}^{n} K_i(\eta_{i,k}^* - \eta_{i,k}) \mid \mathcal{D}\Big) \\
&= \frac{1}{nh} \sum_{i=1}^{n} K_i^2 \mathrm{var}\Big(I(\varepsilon_i \leqslant c_{\tau_k} - d_{i,k}/\sigma(T_i)) - I(\varepsilon_i \leqslant c_{\tau_k}) \mid \mathcal{D}\Big) \\
&\leqslant \frac{1}{nh} \sum_{i=1}^{n} K_i^2 E\Big|[I(\varepsilon_i \leqslant c_{\tau_k} - d_{i,k}/\sigma(T_i)) - I(\varepsilon_i) \leqslant c_{\tau_k}] \mid \mathcal{D}\Big| \\
&\leqslant \frac{1}{nh} \sum_{i=1}^{n} K_i^2 [F(c_{\tau_k} + |d_{i,k}|/\sigma(T_i)) - F(c_{\tau_k})] \\
&= o_p(1).
\end{aligned}$$

同时也可得

$$\begin{aligned}\operatorname{var}(w_{2j}^* - w_{2j} \mid \mathcal{D}) &= \operatorname{var}\Big(\frac{1}{\sqrt{nh}}\sum_{k=1}^{q}\sum_{i=1}^{n} X_i^{\mathrm{T}} K_i s_i^j (\eta_{i,k}^* - \eta_{i,k}) \mid \mathcal{D}\Big)\\ &= \frac{1}{nh}\sum_{i=1}^{n} X_i^{\mathrm{T}} X_i K_i^2 s_i^{2j} \operatorname{var}\Big(\sum_{k=1}^{q}(\eta_{i,k}^* - \eta_{i,k}) \mid \mathcal{D}\Big)\\ &\leqslant \frac{q^2}{nh}\sum_{i=1}^{n} X_i^{\mathrm{T}} X_i K_i^2 s_i^{2j} \max_k E\Big|[I(\varepsilon_i \leqslant c_{\tau_k} - d_{i,k}/\sigma(T_i))\\ &\quad - I(\varepsilon_i \leqslant c_{\tau_k})] \mid \mathcal{D}\Big|\\ &\leqslant \frac{q^2}{nh}\sum_{i=1}^{n} X_i^{\mathrm{T}} X_i K_i^2 s_i^{2j} \max_k [F(c_{\tau_k} + |d_{i,k}|/\sigma(T_i)) - F(c_{\tau_k})]\\ &= o_p(1).\end{aligned}$$

因此, 有

$$\boldsymbol{W}_n^* \mid \mathcal{D} \xrightarrow{p} \boldsymbol{W}_n \mid \mathcal{D}.$$

根据 Slutsky 定理, 给定 $\mathcal{D}$, 有 $\boldsymbol{W}_n^*|\mathcal{D} - E[\boldsymbol{W}_n^*|\mathcal{D}] \xrightarrow{d} N(\mathbf{0}, f_T(t)\Sigma)$. 因此,

$$\hat{\theta} + \frac{\sigma(t)}{f_T(t)} S^{-1} E(\boldsymbol{W}_n^* \mid \mathcal{D}) \to_d N\Big(\mathbf{0}, \frac{\sigma^2(t)}{f_T(t)} S^{-1} \Sigma S^{-1}\Big).$$

定理证毕. ■

### 6.2.7 讨论

本节将进一步讨论这一工作未来的一些研究方向.

(a) 这里所提出的 CQR-AQR 方法对于分位数个数 $q$ 的选取其实不太敏感, 但是从实际应用的角度来说, 我们可以通过一些调节方法来选择 $q$, 诸如 $K$-fold 交叉核实. 为了克服选择 $q$ 的问题, 不去考虑式 (6.10), 而是考虑

$$\int_0^1 \sum_{i=1}^{n} \rho_\gamma \left(Y_i - a_\gamma(t) - X_i^{\mathrm{T}}\left(\beta(t) + \beta'(t)(T_i - t)\right)\right) K\left(\frac{T_i - t}{h}\right) \omega(\gamma) \mathrm{d}\gamma, \tag{6.23}$$

其中权重函数 $\omega(\gamma)$ 是 $(0,1)$ 上的密度函数. 实际上, 为了计算估计量, 需要离散化积分. 这样, 可用一个离散分布密度 $\omega(\gamma)$ 来构建权重. 这里所提出的方法利用 $\left\{\frac{1}{q+1}, \cdots, \frac{q}{q+1}\right\}$ 上的离散均匀分布.

(b) 模型 (6.8) 可以推广到

$$Y_i = X_i^{\mathrm{T}} \beta(T_i) + \sigma(X_i, T_i) \varepsilon_i,$$

其中 $\sigma(X_i,T_i)$ 是一个形式未知的正函数. 通过最小化下面的式子来估计 $\beta(t)$ 和 $\sigma(\boldsymbol{x},t)$:

$$\sum_{k=1}^{q}\sum_{i=1}^{n}\rho_{\tau_k}\left(Y_i-a_{\tau_k}(\boldsymbol{x},t)-X_i^{\mathrm{T}}\left(\beta(t)+\beta'(t)(T_i-t)\right)\right)\mathcal{K}_{i,H},\tag{6.24}$$

其中$\boldsymbol{x}=(x_1,\cdots,x_p)$, $a_{\tau_k}(\boldsymbol{x},t)=\sigma(\boldsymbol{x},t)c_{\tau_k}$, $\mathcal{K}_{i,H}=K\Big(\dfrac{T_i-t}{h_0},\dfrac{X_{i1}-x_1}{h_1},\cdots,\dfrac{X_{ip}-x_p}{h_p}\Big)$ 是一个多元核函数, 且 $H=(h_0,h_1,\cdots,h_p)^{\mathrm{T}}$ 是一个窗宽向量. 记式 (6.24) 的最小化子为 $\hat{\beta}(t)$ 和 $\hat{a}_{\tau_k}(\boldsymbol{x},t)$, 对于 $k=1,\cdots,q$. 如果利用 AQR 估计量, 那么很容易得到 $\hat{\sigma}(\boldsymbol{x},t)=\dfrac{1}{q}\displaystyle\sum_{k=1}^{q}\dfrac{\hat{a}_{\tau_k}(\boldsymbol{x},t)}{c_{\tau_k}}$, 如果 $c_{\tau_k}\neq 0$ 对于 $k=1,\cdots,q$; 或者 $\hat{\sigma}(\boldsymbol{x},t)=\dfrac{1}{q-1}\displaystyle\sum_{\substack{k=1\\k\neq j}}^{q}\dfrac{\hat{a}_{\tau_k}(\boldsymbol{x},t)}{c_{\tau_k}}$, 如果 $c_{\tau_j}=0$ 对于某个 $j\in\{1,\cdots,q\}$.

注意到在估计 $\sigma(\boldsymbol{x},t)$ 会在非参数估计方面遇到维数灾难, 并且怎样去估计 $\beta(t)$ 是一个公开的问题.

(c) 最后, 这里所提出的方法可以通过 MM 算法进行有效地执行. 对于模拟的例子, 其中 $q=9$ 且样本大小是 $n=5000$, 所提出的方法在给定位置 $t$ 进行计算, 耗时在 0.3280 s 之内, 所用机器是一台 Intel 2.8-GHz 计算机.

### 6.2.8 主要参考文献

有关变系数模型的研究有很多参考文献, 如 Hastie 和 Tibshirani (1993), Fan 和 Zhang (1999, 2000, 2008), Honda (2004). 关于系数函数的估计, 现已有多种方法. Hastie 和 Tibshirani (1993) 考虑了 $L_2$ 估计方法与惩罚最小二乘方法. Fan 和 Zhang (1999) 提出了两步局部多项式最小二乘的估计方法. Chiang 等 (2001) 提出了光滑样条的方法. 为了估计异方差, 很多文献都用两步的方法, 如 Muller (1987), Zhao (2001), Tian 和 Chan (2010). Koenker 和 Bassett (1978) 提出的分位回归是可用于估计条件分位函数, 该方法比一般的均值回归更加稳健. 例如, Koenker (2005), Tian 和 Chen 2006, Tian 等 (2009). 基于分位回归, Zou 和 Yuan (2008) 考虑了复合分位回归 (CQR). 基于 CQR, Kai 等 (2010) 提出了一种新的非参回归方法, 即局部复合分为回归光滑方法. 本节主要参考 Guo 等 (2012) 的文章, 主要介绍了异方差变系数模型的局部线性与局部二次 CQR-AQR 估计方法及这些估计量的渐近性质, 窗宽的选则以及数值模拟与实证分析.

# 第 7 章　单指数分位回归

由于维数灾难, 多变元协变量的非参数分位回归是一个困难的估计问题. 为了进行降维同时还要保证非参数模型的灵活性, 我们提出通过单指标函数 $g_0(\boldsymbol{x}^{\mathrm{T}}\gamma_0)$ 模拟条件分位, 其中一个一元链接函数 $g_0(\cdot)$ 用到协变量的线性组合 $\boldsymbol{x}^{\mathrm{T}}\gamma_0$, 该组合经常被称为指标. 我们引进了一个可行的算法, 其中未知的链接函数 $g_0(\cdot)$ 通过局部线性分位回归进行估计, 参数指标通过线性分位回归进行估计, 研究了估计量的大样本性质, 这可为将来的推断提供便利.

## 7.1　引　　言

本章介绍了带有多元协变量的非参数估计的单指标分位回归. 给定 $\tau \in (0,1)$, 对在给定 $\boldsymbol{x}$ 时的 $y$ 的 $\tau$ 阶条件分位数 $\theta_\tau(\boldsymbol{x})$ 提出了单指标模型,

$$\theta_\tau(\boldsymbol{x}) = g_0(\boldsymbol{x}^{\mathrm{T}}\gamma_0), \tag{7.1}$$

其中 $\boldsymbol{x}$ 是一个 $d$ 维协变量向量, $y$ 是一个实值依赖变量, $g_0(\cdot)$ 是未知的一元链接函数, $\gamma_0$ 是未知的单指标向量系数, 为了可辨识, 假设它满足 $\|\gamma_0\| = 1$ 并且第一个分量 $\gamma_1 > 0$. 单指标分位回归模型 (7.1) 通过用非参数成分 $g_0(\boldsymbol{x}^{\mathrm{T}}\gamma_0)$ 替换线性组合 $\boldsymbol{x}^{\mathrm{T}}\gamma_0$, 从而推广了 Koenker 和 Bassett (1978) 的线性分位回归的学术工作.

单指标方法被证明是在条件均值回归里面处理高维非参数估计问题的一个有效的方式 (Ichimura, 1993; Horowitz, Härdle, 1996; Horowitz, 1998; Carroll et al., 1998; Yu, Ruppert, 2002; Xia, Härdle 2006). 当用到模拟含多元协变量的条件分位数模型时, 单指标模型继承了均值回归问题中同样的优点: (i) 没有事先界定链接函数允许模型的灵活性, 从而减少了模型错分的风险; (ii) 链接函数中的单指标把多元协变量投影到一维变量上, 有效地降低了在非参数估计中的维数; (iii) 单指标结构和非线性链接函数一起可以潜在地模拟协变量间的一些交互作用, 这在实际应用中更加具有现实意义; (iv) 由于指标的线性结构, 所以解释协变量效应比较容易. 模型 (7.1) 非常普遍, 并且在某些假定下 (如单调性), 就像 Chaudhuri 等 (1997) 所指出的那样, 它可以用于模拟几个重要情形下的分位数, 如生存模型和变换模型, 以及位置–刻度模型, 这些情形在未来的研究中会比较有趣. 确实, 基于估计方程 (7.6), Kong 和 Xia (2010) 最近研究了单指标参数估计量的 Bahadur 表达式.

相对于均值回归而言, 非参数分位回归的研究相对较少, Yu 和 Jones (1998) 研发了对于一元分位回归的局部线性方法. 除了局部估计方法之外, 样条方法是非参数分位回归的另一个主流. 参见 Koenker 等 (1994) 和 Koenker (2005), 以获取更多的细节. Stone (1977) 和 Chaudhuri (1991) 在一般的多变元背景下考虑了完全非参数分位回归. 它们很灵活, 但经常在实践中不具有吸引力, 因为维数灾难.

最近, 在非参数分位回归模型中的降维方法在文献中引起了广泛地关注, 这些包括可加模型和偏线性模型, 如 De Gooijer 和 Zerom (2003), Yu 和 Lu (2004) 以及 Horowitz 和 Lee (2005), 但是这些模型没有置入交互作用, 也没有和单指标模型嵌套. 一个于我们的工作近似的替代研究是平均导数模型这一重要工作 (Chaudhuri 等 (1997) 的分位回归; Härdle 和 Stoker (1989) 的均值回归). 它们通过考虑条件分位数关于协变量 $\boldsymbol{x}$ 的偏导数向量的期望值来估计单指标向量. 尽管理论上很好, 但它需要在指标可以直接估计之前, 在非参数的情况下获取相关的高维分位数.

本章对提出的单指标分位回归模型 (7.1) 的估计、推断和应用提供了一个全局的处理. 我们引进了一个专门处理模型 (7.1) 的算法, 它是基于局部线性逼近来估计非参数部分 $g_0(\cdot)$, 以及基于线性分位回归来解决参数指标部分 $\gamma_0$. 通过这个算法, 单指标模型可以被很方便地估计, 就像模拟研究和真实数据应用中所展示的那样. 像 Yu 和 Jones (1998) 对于一元条件分位数采用局部线性逼近是很自然的. 并不奇怪, Yu 和 Jones (1997) 也发现局部线性方法在分位回归中比局部常数方法更有优势, 因为它具有更低的偏差和更好的边界表现. 理论获取所提出的非参数估计量 $\hat{g}(\cdot)$、条件分位数估计量 $\hat{\theta}_\tau(\boldsymbol{x})$, 以及参数单指标向量估计 $\hat{\gamma}$ 的渐近性质, 它们使将来的推断变得比较方便, 条件分位数的置信区间也肯定能得到.

## 7.2 模型与估计

### 7.2.1 局部线性估计

对于单指标分位回归模型 (7.1), 注意到 $g_0(\cdot)$ 实际上应该是 $g_{0,\tau}(\cdot)$ 并且 $\gamma_0$ 应该是 $\gamma_{0,\tau}$, 对于给定的分位数二者都是唯一的. 为了记号的方便忽略下标 $\tau$. 协变量的线性组合 $\boldsymbol{x}^{\mathrm{T}}\gamma_0$ 经常被称作单指标. 为了可识别, 从此以后假设 $\|\gamma\| = 1$ 并且它的第一个元素非负. 从数学上讲, 真正的参数向量 $\gamma_0$ 是下面最小化问题的解:

$$\gamma_0 = \arg\min_{\gamma} E[\rho_\tau(y - g(\boldsymbol{x}^{\mathrm{T}}\gamma))], \quad \|\gamma\| = 1,\ \gamma_1 > 0, \tag{7.2}$$

其中损失函数 (也称为检验函数)$\rho_\tau(u) = |u| + (2\tau - 1)u$ 和 $g(\cdot)$ 是未知的连接函数. 上面等式的右边是期望损失, 它可以被等价地写为

$$E\Big[\rho_\tau\Big(y - g(\boldsymbol{x}^{\mathrm{T}}\gamma)\Big)\Big] = E_u E\Big[\rho_\tau\big(y - g(u)\big)|\boldsymbol{x}^{\mathrm{T}}\gamma = u\Big] = E_u L_\gamma(u), \tag{7.3}$$

其中 $L_\gamma(\cdot)$ 是 $L_{\tau,\gamma}(\cdot)=E\Big[\rho_\tau(y-g(\cdot))|\boldsymbol{x}^{\mathrm{T}}\gamma=\cdot\Big]$ 的缩写并且被解释为当 $g(\cdot)$ 是给定指标参数 $\gamma$ 的 $\tau$ 阶分位数时, 在 $u$ 的条件期望损失.

令 $\{\boldsymbol{x}_i,y_i\}_{i=1}^n$ 代表来自于 $(\boldsymbol{x},y)$ 的一个独立同分布样本. 由于 $\boldsymbol{x}_i^{\mathrm{T}}\gamma$ 接近于 $u$, 所以在 $\boldsymbol{x}_i^{\mathrm{T}}\gamma$ 处的 $\tau$ 阶条件分位数可以被线性地近似为

$$g(\boldsymbol{x}_i^{\mathrm{T}}\gamma)\approx g(u)+g'(u)(\boldsymbol{x}_i^{\mathrm{T}}\gamma-u)=a+b(\boldsymbol{x}_i^{\mathrm{T}}\gamma-u), \tag{7.4}$$

其中 $a\overset{\text{def}}{=\!=}g(u)$ 与 $b\overset{\text{def}}{=\!=}g'(u)$. 紧接着式 (7.4), 关于 $(a,b)$ 最小化下面的 $L_\gamma(u)$ 的局部线性样本表示式子 (Yu, Jones, 1998) 来获得 $\hat{g}(u)=\hat{a}$,

$$\sum_{i=1}^n\rho_\tau\big(y_i-a-b(\boldsymbol{x}_i^{\mathrm{T}}\gamma-u)\big)K\Big(\frac{\boldsymbol{x}_i^{\mathrm{T}}\gamma-u}{h}\Big), \tag{7.5}$$

其中 $K(\cdot)$ 是核权函数, $h$ 是带宽.

我们关于 $u$ 求式 (7.5) 的平均并获取式 (7.3) 的样本表达式, 也就是用来估计模型 (7.1) 的目标函数是

$$\sum_{j=1}^n\sum_{i=1}^n\rho_\tau\big(y_i-a_j-b_j(\boldsymbol{x}_i^{\mathrm{T}}\gamma-\boldsymbol{x}_j^{\mathrm{T}}\gamma)\big)\frac{K_h(\boldsymbol{x}_i^{\mathrm{T}}\gamma-\boldsymbol{x}_j^{\mathrm{T}}\gamma)}{\sum\limits_{l=1}^n K_h(\boldsymbol{x}_l^{\mathrm{T}}\gamma-\boldsymbol{x}_j^{\mathrm{T}}\gamma)}, \tag{7.6}$$

其中 $K_h(\cdot)=K(\cdot/h)/h$. 在实践中, 式 (7.6) 的最小化可以通过迭代得解决两个简单问题得到: 一个关于 $a_j$ 和 $b_j$, 另一个则是关于 $\gamma$ 的.

把式 (7.6) 重写为

$$\sum_{j=1}^n\sum_{i=1}^n\rho_\tau\big(y_i-a_j-b_j(\boldsymbol{x}_i^{\mathrm{T}}\gamma-\boldsymbol{x}_j^{\mathrm{T}}\gamma)\big)\omega_{ij}, \tag{7.7}$$

其中 $\omega_{ij}=\dfrac{K_h(\boldsymbol{x}_i^{\mathrm{T}}\gamma-\boldsymbol{x}_j^{\mathrm{T}}\gamma)}{\sum\limits_{l=1}^n K_h(\boldsymbol{x}_l^{\mathrm{T}}\gamma-\boldsymbol{x}_j^{\mathrm{T}}\gamma)}$. 把式 (7.7) 分解为如下形式.

P1 给定 $\gamma$,

$$(\hat{a}_j,\hat{b}_j)_{j=1}^n=\mathrm{Arg}\min_{(a_j,b_j)}\sum_{j=1}^n\sum_{i=1}^n\rho_\tau\big(y_i-a_j-b_j(\boldsymbol{x}_i^{\mathrm{T}}\gamma-\boldsymbol{x}_j^{\mathrm{T}}\gamma)\big)\omega_{ij}.$$

所以, 对任意的 $j\in\{1,2,\cdots,n\}$, 有

$$(\hat{a}_j,\hat{b}_j)=\mathrm{Arg}\min_{(a_k,b_k)}\sum_{i=1}^n\rho_\tau\big(y_i-a_k-b_k(\boldsymbol{x}_i^{\mathrm{T}}\gamma-\boldsymbol{x}_j^{\mathrm{T}}\gamma)\big)\omega_{ij}.$$

P2　给定 $a_j$ 和 $b_j$, $j=1,\cdots,n$, 有

$$\begin{aligned}\hat{\gamma}&=\mathrm{Arg}\min_{\gamma}\sum_{j=1}^{n}\sum_{i=1}^{n}\rho_\tau\big(y_i-a_j-b_j(\boldsymbol{x}_i-\boldsymbol{x}_j)^{\mathrm{T}}\gamma\big)\omega_{ij}\\&=\mathrm{Arg}\min_{\gamma}\sum_{j=1}^{n}\sum_{i=1}^{n}\rho_\tau\big(y_{ij}^*-x_{ij}^{*\mathrm{T}}\gamma\big)\omega_{ij}^*,\end{aligned}$$

其中 $y_{ij}^*=y_i-a_j,\boldsymbol{x}_{ij}^*=b_j(\boldsymbol{x}_i-\boldsymbol{x}_j)$, 并且 $\omega_{ij}^*=\omega_{ij}$ 在当前对 $\gamma$ 的估计下计算出, $i,j=1,\cdots,n$.

子问题 P1 解决了估计 $(a_j,b_j),j=1,\cdots,n$, 就像 $\gamma$ 是已知的一样. 同时在 P2, $\gamma$ 由通常的不含截距项的线性分位回归 (通过原点的回归) 估计出来, 该回归是关于 $n^2$ 个 "观测值" $\{y_{ij}^*,x_{ij}^*\}_{i,j=1}^n$ 进行的, 这里的观测值具有在前面迭代得到的 $\gamma$ 上计算出的已知权重. 一个估计 $\gamma$ 的算法如下.

**步骤 0**　通过 Chaudhuri 等 (1997) 的平均导数估计 (ADE) 获得初始值 $\hat{\gamma}^{(0)}$, 标准化初始估计使得 $\|\hat{\gamma}^{(0)}\|=1$ 并且 $\hat{\gamma}_1^{(0)}>0$(初始化步骤).

**步骤 1**　给定 $\hat{\gamma}$, 通过解决下面的系列问题获取 $\{\hat{a}_j,\hat{b}_j\}_{j=1}^n$:

$$\min_{(a_j,b_j)}\sum_{i=1}^{n}\rho_\tau\Big(y_i-a_j-b_j(\boldsymbol{x}_i-\boldsymbol{x}_j)^{\mathrm{T}}\hat{\gamma}\Big)\omega_{ij},\tag{7.8}$$

其中带宽 $h$ 是最优选择出来的.

**步骤 2**　给定 $\{\hat{a}_j,\hat{b}_j\}_{j=1}^n$, 通过求解下式获取 $\hat{\gamma}$:

$$\min_{\gamma}\sum_{j=1}^{n}\sum_{i=1}^{n}\rho_\tau\big(y_i-\hat{a}_j-\hat{b}_j(\boldsymbol{x}_i-\boldsymbol{x}_j)^{\mathrm{T}}\gamma\big)\omega_{ij},\tag{7.9}$$

其中 $\omega_{ij}$ 是在步骤 1 中的 $\hat{\gamma}$ 和 $h$ 上计算出来的.

**步骤 3**　重复步骤 1 和步骤 2, 直到收敛.

在上面的算法里面, 在每一步迭代, $\hat{\gamma}$ 用这种方法标准化: $\gamma=\mathrm{sign}_1\gamma/\|\gamma\|$, 其中 $\mathrm{sign}_1$ 是 $\gamma$ 的第一个元的符号. 只需要 $\gamma$ 的初始值. 从 Chaudhuri 等 (1997) 的平均导数估计 (ADE) 得到的初始值 $\hat{\gamma}^{(0)}$ 有很好的性质, 而且已经被证明是 $\sqrt{n}$ 相合的. 实际上, 除了上面所建议的之外, $\gamma$ 的一个初始估计也可以从几个其他方式获取, 如 Li (1991) 的切片逆回归 (SIR), 或者通过 Chaudhuri 等 (1997) 的一个多维核估计. 也可以从$\min_{a,\gamma}\sum_{i=1}^{n}\rho_\tau\big(y_i-a-\boldsymbol{x}_i^{\mathrm{T}}\gamma\big)$ 中获得, 其中 $a$ 为分位回归截距. 有一个类似的算法由 Xia 等 (2002) 在均值回归背景下介绍过.

最后, 在任意 $u$ 处通过 $\hat{g}(\cdot\,;h,\hat{\gamma})=\hat{a}$ 估计 $g(\cdot)$ 其中

$$(\hat{a},\hat{b})=\mathrm{Arg}\min_{(a,b)}\sum_{i=1}^{n}\rho_\tau\big(y_i-a-b(\boldsymbol{x}_i^{\mathrm{T}}\hat{\gamma}-u)\big)K_h(\boldsymbol{x}_i^{\mathrm{T}}\hat{\gamma}-u).\tag{7.10}$$

有一个执行该算法的程序是在 R 环境下编写的, 可以从下面网站下载: http://statqa.cba.uc.edu/ yuy/SINDEXQ.rar.

### 7.2.2 窗宽选择

带宽选择在局部光滑里面一直很关键, 因为它控制了拟合函数的曲率. 理论上讲, 当样本量很大时, 最优带宽可以通过最小化定理 7.3.2 的渐近均方误差 (AMSE) 获得. 然而, 最优带宽不能直接计算得到, 这是由于有几个未知的分位数, 在计算上执行起来很困难, 特别是当希望估计几个分位数的时候. Yu 和 Jones (1998) 在适度的假设下推导了最优窗宽. 事实上, 通过注意到 AMSE 与 Yu 和 Jones (1998) 给出的表达式的近似性, 以及下面相同的讨论, 获得了下面的经验法则带宽 $h_\tau$:

$$h_\tau = h_m\left\{\tau(1-\tau)/\phi\big(\Phi^{-1}(\tau)\big)^2\right\}^{1/5}, \tag{7.11}$$

其中 $\phi(\cdot)$ 和 $\Phi(\cdot)$ 分别是标准正态分布的概率密度函数和积累分布函数. 带宽 $h_\tau$ 具有很好的性质. 它通过一个只和 $\tau$ 相关的相乘因子和在均值回归中使用的最优带宽 $h_m$ 联系起来. 由于存在很多关于 $h_m$ 的算法 (Ruppert et al., 1995), $h_\tau$ 也可以很快地获得. 这里

$$h_m = \left\{\frac{\left[\displaystyle\int K^2(v)\mathrm{d}v\right][\mathrm{var}(y|\boldsymbol{x}^{\mathrm{T}}\gamma=u)]}{n\left[v^2\displaystyle\int K(v)\mathrm{d}v\right]^2\left[\frac{\mathrm{d}^2}{\mathrm{d}u^2}E(y|\boldsymbol{x}^{\mathrm{T}}\gamma=u)\right]^2[f_{U_0}(u)]}\right\}^{1/5}.$$

近似表达式 (7.11) 提供了一个计算上简单的方法来计算本来难以获取的分位回归的最优带宽. 然而, 这个近似是基于几个关键的假设的, 特别地, 在这些假设中间包含条件中位数和条件均值的曲率相近以及依赖变量的条件密度函数可以用正态密度近似. 考虑这个近似的细节可以参见 Yu 和 Jones (1998) 及 Yu 和 Lu (2004).

## 7.3 大样本性质

### 7.3.1 非参部分

这个部分的目标是推导非参数估计量 $\hat{g}(\cdot)$ 的分布理论. 这需要 $\gamma_0$ 要么是给定的, 要么是具有合理精度的估计. 一个退化的标量情形是在 Fan 等 (1994) 及 Yu 和 Jones (1998) 里进行了介绍. 建立渐近正态的技术包括凸性引理和二次渐近引理. 例如, 参见 Pollard (1991) 及 Fan 和 Gijbels (1996), 它们帮助处理损失函数的不可导问题. 基于非参数一元回归已经存在的相应理论来推导估计量的渐近性质.

通过完全迭代算法, 假设参数部分 $\gamma$ 可以被估计到阶数 $O_p(n^{-1/2})$. 确实, $\sqrt{n}$ 相合平均导数分位估计量 (ADE) 可以被用为 "先锋" 估计量 $\hat{\gamma}^{(0)}$, 尽管涉及初始高

维光滑. $\sqrt{n}$ 邻域假设在单指标均值回归文献中非常普遍. 非参数部分的最终估计可通过最小化 10 得到, 而且与当 $\gamma_0$ 已知时一样有效.

采用下面的假设.

**假设 7.3.1** (i) 核 $K(\cdot)\geqslant 0$ 具有紧支持并且它的一阶导数有界. 它满足

$$\int_{-\infty}^{\infty}K(z)\mathrm{d}z=1,\quad \int_{-\infty}^{\infty}zK(z)\mathrm{d}z=0,\quad \int_{-\infty}^{\infty}z^2K(z)\mathrm{d}z<\infty,$$

并且 $\left|\int_{-\infty}^{\infty}z^jK^2(z)\mathrm{d}z\right|<\infty,\ j=0,1,2.$

(ii) $\boldsymbol{x}^{\mathrm{T}}\gamma$ 的密度函数是正的且关于 $\gamma$ 在 $\gamma_0$ 的一个邻域内一致连续. 进一步, $\boldsymbol{x}^{\mathrm{T}}\gamma_0$ 的密度是连续的并且在它的支撑上不等于 0 和 $\infty$.

(iii) 在给定 $u$ 时 $y$ 的条件密度函数 $f_y(y|u)$ 在 $u$ 处关于每个 $y$ 是连续的. 再则, 存在正常数 $\varepsilon$ 和 $\delta$ 以及一个正函数 $G(y|u)$ 使得

$$\sup_{|u_n-u|\leqslant\varepsilon}f_y(y|u_n)\leqslant G(y|u),\quad \int|\rho_\tau'(y-g_0(u))|^{2+\delta}G(y|u)\mathrm{d}\mu(y)<\infty$$

并且

$$\int(\rho_T(y-t)-\rho_\tau(y)-\rho_\tau'(y)t)^2G(y|u)\mathrm{d}\mu(y)=o(t^2),\quad 当t\to 0.$$

(iv) 函数 $g_0(\cdot)$ 具有一个连续有界的二阶导数.

**注 7.3.1** (1) 上面的假设在文献中很常用, 而且在很多实际问题中得到满足. 假设 (i) 只是需要核函数是合适的密度函数, 它具有有限的二阶矩, 这是估计量的渐近方差所需要的. 假设 (ii) 保证任何比率项的存在, 密度出现在分母部分. 假设 (iii) 比函数 $\rho_\tau'(\cdot)$ 的 Lipschitz 连续性要弱; 假设 (iv) 是连接函数的普通假设.

(2) 损失函数 $\rho_\tau(\cdot)$ 是逐段线性的, 并且在 0 点不可微. 有: 在任何 $y\neq 0$ 处, $\rho_\tau'(y)=2(\tau-I(y<0))$; 在 $y=0$ 时, 不妨令 $\rho_\tau'(y)=0$. 事实上, 对任意连续的随机变量 $y$, $y=0$ 以概率 0 出现.

(3) 由于 $\rho_\tau'(\cdot)$ 是逐段常数并且只有有限个值, 所以在假设 (iii) 里面的条件 $\int|\rho_\tau'(y-g_0(u))|^{2+\delta}G(y|u)\mathrm{d}\mu(y)<\infty$ 可以被简化为 $\int G(y|u)\mathrm{d}\mu(y)<\infty$.

**定理 7.3.1** 在假设 (i)~(iv) 下, 如果 $n\to\infty$, $h\to 0$, 并且 $nh\to\infty$, 那么对于任何内点 $u$, 有

$$(nh)^{1/2}\{\hat{g}(u;h,\hat{\gamma})-g_0(u)-\beta(u)h^2\}\xrightarrow{D}N(0,\alpha^2(u)),$$

其中 $\beta(u)=\dfrac{g_0''(u)\int v^2K(v)\mathrm{d}v}{2}$, $\alpha^2(u)=\dfrac{\int K^2(v)\mathrm{d}v}{f_{U_0}(u)}\dfrac{\tau(1-\tau)}{[f_y(g_0(u)|u)]^2}$. $f_{U_0}$ 是 $U_0=\boldsymbol{x}^{\mathrm{T}}\gamma_0$ 的密度, $f_y(\cdot|u)$ 是给定 $u$ 时 $y$ 的条件密度.

**证明** 首先引用下面的引理, 这将用于后面的证明.

**引理 7.3.1** 二次逼近引理 (Hjϕrt, Pollard, 1993). 假设 $A_n(s)$ 是凸的, 并且可以表示为 $\frac{1}{2}s^{\mathrm{T}}Vs+U_n^{\mathrm{T}}s+C_n+r_ns$, 其中 $V$ 是对称正定的, $U_n$ 随机有界, $C_n$ 是任意的, 并且对于每一个 $s$, $r_n(s)$ 以概率趋于 0. 那么 $A_n(s)$ 的最小化子$\alpha_n$ 与 $\frac{1}{2}s^{\mathrm{T}}Vs+U_n^{\mathrm{T}}s+C_n$ 的最小化子 $\beta_n=-V^{-1}U_n$ 只差 $o_p(1)$. 同样, 如果 $U_n\xrightarrow{d}U$, 那么 $\alpha_n\xrightarrow{d}-V^{-1}U$.

为了体现出对 $h$ 的依赖作用, 明确地记 $\hat{g}(u;h,\hat{\gamma})=\hat{g}(u;\hat{\gamma})$

$$\begin{aligned}&(nh)^{1/2}\{\hat{g}(u;h,\hat{\gamma})-g_0(u)\}\\=&(nh)^{1/2}\{\hat{g}(u;h,\hat{\gamma})-\hat{g}(u;h,\gamma_0)\}+(nh)^{1/2}\{\hat{g}(u;h,\gamma_0)-g_0(u)\},\end{aligned}\tag{7.12}$$

其中, 如果指标系数 $\gamma_0$ 已知, $\hat{g}(\cdot;h,\gamma_0)$ 就是 $g_0(\cdot)$ 的一个局部线性估计量. 根据 Fan 等 (1994) 的定理 3, 有

$$(nh)^{1/2}\{\hat{g}(u;h,\gamma_0)-g_0(u)-\beta(u)h^2\}\xrightarrow{D}N(0,\alpha^2(u)).\tag{7.13}$$

式 (7.12) 的右端的第一部分 $(nh)^{1/2}\{\hat{g}(u;h,\hat{\gamma})-\hat{g}(u;h,\gamma_0)\}$ 可以证明是 $o_p(1)$. 细节由下给出.

对于给定的 $u$, 为了记号简单, 记 $\hat{a}_{\hat{\gamma}}=:\hat{g}(u;h,\hat{\gamma})$, $\hat{b}_{\hat{\gamma}}=:\hat{g}'(u;h,\hat{\gamma})$, $\hat{a}_{\gamma_0}=:\hat{g}(u;h,\gamma_0)$ 及 $\hat{b}_{\gamma_0}=:\hat{g}'(u;h,\gamma_0)$, 分别是由下式最小化问题得到:

$$\min_{a,b}\sum_{i=1}^{n}\rho_\tau\left(y_i-a-b(\boldsymbol{x}_i^{\mathrm{T}}\hat{\gamma}-u)\right)K((\boldsymbol{x}_i^{\mathrm{T}}\hat{\gamma}-u)/h),\tag{7.14}$$

$$\min_{a,b}\sum_{i=1}^{n}\rho_\tau\left(y_i-a-b(\boldsymbol{x}_i^{\mathrm{T}}\gamma_0-u)\right)K((\boldsymbol{x}_i^{\mathrm{T}}\gamma_0-u)/h).\tag{7.15}$$

为了以下的讨论是有意义的, 假定式 (7.14) 和 (7.15) 的最小化子都是存在的, 并且想要证明 $(nh)^{1/2}(\hat{a}_{\hat{\gamma}}-\hat{a}_{\gamma_0})$ 是否是 $o_p(1)$.

式 (7.14) 和 (7.15) 中的每一个目标函数都是不可微的并且产生的估计量也没有显式. 考虑对每一个目标函数用一个二次近似. 在 $\sqrt{n}$ 假设的初步估计 $\hat{\gamma}$ 之下, 证明对于式 (7.14) 和 (7.15), 平方近似是足够的, 在如下定义的意义上它们二者的最小化子是足够接近的.

令

$$\begin{aligned}\bar{\theta}_n^*&=(nh)^{1/2}\Big(\hat{a}_{\hat{\gamma}}-g_0(u),\ h(\hat{b}_{\hat{\gamma}}-g_0'(u))\Big)^{\mathrm{T}},\\\bar{\theta}_n^{**}&=(nh)^{1/2}\Big(\hat{a}_{\gamma_0}-g_0(u),\ h(\hat{b}_{\gamma_0}-g_0'(u))\Big)^{\mathrm{T}},\\Z_i^*&=(1,(\boldsymbol{x}_i^{\mathrm{T}}\hat{\gamma}-u)/h)^{\mathrm{T}},\quad Z_i^{**}=(1,(\boldsymbol{x}_i^{\mathrm{T}}\gamma_0-u)/h)^{\mathrm{T}},\end{aligned}$$

并且记

$$y_i^* = y_i - g_0(u) - g_0'(u)(\boldsymbol{x}_i^{\mathrm{T}}\hat{\gamma} - u), \quad y_i^{**} = y_i - g_0(u) - g_0'(u)(\boldsymbol{x}_i^{\mathrm{T}}\gamma_0 - u),$$
$$K_i^* = K((\boldsymbol{x}_i^{\mathrm{T}}\hat{\gamma} - u)/h)), \quad K_i^{**} = K(\boldsymbol{x}_i^{\mathrm{T}}\gamma_0 - u)/h.$$

于是 $\bar{\theta}_n^*$ 和 $\bar{\theta}_n^{**}$ 分别最小化

$$Q_n^*(\theta) = \sum_{i=1}^{n}[\rho_\tau(y_i^* - \theta^{\mathrm{T}} Z_i^*/\sqrt{nh}) - \rho_\tau(y_i^*)]K_i^*$$

和

$$Q_n^{**}(\theta) = \sum_{i=1}^{n}[\rho_\tau(y_i^{**} - \theta^{\mathrm{T}} Z_i^{**}/\sqrt{nh}) - \rho_\tau(y_i^{**})]K_i^{**}.$$

$Q_n^*(\theta), Q_n^{**}(\theta)$ 都是关于 $\theta$ 凸的并且它们都逐点收敛到它们的条件期望, 其条件期望的二次近似可以很容易推到. 并且在 $\theta$ 的任意紧集上这个收敛都是一致的, 参见 Fan 等 (1994). 仿照 Fan 等 (1994), 可以用相同的方法证明

$$Q_n^*(\theta) = \frac{1}{2}\theta^{\mathrm{T}}\boldsymbol{S}^*\theta + {\boldsymbol{W}_n^*}^{\mathrm{T}}\theta + r_n^*(\theta), \quad r_n^*(\theta) = o_p(1), \tag{7.16}$$

$$Q_n^{**}(\theta) = \frac{1}{2}\theta^{\mathrm{T}}\boldsymbol{S}^{**}\theta + {\boldsymbol{W}_n^{**}}^{\mathrm{T}}\theta + r_n^{**}(\theta), \quad r_n^{**}(\theta) = o_p(1), \tag{7.17}$$

其中

$$S^* = S^{**} = f_{U_0}(u)\varphi''(0|u)\begin{pmatrix} 1 & 0 \\ 0 & \int_v K(\nu)\nu^2\mathrm{d}\nu \end{pmatrix},$$

$$\boldsymbol{W}_n^*(\theta) = -(nh)^{-1/2}\sum \rho_\tau'(y_i^*)Z_i^*K_i^*, \quad \boldsymbol{W}_n^{**} = -(nh)^{-1/2}\sum \rho_\tau'(y_i^*)Z_i^*K_i^*,$$

这里 $\varphi''(0|u)$ 是 $\varphi(t|u) = E(\rho_\tau(y - g_0(u) + t)|U = u)$ 关于 $t$ 的二阶导数在 $t = 0$ 点的取值. 假设 $\varphi(t|u)$ 关于 $t$ 的一阶和二阶导数 $\varphi'(t|u)$ 和 $\varphi''(t|u)$ 存在. 任意 $\nu \in [-M, M]$, 其中 $M$ 是实数, 使得 $[-M, M]$ 包含 $K(\cdot)$ 的紧支撑.

记

$$\begin{aligned} Q_n^*(\theta) = & E(Q_n^*(\theta)|\mathcal{X}) - (nh)^{-1/2} \\ & \cdot \left(\sum \rho_\tau'(y_i^*)\mathbf{Z}_i^*K_i^* - E(\rho_\tau'(y_i^*)|u_i)\mathbf{Z}_i^*K_i^*\right)\theta + R_n^*(\theta), \end{aligned} \tag{7.18}$$

其中 $\rho_\tau'(y_i^*)$ 只在 $y_i^* \neq 0$ 时存在, 但令 $\rho_\tau'(0)$ 为 0, 因为 $y_i^* = 0$ 以零概率发生. 记 $u_i = \boldsymbol{x}_i^{\mathrm{T}}\hat{\gamma}$. 于是有下面的结果:

$$\begin{aligned} & E(Q_n^*(\theta)|\mathcal{X}) \\ = & [\varphi(g_0(u_i) - g_0(u) - g_0'(u)(u_i - u) - \theta^{\mathrm{T}}\mathbf{Z}_i^*/\sqrt{nh}|u_i) \end{aligned}$$

$$
\begin{aligned}
&-\varphi(g_0(u_i)-g_0(u)-g_0'(u)(u_i-u)|u_i)]K_i^*\\
=&-(nh)^{1/2}\sum\varphi'(g_0(u_i)-g_0(u)-g_0'(u)(u_i-u)|u_i)(\theta^{\mathrm T}\boldsymbol{Z}_i^*)K_i^*\\
&+(2nh)^{-1}\theta^{\mathrm T}\left(\sum K_i^*\varphi''(g_0(u_i)-g_0(u)-g_0'(u)(u_i-u)|u_i)\boldsymbol{Z}_i^*\boldsymbol{Z}_i^{*\mathrm T}\right)\theta(1+o_p(1))\\
=&-(nh)^{1/2}\sum E(\rho_\tau'(y_i^*)|u_i)(\theta^{\mathrm T}\boldsymbol{Z}_i^*)K_i^*\\
&+(2nh)^{-1}\theta^{\mathrm T}\left(\sum K_i^*\varphi''(g_0(u_i)-g_0(u)\right.\\
&\left.-g_0'(u)(u_i-u)|u_i)\boldsymbol{Z}_i^*\boldsymbol{Z}_i^{*\mathrm T}\right)\theta(1+o_p(1)),
\end{aligned}\tag{7.19}
$$

且

$$
\begin{aligned}
&K_i^*\varphi''(g_0(u_i)-g_0(u)-g_0'(u)(u_i-u)|u_i)\\
=&K_i^*(\varphi''(0+O_p(h^2)|u))=K_i^*(\varphi''(0|u)+O_p(h^2)).
\end{aligned}\tag{7.20}
$$

最后一个等式要求 $\varphi'''(0|u)$ 存在并且是有界的. 式 (7.19) 的最后等式的第二项可以写为

$$
\begin{aligned}
&(nh)^{-1}\sum K_i^*\varphi''(g_0(u_i)-g_0(u)-g_0'(u)(u_i-u)|u_i)\boldsymbol{Z}_i^*\boldsymbol{Z}_i^{*\mathrm T}\\
=&(nh)^{-1}\sum K_i^*(\varphi''(0|u)+O_P(h^2))\boldsymbol{Z}_i^*\boldsymbol{Z}_i^{*\mathrm T}\\
=&(nh)^{-1}\sum K_i^*\varphi''(0|u)\boldsymbol{Z}_i^*\boldsymbol{Z}_i^{*\mathrm T}(1+O_p(h^2))\\
=&\boldsymbol{S}(1+O_p(h^2)),
\end{aligned}\tag{7.21}
$$

其中

$$
\begin{aligned}
\boldsymbol{S}&=(nh)^{-1}\sum K_i^*\varphi''(0|u)\mathbf{Z}_i^*\mathbf{Z}_i^{*\mathrm T}\\
&=\begin{pmatrix} s_0 & s_1\\ s_1 & s_2\end{pmatrix},
\end{aligned}
$$

其中矩阵的元素 $s_j=(nh)^{-1}\sum K((u_i-u)/h)\varphi''(0|u)((u_i-u)/h)^j$, $j=0,\ 1,\ 2$.

$$
\begin{aligned}
E(s_j)&=h^{-1}\varphi''(0|u)\int_{\mathcal U}K((\mathcal U-u)/h)(\mathcal U-u)/h)^j f_U(\mathcal U)\mathrm d\mathcal U\\
&=\varphi''(0|u)\int_{\mathcal V}K(\mathcal V)\mathcal V^j f_{U_0}(\mathcal V h+u)\mathrm d\mathcal V(1+o(1))\\
&=f_{U_0}(u)\varphi''(0|u)\left[\int_{\mathcal V}K(\mathcal V)\mathcal V^j\mathrm d\mathcal V\right](1+o(1))\\
&=f_{U_0}(u)\varphi''(0|u)c_j(1+o(1)),
\end{aligned}
$$

其中 $c_j=\displaystyle\int_{\mathcal V}K(\mathcal V)\mathcal V^j\mathrm d\mathcal V$; $c_0=1$, $c_1=0$ 来自假设 (i). 第二个等式是这样得来的: 记得 $\mathcal V\in[-M,M]$; 由假设 (ii) 有 $f_U(\cdot)=f_{U_0}(\cdot)(1+o(1))$, 其中 $U=x^{\mathrm T}\hat\gamma$, $U_0=x^{\mathrm T}\gamma_0$ 而 $f_U(\cdot)$ 与 $f_{U_0}$ 分别为它们各自的密度.

可以证明 $\mathrm{var}(s_j)=o(1)$, 因此就有 $s_j=E(s_j)+o_p(1)=f_{U_0}(u)\varphi''(0|u)c_j+o_p(1)$. 所以,

$$\boldsymbol{S}=f_{U_0}(u)\varphi''(0|u)\begin{pmatrix}1 & 0\\ 0 & c_2\end{pmatrix}+o_p(1)\equiv S^*+o_p(1), \tag{7.22}$$

其中

$$S^*=f_{U_0}(u)\varphi''(0|u)\begin{pmatrix}1 & 0\\ 0 & c_2\end{pmatrix}, \quad 且c_2=\int_{\mathcal{V}}K(\mathcal{V})\mathcal{V}^2\mathrm{d}\mathcal{V}.$$

由式 (7.19)~(7.22), 有

$$E(Q_n^*(\theta)|\mathcal{X})=-(nh)^{1/2}\sum E(\rho_\tau'(y_i^*)|u_i)(\theta^{\mathrm{T}}\boldsymbol{Z}_i^*)K_i^*+\frac{1}{2}\theta^{\mathrm{T}}\boldsymbol{S}^*\theta(1+o_p(1)). \tag{7.23}$$

对于由式 (7.17) 定义的 $R_n^*(\theta)$, 有 $R_n^*(\theta)=o_p(1)$. 为了节省空间, 请读者参阅 Fan 等 (1994) 中类似的证明思想. 将式 (7.23) 代入到式 (7.18) 中, 有

$$Q_n^*(\theta)=\frac{1}{2}\theta^{\mathrm{T}}\boldsymbol{S}^*\theta+{\boldsymbol{W}_n^*}^{\mathrm{T}}\theta+r_n^*(\theta), \tag{7.24}$$

其中 $\boldsymbol{W}_n^*=-(nh)^{1/2}\sum\rho_\tau'(y_i^*)\boldsymbol{Z}_i^*K_i^*$ 是随机有界的, 且 $r_n^*(\theta)=o_p(1)$. 关于 $W_n^*$ 的随机有界性的证明只进行概述. 通过变量代换, 及假设 (i) 中 $\int K^2(\mathcal{V})\mathcal{V}^j\mathrm{d}\mathcal{V}$, $j=0,1,2$ 的存在性, 对某个 $c>0$, 有

$$\begin{aligned}E(\boldsymbol{W}_n^*{\boldsymbol{W}_n^*}^{\mathrm{T}})&\leqslant cE\left((nh)^{-1}\sum(\rho_\tau'(y_i^*))^2(K_i^*)^2\boldsymbol{Z}_i^*{\boldsymbol{Z}_i^*}^{\mathrm{T}}\right)\\&=O(h^{-1}E((K_i^*)^2\boldsymbol{Z}_i^*{\boldsymbol{Z}_i^*}^{\mathrm{T}}))=O(1),\end{aligned} \tag{7.25}$$

作为 Jensen 不等式的一个结果这也暗含着 $E(W_n^*)=O(1)$. 有界的二阶矩也就推出 $\boldsymbol{W}_n^*$ 是随机有界的. $\hat{\theta}_n^*=-{\boldsymbol{S}^*}^{-1}\boldsymbol{W}_n^*$ 的渐近正态性是根据 $\boldsymbol{W}_n^*$ 的渐近正态性得到的. 作为二次逼近引理的结果, 等式 (7.17) 可以类似证明, 其中 $\boldsymbol{S}^{**}=\boldsymbol{S}^*$, $\boldsymbol{W}_n^{**}=-(nh)^{-1/2}\sum\rho_\tau'(y_i^{**})\boldsymbol{Z}_i^{**}K_i^{**}$, 且 $r_n^{**}(\theta)=o_p(1)$.

根据二次近似引理, $\bar{\theta}_n^*-\hat{\theta}_n^*=o_p(1)$ 且 $\bar{\theta}_n^{**}-\hat{\theta}_n^{**}=o_p(1)$, 其中 $\hat{\theta}_n^*=-{\boldsymbol{S}^*}^{-1}\boldsymbol{W}_n^*$ 且 $\hat{\theta}_n^{**}=-{\boldsymbol{S}^{**}}^{-1}\boldsymbol{W}_n^{**}$. 由于在 $\hat{\gamma}$ 上的 $\sqrt{n}$ 假设, 之后将证明

$$\hat{\theta}_n^*-\hat{\theta}_n^{**}=o_p(1),$$

记 $\boldsymbol{S}_0=\boldsymbol{S}^*=\boldsymbol{S}^{**}$,

$$\begin{aligned}\hat{\theta}_n^*-\hat{\theta}_n^{**}&=-\boldsymbol{S}^{-1}(\boldsymbol{W}_n^*-\boldsymbol{W}_n^{**})\\&=\boldsymbol{S}^{-1}(nh)^{-1/2}\sum\rho_\tau'(y_i^*)\boldsymbol{Z}_i^*K_i^*-\rho_\tau'(y_i^{**})\boldsymbol{Z}_i^{**}K_i^{**}\\&=\boldsymbol{S}^{-1}(nh)^{-1/2}\sum\rho_\tau'(y_i^*)(\boldsymbol{Z}_i^*K_i^*-\boldsymbol{Z}_i^{**}K_i^{**}).\end{aligned}$$

最后一个等式是由于这样的事实: 当 $\|\hat{\gamma}-\gamma_0\|=O_p(n^{-1/2})$ 时, $y_i^{**}$ 与 $y_i^*$ 几乎肯定有着相同的符号. 对于某个 $c>0$,

$$
\begin{aligned}
&E((\hat{\theta}_n^*-\hat{\theta}_n^{**})(\hat{\theta}_n^*-\hat{\theta}_n^{**})^{\mathrm{T}})\\
\leqslant &c\boldsymbol{S}^{-1}h^{-1}E((\rho_\tau'(y_i^*))^2(\boldsymbol{Z}_i^*K_i^*-\boldsymbol{Z}_i^{**}K_i^{**})(\boldsymbol{Z}_i^*K_i^*-\boldsymbol{Z}_i^{**}K_i^{**})^{\mathrm{T}})(\boldsymbol{S}^{-1^{\mathrm{T}}}),\\
=&O(h^{-1}E((\boldsymbol{Z}_i^*K_i^*-\boldsymbol{Z}_i^{**}K_i^{**})(\boldsymbol{Z}_i^*K_i^*-\boldsymbol{Z}_i^{**}K_i^{**})^{\mathrm{T}})(\boldsymbol{S}^{-1^{\mathrm{T}}}))\\
=&O(o(1))=o(1),
\end{aligned}
\tag{7.26}
$$

这也意味着 $E(\hat{\theta}_n^*-\hat{\theta}_n^{**})=o(1)$. 这样根据其一二阶矩, 有 $\hat{\theta}_n^*-\hat{\theta}_n^{**}=E(\hat{\theta}_n^*-\hat{\theta}_n^{**})+o_p(1)=o_p(1)$. 因此 $\bar{\theta}_n^*-\hat{\theta}_n^*=o_p(1)$. 取向量的第一部分, 得到

$$
(nh)^{1/2}\{\hat{g}(u;h,\hat{\gamma})-\hat{g}(u;h,\gamma_0)\}=o_p(1).
$$

进一步, 当选择的窗宽使得能够达到通常的最优速度时, 即 $h\in\mathcal{H}_n=\{h:C_1n^{-1/5}\leqslant h\leqslant C_2n^{-1/5}\}$ (Härdle et al., 1993), 有 $(nh)^{1/2}\{\hat{g}(u;h,\hat{\gamma})-\hat{g}(u;h,\gamma_0)\}=o_p(1)$. 这就证明了

$$
(nh)^{1/2}\{\hat{g}(u;h,\hat{\gamma})-g_0(u)-\beta(u)h^2\}\xrightarrow{D}N(0,\alpha^2(u)).
$$
■

**注 7.3.2** 在定理 7.3.1 里面, 考虑估计的连接函数和真正函数之间的差异, 两者都在同一指标值 $u$ 上计算其函数值. 然而, 逐点精确性基于量 $\hat{\theta}(\boldsymbol{x})-\theta(\boldsymbol{x})=\hat{g}(\boldsymbol{x}^{\mathrm{T}}\hat{\gamma};\hat{\gamma})-g_0(\boldsymbol{x}^{\mathrm{T}}\gamma_0)$. 这里估计的连接函数与真实的连接函数都是在同一协变量上计算值其函数值的. 而分位数估计则取指标系数与连接函数作为其估计. 刻度逐点误差项可以写为: $(nh)^{1/2}\{\hat{\theta}_\tau(\boldsymbol{x})-\theta_\tau(\boldsymbol{x})\}=(nh)^{1/2}\{\hat{g}(\boldsymbol{x}^{\mathrm{T}}\hat{\gamma},\hat{\gamma})-\hat{g}(\boldsymbol{x}^{\mathrm{T}}\gamma_0,\hat{\gamma})\}+(nh)^{1/2}\{\hat{g}(\boldsymbol{x}^{\mathrm{T}}\hat{\gamma})-g_0(\boldsymbol{x}^{\mathrm{T}}\gamma_0)\}$, 其中 $\hat{g}(\boldsymbol{x}^{\mathrm{T}}\hat{\gamma};\hat{\gamma})$ 是 $\hat{g}(\cdot\,;\hat{\gamma})$ 在 $\boldsymbol{x}^{\mathrm{T}}\hat{\gamma}$ 处的函数值, 而 $\hat{g}(\boldsymbol{x}^{\mathrm{T}}\gamma_0;\hat{\gamma})$ 则是 $\hat{g}(\cdot\,;\hat{\gamma})$ 在 $\boldsymbol{x}^{\mathrm{T}}\gamma_0$ 处的函数值. 在上面过的等式中, 第一项由 Taylor 展式处理, 而第二项则由定理 7.3.1 处理.

**定理 7.3.2** 在与定理 7.3.1 相同的条件下,

$$
(nh)^{1/2}\{\hat{\theta}_\tau(\boldsymbol{x})-\theta_\tau(\boldsymbol{x})-\beta(\boldsymbol{x}^{\mathrm{T}}\gamma_0)h^2\}\xrightarrow{D}N(0,\alpha^2(\boldsymbol{x}^{\mathrm{T}}\gamma_0)),\tag{7.27}
$$

其中 $\theta_\tau(\boldsymbol{x})=\hat{g}(\boldsymbol{x}^{\mathrm{T}}\hat{\gamma};\hat{\gamma})$, $\theta_\tau(\boldsymbol{x})=g_0(\boldsymbol{x}^{\mathrm{T}}\gamma_0)$, $\beta(\cdot)$ 与 $\alpha(\cdot)$ 的定义同定理 7.3.1 中的, 并且 $\beta(\boldsymbol{x}^{\mathrm{T}}\gamma_0)h^2$ 和 $\alpha^2(\boldsymbol{x}^{\mathrm{T}}\gamma_0)/nh$ 分别是渐近偏差和方差.

**证明** 对于给定的 $\boldsymbol{x}$, 根据 Taylor 定理, 有

$$
\begin{aligned}
&(nh)^{1/2}\{\hat{\theta}_\tau(\boldsymbol{x})-\theta_\tau(\boldsymbol{x})\}\\
=&(nh)^{1/2}\{\hat{g}(\boldsymbol{x}^{\mathrm{T}}\hat{\gamma};\hat{\gamma})-\hat{g}(\boldsymbol{x}^{\mathrm{T}}\gamma_0;\hat{\gamma})+\hat{g}(\boldsymbol{x}^{\mathrm{T}}\gamma_0;\hat{\gamma})-g_0(\boldsymbol{x}^{\mathrm{T}}\gamma_0)\}\\
=&A+(nh)^{1/2}\{\hat{g}(\boldsymbol{x}^{\mathrm{T}}\gamma_0;\hat{\gamma})-g_0(\boldsymbol{x}^{\mathrm{T}}\gamma_0)\},
\end{aligned}
$$

其中 $A=(nh)^{1/2}\{\hat{g}(\boldsymbol{x}^{\mathrm{T}}\hat{\gamma};\hat{\gamma})-\hat{g}(\boldsymbol{x}^{\mathrm{T}}\gamma_0;\hat{\gamma})=(nh)^{1/2}\hat{g}'(\boldsymbol{x}^{\mathrm{T}}\gamma_0;\hat{\gamma})O_p(\|\gamma-\gamma_0\|)=o_P(n^{1/2}h^{5/2})$, 并且当选成通常的最优速度是 $A=o_p(1)$, 于是定理 7.3.2 是定理 7.3.1 的结果, 这就证明了定理 7.3.2. ■

### 7.3.2 参数部分

需要下面的额外的假设.

**假设 7.3.2** (v) 下面的期望存在.

$$\boldsymbol{C}_0=E\Big\{g_0'(\boldsymbol{x}^{\mathrm{T}}\gamma_0)^2\big[\boldsymbol{x}-E(\boldsymbol{x}|\boldsymbol{x}^{\mathrm{T}}\gamma_0)\big]\big[\boldsymbol{x}-E(\boldsymbol{x}|\boldsymbol{x}^{\mathrm{T}}\gamma_0)\big]^{\mathrm{T}}\Big\}$$

$$\mathbf{C}_1=E\Big\{f_y(g_0(\boldsymbol{x}^{\mathrm{T}}\gamma_0))g_0'(\boldsymbol{x}^{\mathrm{T}}\gamma_0)^2\big[\boldsymbol{x}-E(\boldsymbol{x}|\boldsymbol{x}^{\mathrm{T}}\gamma_0)\big]\big[\boldsymbol{x}-E(\boldsymbol{x}|\boldsymbol{x}^{\mathrm{T}}\gamma_0)\big]^{\mathrm{T}}\Big\}.$$

**定理 7.3.3** 在假设 (i)~(v) 之下, 如果 $n\to\infty$, $h\to 0$, 并且 $nh\to\infty$, 以及如果 $\hat{\gamma}$ 是式 (7.9) 的最小化子, 那么有下面的式子,

$$\sqrt{n}(\hat{\gamma}-\gamma_0)\xrightarrow{D}N(0,\tau(1-\tau)\boldsymbol{C}_1^{-1}\boldsymbol{C}_0\boldsymbol{C}_1^{-1}). \tag{7.28}$$

**证明** 只给出证明 $\hat{\gamma}$ 的渐近正态性的轮廓. 该证明同样依赖于二次逼近而且行文上效仿定理 7.3.2 的证明中类似的逻辑. 给定 $\hat{a}_j,\hat{b}_j$, 最小化下式得到 $\hat{\gamma}$:

$$\sum_{j=1}^{n}\sum_{i=1}^{n}\rho_\tau\left(y_i-\hat{a}_j-\hat{b}_j(\boldsymbol{x}_i-\boldsymbol{x}_j)^{\mathrm{T}}\gamma\right)\omega_{ij}. \tag{7.29}$$

记 $\hat{\gamma}^*=\sqrt{n}(\hat{\gamma}-\gamma)$. 于是 $\hat{\gamma}^*$ 最小化下式:

$$\mathcal{Q}_n(\gamma^*)=\sum_{j=1}^{n}\sum_{i=1}^{n}\left[\rho_\tau\left(y_{ij}-\frac{1}{\sqrt{n}}\hat{b}_j\boldsymbol{x}_{ij}^{\mathrm{T}}\gamma^*\right)-\rho_\tau(y_{ij})\right]\omega_{ij}, \tag{7.30}$$

其中 $y_{ij}=y_i-\hat{a}_j-\hat{b}_j\boldsymbol{x}_{ij}^{\mathrm{T}}\gamma_0$. 可以证明 $\mathcal{Q}_n(\gamma^*)=\frac{1}{2}\gamma^{*\mathrm{T}}\mathbf{T}_n\gamma^*+\boldsymbol{V}_n^{\mathrm{T}}\gamma^*+o_p(1)$, 其中 $\boldsymbol{T}_n=2\boldsymbol{C}_1$, $\boldsymbol{V}_n=(4\tau(1-\tau))^{1/2}\boldsymbol{C}_0^{1/2}\boldsymbol{Z}_n$, $\mathbf{Z}_n\xrightarrow{D}N(0,I)$, 并且 $\boldsymbol{C}_0$ 和 $\boldsymbol{C}_1$ 在假设 (v) 中有定义. 事实上,

$$\begin{aligned}\mathcal{Q}_n(\gamma^*)=&E(\mathcal{Q}_n(\gamma^*))\\&-\frac{1}{\sqrt{n}}\sum_{j=1}^{n}\sum_{i=1}^{n}\left[\omega_{ij}\rho_\tau'(y_{ij})\hat{b}_j\boldsymbol{x}_{ij}^{\mathrm{T}}-\omega_{ij}E(\rho_\tau'(y_{ij}))\hat{b}_j\boldsymbol{x}_{ij}^{\mathrm{T}}\right]\gamma^*+\mathcal{R}(\gamma^*),\end{aligned}$$

其中 $\mathcal{R}(\gamma^*)=o_p(1)$.

记 $\varphi(t|\cdot)=\varphi(t|\boldsymbol{x}^{\mathrm{T}}\gamma_0=x^{\mathrm{T}}\gamma_0)=E(\rho_\tau(y-\theta_\tau(x))|\boldsymbol{x}^{\mathrm{T}}\gamma_0=x^{\mathrm{T}}\gamma_0)$, 有

$$
\begin{aligned}
&E(Q_n(\gamma^*))\\
=&\sum_{j=1}^{n}\sum_{i=1}^{n}\left[E\rho_\tau\left(y_{ij}-\frac{1}{\sqrt{n}}\hat{b}_j\boldsymbol{x}_{ij}^{\mathrm{T}}\gamma^*\right)-E\rho_\tau(y_{ij})\right]\omega_{ij}\\
=&\sum_{j=1}^{n}\sum_{i=1}^{n}E\rho_\tau\left(y_{ij}-\frac{1}{\sqrt{n}}\hat{b}_j\boldsymbol{x}_{ij}^{\mathrm{T}}\hat{\gamma}^*+\frac{1}{\sqrt{n}}\hat{b}_j\boldsymbol{x}_{ij}^{\mathrm{T}}(\hat{\gamma}^*-\gamma^*)\right)\omega_{ij}\\
&-\sum_{j=1}^{n}\sum_{i=1}^{n}E\rho_\tau\left(y_{ij}-\frac{1}{\sqrt{n}}\hat{b}_j\boldsymbol{x}_{ij}^{\mathrm{T}}\hat{\gamma}^*+\frac{1}{\sqrt{n}}\hat{b}_j\boldsymbol{x}_{ij}^{\mathrm{T}}\hat{\gamma}^*\right)\omega_{ij}\\
=&\sum_{j=1}^{n}\sum_{i=1}^{n}E\rho_\tau\left(y_i-\hat{a}_j-\hat{b}_j\boldsymbol{x}_{ij}^{\mathrm{T}}\hat{\gamma}+\frac{1}{\sqrt{n}}\hat{b}_j\boldsymbol{x}_{ij}^{\mathrm{T}}(\hat{\gamma}^*-\gamma^*)\right)\omega_{ij}\\
&-\sum_{j=1}^{n}\sum_{i=1}^{n}E\rho_\tau\left(y_i-\hat{a}_j-\hat{b}_j\boldsymbol{x}_{ij}^{\mathrm{T}}\hat{\gamma}+\frac{1}{\sqrt{n}}\hat{b}_j\boldsymbol{x}_{ij}^{\mathrm{T}}\hat{\gamma}^*\right)\omega_{ij}\\
=&\sum_{j=1}^{n}\sum_{i=1}^{n}E\rho_\tau\left(y_i-\hat{g}(\boldsymbol{x}_i^{\mathrm{T}}\hat{\gamma}|\boldsymbol{x}^{\mathrm{T}}\gamma_0=x^{\mathrm{T}}\gamma_0)+\frac{1}{\sqrt{n}}\hat{b}_j\boldsymbol{x}_{ij}^{\mathrm{T}}(\hat{\gamma}^*-\gamma^*)\right)\omega_{ij}\\
&-\sum_{j=1}^{n}\sum_{i=1}^{n}E\rho_\tau\left(y_i-\hat{g}(\boldsymbol{x}_i^{\mathrm{T}}\hat{\gamma}|\boldsymbol{x}^{\mathrm{T}}\gamma_0=x^{\mathrm{T}}\gamma_0)+\frac{1}{\sqrt{n}}\hat{b}_j\boldsymbol{x}_{ij}^{\mathrm{T}}\hat{\gamma}^*\right)\omega_{ij}\\
=&\sum_{j=1}^{n}\sum_{i=1}^{n}\left\{\varphi\left(\frac{1}{\sqrt{n}}\hat{b}_j\boldsymbol{x}_{ij}^{\mathrm{T}}(\hat{\gamma}^*-\gamma^*)|\boldsymbol{x}^{\mathrm{T}}\gamma_0=x^{\mathrm{T}}\gamma_0\right)\right.\\
&\left.-\varphi\left(\frac{1}{\sqrt{n}}\hat{b}_j\boldsymbol{x}_{ij}^{\mathrm{T}}\hat{\gamma}^*|\boldsymbol{x}^{\mathrm{T}}\gamma_0=x^{\mathrm{T}}\gamma_0\right)\right\}(1+o_p(1))\omega_{ij}.
\end{aligned}
$$

根据 Taylor 展式, 有

$$
\begin{aligned}
&E(Q_n(\gamma^*))\\
=&-\sum_{j=1}^{n}\sum_{i=1}^{n}\left\{\varphi'\left(\frac{1}{\sqrt{n}}\hat{b}_j\boldsymbol{x}_{ij}^{\mathrm{T}}\hat{\gamma}^*|\boldsymbol{x}^{\mathrm{T}}\gamma_0=x^{\mathrm{T}}\gamma_0\right)\cdot\frac{1}{\sqrt{n}}\hat{b}_j\boldsymbol{x}_{ij}^{\mathrm{T}}\hat{\gamma}^*\right\}(1+o_p(1))\omega_{ij}\\
&+\sum_{j=1}^{n}\sum_{i=1}^{n}\left\{\frac{1}{2n}\gamma^{*\mathrm{T}}\left[\varphi''\left(\frac{1}{\sqrt{n}}\hat{b}_j\boldsymbol{x}_{ij}^{\mathrm{T}}\hat{\gamma}^*|\boldsymbol{x}^{\mathrm{T}}\gamma_0=x^{\mathrm{T}}\gamma_0\right)\cdot\hat{b}_j^2\boldsymbol{x}_{ij}\boldsymbol{x}_{ij}^{\mathrm{T}}\right]\gamma^*\right\}(1+o_p(1))\omega_{ij}\\
=&-\frac{1}{\sqrt{n}}\sum_{j=1}^{n}\sum_{i=1}^{n}\left\{\varphi'\left(0|\boldsymbol{x}^{\mathrm{T}}\gamma_0=x^{\mathrm{T}}\gamma_0\right)\cdot\hat{b}_j\boldsymbol{x}_{ij}^{\mathrm{T}}\omega_{ij}(1+o_p(1))\right\}\gamma^*\\
&+\frac{1}{2n}\gamma^{*\mathrm{T}}\sum_{j=1}^{n}\sum_{i=1}^{n}\left\{\varphi''\left(0|\boldsymbol{x}^{\mathrm{T}}\gamma_0=x^{\mathrm{T}}\gamma_0\right)\cdot\hat{b}_j^2\boldsymbol{x}_{ij}\boldsymbol{x}_{ij}^{\mathrm{T}}\omega_{ij}(1+o_p(1))\right\}\gamma^*.
\end{aligned}
$$

最后一个等式成立是因为 $\sqrt{n}$ 假设. 通过一些简单计算可以证明: $\varphi'(0|\cdot) = 2(\tau - F_y(g(\boldsymbol{x}_i^{\mathrm{T}}\hat{\gamma}|\cdot)))$ 与 $\varphi''(0|\cdot) = 2f_y(g(\boldsymbol{x}_i^{\mathrm{T}}\hat{\gamma}|\cdot))$, 其中 $F_y$ 是累积分布函数, 而 $f_y$ 是概率密度函数. 另一方面, 对于每一个 $E\rho'_\tau(y_{ij})$, 有 $E\rho'_\tau(y_{ij}) = 2\tau(1 - F_{y_{ij}}(y_{ij})) + 2(\tau - 11)F_{y_{ij}}(y_{ij})$, 所以有下面的表达式:

$$
\begin{aligned}
&\mathcal{Q}_n(\gamma^*)\\
=&-\frac{1}{\sqrt{n}}\left[\sum_{j=1}^{n}\sum_{i=1}^{n}\rho'_\tau(y_{ij})\hat{b}_j\boldsymbol{x}_{ij}^{\mathrm{T}}\omega_{ij}\right]\gamma^*\\
&+\frac{1}{2n}\gamma^{*\mathrm{T}}\left[\sum_{j=1}^{n}\sum_{i=1}^{n}2f_y(\cdot)(\hat{b}_j^2\boldsymbol{x}_{ij}\boldsymbol{x}_{ij}^{\mathrm{T}})\omega_{ij}\right]\gamma^* + o_p(1).
\end{aligned}
$$

由于 $\sqrt{n}$ 相合假设, 所以给定 $\hat{a}_j$ 和 $\hat{b}_j$, 推出 $\rho'_\tau(y_{ij})$ 具有渐近分布 $\rho'_\tau(y-\theta_\tau(x))$, 也就是, 以概率 $1-\tau$ 等于 $2\tau$, 而以概率 $\tau$ 等于 $2(\tau-1)$, 并且其渐近均值和方差分别为 0 和 $4\tau(1-\tau)$. 这样, 在假设 (v) 之下, 有下面的逼近:

$$
\mathcal{Q}_n(\gamma^*) = \frac{1}{2}\gamma^{*\mathrm{T}}\boldsymbol{T}_n\gamma^* + \boldsymbol{V}_n^{\mathrm{T}}\gamma^* + o_p(1),
$$

其中 $\boldsymbol{T}_n = 2\boldsymbol{C}_1$, $\boldsymbol{V}_n = (4\tau(1-\tau))^{1/2}\boldsymbol{C}_0^{1/2}(\boldsymbol{Z}_n)$ 以及 $\boldsymbol{Z}_n \xrightarrow{D} N(0, I)$. 最后, 根据二次逼近引理和 Slutsky 定理, 有定理 7.3.3. 注意到由于 1–范数可识别性约束, $\boldsymbol{C}_1$ 不是正定的, 不过可以用 $\boldsymbol{C}_1$ 的广义逆代替使用. 二次逼近引理的证明表明矩阵的正定性可以简弱为半正定性, 甚至只需要广义逆存在即可. ■

## 7.4 结　　论

我们已经提出了一个单指标分位回归模型, 它能够有效地降低维数并且既精简又灵活. 采用了局部线性估计方法. 我们得到了估计的大样本性质并深入地研究了其统计推断. 这里描述的方法可能扩展到具有已知连接函数的广义单指标分位回归框架中, 这个可以在未来研究中予以考虑.

## 7.5 主要参考文献

单指标方法是在条件均值回归里面处理高维非参数估计问题的一个有效的方法 (Ichimura, 1993; Horowitz, Härdle, 1996; Horowitz, 1998; Carroll et al., 1990, 1998, Ruppert, 2002; Xia, Härdle 2006). Chaudhuri 等 (1997) 所指出它可以用于模拟几个重要情形下的分位数. 基于估计方程, Kong 和 Xia (2010) 最近研究了单指标参

数估计量的 Bahadur 表达式. Yu 和 Jones (1998) 研发了对于一元分位回归的局部线性方法. 研究样条方法的有 Koenker 等 (1994) 和 Koenker (2005) 以获取更多的细节. Stone (1977) 和 Chaudhuri (1991) 在一般的多变元背景下考虑了完全非参数分位回归. 有关可加模型和偏线性模型的研究, 参见 De Gooijer 和 Zerom (2003), Yu 和 Lu (2004) 以及 Horowitz 和 Lee (2005). 本章主要参考了 Wu 等 (2010), 对单指标分位回归模型的估计、推断和应用提供了一个全局的处理, 提出一个局部线性估计方法以及一些算法, 给出了估计量的渐近性质.

# 第 8 章　分位自回归

本章考虑分位自回归模型, 其自回归系数能够表示为单个标量随机变量的单调函数. 该类模型能捕获条件变量对响应变量的条件分布的位置、刻度以及形状产生的系统影响, 而经典常系数线性时间序列模型的条件影响仅局限于位置移动, 因此该类模型是经典常系数线性时间序列模型的一个重要拓展. 这些模型可被解释为一般的有强相关系数的随机系数自回归模型的特殊情况. 这里主要研究所提出的这个模型与相关估计量的统计性质, 推导自回归分位过程的极限分布, 也探讨分位自回归的推断方法.

## 8.1　引　言

常系数线性时间序列模型在统计中发挥了极其成功的作用, 因此各种形式的随机系数时间序列模型逐渐出现, 成为了某些特定应用领域有力的切实可行的竞争者. 尽管也许无法立即看出来, 但是后一类模型有一个变体就是线性分位回归模型. 该模型在理论研究方面已有相当多的关注, 用 Koenker 和 Bassett (1978) 提出的分位回归方法很容易进行模型估计. 奇怪的是, 已有的关于我们意识到的模型的理论研究都只关注更新过程为独立同分布的情况, 而此情况要求自回归系数独立于特定的分位点. 本章旨在放宽这种限制并考虑线性分位自回归模型, 其自回归 (斜率) 参数随分位点 $\tau \in [0,1]$ 变化而变化. 我们希望这类模型能扩大对有不对称动态性与局部持续性的时间序列建模的范围.

最近相当多的研究都致力于通过引入各种一致性更新过程效应改进传统的常系数动态模型. 引起这些改进的一个重要原因是将非对称性引入到模型动态性中. 人们普遍承认, 很多重要的经济变量可能会表现出不对称调整路径, 如 Neftci (1984), Enders 和 Granger (1998). 公司更倾向于提高而不是降低价格的现象是许多宏观经济模型的一个重要特征. Beaudry 和 Koop (1993) 认为, 对美国的 GDP 正向冲击要比负向冲击持久, 这表明在更新过程的不同分位点上存在非对称的商业周期动态. 此外, 虽然人们普遍认为产出波动是持续的, 但是从长期来看, 其结果并没有那么持续 (Beaudry, Koop, 1993), 这提示有某种形式的 “局部持续性” (Delong, Summers, 1986; Hamilton, 1989; Evans, Wachtel 1993; Bradley, Jansen, 1997; Hess, Iwata, 1997; Kuan, Huang, 2001). 与此相关的阈值自回归 (TAR) 模型也有越来越多的研究文献 (Balke, Fomby, 1997; Tsay, 1997; Gonzalez, Gonzalo, 1998; Hansen,

2000; Caner, Hansen, 2001).

分位回归方法能够提供另一条途径来研究时间序列的非对称动态性和局部持续性. 我们提出一个新的分位自回归模型 (QAR), 其中自回归系数在更新过程的不同分位点上可以取不同的值. 该模型的某些形式可以表现出类似单位根趋势或者甚至于暂时的激发行为, 而不是偶尔的均值恢复情形足以保证平稳性. 该模型导致对时间序列的有趣的新假设和推断工具的产生.

## 8.2 模型界定

现已有大量的处理线性分位自回归模型的理论文献, 包括 Weiss (1987), Knight (1989), Koul 和 Saleh (1995), Koul 和 Mukherjee (1994), Hercé(1996), Hasan 和 Koenker(1997) 以及 Hallin 和 Jurečková (1999) 等的工作. 在该模型中, 关于响应变量 $y_t$ 的条件 $\tau$ 分位函数能够表示为一个关于响应变量滞后值的线性函数. 在此, 我们希望去研究更一般的 QAR 模型的估计与推断. 在该类模型中, 所有的自回归系数允许与 $\tau$ 有关的, 因此它能改变条件密度的位置、规模与形状.

### 8.2.1 模型

令 $\{U_t\}$ 为独立同分布的标准均匀随机变量序列, 现考虑 $p$ 阶自回归过程,

$$y_t = \theta_0(U_t) + \theta_1(U_t)y_{t-1} + \cdots + \theta_p(U_t)y_{t-p}, \tag{8.1}$$

其中, $\theta_j$ 是要估计的未知函数, 满足 $[0,1] \to \mathbb{R}$. 假若式 (8.1) 的右边关于 $U_t$ 单调递增, 那么 $y_t$ 的条件 $\tau$ 分位函数可写为

$$Q_{y_t}(\tau \mid y_{t-1}, \cdots, y_{t-p}) = \theta_0(\tau) + \theta_1(\tau)y_{t-1} + \cdots + \theta_p(\tau)y_{t-p}, \tag{8.2}$$

或者, 更简洁的形式可写为

$$Q_{y_t}(\tau \mid \mathcal{F}_{t-1}) = x_t^{\mathrm{T}}\boldsymbol{\theta}(\tau), \tag{8.3}$$

其中, $x_t = (1, y_{t-1}, \cdots, y_{t-p})^{\mathrm{T}}$, $\mathcal{F}_t$ 是由 $\{y_s, s \leqslant t\}$ 生成的 $\sigma$-域. 式 (8.1) 到式 (8.2) 的变换是以下事实的直接结果, 即任何单调递增函数 $g$ 与标准均匀随机变量 $U$, 有

$$Q_{g(U)}(\tau) = g(Q_U(\tau)) = g(\tau),$$

其中, $Q_U(\tau) = \tau$ 是 $U$ 的分位函数. 在上述模型中, 这些自回归系数可能依赖于 $\tau$, 因此系数可随分位数变化. 条件变量不仅使 $y_t$ 分布函数的位置发生漂移, 而且可能改变其条件分布的刻度与形状, 称这个模型为 QAR($p$) 模型.

QAR 模型在扩大经典平稳线性时间序列模型与它们的单位根模型建模领域中起到了重要的作用. 为了在 QAR(1) 中说明这一点, 考虑模型

$$Q_{y_t}(\tau \mid \mathcal{F}_{t-1}) = \theta_0(\tau) + \theta_1(\tau) y_{t-1}, \tag{8.4}$$

其中对于 $\gamma_0 \in (0,1)$ 与 $\gamma_1 > 0$, 有 $\theta_0(\tau) = \sigma \Phi^{-1}(\tau)$, $\theta_1(\tau) = \min\{\gamma_0 + \gamma_1 \tau, 1\}$. 在该模型中, 如果 $U_t > (1-\gamma_0)/\gamma_1$, 那么模型会根据标准高斯单位根模型产生 $y_t$, 但是对于较小的 $U_t$, 有均值回归的趋势, 较强的正更新序列倾向于加强它的类似单位根的行为, 而偶然的实现值序列会诱导均值回归, 因此削弱了该过程的持续性, 故模型以上意义下表现出一种非对称持续性. 经典的高斯 AR(1) 模型可通过令 $\theta_1(\tau)$ 为常数获得.

公式 (8.4) 表明该模型可被解释为某种特殊形式的随机系数自回归 (RCAR) 模型. 这些模型自然产生于许多时间序列应用中. 关于 (RCAR) 模型作用的讨论特别出现在 Nicholls 和 Quinn (1982), Tjφstheim (1986), Pourahmadi (1986), Brandt (1986), Karlsen (1990), Tong (1990) 等文献中. 很多关于 RCAR 模型的文献中, 其自回归系数一般被假定为相互随机独立的. 与此相反的是, QAR 模型的系数是函数相关的.

条件分位函数单调性的要求使得在 $\boldsymbol{\theta}$ 函数的形式上需强加一些限制. 这种限制本质上是要求函数 $Q_{y_t}(\tau \mid y_{t-1}, \cdots, y_{t-p})$ 在某些关于 $(y_{t-1}, \cdots, y_{t-p})$ 的某些相关域 $\varUpsilon$ 上关于 $\tau$ 单调. QAR 随机系数模型 (8.1) 与条件分位函数模型 (8.2) 之间的对应关系预先假定了后者关于 $\tau$ 单调. 如果在域 $\varUpsilon$ 中满足这种单调性, 那么式 (8.1) 可被认为是从 QAR 模型 (8.2) 产生随机数的一种有效机制. 当然, 即使不满足这种单调性, 模型 (8.1) 也可被认为是一种有效的数据生成机制. 但是, 这种与严格的线性条件分位模型的连接不再是有效的. 在某些单调性被破坏的点上, 对应于式 (8.1) 所述模型的条件分位函数有线性“扭结”. 试图用线性界定方法去拟合这些分段线性模型是在冒险, 将在 8.2.4 节回到该问题的讨论. 8.2.3 节简单地描述 QAR 模型的一些基本特征.

### 8.2.2　分位自回归过程的性质

QAR($p$) 模型 (8.1) 可按更传统的随机系数模型形式表示

$$y_t = \mu_0 + \alpha_{1,t} y_{t-1} + \cdots + \alpha_{p,t} y_{t-p} + u_t, \tag{8.5}$$

其中, $\mu_0 = E\theta_0(U_t)$, $u_t = \theta_0(U_t) - \mu_0$, $\alpha_{j,t} = \theta_j(U_t)$, $j = 1, \cdots, p$. 故 $\{u_t\}$ 是分布函数为 $F(\cdot) = \theta_0^{-1}(\cdot + \mu_0)$ 的独立同分布随机变量序列, 这些系数 $\alpha_{j,t}$ 是关于更新息随机变量 $u_t$ 的函数. QAR($p$) 过程 (8.5) 可表示为 1 阶 $p$ 维向量自回归过程,

$$\boldsymbol{Y}_t = \boldsymbol{\varGamma} + \boldsymbol{A}_t \boldsymbol{Y}_{t-1} + \boldsymbol{V}_t,$$

其中,

$$\boldsymbol{\Gamma}=\begin{bmatrix}\mu_0\\ \mathbf{0}_{p-1}\end{bmatrix},\quad \boldsymbol{A}_t=\begin{bmatrix}\boldsymbol{A}_{p-1,t} & \alpha_{p,t}\\ \boldsymbol{I}_{p-1} & \mathbf{0}_{p-1}\end{bmatrix},\quad \boldsymbol{V}_t=\begin{bmatrix}u_t\\ \mathbf{0}_{p-1}\end{bmatrix},$$

其中 $\boldsymbol{A}_{p-1,t}=[\alpha_{1,t},\cdots,\alpha_{p-1,t}]$, $\boldsymbol{Y}_t=[y_t,\cdots,y_{t-p+1}]^{\mathrm{T}}$ 以及 $\mathbf{0}_{p-1}$ 是 $p-1$ 维的零向量.

为了使上述的讨论成形且便于以后的渐近分析, 引入以下条件.

A.1 $\{u_t\}$ 是均值为 0、方差为 $\sigma^2<\infty$ 的独立同分布随机变量. $u_t$ 的分布函数 $F$ 有连续的密度函数 $f$, 且在集合 $\mathcal{U}=\{u:0<F(u)<1\}$ 上有 $f(u)>0$.

A.2 令 $E(\boldsymbol{A}_t\otimes\boldsymbol{A}_t)=\boldsymbol{\Omega}_{\boldsymbol{A}}$; $\boldsymbol{\Omega}_{\boldsymbol{A}}$ 的特征值的模小于 1.

A.3 记条件分布函数 $\Pr[y_t<\cdot\mid\mathcal{F}_{t-1}]$ 为 $F_{t-1}(\cdot)$, 其导数为 $f_{t-1}(\cdot)$; $f_{t-1}$ 在集合 $\mathcal{U}$ 上一致可积.

**定理 8.2.1** 在假设 A.1 与 A.2 的条件下, 由式 (8.5) 给出的时间序列 $y_t$ 是协方差平稳的, 且满足中心极限定理,

$$\frac{1}{\sqrt{n}}\sum_{t=1}^{n}(y_t-\mu_y)\Rightarrow N(0,\omega_y^2),$$

其中, $\mu_y=\mu_0\Big/\left(1-\displaystyle\sum_{j=1}^{p}\mu_j\right)$, $\omega_y^2=\lim n^{-1}E\left[\displaystyle\sum_{t=1}^{n}(y_t-\mu_y)\right]^2$, 以及 $\mu_j=E(\alpha_{j,t})$, $j=1,\cdots,p$.

**证明** 给定一个 $p$ 阶自回归过程 (8.5), 记 $E(\alpha_{j,t})=\mu_j$, 并假设 $1-\sum\mu_j\neq 0$. 令 $\mu_y=\mu_0\Big/\left(1-\displaystyle\sum_{j=1}^{p}\mu_j\right)$, 记

$$\underline{y}_t=y_t-\mu_y,$$

有

$$\underline{y}_t=\alpha_{1,t}\underline{y}_{t-1}+\cdots+\alpha_{p,t}\underline{y}_{t-p}+v_t,\tag{8.6}$$

其中

$$v_t=u_t+\mu\sum_{l=1}^{p}(\alpha_{l,t}-\mu_t).$$

容易看到对任意 $t\neq s$, 有 $Ev_t=0$ 与 $Ev_tv_s=0$, 因为 $E\alpha_{l,t}=\mu_l$ 且 $u_t$ 是独立的. 为了推导出过程 $\underline{y}_t$ 的平稳条件, 首先找到式 (8.6) 的 $\mathcal{F}_t$- 可测解. 定义这些 $p\times 1$ 随机向量:

$$\underline{\boldsymbol{Y}}_t=[\underline{y}_t,\cdots,\underline{y}_{t-p+1}]^{\mathrm{T}}\quad 与\quad \boldsymbol{V}=[v_t,0,\cdots,0]^{\mathrm{T}}$$

与 $p\times p$ 的随机矩阵

$$\boldsymbol{A}_t=\begin{bmatrix}\boldsymbol{A}_{p-1,t} & \alpha_{p,t}\\ \boldsymbol{I}_{p-1} & \boldsymbol{0}_{p-1}\end{bmatrix},$$

其中 $\boldsymbol{A}_{p-1,t}=[\alpha_{1,t},\cdots,\alpha_{p-1,t}]$, 且 $\boldsymbol{0}_{p-1}$ 是 $p-1$ 维的零向量.

$$E(\boldsymbol{V}_t\boldsymbol{V}_t^{\mathrm{T}})=\begin{bmatrix}\boldsymbol{\sigma}_v^2 & \boldsymbol{0}_{1\times(p-1)}\\ \boldsymbol{0}_{(p-1)\times 1} & \boldsymbol{0}_{(p-1)\times(p-1)}\end{bmatrix}=\boldsymbol{\Sigma}\ ,$$

故原始的过程可写为

$$\underline{\boldsymbol{Y}}_t=\boldsymbol{A}_t\underline{\boldsymbol{Y}}_{t-1}+\boldsymbol{V}_t.$$

通过替代, 有

$$\begin{aligned}\underline{\boldsymbol{Y}}_t=&\boldsymbol{V}_t+\boldsymbol{A}_t\boldsymbol{V}_{t-1}+\boldsymbol{A}_t\boldsymbol{A}_{t-1}\boldsymbol{V}_{t-2}\\&+[\boldsymbol{A}_t\cdots\boldsymbol{A}_{t-m+1}]\boldsymbol{V}_{t-m}+[\boldsymbol{A}_t\cdots\boldsymbol{A}_{t-m}]\underline{\boldsymbol{Y}}_{t-m-1}\\=&\underline{\boldsymbol{Y}}_{t,m}+\boldsymbol{R}_{t,m},\end{aligned}$$

其中

$$\underline{\boldsymbol{Y}}_{t,m}=\sum_{j=0}^{m}\boldsymbol{B}_j\boldsymbol{V}_{t-j},\quad \boldsymbol{R}_{t,m}=\boldsymbol{B}_{m+1}\underline{\boldsymbol{Y}}_{t-m-1},$$

与

$$\boldsymbol{B}_j=\begin{cases}\prod\limits_{l=0}^{j-1}\boldsymbol{A}_{t-l}, & j\geqslant 1,\\ \boldsymbol{I}, & j=0.\end{cases}$$

对于固定的 $t, y_t$ 的 $\mathcal{F}_t$- 可测解涉及当 $m$ 增大时, $\left\{\sum\limits_{j=0}^{m}\boldsymbol{B}_j\boldsymbol{V}_{t-j}\right\}$ 与 $\{\boldsymbol{R}_{t,m}\}$ 的收敛性. 仿照与 Nicholls 和 Quinn (1982) 所报告的类似分析, 需要验证当 $m\to\infty$ 时, $\mathrm{vec}E\ [\underline{\boldsymbol{Y}}_{t,m}\underline{\boldsymbol{Y}}_{t,m}^{\mathrm{T}}]$ 收敛. 注意到 $\boldsymbol{B}_j$ 与 $\boldsymbol{V}_{t-j}$ 独立, 且 $\{u_t, t=0,\pm1,\pm2,\cdots\}$ 是独立的随机变量, 因此对任何 $j\neq k$ 时, 如果有 $E[\boldsymbol{B}_j\boldsymbol{V}_{t-j}\boldsymbol{B}_k\boldsymbol{V}_{t-k}]=\boldsymbol{0}$, 那么 $\{\boldsymbol{B}_j\boldsymbol{V}_{t-j}\}_{j=0}^{\infty}$ 是相互垂直的序列. 因此,

$$\begin{aligned}\mathrm{vec}E\ [\underline{\boldsymbol{Y}}_{t,m}\underline{\boldsymbol{Y}}_{t,m}^{\mathrm{T}}]=&\mathrm{vec}E\left[\left(\sum_{j=0}^{m}\boldsymbol{B}_j\boldsymbol{V}_{t-j}\right)\left(\sum_{j=0}^{m}\boldsymbol{B}_j\boldsymbol{V}_{t-j}\right)^{\mathrm{T}}\right]\\=&\mathrm{vec}E\left[\sum_{j=0}^{m}\boldsymbol{B}_j\boldsymbol{V}_{t-j}\boldsymbol{V}_{t-j}^{\mathrm{T}}\boldsymbol{B}_j^{\mathrm{T}}\right].\end{aligned}$$

注意到 $\mathrm{vec}(\boldsymbol{ABC}) = (\boldsymbol{C}^{\mathrm{T}} \otimes \boldsymbol{A})\mathrm{vec}(\boldsymbol{B})$ 与 $\left(\prod_{l=0}^{j} \boldsymbol{A}_l\right) \otimes \left(\prod_{k=0}^{j} \boldsymbol{B}_k\right) = \prod_{k=0}^{j} (\boldsymbol{A}_k \otimes \boldsymbol{A}_k)$, 有

$$\begin{aligned}
\mathrm{vec}E\left[\sum_{j=0}^{m} \boldsymbol{B}_j \boldsymbol{V}_{t-j} \boldsymbol{V}_{t-j}^{\mathrm{T}} \boldsymbol{B}_j^{\mathrm{T}}\right] &= E\left[\sum_{j=0}^{m} (\boldsymbol{B}_j \otimes \boldsymbol{B}_j)\mathrm{vec}(\boldsymbol{V}_{t-j}\boldsymbol{V}_{t-j}^{\mathrm{T}})\right] \\
&= E\left[\sum_{j=0}^{m} \left(\prod_{l=0}^{j-1} \boldsymbol{A}_{t-l}\right) \otimes \left(\prod_{l=o}^{j-1} \boldsymbol{A}_{t-l}\right) \mathrm{vec}(\boldsymbol{V}_{t-j}\boldsymbol{V}_{t-j}^{\mathrm{T}})\right] \\
&= \sum_{j=0}^{m} \prod_{l=0}^{j-1} E(\boldsymbol{A}_{t-l} \otimes \boldsymbol{A}_{t-l}) \mathrm{vec}E(\boldsymbol{V}_{t-j}\boldsymbol{V}_{t-j}^{\mathrm{T}}).
\end{aligned}$$

如果记

$$\boldsymbol{A} = E[\boldsymbol{A}_t] = \begin{bmatrix} \bar{\mu}_{p-1} & \alpha_p \\ \boldsymbol{I}_{p-1} & \boldsymbol{0}_{p-1} \end{bmatrix},$$

其中 $\bar{\boldsymbol{\mu}}_{p-1} = [\boldsymbol{\alpha}_1, \cdots, \boldsymbol{\alpha}_{p-1}]$, 那么有 $\boldsymbol{A}_t = \boldsymbol{A} + \boldsymbol{\Xi}_t$, 其中, $E(\boldsymbol{\Xi}_t) = \boldsymbol{0}$ 与

$$\begin{aligned}
E(\boldsymbol{A}_{t-l} \otimes \boldsymbol{A}_{t-l}) &= E\left[(\boldsymbol{A} + \boldsymbol{\Xi}_t) \otimes (\boldsymbol{A} + \boldsymbol{\Xi}_t)\right] \\
&= \boldsymbol{A} \otimes \boldsymbol{A} + E(\boldsymbol{\Xi}_t) \otimes \boldsymbol{\Xi}_t)) \\
&= \boldsymbol{\Omega}_{\boldsymbol{A}},
\end{aligned}$$

那么

$$\mathrm{vec}E\left[\left(\sum_{j=0}^{m} \boldsymbol{B}_j \boldsymbol{V}_{t-j}\right)\left(\sum_{j=0}^{m} \boldsymbol{B}_j \boldsymbol{V}_{t-j}\right)^{\mathrm{T}}\right] = \sum_{j=0}^{m} \boldsymbol{\Omega}_{\boldsymbol{A}}^{j} \mathrm{vec}(\boldsymbol{\Sigma}).$$

关于过程 $\underline{y}_t$ 的平稳性的一个重要条件是当 $m \to \infty$ 时, $\sum_{j=0}^{m} \boldsymbol{\Omega}_{\boldsymbol{A}}^{j}$ 收敛.

矩阵 $\boldsymbol{\Omega}_{\boldsymbol{A}}$ 可表示为若尔当典则型 $\boldsymbol{\Omega}_{\boldsymbol{A}} = \boldsymbol{P\Lambda P}^{-1}$, 其中, $\boldsymbol{\Lambda}$ 为对角矩阵, 主对角上的元素是 $\boldsymbol{\Omega}_{\boldsymbol{A}}$ 的特征根. 如果 $\boldsymbol{\Omega}_{\boldsymbol{A}}$ 特征根的模小于 1, 那么 $\boldsymbol{\Lambda}^j$ 以几何速度收敛到 $\boldsymbol{0}$. 记 $\boldsymbol{\Omega}_{\boldsymbol{A}}^{j} = \boldsymbol{P\Lambda}^j\boldsymbol{P}^{-1}$, 用类似于 Nicholls 和 Quinn (1982) 所做的分析, $\underline{\boldsymbol{Y}}_t$ (因此 $y_t$) 是平稳的, 并且可表示为

$$\underline{\boldsymbol{Y}}_t = \sum_{j=0}^{\infty} \boldsymbol{B}_j \boldsymbol{V}_{t-j}.$$

于是根据 Billingsley (1961) 可知中心极限定理成立 (Nicholls, Quinn, 1982). ■

为了说明 QAR 过程的一些重要特征, 考虑最简单的情况, 即 QAR(1) 过程,

$$y_t = \alpha_t y_{t-1} + u_t, \tag{8.7}$$

其中 $\alpha_t = \theta_1(U_t)$, $u_t = \theta_0(U_t)$. 对应于过程 (8.4), 其性质可以通过如下的推论进行总结.

**推论 8.2.1** 如果 $y_t$ 由式 (8.7) 决定, 且 $\omega_\alpha^2 = E(\alpha_t)^2 < 1$, 那么, 在假设 A.1 下, $y_t$ 是协方差平稳的, 且满足中心极限定理

$$\frac{1}{\sqrt{n}}\sum_{t=1}^{n} y_t \Rightarrow N(0, \omega_y^2),$$

其中 $\omega_y^2 = \sigma^2(1+\mu_\alpha)/((1-\mu_\alpha)(1-\omega_\alpha^2))$, 而 $\mu_\alpha = E(\alpha_t) < 1$.

在 8.2.1 节给出的例子中, $\alpha_t = \theta_1(U_t) = \min\{\gamma_0 + \gamma_1 U_t, 1\} \leqslant 1$ 且 $\Pr(|\alpha_t| < 1) > 0$, 推论 8.2.1 条件成立, 那么 $y_t$ 过程全局平稳, 但是在某些类型的冲击下 (在例子中为正冲击) 仍表现出局部 (且非对称) 持续性. 推论 8.2.1 也表明即使在某些分位范围内有 $\alpha_t > 1$, 只要有 $\omega_\alpha^2 = E(\alpha_t)^2 < 1$ 成立, 从长期来看 $y_t$ 仍然是协方差平稳的.

在推论 8.2.1 的假设下, 在式 (8.7) 不断地进行循环替换, 可以得到

$$y_t = \sum_{j=0}^{\infty} \beta_{t,j} u_{t-j}, \quad \text{其中 } \beta_{t,0} = 1, \text{ 且 } \beta_{t,j} = \prod_{i=0}^{j-i} \alpha_{t-i}, \quad j \geqslant 1 \tag{8.8}$$

是式 (8.7) 的一个平稳的 $\mathcal{F}_t$- 可测解. 此外, 如果 $\sum\limits_{j=0}^{\infty} \beta_{t,j} v_{t-j}$ 在 $L^p$ 内收敛, 那么 $y_t$ 有 $p$ 阶有限矩. 式 (8.7) 的 $\mathcal{F}_t$- 可测解给出了表示 $y_t$ 的双随机过程 MA($\infty$). 特别是, $y_t$ 对冲击 $u_{t-j}$ 的脉冲响应是随机的, 且由 $\beta_{t,j}$ 给出. 另一方面, 虽然 QAR 过程的脉冲响应是随机的, 但是当 $j \to \infty$ 时, 它按均方收敛 (到 0 ), 因此也是以概率收敛的, 故证实了 $y_t$ 的平稳性. 如果记 $y_t$ 的自协方差函数为 $\gamma_y(h)$, 那么很容易证得 $\gamma_y(h) = \mu_\alpha^{|h|}\sigma_y^2$, 其中, $\sigma_y^2 = \sigma^2/(1-\omega_\alpha^2)$.

**注 8.2.1** 与 QAR(1) 过程 $y_t$ 相比, 如果考虑传统的 AR(1) 过程, 其自回归系数为 $\mu_\alpha$, 并记相应的过程为 $\underline{y}_t$, 则 $y_t$ 的长期方差 (记为 $\omega_y^2$) 比 $\underline{y}_t$ 的长期方差大, 这正如所期望的一样. QAR 过程 $y_t$ 的附加方差来源于 $\alpha_t$ 的扰动. 事实上, $\omega_y^2$ 能分解为 $\underline{y}_t$ 的长期方差与由 $\alpha_t$ 的方差决定的附加项之和.

$$\omega_y^2 = \underline{\omega}_y^2 + \frac{\sigma^2}{(1-\mu_\alpha)^2(1-\omega_\alpha^2)}\mathrm{var}(\alpha_t),$$

其中 $\underline{\omega}_y^2 = \sigma^2/(1-\mu_\alpha)^2$ 是 $\underline{y}_t$ 的长期方差.

接下来的两节主要考虑 QAR 模型的估计与相关推断.

## 8.3 估　　计

QAR 模型 (8.3) 的估计涉及求解如下问题:

$$\min_{\theta\in\mathbb{R}^{p+1}}\sum_{t=1}^{n}\rho_\tau(y_t-\boldsymbol{x}_t^{\mathrm{T}}\boldsymbol{\theta}),\tag{8.9}$$

其中 $\rho_\tau(u)=u(\tau-I(u<0))$ 与 Koenker 和 Bassett (1978) 的工作中的一样. 解 $\widehat{\boldsymbol{\theta}}(\tau)$ 被称为自回归分位数. 给定 $\widehat{\boldsymbol{\theta}}(\tau)$ , 那么在 $\boldsymbol{x}_t$ 条件下 $y_t$ 的 $\tau$ 条件分位函数可用下式估计:

$$\hat{Q}_{y_t}(\tau|\boldsymbol{x}_t)=\boldsymbol{x}_t^{\mathrm{T}}\widehat{\theta}(\tau),$$

而且对于一些选择合理的 $\tau$ 序列, $y_t$ 的条件密度函数能用下列的差商估计,

$$\hat{f}_{y_t}(\tau|\boldsymbol{x}_{t-1})=\frac{\tau_i-\tau_{i-1}}{\hat{Q}_{y_t}(\tau_i|\boldsymbol{x}_{t-1})-\hat{Q}_{y_t}(\tau_{i-1}|\boldsymbol{x}_{t-1})}.$$

如果记 $E(y_t)$ 为 $\mu_y$, 记 $E(y_ty_{t-j})$ 为 $\gamma_j$, 并令

$$\boldsymbol{\Omega}_0=E(\boldsymbol{x}_t\boldsymbol{x}_t^{\mathrm{T}})=\lim n^{-1}\sum_{t=1}^{n}\boldsymbol{x}_t\boldsymbol{x}_t^{\mathrm{T}},$$

那么

$$\boldsymbol{\Omega}_0=\begin{bmatrix}1 & \boldsymbol{\mu}_y^{\mathrm{T}}\\ \boldsymbol{\mu}_y & \boldsymbol{\Omega}_y\end{bmatrix},$$

其中 $\boldsymbol{\mu}_y=\mu_y\cdot\mathbf{1}_{p\times1}$,

$$\boldsymbol{\Omega}_{\boldsymbol{y}}=\begin{bmatrix}\gamma_0 & \cdots & \gamma_{p-1}\\ \vdots & & \vdots\\ \gamma_{p-1} & \cdots & \gamma_0\end{bmatrix}.$$

在 QAR(1) 模型 (8.7) 的特殊情况下, $\boldsymbol{\Omega}_0=E(\boldsymbol{x}_t\boldsymbol{x}_t^{\mathrm{T}})=\mathrm{diag}[1,\gamma_0]$, $\gamma_0=E[y_t^2]$. 令 $\boldsymbol{\Omega}_1=\lim n^{-1}\sum_{t=1}^{n}f_{t-1}[F_{t-1}^{-1}(\tau)]\times\boldsymbol{x}_t\boldsymbol{x}_t^{\mathrm{T}}$, 并定义 $\boldsymbol{\Sigma}=\boldsymbol{\Omega}_1^{-1}\boldsymbol{\Omega}_0\boldsymbol{\Omega}_1^{-1}$. 那么 $\widehat{\boldsymbol{\theta}}(\tau)$ 的渐近分布可用如下定理进行总结.

**定理 8.3.1**　在假设 A.1~A.3 下,

$$\boldsymbol{\Sigma}^{-1/2}\sqrt{n}(\widehat{\boldsymbol{\theta}}(\tau)-\boldsymbol{\theta}(\tau))\Rightarrow\boldsymbol{B}_k(\tau),$$

其中 $\boldsymbol{B}_k(\tau)$ 表示 $k$ 维标准布朗桥, $k=p+1$.

**证明**　如果记 $\widehat{\boldsymbol{v}}=\sqrt{n}(\widehat{\theta}(\tau)-\theta(\tau))$, 那么 $\rho_\tau(\boldsymbol{y}_t-\widehat{\theta}(\tau)^{\mathrm{T}}\boldsymbol{x}_t)=\rho_\tau(u_{t\tau}-(n^{-1/2}\widehat{\boldsymbol{v}})^{\mathrm{T}}\boldsymbol{x}_t)$, 其中, $\boldsymbol{u}_{t\tau}=\boldsymbol{y}_t-\boldsymbol{x}_t^{\mathrm{T}}\theta(\tau)$. 最小化式 (8.9) 等价于最小化下式:

$$\boldsymbol{Z}_n(\boldsymbol{v})=\sum_{t=1}^{n}[\rho_\tau(u_{tt}-(n^{-1/2}\boldsymbol{v})^{\mathrm{T}}\boldsymbol{x}_t)-\rho_\tau(u_{t\tau})]. \tag{8.10}$$

如果 $\widehat{\boldsymbol{v}}$ 是 $Z_n(\boldsymbol{v})$ 的最小化子, 那么有 $\widehat{\boldsymbol{v}}=\sqrt{n}(\widehat{\theta}(\tau)-\theta(\tau))$. 目标函数 $\boldsymbol{Z}_n(\boldsymbol{v})$ 是凸随机函数. Knight (1989), Pollard(1991) 和 Knight(1998) 证明了如果 $\boldsymbol{Z}_n(\cdot)$ 的有限维分布弱收敛于 $\boldsymbol{Z}(\cdot)$ 的分布, 且 $\boldsymbol{Z}(\cdot)$ 有唯一最小值, 那么, $\boldsymbol{Z}_n(\cdot)$ 的凸性隐含了 $\widehat{\boldsymbol{v}}$ 按分布收敛到 $\boldsymbol{Z}(\cdot)$ 的最小化子.

利用下面的等式. 如果记 $\psi_\tau(u)=\tau-\boldsymbol{I}(u<0)$, 于是对于 $u\neq 0$, 有

$$\begin{aligned}\rho_\tau(u-v)-\rho_\tau(u)&=-v\psi_\tau(u)+(u-v)\{\boldsymbol{I}(0>u>v)-\boldsymbol{I}(0<u<v)\}\\&=-v\psi_\tau(u)+\int_0^v\{\boldsymbol{I}(u\leqslant s)-\boldsymbol{I}(u<0)\}\mathrm{d}s.\end{aligned} \tag{8.11}$$

因此最小化问题的目标函数可写为

$$\begin{aligned}&\sum_{t=1}^{n}[\rho_\tau(u_{t,\tau}-(n^{-1/2}\boldsymbol{v})^{\mathrm{T}}\boldsymbol{x}_t)-\rho_\tau(u_{t\tau})]\\&=-\sum_{t=1}^{n}(n^{-1/2}\boldsymbol{v})^{\mathrm{T}}\boldsymbol{x}_t\psi_\tau(u_{t\tau})+\sum_{t=1}^{n}\int_0^{(n^{-1/2}\boldsymbol{v})^{\mathrm{T}}\boldsymbol{x}_t}\{\boldsymbol{I}(u_{t\tau}\leqslant s)-\boldsymbol{I}(u_{t\tau}<0)\}\mathrm{d}s.\end{aligned}$$

首先考虑

$$\boldsymbol{W}_n(\boldsymbol{v})=\sum_{t=1}^{n}\int_0^{(n^{-1/2}\boldsymbol{v})^{\mathrm{T}}\boldsymbol{x}_t}\{\boldsymbol{I}(u_{t\tau}\leqslant s)-\boldsymbol{I}(u_{t\tau}<0)\}\mathrm{d}s$$

的极限性质. 为了便于渐近分析, 记

$$\begin{aligned}\boldsymbol{W}_n(\boldsymbol{v})&=\sum_{t=1}^{n}\xi_t(\boldsymbol{v}),\\\xi_t(\boldsymbol{v})&=\int_0^{(n^{-1/2}\boldsymbol{v})^{\mathrm{T}}\boldsymbol{x}_t}\{\boldsymbol{I}(u_{t\tau}\leqslant s)-\boldsymbol{I}(u_{t\tau}<0)\}\mathrm{d}s.\end{aligned}$$

进一步定义 $\bar{\xi}_t(\boldsymbol{v})=E\{\xi_t(\boldsymbol{v})|\mathcal{F}_{t-1}\}$ 与 $W_n(\boldsymbol{v})=\sum_{t=1}^{n}\bar{\xi}_t(\boldsymbol{v})$. 那么 $\{\xi_t(\boldsymbol{v})-\bar{\xi}_t(\boldsymbol{v})\}$ 是一个鞅差序列.

注意到

$$u_{\tau t}=y_t-\boldsymbol{x}_t^{\mathrm{T}}\alpha(\tau)=y_t-F_{t-1}^{-1}(\tau),$$

$$\begin{aligned}\overline{W}_n(\boldsymbol{v}) &= \sum_{t=1}^{n} E\left\{\int_0^{(n^{-1/2}\boldsymbol{v})^{\mathrm{T}}\boldsymbol{x}_t}[\boldsymbol{I}(u_{t\tau} \leqslant s) - \boldsymbol{I}(u_{t\tau} < 0)]\big|\mathcal{F}_{t-1}\right\} \\ &= \sum_{t=1}^{n}\int_0^{(n^{-1/2}\boldsymbol{v})^{\mathrm{T}}\boldsymbol{x}_t}\left[\int_{F_{t-1}^{-1}(\tau)}^{s+F_{t-1}^{-1}(\tau)} f_{t-1}(r)\mathrm{d}r\right]\mathrm{d}s \\ &= \sum_{t=1}^{n}\int_0^{(n^{-1/2}\boldsymbol{v})^{\mathrm{T}}\boldsymbol{x}_t}\frac{F_{t-1}(s+F_{t-1}^{-1}(\tau)) - F_{t-1}(F_{t-1}^{-1}(\tau))}{s}s\mathrm{d}s.\end{aligned}$$

在假设 A.3 下,

$$\begin{aligned}\overline{W}_n(\boldsymbol{v}) &= \sum_{t=1}^{n}\int_0^{(n^{-1/2}\boldsymbol{v})^{\mathrm{T}}\boldsymbol{x}_t} f_{t-1}(F_{t-1}^{-1}(\tau))s\mathrm{d}s + o_p(1) \\ &= \frac{1}{2n}\sum_{t=1}^{n} f_{t-1}(F_{t-1}^{-1}(\tau))\boldsymbol{v}^{\mathrm{T}}\boldsymbol{x}_t\boldsymbol{x}_t^{\mathrm{T}}\boldsymbol{v} + o_p(1).\end{aligned}$$

根据假设与 $y_t$ 的平稳性, 有

$$\overline{\boldsymbol{W}}_n \Rightarrow \frac{1}{2}\boldsymbol{v}^{\mathrm{T}}\boldsymbol{\Omega}_1\boldsymbol{v}.$$

用 Hercé (1996) 中的方法可得, $\sum\limits_t \xi_t(\boldsymbol{v})$ 的极限分布与 $\sum\limits_t \bar{\xi}_t(\boldsymbol{v})$ 的一致.

为了研究目标函数中第一项 $n^{-1/2}\sum\limits_{t=1}^{n}\boldsymbol{x}_t\psi_\tau(u_{t\tau})$ 的性质, 注意到 $\boldsymbol{x}_t \in \mathcal{F}_{t-1}$ 与 $E[\psi_\tau(u_{t\tau})|\mathcal{F}_{t-1}] = 0$, 且 $\boldsymbol{x}_t\psi_\tau(u_{t\tau})$ 是一个鞅差序列, 因此 $n^{-1/2}\sum\limits_{t=1}^{n}\boldsymbol{x}_t\psi_\tau(u_{t\tau})$ 满足中心极限定理. 根据 Portnoy (1984), Gutenbrunner 和 Jurečková (1992) 的论证可知, QAR 过程是紧的, 因此这个极限变量可被视为 $\tau$ 的随机函数, 它在 $\tau \in \mathcal{T}$ 内是一个布朗桥,

$$n^{-1/2}\sum_{t=1}^{n}\boldsymbol{x}_t\psi_\tau(u_{t\tau}) \Rightarrow \boldsymbol{\Omega}_0^{1/2}\boldsymbol{B}_k(\tau).$$

对每个固定的 $\tau$, $n^{-1/2}\sum\limits_{t=1}^{n}\boldsymbol{x}_t\psi_\tau(u_{t\tau})$ 收敛至一个 $q$ 维正态变量向量, 其协方差矩阵为 $\tau(1-\tau)\boldsymbol{\Omega}_0$. 因此

$$\begin{aligned}Z_n(\boldsymbol{v}) &= \sum_{t=1}^{n}[\rho_\tau(u_{t\tau} - (n^{-1/2}\boldsymbol{v})^{\mathrm{T}}\boldsymbol{x}_t) - \rho_\tau(u_{t\tau})] \\ &= -\sum_{t=1}^{n}(n^{-1/2}\boldsymbol{v})^{\mathrm{T}}\boldsymbol{x}_t\psi_\tau(u_{t\tau}) + \sum_{t=1}^{n}\int_0^{(n^{-1/2}\boldsymbol{v})^{\mathrm{T}}\boldsymbol{x}_t}\{\boldsymbol{I}(u_{t\tau} \leqslant s) - \boldsymbol{I}(u_{t\tau} < 0)\}\mathrm{d}s \\ &\Rightarrow -\boldsymbol{v}^{\mathrm{T}}\boldsymbol{\Omega}_0^{1/2}\boldsymbol{B}_k(\tau) + \frac{1}{2}\boldsymbol{v}^{\mathrm{T}}\boldsymbol{\Omega}_1\boldsymbol{v} = \boldsymbol{Z}(\boldsymbol{v}).\end{aligned}$$

根据 Pollard (1991) 的凸性引理与 Knight (1989) 的论证, 注意到 $\boldsymbol{Z}_n(\boldsymbol{v})$ 与 $\boldsymbol{Z}(\boldsymbol{v})$ 在 $\widehat{\boldsymbol{v}} = \sqrt{n}(\widehat{\alpha}(\tau) - \alpha(\tau))$ 与 $\boldsymbol{\Sigma}^{1/2}\boldsymbol{B}_k(\tau)$ 时最小化. 由 Knight (1989) 的引理, 有

$$\boldsymbol{\Sigma}^{-1/2}\sqrt{n}(\widehat{\alpha}(\tau) - \alpha(\tau)) \Rightarrow \boldsymbol{B}_k(\tau). \qquad \blacksquare$$

根据定义, 对于任何固定的 $\tau$, $\boldsymbol{B}_k(\tau)$ 为 $\mathcal{N}(\boldsymbol{0}, \tau(1-\tau)\boldsymbol{I}_k)$. 在一些重要的常系数情况下, $\boldsymbol{\Omega}_1 = f[F^{-1}(\tau)]\boldsymbol{\Omega}_0$. 其中 $f(\cdot)$ 与 $F(\cdot)$ 分别表示 $u_t$ 的密度函数与分布函数. 用下边的推论来陈述这一结果.

**推论 8.3.1**　在假设 A.1~A.3 下, 如果系数 $\alpha_{jt}$ 为常数, 那么

$$f[F^{-1}(\tau)]\boldsymbol{\Omega}_0^{1/2}\sqrt{n}(\widehat{\theta}(\tau) - \theta(\tau)) \Rightarrow \boldsymbol{B}_k(\tau).$$

该模型被广泛用于经济中的另一种形式是增广 Dickey-Fuller (ADF) 回归,

$$y_t = \mu_0 + \sigma_{0,t}y_{t-1} + \sum_{j=1}^{p-1}\delta_{j,t}\Delta y_{t-j} + u_t, \tag{8.12}$$

其中, 根据式 (8.5), 有

$$\delta_{0,t} = \sum_{s=1}^{p}\alpha_{s,t}, \quad \delta_{j,t} = -\sum_{s=j+1}^{p}\alpha_{s,t}, \quad j = 1, \cdots, p-1.$$

在上述经过形式变换的模型中, 与最大的自回归根对应的 $\delta_{0,t}$ 是一个重要的参数. 令 $\boldsymbol{z}_t = (1, y_{t-1}, \Delta y_{t-1}, \cdots, \Delta y_{t-p+1})^{\mathrm{T}}$, 可以将式 (8.12) 的分位回归对应的部分写成如下形式

$$Q_{y_t}(\tau|\mathcal{F}_{t-1}) = \boldsymbol{z}_t^{\mathrm{T}}\boldsymbol{\delta}(\tau), \tag{8.13}$$

其中

$$\delta(\tau) = (\alpha_0(\tau), \delta_0(\tau), \delta_1(\tau), \cdots, \delta_{p-1}(\tau))^{\mathrm{T}}.$$

分位回归估计量 $\widehat{\delta}(\tau)$ 的极限分布能够通过前面的分析得到. 如果定义

$$\boldsymbol{J} = \begin{bmatrix} 1 & 0 & 0 & \cdots & 0 \\ 0 & 1 & 1 & \cdots & 1 \\ 0 & 0 & -1 & \cdots & -1 \\ \vdots & \vdots & \vdots & & \vdots \\ 0 & 0 & 0 & \cdots & -1 \end{bmatrix} \quad \text{与} \quad \Delta = \boldsymbol{J}\boldsymbol{\Sigma}\boldsymbol{J},$$

那么在假设 A.1~A.3 下, 有

$$\Delta^{-1/2}\sqrt{n}(\widehat{\delta}(\tau) - \delta(\tau)) \Rightarrow \boldsymbol{B}_k(\tau).$$

如果主要关注 ADF 型回归 (8.12) 中的最大自回归根 $\delta_{0,t}$, 并且考虑在 $j=1,\cdots,p-1$ 的情况下 $\delta_{j,t}$ 为常数的特殊情况, 那么可得与推论 8.2.1 类似的结论.

**推论 8.3.2** 在假设 A.1~A.3 条件下, 如果 $\delta_{j,t}$ 为常数, 其中 $j=1,\cdots,p-1$, 并且不等式 $\delta_{0,t}\leqslant 1$ 与 $|\delta_{0,t}|<1$ 以正概率成立, 那么式 (8.12) 给出的时间序列 $y_t$ 是协方差平稳的且满足中心极限定理.

## 8.4 分位单调性

正如在其他线性分位回归的应用中一样, 线性 QAR 模型应该小心翼翼地解释为对更复杂的非线性全局模型的有用的局部线性逼近. 如果直接采用线性模型形式, 那么很显然在某些点将会出现条件分位函数"交叉", 除非这些函数清晰平行, 在该情况下又回到了模型的位置漂移形式. 在自回归情形下该交叉问题看上去要比普通回归应用严重得多, 因为设计空间的支撑 (也就是关于出现正概率的 $\boldsymbol{x}_t$ 的集合) 在模型之内受限制. 不过, 我们仍能把之前界定的线性模型当作某些感兴趣的区域的有效局部近似.

需要强调的是, 被估计的条件分位函数

$$\hat{Q}_y(\tau|\boldsymbol{x})=\boldsymbol{x}^{\mathrm{T}}\widehat{\theta}(\tau)\ ,$$

保证在均值设计点 $\boldsymbol{x}=\bar{\boldsymbol{x}}$ 是单调的, 如 Bassett 和 Koenker (1982) 中线性分位回归模型所证明的那样. 在我们关于 QAR 模型的随机系数观点之下,

$$y_t=\boldsymbol{x}_t^{\mathrm{T}}\theta(U_t)\ ,$$

将可观测到的随机变量 $y_t$ 表示为条件协变量的线性函数. 但是不假设向量 $\theta$ 的元素为相互独立的随机变量, 反而采用截然相反的假设, 即它们完全函数相关, 且所有元素由同一个均匀随机变量驱动. 如果函数 $(\theta_0,\cdots,\theta_p)$ 都单调递增, 那么按照 Schmeidler (1986) 的定义, 向量 $\alpha_t$ 的所有元素是同单调的. 随机变量 $X$ 与 $Y$ 在一个概率空间 $(\Omega,\mathcal{A},P)$ 是同单调的, 如果在空间 $(\Omega,\mathcal{A},P)$ 存在单调函数 $g,h$, 随机变量 $Z$, 并满足 $X=g(Z)$ 与 $Y=h(Z)$. 情况通常是这样的, 但是有一种重要的情况, 即当不满足这种单调性时, 下步怎么办?

真正重要的是, 在协变量空间的某些相关范围找到模型的线性再参数化, 使其表现出同单调性. 因为对于任何非奇异矩阵 $\boldsymbol{A}$, 有

$$Q_y(\tau|\boldsymbol{x})=\boldsymbol{x}^{\mathrm{T}}\boldsymbol{A}^{-1}\boldsymbol{A}\theta(\tau),$$

可以选择 $p+1$ 个线性独立的设计点 $\{\boldsymbol{x}_s:s=1,\cdots,p+1\}$, 其中, $Q_y(\tau|\boldsymbol{x}_s)$ 关于 $\tau$ 单调; 然后再选择矩阵 $\boldsymbol{A}$, 使 $A\boldsymbol{x}_s$ 是 $\mathbb{R}^{p+1}$ 的第 $s$ 个单位基向量, 有

$$Q_y(\tau|\boldsymbol{x}_s)=\gamma_s(\tau),$$

其中 $\gamma = \boldsymbol{A}\theta$. 故在所选点的凸包内, 有模型的同单调随机系数形式. 实际上, 只是对设计点进行了简单的重新参数化, 使得这 $p+1$ 个系数在被选点处是 $y_t$ 的条件分位函数. 非负同单调的随机变量之和的分位函数为它们边际分位函数之和这一事实 (Denneberg, 1994; Bassett et al., 2004) 允许对凸包进行内插. 当然, 线性外插也是可以的, 但是必须警惕在该范围内有可能违背单调性的要求.

线性条件分位函数常被认为是协变量空间的中心范围处局部行为的近似, 然而这种解释只是暂时的. 更丰富的数据资源有期产生出更精确的非线性模型, 该类模型在更大的范围内有效.

图 8-1 是所描述的简单 QAR(1) 模型的一个实现. 图中的黑色样本路径展示了由模型 (8.4) 生成的 1000 个观测值, 模型 (8.4) 中 AR(1) 系数为 $\theta_1(u) = 0.85+0.25u$, $\theta_0(u) = \Phi^{-1}(u)$. 灰色样本路径描述的是由相同的更新序列产生的随机游走过程, 即与前者有相同的 $\theta_0(U_t)$, 但是常数 $\theta_1$ 等于 1. 很容易证明模型的 QAR(1) 形式满足 8.2.2 节中的平稳条件. 尽管在序列的上尾部表现出爆炸性的特点, 但是我们注意到该序列看上去还是相当平稳的, 至少与随机游走序列相比更平稳. 在 19 个等间距的分位点处对 QAR(1) 模型进行估计, 产生的截距与斜率的估计值如图 8-2 所示.

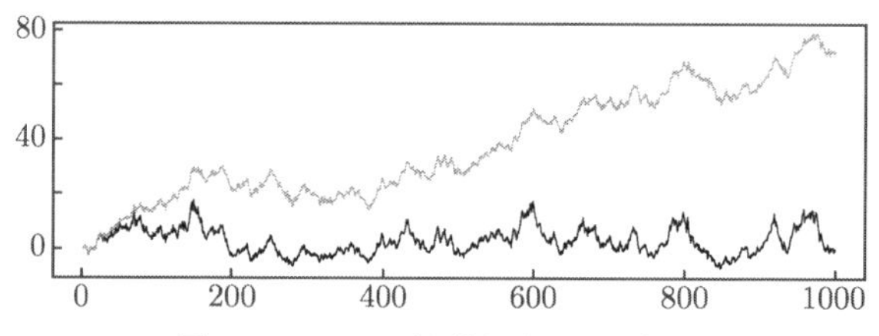


图 8-1 QAR 与单位根时间序列

该图对比了由相同的更新序列生成的两个时间序列. 灰色样本路线描述的是具有标准高斯更新的随机游走; 黑色样本路线说明的是 QAR 序列, 其更新序列与前者一样, 其随机 AR(1) 系数为 $0.85 + 0.25\Phi(u_t)$. 后一个序列虽然在上尾部表现出爆炸的行为, 但是平稳的, 如书中所描述的一样

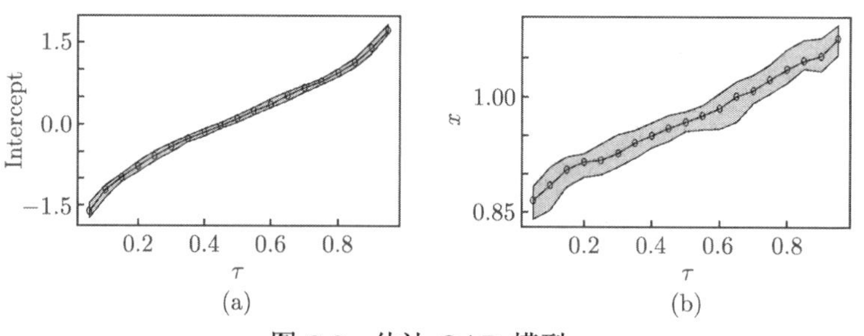


图 8-2 估计 QAR 模型

该图描述了基于图 8-1 中黑色时间序列的 QAR(1) 模型估计. (a) 在 19 个等间距分位点的截距估计; (b) 在相同分位点处的 AR(1) 斜率估计. 阴影区域是 0.90 的置信带. 注意到斜率估计相当精确地再产生 QAR(1) 系数的线性形式, 用以生成该数据

图 8-3 描述了将基于 QAR(1) 模型估计出的美国短期 (3 个月) 利率的线性条件分位函数置于 AR(1) 散点图上. 这个例子的散点图清楚地说明了利率越高, 其发散程度也就越大; 在低利率情况下, 有几乎退化的行为.

图 8-3(a) 中拟合的线性分位回归直线没有任何交叉的迹象, 但是当利率低于 0.04 时, 拟合的分位函数违背了某些关于单调性的要求. 如果用某些更复杂的非线性 (关于变量) 模型去拟合该例子中的数据, 如通过引入另一个附加成分 $\theta_2(\tau)(y_{t-1}-\tau)^2 I(y_{t-1} < \delta)$, 其中, $\delta = 8$, 可消除拟合的分位函数交叉的问题. 图 8-4 描述了 QAR(1) 模型的拟合系数及其置信区间, 说明了 QAR(1) 模型估计的斜率系数与模拟的例子在外观上有一些相似. 在其他的环境下或许要求更灵活的模型, Koenker (2000) 对墨尔本每日温度使用的 B-样条扩展 QAR(1) 模型进行了描述, 这里用该模型来说明这个方法.

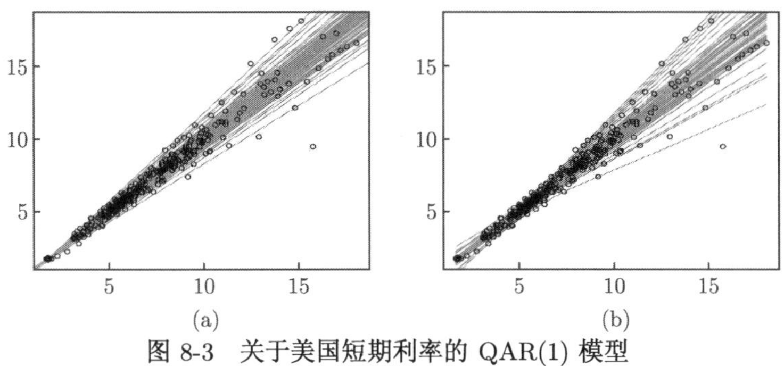


图 8-3 关于美国短期利率的 QAR(1) 模型

(a) 美国 3 个月利率的 AR(1) 散点图与加于其上的 49 个等间距的线性条件分位函数估计; (b) 增加了非线性 (二次) 成分的模型. 二次成分的引入减轻了低利率在各分位点处的非单调性

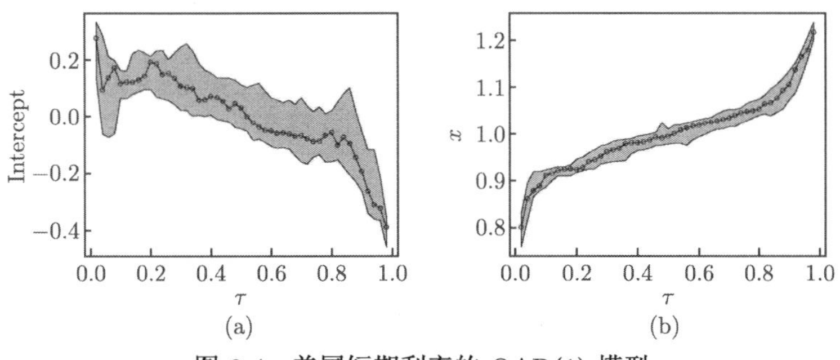


图 8-4 美国短期利率的 QAR(1) 模型

QAR(1) 模型的 19 个等距分位函数截距 (a) 与斜率 (b) 的参数估计. 注意到斜率参数, 如之前模拟的例子, 在上尾部处有爆炸行为, 但在下尾部处表现出均值回归行为

非线性 QAR 模型的统计性质与相关估计量比本章研究的线性 QAR 模型的更复杂. 虽然分位曲线可能交叉, 但是线性 QAR 模型为非线性 QAR 模型提供了方

便有用的局部逼近. 这些简单的 QAR 模型仍能传递重要的关于经济时间序列的动态信息 (如调整非对称调整), 因此其在时间序列分析的实证诊断中提供了一个有用的工具.

## 8.5　位自回归过程的统计推断

本节将注意力转向 QAR 模型的统计推断. 虽然可以分析其他的推断问题, 但是在此考虑下列在运用中很有价值的推断问题. 第一个假设是分位回归关于 $\theta$ 的线性限制, 其类似于经典的形式 (8.1) $H_{01}:\boldsymbol{R}\theta(\tau)=\boldsymbol{r}$, 其中, $\boldsymbol{R}$ 与 $\boldsymbol{r}$ 是已知的, $\boldsymbol{R}$ 是 $q\times p$ 维矩阵, $\boldsymbol{r}$ 是 $q$ 维向量. 除了经典的推断问题, 我们对 QAR 结构下的动态非对称性检验也很感兴趣. 因此可考虑参数常数化的假设, 该假设可表示为式 (8.2) $H_{02}:\boldsymbol{R}\theta(\tau)=\boldsymbol{r}$, 其中, $\boldsymbol{r}$ 是可估计但未知的参数. 既考虑在某些特定分位点 (如中位数、低分位点、高分位点) 的情况, 也考虑在某范围 $\tau\in\mathcal{T}$ 的情况.

### 8.5.1　Wald 过程与相关检验

在线性假设 $H_{01}:\boldsymbol{R}\theta(\tau)=\boldsymbol{r}$ 与假设 A.1~A.3 下, 有

$$\boldsymbol{V}_n(\tau)=\sqrt{n}[\boldsymbol{R}\boldsymbol{\Omega}_1^{-1}\boldsymbol{\Omega}_0\boldsymbol{\Omega}_1^{-1}\boldsymbol{R}^{\mathrm{T}}]^{-1/2}(\boldsymbol{R}\widehat{\theta}(\tau)-\boldsymbol{r})\Rightarrow\boldsymbol{B}_q(\tau),\tag{8.14}$$

其中 $\boldsymbol{B}_q(\tau)$ 表示 $q$ 维标准布朗桥. 对任意固定的 $\tau$, 有 $\boldsymbol{B}_q(\tau)$ 为 $\mathcal{N}(\mathbf{0},\tau(1-\tau)\boldsymbol{I}_q)$. 因此回归 Wald 过程可被构造为

$$W_n(\tau)=n(\boldsymbol{R}\widehat{\theta}(\tau)-\boldsymbol{r})^{\mathrm{T}}[\tau(1-\tau)\boldsymbol{R}\widehat{\boldsymbol{\Omega}}_1^{-1}\widehat{\boldsymbol{\Omega}}_0\widehat{\boldsymbol{\Omega}}_1^{-1}\boldsymbol{R}^{\mathrm{T}}]^{-1}\times(\boldsymbol{R}\widehat{\theta}(\tau)-\boldsymbol{r}),$$

其中, $\widehat{\boldsymbol{\Omega}}_1$ 与 $\widehat{\boldsymbol{\Omega}}_0$ 是 $\boldsymbol{\Omega}_1$ 与 $\boldsymbol{\Omega}_0$ 的相合估计量.

如果对在区间 $\tau\in\mathcal{T}$ 上检验 $\boldsymbol{R}\theta(\tau)=\boldsymbol{r}$ 感兴趣, 那么可考虑下列的 Kolmogorov-Smirnov (KS)- 型 sup-Wald 检验:

$$\mathrm{KSW}_n=\sup_{\tau\in\mathcal{T}}W_n(\tau).$$

如果对某特定分位点 $\tau=\tau_0$ 处的检验 $\boldsymbol{R}\theta(\tau)=\boldsymbol{r}$ 感兴趣, 那么可构造基于统计量 $W_n(\tau_0)$ 的卡方检验. 极限分布在下面的定理中进行了总结.

**定理 8.5.1**　在假设 A.1~A.3 与线性限制 $H_{01}$ 下,

$$W_n(\tau_0)\Rightarrow\chi_q^2\ \text{且}\ \mathrm{KSW}_n=\sup_{\tau\in\mathcal{T}}W_n(\tau)\Rightarrow\sup_{\tau\in\mathcal{T}}Q_q^2(\tau),$$

其中 $Q_q(\tau)=\|\boldsymbol{B}_q(\tau)\|/\sqrt{\tau(1-\tau)}$ 是一个 $q$- 阶 Bessel 过程, $\|\cdot\|$ 表示欧几里得范数. 对任何固定的 $\tau$, $Q_q^2(\tau)\sim\chi_q^2$ 是一个中心化的自由度为 $q$ 的卡方随机变量.

### 8.5.2 非对称动态性检验

$\theta_j(\tau),\ j=1,\cdots,p$ 关于 $\tau$ 为常数 [即, $\theta_j(\tau)=\mu_j$] 这一假设能够表示为 $H_{02}$ : $\boldsymbol{R}\theta(\tau)=\boldsymbol{r}$, 其中 $\boldsymbol{R}=[\boldsymbol{0}_{p\times 1}\vdots \boldsymbol{I}_p]$ 与 $\boldsymbol{r}=[\mu_1,\cdots,\mu_p]^{\mathrm{T}}$, 这里 $\mu_1,\cdots,\mu_p$ 为未知参数. Wald 过程和相关的极限定理为当 $\boldsymbol{r}$ 已知情况时的假设 $\boldsymbol{R}\theta(\tau)=\boldsymbol{r}$ 提供了一个自然的检验. 为了检验在 $\boldsymbol{r}$ 未知情况下的假设, 需要 $\boldsymbol{r}$ 的一个合理估计量. 在很多计量经济学应用方面, $\boldsymbol{r}$ 的 $\sqrt{n}$ 相合估计量是可得到的. 如果看以下过程:

$$\widehat{\boldsymbol{V}}_n(\tau)=\sqrt{n}[\boldsymbol{R}\widehat{\boldsymbol{\Omega}}_1^{-1}\widehat{\boldsymbol{\Omega}}_0\widehat{\boldsymbol{\Omega}}_1^{-1}\boldsymbol{R}^{\mathrm{T}}]^{-1/2}(\boldsymbol{R}\widehat{\theta}(\tau)-\widehat{\boldsymbol{r}}),$$

那么, 在 $H_{02}$ 的假设下, 有

$$\begin{aligned}\widehat{\boldsymbol{V}}_n(\tau)&=\sqrt{n}[\boldsymbol{R}\widehat{\boldsymbol{\Omega}}_1^{-1}\widehat{\boldsymbol{\Omega}}_0\widehat{\boldsymbol{\Omega}}_1^{-1}\boldsymbol{R}^{\mathrm{T}}]^{-1/2}(\boldsymbol{R}\widehat{\theta}(\tau)-\boldsymbol{r})\\&\quad-\sqrt{n}\ [\boldsymbol{R}\widehat{\boldsymbol{\Omega}}_1^{-1}\widehat{\boldsymbol{\Omega}}_0\widehat{\boldsymbol{\Omega}}_1^{-1}\boldsymbol{R}^{\mathrm{T}}]^{-1/2}(\widehat{\boldsymbol{r}}-\boldsymbol{r})\\&\Rightarrow\boldsymbol{B}_q(\tau)-f(F^{-1}(\tau))[\boldsymbol{R}\boldsymbol{\Omega}_0^{-1}\boldsymbol{R}^{\mathrm{T}}]^{-1/2}\boldsymbol{Z},\end{aligned}$$

其中 $\boldsymbol{Z}=\lim\sqrt{n}\ (\widehat{\boldsymbol{r}}-\boldsymbol{r})$. 为了估计 $\boldsymbol{r}$, 除了需引入简单的布朗桥过程外, 还需引入一个漂移部分, 这使得原初的 KS 检验的非参数特征失效.

为了恢复统计推断的渐近非参数分布性质, 使用 Khmaladze (1981) 提出的对于过程 $\widehat{\boldsymbol{V}}_n(\tau)$ 用鞅变换. 记为 $\mathrm{d}f(x)/\mathrm{d}x$ 为 $\dot{f}$, 并定义

$$\begin{aligned}\dot{\boldsymbol{g}}(r)&=\Big(1,(\dot{f}/f)\big(\boldsymbol{F}^{-1}(r)\big)\Big)^{\mathrm{T}},\\\boldsymbol{C}(s)&=\int_s^1\dot{\boldsymbol{g}}(r)\dot{\boldsymbol{g}}(r)^{\mathrm{T}}\mathrm{d}r,\end{aligned}$$

对 $\widehat{\boldsymbol{V}}_n(\tau)$ 构造鞅变换 $\mathcal{K}$, 定义如下:

$$\begin{aligned}\widetilde{\boldsymbol{V}}_n(\tau)&=\mathcal{K}\widehat{\boldsymbol{V}}_n(\tau)\\&=\widehat{\boldsymbol{V}}_n(\tau)-\int_0^\tau[\dot{\boldsymbol{g}}_n(s)^{\mathrm{T}}\boldsymbol{C}_n^{-1}(s)\int_s^1\dot{\boldsymbol{g}}_n(r)\mathrm{d}\widehat{\boldsymbol{V}}_n(r)]\mathrm{d}s,\end{aligned}\tag{8.15}$$

其中, $\dot{\boldsymbol{g}}_n(s)$ 与 $\boldsymbol{C}_n(s)$ 分别是 $\dot{\boldsymbol{g}}(r)$ 与 $\boldsymbol{C}(s)$ 在 $\tau\in\mathcal{T}$ 上的一致相合估计量, 并且提出了基于该变换后的过程进行下列的 KS 类型的检验:

$$KH_n=\sup_{\tau\in\mathcal{T}}\|\widetilde{\boldsymbol{V}}_n(\tau)\|.\tag{8.16}$$

基于变换后过程的 Cramer-von Mises 类型的检验也能够按照相似的方式进行构造分析. 在原假设下, 变换后的过程 $\widetilde{\boldsymbol{V}}_n(\tau)$ 收敛至一个标准的布朗运动. 更多的关于基于鞅变换的分位回归推断的讨论, 请参见 Koenker 和 Xiao (2002) 及其中相关文献. 我们对这些估计量进行如下假设:

A.4 存在估计量 $\dot{\boldsymbol{g}}_n(\tau)$, $\widehat{\boldsymbol{\Omega}}_0$ 与 $\widehat{\boldsymbol{\Omega}}_1$ 满足如下条件的：(a) $\sup_{\tau\in\mathcal{T}}|\dot{\boldsymbol{g}}_n(\tau)-\dot{\boldsymbol{g}}(\tau)|=o_p(1)$, (b) $\|\widehat{\boldsymbol{\Omega}}_0-\boldsymbol{\Omega}_0\|=o_p(1)$, $\|\widehat{\boldsymbol{\Omega}}_1-\boldsymbol{\Omega}_1\|=o_p(1)$, $\sqrt{n}\,(\widehat{\boldsymbol{r}}-\boldsymbol{r})=\boldsymbol{O}_p(1)$.

**定理 8.5.2** 在假设 A.1~A.4 与假设 $H_{02}$ 下,

$$\widetilde{\boldsymbol{V}}_n(\tau)\Rightarrow\boldsymbol{W}_q(\tau),\quad KH_n=\sup_{\tau\in\mathcal{T}}\|\widetilde{\boldsymbol{V}}_n(\tau)\|\Rightarrow\sup_{\tau\in\mathcal{T}}\|\boldsymbol{W}_q(\tau)\|,$$

其中, $\boldsymbol{W}_q(r)$ 是 $q$ 维标准布朗运动.

这个鞅变换是基于函数 $\dot{\boldsymbol{g}}(s)$ 的, 必须估计. 已有好几种方法估计得分 $f'/f(F^{-1}(s))$. Portnoy 和 Koenker(1989) 研究了自适应估计方法, 用核光滑方法估计密度与得分函数; 他们也讨论了该估计量的一致相合性. Cox (1985) 提出了用于估计 $f'/f$ 的一种简洁的光滑样条方法. Ng (1994) 为计算得分估计量提供了一种有效的算法. 对 $\boldsymbol{\Omega}_0$ 可直接进行估计：$\widehat{\boldsymbol{\Omega}}_0=n^{-1}\Sigma_t\boldsymbol{x}_t\boldsymbol{x}_t^{\mathrm{T}}$. 关于 $\widehat{\boldsymbol{\Omega}}_1$ 的估计, 请特别参见 Koenker(1994), Powell(1989) 以及 Koenker 和 Machado(1999) 所进行的相关讨论.

## 8.6 主要参考文献

线性分位回归模型可用 Koenker 和 Bassett (1978) 提出的分位回归方法进行模型估计. 近来, 相当多的研究集中于常系数动态模型. 例如, Neftci (1984), Enders 和 Granger (1998). 公司更倾向于提高而不是降低价格的现象是许多宏观经济模型的一个重要特征. Beaudry 和 Koop (1993) 认为, 对美国的 GDP 正向冲击要比负向冲击持久, 这表明在更新过程的不同分位点的上存在非对称的商业周期动态. 此外, 虽然人们普遍认为产出波动是持续的, 但是从长期来看, 其结果并没有那么持续 (Beaudry, Koop 1993), 这提示有某种性式的 “局部持续性” (Delong, Summers, 1986; Hamilton, 1989; Evans, Wachtel, 1993; Bradley, Jansen, 1997; Hess, Iwata, 1997; Kuan, Huang, 2001). 与此相关的阈值自回归 (TAR) 模型也有越来越多的研究文献 (Balke, Fomby, 1997; Tsay, 1997; Gonzalez, Gonzalo, 1998; Hansen, 2000; Caner, Hansen, 2001).

本章的主要参考文献包括 Weiss (1987), Knight (1989), Koul, Saleh (1995), Koul, Mukherjee (1994), Hercé(1996), Hasan, Koenker (1997) 以及 Hallin, Jurečková (1999) 等工作, 特别是 Koneker, Xiao(2002) 的分位自回归. 本章给出 QAR 过程的一些基本的统计性质, QAR 估计量的极限分布, 模型中强加的一些限制条件以及模型的统计推断, 其中包括检验非对称动态性.

# 第 9 章　复合分位回归

多元线性回归中的系数估计和变量选择一般都可以在 (惩罚) 最小二乘 (LS) 框架下进行. Fan 和 Li (2001) 介绍的模型最优选择的概念描绘了模型选择方法的最优表现方式. 然而, 如果误差的方差无限, 则最小二乘神谕 (Oracle) 理论失效. 本章提出一种新的回归方法, 称为复合分位回归 (CQR), 证明即使当误差项的方差无限时用 CQR 得到的最优模型选择理论工作完美; 研发一个新的神谕方法来获得 CQR 的最优性质. 当误差项的方差有限时, CQR 仍然在估计量的有效性方面有很大的优势. 我们证明了在任何误差项的分布情况下, CQR 相对效率要比最小二乘的大 70% 以上. 此外, CQR 与最小二乘相比更加有效, 有时候可以说是任意有效得多. 在比较 CQR 的 Oracle 估计量和 LS-Oracle 估计量的时候也有这个结论.

## 9.1　复合分位回归模型选择

### 9.1.1　引言

在最近几年里, 为了在多元线性回归中同时选择变量以及估计系数, 人们提出了很多方法. 有名的方法有 NG (Breiman, 1995), Lasso (Tibshirani, 1996) 和 SCAD(Fan, Li, 2001). Fan 和 Li (2006) 给出了变量选择方面的最新综合性的回顾.

Fan 和 Li (2001) 引入完美的模型选择神谕概念来指导构建最优模型选择的方法. 详述如下：考虑下面的线性模型

$$y = \sum_{j=1}^{p} x_j \beta_j^* + \varepsilon. \tag{9.1}$$

不失一般性, 我们中心化预测子. 令 $\mathcal{A} = \{j : \beta_j^* \neq 0\}$. 变量选择和系数估计的问题就等同于利用模型 (9.1.1) 中产生的 $n$ 个独立样本, 去识别未知集合 $\mathcal{A}$ 以及估计相应的系数 $\beta_{\mathcal{A}}^*$. 为了理解变量选择和系数估计的最优性, Fan 和 Li (2001) 建议考虑 Orcale, 它是知道真实子集 $\mathcal{A}$ 的. Oracle 可能只需要估计 $\beta_{\mathcal{A}}^*$, 并令 $\beta_{\mathcal{A}^C}^* = 0$. 这里值得强调的是, 虽然 Orcale 知道了真实的子集模型, 但是误差项的分布仍然未知. Fan 和 Li(2001) 文中考虑了 Oralce 估计量, 它是用最小二乘来估计 $\beta_{\mathcal{A}}^*$ 的, 称为 LS-Oralce. 记 $\boldsymbol{X}$ 为设计矩阵, 并且假设 $\lim\limits_{n\to\infty} \dfrac{1}{n}\boldsymbol{X}^{\mathrm{T}}\boldsymbol{X} = \boldsymbol{C}$, 其中 $\boldsymbol{C}$ 是一个 $p \times p$

正定矩阵. 记 $\boldsymbol{C}$ 的子矩阵为 $\boldsymbol{C}_{\mathcal{A}\mathcal{A}}$, 其行和列指标都取自于 $\mathcal{A}$, 有

$$\sqrt{n}(\widehat{\beta}^{\mathrm{LS}}(\mathrm{Oracle})_{\mathcal{A}} - \beta^*_{\mathcal{A}}) \to_d N(0, \sigma^2 \boldsymbol{C}^{-1}_{\mathcal{A}\mathcal{A}}), \tag{9.2}$$

其中 $\sigma^2$ 是 $\varepsilon$ 的方差.

注意到最优 "估计量" 并不是一个合法的估计量, 因为它利用了 $\mathcal{A}$ 的信息, 而这在实际中无法得到. 不过, 神谕模型选择理论提供了评价变量选择和参数估计的黄金标准. 根据 Fan 和 Li (2001), 称一个变量选择和参数估计的方法 $\eta$ 为 LS 神谕与估计量, 如果 $\widehat{\beta}(\eta)$ (渐近地) 具有下面的 Oracle 性质:

一致的选择: $\Pr(\{j : \widehat{\beta}(\eta)_j \neq 0\} = \mathcal{A}) \to 1$,

有效估计量: $\sqrt{n}(\widehat{\beta}^{LS}(\eta) - \beta^*_{\mathcal{A}}) \to_d N(0, \sigma^2 \boldsymbol{C}^{-1}_{\mathcal{A}\mathcal{A}})$.

因此 $\eta$ 和 LS-Oracle 一样良好. Fan 和 Li (2001) 证明了 SCAD 确实达到了这些 Oracle 性质. Zou (2006) 随后证明了适应性 Lasso 也具有这些 Oracle 性质.

### 9.1.2 Oracle 问题

理想地, 如果知道了误差项的分布, 那么最好的估计是在知道真实的潜在稀疏模型下的最大似然估计. 然而, 在线性回归问题中, 误差项分布 (所以似然函数) 通常是未知的. 因此只能考虑一个实际的 Oracle 方法. 当噪声服从正态分布时, 虽然 Fan 和 Li(2001) 将 (惩罚) 最小二乘处理成普通基于 (惩罚) 似然框架下的特殊形式, 但是应该注意到 LS-Oracle 模型选择理论不仅不需要误差分布具有有限方差的假设, 而且不需要正态误差假设. 然而, 这个有限方差的假设对于基于最小二乘的 Oracle 模型选择理论是关键性的. 原因很简单, 如果误差项的方差是无限的, 那么 $\widehat{\beta}^{\mathrm{LS}}(\mathrm{Oracle})$ 不再是一个 $\sqrt{n}$ 相合估计量, 且不可以作为变量选择和参数估计的理想方法. 因此, 被证明有着 Oracle 性质的估计量, 像 SCAD 或者适应性 Lasso, 也会失去 $\sqrt{n}$ 相合性. 例如, 当误差服从柯西分布时, 上述情况就会出现. 另一方面, 模型的选择在于发现响应和预测子之间的关系的稀疏结构, 因此, 即使当误差项方差无限时, 模型选择仍然是一个合法而又有趣的问题.

LS-Oracle 的局限性激发我们这里的研究. 我们希望找到一个可以克服 LS-Oracle 崩溃的可供选择的 Oracle. 当设计一个新的 Oracle 估计量时, 有几个重要的考虑. 令 $\widehat{\beta}^{\mathrm{new}}(\mathrm{Oracle})$ 为一个新的 Oracle 估计量. 首先, 这个新的 Oracle 估计量应该是 $\sqrt{n}$ 相合的, 且具有渐近正态性, 即使当 LS-Oracle 不具备这些时. 其次, 我们感兴趣的是当 $\sigma^2 < \infty$ 时, 新 Oracle 估计量 $\widehat{\beta}^{\mathrm{new}}(\mathrm{Oracle})$ 关于 $\widehat{\beta}^{\mathrm{LS}}(\mathrm{Oracle})$ 的相对有效性. 因为 $\widehat{\beta}^{\mathrm{LS}}(\mathrm{Oracle})$ 在误差项服从正态分布的情况下是完全有效估计, 所以找不到一个 Oracle 处处都比 LS-Oracle 有效. 但是, $\widehat{\beta}^{\mathrm{new}}(\mathrm{Oracle})$ 相对于 $\widehat{\beta}^{\mathrm{LS}}(\mathrm{Oracle})$ 的相对效性最好是有一个下界. 这将阻止即使在最坏的情况下统计有效性的损失. 此外, 我们希望看到对于经常用到的非正态误差项分布, $\widehat{\beta}^{\mathrm{new}}(\mathrm{Oracle})$

比 $\widehat{\beta}^{\text{LS}}$(Oracle) 显著有效得多. 最后, 这个 Oracle 估计量在下面的意义下可以得到, 即有一个估计方法能够模仿 $\widehat{\beta}^{\text{new}}$(Oracle), 就像 SCAD 模仿 $\widehat{\beta}^{\text{LS}}$(Oracle) 那样.

要找到满足上面所有性质的最优估计量并不是微不足道的工作. 例如, 最小绝对值回归是最小二乘的一个明显的替代. 甚至对于柯西分布误差, 最小绝对值回归估计量仍然具有渐近正态性. 这个由最小绝对值回归得到的 Oracle 估计量也可以由 SCAD 得到 (Fan, Li, 2001)[1357]. 然而, 最小绝对值回归的相关效率当与最小二乘相比时可以任意小. 因此, 它不是对最小二乘的一个安全的替代.

本节介绍了一个新的回归方法, 称为复合分位回归 (CQR), 可以用它来构建拥有前面所提到的性质的 Oracle 估计量; 定义了 CQR, 研究 CQR-Oracle 关于 LS-Oracle 的渐近相对有效性质, 推导出了一个通用的下界, 下界说明相对有效性大于 70%. 另外, 提出用适应性 Lasso 惩罚来建立适应性惩罚 CQR 估计量, 证明了如果选择合适的惩罚参数, 可以达到 CQR-Oracle 的性质.

### 9.1.3 回归

为了激发 CQR, 首先简要地回顾一下分位回归方法 (Koenker, 2005). 注意到 $y|\boldsymbol{x}$ 的 $100\tau\%$条件分位数是

$$\sum_{j=1}^{p} x_{ij}\beta_j^* + b_\tau^*,$$

其中 $b_\tau^*$ 是 $\varepsilon$ 的 $100\tau\%$分位数. 简要地假定 $\varepsilon$ 的密度函数处处非零. 因此 $b_\tau^*$ 对于任何 $0<\tau<1$ 有唯一定义. 分位回归估计 $\beta^*$ 通过解下面的式子可以得到

$$(\hat{b}_\tau, \widehat{\beta}^{\text{QR}_\tau}) = \operatorname{Arg}\min_{b,\beta} \sum_{i=1}^{n} \rho_\tau \left( y_i - b - \sum_{i=1}^{p} x_{ij}\beta_j \right), \tag{9.3}$$

其中 $\rho_\tau(t) = \tau t_+ + (1-\tau)t_-$ 是所谓的检验方程, 此处符号 $+$ 和 $-$ 分别代表正数和负数部分. 分位回归在各种领域有着广泛的应用, 如经济 (Koenker, Hallock, 2001) 和生存分析 (Koenker, Geling, 2001) 以及其他情况. 在比较弱的正则条件下 (Koenker, 2005), 有下式:

$$\sqrt{n}(\widehat{\beta}^{\text{QR}_\tau} - \beta^*) \to_d N\left(0, \frac{\tau(1-\tau)}{f^2(b_\tau^*)}\boldsymbol{C}^{-1}\right). \tag{9.4}$$

分位回归比最小二乘估计更加有效. 特殊地, 如果 $\varepsilon$ 满足双指数分布, 那么 $\widehat{\beta}^{\text{QR}_{0.5}}$ 是最有效的估计量. 与 LS 估计量相反, $\widehat{\beta}^{\text{QR}_\tau}$ 不需要在条件 $\sigma^2<\infty$ 下得到 $\sqrt{n}$ 相合性和渐近正态性. 但是分位回归估计量相对于 LS 估计量的相对效率可以任意小.

为了进一步改进通常的分位回归, 我们提出了同时考虑多元分位回归模型. 注意到回归系数在不同的分位回归模型中都是一样的. 我们将结合不同分位点上的回归模型的力量, 推导出满足前面介绍的性质的好估计量.

记 $0<\tau_1<\tau_2<\cdots<\tau_K<1$. 考虑估计 $\beta^*$ 如下:

$$(\hat{b}_1,\cdots,\hat{b}_K,\widehat{\beta}^{\mathrm{CQR}})=\mathrm{Arg}\min_{b_1,\cdots,b_k,\beta}\sum_{k=1}^{K}\left\{\sum_{i=1}^{n}\rho_{\tau_k}(y_i-b_k-x_i^{\mathrm{T}}\beta)\right\}. \tag{9.5}$$

称为复合分位回归, 式 (9.5) 中的目标函数是来自不同分位回归模型的目标函数的混合. 特别地, 使用等间隔的分位数: $\tau_k=\dfrac{k}{K+1}$, 其中 $k=1,2,\cdots,K$.

现在建立 $\widehat{\beta}^{\mathrm{CQR}}$ 的渐近正态性. 下面两个条件在剩下的讨论中假设都成立.

(1) 存在有一个 $p\times p$ 的正定矩阵 $\boldsymbol{C}$, 使得

$$\lim_{n\to\infty}\frac{1}{n}\boldsymbol{X}^{\mathrm{T}}\boldsymbol{X}=\boldsymbol{C}.$$

(2) $\varepsilon$ 有累积分布函数 $F(\cdot)$ 和密度函数 $f(\cdot)$. 对于每个 $p$ 维向量 $u$,

$$\begin{aligned}&\lim_{n\to\infty}\sum_{i=1}^{n}\int_0^{u_0+\boldsymbol{x}_i^{\mathrm{T}}\boldsymbol{u}}\sqrt{n}[F(a+t/\sqrt{n})-F(a)]\mathrm{d}t\\&=\frac{1}{2}f(a)(u_0,\boldsymbol{u}^{\mathrm{T}})\begin{bmatrix}1&0\\0&C\end{bmatrix}(u_0,\boldsymbol{u}^{\mathrm{T}})^{\mathrm{T}}.\end{aligned}$$

条件 (1) 和 (2) 和单分位回归 (Koenker, 2005) 中建立渐近正态的条件基本一样. 在这些条件下, 有下面 CQR 估计的结果:

**定理 9.1.1**(极限分布)　在正则条件 (1) 和 (2) 下, $\sqrt{n}(\widehat{\beta}^{\mathrm{CQR}}-\beta^*)$ 的极限分布是 $N(0,\boldsymbol{\Sigma}_{\mathrm{CQR}})$, 其中

$$\boldsymbol{\Sigma}_{\mathrm{CQR}}=\boldsymbol{C}^{-1}\frac{\displaystyle\sum_{k,k'=1}^{K}\min(\tau_k,\tau_{k'})(1-\max(\tau_k,\tau_{k'}))}{\left(\displaystyle\sum_{k=1}^{K}f(b_{\tau_k}^*)\right)^2}.$$

**证明**　令 $\sqrt{n}(\widehat{\beta}^{\mathrm{CQR}}-\beta^*)=\boldsymbol{u}_n$ 以及 $\sqrt{n}(\widehat{b}_k-b_{\tau_k}^*)=u_{n,k}$. 从而 $(u_{n,1},\cdots,u_{n,K},\boldsymbol{u}_n)$ 是下式的最小化子:

$$L_n=\sum_{k=1}^{K}\sum_{i=1}^{n}\left(\rho_{\tau_k}(\varepsilon_i-b_{\tau_k}^*-\frac{u_k+\boldsymbol{x}_i^{\mathrm{T}}\boldsymbol{u}}{\sqrt{n}})-\rho_{\tau_k}(\varepsilon_i-b_{\tau_k}^*)\right).$$

根据等式 (Knight, 1998):

$$|r-s|-|r|=-s(I(r>0)-I(r<0))+2\int_0^s [I(r\leqslant t)-I(r\leqslant 0)]\mathrm{d}t,$$

有

$$\rho_\tau(r-s)-\rho_\tau(r)=s(I(r>0)-\tau)+\int_0^y [I(r\leqslant t)-I(r\leqslant 0)]\mathrm{d}t.$$

于是将 $L_n$ 写为

$$\begin{aligned}L_n=&\sum_{k=1}^K\sum_{i=1}^n \frac{u_k+\boldsymbol{x}_i^{\mathrm{T}}\boldsymbol{u}}{\sqrt{n}}(I(\varepsilon_i<b_{\tau_k}^*)-\tau_k)\\&+\sum_{k=1}^K\sum_{i=1}^n\int_0^{\frac{u_k+\boldsymbol{x}_i^{\mathrm{T}}\boldsymbol{u}}{\sqrt{n}}}[I(\varepsilon_i\leqslant b_{\tau_k}^*+t)-I(\varepsilon_i\leqslant b_{\tau_k}^*)]\mathrm{d}t\\=&\sum_{k=1}^K z_{n,k}u_k+\boldsymbol{z}_n^{\mathrm{T}}\boldsymbol{u}+\sum_{k=1}^K B_n^{(k)},\end{aligned}$$

其中

$$z_{n,k}\equiv\frac{1}{\sqrt{n}}\sum_{i=1}^n(I(\varepsilon_i<b_{\tau_k}^*)-\tau_k),$$

$$\boldsymbol{z}_n\equiv\frac{1}{\sqrt{n}}\sum_{i=1}^n\boldsymbol{x}_i^{\mathrm{T}}\left[\sum_{k=1}^K I(\varepsilon_i<b_{\tau_k}^*)-\tau_k\right],$$

$$B_n^{(k)}\equiv\sum_{i=1}^n\int_0^{\frac{u_k+\boldsymbol{X}_i^{\mathrm{T}}\boldsymbol{u}}{\sqrt{n}}}[I(\varepsilon_i\leqslant b_{\tau_k}^*+t)-I(\varepsilon_i\leqslant b_{\tau_k}^*)]\mathrm{d}t.$$

根据 Cramer-Wald 定理和 CLT, 有

$$(z_{n,1},\cdots,z_{n_k},\boldsymbol{z}_n^{\mathrm{T}})^{\mathrm{T}}\to_d(z_1,\cdots,z_k,\boldsymbol{z}^{\mathrm{T}})^{\mathrm{T}}\sim N(0,\boldsymbol{\Sigma})$$

对于一些 $\boldsymbol{\Sigma}$, 以及

$$\sum_{k=1}^K z_{n,k}u_k+\boldsymbol{z}_n^{\mathrm{T}}\boldsymbol{u}\to_d\sum_{k=1}^K z_k u_k+\boldsymbol{z}^{\mathrm{T}}\boldsymbol{u}.$$

此外, 还有

$$\begin{aligned}E[B_n^{(k)}]=&\sum_{i=1}^n\int_0^{\frac{u_k+\boldsymbol{x}_i^{\mathrm{T}}\boldsymbol{u}}{\sqrt{n}}}[F(t+b_{\tau_k}^*)-F(b_{\tau_k}^*)]\mathrm{d}t\\=&\frac{1}{n}\sum_{i=1}^n\int_0^{u_k+\boldsymbol{x}_i^{\mathrm{T}}\boldsymbol{u}}\sqrt{n}\left[F\left(\frac{t}{\sqrt{n}}+b_{\tau_k}^*\right)-F(b_{\tau_k}^*)\right]\mathrm{d}t\\\to&\frac{1}{2}f(b_{\tau_k}^*)(u_k,\boldsymbol{u}^{\mathrm{T}})\begin{bmatrix}1&0\\0&\boldsymbol{C}\end{bmatrix}(u_k,\boldsymbol{u}^{\mathrm{T}})^{\mathrm{T}}.\end{aligned}$$

$$
\begin{aligned}
&\mathrm{var}[B_n^{(k)}] \\
&= \sum_{i=1}^n E\left(\int_0^{\frac{u_k+\boldsymbol{x}_i^{\mathrm{T}}\boldsymbol{u}}{\sqrt{n}}} (I(\varepsilon_i \leqslant b_{\tau_k}^* + t) - I(\varepsilon_i \leqslant b_{\tau_k}^*) - [F(t+b_{\tau_k}^*) - F(b_{\tau_k}^*)])\mathrm{d}t\right)^2 \\
&\leqslant \sum_{i=1}^n E\left[\left|\int_0^{\frac{u_k+\boldsymbol{x}_i^{\mathrm{T}}\boldsymbol{u}}{\sqrt{n}}} (I(\varepsilon_i \leqslant b_{\tau_k}^* + t) - I(\varepsilon_i \leqslant b_{\tau_k}^*) - [F(t+b_{\tau_k}^*) - F(b_{\tau_k}^*)])\mathrm{d}t\right|\right] \\
&\quad \times 2\left|\frac{u_k+\boldsymbol{x}_i^{\mathrm{T}}\boldsymbol{u}}{\sqrt{n}}\right| \\
&\leqslant 4E[B_n^{(k)}]\frac{\max_{1\leqslant i\leqslant n}|u_k+\boldsymbol{x}_i^{\mathrm{T}}\boldsymbol{u}|}{\sqrt{n}} \\
&\to 0.
\end{aligned}
$$

因此

$$
B_n^{(k)} \to_p \frac{1}{2}f(b_{\tau_k}^*)(u_k, \boldsymbol{u}^{\mathrm{T}})\begin{bmatrix} 1 & 0 \\ 0 & \boldsymbol{C} \end{bmatrix}(u_k, \boldsymbol{u}^{\mathrm{T}})^{\mathrm{T}}.
$$

从而有下式成立:

$$
\begin{aligned}
L_n \to_d V(u_1, \cdots, u_k, \boldsymbol{u}) = &\sum_{k=1}^K z_{n,k}u_k + \boldsymbol{z}^{\mathrm{T}}\boldsymbol{u} + \sum_{k=1}^K \frac{1}{2}f(b_{\tau_k}^*)u_k^2 \\
&+ \frac{1}{2}\left(\sum_{k=1}^K f(b_{\tau_k}^*)\right)\boldsymbol{u}^{\mathrm{T}}\boldsymbol{C}\boldsymbol{u}.
\end{aligned}
$$

由于 $L_n$ 为凸函数, 从而由 Knight (1998) 和 Koenker (2005) 的文章有

$$
\hat{\boldsymbol{u}}_n \to_d \left[\left(\sum_{k=1}^K f(b_{\tau_k}^*)\right)\boldsymbol{C}\right]^{-1}\boldsymbol{z} \sim N\left(0, \left(\sum_{k=1}^K f(b_{\tau_k}^*)\right)^{-2}\boldsymbol{C}^{-1}\boldsymbol{\Sigma}_{\boldsymbol{z}}\boldsymbol{C}^{-1}\right).
$$

然而

$$
\boldsymbol{\Sigma}_{\boldsymbol{z}} = \boldsymbol{C}\mathrm{var}\left(\sum_{k=1}^K [I(\varepsilon < b_{\tau_k}^*) - \tau_k]\right) = \boldsymbol{C}\left[\sum_{k,k'=1}^K \min(\tau_k, \tau_{k'})(1-\max(\tau_k, \tau_{k'}))\right].
$$

因此

$$
\sqrt{n}(\widehat{\boldsymbol{\beta}}^{\mathrm{CQR}} - \boldsymbol{\beta}^*) \to_d N\left(0, \boldsymbol{C}^{-1}\frac{\sum\limits_{k,k'=1}^K \min(\tau_k, \tau_{k'})(1-\max(\tau_k, \tau_{k'}))}{\left(\sum\limits_{k=1}^K f(b_{\tau_k}^*)\right)^2}\right). \qquad ■
$$

### 9.1.4 渐近相对有效性

本节研究 CQR 关于最小二乘的渐近相对有效性 (ARE). 同样的结论可以应用到计算 CQR-Oracle 关于于 LS-Oracle 的相对有效性.

注意到当 $\sigma^2 < \infty$ 时, 最小二乘的渐近方差是 $\sigma^2\boldsymbol{C}^{-1}$. 因此, CQR 关于最小二乘的 ARE 为

$$\mathrm{ARE}(\tau_1,\cdots,\tau_K,f)=\frac{\sigma^2\left(\sum_{k=1}^{K}f(b^*_{\tau_k})\right)^2}{\sum_{k,k'=1}^{K}\min(\tau_k,\tau_{k'})(1-\max(\tau_k,\tau_{k'}))}. \tag{9.6}$$

定义 CQR-Oracle 估计量如下:

$$(\hat{b}_1,\cdots,\hat{b}_K,\widehat{\beta}^{\mathrm{CQR}}(\mathrm{Oracle})_{\mathcal{A}})=\arg\min_{b_1,\cdots,b_k,\beta}\sum_{k=1}^{K}\left\{\sum_{i=1}^{n}\rho_{\tau_k}(y_i-b-\sum_{j=1}^{q}x_{ij}\beta_j)\right\}, \tag{9.7}$$

此处 $\widehat{\beta}^{\mathrm{CQR}}(\mathrm{Oracle})_{\mathcal{A}^C}=0$ . 通过定理 9.1.1 有

$$\sqrt{n}(\widehat{\beta}^{\mathrm{CQR}}(\mathrm{Oracle})_{\mathcal{A}}-\beta^*_{\mathcal{A}})\to_d N(0,\boldsymbol{\Sigma}_{\text{CQR-Oracle}}) \tag{9.8}$$

此处

$$\boldsymbol{\Sigma}_{\text{CQR-Oracle}}=\boldsymbol{C}^{-1}_{\mathcal{AA}}\frac{\sum_{k,k'=1}^{K}\min(\tau_k,\tau_{k'})(1-\max(\tau_k,\tau_{k'}))}{\left(\sum_{k=1}^{K}f(b^*_{\tau_k})\right)^2}.$$

对于 LS-Oracle 有

$$\sqrt{n}(\widehat{\beta}^{\mathrm{LS}}(\mathrm{Oracle})_{\mathcal{A}}-\beta^*_{\mathcal{A}})\to_d N(0,\sigma^2\boldsymbol{C}^{-1}_{\mathcal{AA}}). \tag{9.9}$$

因此 CQR-Oracle 关于 LS-Oracle 的相关效率 (ARE) 等同于式 (9.6) 中给出的 $\mathrm{ARE}(\tau_1,\cdots,\tau_K,f)$ 取 $\tau_k=\dfrac{1}{K+1}$ 且记 $\mathrm{ARE}(K,f)=\mathrm{ARE}(\tau_1,\cdots,\tau_K,\sigma^2,f)$. 可以证明当 $K$ 趋于无穷的时候, $\mathrm{ARE}(K,f)$ 收敛到一个极限, 记为 $\delta(f)$. 下面的定理给出了 $\delta(f)$ 的显式表达式, 并且提供了 $\delta(f)$ 的一个广泛的下界.

**定理 9.1.2** 广范的下界.

$$\lim_{K\to\infty}\frac{\sum_{k,k'=1}^{K}\min(\tau_k,\tau_{k'})(1-\max(\tau_k,\tau_{k'}))}{\left(\sum_{k=1}^{K}f(b^*_{\tau_k})\right)^2}=\frac{1}{12(E_\varepsilon[f(\varepsilon)])^2}$$

以及

$$\delta(f) \equiv \lim_{K\to\infty} \mathrm{ARE}(K, f) = 12\sigma^2(E_\varepsilon[f(\varepsilon)])^2.$$

记满足条件 (2) 且具有有限方差的所有密度函数的集合为 $\mathcal{F}$, 则有

$$\inf_{f\in\mathcal{F}} \delta(f) > \frac{6}{\mathrm{e}\pi} = 0.7026.$$

**证明** 首先, 很容易验证如果 $\tau_k = \dfrac{k}{K+1}$, 那么

$$\frac{1}{K^2}\sum_{k,k'=1}^{K} \min(\tau_k, \tau_{k'})(1-\max(\tau_k, \tau_{k'})) \to \frac{1}{12}.$$

另一方面,

$$\begin{aligned}\frac{1}{K}\sum_{k=1}^{K} f(b^*_{\tau_k}) &= \frac{1}{K}\sum_{k=1}^{K} f\Big(F^{-1}\Big(\frac{k}{K+1}\Big)\Big) \\ &\to \int_0^1 f(F^{-1}(s))\mathrm{d}s \\ &= E_U[f(F^{-1}(U))],\end{aligned}$$

其中 $U \sim \mathrm{Unif}(0,1)$. 注意到 $F^{-1}(U)$ 和 $\varepsilon$ 的分布一样, 因此

$$E_u[f(F^{-1}(U))] = E_\varepsilon[f(\varepsilon)].$$

为了证明下界, 首先利用 Jensen 不等式:

$$E_\varepsilon[f(\varepsilon)] > \exp(E_\varepsilon[\log(f(\varepsilon))]).$$

令 $g(\varepsilon) = \dfrac{1}{\sqrt{2\pi\sigma^2}}\mathrm{e}^{-\frac{(\varepsilon-u)^2}{2\sigma^2}}$, 其中 $\mu$ 是误差项分布的均值. 从而通过熵不等式, 有

$$E_\varepsilon\left[\log\left(\frac{f(\varepsilon)}{g(\varepsilon)}\right)\right] \geqslant 0.$$

另一方面, 计算

$$E_\varepsilon[\log(g(\varepsilon))] = E_\varepsilon\left[\log\left(\frac{1}{\sqrt{2\pi\sigma^2}}\right) - \frac{(\varepsilon-u)^2}{2\sigma^2}\right] = \log\left(\frac{1}{\sqrt{2\pi\sigma^2}}\right) - \frac{1}{2}.$$

这样, 有

$$E_\varepsilon[f(\varepsilon)] > \exp\left(\log\left(\frac{1}{\sqrt{2\pi\sigma^2}}\right) - \frac{1}{2}\right) = \frac{1}{\sqrt{2\mathrm{e}\pi\sigma^2}}.$$

$$\delta > 12\sigma^2\Big(\frac{1}{\sqrt{2\mathrm{e}\pi\sigma^2}}\Big)^2 = \frac{6}{\pi\mathrm{e}} = 0.7026. \qquad \blacksquare$$

虽然 $\delta(f)$ 显然依赖于 $\sigma^2$, 但是它实际上是刻度不变的. 也应该指出, 上面给出的下界 70.26%是保守的. 对于实际中常用的误差项分布, $\delta$ 常常比下界大. 有了这个下界是十分有用的性质. 它防止在用 CQR 估计量替代 LS 估计量时有效性的严重损失. 即便在最坏的情况下, 有效性的潜在损失也小于 30%. 同时, 如果误差项服从如下所示几种类型的分布, 那么 CQR 在有效性方面和 LS 估计量相比有很大的收获.

### 9.1.5 估计量

Fan 和 Li(2001) 的 Oracle 模型选择的理论包含两个部分. 第一部分定义了一个最佳 Oracle 估计量, 而第二部分是创建一个实用方法来得到 Oracle 的最优性质. 遵循着 Fan 和 Li(2001), 一个估计方法 $\xi$ 是一个 CQR-Oracular 估计量, 如果 $\hat{\beta}(\xi)$ (渐近地) 有下面两个性质:

一致的选择: $\Pr(\{j:\widehat{\beta}(\xi)_j\neq 0\}=\mathcal{A})\to 1$,

有效估计量: $\sqrt{n}(\widehat{\beta}(\xi)_{\mathcal{A}}-\beta^*_{\mathcal{A}})\to_d N(0,\boldsymbol{\Sigma}_{\mathrm{CQROracle}})$.

适应性惩罚方法已被成功地用来产生 LS-oracular 估计量. Fan 和 Li (2001) 提出了 SCAD 惩罚最小二乘并证明了它的良好性质. Zou (2006) 提出了适应性 Lasso 并证明了它的 Oracle 性质. 在这一部分, 我们展示 CQR-oracular 估计量并也证明了这个估计量的 Oracle 性质.

下面采用 Zou (2006) 提出的适应性 Lasso 思想. 假设首先用所有的预测变量来拟合 CQR 估计. 定理 9.1.1 说 $\hat{\beta}^{\mathrm{CQR}}$ 是 $\sqrt{n}$ 相合的. 然后用 $\hat{\beta}^{\mathrm{CQR}}$ 来建立适应性加权 Lasso 惩罚并考虑惩罚后的 CQR 估计量如下形式:

$$\begin{aligned}&(\hat{b}_1,\cdots,\hat{b}_K,\widehat{\beta}^{\mathrm{ACQR}})\\&=\operatorname{Arg}\min_{b_1,\cdots,b_k,\boldsymbol{\beta}}\sum_{k=1}^{K}\left\{\sum_{i=1}^{n}\rho_{\tau_k}(y_i-b_k-\boldsymbol{x}_i^{\mathrm{T}}\boldsymbol{\beta})\right\}+\lambda\sum_{j=1}^{p}\frac{|\beta_j|}{|\widehat{\beta}_j^{\mathrm{CQR}}|^2}.\end{aligned}\tag{9.10}$$

下面证明适应性 Lasso 惩罚 CQR 估计量 (ACQR) 享有 CQR-Oracle 的 Oracle 性质.

**定理 9.1.3**(Oracle 性质) 假设定理 9.1.1 中的两个正则条件得到满足. 如果 $\frac{\lambda}{\sqrt{n}}$ 且 $\lambda\to\infty$, 则 $\widehat{\beta}^{\mathrm{ACQR}}$ 满足

(1) 选择的相合性: $\Pr(\{j:\widehat{\beta}^{\mathrm{ACQR}}\neq 0\}=\mathcal{A})\to 1$,

(2) 渐近正态性: $\sqrt{n}(\widehat{\beta}^{\mathrm{ACQR}}_{\mathcal{A}}-\beta^*_{\mathcal{A}})\to_d N(0,\boldsymbol{\Sigma}_{\mathrm{CQROracle}})$.

**证明** 记 $\lambda=\lambda_n$. 令 $\sqrt{n}(\widehat{\boldsymbol{\beta}}^{\mathrm{CQR}}-\boldsymbol{\beta}^*)=\boldsymbol{u}_n$ 以及 $\sqrt{n}(\widehat{b}_k-b^*_{\tau_k})=u_{n,k}$ 从而

$(u_{n,1},\cdots,u_{n,K},u_n)$ 为下面准则的最小化子:

$$L_n=\sum_{k=1}^{K}\sum_{i=1}^{n}\left(\rho_{\tau_k}(\varepsilon_i-b^*_{\tau_k}-\frac{u_k+\boldsymbol{x}_i^{\mathrm T}\boldsymbol{u}}{\sqrt{n}})-\rho_{\tau_k}(\varepsilon_i-b^*_{\tau_k})\right)\\+\sum_{j=1}^{p}\frac{\lambda_n}{\sqrt{n}|\widehat{\beta}_j^{\mathrm{CQR}}|^2}\sqrt{n}\left[|\beta_j^*+\frac{u_j}{\sqrt{n}}|-|\beta_j^*|\right].$$

顺着定理 9.1.1 的证明中的讨论, 把 $L_n$ 写成如下形式:

$$L_n=\left(\sum_{k=1}^{K}z_{n,k}u_k+\boldsymbol{z}_n^{\mathrm T}\boldsymbol{u}\right)+\left(\sum_{k=1}^{K}B_n^{(k)}\right)+\left(\sum_{j=1}^{p}\frac{\lambda_n}{\sqrt{n}|\widehat{\beta}_j^{\mathrm{CQR}}|^2}\sqrt{n}\Big[\Big|\beta_j^*+\frac{u_j}{\sqrt{n}}\Big|-|\beta_j^*|\Big]\right).$$

如果 $\beta_j^*\neq 0$ 则 $|\widehat{\beta}_j^{\mathrm{CQR}}|^2\to_p|\beta_j^*|^2$, 且 $\sqrt{n}\left(|\beta_j^*+\frac{u_j}{\sqrt{n}}|-|\beta_j^*|\right)\to u_j\mathrm{sgn}(\beta_j^*)$. 根据 Slutsky 定理, $\frac{\lambda_n}{\sqrt{n}|\widehat{\beta}_j^{\mathrm{CQR}}|^2}\sqrt{n}\left(|\beta_j^*+\frac{u_j}{\sqrt{n}}|-|\beta_j^*|\right)\to_p 0$. 如果 $\beta_j^*=0$, 从而 $\sqrt{n}\left(|\beta_j^*+\frac{u_j}{\sqrt{n}}|-|\beta_j^*|\right)=|u_j|$, 以及 $\frac{\lambda_n}{\sqrt{n}|\widehat{\beta}_j^{\mathrm{CQR}}|^2}\to_p\infty$. 因此有

$$\frac{\lambda_n}{\sqrt{n}|\widehat{\beta}_j^{\mathrm{CQR}}|^2}\sqrt{n}(|\beta_j^*+\frac{u_j}{\sqrt{n}}|-|\beta_j^*|)\to_p W(\beta_j,u_j)=\begin{cases}0, & \beta_j^*\neq 0,\\ 0, & \beta_j^*=0,u_j=0,\\ \infty, & \beta_j^*=0,u_j\neq 0.\end{cases}$$

于是有

$$L_n\to_d\sum_{k=1}^{K}z_ku_k+\boldsymbol{z}^{\mathrm T}\boldsymbol{u}+\sum_{k=1}^{K}\frac{1}{2}f(b^*_{\tau_k})u_k^2+\frac{1}{2}\left(\sum_{k=1}^{K}f(b^*_{\tau_k})\right)\boldsymbol{u}^{\mathrm T}\boldsymbol{C}\boldsymbol{u}+\sum_{j=1}^{p}W(\beta_j,u_j).$$

记 $\boldsymbol{u}=(\boldsymbol{u}_1^{\mathrm T},\boldsymbol{u}_2^{\mathrm T})^{\mathrm T}$, 其中 $\boldsymbol{u}_1$ 为 $\boldsymbol{u}$ 的前 $q$ 个元素. 利用 Knight (1998) 和 Koenker (2005) 中相同的讨论, 可以得到

$$\hat{\boldsymbol{u}}_{2,n}\to_d 0$$

以及

$$\widehat{\boldsymbol{u}}_{1,n}\to_d\left[\left(\sum_{k=1}^{K}f(b^*_{\tau_k})\right)\boldsymbol{C}\right]^{-1}\boldsymbol{z}\sim N\left(0,\left(\sum_{k=1}^{K}f(b^*_{\tau_k})\right)^{-2}\boldsymbol{C}_{\mathcal{A}\mathcal{A}}^{-1}\boldsymbol{\Sigma}_{\boldsymbol{z}_1}\boldsymbol{C}_{\mathcal{A}\mathcal{A}}^{-1}\right),$$

$$\boldsymbol{\Sigma}_{\boldsymbol{z}_1}=\boldsymbol{C}_{\mathcal{A}\mathcal{A}}\left[\sum_{k,k'=1}^{K}\min(\tau_k,\tau_{k'})(1-\max(\tau_k,\tau_{k'}))\right].$$

因此, 渐近正态性得证.

现在证明相合性选择的结论. 令 $\widehat{\mathcal{A}}_n = \{j : \widehat{\beta}_j^{\text{ACQR}} \neq 0\}$. $\forall j \in \mathcal{A}$, 渐近正态性暗示着 $\Pr(j \in \widehat{\mathcal{A}}_n) \to 1$. 从而这足以证明 $\forall j \notin \mathcal{A}, \Pr(j \in \widehat{\mathcal{A}}_n) \to 0$. $\left|\dfrac{\rho_\tau(r_1)-\rho_\tau(r_2)}{r_1-r_2}\right| \leqslant \max(\tau, 1-\tau) < 1$. 如果 $j \in \widehat{\mathcal{A}}_n$, 一定有 $\dfrac{\lambda_n}{|\widehat{\beta}^{\text{CQR}}|^2} < \sum_{i=1}^n |x_{ij}|$. 从而有 $\Pr(j \in \widehat{\mathcal{A}}_n) < \Pr\left(\dfrac{\lambda_n}{|\widehat{\beta}^{\text{CQR}}|^2} < \sum_{i=1}^n |x_{ij}|\right)$. 但是 $\dfrac{1}{n}\sum_{i=1}^n |x_{ij}| \leqslant \sqrt{\dfrac{1}{n}\sum_{i=1}^n |x_{ij}^2|} \to \boldsymbol{C}_{jj}$ 并且 $\dfrac{\lambda_n}{n|\widehat{\beta}^{\text{CQR}}|^2} = \dfrac{\lambda_n}{|\sqrt{n}\widehat{\beta}^{\text{CQR}}|^2} \to \infty$, 因此 $\Pr(j \in \widehat{\mathcal{A}}_n) \to 0$. ■

有两个评注如下.

(1) 9.1.3 节中的结论可以直接用来比较 ACQR 和任何 LS-Oracular 估计量的有效性. 令 $\eta$ 为任意 LS-Oracular 估计量. 那么 $\sqrt{n}(\widehat{\beta}_{\mathcal{A}}^{\eta} - \boldsymbol{\beta}_{\mathcal{A}}^*) \to_d N(0, \boldsymbol{C}_{\mathcal{A}\mathcal{A}}^{-1}\sigma^2)$, 如果 $\sigma^2 < \infty$. ACQR 关于 $\eta$ 的相对有效性是式 (9.6) 中的 $\text{ARE}(\tau_1, \tau_2, \cdots, \tau_K, f)$. 因此, ACQR 关于 $\eta$ 的相对有效性总是大于 0.7, 且对于一些误差分布, 该有效性可以远远地超过 1.

(2) 利用式 (9.10) 中的 SCAD 惩罚, 相应的估计量也应该拥有 CQR-Oracular 的 Oracle 性质. 选择适应性 Lasso 惩罚仅出于计算方面的考虑. 注意到和普通的分位回归类似, 计算 $\widehat{\beta}^{\text{ACQR}}$ 等价于解决一个线性规划问题. 因此可以用标准的线性规划的求解程序来计算 ACQR 估计量.

### 9.1.6 结束语

Fan 和 Li(2001) 引入了 Oracle 模型估计量的概念, 并且提出了 SCAD 方法来获得 Oracle 性质. Fan 和 Li (2001) 文中提到如果理想地知道了似然模型, 那么 Oracle 估计就是知道真实的潜在稀疏模型的情况下最大似然估计, 且 SCAD 估计量通过利用 SCAD 惩罚的惩罚似然模型得到. 然而, 在线性回归问题中, 误差分布 (所以似然模型) 通常是未知的, 因此只能考虑实际 Oracle 方法. Fan 和 Li (2001) 证明了利用 SCAD 惩罚的惩罚最小二乘是一个实际 Oracle 估计量. 不幸的是, 当误差项分布有无限方差的时候 LS-Oracle 和 SCAD 方法都失效. 其他 Oracle 方法, 适应性 Lasso(Zou, 2006), 也有相同的问题, 因为它也是模仿 LS-Oracle 的.

在本工作中, 我们已经提出了复合分位回归模型以及证明了其良好的理论性质. 已经证明 Fan 和 Li (2001) 的 Oracle 模型选择理论对于误差项方差无限的情况依旧有很漂亮的表现, 只要我们用 CQR-Oracle 替换 LS-Oracle. 与 LS-Oracle 相比, CQR-Oracle 有来两个显著的优良性质:

(1) 它的相对有效性总是大于 70%;

(2) 在高斯模型中, ACQR 的相对有效性为 95.5%. 而对于非正态误差, 其相对有效性可能会任意大.

按照 Fan 和 Li(2001) 及 Zou(2006) 的规矩, 我们发展了适应性惩罚 CQR 方法 (ACQR) 并且证明了其 Oracle 性质. 这里有一个惩罚函数族, 包括 SCAD 惩罚, 可以用来建立 CQR-Oracular 估计量. 用适应性 Lasso 惩罚只是为了计算方便.

也可以通过最小化下式, 考虑更一般的复合分位回归问题:

$$\int_0^1 \sum_{i=1}^n \rho_t(y_i - b_t - \boldsymbol{x}_i^{\mathrm{T}}\beta)\omega(t)\mathrm{d}t, \tag{9.11}$$

其中权重函数 $w(t)$ 是 $(0,1)$ 上的密度函数. 所提出的 CQR 准则利用了 $\left\{\frac{1}{K+1}, \cdots, \frac{K}{K+1}\right\}$ 上的离散均匀分布. 虽然权重函数 $w(t)$ 可以是式 (9.11) 中的连续密度函数, 但是为了得到估计量的数值计算, 似乎需要离散化该积分. 因此从技术上来说, 离散分布密度是用来构建权重的. 本节可以看出离散的均匀分布导致具有各种良好性质的估计量. 而其他分布是否也能导致相似的估计量, 这可能很有趣. 这是一个对未来研究的开放问题.

### 9.1.7 主要参考文献

文献中关于模型选择 Oracle 的研究有很多, 如 Fan 和 Li (2001). 在多元线性回归中同时选择变量以及估计系数的有 NG (Breiman, 1995), Lasso (Tibshirani, 1996) 和 SCAD (Fan, Li, 2001). Fan 和 Li (2006) 给出了变量选择方面的最新综合性的回顾. 本节主要参考 Zou 和 Yuan(2008) 等.

## 9.2 局部复合分位回归

局部多项式回归是一种探索良好数据结构的有用非参数回归工具, 它已经在实际问题中取得了广泛的应用. 我们提出了一种称为 “局部复合分位回归光滑” 的新的非参数回归法, 该方法能进一步改进局部多项式法; 还研究了该方法的抽样性质. 我们推导了所提出的估计的渐近偏差、渐近方差和渐近正态性, 探究了该估计关于局部多项式估计的渐近相对有效性; 证明了该估计能在各种非正态误差假设下比局部多项式估计更加有效, 同时又能在正态误差情形下和局部多项式估计几乎一样有效; 用模拟检验了所提估计的性能.

### 9.2.1 引言

考虑一般的非参数回归模型

$$Y = m(T) + \sigma(T)\varepsilon, \tag{9.12}$$

其中 $Y$ 为响应变量, $T$ 为协变量, $m(T)=E(Y|T)$, 假定 $m(T)$ 为光滑的未知非参数函数, 并且 $\sigma(T)$ 表示标准偏差且为正函数. 假定 $\varepsilon$ 均值为 0 且方差为 1. 对于该非参模型, 局部多项式回归是一种常用且成功的方法 (Fan, Gijbels, 1996). 通过适应性加权最小二乘进行局部拟合线性 (或多项式) 回归模型, 局部多项式回归能够探索到回归函数和其导函数的很多细微特征. 虽然最小二乘法在局部多项式拟合中常用且方便, 但实际上也可以考虑采用其他的各种局部拟合方法, 比如在出现异常点时, 可以考虑采用最小绝对偏差 (LAD) 多项式回归 (Fan et al., 1994; Welsh, 1996). 当误差服从 Laplace 分布时, 局部 LAD 多项式回归比局部最小二乘多项式回归更有效. 当然在其他不同的背景下局部 LAD 多项式回归也会比局部最小二乘多项式回归效果差一些. 本节的目标是建立一种新的局部估计方法, 该方法不仅要能在一大类常见误差分布中改进传统的局部多项式回归, 而且能在最糟糕的情况下有可比的有效性.

我们的研究计划建立在由 Zou 和 Yuan (2008) 提出的复合分位回归 (QCR) 估计量的基础之上, 该估计量用来估计经典线性回归模型的回归系数. Zou 和 Yuan (2008) 证明了不管误差是什么分布, CQR 估计同最小二乘估计相比其相对效性要高出 70%多. 此外, CQR 估计比最小二乘估计更加有效, 而且有时候比最小二乘估计任意地有效. CQR 这些好的理论性质激发我们构建一种局部的 CQR 平滑器作为非参数回归函数和其导函数的估计. 本节主要关注如下几个方面.

(a) 对于非参数回归函数, 提出了局部线性 CQR 估计, 建立了该估计的渐近性质并证明对于各种常见的非正态误差, 该新方法与传统的局部最小二乘估计相比, 其有效性有显著的提高.

(b) 对于回归函数的导函数, 提出了局部二次 CQR 估计, 渐近理论显示该估计在误差非正态时能极大地提高局部最小二乘估计的有效性, 与此同时, 在最糟糕的场合其损失的效率也最多只有 8.01%.

(c) 建立了局部 $p$ 阶多项式 CQR 估计的一般渐近性质. 我们的理论不需要误差具有有限方差, 因此, 局部 CQR 估计能在噪声方差为无穷大时局部多项式估计失效的情况下依然表现好.

对有效性而言, 局部线性 (多项式) 回归函数是最优的线性光滑器 (Fan, Gijbels,1996). 本节的结果与此结论并不矛盾, 因为所提出的局部 CQR 估计实际上是一种非线性光滑器.

本节介绍了非参数回归函数的局部线性 CQR 估计并研究了其渐近性质, 提出了非参数回归函数导函数的局部二次 CQR 估计, 这可以进一步减少局部线性 CQR 的估计偏差, 给出了局部 $p$ 次多项式 CQR 估计的一般理论结果和相关的技术证明.

### 9.2.2 估计

假定 $(t_i, y_i), i=1,2,\cdots,n$ 为独立同分布的随机样本. 考虑估计 $m(T)$ 在 $t_0$ 处的值. 在局部线性回归中首先用线性函数 $m(t)\approx m(t_0)+m'(t_0)(t-t_0)$ 局部逼近 $m(t)$, 然后在 $t_0$ 的邻域内拟合线性模型. 记 $K(\cdot)$ 为一个光滑的核函数; $m(t_0)$ 的局部线性估计为 $\hat{a}$, 其中

$$(\hat{a},\hat{b})=\operatorname{Arg}\min_{a,b}\Big[\sum_{i=1}^{n}\{y_i-a-b(t_i-t_0)\}^2K\Big(\frac{t_i-t_0}{h}\Big)\Big], \tag{9.13}$$

其 $h$ 为光滑参数. 局部线性回归有很多良好的理论性质, 如它的设计阵自适应性和 minimax 有效性 (Fan, Gijbels, 1992). 然而, 当误差分布二阶矩不存在时局部最小二乘估计将会失效, 因为它不再是相合估计. 局部最小绝对值回归 (LAD) 将式 (9.13) 中的二次损失换为 $L_1$ 损失. 从而局部 LAD 估计量可以处理方差无限的情形, 但在方差有限时它关于局部最小二乘估计的相对有效性可以任意小.

用局部线性 CQR 估计作为局部线性回归估计的一种有效替代. 记 $\rho_{\tau_k}(r)=\tau_k r-rI(r<0)$, $k=1,2,\cdots,q$, 为在 $q$ 个分位点 $\tau_k=k/q+1$ 的 $q$ 个检验损失函数. 在线性模型中 CQR 损失定义为 (Zou, Yuan, 2008):

$$\sum_{k=1}^{q}\sum_{i=1}^{n}\rho_{\tau_k}(y_i-a_k-bt_i).$$

CQR 通过迫使每个分位回归有一个单独的参数作斜率而结合多个分位回归函数的力量. 由于非参数函数是由线性模型局部地逼近, 从而可以考虑极小化局部加权 CQR 损失:

$$\sum_{k=1}^{q}\Big[\sum_{i=1}^{n}\rho_{\tau_k}\{y_i-a_k-b(t_i-t_0)\}K\Big(\frac{t_i-t_0}{h}\Big)\Big]. \tag{9.14}$$

记式 (9.14) 的极小子为 $(\hat{a}_1,\cdots,\hat{a}_q,\hat{b})$, 于是令

$$\begin{aligned}\hat{m}(t_0)&=\frac{1}{q}\sum_{k=1}^{q}\hat{a}_k,\\ \tilde{m}'(t_0)&=\hat{b}.\end{aligned} \tag{9.15}$$

将 $\hat{m}(t_0)$ 看成是 $m(t_0)$ 的局部线性 CQR 估计. $\tilde{m}'(t_0)$ 作为 $m'(t_0)$ 的估计, 它可以用 9.2.3 节的局部二次 CQR 估计进一步改进.

**注 9.2.1** 这里值得一提的是, 虽然检验函数通常是用来估计给定 $T$ 时 $y$ 的条件分位回归函数 (参见 Koenker(2005) 以及其中的参考文献), 但此处是同时采用

多个检验函数来估计回归 (均值) 函数. 所以局部 CQR 光滑器从基本概念上就不同于 Yu 和 Jones (1998) 以及 Fan 和 Gijbels (1996) 研究过的局部拟合的非参数分位回归.

**注 9.2.2** Koenker(1984) 在他的小注记里面研究了 Hogg 估计量, 它可作为参数线性模型框架下检验函数的加权和的极小化子. 但那里关注的焦点为 Hogg 估计是做 $L$ 估计的不同方法. CQR 损失可以看成是一种均匀加权与均匀分位点 ($\tau_k = k/q+1,\ k=1,2,\cdots,q$) 的检验函数加权和. 当 $q$ 取较大值时, 在 Oracle 模型选择理论框架下这种选择会导致好的类似于 Oracle 的估计. Koenker (1984) 没有讨论 Hogg 估计相对于最小二乘估计的相对有效性问题. 本节考虑了极小化局部加权 CQR 损失并证明了 CQR 光滑器有非常有趣的渐近有效性. 目前文献中还没有关于这些问题的研究.

1. 渐近性质

为了看到为什么局部线性 CQR 是局部线性回归的一个有效替代, 下面将建立局部线性 CQR 的渐近性质. 为了讨论, 一些记号是必要的. 令 $F(\cdot)$ 和 $f(\cdot)$ 分别代表误差的累积分布函数和密度函数. 记 $f_T(\cdot)$ 为协变量 $T$ 的边际密度函数. 选择对称核密度函数 $K(\cdot)$, 并且令

$$\mu_j = \int u^j K(u)\mathrm{d}u \quad 且 \quad \nu_j = \int u^j K^2(u)\mathrm{d}u, \quad j=0,1,2,\cdots.$$

定义

$$R_1(q) = \frac{1}{q^2}\sum_{k=1}^{q}\sum_{k'=1}^{q}\frac{\tau_{kk'}}{f(c_k)f(c_{k'})}, \tag{9.16}$$

其中 $c_k = F^{-1}(\tau_k)$ 且 $\tau_{kk'} = \tau_k \wedge \tau_{k'} - \tau_k\tau_{k'}$. 下面的定理中将分别给出 $\hat{m}(t_0)$ 的渐近偏差、方差和正态性. 记 $\boldsymbol{T}$ 为 $T_1,\cdots,T_n$ 生成的 $\sigma$-域.

**定理 9.2.1** 假设 $t_0$ 是 $f_{\boldsymbol{T}}(\cdot)$ 的支撑集的一个内点. 在 9.2.4 节的正则条件 (a)~(d) 下, 如果 $h\to 0$ 且 $nh\to\infty$, 那么局部线性 CQR 估计 $\hat{m}(t_0)$ 的渐近偏差和方差分别为

$$\mathrm{bias}\{\hat{m}(t_0)\mid \boldsymbol{T}\} = \frac{1}{2}m''(t_0)\mu_2 h^2 + o_p(h^2), \tag{9.17}$$

$$\mathrm{var}\{\hat{m}(t_0)\mid \boldsymbol{T}\} = \frac{1}{nh}\frac{\nu_0\sigma^2(t_0)}{f_T(t_0)}R_1(q) + o_p\left(\frac{1}{nh}\right). \tag{9.18}$$

进一步, 基于条件 $\boldsymbol{T}$, 有

$$\sqrt{nh}\{\hat{m}(t_0) - m(t_0) - \frac{1}{2}m''(t_0)\mu_2 h^2\} \xrightarrow{\mathcal{L}} N\left\{0, \frac{\nu_0\sigma^2(t_0)}{f_T(t_0)}R_1(q)\right\}, \tag{9.19}$$

其中 $\xrightarrow{\mathcal{L}}$ 代表一分布收敛.

**证明**　根据定理 9.2.5 中当 $p=1$ 时, 知道这个渐近正态性成立. 下面计算条件偏差和方差. 记向量 $e_{q\times 1}=(1,\cdots,1)^{\mathrm{T}}$. 当 $p=1$ 时, $S$ 为对角阵, 其对角元为 $f(c_1),\cdots,f(c_q)$ 和 $\mu_2\sum_{k=1}^{q}f(c_k)$. 因此 $\hat{m}(t_0)=(1/q)\sum_{k=1}^{q}\hat{a}_k$ 的渐近条件偏差是

$$
\begin{aligned}
&\text{bias}\{\hat{m}(t_0)|\boldsymbol{T}\}\\
=&\frac{1}{q}\sigma(t_0)\sum_{k=1}^{q}c_k-\frac{1}{q\sqrt{nh}}\frac{\sigma(t_0)}{f_T(t_0)}e_{q\times 1}^{\mathrm{T}}(S^{-1})_{11}E[W_{1n}^{*}\mid \boldsymbol{T}]\\
=&\frac{1}{q}\sigma(t_0)\sum_{k=1}^{q}c_k-\frac{1}{qnh}\frac{\sigma(t_0)}{f_T(t_0)}\sum_{i=1}^{n}K_i\sum_{k=1}^{q}\frac{1}{f(c_k)}\left[F\left\{c_k-\frac{d_{i,k}}{\sigma(t_i)}\right\}-F(c_k)\right].
\end{aligned}
$$

注意到误差分布是对称的, 从而 $\sum_{k=1}^{q}c_k=0$, 更进一步, 很容易验证

$$
\frac{1}{q}\sum_{k=1}^{q}\frac{1}{f(c_k)}\left[F\left\{c_k-\frac{d_{i,k}}{\sigma(t_i)}\right\}-F(c_k)\right]=-\frac{r_{i,p}}{\sigma(t_i)}\{1+o_p(1)\}.
$$

因此,

$$
\text{bias}\{\hat{m}(t_0)|\boldsymbol{T}\}=\frac{1}{nh}\frac{\sigma(t_0)}{f_T(t_0)}\sum_{i=1}^{n}K_i\frac{r_{i,p}}{\sigma(t_i)}\{1+o_p(1)\}.
$$

通过利用下面的事实:

$$
\frac{1}{nh}\sum_{i=1}^{n}K_i\frac{r_{i,p}}{\sigma(t_i)}=\frac{f_T(t_0)m''(t_0)}{2\sigma(t_0)}\mu_2h^2\{1+o_p(1)\},
$$

可以得到

$$
\text{bias}\{\hat{m}(t_0)|\boldsymbol{T}\}=\frac{1}{2}m''(t_0)\mu_2h^2+o_p(h^2). \tag{9.20}
$$

更进一步, $\hat{m}(t_0)$ 的条件方差为

$$
\begin{aligned}
\text{var}\{\hat{m}(t_0)|\boldsymbol{T}\}&=\frac{1}{nh}\frac{\sigma^2(t_0)}{f_T(t_0)}\frac{1}{q^2}(S^{-1}\Sigma S^{-1})_{11}e_{q\times 1}+o_p\left(\frac{1}{nh}\right)\\
&=\frac{1}{nh}\frac{\nu_0\sigma^2(t_0)}{f_T(t_0)}R_1(q)+o_p\left(\frac{1}{nh}\right).
\end{aligned} \tag{9.21}
$$

利用定理 9.2.5 能够进一步推导出表达式 (9.15) 中给出的 $\tilde{m}'(t_0)$ 的渐近偏差和方

差:

$$\text{bias}\{\tilde{m}(t_0)|\boldsymbol{T}\} = \frac{1}{6}\{m'''(t_0) + 3m''(t_0)\frac{f_T'(t_0)}{f_T'(t_0)}\}\frac{\mu_4}{\mu_2}h^2 + o_p(h^2), \tag{9.22}$$

$$\text{var}\{\tilde{m}(t_0)|\boldsymbol{T}\} = \frac{1}{nh^3}\frac{\nu_2\sigma^2(t_0)}{\mu_2^2 f_T(t_0)}R_2(q) + o_p\left(\frac{1}{nh^3}\right). \tag{9.23}$$

■

**注 9.2.3** 在证明中假定误差是对称分布. 如果没有这个条件, 渐近偏差就会多一个无法消除的项. 该渐近方差保持不变, 且渐近正态性在做一点小小修正后仍然成立. 换句话说, 对称误差分布条件只是用来保证局部 CQR 估计收敛到的这个量就是条件均值函数. 这与用局部 LAD 估计条件均值函数类似. 为此, 需要假定误差分布均值与中位数相等.

从定理 9.2.1 可以看到局部线性 CQR 估计的渐近偏差主导项与局部最小二乘估计的相同, 而它们的渐近方差是不同的. $\hat{m}(t_0)$ 的均方误差 (MSE) 为

$$\text{MSE}\{\hat{m}(t_0)\} = \left\{\frac{1}{2}m''(t_0)\mu_2\right\}^2 h^4 + \frac{1}{nh}\frac{\nu_0\sigma^2(t_0)}{f_T(t_0)}R_1(q) + o_p\Big(h^4 + \frac{1}{nh}\Big).$$

通过直接计算可以看到最小化 $\hat{m}(t_0)$ 的渐近 MSE 得到的最优窗宽为

$$h^{\text{opt}}(t_0) = \left[\frac{\nu_0\sigma^2(t_0)R_1(q)}{f_T(t_0)\{m''(t_0)\mu_2\}^2}\right]^{1/5} n^{-1/5}.$$

实践中可以选择极小化关于权函数 $w(t)$ 的积分均方误差

$$\text{MISE}(\hat{m}) = \int \text{MSE}\hat{m}(t_0)w(t)\mathrm{d}t$$

得到的常数窗宽. 类似地, 使渐近 MISE 最小的最优窗宽为

$$h^{\text{opt}} = \left\{\frac{\nu_0 R_1(q)\displaystyle\int \sigma^2(t)f_T^{-1}(t)w(t)\mathrm{d}t}{\mu_2^2\displaystyle\int m''(t)^2 w(t)\mathrm{d}t}\right\}^{1/5} n^{-1/5}.$$

这些算式表明局部线性 CQR 估计有着 $n^{\frac{2}{5}}$ 最优收敛速度.

2. 渐近相对有效性

本节将通过比较 MSE 来研究局部线性 CQR 估计关于局部线性最小二乘估计的渐近相对有效性. $R_1$ 的作用在相对有效性研究中将变得清晰. $m(t_0)$ 的局部线性最小二乘估计有 MSE:

$$\text{MSE}\{\hat{m}_{\text{LS}}(t_0)\} = \left\{\frac{1}{2}m''(t_0)\mu_2\right\}^2 h^4 + \frac{1}{nh}\frac{\nu_0}{f_T(t_0)}\sigma^2(t_0) + o_p\left(h^4 + \frac{1}{nh}\right),$$

因此,

$$h_{\mathrm{LS}}^{\mathrm{opt}}(t_0)=\left[\frac{\nu_0\sigma^2(t_0)}{f_T(t_0)\{m''(t_0)\mu_2\}^2}\right]^{1/5}n^{-1/5},$$

$$h_{\mathrm{LS}}^{\mathrm{opt}}=\left\{\frac{\nu_0\displaystyle\int\sigma^2(t)f_T^{-1}(t)w(t)\mathrm{d}t}{\mu_2^2\displaystyle\int m''(t)^2w(t)\mathrm{d}t}\right\}^{1/5}n^{-1/5},$$

其中 $h_{\mathrm{LS}}^{\mathrm{opt}}(t_0)$ 是使渐近 MSE 最小化的最优变量窗宽, $h_{\mathrm{LS}}^{\mathrm{opt}}$ 是使渐近 MISE 最小化的最优窗宽, 因此有

$$\begin{aligned}h^{\mathrm{opt}}(t_0)&=R_1(q)^{1/5}h_{\mathrm{LS}}^{\mathrm{opt}}(t_0),\\h^{\mathrm{opt}}&=R_1(q)^{1/5}h_{\mathrm{LS}}^{\mathrm{opt}}.\end{aligned}\tag{9.24}$$

用 $\mathrm{MSE_{opt}}$ 和 $\mathrm{MISE_{opt}}$ 记为 MSE 和 MISE 在最优窗宽时的取值. 于是通过直接计算可以看到: 当 $n\to\infty$ 时有

$$\frac{\mathrm{MSE_{opt}}\{\hat{m}_{\mathrm{LS}}(t_0)\}}{\mathrm{MSE_{opt}}\{\hat{m}(t_0)\}}\to R_1(q)^{-4/5},$$

$$\frac{\mathrm{MSE_{opt}}\{\hat{m}_{\mathrm{LS}}\}}{\mathrm{MSE_{opt}}\{\hat{m}\}}\to R_1(q)^{-4/5},$$

因此, 可以很自然地定义局部线性 CQR 估计关于局部最小二乘估计的渐近相对有效性 $\mathrm{ARE}(\hat{m},\hat{m}_{\mathrm{LS}})$ 如下:

$$\mathrm{ARE}(\hat{m},\hat{m}_{\mathrm{LS}})=R_1(q)^{-\frac{4}{5}}.\tag{9.25}$$

ARE 仅依赖于误差分布, 尽管这种依赖性可能相当复杂. 然而, 对于很多常见误差分布, 可以直接计算 ARE 的值.

**定理 9.2.2**　$\lim\limits_{q\to\infty}\{R_1(q)\}=1$, 从而 $\lim\limits_{q\to\infty}\mathrm{ARE}(\hat{m},\hat{m}_{\mathrm{LS}})=1$.

**证明**　注意到有变量变换有

$$\begin{aligned}\lim_{q\to\infty}\{R_1(q)\}&=\int_0^1\int_0^1\frac{s_1\wedge s_2-s_1s_2}{f\{F^{-1}(s_1)\}f\{F^{-1}(s_2)\}}\mathrm{d}s_1\mathrm{d}s_2\\&=\int_{-\infty}^{\infty}\int_{-\infty}^{\infty}\{F(z_1)\wedge F(z_2)-F(z_1)F(z_2)\}\mathrm{d}z_1\mathrm{d}z_2.\end{aligned}\tag{9.26}$$

定义两个函数 $G(s)=\displaystyle\int_{-\infty}^{s}F(t)\mathrm{d}t$ 和 $H(s)=\displaystyle\int_{-\infty}^{s}G(t)\mathrm{d}t$. 很容易验证

$$G(s)=\int_{-\infty}^{s}(s-x)f(x)\mathrm{d}x=sF(s)-k_1(s),\tag{9.27}$$

其中 $k_1(s)=\int_{-\infty}^{s}xf(x)\mathrm{d}x$. 类似地, 可以得到

$$2H(s)=\int_{-\infty}^{s}(s-x)^2f(x)\mathrm{d}x=s^2F(s)-2sk_1(s)+k_2(s), \tag{9.28}$$

其中 $k_2(s)=\int_{-\infty}^{s}x^2f(x)\mathrm{d}x$. 令 $I$ 为式 (9.26) 中的积分, 有

$$\begin{aligned}I&=2\int_{-\infty}^{\infty}\left\{\int_{z_1}^{\infty}f(t)\mathrm{d}t\right\}G(z_1)\mathrm{d}z_1=2\int_{-\infty}^{\infty}f(t)\left\{\int_{-\infty}^{t}G(z_1)\mathrm{d}z_1\right\}\mathrm{d}t\\&=\int_{-\infty}^{\infty}2f(t)H(t)\mathrm{d}t.\end{aligned} \tag{9.29}$$

根据 $G$ 和 $H$ 的定义, 知道 $\mathrm{d}\{2H(t)F(t)-G^2(t)\}/\mathrm{d}t=2H(t)f(t)$, 结合式 (9.27) 和 (9.28) 可得 $2H(t)F(t)-G^2(t)=k_2(t)F(t)-k_1^2(t)$. 根据事实 $\int_{-\infty}^{\infty}x^2f(x)\mathrm{d}x=E_F[\varepsilon^2]=1$ 和 $\int_{-\infty}^{\infty}xf(x)\mathrm{d}x=E_F[\varepsilon]=0$, 容易得到 $I=1$. ■

定理 9.2.2 使得我们对局部线性 CQR 估计的渐近性质有了更深入的认识, 它表明局部线性 CQR 是局部线性最小二乘估计的安全竞争者, 因为只要取 $q$ 足够大它就不会损失有效性. 然而, 即使在 $q$ 取较小值如 $q=9$ 时仍可能获得较高的有效性.

### 9.2.3 导数的估计

在很多情形下, 我们对估计 $m(t)$ 的导数感兴趣. 局部线性 CQR 也给出了 $m(t)$ 导数的一个估计 $\tilde{m}'(t_0)$. 式 (9.15) 中估计量 $\tilde{m}'(t_0)$ 的渐近偏差和方差由 (9.22) 和 (9.23) 两式给出. 局部线性 CQR 估计量和局部线性回归估计量有着相同的主要偏差项, 该项依赖于内在的 $m'''(t_0)$ 和外在的部分 $m''(t_0)f_T'(t_0)/f_T(t_0)$. 在 Chu 和 Marron (1991) 及 Fan (1992) 中已经讨论过在很多情况下该偏差可能会非常大, 所以它并不是一个理想的估计因为这个相对大的偏差. 经常用局部二次回归来估计导函数, 因为它可以减小估计偏差且不会增加估计的方差 (Fan, Gijbels, 1992). 下面将证明这对局部 CQR 光滑器也同样成立.

考虑 $m(t)$ 在 $t_0$ 邻域内的局部二次近似: $m(t)=m(t_0)+m'(t_0)(t-t_0)+\frac{1}{2}m''(t_0)(t-t_0)^2$. 令 $\boldsymbol{a}=(a_1,\cdots,a_q),\boldsymbol{b}=(b_1,b_2)$. 求解

$$(\hat{a},\hat{b})=\operatorname{Arg}\min_{\boldsymbol{a},\boldsymbol{b}}\left(\sum_{i=1}^{n}\left[\sum_{k=1}^{q}\rho_{\tau_k}\left\{y_i-a_k-b_1(t_i-t_0)-\frac{1}{2}b_2(t_i-t_0)^2\right\}K\left(\frac{t_i-t_0}{h}\right)\right]\right). \tag{9.30}$$

于是 $m'(t_0)$ 的局部二次 CQR 估计量为

$$\hat{m}'(t_0)=\hat{b}_1. \tag{9.31}$$

1. 渐近性质

定义

$$R_2(q) = \left(\sum_{k=1}^{q}\sum_{k'=1}^{q}\tau_{kk'}\right) \Big/ \left\{\sum_{k=1}^{q} f(c_k)\right\}^2. \tag{9.32}$$

渐近偏差、方差以及正态性在下面的定理中给出.

**定理 9.2.3** 设 $t_0$ 是 $f_T(\cdot)$ 的支撑集的一个内点. 在正则条件 (a)~(d) 下, 如果 $h \to 0$ 且 $nh^3 \to \infty$, 那么 $\hat{m}'(t_0)$ 的渐近条件偏差和方差分别为

$$\text{bias}\{\hat{m}'(t_0) \mid \boldsymbol{T}\} = \frac{1}{6}m'''(t_0)\frac{\mu_4}{\mu_2}h^2 + o_p(h^2), \tag{9.33}$$

$$\text{var}\{\hat{m}'(t_0) \mid \boldsymbol{T}\} = \frac{1}{nh^3}\frac{\nu_2\sigma^2(t_0)}{\mu_2^2 f_T(t_0)}R_2(q) + o_p\left(\frac{1}{nh^3}\right). \tag{9.34}$$

更进一步, 给定条件 $\boldsymbol{T}$, 有下面的渐近正态分布:

$$\sqrt{nh^3}\left\{\hat{m}'(t_0) - m'(t_0) - \frac{1}{6}m'''(t_0)\frac{\mu_4}{\mu_2}h^2\right\} \xrightarrow{\mathcal{L}} N\left\{0, \frac{\nu_2\sigma^2(t_0)}{\mu_2^2 f_T(t_0)}R_2(q)\right\}. \tag{9.35}$$

**证明** 应用定理 9.2.5 来获得渐近正态性. 记 $e_r$ 是 $p$ 维向量 $(0,0,\cdots,1,0,\cdots,0)^{\mathrm{T}}$, 其中 1 在第 $r$ 个位置上. 当 $p=2$ 时, $S_{12}$ 具有形式 $S_{12} = (\mathbf{0}_{q\times 1}, \mu_2\{f(c_k)_{q\times 1}\})$, $S_{22} = \text{diag}\left\{\mu_2\sum_{k=1}^{q} f(c_k), \mu_4\sum_{k=1}^{q} f(c_k)\right\}$. 由于 $S_{11} = \text{diag}\{f(c_1),\cdots,f(c_q)\}$, $(S^{-1})_{22} = (S_{22} - S_{21}S_{11}^{-1}S_{12})^{-1} = \text{diag}\left[\left\{\mu_2\sum_{k=1}^{q} f(c_k)\right\}^{-1}, \left\{(\mu_4 - \mu_2^2)\sum_{k=1}^{q} f(c_k)\right\}^{-1}\right]$. 注意到 $(S^{-1})_{21} = -(S^{-1})_{22}S_{21}S_{11}^{-1}$. 因此

$$(S^{-1})_{21} = \left(\mathbf{0}_{q\times 1}, \left[\mu_2\Big/\left\{(\mu_4 - \mu_2^2)\sum_{k=1}^{q} f(c_k)\right\}\right]\mathbf{1}_{q\times 1}\right)^{\mathrm{T}}.$$

又

$$\begin{aligned}\text{bias}\{\hat{m}(t_0)|\boldsymbol{T}\} &= -\frac{\sigma(t_0)}{hf_T(t_0)}\frac{1}{q\sqrt{nh}}e_1^{\mathrm{T}}\{(S^{-1})_{21}E[W_{1n}^* \mid \boldsymbol{T}] + (S^{-1})_{22}E[W_{2n}^* \mid \boldsymbol{T}]\} \\ &= -\frac{\sigma(t_0)}{hf_T(t_0)}\frac{1}{\mu_2\sum_{k=1}^{q} f(c_k)}\frac{1}{q\sqrt{nh}}E[W_{21}^* \mid \boldsymbol{T}].\end{aligned}$$

注意到

$$E[w_{2j}^* \mid \boldsymbol{T}] = \frac{1}{\sqrt{nh}}\sum_{i=1}^{n} K_i x_i^j \sum_{k=1}^{q}\left[F\left\{c_k - \frac{d_{i,k}}{\sigma(t_i)}\right\} - F(c_k)\right].$$

类似地, 在条件 (d) 下, 有

$$\sum_{k=1}^{q}\left[F\left\{c_k-\frac{d_{i,k}}{\sigma(t_i)}\right\}-F(c_k)\right]=-\sum_{k=1}^{q}f(c_k)\frac{r_{i,p}}{\sigma(t_i)}\{1+o_p(1)\}.$$

因此,

$$\text{bias}\{\hat{m}'(t_0)|\boldsymbol{T}\}\frac{1}{nh^2}\frac{\sigma(t_0)}{f_T(t_0)}\sum_{i=1}^{n}K_ix_i\frac{r_{i,p}}{\sigma(t_i)}\{1+o_p(1)\}.$$

对于 $p=2$,

$$\frac{1}{nh}\sum_{i=1}^{n}K_ix_i\frac{r_{i,p}}{\sigma(t_i)}=\frac{f_T(t_0)m'''(t_0)}{6\sigma(t_0)}\frac{\mu_4}{\mu_2}h^3\{1+o_p(1)\},$$

得到

$$\text{bias}\{\hat{m}'(t_0)|\boldsymbol{T}\}=\frac{1}{6}m'''(t_0)\frac{\mu_4}{\mu_2}h^2+o_p(h^2). \tag{9.36}$$

更进一步, $\hat{m}'(t_0)$ 的条件方差为

$$\begin{aligned}\text{bias}\{\hat{m}'(t_0)|\boldsymbol{T}\}&=\frac{1}{nh^3}\frac{\sigma^2(t_0)}{f_T(t_0)}e_1^{\mathrm{T}}(S^{-1}\varSigma S^{-1})_{22}e_1+o_p\left(\frac{1}{nh^3}\right)\\&=\frac{1}{nh^3}\frac{\nu_2\sigma^2(t_0)}{\mu_2^2f_T(t_0)}R_2(q)+o_p\left(\frac{1}{nh^3}\right).\end{aligned} \tag{9.37}$$

证明完毕. ■

**注 9.2.4** 在定理 9.2.3 中为了得到渐近偏差公式假定误差为对称分布. 如果没有这一假定, 渐近方差仍然保持不变, 渐近正态性也仍然成立且只需做一点小的修正. 如果方差函数是齐性时, 则定理 9.2.3 将不再需要误差分布对称这一假设. 比较式 (9.22) 和 (9.33), 可以看到局部二次 CQR 估计的额外部分 $m''(t_0)f_T'(t_0)/f_T(t_0)$ 可以移去. 比较 $m'(t_0)$ 的局部二次 CQR 和局部二次最小二乘估计, 可以看到它们有相同的偏差主要项, 不过它们的渐近方差是不同的.

根据定理 9.2.3, 局部二次 CQR 估计 $\hat{m}'(t_0)$ 的 MSE 为

$$\text{MSE}\{\hat{m}'(t_0)\}=\left\{\frac{1}{6}m'''(t_0)\frac{\mu_4}{\mu_2}\right\}^2h^4+\frac{1}{nh^3}\frac{\nu_2\sigma^2(t_0)}{\mu_2^2f_T(t_0)}R_2(q)+o_p\left(h^4+\frac{1}{nh^3}\right).$$

这样, 使 $\text{MSE}\{\hat{m}'(t_0)\}$ 最小化的最优变窗宽为

$$h^{\text{opt}}(t_0)=R_2(q)^{1/7}\left[\frac{27\nu_2\sigma^2(t_0)}{f_T(t_0)\{m'''(t_0)\mu_4\}^2}\right]^{1/7}n^{-1/7}.$$

进一步, 考虑积分均方误差 $\mathrm{MISE}(\hat{m}')=\int \mathrm{MSE}\hat{m}'(t)w(t)\mathrm{d}t$, 其权函数为 $w(t)$. 使 MISE 最小化的最优常数窗宽为

$$h^{\mathrm{opt}}=R_2(q)^{1/7}\left\{27\frac{\nu_2\int\sigma^2(t)f_T^{-1}(t)w(t)\mathrm{d}t}{\mu_4^2\int m'''(t)^2w(t)\mathrm{d}t}\right\}^{1/7}n^{-1/7}.$$

这些式子表明局部二次 CQR 估计有着最优收敛速度为 $n^{2/7}$.

2. 渐近相对有效性

接下来将研究局部二次 CQR 估计量关于局部二次最小二乘估计的相对有效性. 注意到局部最小二乘估计 $\hat{m}'_{\mathrm{LS}}(t_0)$ 的 MSE 为

$$\mathrm{MSE}\{\hat{m}'_{\mathrm{LS}}(t_0)\}=\left\{\frac{1}{6}m'''(t_0)\frac{\mu_4}{\mu_2}\right\}^2h^4+\frac{1}{nh^3}\frac{\nu_2\sigma^2(t_0)}{\mu_2^2f_T(t_0)}+o_p\left(h^4+\frac{1}{nh^3}\right),$$

并且其 MISE 为 $\mathrm{MISE}(\hat{m}'_{\mathrm{LS}})=\int \mathrm{MSE}\hat{m}'_{\mathrm{LS}}(t_0)w(t)\mathrm{d}t$, 其权函数为 $w(t)$. 因此, 通过直接计算, 得

$$\begin{aligned}h^{\mathrm{opt}}(t_0)&=h^{\mathrm{opt}}_{\mathrm{LS}}(t_0)R_2(q)^{1/7},\\ h^{\mathrm{opt}}&=h^{\mathrm{opt}}_{\mathrm{LS}}R_2(q)^{1/7},\end{aligned}\tag{9.38}$$

其中 $h^{\mathrm{opt}}_{\mathrm{LS}}(t_0)$ 和 $h^{\mathrm{opt}}_{\mathrm{LS}}$ 为对应的局部二次最小二乘估计的最优窗宽. 有了这些最优窗宽, 可以得到

$$\begin{aligned}&\frac{\mathrm{MSE}_{\mathrm{opt}}\{\hat{m}'_{LS}(t_0)\}}{\mathrm{MSE}_{\mathrm{opt}}\{\hat{m}'(t_0)\}}\to R_2(q)^{-4/7},\\ &\frac{\mathrm{MSE}_{\mathrm{opt}}\{\hat{m}'_{LS}\}}{\mathrm{MSE}_{\mathrm{opt}}\{\hat{m}'\}}\to R_2(q)^{-4/7},\end{aligned}$$

所以, 局部二次 CQR 估计 $\hat{m}'$ 关于局部二次最小二乘估计 $\hat{m}'_{\mathrm{LS}}$ 的渐近相对有效性定义为

$$\mathrm{ARE}(\hat{m}',\hat{m}'_{\mathrm{LS}})=R_2(q)^{-\frac{4}{7}}.\tag{9.39}$$

ARE 只依赖于误差分布, 且它是刻度不变的.

为了更深入认识这个渐近相对有效性, 考虑当 $q$ 很大时的极限. Zou 和 Yuan (2008) 证明了

$$\lim_{q\to\infty}\{R_2(q)^{-1}\}>6/\mathrm{e}\pi=0.7026.$$

立即可知, 当 $q$ 很大时, ARE 下界为 $0.7026^{4/7}=0.8173$. 获得一个一般的下界很有用, 因为它可以阻止当使用局部二次 CQR 估计代来替局部二次最小二乘估计时带来的严重的效率损失. 本节获得了一个改进的尖锐下界.

**定理 9.2.4**　令 $\mathcal{F}$ 是均值为 0 方差为 1 的误差分布类, 则有

$$\inf_{f\in\mathcal{F}}\lim_{q\to\infty}\{R_2(q)^{-1}\}=0.864 \tag{9.40}$$

当且仅当误差服从均值为 0 方差为 1 的重新刻度化后的 B(2,2) 分布时才能到达下界. 从而

$$\lim_{q\to\infty}\{\mathrm{ARE}(\hat{m}',\hat{m}'_{\mathrm{LS}})\}\geqslant 0.9199. \tag{9.41}$$

**证明**　根据 Zou 和 Yuan(2008) 可知

$$\lim_{q\to\infty}\left[\left\{\sum_{k=1}^{q}f(c_k)\right\}^2\right]\Big/\sum_{k=1}^{q}\sum_{k'=1}^{q}\tau_{kk'}=12E_F^2[f(\varepsilon)]=12\left\{\int f^2(x)\mathrm{d}x\right\}^2.$$

这样, $\lim\limits_{q\to\infty}\{1/R_2(q)\}=12\left\{\int f^2(x)\mathrm{d}x\right\}^2$. 注意到 $12\left\{\int f^2(x)\mathrm{d}x\right\}^2$ 也是 Wilcoxon 检验关于 $t$ 检验的渐近 Pitman 有效性 (Hodges, Lehmann, 1956). 剩下的证明读者可以参考 Hodges 和 Lehmann (1956). ■

定理 9.2.4 提供了当 $q\to\infty$ 时 $\mathrm{ARE}(\hat{m}',\hat{m}'_{\mathrm{LS}})$ 的精确下界. 定理 9.2.4 表明: 如果 $q$ 很大时, 即使在最坏的情况下局部 CQR 估计的潜在效率损失也仅有 8.01%.

定理 9.2.4 还意味着局部二次 CQR 估计是局部二次最小二乘估计的一个安全替代估计. 它关注的是最糟糕的情形. 也有很多最优情形, 其中这个 ARE 远远大于 1.

### 9.2.4　证明

本节建立了局部 $p$ 阶多项式 CQR 估计的渐近性质. 于是可以将定理 9.2.1 和定理 9.2.2 处理成一般理论下的两个特例. 作为局部线性和局部二次 CQR 估计量的推广, 局部 $p$ 阶多项式 CQR 估计量由极小化下式构建:

$$\sum_{k=1}^{q}\left[\sum_{i=1}^{n}\rho_{\tau_k}\left\{y_i-a_k-\sum_{j=1}^{p}b_j(t_i-t_0)^j\right\}K\left(\frac{t_i-t_0}{h}\right)\right], \tag{9.42}$$

并且 $m(t_0)$ 和 $m^{(r)}(t_0)$ 的局部 $p$ 阶多项式 CQR 估计由下式给出:

$$\begin{aligned}\hat{m}(t_0)&=\frac{1}{q}\sum_{k=1}^{q}\hat{a}_k,\\ \hat{m}^{(r)}(t_0)&=r!\hat{b}_r,\quad r=1,\cdots,p.\end{aligned} \tag{9.43}$$

为了渐近分析, 需要下面的正则条件:

(a) $m(t)$ 在 $t_0$ 邻域内有 $p+2$ 阶连续导数;

(b) 协变量 $T$ 的边缘密度函数 $f_T(\cdot)$ 在 $t_0$ 邻域内可导且为正;

(c) 条件方差 $\sigma^2(t)$ 在 $t_0$ 邻域内连续;

(d) 假设误差有对称分布且有正密度函数.

选择核函数 $K$ 使得它在 $[-M,M]$ 上具有有限支撑的对称密度函数. 下面给出在一些渐近性质陈述中需要用到的记号. 令 $S_{11}$ 为 $q\times q$ 对角矩阵, 其对角元为 $f(c_k), k=1,2,\cdots,q$, $S_{12}$ 为 $q\times p$ 阶矩阵, 其 $(k,j)$ 元为 $f(c_k)\mu_j$, $k=1,2,\cdots,q$, $j=1,\cdots,p$, $S_{21}=S_{12}^{\mathrm{T}}$, 且 $S_{22}$ 为 $p\times p$ 阶矩阵, 其 $(j,j')$ 元为 $\sum\limits_{k=1}^{q} f(c_k)\mu_{j+j'}, j,j'=1,\cdots,p$. 类似地, $\varSigma_{11}$ 为 $q\times q$ 矩阵, 其 $(k,k')$ 元为 $\nu_0\tau_{kk'}, k,k'=1,2,\cdots,q$, $\varSigma_{12}$ 为 $q\times p$ 阶矩阵, 其 $(k,j)$ 元为 $\nu_j\sum\limits_{k'=1}^{q}\tau_{kk'}, k=1,2,\cdots,q$, $j=1,\cdots,p$, $\varSigma_{21}=\varSigma_{12}^{\mathrm{T}}$, 且 $\varSigma_{22}$ 为 $p\times p$ 阶矩阵, 其 $(j,j')$ 元为 $\left(\sum\limits_{k,k'=1}^{q}\tau_{kk'}\right)\nu_{j+j'}, j,j'=1,\cdots,p$. 定义

$$S=\begin{pmatrix} S_{11} & S_{12}\\ S_{21} & S_{22}\end{pmatrix},\quad \varSigma=\begin{pmatrix} \varSigma_{11} & \varSigma_{12}\\ \varSigma_{21} & \varSigma_{22}\end{pmatrix}.$$

将 $S^{-1}$ 分块为 4 个子块:

$$S^{-1}=\begin{pmatrix} S_{11} & S_{12}\\ S_{21} & S_{22}\end{pmatrix}^{-1}=\begin{pmatrix} (S^{-1})_{11} & (S^{-1})_{12}\\ (S^{-1})_{21} & (S^{-1})_{22}\end{pmatrix},$$

这里以及后面使用 $(\cdot)_{11}$ 表示左上角 $q\times q$ 矩阵, 且用 $(\cdot)_{22}$ 表示右下角 $p\times p$ 矩阵.

更进一步, 令 $u_k=\sqrt{nh}\{a_k-m(t_0)-\sigma(t_0)c_k\}, \nu_j=h^j\sqrt{nh}\{j!b_j-m^{(j)}(t_0)\}/j!$. 令 $x_i=(t_i-t_0)/h, K_i=K(x_i)$ 且

$$\varDelta_{i,k}=\frac{u_k}{\sqrt{nh}}+\sum_{j=1}^{p}\frac{\nu_j x_i^j}{\sqrt{nh}}.$$

记 $d_{i,k}=c_k\{\sigma(t_i)-\sigma(t_0)\}+r_{i,p}$, 其中

$$r_{i,p}=m(t_i)-\sum_{j=0}^{p}m^{(j)}(t_0)(t_i-t_0)^j/j!.$$

定义 $\eta_{i,k}^*$ 为 $I\{\varepsilon_i\leqslant c_k-d_{i,k}/\sigma(t_i)-\tau_k\}$. 记 $W_n^*=(w_{11}^*,\cdots,w_{1q}^*,\ w_{21}^*,\cdots,w_{2p}^*)^{\mathrm{T}}$,

其中

$$w_{1k}^* = \frac{1}{\sqrt{nh}}\sum_{i=1}^n K_i\eta_{i,k}^*,$$

$$w_{2j}^* = \frac{1}{\sqrt{nh}}\sum_{k=1}^q\sum_{i=1}^n K_i x_i^j\eta_{i,k}^*.$$

为了证明下面的定理 9.2.5, 首先建立下面的引理.

**引理 9.2.1** 关于 $\theta=(u_1,\cdots,u_q,v_1,\cdots,v_p)^{\mathrm T}$ 极小化式 (9.42) 等价于极小化

$$\sum_{k=1}^q u_k\left\{\sum_{i=1}^n\frac{K_i\eta_{i,k}^*}{\sqrt{nh}}\right\}+\sum_{j=1}^p v_j\left\{\sum_{k=1}^q\sum_{i=1}^n\frac{K_ix_i^j\eta_{i,k}^*}{\sqrt{nh}}\right\}+\sum_{k=1}^q B_{n,k}(\theta),$$

其中

$$B_{n,k}(\theta)=\sum_{i=1}^n\left(K_i\int_0^{\Delta_{i,k}}\left[I\left\{\varepsilon_i\leqslant c_k-\frac{d_{i,k}}{\sigma(t_i)}+\frac{z}{\sigma(t_i)}\right\}-I\left\{\varepsilon_i\leqslant c_k-\frac{d_{i,k}}{\sigma(t_i)}\right\}\right]\mathrm dz\right).$$

**证明** 利用 Knight(1998) 等式, 有

$$\rho_\tau(x-y)-\rho_\tau(x)=y\{I(x\leqslant 0)-\tau\}+\int_0^y\{I(x\leqslant z)-I(x\leqslant 0)\}\mathrm dz, \tag{9.44}$$

记 $y_i-a_k-\sum_{j=1}^p b_j(t_i-t_0)^j=\sigma(t_i)(\varepsilon_i-c_k)+d_{i,k}-\Delta_{i,k}$. 极小化式 (9.42) 等价于极小化

$$L_n(\theta)=\sum_{i=1}^n\left(K_i\sum_{k=1}^q\left[\rho_{\tau_k}\{\sigma(t_i)(\varepsilon_i-c_k)+d_{i,k}-\Delta_{i,k}\}-\rho_{\tau_k}\{\sigma(t_i)(\varepsilon_i-c_k)+d_{i,k}\}\right]\right).$$

利用等式 (9.44) 与一些直接计算, 可以得到

$$L_n(\theta)=\sum_{k=1}^q u_k\left\{\sum_{i=1}^n\frac{K_i\eta_{i,k}^*}{\sqrt{nh}}\right\}+\sum_{j=1}^p v_j\left\{\sum_{k=1}^q\sum_{i=1}^n\frac{K_ix_i^j\eta_{i,k}^*}{\sqrt{nh}}\right\}+\sum_{k=1}^q B_{n,k}(\theta).$$

证明完毕. ■

记 $S_{n,11}$ 为 $q\times q$ 对角矩阵, 其对角元为 $f(c_k)\sum_{i=1}^n K_i/nh\sigma(t_i)$, $k=1,\cdots,q$, $S_{n,12}$ 为 $q\times p$ 阶矩阵, 其 $(k,j)$ 元为 $f(c_k)\sum_{i=1}^n K_ix_i^j/nh\sigma(t_i)$, $j=1,\cdots,p$, 且 $S_{n,22}$

为 $p\times p$ 阶矩阵, 其 $(j,j')$ 元为 $\sum_{k=1}^{q} f(c_k)\sum_{i=1}^{n} K_i x_i^{j+j'}/nh\sigma(t_i), j,j'=1,\cdots,p$. 记

$$S_n=\begin{pmatrix} S_{n,11} & S_{n,12}\\ S_{n,21}^{\mathrm{T}} & S_{n,22}\end{pmatrix}.$$

**引理 9.2.2**　在条件 (a)~(c) 下, $L_n(\theta)=\frac{1}{2}\theta^{\mathrm{T}}S_n\theta+(W_n^*)^{\mathrm{T}}\theta+o_p(1)$.

**证明**　将 $L_n(\theta)$ 写成

$$\begin{aligned}L_n(\theta)=&\sum_{k=1}^{q}u_k\left\{\sum_{i=1}^{n}\frac{K_i\eta_{i,k}^*}{\sqrt{nh}}\right\}+\sum_{j=1}^{p}v_j\left\{\sum_{k=1}^{q}\sum_{i=1}^{n}\frac{K_ix_i^j\eta_{i,k}^*}{\sqrt{nh}}\right\}\\&+\sum_{k=1}^{q}E_\varepsilon[B_{n,k}(\theta)\mid\boldsymbol{T}]+\sum_{k=1}^{q}R_{n,k}(\theta),\end{aligned}$$

其中 $R_{n,k}(\theta)=B_{n,k}(\theta)-E_\varepsilon[B_{n,k}(\theta)\mid\boldsymbol{T}]$.

利用 $F(c_k+z)-F(c_k)=zf(c_k)+o(z)$, 于是有

$$\begin{aligned}\sum_{k=1}^{q}E_\varepsilon[B_{n,k}(\theta)\mid\boldsymbol{T}]&=\sum_{k=1}^{q}\sum_{i=1}^{n}\left(K_i\int_0^{\Delta_{i,k}}\left[\frac{z}{\sigma(t_i)}f\left\{c_k-\frac{d_{i,k}}{\sigma(t_i)}\right\}+o(z)\right]\mathrm{d}z\right)\\&=\sum_{k=1}^{q}\sum_{i=1}^{n}\left[K_i\Delta_{i,k}^2\frac{f\{c_k-\frac{d_{i,k}}{\sigma(t_i)}\}}{2\sigma(t_i)}\right]+o_p(1)\\&=\sum_{k=1}^{q}\sum_{i=1}^{n}\left\{K_i\Delta_{i,k}^2\frac{f(c_k)}{2\sigma(t_i)}\right\}+o_p(1)\\&=\frac{1}{2}\theta^{\mathrm{T}}S_n\theta+o_p(1).\end{aligned}$$

现在证明 $R_{n,k}(\theta)=o_p(1)$. 这只需要证明 $\mathrm{var}_\varepsilon[B_{n,k}(\theta)\mid\boldsymbol{T}]=o_p(1)$ 即可. 事实上,

$$\begin{aligned}&\mathrm{var}_\varepsilon\{B_{n,k}(\theta)\mid\boldsymbol{T}\}\\=&\sum_{i=1}^{n}\mathrm{var}_\varepsilon\left\{\left(K_i\int_0^{\Delta_{i,k}}\left[I\left\{\varepsilon_i\leqslant c_k-\frac{d_{i,k}}{\sigma(t_i)}+\frac{z}{\sigma(t_i)}\right\}-I\left\{\varepsilon_i\leqslant c_k-\frac{d_{i,k}}{\sigma(t_i)}\right\}\right]\mathrm{d}z\right)\middle|\boldsymbol{T}\right\}\\\leqslant&\sum_{i=1}^{n}E_\varepsilon\left\{\left(K_i\int_0^{\Delta_{i,k}}\left[I\left\{\varepsilon_i\leqslant c_k-\frac{d_{i,k}}{\sigma(t_i)}+\frac{z}{\sigma(t_i)}\right\}-I\left\{\varepsilon_i\leqslant c_k-\frac{d_{i,k}}{\sigma(t_i)}\right\}\right]\mathrm{d}z\right)^2\middle|\boldsymbol{T}\right\}\\\leqslant&\sum_{i=1}^{n}K_i^2\int_0^{|\Delta_{i,k}|}\int_0^{|\Delta_{i,k}|}\left[F\left\{c_k-\frac{d_{i,k}}{\sigma(t_i)}+\frac{|\Delta_{i,k}|}{\sigma(t_i)}\right\}-F\left\{c_k-\frac{d_{i,k}}{\sigma(t_i)}\right\}\right]\mathrm{d}z_1\mathrm{d}z_2\\=&o\left(\sum_{i=1}^{n}K_i^2\Delta_{i,k}^2\right)\\=&o_p(1).\end{aligned}$$

■

这个局部 $p$ 阶多项式 CQR 估计量的渐近性质基于下面的定理.

**定理 9.2.5** 记 $\hat{\theta}_n = (\hat{u}_1, \cdots, \hat{u}_q, \hat{v}_1, \cdots, \hat{v}_p)$ 为式 (9.42) 的极小子, 则在正则条件 (a)~(c) 下, 有

$$\hat{\theta}_n + \frac{\sigma(t_0)}{f_T(t_0)} S^{-1} E[W_n^* \mid \boldsymbol{T}] \xrightarrow{\mathcal{L}} \mathrm{MVN}\left\{\mathbf{0}, \frac{\sigma^2(t_0)}{f_T(t_0)} S^{-1} \Sigma S^{-1}\right\}.$$

**证明** 类似于 Parzen (1962), 有

$$\frac{1}{nh}\sum_{i=1}^{n} K_i x_i^j \xrightarrow{P} f_T(t_0)\mu_j,$$

其中 $\xrightarrow{P}$ 表示依概率收敛. 因此

$$S_n \xrightarrow{P} \frac{f_T(t_0)}{\sigma(t_0)} f_T(t_0) S = \frac{f_T(t_0)}{\sigma(t_0)} \begin{pmatrix} S_{11} & S_{12} \\ S_{21} & S_{22} \end{pmatrix}.$$

这一结论与引理 9.2.1 和 9.2.2 结合, 可以得到

$$L_n(\theta) = \frac{1}{2}\frac{f_T(t_0)}{\sigma(t_0)} \theta^{\mathrm{T}} S \theta + (W_n^*)^{\mathrm{T}} \theta + o_p(1).$$

由于凸函数 $L_n(\theta) - (W_n^*)^{\mathrm{T}}\theta$ 依概率收敛于凸函数 $\dfrac{1}{2}\dfrac{f_T(t_0)}{\sigma(t_0)}\theta^{\mathrm{T}} S\theta$, 所以根据 Pollard (1991) 凸性引理有: 对于任何紧集 $\Theta$, 对于 $L_n(\theta)$ 的二次逼近在任何紧集上对 $\theta$ 一致地成立, 这导致有

$$\hat{\theta}_n = -\frac{\sigma(t_0)}{f_T(t_0)} S^{-1}(W_n^*) + o_p(1).$$

记 $\eta_{i,k} = I(\varepsilon_i \leqslant c_k) - \tau_k$ 和 $W_n = (w_{11}, \cdots, w_{1q}, w_{21}, \cdots, w_{2p})^{\mathrm{T}}$, 其中有

$$w_{1k} = \frac{1}{\sqrt{nh}} \sum_{i=1}^{n} K_i \eta_{i,k},$$

$$w_{2j} = \frac{1}{\sqrt{nh}} \sum_{k=1}^{q}\sum_{i=1}^{n} K_i x_i^j \eta_{i,k}.$$

根据 Cramer-Wald 定理, 很容易看出关于 $W_n|\boldsymbol{T}$ 的中心极限定理成立:

$$\frac{W_n|\boldsymbol{T} - E[W_n|\boldsymbol{T}]}{\sqrt{\mathrm{var}(W_n|\boldsymbol{T})}} \xrightarrow{\mathcal{L}} \mathrm{MVN}(\mathbf{0}, I_{(p+q)\times(p+q)}). \tag{9.45}$$

注意到 $\mathrm{cov}(\eta_{i,k}, \eta_{i,k'}) = \tau_{kk'}$, 且 $\mathrm{cov}(\eta_{i,k}, \eta_{j,k'}) = 0$, 如果 $i \neq j$. 类似于 Parzen

(1962), 有 $(1/nh)\sum_{i=1}^{n} K_i^2 x_i^j \xrightarrow{\mathcal{L}} f_T(t_0)v_j$. 因此, $\text{var}(W_n|\boldsymbol{T}) \xrightarrow{\mathcal{L}} f_T(t_0)\Sigma$. 结合式 (9.45) 的结果, 有 $W_n|\boldsymbol{T} \xrightarrow{\mathcal{L}} \text{MVN}\{\boldsymbol{0}, f_T(t_0)\Sigma\}$. 再则, 有

$$\begin{aligned}\text{var}(w_{1k}^* - w_{1k}|\boldsymbol{T}) &= \frac{1}{nh}\sum_{i=1}^{n} K_i^2 \text{var}(\eta_{i,k}^* - \eta_{i,k}) \\ &\leqslant \frac{1}{nh}\sum_{i=1}^{n} K_i^2 \left[F\left\{c_k + \frac{|d_{i,k}|}{\sigma(t_i)}\right\} - F(c_k)\right] = o_p(1)\end{aligned}$$

和

$$\begin{aligned}\text{var}(w_{2j}^* - w_{2j}|\boldsymbol{T}) &= \frac{1}{nh}\sum_{i=1}^{n} K_i^2 x_i^j \text{var}\left(\sum_{k=1}^{q} \eta_{i,k}^* - \eta_{i,k}\right) \\ &\leqslant \frac{q^2}{nh}\sum_{i=1}^{n} K_i^2 x_i^j \max_k \left[F\left\{c_k + \frac{|d_{i,k}|}{\sigma(t_i)}\right\} - F(c_k)\right] = o_p(1);\end{aligned}$$

这样 $\text{var}(W_n^* - W_n|\boldsymbol{T}) = o_p(1)$. 所以根据 Slutsky 定理, 基于条件 $\boldsymbol{T}$, 有 $W_n^*|\boldsymbol{T} - E[W_n^*|\boldsymbol{T}] \xrightarrow{\mathcal{L}} \text{MVN}\{0, f_T(t_0)\Sigma\}$. 因此,

$$\hat{\theta}_n + \frac{\sigma(t_0)}{f_T(t_0)} S^{-1} E[W_n^* \mid \boldsymbol{T}] \xrightarrow{\mathcal{L}} \text{MVN}\left\{0, \frac{\sigma^2(t_0)}{f_T(t_0)} S^{-1}\Sigma S^{-1}\right\}. \tag{9.46}$$

证明完毕. ■

### 9.2.5 讨论

本节理论分析处理的是 $t_0$ 为内点且误差分布有限方差这一经典情况. 这里应该指出的是同样的讨论对于边界点同样成立, 并且即使在误差方差无限时所提出的方法仍然有效.

(a) 自动的边界矫正: 为简单起见, 考虑 $t \in [0,1]$ 和 $t_0 = ch$, $c$ 为某一常数. 局部线性 CQR 或局部二次 CQR 估计量与局部线性或局部二次最小二乘估计的渐近偏差有相同的主导项, 这意味着局部 CQR 估计与局部最小二乘估计一样具有自动边界矫正的性质. 再则, 其渐近相对有效性与内点完全一样.

(b) 误差方差无限: 即使在条件方差无限时局部 CQR 估计仍然具有最优的收敛速度和渐近正态性. 这个性质对实际应用非常重要, 因为在实际问题中我们往往对误差分布信息一无所知.

关于这些结论的理论证明细节, 有兴趣的读者可以参加 Kai 等 (2009), 该文献也提供了额外模拟结果来支持这一理论.

本节集中考虑了非参数回归模型的局部 CQR 估计. 所提出的方法和理论也可以推广到多元些变量情形, 这可通过考虑变系数模型、可加模型或者半参数模型等. 这些推广很有趣, 对于这些推广需要进一步的研究.

### 9.2.6 主要参考文献

对于该非参模型, 局部多项式回归是一种常用且成功的方法 (Fan, Gijbels, 1996). 在出现异常点时, 我们可以考虑采用最小绝对偏差 (LAD) 多项式回归 (Fan et al., 1994; Welsh, 1996). 最近由 Zou 和 Yuan (2008) 提出了复合分位回归 (QCR) 估计量. 本节的主要参考文章包括 Kai 和 Li (2010) 等, 本节主要介绍了非参数回归函数的局部线性 CQR 估计并研究了其渐近性质, 提出了非参数回归函数导函数的局部二次 CQR 估计, 这可以进一步减少局部线性 CQR 的估计偏差.

# 第 10 章　高维分位回归

超高维数据由于其数据间的异方差性或者具有某种形式的非位置–刻度的协变量效应, 使其通常会展现出一定的奇异性. 为了适应这种奇异性, 我们提倡给予稀疏性一个更通俗的解释, 也就是说, 在给定所有候选的协变量下, 只有少部分的协变量对响应变量的条件分布产生影响. 然而, 当考虑条件分布的不同部分时, 与之相关的协变量构成的集合也可能会不同. 在这种背景下, 我们研究了超高维中非凸的、带惩罚的分位回归的方法及理论. 所提出的方法有两个非常显著的特点：① 在给定超高维协变量的条件下, 它能使我们探索到相应变量的完整的条件分布, 并且能够提供一个对于稀疏模式的更加逼真的描绘; ②与文献中其他方法相比, 它只需要非常弱的条件; 因此, 它大大降低了超高维中模型检验的困难. 在理论发展中, 处理超高维参数空间中的非光滑损失函数以及非凸惩罚函数是具有挑战性的. 我们引入一个全新的充分优化条件, 该条件依赖于惩罚损失函数的一个凸的差分表达式以及次微分积分. 探究这个优化条件使得我们能够在放松条件下建立超高维中稀疏分位回归的 Oracle 性质. 本章所提出的方法有力地增强了现存的超高维数据分析工具.

## 10.1　引　　言

许多研究领域频繁地收集到高维数据, 如基因学、功能性磁共振成像、X 线断层摄影术、经济学、金融学等. 高位数据分析给统计学家带来了很多挑战, 同时也为新的统计方法和理论的出现提出了要求 (Fan, Li 2006). 本章考虑认为超高维回归情况, 其中协变量个数 $p$ 随样本量 $n$ 呈指数增长.

当主要目标是确定潜在的模型结构时, 分析超高维数据通常利用正则回归. 例如, Candes 和 Tao(2007) 提出了丹齐格选择器 (Dantizig selector); Candes 等提出了加权 $L1$ 最小化来增强丹齐格选择器的稀疏性; 在得不到相合初始估计量的情况下, Huang 等 (2008) 考虑了 ALasso; Kim 等 (2008) 证明了对于随机误差服从正态分布的超高维回归, 光滑切片绝对偏差 (SCAD) 估计量仍然有神谕性质; Fan 和 Lv(2011) 研究了超高维的非凹惩罚似然, 并且 Zhang (2010) 提出了对惩罚回归的最小最大凹惩罚 (MCP).

由于异方差或者其他非位置–尺度的协变量效应, 经常能看到现实中的超高维数据显示了非均匀性. 但是目前的方法大部分关注条件分布期望的均值, 却忽略了这种异质性的科学上重要性. 尽管超高维正则化回归最近取得了重大的发展, 但是比起那些置于经典的 $p < n$ 框架中的条件, 目前方法的统计理论需要更强的条件. 这些条件包含有: 同方差随机误差, 高斯分布或近高斯分布; 关于设计矩阵很难验证的条件, 以及其他诸如此类的条件等. 这两个主要关心的问题激发我们来研究超高维的非凸惩罚分位回归.

对于齐性数据的模拟, 分位回归 (Koenker, Bassett, 1978) 已经成为流行的替代最小二乘回归的方法. Koenker (2005) 给予了综合的介绍, He (2009) 对许多有趣的进展作了总体概述. Welsh (1989), Bai 和 Wu (1994) 以及 He 和 Shao(2000) 对可能具有非平滑目标函数的高维 M 回归建立了良好的渐近理论. 他们的结果应用到分位回归中 (没有稀疏性假设), 但需要 $p = o(n)$ 这一假设.

本章把分位回归的方法和理论扩展到超高维. 为了处理超高维度, 我们用诸如 SCAD 和 MCP 等非凸惩罚函数来正则化分位回归. 直接使用 $L_1$ 惩罚将引入一些不活跃的变量, 同时还会增加偏差, 这一事实促使我们选择使用非凸惩罚. 我们提倡对稀疏性有更一般的解释, 即给定所有待选变量条件下, 假定仅有一小部分协变量会影响响应变量的条件分布; 但是, 考虑条件分布的不同部分时, 对应的相关协变量可能会不同. 通过考虑不同分位数, 该框架使我们可以探讨响应变量在给定超高维协变量条件下的整个条件分布情况. 特别地, 该框架可以更真实地刻画不同分位数下的稀疏性模式.

近来, Li 和 Zhu (2008), Zou 和 Yuan (2008), Wu 和 Liu (2009) 及 Kai 等 (2011) 研究了固定维数 $p$ 下的正则化分位回归. 但是他们的渐近方法很难推广到超高维问题中. 对于高维 $p$, Belloni 和 Chernozhukov (2011) 近期为 $L1$ 惩罚下的分位回归推导了一个很漂亮的误差界. 他们还证明了一个后 $L1$ 分位回归方法可以进一步减小偏差. 但是, 一般地, 后 $L1$ 分位回归不具有 Oracle 性质.

研究中的主要技术挑战是处理非光滑损失函数和非凸惩罚函数. 注意到刻画具有非凸惩罚分位回归的解, 需要 Karush-Kuhn-Tucker (KKT) 局部最优性条件, 但这一般不是充分条件. 为建立渐近理论, 我们创新性地为凸差分算法利用一个充分最优条件, 这依赖于惩罚分位损失函数的一个凸差分表达式 (2.2 节). 此外, 我们运用经验过程技术为有关高维中非光滑目标函数推导出了不同的的误差界. 我们证明, 随着概率趋于 1, 这个 Oracle 估计量, 即在真实模型事先已知的前提下可以将模型中的零系数有效地估计为零而将非零系数有效地估计出来的估计量, 是在超高维 SCAD 惩罚或 MCP 惩罚下非凸惩罚稀疏性分位回归的一个局部解.

本章建立的稀疏性分位回归理论比文献中所需要的条件弱很多, 这减轻了在超高维背景下检验模型充分性的难度. 特别地, 我们不用对随机误差施加严格的分布或矩条件, 且允许误差项的分布与协变量有关. Kim 等 (2008) 在相当一般的条件下推导了高维 SCAD 惩罚最小二乘回归的 Oracle 性质. 他们还发现, 对平方误差损失, 协变量维数的上确界与误差项分布存在的最大矩有很强的关系. 存在的矩阶数越高, 允许存在 Oracle 性质的 $p$ 就越大; 对正态随机误差, 协变量向量可以是超高维的. 事实上, 文献中大多数超高维惩罚最小二乘理论需要高斯条件或亚高斯条件.

## 10.2 非凸带惩罚的分位回归

### 10.2.1 方法

首先从记号和统计背景开始. 假设有随机变量 $\{Y_i, x_{i1}, \cdots, x_{ip}\}$, $i=1,\cdots,n$ 来自下面的模型:

$$Y_i = \beta_0 + \beta_1 x_{i1} + \cdots + \beta_p x_{ip} + \varepsilon_i \triangleq \boldsymbol{x}_i^{\mathrm{T}}\beta + \varepsilon_i, \tag{10.1}$$

其中 $\beta = (\beta_0, \beta_1, \cdots, \beta_p)^{\mathrm{T}}$ 是 $p+1$ 的参数向量, $\boldsymbol{x}_i = (x_{i0}, x_{i1}, \cdots, x_{ip})^{\mathrm{T}}$, 其 $x_{i0}=1$, 且随机误差项 $\varepsilon_i$ 对于某个给定的 $\tau(0<\tau<1)$ 满足: $P(\varepsilon_i \leqslant 0|\boldsymbol{x}_i) = \tau$. 当 $\tau = 1/2$ 时对应的就是中位数回归. 协变量的个数 $p=p_n$ 允许随着样本量 $n$ 递增, 有可能 $p_n$ 可以远远大于 $n$.

假定真实的参数向量 $\beta_0 = (\beta_{00}, \beta_{01}, \cdots, \beta_0 p_n)^{\mathrm{T}}$ 是稀疏的; 即假设其大部分元素精确为 0. 令 $A = \{1 \leqslant j \leqslant p_n; \beta_{0j} \neq 0\}$ 是非零系数的指标集. 令 $|A| = q_n$ 表示集合 $A$ 的势, 允许其随 $n$ 递增. 在 10.1 节中讨论的稀疏性的一般框架下, 集合 $A$ 和 $q_n$ 的非 0 系数个数都依赖于分位数 $\tau$. 为了简单起见, 略去这种依赖性记号. 不是一般性, 假定向量 $\beta_0$ 最后的 $p_n - q_n$ 个元素为 0, 也就是说可以将 $\beta_0$ 表示为 $\beta_{\mathbf{0}} = (\beta_{01}^{\mathrm{T}}, \mathbf{0}^{\mathrm{T}})^{\mathrm{T}}$, $\mathbf{0}$ 表示 $p_n - q_n$ 维的零向量. Oracle 估计定义为 $\hat{\beta} = (\hat{\beta}_1^{\mathrm{T}}, \mathbf{0}^{\mathrm{T}})^{\mathrm{T}}$, 其中 $\hat{\beta}_1^{\mathrm{T}}$ 是用那些指标在集合 $A$ 中的相关协变量拟合模型所得分位回归估计.

令 $\boldsymbol{X}$ 是 $n \times (p_n+1)$ 协变量矩阵, 其中 $\boldsymbol{x}_1^{\mathrm{T}}, \cdots, \boldsymbol{x}_n^{\mathrm{T}}$ 是 $\boldsymbol{X}$ 的行, 我们也可以将 $\boldsymbol{X}$ 表示为 $\boldsymbol{X} = (\mathbf{1}, \boldsymbol{X}_1, \cdots, \boldsymbol{X}_{p_n})$, 其中 $\mathbf{1}, \boldsymbol{X}_1, \cdots, \boldsymbol{X}_{p_n}$ 是 $\boldsymbol{X}$ 的列, 且这里的 $\mathbf{1}$ 是 $n$ 维元素都为 1 的向量. 定义 $\boldsymbol{X}_A$ 是由 $\boldsymbol{X}$ 前 $q_n+1$ 列构成的子矩阵, 类似地, 可定义 $\boldsymbol{X}_{A^C}$ 由 $\boldsymbol{X}$ 的后 $p_n - q_n$ 列构成的子矩阵. 为了简单起见, 下面忽略掉下标 $n$. 特别地, 也用 $p$ 和 $q$ 分别代表 $p_n$ 和 $q_n$.

考虑如下惩罚分位回归模型:

$$Q(\beta) = \frac{1}{n}\sum_{i=1}^{n} \rho_\tau(Y_i - \boldsymbol{x}_i^{\mathrm{T}}\beta) + \sum_{j=1}^{p} p_\lambda(|\beta_j|), \tag{10.2}$$

其中 $\rho_\tau(u) = u\{\tau - I(u<0)\}$ 是分位损失函数 (或检验函数), $p_\lambda(\cdot)$ 是一个惩罚函数, $\lambda$ 为其调节参数. 调节参数 $\lambda$ 控制着模型的复杂性并且以某种合适的速率趋向于零. 当 $t \in [0,\infty)$ 时, 惩罚函数 $p_\lambda(t)$ 假定为非降的、凹的, 在 $(0,+\infty)$ 上具有连

续的导数 $\dot{p}_\lambda(t)$. 带有凸的 $L_1$ 惩罚的回归趋向于对大的系数进行过度地惩罚, 并导致最后选定的模型中会包含一些虚假的变量. 对于预测未来观测值, 这点可能不是很重要的关注, 但当进行数据分析的目的是洞察响应变量与协变量之间的关系时, 这点就是非常不可取的.

本章考虑了两个常用的非凸惩罚: SCAD 惩罚和 MCP. SCAD 惩罚函数定义如下:

$$p_\lambda(|\beta|)=\lambda|\beta|I(0\leqslant|\beta|<\lambda)+\frac{a\lambda|\beta|-(\beta^2+\lambda^2)/2}{a-1}I(\lambda\leqslant|\beta|\leqslant a\lambda)$$
$$+\frac{(a+1)\lambda^2}{2}I(|\beta|>a\lambda),\quad \text{对于某个} a>2.$$

MCP 函数具有形式如下

$$p_\lambda(|\beta|)=\lambda\left(|\beta|-\frac{\beta^2}{2a\lambda}\right)I(0\leqslant|\beta|<a\lambda)+\frac{a\lambda^2}{2}I(|\beta|\geqslant a\lambda),\quad \text{对于某个} a>1.$$

### 10.2.2 差分凸规划及充分局部最优性条件

Kim 等 (2008) 通过探索局部优性充分条件, 对高维 SCAD 惩罚最小二乘回归进行了研究. 他们的公式与 Fan 和 Li (2001), Fan 和 Peng (2004) 以及 Fan 和 Lv (2008) 中的是非常不同的. 对于 SCAD 惩罚的最小二乘问题, 目标函数也是非光滑和非凸的. 通过将 $\beta_j$ 写成 $\beta_j=\beta_j^+-\beta_j^-$, 其中 $\beta_j^+$ 和 $\beta_j^-$ 分别代表 $\beta_j$ 的正部和负部, 那么最小化问题将可以等价地表达为一个带约束的光滑优化问题. 所以, 约束的光滑优化理论中的二阶充分条件便可以应用了. 而在更宽松的条件下对局部优性条件进行研究可直接推导出 SCAD 惩罚最小二乘的渐近理论.

然而, 就考虑的问题而言, 不仅损失函数本身是非光滑的, 惩罚函数也是非光滑的. 因此, 以上的对于约束光滑化的局部最优性条件便不可使用了. 于是本章应用一个新的局部优性条件, 它能够更好地应用在更广泛的一类非凸、非光滑的最优化问题中. 更具体地考虑属于以下类的惩罚损失函数:

$$F=\{f(x):f(x)=g(x)-h(x),g,h\ \text{都是凸的}\}.$$

这类函数族非常宽, 除分位损失函数外, 它还包含了许多其他的有用的损失函数. 例如, 最小二乘损失函数, 对于稳健估计的 Huber 损失函数以及许多用在分类中的损失函数. 基于凸差分表达式的数值算法及其收敛性质在 Tao 和 An (1997), An 和 Tao (2005) 以及许多其他的非光滑优化文献中已经进行了非常系统的研究. 这些算法也见证了统计学习中一些近来的应用, 如 Liu 等 (2005); Collobert 等 (2006); Kim 等 (2008) 以及 Wu 和 Liu (2009) 等.

令 $\text{dom}(g)=\{\boldsymbol{x}:g(\boldsymbol{x})<\infty\}$ 为 $g$ 的有效定义域, 令 $\partial g(\boldsymbol{x}_0)=\{\boldsymbol{t}:g(\boldsymbol{x})\geqslant g(\boldsymbol{x}_0)+(\boldsymbol{x}-\boldsymbol{x}_0)^{\mathrm{T}}\boldsymbol{t},\forall\boldsymbol{x}\}$ 为凸函数 $g(\boldsymbol{x})$ 在点 $\boldsymbol{x}_0$ 的偏微分. 尽管基于 KKT 条件的

次梯度常用于刻画非光滑优化的必要条件, 但是在统计文献中对于非光滑非凸的目标函数的局部最小值集刻画的充分条件还未探索过.

**引理 10.2.1** 如果存在点 $\boldsymbol{x}^*$ 的一个邻域 $U$, 使得 $\partial h(\boldsymbol{x}) \cap \partial g(\boldsymbol{x}^*) \neq \varnothing, \forall \boldsymbol{x} \in U \cap \mathrm{dom}(g)$. 则 $\boldsymbol{x}^*$ 是 $g(\boldsymbol{x}) - h(\boldsymbol{x})$ 的一个局部最小化子.

**证明** 下面这个引理, 首次被 Tao 和 An(1997) 提出和证明, 也可参见 An 和 Tao (2005), 为基于次微分积分的差分凸规划提供了一个局部优化的充分条件. ■

### 10.2.3 大样本性质

为方便, 记 $\boldsymbol{x}_i^{\mathrm{T}} = (\boldsymbol{z}_i^{\mathrm{T}}, \boldsymbol{w}_i^{\mathrm{T}})$, 其中 $\boldsymbol{z}_i = (x_{i0}, x_{i1}, \cdots, x_{iq_n})^{\mathrm{T}}$ 以及 $w_i = (x_{i(q_n+1)}, \cdots, x_{ip_n})^{\mathrm{T}}$. 考虑协变量来自于一个固定设计的情形. 为了证明的方便, 我们施加如下正则化条件.

(C1) (关于设计的条件) 存在一个正的常数 $M_1$ 使得 $\frac{1}{n}\boldsymbol{X}_j^{\mathrm{T}}\boldsymbol{X}_j \leqslant M_1$, 当 $j = 1, \cdots, q$ 时. 另外, $|x_{ij}| \leqslant M_1$, 对于所有的 $1 \leqslant i \leqslant n$, $q+1 \leqslant j \leqslant p$.

(C2) (关于潜在的真实模型的条件) 存在正的常数 $M_2 < M_3$ 满足

$$M_2 \leqslant \lambda_{\min}(n^{-1}\boldsymbol{X}_A^{\mathrm{T}}\boldsymbol{X}_A) \leqslant \lambda_{\max}(n^{-1}\boldsymbol{X}_A^{\mathrm{T}}\boldsymbol{X}_A) \leqslant M_3,$$

其中 $\lambda_{\min}$ 和 $\lambda_{\max}$ 分别表示最小和最大的特征值. 假定 $\max_{1\leqslant i\leqslant n}\|\boldsymbol{z}_i\| = O_p(\sqrt{q})$, $(\boldsymbol{z}_i, Y_i)$ 在一般的位置上 (Koenker, 2005), 而且假定在真实的模型中存在至少一个连续的协变量.

(C3) (关于随机误差的条件) $\varepsilon_i$ 的条件概率密度函数, 表示为 $f_i(\cdot|\boldsymbol{z}_i)$, 对于所有的 $i$, 在 0 点附近的邻域中是一致有界的, 不会取到 0 和 $\infty$.

(C4) (关于真实模型维度的条件) 真实模型的维数 $q_n$ 满足 $q_n = O(n^{c_1})$, 对于某个 $0 \leqslant c_1 < 1/2$.

(C5) (关于最小信号的条件) 存在正的常数 $c_2$ 和 $M_4$, 使得 $2c_1 < c_2 \leqslant 1$ 及 $n^{(1-c_2)/2}\min_{1\leqslant j\leqslant q_n}|\beta_{0j}| \geqslant M_4$.

条件 (C1)~(C5) 在高维推断的文献中是常见的. 例如, 条件 (C2) 要求与真实模型对应的设计阵应有很好的表现, 条件 (C5) 要求最小信号不能衰减得太快. 特别地, 这些条件与 Kim 等 (2008) 中是相似的. 另一方面, 条件 (C3) 与超高维回归文献中通常假定的高斯或次高斯的误差条件相比更宽松.

为了在 10.2 节中能够将问题用数学式子明确地表达出来, 首先注意到公式 (10.2) 中的非凸惩罚分位回归的目标函数 $Q(\beta)$ 可以写成关于 $\beta$ 的两个凸函数的差

$$Q(\beta) = g(\beta) - h(\beta),$$

其中 $g(\beta) = n^{-1}\sum_{i=1}^{n}\rho_{tau}(Y_i - x_i^{\mathrm{T}}\beta) + \lambda\sum_{j=1}^{p}|\beta_j|$, 及 $h(\beta) = \sum_{j=1}^{p}H_\lambda(\beta_j)$. 这个 $H_\lambda(\beta_j)$

的形式与惩罚函数有关. 对于 SCAD 惩罚, 有

$$\begin{aligned}H_\lambda(\beta_j)=&[(\beta_j^2-2\lambda|\beta_j|+\lambda^2)/(2(a-1))]I(\lambda\leqslant|\beta_j|\leqslant a\lambda)\\&+[\lambda|\beta_j|-(a+1)\lambda^2/2]I(|\beta_j|>a\lambda);\end{aligned}$$

而对于 MCP 函数, 有

$$H_\lambda(\beta_j)=[\beta_j^2/(2a)]I(0\leqslant|\beta_j|<a\lambda)+[\lambda|\beta_j|-a\lambda^2/2]I(|\beta_j|\geqslant a\lambda).$$

接下来, 分别刻画 $g(\beta)$ 和 $h(\beta)$ 的次微分. $g(\beta)$ 在 $\beta$ 处的次微分可以由如下向量集定义:

$$\begin{aligned}\partial g(\beta)=\Bigg\{&\boldsymbol{\xi}=(\xi_0,\xi_1,\cdots,\xi_p)\in\mathbb{R}^{p+1}:\xi_j=-\tau n^{-1}\sum_{i=1}^n x_{ij}I(Y_i-\boldsymbol{x}_i^{\mathrm{T}}\beta>0)+(1-\tau)n^{-1}\\&\times\sum_{i=1}^n x_{ij}I(Y_i-\boldsymbol{x}_i^{\mathrm{T}}\beta<0)-n^{-1}\sum_{i=1}^n x_{ij}v_i+\lambda l_j\Bigg\},\end{aligned}$$

其中 $\nu_i=0$, 如果 $Y_i-\boldsymbol{x}_i^{\mathrm{T}}\beta\neq0$, 否则 $\nu_i\in[\tau-1,\tau]$. $l_0=0$; 如果 $\beta_j\neq0$ 则有 $l_j=\mathrm{sgn}(\beta_j)$, 对于 $1\leqslant j\leqslant p$, 否则 $l_j\in[-1,1]$. 在此定义中 $\mathrm{sgn}(t)=I(t>0)-I(t<0)$. 此外, 对于 SCAD 惩罚以及 MCP 惩罚, $h(\beta)$ 处处可导. 因此 $h(\beta)$ 在任意点 $\beta$ 的次微分是单独存在的:

$$\partial h(\beta)=\left\{\mu=(\mu_0,\mu_1,\cdots,\mu_p)^{\mathrm{T}}\in\mathbb{R}^{p+1}:\mu_j=\frac{\partial h(\beta)}{\partial\beta_j}\right\}.$$

对于两个惩罚函数都有当 $j=0$ 时, $\dfrac{\partial h(\beta)}{\partial\beta_j}=0$. 当 $1\leqslant j\leqslant p$ 时, 如果是 SCAD 惩罚有

$$\frac{\partial h(\beta)}{\partial\beta_j}=[(\beta_j-\lambda\mathrm{sgn}(\beta_j))/(a-1)]I(\lambda\leqslant|\beta_j|\leqslant a\lambda)+\lambda\mathrm{sgn}(\beta_j)I(|\beta_j|>a\lambda),$$

而对于 MCP 惩罚则有

$$\frac{\partial h(\beta)}{\partial\beta_j}=[\beta_j/a]I(0\leqslant|\beta_j|<a\lambda)+\lambda\mathrm{sgn}(\beta_j)I(|\beta_j|\geqslant a\lambda).$$

引理 10.2.1 的应用就是用了如下两个引理的结果. 对于非惩罚的分位回归次梯度函数集定义为由向量集: $\boldsymbol{s}(\hat\beta)=(s_0(\hat\beta),s_1(\hat\beta),\cdots,s_p(\hat\beta))^{\mathrm{T}}$, 这里

$$s_j(\hat\beta)=-\frac{\tau}{n}\sum_{i=1}^n x_{ij}I(Y_i-\boldsymbol{x}_i^{\mathrm{T}}\beta>0)+\frac{1-\tau}{n}\sum_{i=1}^n x_{ij}I(Y_i-\boldsymbol{x}_i^{\mathrm{T}}\beta<0)-\frac{1}{n}\sum_{i=1}^n x_{ij}v_i,$$

对于 $j=0,1,\cdots,p$, 有如果 $Y_i-\boldsymbol{x}_i^{\mathrm{T}}\hat\beta\neq0$, 则 $v_i=0$, 否则 $v_i\in[\tau-1,\tau]$.

引理 10.2.2 和引理 10.2.3 刻画了 Oracle 估计量的性质, 以及与活跃变量及不活跃变量相对应的次梯度函数.

**引理 10.2.2**　假设条件 (C1)~(C5) 成立并且 $\lambda = o(n^{-(1-c_2)/2})$. 对于 Oracle 估计量 $\hat{\beta}$, 存在 $v_i^*$ 满足: 若 $Y_i - \boldsymbol{x}_i^{\mathrm{T}}\hat{\beta} \neq 0$, 则 $v_i^* = 0$, 若 $Y_i - \boldsymbol{x}_i^{\mathrm{T}}\hat{\beta} = 0$, 则 $v_i \in [\tau - 1, \tau]$, 使得对于 $s_j(\hat{\beta})$, 有 $v_i = v_i^*$ 依概率趋近于 1, 有

$$s_j(\hat{\beta}) = 0,\ j = 0, 1, \cdots, q, \quad \text{且} \quad |\hat{\beta}_j| \geqslant (a + 1/2)\lambda, \quad j = 1, \cdots, q. \tag{10.3}$$

在下面的整个证明中, 用 $C$ 表示一般的正常数, 它不依赖于 $n$, 并且在不同的地方可能不一样. 引理 10.2.2 的证明依赖于下面的引理 A.1.

**引理 A.1**　假设条件 (C1)~(C5) 能够被满足, 则 Oracle 估计量 $\hat{\beta} = (\hat{\beta}_1^{\mathrm{T}}, 0^{\mathrm{T}})^{\mathrm{T}}$ 满足, 随着 $n \to \infty$, 有 $\|\hat{\beta}_1 - \beta_{01}\| = O_p(\sqrt{q/n})$.

**证明**　这个结果可以根据 He 和 Shao (2000) 中关于 $M$ 估计的方法得到.

**引理 10.2.2 的证明**　注意到未加惩罚的分位损失目标函数是凸的. 根据凸优化理论, 有 $0 \in \partial \sum\limits_{i=1}^{n} \rho_\tau(Y_i - \boldsymbol{z}_i^{\mathrm{T}}\hat{\beta}_1)$. 于是存在 $v_i^*$ 使得对于 $j = 0, 1, \cdots, q$, $s_j(\hat{\beta}) = 0$, $v_i = v_i^*$ 以及式 (10.3) 成立. 为了证明式 (10.3), 就需要证明随着 $n \to \infty$, 有

$$P\left(|\hat{\beta}_j| \geqslant (a + 1/2)\lambda, j = 1, \cdots, q\right) \to 1, \tag{10.4}$$

注意到 $\min_{1\leqslant j\leqslant q} |\hat{\beta}_j| \geqslant \min_{1\leqslant j\leqslant q} |\beta_{0j}| - \max_{1\leqslant j\leqslant q} |\hat{\beta}_j - \beta_{0j}|$. 并且根据条件 (C5) 有 $\min_{1\leqslant j\leqslant q} |\beta_{0j}| \geqslant M_4 n^{-(1-c_2)/2}$ 以及根据引理 A.1 及条件 (C5) 可以得到 $\max_{1\leqslant j\leqslant q} |\hat{\beta}_j - \beta_{0j}| \leqslant \|\hat{\beta}_1 - \beta_{01}\| = O_p(\sqrt{q/n}) = O_p(n^{-(1-c_2)/2}) = o_p(n^{-(1-c_2)/2})$, 因此再由假设 $\lambda = o(n^{-(1-c_2)/2})$, 就可以得到式 (10.4) 成立. ■

**引理 10.2.3**　假设条件 (C1)~(C5) 成立并有 $qn^{-1/2} = o(\lambda)$, $\log p = o(n\lambda^2)$ 以及 $n\lambda^2 \to \infty$. 对于定义在引理 10.2.2 中的 Oracle 估计量 $\hat{\beta}$ 以及 $s_j(\hat{\beta})$, 依概率趋近于 1 地有

$$|s_j(\hat{\beta})| \leqslant \lambda,\ j = q + 1, \cdots, p, \quad \text{且} \quad |\hat{\beta}_j| = 0, \quad j = q + 1, \cdots, p. \tag{10.5}$$

引理 10.2.3 的证明依赖于如下引理 A.2 和引理 A.3 中的结果.

**引理 A.2**　假设条件 (C1)~(C5) 可以被满足并有 $\log p = o(n\lambda^2)$ 以及 $n\lambda^2 \to \infty$. 可以得到当 $n \to \infty$ 时,

$$P\left(\max_{q+1\leqslant j\leqslant p} n^{-1}\left|\sum_{i=1}^{n} x_{ij}[I(Y_i - \boldsymbol{z}_i^{\mathrm{T}}\beta_{01} \leqslant 0) - \tau]\right| > \lambda/2\right) \to 0.$$

**证明**　因为 $I(Y_i - \boldsymbol{z}_i^{\mathrm{T}}\beta_{01} \leqslant 0), i = 1, \cdots, n$ 是 i.i.d 的均值为 $\tau$ 的 Bernoulli 随机变量, 并且 $x_{ij}, q + 1 \leqslant j \leqslant p$ 是一致有界的, 于是根据 Hoeffding 不等式, 有下式成立

$$P\left(n^{-1}\left|\sum_{i=1}^{n} x_{ij}[I(Y_i - \boldsymbol{z}_i^{\mathrm{T}}\beta_{01} \leqslant 0) - \tau]\right| > \lambda/2\right) \leqslant \exp(-Cn\lambda^2).$$

进而根据该引理的条件, 可以得到

$$
\begin{aligned}
&P\left(\max_{q+1\leqslant j\leqslant p} n^{-1}\left|\sum_{i=1}^{n} x_{ij}[I(Y_i-\boldsymbol{z}_i^{\mathrm{T}}\beta_{01}\leqslant 0)-\tau]\right|>\lambda/2\right)\\
&\leqslant 2p\exp(-Cn\lambda^2)=2\exp(\log p-Cn\lambda^2)\to 0.
\end{aligned}
$$

■

**引理 A.3** 假设满足条件 (C1)~(C5) 且 $q\log(n)=o(n\lambda)$, $\log p=o(n\lambda^2)$ 以及 $n\lambda\to\infty$. 于是对于任意的 $\varDelta>0$, 当 $n\to\infty$ 时, 有

$$
\begin{aligned}
&P\bigg(\max_{q+1\leqslant j\leqslant p}\sup_{\|\beta_1-\beta_{01}\|\leqslant\varDelta\sqrt{q/n}}\bigg|\sum_{i=1}^{n} x_{ij}[I(Y_i-\boldsymbol{z}_i^{\mathrm{T}}\beta_1\leqslant 0)-I(Y_i-\boldsymbol{z}_i^{\mathrm{T}}\beta_{01}\leqslant 0)\\
&-P(Y_i-\boldsymbol{z}_i^{\mathrm{T}}\beta_1\leqslant 0)+P(Y_i-\boldsymbol{z}_i^{\mathrm{T}}\beta_{01}\leqslant 0)]\bigg|>n\lambda\bigg)\to 0. \qquad (10.6)
\end{aligned}
$$

**证明** 将 Welsh (1989) 中的方法进行推广. 用一族半径为 $\varDelta\sqrt{q/n^5}$ 的球构成的网, 对球 $\{\beta_1:\|\beta_1=\beta_{01}\leqslant\varDelta\sqrt{q/n}\|\}$ 进行覆盖. 可以证明这个网可由基数为 $N\leqslant d\cdot n^{4q}$ 的球构成网, 对于某个常数 $d>0$. 令这 $N$ 个球表示为 $B(t_1),\cdots,B(t_N)$, 这里球 $B(t_k)$ 是以 $t_k, k=1,\cdots,N$ 为中心的.

为了简化记号, 令 $\kappa_i(\beta_1)=Y_i-\boldsymbol{z}_i^{\mathrm{T}}\beta_1$. 于是有

$$
\begin{aligned}
&P\bigg(\sup_{\|\beta_1-\beta_{01}\|\leqslant\varDelta\sqrt{q/n}}\bigg|\sum_{i=1}^{n} x_{ij}[I(\kappa_i(\beta_1)\leqslant 0)-I(\kappa_i(\beta_{01})\leqslant 0)\\
&-P(\kappa_i(\beta_1)\leqslant 0)+P(\kappa_i(\beta_{01})\leqslant 0)]\bigg|>n\lambda\bigg)\\
\leqslant&\sum_{k=1}^{N}P\left(\left|\sum_{i=1}^{n}x_{ij}\Big[I(\kappa_i(t_k)\leqslant 0)-I(\kappa_i(\beta_{01})\leqslant 0)-P(\kappa_i(t_k)\leqslant 0)\right.\right.\\
&\left.\left.+P(\kappa_i(\beta_{01})\leqslant 0)\Big]\right|>\frac{n\lambda}{2}\right)\\
&+\sum_{k=1}^{N}P\left(\sup_{\|\tilde\beta_1-t_k\|\leqslant\varDelta\sqrt{q/n^5}}\left|\sum_{i=1}^{n}x_{ij}\Big[I(\kappa_i(\tilde\beta_1)\leqslant 0)-I(\kappa_i(t_k)\leqslant 0)\right.\right.\\
&\left.\left.-P(\kappa_i(\tilde\beta_1)\leqslant 0)+P(\kappa_i(t_k)\leqslant 0)\Big]\right|>\frac{n\lambda}{2}\right)\\
\triangleq&J_{nj1}+J_{nj2}.
\end{aligned}
$$

为计算 $J_{nj1}$, 令 $u_i=x_{ij}[I(\kappa_i(t_k)\leqslant 0)-I(\kappa_i(\beta_{01})\leqslant 0)-P(\kappa_i(t_k)\leqslant 0)+P(\kappa_i(\beta_{01})\leqslant 0)]$. 于是 $u_i$ 为独立的均值为 0 的随机变量, 且有

$$\begin{aligned}\operatorname{var}(u_i)=&x_{ij}^2[F_i(\boldsymbol{z}_i^{\mathrm{T}}(t_k-\beta_{01})|\boldsymbol{z}_i)(1-F_i(\boldsymbol{z}_i^{\mathrm{T}}(t_k-\beta_{01})|\boldsymbol{z}_i))+F_i(0|\boldsymbol{z}_i)(1-F_i(0|\boldsymbol{z}_i))]\\&-2F_i(\min(\boldsymbol{z}_i^{\mathrm{T}}(t_k-\beta_{01}),0)|\boldsymbol{z}_i)+2F_i(\boldsymbol{z}_i^{\mathrm{T}}(t_k-\beta_{01})|\boldsymbol{z}_i)F_i(0|\boldsymbol{z}_i)\\&\leqslant C|\boldsymbol{z}_i^{\mathrm{T}}(t_k-\beta_{01})|.\end{aligned}$$

因此 $\sum_{i=1}^{n}\operatorname{var}(u_i)\leqslant nC\max_i\|\boldsymbol{z}_i\|\cdot\|t_k-\beta_{01}\|=nO(\sqrt{q})O(\sqrt{q/n})=O(\sqrt{n}q)$. 应用 Bernstein 不等式, 有

$$J_{nj1}\leqslant N\cdot\exp\left(-\frac{n^2\lambda^2/4}{2\sqrt{n}q+Cn\lambda}\right)\leqslant N\cdot\exp(-Cn\lambda)\leqslant C\exp(4q\log n-Cn\lambda).\quad(10.7)$$

为计算 $J_{nj2}$, 注意到函数 $I(x\leqslant s)$ 是关于 $s$ 递增的. 因此

$$\begin{aligned}&\sup_{\|\tilde{\beta}_1-\boldsymbol{t}_k\|\leqslant\Delta\sqrt{q/n^5}}\Big|\sum_{i=1}^{n}x_{ij}[I(\kappa_i(\tilde{\beta}_1)\leqslant 0)-I(\kappa_i(\boldsymbol{t}_k)\leqslant 0)-P(\kappa_i(\tilde{\beta}_1\leqslant 0)\\&+P(\kappa_i(\boldsymbol{t}_k)\leqslant 0))]\Big|\\\leqslant&\sum_{i=1}^{n}|x_{ij}|[I(\kappa_i(\boldsymbol{t}_k)\leqslant\Delta\sqrt{q/n^5}\|\boldsymbol{z}_i\|)-I(\kappa_i(\boldsymbol{t}_k)\leqslant 0)-P(\kappa_i(\boldsymbol{t}_k)\leqslant\Delta\sqrt{q/n^5}\|\boldsymbol{z}_i\|)\\&+P(\kappa_i(\boldsymbol{t}_k)\leqslant 0)]\\=&\sum_{i=1}^{n}|x_{ij}|[I(\kappa_i(\boldsymbol{t}_k)\leqslant\Delta\sqrt{q/n^5}\|\boldsymbol{z}_i\|)-I(\kappa_i(\boldsymbol{t}_k)\leqslant 0)-P(\kappa_i(\boldsymbol{t}_k)\leqslant\Delta\sqrt{q/n^5}\|\boldsymbol{z}_i\|)\\&+P(\kappa_i(\boldsymbol{t}_k)\leqslant 0)]+\sum_{i=1}^{n}|x_{ij}|[P(\kappa_i(\boldsymbol{t}_k)\leqslant\Delta\sqrt{q/n^5}\|\boldsymbol{z}_i\|)\\&-P(\kappa_i(\boldsymbol{t}_k)\leqslant-\Delta\sqrt{q/n^5}\|\boldsymbol{z}_i\|)].\end{aligned}$$

注意到

$$\begin{aligned}&\sum_{i=1}^{n}|x_{ij}|[P(\kappa_i(\boldsymbol{t}_k)\leqslant\Delta\sqrt{q/n^5}\|\boldsymbol{z}_i\|)-P(\kappa_i(\boldsymbol{t}_k)\leqslant-\Delta\sqrt{q/n^5}\|\boldsymbol{z}_i\|)\\=&\sum_{i=1}^{n}|x_{ij}|[F_i(\Delta\sqrt{q/n^5}\|\boldsymbol{z}_i\|+\boldsymbol{z}_i^{\mathrm{T}}(\boldsymbol{t}_k-\beta_{01})|\boldsymbol{z}_i)\\&-F_i(-\Delta\sqrt{q/n^5}\|\boldsymbol{z}_i\|+\boldsymbol{z}_i^{\mathrm{T}}(\boldsymbol{t}_k-\beta_{01})|\boldsymbol{z}_i)]\\\leqslant&C\sum_{i=1}^{n}|x_{ij}|\sqrt{q/n^5}\|\boldsymbol{z}_i\|\leqslant Cn\sqrt{q/n^5}\sqrt{q}=Cqn^{-3/2}.\end{aligned}$$

因此

$$J_{nj2}=\sum_{k=1}^{N}P\bigg(\sum_{i=1}^{n}|x_{ij}|[I(\kappa_i(\boldsymbol{t}_k)\leqslant\varDelta\sqrt{q/n^5}\|\boldsymbol{z}_i\|)-I(\kappa_i(\boldsymbol{t}_k)\leqslant 0)$$
$$-P(\kappa_i(\boldsymbol{t}_k\leqslant\varDelta\sqrt{q/n^5}\|\boldsymbol{z}_i\|)+P(\kappa_i(\boldsymbol{t}_k)\leqslant 0))]\big|\geqslant\frac{n\lambda}{2}$$
$$-\sum_{i=1}^{n}|x_{ij}|[P(\kappa_i(\boldsymbol{t}_k)\leqslant\varDelta\sqrt{q/n^5}\|\boldsymbol{z}_i\|)-P(\kappa_i(\boldsymbol{t}_k)\leqslant-\varDelta\sqrt{q/n^5}\|\boldsymbol{z}_i\|)]\bigg)$$

且根据条件 (C4), 对于所有充分大的 $n$, 由于 $qn^{-3/2}=o(1)$, 有

$$J_{nj2}\leqslant\sum_{k=1}^{N}P\bigg(\sum_{i=1}^{n}|x_{ij}|[I(\kappa_i(\boldsymbol{t}_k)\leqslant\varDelta\sqrt{q/n^5}\|\boldsymbol{z}_i\|)-I(\kappa_i(\boldsymbol{t}_k)\leqslant 0)$$
$$-P(\kappa_i(\boldsymbol{t}_k\leqslant\varDelta\sqrt{q/n^5}\|\boldsymbol{z}_i\|)+P(\kappa_i(\boldsymbol{t}_k)\leqslant 0))]\geqslant\frac{n\lambda}{2}-Cqn^{-3/2}\bigg)$$
$$\leqslant\sum_{k=1}^{N}P\bigg(\sum_{i=1}^{n}|x_{ij}|[I(\kappa_i(\boldsymbol{t}_k)\leqslant\varDelta\sqrt{q/n^5}\|\boldsymbol{z}_i\|)-I(\kappa_i(\boldsymbol{t}_k)\leqslant 0)$$
$$-P(\kappa_i(\boldsymbol{t}_k\leqslant\varDelta\sqrt{q/n^5}\|\boldsymbol{z}_i\|)+P(\kappa_i(\boldsymbol{t}_k)\leqslant 0))]\geqslant\frac{n\lambda}{4}\bigg),$$

令 $v_i=|x_{ij}|[I(\kappa_i(\boldsymbol{t}_k)\leqslant\varDelta\sqrt{q/n^5}\|\boldsymbol{z}_i\|)-I(\kappa_i(\boldsymbol{t}_k)\leqslant 0)-P(\kappa_i(\boldsymbol{t}_k\leqslant\varDelta\sqrt{q/n^5}\|\boldsymbol{z}_i\|)+P(\kappa_i(\boldsymbol{t}_k)\leqslant 0))]$. 于是 $v_i$ 为独立的均值为 0 的随机变量, 且

$$\begin{aligned}\mathrm{var}(v_i)&\leqslant x_{ij}^2E\left[I(\kappa_i(\boldsymbol{t}_k)\leqslant\varDelta\sqrt{q/n^5}\|\boldsymbol{z}_i\|)-I(\kappa_i(\boldsymbol{t}_k)\leqslant 0)\right]^2\\&\leqslant C\sqrt{q/n^5}\|\boldsymbol{z}_i|=Cqn^{-5/2}.\end{aligned}$$

因此, 根据 Bernstein 不等式, 对于某些正常数 $C_1,C_2$ 及 $C_3$,

$$J_{nj2}\leqslant N\cdot\exp\left(-\frac{n^2\lambda^2/16}{C_1qn^{-3/2}+C_2n\lambda}\right)\leqslant 2N\cdot\exp(-Cn\lambda)\leqslant C\exp(4q\log n-Cn\lambda)\tag{10.8}$$

最后, 根据式 (10.7) 和 (10.8) 以及该引理的假设, 可以得到式 (10.6) 中的概率是有界的, 即

$$\sum_{j=q+1}^{p}(J_{nj1}+J_{nj2})\leqslant C\exp(\log p+4q\log n-Cn\lambda)=0(1),$$

证毕. ■

**引理 10.2.3 的证明** 根据 Oracle 估计量的定义, $\hat{\beta}_j=0,j=q+1,\cdots,p$. 只需证明, 当 $n\to\infty$ 时

$$P(|s_j(\hat{\beta})|>\lambda,\ 对于某个 j=q+1,\cdots,p)\to 0.\tag{10.9}$$

令 $\mathcal{D}=\{i: Y_i-\boldsymbol{z}_i^{\mathrm{T}}\hat{\beta}_1=0\}$, 于是对于 $j=q+1,\cdots,p$ 有

$$s_j(\hat{\beta})=n^{-1}\sum_{i=1}^{n}x_{ij}[I(Y_i-\boldsymbol{z}_i^{\mathrm{T}}\hat{\beta}_1\leqslant 0)-\tau]-n^{-1}\sum_{i\in\mathcal{D}}x_{ij}(v_i^*+(1-\tau)),$$

其中 $v_i^*\in[\tau-1,\tau]$, 且 $i\in\mathcal{D}$ 满足当 $v_i=v_i^*$ 时, $s_j(\hat{\beta})=0, j=1,\cdots,q$. 根据条件 (C2), 依概率 1 在 $\mathcal{D}$ 中存在 $q+1$ 个元素 (Koenker, 2005). 于是由条件 (C1), 在引理的假设下, 依概率 1 有

$$\max_{q+1\leqslant j\leqslant p}|n^{-1}\sum_{i\in\mathcal{D}}x_{ij}(v_i^*+(1-\tau))|=O(qn^{-1})=o(\lambda).$$

因此, 为了证明式 (10.9), 只需证明

$$P\left(|n^{-1}\sum_{i=1}^{n}x_{ij}[I(Y_i-\boldsymbol{z}_i^{\mathrm{T}}\hat{\beta}_1\leqslant 0)-\tau]|>\lambda,\ 对某个 j=q+1,\cdots,p\right)\to 0. \quad (10.10)$$

有

$$\begin{aligned}
&P\left(\max_{q+1\leqslant j\leqslant p}\left|n^{-1}\sum_{i=1}^{n}x_{ij}[I(Y_i-\boldsymbol{z}_i^{\mathrm{T}}\hat{\beta}_1\leqslant 0)-\tau]\right|>\lambda\right)\\
\leqslant& P\left(\max_{q+1\leqslant j\leqslant p}\left|n^{-1}\sum_{i=1}^{n}x_{ij}[I(Y_i-\boldsymbol{z}_i^{\mathrm{T}}\hat{\beta}_1\leqslant 0)-I(Y_i-\boldsymbol{z}_i^{\mathrm{T}}\beta_{01}\leqslant 0)]\right|>\lambda/2\right)\\
&+P\left(\max_{q+1\leqslant j\leqslant p}\left|n^{-1}\sum_{i=1}^{n}x_{ij}[I(Y_i-\boldsymbol{z}_i^{\mathrm{T}}\beta_{01}\leqslant 0)-\tau]\right|>\lambda/2\right)\\
\leqslant& P\left(\max_{q+1\leqslant j\leqslant p}\left|n^{-1}\sum_{i=1}^{n}x_{ij}[I(Y_i-\boldsymbol{z}_i^{\mathrm{T}}\hat{\beta}_1\leqslant 0)-I(Y_i-\boldsymbol{z}_i^{\mathrm{T}}\beta_{01}\leqslant 0)]\right|>\lambda/2\right)+o_p(1)\\
\leqslant& P\Bigg(\max_{q+1\leqslant j\leqslant p}\sup_{\|\beta_1-\beta_{01}\|\leqslant\Delta\sqrt{q/n}}\Bigg|n^{-1}\sum_{i=1}^{n}x_{ij}[I(Y_i-\boldsymbol{z}_i^{\mathrm{T}}\beta_1\leqslant 0)-I(Y_i-\boldsymbol{z}_i^{\mathrm{T}}\beta_{01}\leqslant 0)\\
&-P(Y_i-\boldsymbol{z}_i^{\mathrm{T}}\beta_1\leqslant 0)+P(Y_i-\boldsymbol{z}_i^{\mathrm{T}}\beta_{01}\leqslant 0)]\Bigg|>\lambda/4\Bigg)\\
&+P\Bigg(\max_{q+1\leqslant j\leqslant p}\sup_{\|\beta_1-\beta_{01}\|\leqslant\Delta\sqrt{q/n}}\Bigg|n^{-1}\sum_{i=1}^{n}x_{ij}[P(Y_i-\boldsymbol{z}_i^{\mathrm{T}}\beta_1\leqslant 0)\\
&-P(Y_i-\boldsymbol{z}_i^{\mathrm{T}}\beta_{01}\leqslant 0)]\Bigg|>\lambda/4\Bigg)+o_p(1)\\
\leqslant& P\Bigg(\max_{q+1\leqslant j\leqslant p}\sup_{\|\beta_1-\beta_{01}\|\leqslant\Delta\sqrt{q/n}}\Bigg|n^{-1}\sum_{i=1}^{n}x_{ij}[P(Y_i-\boldsymbol{z}_i^{\mathrm{T}}\beta_1\leqslant 0)\\
&-P(Y_i-\boldsymbol{z}_i^{\mathrm{T}}\beta_{01}\leqslant 0)]\Bigg|>\lambda/4\Bigg)+o_p(1),
\end{aligned}$$

其中第二个不等式可由引理 A.2 得到, 中间不等式根据引理 A.1 可得, 最后一个不等式是由引理 A.3 得到. 注意到

$$\begin{aligned}&\max_{q+1\leqslant j\leqslant p}\sup_{\|\beta_1-\beta_{01}\|\leqslant\Delta\sqrt{q/n}}\left|n^{-1}\sum_{i=1}^{n}x_{ij}[P(Y_i-\boldsymbol{z}_i^{\mathrm{T}}\beta_1\leqslant 0)-P(Y_i-\boldsymbol{z}_i^{\mathrm{T}}\beta_{01}\leqslant 0)]\right|\\&=\max_{q+1\leqslant j\leqslant p}\sup_{\|\beta_1-\beta_{01}\|\leqslant\Delta\sqrt{q/n}}n^{-1}\left|\sum_{i=1}^{n}x_{ij}[F_i(\boldsymbol{z}_i^{\mathrm{T}}(\beta_1-\beta_{01})|\boldsymbol{z}_i)-F_i(0|\boldsymbol{z}_i)]\right|\\&\leqslant C\sup_{\|\beta_1-\beta_{01}\|\leqslant\Delta\sqrt{q/n}}n^{-1}\sum_{i=1}^{n}\|\boldsymbol{z}_i\|\cdot\|\beta_1-\beta_{01}\|\\&=O(\sqrt{q/n})O(\sqrt{q})=O(qn^{-1/2})=o(\lambda),\end{aligned}$$

这里的不等式是根据条件 (C1) 和 (C3) 得到的. 于是

$$P\left(\max_{q+1\leqslant j\leqslant p}\sup_{\|\beta_1-\beta_{01}\|\leqslant\Delta\sqrt{q/n}}\left|n^{-1}\sum_{i=1}^{n}x_{ij}[P(Y_i-\boldsymbol{z}_i^{\mathrm{T}}\beta_1\leqslant 0)\right.\right.$$
$$\left.\left.-P(Y_i-\boldsymbol{z}_i^{\mathrm{T}}\beta_{01}\leqslant 0)]\right|>\lambda/4\right)=o(1).$$

就此证明了式 (10.10). ■

应用以上结果, 将会证明依概率近于 1, 对于以 $\hat{\beta}$ 为中心, $\lambda/2$ 为半径的 $\mathbb{R}^{p+1}$ 中的球内任意 $\beta$, 存在一个次梯度 $\boldsymbol{\xi}=(\xi_0,\xi_1,\cdots,\xi_p)^{\mathrm{T}}\in\partial g(\hat{\beta})$, 满足

$$\frac{\partial h(\beta)}{\partial\beta_j}=\xi_j,\quad j=0,1,\cdots,p. \tag{10.11}$$

于是根据引理 10.2.1, 可以证明 Oracle 估计量 $\hat{\beta}$ 本身就是一个局部最小化子. 这点可以由下面的定理概括出:

**定理 10.2.1** 假设条件 (C1)~(C5). 令 $B_n(\lambda)$ 是具有 SCAD 惩罚或 MCP 惩罚, 以及调节参数 $\lambda$ 的非凸惩罚分位回归目标函数 (10.2) 的局部最小化子构成的集合. 那么, 当 $n\to\infty$ 时, Oracle 估计量 $\hat{\beta}=(\hat{\beta}_1^{\mathrm{T}},0^{\mathrm{T}})^{\mathrm{T}}$ 满足

$$P(\hat{\beta}\in B_n(\lambda))\to 1,$$

如果有 $\lambda=o(n^{-(1-c_2)/2})$, $n^{-1/2}q=o(\lambda)$ 以及 $\log(p)=o(n\lambda^2)$.

**证明** 首先验证引理 10.2.1 中的条件. 由引理 10.2.2, 存在 $v_i^*, i=1,\cdots,n$ 使得由 $v_i=v_i^*$ 定义的次梯度函数 $s_j(\hat{\beta})$ 满足 $P(s_j(\hat{\beta}=0,j=0,1,\cdots,q)\to 1$. 因此, 根据 $\partial g(\hat{\beta})$ 的定义, 有 $P(\mathbb{G}\subset\partial g(\hat{\beta}))\to 1$, 这里

$$\begin{aligned}\mathbb{G}=\{\xi=(\xi_0,\xi_1,\cdots,\xi_p):\xi_0=0;\xi_j=\lambda\,\mathrm{sgn}(\hat{\beta}_j),j=1,\cdots,q;\\ \xi_j=s_j(\hat{\beta})+\lambda l_j,\ j=q+1,\cdots,p.)\}.\end{aligned}$$

$l_j$ 的范围为 $[-1,1], j=q+1,\cdots,p$.

考虑 $\mathbb{R}^{p+1}$ 中的一个中心为 $\hat{\beta}$, 半径为 $\lambda/2$ 的球中任意一点 $\beta$. 为了证明定理, 只需证明存在一个 $\mathbb{G}$ 中的向量 $\xi^*=(\xi_0^*,\xi_1^*,\cdots,\xi_p^*)^{\mathrm{T}}$ 满足随着 $n\to\infty$ 有

$$P\left(\xi_j^*=\frac{\partial h(\beta)}{\partial\beta_j},\quad j=0,1,\cdots,p\right)\to 1. \tag{10.12}$$

由引理 10.2.3, $P(|s_j(\hat{\beta})|\leqslant\lambda j=q+1,\cdots,p)\to 1$; 于是对于 $j=q+1,\cdots,p$, 总能找到 $l_j^*\in[-1,1]$ 使得 $s_j(\hat{\beta})+\lambda l_j^*=0$. 令 $\xi^*$ 为 $\mathbb{G}$ 中的向量, 满足 $l_j=l_j^*, j=q+1,\cdots,p$. 如下要说明 $\xi^*$ 即满足式 (10.12).

(1) 当 $j=0$, 有 $\xi_0^*=0$. 因为对于惩罚函数有 $\dfrac{\partial h(\beta)}{\partial\beta_0}=0$, 即得到 $\dfrac{\partial h(\beta)}{\partial\beta_0}=\xi_0^*$.

(2) 当 $j=1,\cdots,q$, 有 $\xi_j^*=\lambda\mathrm{sgn}(\hat{\beta}_j)$. 根据引理 10.2.2, 依概率 1 有

$$\min_{1\leqslant j\leqslant q}|\beta_j|\geqslant\min_{1\leqslant j\leqslant q}|\hat{\beta}_j|-\max_{1\leqslant j\leqslant q}|\hat{\beta}_j-\beta_j|\geqslant(a+1/2)\lambda-\lambda/2=a\lambda.$$

于是对于 SCAD 惩罚及 MCP 惩罚, 当 $n\to\infty$ 时均有 $P\left(\dfrac{\partial h(\beta)}{\partial\beta_j}=\lambda\mathrm{sgn}(\beta_j), j=1,\cdots,q\right)\to 1$. 而对于充分大的 $n$, $\hat{\beta}_j$ 与 $\beta_j$ 的符号是相同的. 因此随着 $n\to\infty$ 有 $P\left(\xi_j^*=\dfrac{\partial h(\beta)}{\partial\beta_j}, j=1,\cdots,q\right)\to 1$.

(3) 当 $j=q+1,\cdots,p$, 根据 $\xi^*$ 的定义有 $\xi_j^*=0$. 再由引理 10.2.3, 当 $n\to\infty$ 时, $p(|\beta_j|\leqslant|\hat{\beta}_j|+|\hat{\beta}_j-\beta_j|\leqslant\lambda, j=q+1,\cdots,p)\to 1$. 于是对于 SCAD 惩罚, 有 $P\left(\dfrac{\partial h(\beta)}{\partial\beta_j}=0, j=q+1,\cdots,p\right)\to 1$; 而对于 MCP 惩罚有 $P\left(\dfrac{\partial h(\beta)}{\partial\beta_j}=-\dfrac{\beta_j}{a}, j=q+1,\cdots,p\right)\to 1$. 于是可以看到对于这两个惩罚函数都有 $P\left(\left|\dfrac{\partial h(\beta)}{\partial\beta_j}\right|\leqslant\lambda\right)\to 1, j=q+1,\cdots,p$. 根据引理 10.2.3, 依概率 1 有当 $j=q+1,\cdots,p$ 时, $|s_j(\hat{\beta}_j)|\leqslant\lambda$. 因此, 总能找到满足两个惩罚函数的 $l_j^*\in[-1,1]$ 使得随着 $n\to\infty$ 有, $P(\xi_j^*=s_j(\hat{\beta})+\lambda l_j^*=\dfrac{\partial h(\beta)}{\partial\beta_j}, j=q+1,\cdots,p)\to 1$. 如上完成了证明. ■

**注 10.2.1** 可以证明如果取 $\lambda=n^{-1/2+\delta}$, 对于某个 $c_1<\delta<\dfrac{c_2}{2}$, 则这些条件能够被满足. 也可以有 $p=o(\exp(n^\delta))$. 因此, 在没有误差限制性分布条件或矩条件的超高维中, 稀疏分位回归的 Oracle 性质依然成立, 而这些条件常施加于非凸惩罚的均值回归中. 这个结果大大地补充和加强了 Fan 和 Li (2001) 中对于固定的 $p$,

Fan 和 Peng (2004) 中对于很大 $p$ 但 $p < n$, 以及 kim 等 (2008) 中对于 $p > n$ 及 Fan 和 Lv(2008) 中对于 $p \gg n$ 的结果.

## 10.3 讨论

本章假设在每个分位点, 协变量仅有一小子集是有效的. 我们研究了用非凸惩罚分位回归来分析超高维数据. 但有效的协变量在不同的分位点可能不同. 在非常宽松的条件下, 建立了超高维数据中所提出的方法的理论. 特别地, 即使随机误差是重尾的, 该理论仍显示对于超高维协变量的非凸惩罚分位回归仍具有神谕性质. 相比之下, 现有的超高维非凸惩罚最小二乘回归的理论要求随机误差是高斯或次高斯的.

通过基于惩罚损失函数的一个凸的差分化表达式, 创造性地运用充分最优化条件, 建立了该理论. 这种方法能应用到一大类非平滑损失函数. 例如: 与 Huber 估计量相对应的损失函数以及大量用于分类上的损失函数. 正如一个审稿人指出的, 目前的理论只能证明神谕估计量是惩罚分位回归的局部最小子. 如何从潜在的多重最小子识别神谕估计量是具有挑战的问题, 这个问题对非凸惩罚最小二乘回归仍然没有解决. 这将是一个很好的未来研究课题. 模拟显示, 算法所确定的局部最小化子有良好的性质.

分析超高维数据的其他备选方法包括有一些两阶段方法. 其中有一个计算上有效的方法筛选所有候选协变量 (Fan, Lv, 2008; Wang, 2009), 并且在第一阶段把超高维度降低到相对合适高的维度, 在第二阶段应用标准收缩或门限方法来识别重要的协变量.

## 10.4 主要参考文献

高维数据分析为新的统计方法和理论的出现提出了要求 (Fan, Li, 2006). 当确定潜在的模型结构时, 分析超高维数据通常利用正则回归. 例如, Candes 和 Tao(2007) 提出了丹齐格选择器 (Dantizig selector); Candes 等提出了加权 $L_1$ 最小化来增强丹齐格选择器的稀疏性; 在得不到相合初始估计量的情况下, Huang 等 (2008) 考虑了 ALasso; Kim 等 (2008) 证明了对于随机误差服从正态分布的超高维回归, 光滑切片绝对偏差 (SCAD) 估计量仍然有神谕性质; Fan 和 Lv(2011) 研究了超高维的非凹惩罚似然, 并且 Zhang (2010) 提出了对惩罚回归的最小最大凹惩罚 (MCP). 本章主要参考 Wang 等 (2012), 介绍如何将分位回归的方法和理论扩展到超高维.

# 第 11 章　贝叶斯分位回归

本章通过使用一个基于非对称拉普拉斯分布的似然函数来介绍贝叶斯分位回归的思想. 可以看到, 不管数据的原始分布是什么, 使用非对称拉普拉斯分布都是一种自然而有效的拟合贝叶斯分位回归的方式. 对于未知的模型参数使用不合适的先验, 仍然可以得到一个合适的联合后验.

## 11.1　引　　言

线性模型的经典理论本质上是关于条件期望模型的理论. 然而, 在许多应用中, 超越这些模型将会带来丰硕的成果. 分位回归正在逐渐兴起, 用来对线性及非线性模型进行统计分析. 近年来, 出现了许多关于分位回归应用的文章 (Cole, Green, 1992; Royston, Altman, 1994; Buchinsky, 1998; Yu, Jones, 1998 He et al., 1998; Koenker, Machado, 1999). 分位回归通过一般的估计条件分位函数族的技术, 弥补了基于条件均值函数估计的最小二乘方法的不足. 这就极大地拓展了参数和非参数回归方法的灵活性.

在严格的线性模型中, Koenker 和 Bassett(1978) 提出了一个简单的估计条件分位的方法. 考虑下面的标准线性模型:

$$y_t = \mu(\boldsymbol{x}_t) + \varepsilon_t,$$

其中 $\mu(x_t)$ 可看作给定回归自变量 $\boldsymbol{x}_t$ 的条件下的 $y_t$ 的条件均值, $\varepsilon_t$ 是误差项, 其均值为 0 且方差恒定. 没有必要去指定误差项的分布, 因为可以允许它有任何形式. 典型地,

$$\mu(x_t) = \boldsymbol{x}_t^{\mathrm{T}}\boldsymbol{\beta},$$

$\boldsymbol{\beta}$ 是系数向量. $\varepsilon_t$ 的 $p$ 阶 $(0 < p < 1)$ 阶分位数为 $q_p$, 即有 $P(\varepsilon_t < q_p) = p$, 则给定 $\boldsymbol{x}_t$ 的 $y_t$ 的 $p$ 阶分位为

$$q_p(y_t|x_t) = \boldsymbol{x}_t^{\mathrm{T}}\boldsymbol{\beta}(p), \tag{11.1}$$

其中, $\boldsymbol{\beta}(p)$ 是依赖于 $p$ 的系数向量.

$p(0 < p < 1)$ 阶分位回归系数是满足如下分位回归最小化问题的任意解, $\hat{\boldsymbol{\beta}}(p)$,

$$\min_{\boldsymbol{\beta}} \sum_t \rho_p(y_t - \boldsymbol{x}_t^{\mathrm{T}}\boldsymbol{\beta}), \tag{11.2}$$

其中, 损失函数为

$$\rho_p(u) = u(p - I(u < 0)). \tag{11.3}$$

等价地, 可以将式 (11.3) 写为

$$\rho_p(u) = u(pI(u > 0) - (1 - p)I(u < 0)),$$

或者

$$\rho_p(u) = \frac{|u| + (2p - 1)u}{2}.$$

与通常使用的均值回归估计的二次损失相反, 分位回归使用了一种特殊类型的损失函数, 这样的损失函数具有稳健的性质 (Huber, 1981). 例如, 对于观测值中的异常点, 条件中位数回归比条件均值回归要稳健得多.

近来, 在广义线性和可加模型中贝叶斯推断的应用已经非常规范. 使用 MCMC 方法可以轻松地获得后验分布, 即使是在非常复杂的情形下, 这使得贝叶斯推断不仅有用而且具有吸引力. 不像传统的方法那样, 贝叶斯推断可以提供给我们感兴趣的参数的完整后验分布. 除此以外, 在预测的时候, 贝叶斯推断还允许将参数的不确定性考虑进来. 然而, 在分位回归领域内, 关于贝叶斯方法的论文非常少, 仅有 Fatti 和 Senaoana (1998) 的一篇.

本节对分位回归采用了贝叶斯的方法, 这和前述的处理分位回归的方法相当不同. 不管数据的真实分布是什么, 分位回归的贝叶斯推断可以通过非对称拉普拉斯分布构建似然函数来进行 (Koenker, Bassett, 1978). 一般, 大家可以选择任何的先验, 但在此证明, 使用不合适的均匀先验仍然可以得到一个合适的联合后验.

## 11.2 非对称拉普拉斯分布

很容易看出, 损失函数式 (11.3) 的最小化实际上等价于相互独立的服从非对称拉普拉斯分布的随机变量构成的似然函数的最大化. 下面回顾一下非对称拉普拉斯分布的性质. 称一个随机变量 $U$ 服从非对称拉普拉斯分布, 如果它的概率密度是如下形式:

$$f_p(u) = p(1 - p)\exp\{-\rho_p(u)\}, \tag{11.4}$$

其中 $0<p<1$, $\rho_p(u)$ 如式 (11.3) 中定义. 当 $p=1/2$, 式 (11.4) 就变成了 $\frac{1}{4}\exp(-|u|/2)$, 这是标准对称拉普拉斯分布的密度函数. 对所有其他的 $p$, 式 (11.4) 中的密度函数

都是非对称的. 当且仅当 $p < \dfrac{1}{2}$ 时, $U$ 的期望 $(1-2p)/p(1-p)$ 为正. 方差为 $(1-2p+2p^2)/p^2(1-p)^2$, 当 $p$ 接近 0 和 1 时, 方差将迅速增大.

在式 (11.4) 的密度中, 也可以将位置参数 $\mu$ 和刻度参数 $\sigma$ 包含在内, 这样, 式 (11.4) 就变成了

$$f_p(u;\mu,\sigma)=\frac{p(1-p)}{\sigma}\exp\left\{-\rho_\tau\left(\frac{u-\mu}{\sigma}\right)\right\}.$$

## 11.3 贝叶斯分位回归

在传统的广义线性模型中, 像 11.1 节介绍的那样, 未知回归参数 $\boldsymbol{\beta}$ 的估计需要如下两个假设得到:

(i) 在给定 $\boldsymbol{x}$ 条件下, 随机变量 $Y_i, i=1,\cdots,n$ 相互独立, 分布为由 $\mu_i = E[Y_i|\boldsymbol{x}_i]$ 值界定的 $f(y;u_i)$;

(ii) 对一些已知的连接函数 $g$, 有 $g(\mu_i)=\boldsymbol{x}_i^{\mathrm{T}}\boldsymbol{\beta}$.

当对条件分位 $q_p(y_i|\boldsymbol{x}_i)$ 而不是条件均值 $E[Y_i|\boldsymbol{x}_i]$ 感兴趣的时候, 仍然可以在广义线性模型结构内描述解决这个问题, 无论数据的原始分布是什么, 满足如下两个假设即可以:

(i) $f(y;\mu_i)$ 是非对称拉普拉斯的;

(ii) $g(\mu_i)=\boldsymbol{x}_i^{\mathrm{T}}\boldsymbol{\beta}(p)=q_p(y_i|\boldsymbol{x}_i)$, $0<p<1$.

采用贝叶斯方法作推断. 尽管在分位回归方程中没有得到标准的共轭先验分布, 但 MCMC 方法可以提取未知参数的后验分布. 事实上, 这允许使用任何先验分布. 除了告诉所有未知参数的边际和联合后验分布之外, 通过 MCMC 方法, 贝叶斯结构还可以提供一个非常方便的在预测推断中包含参数的不确定性的方式.

给定观测值, $\boldsymbol{y}=(y_1,\cdots,y_n)$, $\boldsymbol{\beta}$ 的后验分布 $\pi(\boldsymbol{\beta}|\boldsymbol{y})$ 为

$$\pi(\boldsymbol{\beta}|\boldsymbol{y})\propto L(\boldsymbol{y}|\boldsymbol{\beta})p(\boldsymbol{\beta}), \tag{11.5}$$

其中 $p(\boldsymbol{\beta})$ 是 $\boldsymbol{\beta}$ 的先验分布, $L(\boldsymbol{y}|\boldsymbol{\beta})$ 是似然函数, 即

$$L(\boldsymbol{y}|\boldsymbol{\beta})=p^n(1-p)^n\exp\left\{-\sum_i\rho_p(y_i-\boldsymbol{x}_i^{\mathrm{T}}\boldsymbol{\beta})\right\}, \tag{11.6}$$

此式由式 (11.4) 得到, 只不过加入了位置参数 $\mu_i=\boldsymbol{x}_i^{\mathrm{T}}\boldsymbol{\beta}$.

理论上, 在式 (11.5) 中可以使用任意的先验, 但在缺少实际信息的情况下可以对 $\boldsymbol{\beta}$ 的所有元素使用不合适的均匀先验分布. 由于得到的联合后验分布是和似然成比的, 因此这个选择就会非常吸引人. 11.4 节将会讨论使用这样的先验的合理性.

## 11.4 不合适先验

本节将证明, 如果选择的 $\boldsymbol{\beta}$ 是不合适的, 但得到的联合后验分布仍将是合适的. 首先给出一个引理.

**引理 11.4.1** 当向量 $\boldsymbol{\beta}$ 只有一个元素的时候, 第 $p$ 阶条件分位为 $q_p(y|x)=\beta(p)$. 为了简化, 记为 $\beta=\beta(p)$. 如果假设 $p(\beta)\propto 1$, 那么有

$$0<\int L(\boldsymbol{y}|\beta)\mathrm{d}\beta<+\infty.$$

**证明** 不失一般性, 假设观测值 $\{y_j\}_{j=1}^n$ 已排序为 $y_1\leqslant y_2\leqslant\cdots\leqslant y_n$, 那么给定 $p$ 和 $n$ 后,

$$\begin{aligned}
\int_{-\infty}^{+\infty}L(\boldsymbol{y}|\beta)&=p^n(1-p)^n\int_{-\infty}^{+\infty}\exp\left[-\sum_{j=1}^{n}(y_j-\beta)\{p-I(y_j\leqslant\beta)\}\right]\mathrm{d}\beta\\
&\geqslant p^n(1-p)^n\int_{y_n}^{+\infty}\exp\left[-\sum_{j=1}^{n}(y_j-\beta)\{p-I(y_j\leqslant\beta)\}\right]\mathrm{d}\beta\\
&=p^n(1-p)^n\int_{y_n}^{+\infty}\exp\left\{(1-p)\sum_{j=1}^{n}(y_j-\beta)\right\}\mathrm{d}\beta\\
&=p^n(1-p)^n\exp\left\{(1-p)\left(ny_n-\sum_{j=1}^{n}y_j\right)\Big/(n(1-p))\right\}\\
&\geqslant p^n(1-p)^{(n-1)}/n\\
&>0.
\end{aligned}$$

重复使用 Cauchy-Schwarz 不等式 $\left(\int f(x)g(x)\mathrm{d}x\right)^2\leqslant\int f(x)^2\mathrm{d}x\int g(x)^2\mathrm{d}x$, 可以得到

$$\begin{aligned}
\int_{-\infty}^{+\infty}L(\boldsymbol{y}|\beta)&=p^n(1-p)^n\int_{-\infty}^{+\infty}\prod_{j=1}^{n}\exp\left[-(y_j-\beta)\{p-I(y_j\leqslant\beta)\}\right]\mathrm{d}\beta\\
&\leqslant p^n(1-p)^n\prod_{j=1}^{n-1}\left(\int_{-\infty}^{+\infty}\exp\left[-2^j(y_j-\beta)\{p-I(y_j\leqslant\beta)\}\right]\mathrm{d}\beta\right)^{1/2^j}\\
&\quad\times\left(\int_{-\infty}^{+\infty}\exp[-2^n(y_n-\beta)\{p-I(y_n\leqslant\beta)\}]\mathrm{d}\beta\right)^{1/2^n}\\
&=p^n(1-p)^n\prod_{j=1}^{n-1}\frac{1}{2^{j/2^j}}\times\frac{1}{2^{n-1}2^{n-1}}\\
&\quad\times\frac{1}{(p(1-p))^{\sum\limits_{j=1}^{n-1}1/2^j}}\times\frac{1}{(p(1-p))^{2^{n-1}}}.
\end{aligned}$$

注意到, $p(1-p)\leqslant 1/4$, $\prod_{j=1}^{n-1} 1/2^{j/2^j}<\infty$, 且有 $\sum_{j=1} 1/2^j<2$. 引理得证. ■

**定理 11.4.1**　如果似然函数如式 (11.6) 给出, 并且有 $p(\boldsymbol{\beta})\propto 1$, 那么 $\boldsymbol{\beta}$ 的后验分布 $\pi(\boldsymbol{\beta}|\boldsymbol{y})$ 将有一个合适的分布. 换句话说有

$$0<\int \pi(\boldsymbol{\beta}|\boldsymbol{y})\mathrm{d}\boldsymbol{\beta}<\infty,$$

或者, 等价地有

$$0<\int L(\boldsymbol{y}|\boldsymbol{\beta})p(\boldsymbol{\beta})\mathrm{d}\boldsymbol{\beta}<\infty.$$

**证明**　设 $\boldsymbol{\beta}_{-q}$ 和 $\boldsymbol{x}_{\boldsymbol{j}_{-q}}$ 表示 $\boldsymbol{\beta}$ 及 $\boldsymbol{x}_{\boldsymbol{j}}$ 不含有第 $q$ 个元素. 不失一般性, 假设 $x_{qj}>0(j=1,\cdots,n)$ 且令 $v_j(\boldsymbol{\beta})=(y_j-\boldsymbol{x}_{\boldsymbol{j}_{-q}}^{\mathrm{T}}\boldsymbol{\beta}_{-q})/x_{qj}(j=1,\cdots,n)$, 且假设 $v_1(\boldsymbol{\beta})\leqslant v_2(\boldsymbol{\beta})\leqslant\cdots\leqslant v_n(\boldsymbol{\beta})$. 那么当且仅当 $v_j(\boldsymbol{\beta})\leqslant\beta_q$ 且 $y_j-\boldsymbol{x}_j^{\mathrm{T}}\beta=(v_j(\beta)-\beta_q)x_{qj}$ 时, $y_j\leqslant\boldsymbol{x}_{\boldsymbol{j}}^{\mathrm{T}}\boldsymbol{\beta}$. 因此, 当 $p(\boldsymbol{\beta})\propto 1$ 时, 得到

$$\begin{aligned}
\int L(\boldsymbol{y}|\boldsymbol{\beta})p(\boldsymbol{\beta})\mathrm{d}\boldsymbol{\beta}&=p^n(1-p)^n\int\exp\left[-\sum_{j=1}^{n}(y_j-\boldsymbol{x}_{\boldsymbol{j}}^{\mathrm{T}}\boldsymbol{\beta})\{p-I(y_j\leqslant\boldsymbol{x}_{\boldsymbol{j}}^{\mathrm{T}}\boldsymbol{\beta})\}\right]\mathrm{d}\boldsymbol{\beta}\\
&=p^n(1-p)^n\int\exp\left[-\sum_{j=1}^{n}x_{qj}(v_j(\boldsymbol{\beta})-\beta_q)\{p-I(\beta_q\geqslant v_j(\boldsymbol{\beta}))\}\right]\mathrm{d}\boldsymbol{\beta}\\
&\geqslant p^n(1-p)^n\int\mathrm{d}\boldsymbol{\beta}_{-q}\int_{v_n(\boldsymbol{\beta})}^{+\infty}\exp\left((1-p)\sum_{j=1}^{n}x_{qj}(v_j(\boldsymbol{\beta})-\beta_q)\right)\mathrm{d}\beta_q\\
&=p^n(1-p)^n\frac{1}{(1-p)\displaystyle\sum_{j=1}^{n}x_{qj}}\\
&\quad\times\int\exp\left[-(1-p)\sum_{j=1}^{n}x_{qj}\{v_n(\boldsymbol{\beta})-v_j(\boldsymbol{\beta})\}\right]\mathrm{d}\boldsymbol{\beta}_{-q}.
\end{aligned}$$

将 $\sum_{j}x_{qj}\{v_n(\boldsymbol{\beta})-v_j(\boldsymbol{\beta})\}$ 展开为 $\boldsymbol{\beta}_{-q}$ 的线性函数, 使用引理 11.4.1, 看到

$$\int L(\boldsymbol{y}|\boldsymbol{\beta})p(\boldsymbol{\beta})\mathrm{d}\boldsymbol{\beta}>0.$$

现在重复使用 Cauchy-Schwarz 不等式, 得到

$$\begin{aligned}\int L(\boldsymbol{y}|\boldsymbol{\beta})p(\boldsymbol{\beta})\mathrm{d}\boldsymbol{\beta} =& p^n(1-p)^n\int_{-\infty}^{+\infty}\prod_{j=1}^{n}\exp[-(y_j-\boldsymbol{x}_j^{\mathrm{T}}\boldsymbol{\beta})\{p-I(y_j\leqslant\boldsymbol{x}_j^{\mathrm{T}}\boldsymbol{\beta})\}]\mathrm{d}\boldsymbol{\beta}\\ \leqslant& p^n(1-p)^n\prod_{j=1}^{n}\left(\int_{-\infty}^{+\infty}\exp[-2^j(y_j-\boldsymbol{x}_j^{\mathrm{T}}\boldsymbol{\beta})]\{p-I(y_j\leqslant\boldsymbol{x}_j^{\mathrm{T}}\boldsymbol{\beta})\}\right)^{1/2^j}\\ &\times\left(\int_{-\infty}^{+\infty}\exp[-2^n(y_n-\boldsymbol{x}_j^{\mathrm{T}}\boldsymbol{\beta})\{p-I(y_n\leqslant\boldsymbol{x}_j^{\mathrm{T}}\boldsymbol{\beta})\}]\mathrm{d}\boldsymbol{\beta}\right)^{1/2^n},\end{aligned}$$

对于任何 $1\leqslant j\leqslant n$, 假设 $x_{qj}\neq 0$ . 令

$$I=\int_{-\infty}^{+\infty}\exp[-2^j(y_j-\boldsymbol{x}_j^{\mathrm{T}}\boldsymbol{\beta})]\{p-I(y_j\leqslant\boldsymbol{x}_j)]\mathrm{d}\boldsymbol{\beta}$$

是以上积分连乘的第 $j$ 项. 令 $\boldsymbol{\gamma}'=(\boldsymbol{\gamma}'_{-q},\gamma_q)=(\boldsymbol{\beta}^{\mathrm{T}}_{-q},\boldsymbol{x}_{\boldsymbol{j}}^{\mathrm{T}}\boldsymbol{\beta})$ 给出了转换 $|\mathrm{d}\boldsymbol{\beta}/\boldsymbol{\gamma}|=1/|x_{qj}|$ 的雅可比矩阵. 因此,

$$I=\frac{1}{x_{qj}}\int\exp[-2^j(y_j-\gamma_q)]\{p-I(y_j<\gamma_q)\}\mathrm{d}\boldsymbol{\gamma}.$$

使用引理 11.4.1, 通过下式即可得证

$$\int_{-\infty}^{+\infty}L(\boldsymbol{y}|\boldsymbol{\beta})\mathrm{d}\boldsymbol{\beta}<+\infty. \qquad \blacksquare$$

实际上, 通常假设 $\boldsymbol{\beta}$ 的元素有着独立的不合适均匀先验分布, 这就是上述定理的一种特殊情形.

## 11.5 讨 论

本节展示了如何对于分位回归进行贝叶斯推断. 这是通过将贝叶斯分位回归的问题放在广义线性模型的框架下解决, 并且使用了非对称拉普拉斯分布构建似然函数. 非对称拉普拉斯分布的使用使该方法变得稳健, 贝叶斯方法为我们提供了感兴趣的参数的完整的单元素后验分布及联合后验分布, 且容易实施. 尽管在例子中选择了不合适的均匀先验, 也可以以相当明了的方式使用其他形式的先验. 估计分位函数的方法可以被推广到空间模型及随机效应模型. 这也是正在研究的内容.

## 11.6 主要参考文献

近年来出现了许多关于分位回归应用的文章 (Cole, Green, 1992; Royston, Altman, 1994; Buchinsky, 1998; Yu, Jones, 1998; He et al., 1998; Koenker, Machado,

1999). 在严格的线性模型中, Koenker 和 Bassett(1978) 提出了一个简单的估计条件分位的方法. 通常使用的均值回归估计的二次损失相反, 分位回归使用了一种特殊类型的损失函数, 这样的损失函数具有稳健的性质 (Huber, 1981). 近来, 在广义线性和可加模型中贝叶斯推断的应用已经非常规范. 使用 MCMC 方法可以轻松地获得后验分布, 即使是在非常复杂的情形下, 这使得贝叶斯推断不仅有用而且具有吸引力. 然而, 在分位回归领域内, 关于贝叶斯方法的论文非常少. 本节主要参考 Fatti 和 Senaoana (1998) 与 Yu 和 Moyeed (2001) 的文章. 简要介绍了非对称拉普拉斯分布, 从贝叶斯的角度描述了分位回归的理论和计算框架, 证明了使用不合适的均匀先验仍然可以得到一个合适的联合后验分布.

# 第二部分

# 分层分位回归

# 第 12 章　分层样条分位回归

本章基于 Koenker 和 Bassett (1982) 的分位回归方法提出条件分位的非参模型的几种估计方法, 使用的是条件分位回归函数样条参数化. 本章通过估计芝加哥城镇家庭用电量需求的分层模型来举例说明这些方法. 实证结果表明低分位点上的需求量 (基底负荷) 随居民家庭的变化只有微量的变化, 这种变化用家庭特征很难解释. 但是, 用电量需求分布的高分位点上的变化很明显, 并且与家庭特征以及电器拥有两方面系统相关. 本章还对均值需求行为而不是针对需求分布的不同分位数分析的应用进行了讨论.

回归曲线的作用是对于一组 $x$ 分布的平均水平的汇总. 其实可以进一步计算在不同分位点上的回归曲线, 因此得到这组变量的更为完整的图像. 但人们通常不这么做, 所以回归通常给出不完整的图像. 就像均值只能给出一个变量分布的不完整图像一样, 回归曲线只能给出这组变量相应的不完整图像.

## 12.1　引　　言

Mosteller 和 Tukey 说过, 线性模型的经典理论是条件期望模型理论. 但是在很多应用问题中, 超越这些模型往往会有更好的结果. 最近大量有关估计异方差模型的文献提出了一种方法. 另外一种有望更加灵活的方法是对不同的条件分位点分别考虑相应的模型. 对于严格的线性模型, Koenker 和 Bassen (1978) 提出了一种简单的估计条件分位模型的方法. 对于非参模型, Stone (1977) 和 Truong (1989) 用的是最近邻方法, Samanta (1989), Antoch 和 Janssen (1989) 用的核圈思想, White (1990) 用的神经网络方法. 这些文献提供了很多估计条件分位响应曲面的方法. 最近的一篇文章 Cole (1988) 基于高斯 Cox-Box 模型提出一种估计条件分位模型的参数方法, 但是这种参数方法很受限制并且不稳健. 另请参阅 Cole(1988) 对 Cole 的讨论, 其中提到了本章所用方法中的平滑样条变体.

本章用分位响应的线性样条参数化以及 Koenker 和 Bassett (1978) 中的方法来例证一种条件分位函数非参估计的新方法. 因为样条分析在解决非参回归问题时是一种很灵活的工具, 所以其应用基本上限于估计条件中心趋势模型. 例如, 见 Hastie 和 Tibshirani (1986) 中有关在广义线性模型中的应用, Buja 等 (1989) 及其讨论, Lenth (1977) 或者 Cox (1983) 有关样条模型的 M 估计.

我们的应用涉及拟合芝加哥城镇地区家庭日用电需求量的模型. 因为生产电力是资本密集型技术, 所以了解负载周期的决定因素是很重要的, 特别是当负载异常大时即在需求分布位于高分位点时这种了解显得尤其重要. 首先拟合几百个家庭日/周用电量需求周期的参数模型, 然后分层估计模型中诸如电器拥有量和家庭规模等家庭特征的参数来研究这个问题.

类似的模型也可以用于其他很多问题. 例如, 在对污染数据的研究中, 与代表极端集中水平的高分位点模型相比, 均值集中水平模型更偏离公共卫生的视点. 在对标准化验证数据的分析中, 均值趋势分析可以作为其他分位点模型的一个补充. 在估计生产技术的计量经济学文献中, 大部分的兴趣集中在所谓的前沿生产函数模型, 这种模型和随机生产面的极端分位点模型紧密联系.

## 12.2 非参估计

Koenker 和 Bassett (1978, 1982) 这两篇文献中考虑过条件分位函数的线性模型估计. 基本的思想非常简单：一个标量随机变量 $Y$ 的任何 $\theta$ 阶分位点可以看成是如下方程的一个解

$$\min_{t\in\mathbb{R}} E[\rho_\theta(Y-t)],$$

其中 $\rho_\theta(\cdot)$ 是检验函数：$\rho_\theta(u)=\theta|u|^+ + (1-\theta)|u|^-$. 又有

$$\frac{\mathrm{d}}{\mathrm{d}t}\left[\theta\int_t^{\infty}(y-t)\,\mathrm{d}F+(1-\theta)\int_{-\infty}^{t}(t-y)\,\mathrm{d}F\right]=F(t)-\theta,$$

因此当取最小值时 $F(t)=\theta$. 这样, 样本 $y_1,\cdots,y_n$ 的 $\theta$ 阶样本分位点是下式的解：

$$\min_{t\in\mathbb{R}}\sum_{i=1}^{n}\rho_\theta(y_i-t).$$

同理, 在回归的背景下, 可能做出 $Y$ 的条件分位点和协变量向量 $x\in\mathbb{R}^p$ 线性相关的假设, 即

$$F_Y^{-1}(\theta|x)=x\beta, \tag{12.1}$$

可以定义样本 $(y_i,x_i)_{i=1}^n$ 的 $\theta$ 阶分位点是下式的解：

$$\min_{b\in\mathbb{R}^p}\sum_{i=1}^{n}\rho_\theta(y_i-x_ib). \tag{12.2}$$

Koenker 和 Bassett(1978) 讨论了一些有限样本回归分位点的性质, Ruppert 和 Carroll (1980), Jurečková (1984), Koenker 和 Bassett (1982), Koenker 和 Portnoy (1990), Portnoy 和 Koenker (1989) 以及其他文献进一步讨论了它们的渐近性质.

大部分现有理论处理的都是带独立同分布可加扰动项的线性模型的简单情况,

$$y_i = x_i\beta + u_i.$$

在这种 (主流) 情形下, 回归分位点和单样本问题中普通样本分位点的渐近理论极其相近. 在非独立同分布的情形下会复杂一些. 式 (12.1)、对 $\sum x_i x_i^{\mathrm{T}}$ 增长的设计条件以及条件密度为正这 3 个条件保证了其相合性, 见 Bassett 和 Koenker (1982). Portnoy (1990) 最近证明了一个回归分位数的线性表示理论, 这意味着在一般的异方差和依赖性条件下的渐近正态结果. White (1990) 用神经网络方法在更加一般的条件下研究了条件分位函数的估计.

本章尤其关注设计空间上响应变量条件分布相当异质情况. 为了说明这一思想, 考虑单个设计变量 $x$, 而且只假定相应变量 $y$ 的条件分位数在 $x$ 处是平滑的. 对于合适的基函数 $\{\phi_i(x)\}_{i=1}^{\infty}$, 可以逼近 $Y$ 的条件分位函数:

$$F_Y^{-1}(\theta|x) = \sum_{i=1}^{p} \beta_i(\theta)\phi_i(\theta). \tag{12.3}$$

显然, $\{\phi_i(x)\}$ 的选择根据实际应用而定, 但是三次样条在解决很多问题时有明显的优势. 为了与 Wahba (1990) 提出的平滑样条模型区分开, 像模型 (12.3) 这样的对样条 $\phi_i(\cdot)$ 能做出合理选择的模型有时被人们称作参数样条或者回归样条. Poirier (1973) 和 Stone (1985) 在这种参数样条方面做了不少工作. 另参考 Ramsey (1988) 以及对参数和平滑样条相对优势的讨论.

Ramsey (1988) 也着重讨论了先验单调限制假设以及平滑性条件下样条模型的方便性. 一种等分样条的简单方法就是简单的将积分 B-样条作为基函数并且将相关的系数限制为正. 凸性也可以通过另外一种积分加进去. 在此不对这种方法进行研究, 但是可能会注意到, 因为这个非限制性问题是一个线性问题, 所以在对参数向量的非负限制下解决式 (12.2) 仅需要稍微做一下计算方面的修正即可. Ramsey (1988) 的讨论也包含很多重要的关于先验单调性限制方面的警告评注.

在应用问题中, 使用周期样条显然很重要, 因为将对每日/周用电量需求负载循环的每小时模型进行估计. 这也是比较直接的. 只是要求样条的两端要平滑连接, 和其他结点位置连接一样, 参见, 如 De Boor (1978). 在三次样条情形中, 这意味着函数及其前两阶导数在端点处连续.

样条公式所提供的回归函数的参数化是一个显著优势, 因为它使得估计成了线性规划中的一个直接练习题. 关于线性回归分位数问题相关算法的详细描述见 Koenker 和 D'Orey (1987) 以及 Osborne (1989). 另外基于最近邻方法 [Stone (1977) 和 Truong (1989) 或者核方法 [Samanta (1989) 及 Antoch 和 Janssen (1989)], 计算过程相当复杂, 因为它们是在每个需要估计的分位数点上分别进行计算. 当设计空间的维数适中时, 如大于 2 时, 核方法和最近邻方法就会出现问题. 然而, Buja 等 (1989) 讨论的可加样条模型似乎可以给出一种易于处理也比较灵活的方法来估计多元非参条件分位函数.

在较弱的关于设计与线性界定 (12.3) 的正则性条件下, Bassett 和 Koenker (1986) 建立了回归分位的强相合性. 12.3 节开始讨论回归分位数估计背景下的假设检验问题.

## 12.3　Wald-型检验

关于条件分位数模型的任何计划中很重要的一方面就是有能力做正式的检验和模型选择. 在此简要描述一下 Wald 方法. 更详细的描述见 Koenker 和 Bassett (1982), 另外一种方法见 Gutenbrunner 等 (1990).

当线性模型误差独立同分布时, 有一个比较成熟的渐近理论可以引导构造检验. 在这种情况下, 如果误差分布 $F$, 在 $\theta$ 阶分位点处密度函数为正即 $[f(F^{-1}(\theta))>0]$, 并且设计阵满足 $\lim n^{-1}(\hat{\beta}_\theta)X^{\mathrm{T}}X\to D$, 其中对于所有的 $i$, 有 $x_{i1}=1$, 那么, $\hat{\beta}$ 是渐近正态的, 即

$$\sqrt{n}(\hat{\beta}_\theta-\beta_\theta)\xrightarrow{d}N(0,\omega^2(\theta,F)D^{-1}),$$

其中 $\beta_\theta=\beta+(F^{-1}(\theta),0,\cdots,0)^{\mathrm{T}}$, 且 $\omega^2(\theta,F)=\theta(1-\theta)/f^2(F^{-1}(\theta))$. 如果要检验

$$H_0:R\beta=r,$$

很自然会将此检验基于以下统计量

$$\xi=\hat{\omega}^{-2}(R\hat{\beta}_\theta-r)^{\mathrm{T}}(R(X^{\mathrm{T}}X)^{-1}R^{\mathrm{T}})^{-1}(R\hat{\beta}_\theta-r),$$

其中 $\hat{\omega}$ 表示 $\omega$ 的某个相合估计. $\theta$ 阶分位函数的参数估计精度内在地由此分位点处的密度大小控制. 因此, 密度较小的分布尾部分位数内在地很难估计, 因此相应的检验相对于密度大的分位数而言检验功效有所减少.

冗余参数 $\omega$ 估计的本质特征是估计所谓的稀疏函数或者按照 Parzen (1979) 中的术语就是分位密度,

$$s(\theta)=1/f(F^{-1}(\theta)).$$

Siddiqui (1960) 中建议, 在单样本 $X_1,\cdots,X_n$ 模型中,

$$\hat{s}_n=\frac{n}{2d_n}[X_{([n\theta]+d_n+1)}-X_{([n\theta]-d_n+1)}],\tag{12.4}$$

其中 $X_{(i)}$ 代表 $\{X_1,\cdots,X_n\}$ 中第 $i$ 个顺序统计量, 并且 $d_n$ 代表下面的窗宽参数, $[x]$ 代表 $x$ 最大整数. 这是一种直方图法, 当然也可能用到其他方法. 参见, 如

Koenker 和 Bassett (1982) 以及 Welsh (1987). Hall 和 Sheather (1988) 集中研究了 Siddiqui 方法, 这里主要关注的就是这种方法.

标准密度估计渐近理论, 参见 Sheather 和 Maritz (1983), 建议式 (12.4) 中的窗宽 $d_n$ 应该为 $d_n = [d_0 n^{4/5}]$, 其中 $d_0 = (4.5s^2(q)/s''(q)^2)^{1/5}$ . 在图 12-1 中关于三种很不同的分布形状, 我们说明了最优窗宽 $d_0$. 在下面的检验中会用到这个“标准的” $d_0$.

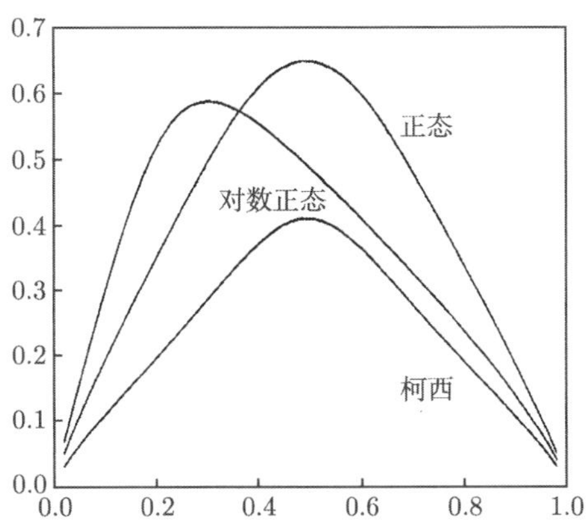


图 12-1 三种密度下的最优 Siddiqui 常数

纵坐标是 Siddiqui 窗宽参数下的最优常数 $d_0$, 横坐标是各分位数. 注意常数的选择不随真实的密度位置和尺度的变化而变化

在独立同分布情形中, 这种方法可以执行, 只需通过用 $\theta$ 阶回归分位拟合的残差相应的顺序统计量代替式 (12.4) 中的顺序统计量即可. 但是, 在非独立同分布情况下, 这会导致 $\hat{\beta}_\theta$ 的协方差阵的不相合估计. 在独立非同分布情况下, 有

$$\sqrt{n}(\hat{\beta}_\theta - \beta_\theta) \xrightarrow{d} N(0, B_n^{-1} A_n B_n^{-1}), \tag{12.5}$$

其中像前面一样, $A_n = \theta(1-\theta)X^{\mathrm{T}}X/n$, 并且

$$B_n = n^{-1}\sum_{i=1}^{n} f_i(F_i^{-1}(\theta))x_i x_i^{\mathrm{T}},$$

其中 $f_i$ 和 $F_i$ 分别代表第 $i$ 个误差观测值的边际密度和分布函数. 估计 $B_n$ 的方法有好几种. 这里, 具体方法如下. 取 $d_n$ 已经定义, 为 $\theta^{\pm} = ([n\theta] \pm d_n + 1)/n$ 计算 $\hat{\beta}_\theta$. 于是在每个样本点上计算

$$\hat{f}_i = 2d_n/(nx_i(\hat{\beta}_{\theta^+} - \hat{\beta}_{\theta^-})),$$

最后有

$$\hat{B}_n = n^{-1}\sum \hat{f}_i x_i x_i^{\mathrm{T}}.$$

在相当弱的条件下, 可以证明依概率有 $\hat{B}_n \xrightarrow{d} B_n$. 这样该方法提供了一个分位, 它与受欢迎的最小二乘估计量的 Eicker-White 异方差性相合的协方差矩阵相似. 这些 $\hat{f}_i$ 可能存在的麻烦的问题就是它们可能为负数这一事实. $\bar{x}^{\mathrm{T}}\hat{\beta}(\theta)$ 是关于 $\theta$ 单调的, 但是在 $x_i \neq \bar{x}$ 处, 这一点不一定保证. 这个问题的实际重要性有待观察 (Bassett, Koenker, 1982).

**证明** 下面只给出式 (12.5) 证明的大概. 考虑一系列相互独立的随机变量 $Y_i(i=1,\cdots,n)$, 使得 $Y_i \sim F_i$, 并且假设在给定已知协变量向量 $x_i$ 下 $Y_i$ 的 $\theta$ 阶条件分位数关于 $x_i$ 是线性的, 也就是说, 对某些未知参数向量 $\beta(\theta)\in\mathbb{R}^p$, 有

$$F_i^{-1}(\theta) = x_i^{\mathrm{T}}\beta(\theta).$$

这个 $\theta$ 分位数 $\hat{\beta}_n(\theta)$ 最小化下式:

$$R_n(b) = \sum \rho_\theta(y_i - x_i b),$$

其中 $\rho_\theta(u) = (1-\theta)|u|^- + \theta|u|^+$. $R_n(b)$ 的潜在集合值次梯度的一个元素是

$$\nabla R_n(b) = -\sum \psi_\theta(y_i - x_i b)x_i,$$

其中 $\psi_\theta(u) = \theta - \{u<1\}$ 和 $\{A\}$ 指的是事件 $A$ 的示性函数.

记 $y_i - x_i b = y_i - x_i(b-\beta(\theta)) - F_i^{-1}(\theta)$, 令 $\hat{\delta}_n = \sqrt{n}(\hat{\beta}_n(\theta)-\beta(\theta))$, 并且考虑

$$g_n(\delta) = -\frac{1}{\sqrt{n}}\sum \psi_\theta(y_i - x_i\delta/\sqrt{n} - F_i^{-1}(\theta))x_i.$$

根据 $\hat{\beta}_n(\theta)$ 是 $R_n(b)$ 最小化子的定义, 显然有 $g_n(\hat{\delta_n}) \to 0$. 用 Ruppert 和 Carroll (1980), Jurečková (1984), Portnoy 和 Koenker (1989) 以及其他理论, 可以证明: 对任意的 $K>0$, 有

$$\sup_{||\delta||<K} ||g_n(\delta) - g_n(0) - E(g_n(\delta) - g_n(0))|| = o_p(1).$$

这样, 假设下面定义的 $B_n$ 收敛于一个正定矩阵,

$$\begin{aligned}
E[g_n(\delta)] &= -\frac{1}{\sqrt{n}}\sum[[(\theta-1)F_i(F_i^{-1}(\theta)+x_i\delta/\sqrt{n}) \\
&\quad +\theta(1-F_i(F_i^{-1}(\theta)+x_i\delta/\sqrt{n}))]x_i \\
&= -\frac{1}{n}\sum f_i(F_i^{-1}(\theta))x_i x_i'\delta + o(1) \\
&= B_n\delta + o(1),
\end{aligned}$$

并且有线性 (Bahadur) 表达式

$$\sqrt{n}(\hat{\beta}_n(\theta)-\beta_n(\theta))=\frac{1}{\sqrt{n}}B_n^{-1}\sum\psi_\theta(y_i-F_i^{-1}(\theta))x_i+o_p(1),$$

所以 $\hat{\beta}_n \xrightarrow{d} N(0,B_n^{-1}A_nB_n^{-1})$, 其中 $A_n=\theta(1-\theta)n^{-1}\sum x_ix_i^{\mathrm{T}}$. ■

## 12.4 实际应用

实际上, 所有关于家庭用电量需求的统计模型都应用的 Lindley 和 Smith (1972) 提出的分层线性模型的变体. 参见, 如 Hendricks 等 (1979), Engle 等 (1986), Poirier (1987). 这种研究的共同数据结构是关于大量样本的个体家庭的长时间高频数据 —— 在本章的例子中, 用的是大约 400 个家庭于 1985 年中 4 个夏季月份每小时的时间序列数据. 分析通常分两个步骤阶段: 在第一阶段, 对每一个家庭估计出需求周期模型, 将几千个时序观测值有效地压缩为几个估计的参数. 在第二阶段, 基于家庭的各种人口和经济特征界定出模型, 用以解释这些需求周期参数的横截面扰动性. Smith (1973) 从贝叶斯立场很好地阐述了这种分层模型的统计理论基础.

### 12.4.1 第一层: 时间序列模型

本节描述了参数模型用以刻画家庭需求行为. 为了便于解释, 可以很方便地将模型分解为两个成分: 一个是严格周期的, 因此对天气变化并不敏感, 另一个是所谓的对天气敏感的成分. 我们将依次对这两个成分进行描述.

令 $y(t)$ 代表 $t$ 时刻的需求, 单位是千瓦 (kW). 一个严格的周期需求模型可以写成以下形式

$$y(t)=\sum\alpha_ix_i(t)+u(t), \tag{12.6}$$

其中 $x_i(t), i=1,\cdots,p$, 代表某种时间间隔下的周期函数, 比如说一天或者是一周. 对误差过程 $u(t)$ 将做进一步的讨论. 显然对 $x_i(t)$ 的函数形式有很多可能富有竞争性的选择. 在好几个研究中, 它们是经典的傅里叶序列中的正弦和余弦. 早期的工作中, 使用的是三次样条. 样条公式因其系数能被解释成一天中特殊时点上拟合的需求. 调和函数的选择并不重要; 许多家庭是合适这一选择的, 因此这个选择实质上处于计算方便、易于解释.

用电量的需求在潜在的两个频率上表现为周期的: 日和周. 为了适合这两个频率, 建立两个周期样条. 第一个是有 4 个观测节点 (午夜、早晨 6: 00、正午以及下午 6: 00) 的日样条. 第二个是有 3 个节点 (周日午夜、周一午夜、周五午夜) 的每周样条. 令 $D$ 为每日样条效应的 $24\times4$ 矩阵 —— 式 (12.6) 中 $x_i(t_j)$,

$j=1,\cdots,4,\ j=1,\cdots,24$—— 并且令 $W$ 为周样条效应的 $7\times 3$ 矩阵. 整个星期对天气不敏感成分的设计阵就是

$$S=W\otimes D,$$

它是一个 $168\times 12$ 矩阵. 这样有 12 个参数刻画需求模型的严格周期成分.

供电需求中的天气敏感成分潜在地具有争议性, 因为有很多因素可能被认为会影响这一成分. 在对小样本的家庭子样本进行大量的研究之后, 回到之前用过的一个界定 (Hendricks et al., 1977), 该模型可以大体说成是辐射温度效应模型. 这个基本思想很简单. 假设温度通过其现有水平、在过去一天的最高水平以及在过去两天的最高水平来影响用电量需求. 那么连续几天的炎热天气和单独一天的炎热天气对用电量需求的影响是不同的. 这和非正式的经验主义是一致的, 并且在初期的研究中已经得到验证. 因为样本中的家庭散落在芝加哥整个地区, 所以每个家庭对应于六个气象站中与其最近的一个, 其中有 1985 年夏天每小时的温度的完整的时间序列. 添加这三个温度变量产生了具有 15 个参数的需求周期模型. 显然, 也许可以考虑更复杂的模型, 其中天气敏感成分和非天气敏感 (严格的周期) 成分不是简单相加的. 然而, 给定模型第一阶段中的噪声水平, 数据用这种扩展似乎不太可能产生有信息的结果. 类似地, 天气的其他方面, 如湿度, 有关的实验也没能改进这里建议的简单的温度界定. 在接下来的几节中, 第一阶段模型 (12.6) 指的是由三个温度协变量添加与增广而成的每日和每周循环的周期模型.

### 12.4.2 第二层: 横截面模型

分析的第二阶段涉及解释各家庭的第一阶段参数的扰动. 这样, 模型采取的是 Lindley 和 Smith(1972) 的分层模型, 主要兴趣集中在第二阶段模型的整合参数 (metaparameters), 这些参数详细描述了家庭特征 (电器拥有量、住宅类型、家庭规模) 对家庭需求周期形状和水平的效应. 正是在这一阶段中, 这一分析将平均负载周期在统计上分解为不同的终端使用需求分布.

正式地, 将第一阶段参数用 $p$ 维向量 $\alpha$ 表示成家庭特征的线性函数, 见以下多元线性模型:

$$\alpha_i=z_iB+v_i, \tag{12.7}$$

其中 $\alpha_i$ 是一个 $p$ 维参数, 它表示需求周期的水平和形状, 它也许包含有对天气变量的灵敏度, $z_i$ 是一个 $k$ 维家庭特征向量, $B$ 是一个 $k\times p$ 维系数矩阵, $v_i$ 是一个 $p$ 维随机向量. 整合变参数 $B$ 对负载形状最终使用分析至关重要, 因为它们将家庭构成、电器拥有量和家庭负载周期的水平及形状联系起来.

初次接触这些模型的人可能想知道为什么不把式 (12.7) 代入式 (12.6), 然后直接进行估计参数 $B$. 这是因为所得到的估计问题的维度令人畏惧得大, 并且对不同

家庭需求行为做独立性做出了明显的貌似真实的假设, 所以这个问题分成明显的两步解决最方便.

假设第一阶段模型 (12.6) 可以被有效地估计, 然后我们面临着估计第二阶段模型 (12.7). 这里需要面临的第一个问题就是不能直接观测到 $\alpha_i$, 取而代之的是有估计值 $\hat{\alpha}_i$, 它描述第 $i$ 个家庭的负载周期. 因此, 式 (12.7) 变为

$$\hat{\alpha}_i = z_i B + (\hat{\alpha}_i - \alpha_i) + v_i = z_i B + w_i. \tag{12.8}$$

这个新的误差是合成的, 并且一部分原因是由于原初的第二阶段误差 $v_i$ 和第一阶段估计 $\alpha$ 是产生的误差. 依然, 所得误差界定的复杂性导致了估计的复杂化. 误差成分 $(\hat{\alpha}_i - \alpha)$ 可以被完全忽视, 然后继续进行第二阶段的估计, 就好像 $\hat{\alpha}_i = \alpha_i$. 这里用第一阶段拟合的标准误差的倒数作为横截面观测值的权重进行实验. 但是这好像对大需求量的家庭给予更小的权重, 从而使得到的结果不如未加权的情形可靠. 这种简单加权方法的成功最终依赖于式 (12.8) 中两个误差成分的规模, 这在样本中成比例; 但是这好像不太合理, 所以我们需要更复杂的解决办法. 正如在以前的工作中, 式 (12.8) 中 $v$ 的方差比估计误差成分大, 因此权数的省略不会造成什么损失.

### 12.4.3 条件分位数分层模型

12.4.2 节描述过的两阶段分层框架传统上被认为是界定条件期望模型的一种方法. 第一阶段的需求模型用经典最小二乘方法估计, 所以该模型被认为是在给定温度条件下周期需求的条件均值的估计. 然而, 假定式 (12.6) 中的误差 $u(t)$ 是平稳的, 这好像并不合理. 对 $u(t)$ 的平稳假设非常强; 它要求 $u(t)$ 在几个时间点上, 比如说 $t_1, \cdots, t_k$, 计算出的联合分布函数随着时间往前或者往后一致地移动而保持不变. 这样, 就更何况说 $u(t)$ 的矩和 $t$ 是独立的, 围绕其中心趋势的需求扰动的散度或者偏度是不变的. 但是, 很显然这一假设非常不合理. 就像均值的周期行为那样, 需求的随机成分无疑也是具有高度周期性的. 当平均需求高时, 需求的散度和偏度有可能较高; 当需求低时则偏小. 当然, 在极低需求周期情况下这非常显然, 其中需求不变的扰动性将威胁到非负需求这一明显的物理必要性.

界定和估计负载周期模型的一般方法由回归分位数方法承担. 这种方法对负载周期的不同分位点界定几个模型并且分析这些模型的行为作为潜在不同的现象, 而不是对均值需求周期界定一个周期模型, 并且把噪声视为必要的平稳过程, 将其加入这一中心趋势. 这样, 比如说, 将家庭视为具有基底负载需求似乎更合理, 该需求相当稳定, 对应于 (比方说) 需求周期的 10% 分位点 (此处的平稳是指低分位点与低分位点几乎没有差异, 或者换一种说法, 负载周期分布左边尾部很短). 中位数需求周期界定与式 (12.6) 中的均值周期模型界定在很大程度上是一致的. 最后, 某

些大分位点, 像 90% 分位点上的模型将反映出随机负载周期右尾的行为.

在图 12-2 的 (a) 和 (b) 中, 我们分别给出样本中第一和第二个家庭需求周期条件分位数的估计. 这些图形给出的拟合分位函数是基于六月第一个星期盛行的天气条件, 这个天气条件是在其最近的气象站测量的. 如果需求的随机成分是可加的并且是平稳的, 那么我们将期望在这些图形中看到条件分位数只是在垂直方向上彼此替代. 显然, 这与事实不符, 并且区分各种分位估计的形状和振幅是很相当的. 这一点在分层模型中似乎特别重要, 因为我们自然会将某些第二阶段的效应 (如电器) 与基准载荷贡献联系起来, 并且将其他效应与最高的需求量联系起来. 在均值–平稳–噪声模型中, 这种区分是无意义的.

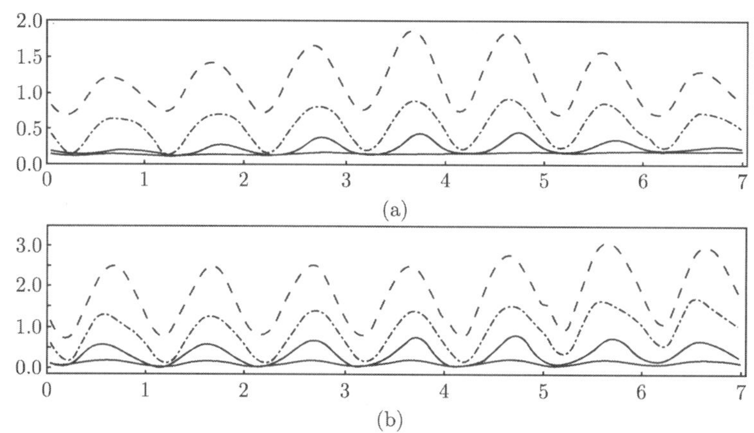


图 12-2 两个代表性家庭需求分布的条件分位数估计

画出的曲线表示在每周需求 (单位: kW) 分布函数的 0.25, 0.50, 0.75 和 0.95 分位点上拟合的分位数. 横轴 0 代表周日 0 : 00, 7 代表周六 24 : 00: (a) 家庭 1, (b) 家庭 2

## 12.5 结 论

我们已经提出了估计条件分位函数的非参模型的一般方法. 用这些方法模拟住宅电力需求周期我们能得到什么?

第一阶段的结果指出了很强的周期成分以及天气对基本负载需求 (25% 分位数) 的影响, 虽然这个需求在周期内变化很小. 这主要是因为我们进行参数估计时用了大量的数据而且这些数据的波动很小. 所以基本负载需求对于每一个客户可以被准确预测并且夏季基本负载的波动是很小的. 另一方面, 在电力极端使用量上波动较大. 这使得个人极端电力使用量的预测相当困难. 所以, 95% 分位数的估计有很强的周期性形状, 而围绕这一形状的波动性也很大.

对比之下, 第二阶段的结果表明从基本负载到高用电量, 我们解释消费者之间用电量波动的能力普遍提高. 在基本负载层面, 消费者之间几乎没有波动, 并且我们使用的协变量不是很适合解决这个问题. 但是, 在极端用电量层面, 消费者之间的波动较大, 并且此波动与研究所有许多协变量相关.

这个领域先前的研究主要集中在条件均值模型, 相比之下, 结果强烈地建议对电力载荷曲线进行统计分解, 分成不同分位数模型, 这样可以得到更详细的细节.

结果还建议载荷曲线的统计分解可能对预测高峰需求很有用. 关于人口学变化的认知对预测个人夏季基本负荷需求起到很小的帮助. 因此用消费者代表来估计居民的基本负荷需求, 这很可能忽视人口的变化而只集中在消费者的数目上. 对容量规划目的, 我们需要预测高峰负荷. 然而, 对该目的估计要求密切关注人口变化、某些相关电器的极端使用以及家庭特征. 最后, 条件均值模型和分位数模型的估计差异是相当大的.

## 12.6 主要参考文献

对于严格的线性模型, Koenker 和 Bassen (1978) 提出了一种简单的估计条件分位模型的方法. 对于非参模型, Stone (1977) 和 Truong (1989) 中用的是最近邻方法, Samanta (1989), Antoch 和 Janssen (1989) 用的核圈思想, White (1990) 用的神经网络方法. Cole (1988) 基于高斯 Cox-Box 模型提出一种估计条件分位模型的参数方法. 因为样条分析在解决非参回归问题时是一种很灵活的工具, 所以其应用基本上限于估计条件中心趋势模型. 例如, 见 Hastie 和 Tibshirani (1986) 中有关在广义线性模型中的应用, Buja 等 (1989) 及其讨论, Lenth (1977) 或者 Cox (1983) 有关样条模型的 $M$ 估计.

本章主要参考 Hendricks 和 Koenker (1992) 的文章, 介绍了非参分位响应曲面的一般方法、一般的推断工具以及在分层模型上的应用, 描述了估计非参分位响应曲面的一般方法, 研发了一般的推断工具以及给出了应用和分析结果.

# 第13章　分层线性分位回归

由于分位回归具有很多优点, 近年来它逐渐成了线性和非线性响应模型综合性的统计分析方法, 但是它却不能有效地处理具有分层结构的实际数据. 然而, 在现实生活中具有种结构的数据是一种普遍现象. 忽略数据的这种结构会冒很大的风险, 甚至让传统意义下的统计分析方法失效; 另一方面, 尽管分层模型考虑到了数据的这种结构, 但它实际上就是均值回归, 所以不可能全面刻画高维解释变量情形下的响应变量的条件分布问题. 另外, 它估计出来的系数向量 (边际效应) 对于响应变量中的离群点很敏感. 本章基于 Gauss-Seidel 迭代法, 提出一种新的算法, 该算法充分利用分位回归和分层模型二者的优点, 创造性地解决前面所提出的问题. 在理论方面, 还考虑新方法的渐近性质, 得出简单条件下 $n^{1/2}$ 收敛速度和渐近正态性.

## 13.1　引　　言

来自社会学中的数据通常具有下述意义下的分层结构：有变量来描述个体, 而个体嵌套在更大单元里. 以教育方面的数据为例, 学生被分成班级, 班级嵌套在学校里, 学校上面有社区, 社区上面还有省、国家等.

自 20 世纪 70 年代以来, 人们已经研究分层结构数据的统计模型. 比如, 作为对线性模型贝叶斯估计学术方面的贡献, Lindley 和 Smith (1972) 及 Smith (1973) 引入了分层线性模型(hierarchical linear model) 这一术语. 然而, 近年来同一名字在不同的领域同时有不同的称谓. 在社会学研究里, 称为多水平模型 (multilevel model), 参见 Mason 等 (1983), Goldstein (1995). 生物统计上则称为混合效应模型 (mixed-effects model) 或者随机效应模型 (random-effects model), 参见 Elston (1962), Laird 和 Ware (1982), Longford (1987) 以及 Singer (1998). 经济计量学上称为随机系数回归模型 (random-coefficient regression model), 参见 Rosenberg (1973) 和 Longford (1993). 在贝叶斯统计里, 称为条件独立分层模型 (conditionally independent hierarchical model), 参见 Kass 和 Steffey (1989). 一般的统计文献则称为协方差成分模型 (covariance components model), 参见 Dempster 等 (1981). Hobert (2000) 给出了目前有关拟合分层模型计算方面存在的热点问题的综述.

在上述所提到的各种模型背后, 现有的分层模型理论主要关注的是在给定预测变量 $X$ 的条件下, 拟合响应变量 $Y$ 的条件期望. 尽管在很多应用中, 这些理论能够应付, 然而它们却不能完全刻画响应变量在各分位点上的情况. 例如: 学校平均成绩有时候可能会隐藏一些涉及差生与优等生方面的问题, 因为平均数本身不能对学生成绩提供一个谱视 (spectral view). 由于分位回归做到完全刻画一个随机变量的各分位点情况, 所以近年来它逐渐成了条件分位函数模型统计推断方面有效的方法 (Koenker, Bassett, 1978). 但是它却不能有效地处理具有分层结构的实际数据. 在现实生活中具有种结构的数据是一种普遍现象. 忽略数据的这种结构会冒很大的风险, 甚至让传统意义下的统计分析方法失效.

本章充分利用了分层模拟与分位回归之优点, 提出了一类模型, 称为分层分位回归模型 (hierarchical quantile regression model). 这类模型具有如下特点:

(1) 它们能够全面刻画出给定高维解释变量的条件下响应变量的各分位点情况;

(2) 估计出来的系数向量, 即边际效应, 对于响应变量的离群观测值, 是稳健的;

(3) 在不同分位点上潜在的不同解具有很有用的解释意义;

(4) 沿袭了分层模拟与分位回归模型二者所有的优点.

## 13.2 模 型 界 定

分层数据可以有很多层. 为了说明方便而且又不失一般性, 本节只考虑具有两层的数据, 有的书上又称为两水平数据. 其实, 所得到的基本结果是很容易推广到多层数据上去. 假设有 $(X, W, Y)$ 的独立同分布观测值 $\{(X_1, W_1, Y_1), \cdots, (X_n, W_n, Y_n)\}$, 其中 $Y_i^{\mathrm{T}}$ 是实数响应变量的值, $X_i^{\mathrm{T}}$ 是已知的 $1 \times d$ 维第一层预测值向量, $W_i^{\mathrm{T}}$ 是已知的 $d \times f$ 第二层预测矩阵, 满足第一层模型

$$Y_i = X_i\beta_i + \varepsilon_i, \quad \varepsilon_i \sim N(0, \sigma^2), \tag{13.1}$$

其中 $\beta_j^{\mathrm{T}}$ 是未知的 $d \times 1$ 维第一层系数向量, $\varepsilon_i^{\mathrm{T}}$ 是 i.i.d. 不可观测随机效应变量, 假定它们与 $X_i^{\mathrm{T}}$ 独立并且服从均值为 0 方差为 $\sigma^2$ 的正态分布.

在第二层模型上, 第一层模型中的系数成了输出结果:

$$\beta_i = W_i\gamma + u_i, \quad u_i \sim N(0, T), \tag{13.2}$$

其中 $\gamma$ 是 $f \times 1$ 固定效应向量, $u_i$ 是 $d \times 1$ 维第二层随机效应向量, 假定它们与 $W_i^{\mathrm{T}}$ 和 $\varepsilon_i^{\mathrm{T}}$ 独立并且服从均值向量为 0 向量协方差阵为方阵 $T_{d\times d}$ 的多元分布.

将第二层模型 (13.2) 代入到第一层模型 (13.1), 产生如下组合模型:

$$Y_i = X_iW_i\gamma + X_iu_i + \varepsilon_i, \quad \varepsilon_i \sim N(0, \sigma^2),\ u_i \sim N(0, T). \tag{13.3}$$

为了全面刻画给定预测变量 $(X,W)=(x,w)$ 的条件下响应变量 $Y$ 的条件分布 $F(y|x,w)$, 考虑 $Y$ 的分位函数. 假定 $F(y\,|\,x,w)$ 是 $y$ 的增函数并且在 $x$ 和 $w$ 连续, 那么在给定 $X=x$ 和 $W=w$ 的条件下, $Y$ 的 $\tau$ 分位可定义为 $q_\tau(x,w)$, 它满足:

$$q_\tau(x,w)=\inf\{t\in R:F(t\,|\,x,w)\geqslant\tau\},\quad 0<\tau<1.$$

可以直接证明在模型 (12.3) 下, 有

$$q_\tau(x,w)=xw\gamma+(xTx^{\mathrm{T}}+\sigma^2)^{1/2}\varPhi^{-1}(\tau),\tag{13.4}$$

其中 $\varPhi(\cdot)$ 是标准正态分布函数.

**注** 模型 (13.3) 和 (13.4) 一起定义为分层分位回归模型.

## 13.3 EQ 算 法

### 13.3.1 Q 步

固定效应 $\gamma$ 可以通过求解下面最小化问题估计出来:

$$\widehat{\gamma}=\mathrm{Arg}\min_{\gamma\in\mathbb{R}^f}\sum_{i=1}^n\rho_\tau\left(Y_i-X_iW_i\gamma-(X_iTX_i^{\mathrm{T}}+\sigma^2)^{1/2}\varPhi^{-1}(\tau)\right),\tag{13.5}$$

其中

$$\rho_\tau(z)=\tau zI_{[0,\infty)}(z)-(1-\tau)zI_{(-\infty,0)}(z),\tag{13.6}$$

称为检验函数. 由于检验函数在原点不可微, 所以最小化问题 (13.5) 中的回归系数没有显式解. 利用 Portnoy 和 Koenker (1997) 所讨论的求解线性规划问题的内点法, 现在可以求解最小化问题 (13.5) 了, 所用的算法是 Koenker 和 D'Orey (1993) 提供的.

$T$ 和 $\sigma^2$ 的最大似然估计可以这样直接给出:

$$\widehat{T}=\frac{1}{J}\sum_{i=1}^n u_iu_i^{\mathrm{T}},\tag{13.7}$$

其中 $J$ 是第二层的单元个数.

$$\widehat{\sigma}^2=\frac{1}{n}\sum_{i=1}^n(Y_i-X_iW_i\widehat{\gamma}-X_iu_i)^2.\tag{13.8}$$

### 13.3.2 E 步

$u_i$ 是不可观测的, 所以上面所定义的参数估计 $\widehat{\gamma}, \widehat{\sigma}^2$ 和 $\widehat{T}$ 只是形式上的给出. 不过它们可以通过在给定数据 $Y$ 以及在迭代过程中上一步所得到的参数值的条件下, 它们的条件期望来估计. 由式 (13.3), 可以得出 $(Y, u)$ 联合密度如下:

$$\begin{pmatrix} Y \\ u \end{pmatrix} \sim N\left[\begin{pmatrix} XW\gamma \\ 0 \end{pmatrix}, \begin{pmatrix} XTX^{\mathrm{T}}+\sigma^2 & XT \\ TX^{\mathrm{T}} & T \end{pmatrix}\right]. \tag{13.9}$$

根据标准正态分布理论 (Morrison, 1967)[88] 和类似于 Smith (1973) 以及 Dempster 等 (1981, 1977) 的学术文章中的推导过程, 可以证明

$$u|Y, \gamma, T, \sigma^2 \sim N(u^*, T^*), \tag{13.10}$$

其中 $u^* = \sigma^{-2}T^*X^{\mathrm{T}}(Y - XW\gamma)$, 和 $T^* = \sigma^2(X^{\mathrm{T}}X + \sigma^2T^{-1})^{-1}$.

现在可以给出 $\widehat{T}$ 和 $\widehat{\sigma}^2$ 的条件估计如下:

$$E(\widehat{T}|Y, \gamma, \sigma^2, T) = n^{-1}\sum\left(u_i^*u_i^{*\mathrm{T}} + T_i^*\right) \tag{13.11}$$

和

$$E(\widehat{\sigma}^2|Y, \gamma, \sigma^2, T) = n^{-1}\sum(Y_i - X_iW_i\gamma - X_iu_i^*)^2 + \mathrm{tr}(X_iT_i^*X_i^{\mathrm{T}}), \tag{13.12}$$

其中 $u_i^* = \sigma^{-2}T_i^*X_i^{\mathrm{T}}(Y_i - X_iW_i\gamma)$, 和 $T_i^* = \sigma^2(X_i^{\mathrm{T}}X_i + \sigma^2T^{-1})^{-1}$.

### 13.3.3 迭代

这些条件期望激发考虑下列 Guass-Seidel 型迭代方法:

(1) 初始化 $(\sigma^2, T) = (\sigma^2_{(0)}, T_{(0)})$;

(2) 从 $\min\limits_{\gamma\in\mathbb{R}^f}\sum\limits_{i=1}^{n}\rho_\tau\left(Y_i - X_iW_i\gamma - (X_iT_{(j)}X_i^{\mathrm{T}} + \sigma^2_{(j)})^{1/2}\varPhi^{-1}(\tau)\right)$ 中估计出 $\gamma_{(j+1)}$;

(3) 从 $E(\widehat{T}|Y_i, \gamma_{(j+1)}, \sigma^2_{(j)}, T_{(j)}) = n^{-1}\sum\limits_{i=1}^{n}\left(u^*_{i(j)}u^{*\mathrm{T}}_{i(j)} + T^*_{(j)}\right)$ 中估计出 $T_{(j+1)}$, 其中 $T^*_{(j)} = \sigma^2_{(j)}(X_i^{\mathrm{T}}X_i + \sigma^2_{(j)}T^{-1}_{(j)})^{-1}$ 和 $u^*_{i(j)} = T^*_{(j)}X_i^{\mathrm{T}}(Y_i - X_iW_i\gamma_{(j+1)})/\sigma^2_{(j)}$;

(4) 从

$$\begin{aligned} &E(\widehat{\sigma}^2|Y_i, \gamma_{(j+1)}, \sigma^2_{(j)}, T_{(j+1)}) \\ =&n^{-1}\left\{\sum_{i=1}^{n}\left(Y_i - X_iW_i\gamma_{(j+1)} - X_iu^*_{i(j+1)}\right)^2 + \mathrm{tr}\left(\sum_{i=1}^{n}T^*_{(j+1)}X_i^{\mathrm{T}}X_i\right)\right\} \end{aligned}$$

中估计 $\sigma^2_{(j+1)}$, 其中, $T^*_{(j+1)} = \sigma^2_{(j)}(X_i^{\mathrm{T}}X_i + \sigma^2_{(j)}T^{-1}_{(j+1)})^{-1}$ 和 $u^*_{i(j+1)} = T^*_{(j+1)}X_i^{\mathrm{T}}(Y_i - X_iW_i\gamma_{(j+1)})/\sigma^2_{(j)}$, $\quad j = 0, 1, \cdots$. 照这样继续进行下去, 直到任何一个参数值最大变化值充分小为止.

### 13.3.4 初始值选取

正如许多其他的迭代方法易受到初值选取的影响一样, EQ 算法也有类似的情况. 它的收敛性可能会受到初始值 $\sigma^{2(0)}$ 和 $T^{(0)}$ 的影响. 这里采用了一种富有成效的做法: 从普通分层回归的均值估计出发, 在迭代中将它们用来作为初值, 得出中位数 $(p=0.5)$ 的估计, 然后, 利用把这个中位数估计值当作估计其他 $p$ 阶分位数的初始值, 如 $p=0.75$ 和 $p=0.25$ 等, 分别向高低分位数两个方向迭代下去, 即利用 $p=0.75$ 阶分位回归估计值作为初值来作为估计 $p=0.90$ 或者 $p=0.95$ 分位数. 类似地, 可以用 $p=0.25$ 阶回归分位作为估计 $p=0.1$ 或 $p=0.05$ 的初始值, 等等.

对于均值回归, Bryk 等 (1988) 所提供的 HLM 程序很容易得到回归均值, 同时他们还提供了许多有趣的令人信服的例子. 另外有个软件包 MLwiN, 它具有可视界面用于多水平模拟. MLwiN 是由一个多水平模拟中心梯队创造出来的, 请参阅 http://multilevel.ioe.ac.uk/index.html.

## 13.4 大样本性质

考虑模型 (12.3). 显然 $\{Y_i\}$ $(i=1,\cdots,n)$ 是一个独立随机变量序列并且有 $Y_i\sim N(X_iW_i\gamma,\, X_iTX_i^{\mathrm{T}}+\sigma^2)$. 模型 (12.3) 带有随机扰动项: $X_iu_i+\varepsilon_i\sim N(0,X_iTX_i^{\mathrm{T}}+\sigma^2)$ $(i=1,\cdots,n)$. 这些扰动项独立但不同分布. 这不是 i.i.d. 情况, 所以这种情况要比 i.i.d. 情形复杂. 由式 (12.4), 给定协变量 $X_i$ 和 $W_i$ 之后, $Y_i$ 的 $\tau$ 阶条件分位是

$$q_\tau(X_i,W_i)=X_iW_i\gamma+(X_iTX_i^{\mathrm{T}}+\sigma^2)^{1/2}\varPhi^{-1}(\tau), \tag{13.13}$$

其中 $\gamma,T,\sigma^2$ 是未知参数.

要解决的问题是如何利用样本 $\{(X_1,W_1,Y_1),\cdots,(X_n,W_n,Y_n)\}$ 中所含的信息来估计 $\widehat{q}_\tau(x)$. 这里 $\tau$ 阶回归边际效应 $\widehat{\gamma}_n(\tau)$ 可以通过最小化下式得到:

$$L_n(b)=\sum_{i=1}^n\rho_\tau\left(Y_i-X_iW_ib-(X_iTX_i^{\mathrm{T}}+\sigma^2)^{1/2}\varPhi^{-1}(\tau)\right). \tag{13.14}$$

根据检验函数 $\rho_\tau(\cdot)$ 的定义, 上面问题 (13.14) 可以重写如下:

$$L_n(b)=\sum_{i=1}^n\left(\tau-\frac{1}{2}+\frac{1}{2}\mathrm{sgn}(R_i)\right)R_i, \tag{13.15}$$

其中 $R_i=Y_i-X_iW_ib-(X_iTX_i^{\mathrm{T}}+\sigma^2)^{1/2}\varPhi^{-1}(\tau)$. 可以给出最小化问题如下:

$$\min_{b\in\mathbb{R}^f}L_n(b). \tag{13.16}$$

记 $e_j=(0,\cdots,1,\cdots,0)^{\mathrm{T}}$, 它是一个 $f\times 1$ 维向量, 其第 $i$ 为 1, 其他元为 0. 为了构建下面的定理, 需要一些一般性的假设.

**假设 13.4.1** $\max_{1\leqslant i\leqslant n}\sum_{k=1}^{f}|X_iW_ie_k|=O(1)$.

**假设 13.4.2** $n^{-1/2}\sum_{i=1}^{n}|X_iW_ie_k|=O(1),\quad n\to\infty,\ k=1,\cdots,f$.

**假设 13.4.3** $\lim_{n\to\infty}\dfrac{1}{n}\sum_{i=1}^{n}W_i^{\mathrm{T}}X_i^{\mathrm{T}}X_iW_i=\varOmega$, 其中 $\varOmega=(\omega_{ij})$ 是 $f\times f$ 矩阵.

通常, 在该研究领域里, 人们的主要兴趣之一就是研究不同分位点上的固定效应的性能. 为此, 将以下面定理的形式表现出来.

**定理 13.4.1** 设有 $(X,W,Y)$ 的一组观测值 $(X_i,W_i,Y_i)$ $(i=1,\cdots,n)$, 满足式 (13.3), 并且设计阵 $X_i$ 和 $W_i$ 满足假设 13.4.1 和假设 13.4.2. 令 $\widehat{\gamma}(\tau)$ 是最小化问题 (13.4.16) 的解. 于是有

$$\sqrt{n}(\widehat{\gamma}(\tau)-\gamma(\tau))\xrightarrow{d}N\left(0,\tau(1-\tau)\varOmega_n^{-1}/\{\phi(\varPhi^{-1}(\tau))\}^{-2}\right),\tag{13.17}$$

其中 $\tau$ 是回归分位, $\varOmega_n=n^{-1}\sum_{i=1}^{n}W_i^{\mathrm{T}}X_i^{\mathrm{T}}X_iW_i,\phi$ 是正态分布的概率密度函数, $\varPhi$ 是正态分布的累积分布.

本定理的证明需要如下几个辅助性的结果, 即引理 13.4.1~ 引理 13.4.5.

**引理 13.4.1** 记 $\xi_i=Y_i-X_iW_i\gamma-X_iu_i-\sigma\varPhi^{-1}(\tau)$, 于是

$$E\left(\tau-\frac{1}{2}+\frac{1}{2}\mathrm{sgn}(\xi_i)\right)^m=\tau(\tau-1)^m+(1-\tau)\tau^m,\tag{13.18}$$

其中 $m=1,2,\cdots$.

**证明** 显然有 $\xi_i\sim N\left(-\sigma\varPhi^{-1}(\tau),\sigma^2\right)$. 于是

$$\begin{aligned}
&E\left(\tau-\frac{1}{2}+\frac{1}{2}\mathrm{sgn}(\xi_i)\right)^m\\
=&\int_{-\infty}^{0}\frac{(\tau-1)^m}{\sqrt{2\pi}\sigma}\exp\left\{-\frac{\left(\xi+\sigma\varPhi^{-1}(\tau)\right)^2}{2\sigma^2}\right\}\mathrm{d}\xi\\
&+\int_{0}^{\infty}\frac{\tau^m}{\sqrt{2\pi}\sigma}\exp\left\{-\frac{\left(\xi+\sigma\varPhi^{-1}(\tau)\right)^2}{2\sigma^2}\right\}\mathrm{d}\xi\\
=&\int_{-\infty}^{\varPhi^{-1}(\tau)}\frac{(\tau-1)^m}{\sqrt{2\pi}}\mathrm{e}^{-\frac{t^2}{2}}\mathrm{d}t+\int_{\varPhi^{-1}(\tau)}^{\infty}\frac{\tau^m}{\sqrt{2\pi}}\mathrm{e}^{-\frac{t^2}{2}}\mathrm{d}t\quad\left(t=\frac{\xi+\sigma\varPhi^{-1}(\tau)}{\sigma}\right)\\
=&\varPhi(\varPhi^{-1}(\tau))(\tau-1)^m+\{1-\varPhi(\varPhi^{-1}(\tau))\}\tau^m\\
=&\tau(\tau-1)^m+(1-\tau)\tau^m.
\end{aligned}$$

■

**引理 13.4.2** 假设 $\|Z_n\| = O(1)$. 记 $G_n(Z_n) = (g_{nj}(Z_n))_{f\times 1}$, 其中

$$g_{nj}(Z_n) = n^{-1/4}\sum_{i=1}^{n} X_iW_ie_j\left[\left\{\tau - \frac{1}{2} + \frac{1}{2}\mathrm{sgn}(\xi_i - \frac{\sigma}{\sqrt{n}}X_iW_iZ_n)\right\}\right.$$
$$\left.- \left\{\tau - \frac{1}{2} + \frac{1}{2}\mathrm{sgn}(\xi_i)\right\}\right],$$

$j = 1, \cdots, f$. 在假设 13.4.1 和假设 13.4.2 之下, 有

$$EG_n(Z_n) = -n^{1/4}\Omega_nZ_n\phi(\Phi^{-1}(\tau)) + O(n^{-1/4}), \tag{13.19}$$

其中 $\Omega_n = n^{-1}\sum_{i=1}^{n} W_i^{\mathrm{T}}X_i^{\mathrm{T}}X_iW_i$.

**证明** 借助于引理 13.4.1, 有

$$\begin{aligned}
&\left|Eg_{nj}(Z_n) + n^{-1/4}\sum_{i=1}^{n} X_iW_ie_j\cdot\frac{1}{\sqrt{n}}X_iW_iZ_n\cdot\phi\left(\Phi^{-1}(\tau)\right)\right| \\
\leqslant\, & n^{-1/4}\left|\sum_{i=1}^{n} X_iW_ie_j\left\{\Phi\left(\Phi^{-1}(\tau)\right) - \Phi\left(\Phi^{-1}(\tau) + \frac{1}{\sqrt{n}}X_iW_iZ_n\right)\right.\right. \\
&\left.\left. + \frac{1}{\sqrt{n}}X_iW_iZ_n\phi\left(\Phi^{-1}(\tau)\right)\right\}\right| \\
\leqslant\, & n^{-1/4}\left|\sum_{i=1}^{n} X_iW_ie_j\phi'\left(\Phi^{-1}(\tau) + \frac{\Delta}{\sqrt{n}}X_iW_iZ_n\right)\cdot\left(\frac{1}{\sqrt{n}}X_iW_iZ_n\right)^2/2!\right| \quad (\Delta\in[0,1]) \\
\leqslant\, & \frac{1}{2\sqrt{2\pi}}\mathrm{e}^{-1/2}n^{-5/4}\sum_{i=1}^{n}|X_iW_ie_j|\cdot|X_iW_iZ_n|^2 \\
\leqslant\, & \frac{1}{2\sqrt{2\pi}}\mathrm{e}^{-1/2}n^{-5/4}\sum_{i=1}^{n}|X_iW_ie_j|\cdot\left\{\sum_{k=1}^{f}(X_iW_ie_k)^2\right\}\cdot\left\{\sum_{k=1}^{f}(Z_ne_k)^2\right\} \\
=\, & O(n^{-1/4})\|Z_n\|^2.
\end{aligned}$$

所以, 有

$$\begin{aligned}
&E(G_n(Z_n)) \\
=\, & -n^{-3/4}\begin{pmatrix} X_1W_1e_1 & \cdots & X_nW_ne_1 \\ \vdots & & \vdots \\ X_1W_1e_f & \cdots & X_nW_ne_f \end{pmatrix}\begin{pmatrix} X_1W_1 \\ \vdots \\ X_nW_n \end{pmatrix}Z_n\phi(\Phi^{-1}(\tau)) + O(n^{-1/4})
\end{aligned}$$

$$= -n^{-3/4}(e_1,\cdots,e_f)^{\mathrm{T}}(W_1^{\mathrm{T}},\cdots,W_n^{\mathrm{T}})\begin{pmatrix}X_1' & & \\ & \ddots & \\ & & X_n'\end{pmatrix}\begin{pmatrix}X_1 & & \\ & \ddots & \\ & & X_n\end{pmatrix}\begin{pmatrix}W_1\\ \vdots \\ W_n\end{pmatrix}$$

$$\cdot Z_n\phi(\varPhi^{-1}(\tau)) + O(n^{-1/4})$$

$$= -n^{1/4}\varOmega_n Z_n\phi(\varPhi^{-1}(\tau)) + O(n^{-1/4}).$$ ■

**引理 13.4.3** 假设引理 13.4.2 的条件成立, 那么

$$G_n(Z_n) = EG_n(Z_n) + O_p(1). \tag{13.20}$$

**证明** 记 $b_{nj}(Z_n) = g_{nj}(Z_n) - Eg_{nj}(Z_n)$, $j=1,\cdots,f$. 对于 $U,V\in R^f$, $\|U\| = O(1), \|V\| = O(1)$. 考虑到引理 13.4.1, 有

$$b_{nj}(U) - b_{nj}(V)$$

$$= n^{-1/4}\sum_{i=1}^{n} X_iW_ie_j\left[\frac{1}{2}\left\{\mathrm{sgn}\left(\xi_i - \frac{\sigma}{\sqrt{n}}X_iW_iU\right) - \mathrm{sgn}\left(\xi_i - \frac{\sigma}{\sqrt{n}}X_iW_iV\right)\right\}\right]$$

$$-n^{-1/4}\sum_{i=1}^{n} X_iW_ie_j\left[-\varPhi\left(\varPhi^{-1}(\tau) + \frac{1}{\sqrt{n}}X_iW_iU\right) + \varPhi\left(\varPhi^{-1}(\tau) + \frac{1}{\sqrt{n}}X_iW_iV\right)\right].$$

注意到存在 $K_1, 0<K_1<\infty$, 使得 $|\mathrm{sgn}(\varsigma_1)-\mathrm{sgn}(\varsigma_2)| \leqslant K_1|\varsigma_1-\varsigma_2|$, 和 $|\phi(\cdot)| \leqslant 1/\sqrt{2\pi}$. 对于 $U,V\in R^f$, 如果 $U^{\mathrm{T}}e_j \leqslant V^{\mathrm{T}}e_j$, $j=1,\cdots f$, 将记成 $U\leqslant V$. 于是对某个常数 $K$, 有

$$E|b_{nj}(U) - b_{nj}(V)|^4$$

$$\leqslant n^{-1}E\left[\sum_{i=1}^{n}|X_iW_ie_j|\left\{\frac{K_1\sigma}{2\sqrt{n}}|X_iW_i(U-V)| + \frac{1}{\sqrt{2\pi}}\frac{1}{\sqrt{n}}|X_iW_i(U-V)|\right\}\right]^4$$

$$\leqslant n^{-3}K\left\{\sum_{i=1}^{n}|X_iW_ie_j|\left|\left(\sum_{k=1}^{f}X_iW_ie_k(U-V)^{\mathrm{T}}e_k\right)\right|\right\}^4$$

$$\leqslant n^{-3}K\left\{\sum_{i=1}^{n}|X_iW_ie_j|\left(\sum_{k=1}^{f}|X_iW_ie_k|^2\right)\left(\sum_{k=1}^{f}|(U-V)^{\mathrm{T}}e_k|^2\right)\right\}^4$$

$$\leqslant n^{-3}K\left\{\sum_{i=1}^{n}|X_iW_ie_j|\left(\sum_{k=1}^{f}|X_iW_ie_k|^2\right)\|(U-V)\|^2\right\}^4$$

$$= O(n^{-1})\|U-V\|^8,$$

再则, 根据 Schwarz 不等式: $P(E_1\cap E_2) \leqslant P^{1/2}(E_1)P^{1/2}(E_2)$ 和修正后的 Markov 不等式/ Chebyshev 不等式: 如果 $g:[0,\infty)\to[0,\infty)$ 严格递增且非负, 那么有

$P\{|X| \geqslant \varepsilon\} \leqslant E[g(|X|)]/g(\varepsilon)$. 因此, 对于 $U, V, W \in R^f$, 且 $g(t) = t^4$, 有

$$
\begin{aligned}
& P\{|b_{nj}(W) - b_{nj}(V)| \geqslant \lambda, |b_{nj}(V) - b_{nj}(U)| \geqslant \lambda\} \\
\leqslant & P^{1/2}\{|b_{nj}(W) - b_{nj}(V)| \geqslant \lambda\} \cdot P^{1/2}\{|b_{nj}(V) - b_{nj}(U)| \geqslant \lambda\} \\
\leqslant & \left\{\lambda^{-4} E|b_{nj}(W) - b_{nj}(V)|^4\right\}^{1/2} \left\{\lambda^{-4} E|b_{nj}(V) - b_{nj}(U)|^4\right\}^{1/2} \\
\leqslant & \lambda^{-4} O(n^{-1/2}) \|W - V\|^4 \cdot \lambda^{-4} O(n^{-1/2}) \|V - U\|^4 \\
\leqslant & \lambda^{-4} O(n^{-1}) \|W - U\|^4.
\end{aligned}
$$

于是, 只要将 Billingsley (1968) 中的定理 12.1 推广到向量情形 (参见 Jurečková 和 Sen (1984) 中的引理 3.1 的证明过程), 于是定理证毕. ■

**引理 13.4.4**　假设引理 13.4.2 中的条件成立, 于是有

$$
G_n(Z_n) = -n^{1/4} \Omega_n Z_n \phi(\Phi^{-1}(\tau)) + O_p(1). \tag{13.21}
$$

**证明**　本引理的证明可以直接从引理 13.4.2 和引理 13.4.3 中看出, 这里略去.

在给出引理 13.4.5 之前, 把 $G_n(Z_n)$ 分成两部分: $G_{n1}(Z_n) = O_P(1)$(当 $n \to \infty$) 和 $G_{n2}$. 有

$$
\begin{aligned}
& G_n(Z_n) \\
= & \begin{pmatrix} n^{-1/4} \sum_{i=1}^n X_i W_i e_1 \left[\left\{\tau - \frac{1}{2} + \frac{1}{2}\operatorname{sgn}\left(\xi_i - \frac{\sigma}{\sqrt{n}} X_i W_i Z_n\right)\right\} - \left\{\tau - \frac{1}{2} + \frac{1}{2}\operatorname{sgn}(\xi_i)\right\}\right] \\ \vdots \\ n^{-1/4} \sum_{i=1}^n X_i W_i e_f \left[\left\{\tau - \frac{1}{2} + \frac{1}{2}\operatorname{sgn}\left(\xi_i - \frac{\sigma}{\sqrt{n}} X_i W_i Z_n\right)\right\} - \left\{\tau - \frac{1}{2} + \frac{1}{2}\operatorname{sgn}(\xi_i)\right\}\right] \end{pmatrix} \\
= & -n^{-1/4} (e_1, \cdots, e_f)^{\mathrm{T}} (W_1^{\mathrm{T}}, \cdots, W_n^{\mathrm{T}}) \begin{pmatrix} X_1^{\mathrm{T}} & & \\ & \ddots & \\ & & X_n^{\mathrm{T}} \end{pmatrix} \cdot \\
& \left\{ \begin{pmatrix} \tau - \frac{1}{2} + \frac{1}{2}\operatorname{sgn}\left(\xi_1 - \frac{\sigma}{\sqrt{n}} X_1 W_1 Z_n\right) \\ \vdots \\ \tau - \frac{1}{2} + \frac{1}{2}\operatorname{sgn}\left(\xi_n - \frac{\sigma}{\sqrt{n}} X_n W_n Z_n\right) \end{pmatrix} - \begin{pmatrix} \tau - \frac{1}{2} + \frac{1}{2}\operatorname{sgn}(\xi_1) \\ \vdots \\ \tau - \frac{1}{2} + \frac{1}{2}\operatorname{sgn}(\xi_n) \end{pmatrix} \right\} \\
= & n^{-1/4} (W_1^{\mathrm{T}}, \cdots, W_n^{\mathrm{T}}) \begin{pmatrix} X_1^{\mathrm{T}} & & \\ & \ddots & \\ & & X_n^{\mathrm{T}} \end{pmatrix} \begin{pmatrix} \tau - \frac{1}{2} + \frac{1}{2}\operatorname{sgn}\left(\xi_1 - \frac{\sigma}{\sqrt{n}} X_1 W_1 Z_n\right) \\ \vdots \\ \tau - \frac{1}{2} + \frac{1}{2}\operatorname{sgn}\left(\xi_n - \frac{\sigma}{\sqrt{n}} X_n W_n Z_n\right) \end{pmatrix}
\end{aligned}
$$

$$-n^{-1/4}(W_1^{\mathrm{T}},\cdots,W_n^{\mathrm{T}})\begin{pmatrix} X_1^{\mathrm{T}} & & \\ & \ddots & \\ & & X_n^{\mathrm{T}} \end{pmatrix}\begin{pmatrix} \tau-\frac{1}{2}+\frac{1}{2}\mathrm{sgn}(\xi_1) \\ \vdots \\ \tau-\frac{1}{2}+\frac{1}{2}\mathrm{sgn}(\xi_n) \end{pmatrix}$$

$$\equiv: G_{n1}(Z_n)-n^{-1/4}G_{n2}.$$ ■

**引理 13.4.5** 假设引理 13.4.3 中的条件成立, 于是有

$$n^{-1/4}G_{n1}\left(n^{1/2}(\widehat{\gamma}(\tau)-\gamma(\tau))\right)=o_p(1),\quad n\to\infty. \tag{13.22}$$

**证明** 令 $\widehat{\gamma}(\tau)$ 是最小化问题 (13.16) 的解. 那么从 Ruppert 和 Carroll (1980) 中的引理 A.1~ 引理 A.2 可知式 (13.16) 的偏一阶条件是一个 $f\times 1$ 向量:

$$\nabla(L_n)(b)=\sum_{i=1}^{n}\left(\tau-\frac{1}{2}+\frac{1}{2}\mathrm{sgn}(\widehat{R}_i)\right)W_i^{\mathrm{T}}X_i^{\mathrm{T}}=O_p(n^{-1/4}),$$

其中 $\widehat{R}_i=Y_i-X_iW_i\widehat{\gamma}(\tau)-(X_iTX_i^{\mathrm{T}}+\sigma^2)^{1/2}\varPhi^{-1}(\tau)$. 一般情况下, 偏一阶条件不一定刚好为 0. 类似于 Jurečková (1977) 中引理 5.2 的证明, 可证明式 (13.22). ■

**定理 13.4.1 的证明** 根据不等式: $P(A)\leqslant P(AB)+P(\widehat{B})$ 和引理 13.4.5, 对任意 $\varepsilon>0$, 存在 $\eta_1\geqslant 0,\eta_2\geqslant 0$, 和正整数 $N$, 使得

$$\begin{aligned}&P\left\{n^{1/2}\|\widehat{\gamma}(\tau)-\gamma(\tau)\|\geqslant\eta_1\right\}\\ \leqslant &P\left\{n^{1/2}\|\widehat{\gamma}(\tau)-\gamma(\tau)\|\geqslant\eta_1, n^{-1/4}\|G_{n1}\left(n^{1/2}(\widehat{\gamma}(\tau)-\gamma(\tau))\right)\|<\eta_2\right\}\\ &+P\left\{n^{-1/4}\|G_{n1}\left(n^{1/2}(\widehat{\gamma}(\tau)-\gamma(\tau))\right)\geqslant\eta_2\|\right\}<2\varepsilon.\end{aligned}$$

所以

$$\sqrt{n}\,(\widehat{\gamma}(\tau)-\gamma(\tau))=O_p(1),\quad n\to\infty. \tag{13.23}$$

令引理 13.4.2~ 引理 13.4.4 中的 $Z_n=n^{1/2}\left\{\widehat{\gamma}(\tau)-\gamma(\tau)\right\}$. 于是从引理 13.4.2~ 引理 13.4.5, 有线性 Bahadur 表达式:

$$\sqrt{n}(\widehat{\gamma}(\tau)-\gamma(\tau))=\frac{1}{\sqrt{n}}\left[\phi(\varPhi^{-1}(\tau))\right]^{-1}\varOmega_n^{-1}G_{n2}+o_p(1).$$

记

$$\varPsi_n(Z_n)=\begin{pmatrix}\tau-\frac{1}{2}+\frac{1}{2}\mathrm{sgn}\left(\xi_1-\frac{\sigma}{\sqrt{n}}X_1W_1Z_n\right)\\ \vdots\\ \tau-\frac{1}{2}+\frac{1}{2}\mathrm{sgn}\left(\xi_n-\frac{\sigma}{\sqrt{n}}X_nW_nZ_n\right)\end{pmatrix}.$$

根据引理 13.4.2, 很容易证明

$$\operatorname{var}(\Psi_n(0)) = \tau(1-\tau)I_n,$$

其中 $I_n$ 是一个单位阵, 因此

$$\operatorname{var}(G_{n2}) = n\tau(1-\tau)\Omega_n^{-1}.$$

最后由中心限定理, 有

$$\sqrt{n}(\widehat{\gamma}(\tau) - \gamma(\tau)) \xrightarrow{d} N\left(0, \tau(1-\tau)\Omega_n^{-1}/\{\phi(\Phi^{-1}(\tau))\}^{-2}\right).$$ ■

## 13.5 主要参考文献

自 20 世纪 70 年代以来, 人们已经研究分层结构数据的统计模型. 比如, Lindley 和 Smith(1972) 及 Smith(1973), Mason 等 (1983), Goldstein (1995) Elston 和 Grizzle (1962), Laird 和 Ware(1982), Longford (1987), Singer (1998). Rosenberg (1973), Longford (1993). Kass 和 Steffey (1989), Dempster 等 (1981) 以及 Hobert (2000). 本章主要参考 Tian 和 Chen (2006), 引入了分层分位回归模型, 提出了估计算法, 给出了模型相关的渐近理论并说明了所提出的模型理论的使用方法以及如何解释所得出的结果.

# 第 14 章　分层半参数分位回归

经典的分层线性模型在模拟随机效应结构方面具有很大的灵活性, 因此它很快成了分析生物、经济以及教育等许多领域里普遍存在的嵌套数据的强有力的工具. 然而, 该模型常常需要假定组间误差项独立同分布, 而且还假定各层模型均为线性的. 更有甚者, 传统的分层模型正如其他普通的均值回归一样, 不能全面刻画给定一组高维解释随机变量的情况下依赖变量的条件分布, 所得的估计不稳健. 本章将在更为一般且合理的条件下提出一类新的模型, 称为分层半参数分位回归模型, 该模型假设组间误差项可以是异方差的, 而且各层模型允许为非参数模型. 不失一般性, 只考虑两层模型. 第一层为非参数模型, 第二层为参数模型. 在这个半参数模型背景之下, 第一层模型的一阶偏导数向量, 即经济学上所谓的边际效应, 将由第二层高维解释变量来解释. 更重要的是, 本章所提出的方法能够模拟最里层的固定效应函数 (而不是简单一个常数). 事实表明, 我们所提出的模型更具有适应性和对数据的解释力. 理论方面, 在一般的条件下考虑估计量的渐近性质.

## 14.1 引　言

在实际中, 很多实际数据是分层的, 个体观测嵌套在单元以及上一层结构, 这看起来个体并不是独立的. 传统的例子包括研究医生医治的患者 (2 层), 研究诊所里的医生所医治的患者 (3 层). 处理不好分层结构和缺乏独立性的数据, 通常会导致有偏的参数估计.

在过去的十几年中, 有大量的文献来研究分层数据. Lindly 和 Smith (1972) 以及 Smith (1973) 首次引入了分层线性模型的概念作为他们线性模型贝叶斯估计的一部分. 从此, 分层模型就被冠以不同的名字, 比如多水平模型 (Goldstein, 1995; Mason, Wong, Entwistle, 1983), 混合效应模型和随机效应模型 (Elston, Grizzle, 1962; Singer, 1998), 随机系数回归模型 (Rosenberg, 1973; Longford, 1993) 以及协方差分量模型 (Dempster et al., 1981; Longford, 1987).

在经典的线性模型中, 通常假设 $\{(X_{ij}, W_i, Y_{ij}), i=1,\cdots,n, j=1,\cdots,n_i\}$ 来自总体 $(X, W, Y)$, 其中 $Y_{ij}$ 为第 $i$ 个单元的第 $j$ 个个体. $X_{ij}$ 为已知的 $d\times 1$ 第一层的解释变量, $W_i$ 为 $d\times f$ 第二层的解释变量矩阵. 假设响应变量 $Y$ 和第一层的解释变量 $X$ 满足

$$Y_{ij} = X_{ij}^{\mathrm{T}}\beta_i + \varepsilon_{ij}, \quad \varepsilon_{ij} \sim N(0, \sigma^2), \tag{14.1}$$

其中 $\beta_i = (\beta_{i1}, \cdots, \beta_{id})^{\mathrm{T}}$ 是一个未知的 $d \times 1$ 第一层的系数, $\varepsilon_{ij}$ 是 i.i.d. 的随机误差正态分布, 有 0 均值和方差 $\sigma^2$. 在第二层, 第一层的系数变成响应变量:

$$\beta_i = W_i\gamma + U_i, \quad U_i \sim N(0, T), \tag{14.2}$$

其中 $\gamma$ 是 $f \times 1$ 固定效应, $U_i$ 是 $d \times 1$ 第二层的随机向量, 假设和 $\varepsilon_{ij}$ 相互独立, 服从多元正态分布有均值向量 0 和协方差矩阵 $T$. 前面提到的分层线性模型, 考虑了组内和组间的异常差性, 可以通过利用剩下单元的信息来改进基于一个个体单元数据的估计.

均值回归不能在给定因变量时刻画出因变量的整体条件分布. Koenker 和 Bassett (1978) 提出了分位回归, 利用线性和非线性模型来估计条件分位数, 现在被认为是一个对经典均值回归最理想的改变. 总之, 分位回归方法基于最小化检验函数残差让我们可以估计所有的条件分位函数, 像基于最小二乘估计估计条件均值函数的经典线性回归方法一样. 实际中, 线性分位回归模型不足以描述各个响应变量和协变量之间的关系. 所以, 非参数的方法被引进到分位回归分析中, 参见 Bhattacharya 和 Gangopadhyay (1990), Chaudhuri (1991), Fan 等 (1994), Koenker 等 (1994), Yu 和 Jones (1998), De Gooijer 等 (2002).

Tian 和 Chen (2006) 提出了一类模型, 称为分层线性分位回归模型, 结合了分位线性模型和分位回归二者的优点. 在那篇文章中, 提出了一个基于高斯迭代和利用了分位回归和分层模型的优点的新方法. 在理论方面, 考虑了渐近性质. 对于 $n^{1/2}$ 收敛和渐近正态性, 有一些简单的条件. 然而, 模型 (14.1) 中的线性假设有时候不实际. 本章的目的是拓展已经存在的分层线性模型和局部线性分位回归模型, 并提出一个分层半参分位回归模型. 新方法的目的是允许第一层的模型为非参数模型. 在非参数的假设下, 非参数函数的偏导向量, 通常在经济学中被称为边际效应, 为第二层的响应变量. 为了研究协方差对响应变量完整条件分布的效应, 考虑分位回归系数. 不像普通的分层均值那样固定效应假定是常数, 我们提出的模型允许固定效应的分位数是协变量的函数. 新的方法对于很多统计应用者是很有吸引力的.

## 14.2 模型和估计

在传统的分层线性模型中, 第一层模型假定是线性的 (14.1). 在这种情况下, 均值条件响应函数为 $\mu(x) = E(Y_{ij}|X_{ij} = x) = x^{\mathrm{T}}\beta_i, j = 1, \cdots, n_i$, 它的一阶偏导向量如下定义:

$$\nabla\mu(x) = \Big(\partial\mu(x)/\partial x_1, \cdots, \partial\mu(x)/\partial x_d\Big)^{\mathrm{T}} = (\beta_{i1}, \cdots, \beta_{id})^{\mathrm{T}},$$

其中 $\beta_{ik}$ $(k=1,\cdots,d)$ 可以看成是给定其他的协变量后, 第 $i$ 个协方差均值相应变化的测量. 事实上, $\nabla\mu(x)$ 通常在经济学中被称为边际效应, 如 Chaudhuri 等 (1997). 例如, 在线性模型中 $Y_{ij}=\sum_{k=1}^{d}\gamma_{ik}X_{ijk}+\varepsilon_{ij}$, 有 $E(\varepsilon_{ij})=0$, 向量 $(\gamma_{i1},\cdots,\gamma_{id})^{\mathrm{T}}$ 是一阶偏导向量 $\mu(x)=E(Y_{ij}|x_1,\cdots,x_d)=\gamma_{i1}x_1+\cdots+\gamma_{id}x_d$.

然而, 模型线性性的假设并不实际. 在第一层考虑下面的半参数模型:

$$Y_{ij}=m(X_{ij};\beta_i)+\varepsilon_{ij},\quad i=1,\cdots,n,\ j=1,\cdots,n_i, \tag{14.3}$$

其中 $m(\cdot)$ 是一个未知函数, 控制个体内部的行为, 而 $\varepsilon_{ij}$ 是不可观测的随机误差变量有均值 $E(\varepsilon_{ij})=0$ 和方差 $E(\varepsilon_{ij}^2)=\sigma_i^2(X_{ij})$, 它允许出现组内误差异方差. $\beta_i$ 是一个 $d\times 1$ 的随机向量, 和可观测的变量相反, 是不可以之间观测到的, 但是可以从高一层的变量中观测到或者直接测量到. $\beta_i$ 也被称为隐形变量, 模型参数或者临时参数. 用 $\beta_i$ 的好处是, 包括数据维数的减少和高水平变量效应的识别. 大量观测变量可以让读者更容易理解数据.

现在考虑 (14.3) 中的非参数模型. 假设 $m(\cdot)$ 有一阶顺序偏导在点出连续 $x$. 对于 $x$ 周围的样本点 $X_{ij}$, 通过泰勒线性展开估计 $m(X_{ij};\beta_i)$, 如

$$m(X_{ij};\beta_i)\approx m(x;\beta_i)+(X_{ij}-x)^{\mathrm{T}}\nabla m(x;\beta_i).$$

从而

$$m(X_{ij};\beta_i)\approx \widetilde{X}_{ij}^{\mathrm{T}}\theta_i, \tag{14.4}$$

其中 $\widetilde{X}_{ij}=(1,(X_{ij}-x)^{\mathrm{T}})^{\mathrm{T}}$, 和 $\theta_i=(m(x;\beta_i),\nabla m(x;\beta_i)^{\mathrm{T}})^{\mathrm{T}}=(\theta_{i0},\theta_{i1},\cdots,\theta_{id})^{\mathrm{T}}$. 模型 (14.4) 是非参数估计中基于局部拟合的思想. 实际中, 模型 (14.4) 并不是全新提出的模型, 还有别的文章也考虑了这种情况. 例如, Fan 和 Farmen (1998).

类似于 (14.2) 中的第二层, 提出了新的第二层模型:

$$\theta_i=W_i\gamma(x)+U_i, \tag{14.5}$$

其中 $W_i$ 是 $(d+1)\times f$ 第二层解释变量矩阵, $\gamma(x)$ 是一个 $f\times 1$ 固定效应函数, $U_i$ 是 $(d+1)\times 1$ 第二层的随机向量, 和 $\varepsilon_{ij}$ 相互独立, 有均值 $E(U_i)=0$ 和协方差矩阵 $\mathrm{cov}(U_i)=T$.

**注 14.2.1** 显而易见, 传统的分层线性模型 (14.1)~(14.2) 是模型 (14.3)~(14.5) 的特殊形式. 同样所有这篇文章中只考虑边际效应 $\theta_i$ 和指标 $j$. 相互独立的情形. 也就是说, 梯度向量 $\theta_i$ 是 $j$. 的常值函数, 从而 $\theta_i$ 可以和下标 $j$. 无关. 更多的背景研究可以在很多文献中找到.

本章希望量化 $Y$ 的 $\tau$ 阶分位数和协变量 $(X,W)$ 之间的关系. 为此, 我们假设条件分布 $F(\cdot|\ x,w)$ 递增, 且在点 $(x,w)$ 处连续. 从而给定 $X=x$ 和 $W=w$ 后 $Y$ 的 $\tau$ 阶分位数 (记为 $q_\tau(x,w)$) 定义成

$$q_\tau(x,w)=\inf\{t\in\mathbb{R}:F(t|\ x,w)\geqslant\tau\},$$

对于给定的 $\tau, 0<\tau<1$.

下面的引理描述了 $Y_{ij}$ 的 $\tau$ 阶分位数和协变量 $(X_{ij},W_i)$ 之间的关系.

**引理 14.2.1**　令 $\{(X_{ij},W_i,Y_{ij}),\ i=1,\cdots,n,\ j=1,\cdots,n_i\}$ 来自于总体 $(X,W,Y)$, 满足式 (14.3) $\sim$ (14.5), $Y_{ij}$ 为响应变量, $X_{ij}$ 为已知的 $d\times 1$ 第一层的解释变量 $W_i'$ 为第二层的已知的 $(d+1)\times f$ 解释变量矩阵. 令 $\xi_{ij}=\widetilde{X}_{ij}^{\mathrm{T}}U_i+\varepsilon_{ij}$ 且有 $\xi_{ij}\sim G_{ij}$ 以及 $F(y)$ 为 $Y$ 的分布函数. 从而对于所有定义域中的 $y$ 有 $F(y)$, 给定 $(X_{ij},W_i)$ 后 $Y_{ij}$ 的 $\tau$ 阶条件分位数是

$$F_{ij}^{-1}(\tau)=\widetilde{X}_{ij}^{\mathrm{T}}W_i\gamma_\tau(x)+e_{ij}(\tau),$$

其中 $\gamma_\tau(x)$ 依赖于 $\tau$ 是固定效应函数, $e_{ij}(\tau)$ 为 $G_{ij}$ 的 $\tau$ 阶分位数.

**证明**

$$\begin{aligned}\tau&=P\left(Y_{ij}\leqslant F_{ij}^{-1}(\tau)|X_{ij},W_i\right)\\&\approx P\left(\widetilde{X}_{ij}^{\mathrm{T}}W_i\gamma_\tau(x)+\widetilde{X}_{ij}^{\mathrm{T}}U_i+\varepsilon_{ij}\leqslant F_{ij}^{-1}(\tau)\right)\\&=P\left(\widetilde{X}_{ij}^{\mathrm{T}}U_i+\varepsilon_{ij}\leqslant F_{ij}^{-1}(\tau)-\widetilde{X}_{ij}^{\mathrm{T}}W_i\gamma_\tau(x)\right)\\&=P\left(\xi_{ij}\leqslant F_{ij}^{-1}(\tau)-\widetilde{X}_{ij}^{\mathrm{T}}W_i\gamma_\tau(x)\right).\end{aligned}$$

因此, $F_{ij}^{-1}(\tau)-\widetilde{X}_{ij}^{\mathrm{T}}W_i\gamma_\tau(x)\approx e_{ij}(\tau)$, 从而完成了证明. ■

**注 14.2.2**　如果 $\varepsilon_{ij}\overset{\text{i.i.d}}{\sim}N(0,\sigma^2)$, $U_i\sim N(0,T)$ 和 $U_i$ 与 $\varepsilon_{ij}$ 对于所有的 $i=1,\cdots,n,j=1,\cdots,n_i$ 相互独立, 那么 $e_{ij}(\tau)=(\widetilde{X}_{ij}^{\mathrm{T}}T\widetilde{X}_{ij}+\sigma^2)^{1/2}\Phi^{-1}(\tau)$, 其中 $\Phi(\cdot)$ 为标准正态分布.

这里需要对于任意给定的 $x$ 估计 $T$, $\sigma_i^2(x)$ $(i=1,\cdots,n)$ 和 $\gamma_\tau(x)$ .

对于 $\gamma_\tau(x)$ 的估计, 考虑下面的目标函数:

$$R_n(\boldsymbol{b}_n)\equiv\sum_{i=1}^{n}\sum_{j=1}^{n_i}\rho_\tau\left(Y_{ij}-\widetilde{X}_{ij}^{\mathrm{T}}W_i\boldsymbol{b}_n-e_{ij}(\tau)\right)K_H(X_{ij}-x),\tag{14.6}$$

其中 $\rho_\tau(z)=\tau zI_{[0,\infty)}(z)-(1-\tau)zI_{(-\infty,0)}(z)$ 以及 $K_H(z)=\dfrac{1}{\det(H)}K(H^{-1}\boldsymbol{z})$, 其中 $K(\cdot)$ 为高斯核函数. 例如, 参见 Silverman (1986) 与 Scott (1992). 可以对于相

应的 $b_n$ 通过最小化 $R_n(\boldsymbol{b}_n)$ 得到 $\gamma_\tau(x)$ 的估计, 定义为 $\widehat{\gamma}_\tau(x)$. 即

$$\widehat{\gamma}_\tau(x) = \mathrm{Arg}\min_{\boldsymbol{b}_n \in \mathbb{R}^f} R_n(\boldsymbol{b}_n). \tag{14.7}$$

这里, $\rho_\tau(\cdot)$ 称为检验函数, $I(\cdot)$ 为常见的标识函数, $K_H(\cdot)$ 为核函数, 控制着第一层解释变量的波动程度. $H$ 为带宽. 通过设定 $H = hI_d$ 其中 $I_d$ 为 $d \times d$ 单位矩阵, 我们得到等带宽的核函数, 即, $K_d(X_{ij} - x) = \dfrac{1}{h^d} K\left(\dfrac{X_{ij1} - x_1}{h}, \cdots, \dfrac{X_{ijd} - x_d}{h}\right)$. 对于不等带宽, 令 $H = \mathrm{diag}(h_1, \cdots, h_d)$ 和相应的带宽 $K_d(X_{ij} - x) = \dfrac{1}{h_1 \cdots h_d} \cdot K\left(\dfrac{X_{ij1} - x_1}{h_1}, \cdots, \dfrac{X_{ijd} - x_d}{h_d}\right)$. 总的来说, 介绍核函数 $K_H(\cdot)$ 的优势是: ① $F(y)$ 定义域内平滑函数; ② 估计 $\widehat{\gamma}_\tau(x)$ 不容易收异常点或者 $F(y)$ 的尾部特征影响; ③ 在一些例子中, 它减少了非参数平滑的边际效应. 本章采用了高斯核函数以及下面对于平滑条件分位数用下面选择窗宽的方法, 参见 Yu 和 Jones (1998):

**第 1 步** 用已有的和复杂的方法来选择 $h_{\mathrm{mean}}$, 如参见 Ruppert 等 (1995).

**第 2 步** 用 $h_\tau = h_{\mathrm{mean}}\{\tau(1-\tau)/\phi(\varPhi^{-1}(\tau))^2\}^{1/5}$ 从 $h_{\mathrm{mean}}$ 中得到其他的 $h_\tau$, 其中 $\phi$ 和 $\varPhi$ 为标准正态的密度和分布函数.

对于非自动带宽选择, 可以参照 Gooijer 和 Zerom (2003). 对于最优化问题一阶偏导条件由下式给出:

$$\nabla R_n(\boldsymbol{b}_n)|_{\boldsymbol{b}_n = \widehat{\gamma}_\tau(x)} = 0,$$

而

$$\begin{aligned}
\nabla R_n(\boldsymbol{b}_n) &= -\sum_{i=1}^{n}\sum_{j=1}^{n_i} \psi_\tau\left(Y_{ij} - \widetilde{X}_{ij}^{\mathrm{T}} W_i b_n + e_{ij}(\tau)\right) K_H(X_{ij} - x) W_i^{\mathrm{T}} \widetilde{X}_{ij} \\
&= -\sum_{i=1}^{n}\sum_{j=1}^{n_i} \psi_\tau\left(Y_{ij} - \widetilde{X}_{ij}^{\mathrm{T}} W_i \{\boldsymbol{b}_n - \gamma_\tau(x)\} - F_{ij}^{-1}(\tau)\right) K_H(X_{ij} - x) W_i^{\mathrm{T}} \widetilde{X}_{ij},
\end{aligned}$$

其中 $\psi_\tau(z) = \tau - I(z < 0)$. 为了解决最小化问题, 需要计算 $100\tau^{\mathrm{th}}$ 分位数. 通常估计分位数计算上比估计均值和方差更加困难. 这里用顺序统计量计算 $e_{ij}(\tau)$ 的点估计, 参见 Hogg 和 Craig (1995). 在例子中, 样本的 $\tau$ 阶分位数 $\widetilde{e}_{ij}(\tau)$ 由下式给定

$$\widetilde{e}_{ij}(\tau) = \left(Y_{ij} - \widetilde{X}_{ij}^{\mathrm{T}} W_i \widehat{\gamma}_\tau(X_{ij})\right)_{([n_i\tau])}, \tag{14.8}$$

其中 $[a]$ 表示最大的等于或者略小于真实值的整数 $a$, $(Y_{ij} - \widetilde{X}_{ij}^{\mathrm{T}} W_i \widehat{\gamma}_\tau(X_{ij}))_{([n_i\tau])}$ 定义了 $\left\{Y_{i1} - \widetilde{X}_{i1}^{\mathrm{T}} W_i \widehat{\gamma}_\tau(X_{i1}), \cdots, Y_{in_i} - \widetilde{X}_{in_i}^{\mathrm{T}} W_i \widehat{\gamma}_\tau(X_{in_i})\right\}$ 的第 $[n_i\tau]$ 个最小值, $\widehat{\gamma}_\tau(\cdot)$ 为

任何 $\gamma(\cdot)$ 的合理估计. 在实际中, 估计 $\widehat{\gamma}_\tau(x)$ 和 $\widehat{e}_{ij}(\tau)$ 可以通过下面的 Guass-Seidel 型迭代得到.

**第 1 步** 初始估计: $\widehat{e}_{ij}^{(0)}(\tau) = (Y_{ij} - \widetilde{X}_{ij}^{\mathrm{T}} W_i \widehat{\theta}_i^{(0)})_{([n_i\tau])}$, 其中 $\widehat{\theta}_i^{(0)}$ 由式 (14.9) 给出.

**第 2 步** 迭代:

$$\widehat{\gamma}_\tau^{(l+1)}(x) = \mathrm{Arg}\min_{\boldsymbol{b}\in\mathbb{R}^f} \sum_{i=1}^{n}\sum_{j=1}^{n_i} \rho_\tau\left(Y_{ij} - \widetilde{X}_{ij}^{\mathrm{T}} W_i \boldsymbol{b}_n - \widehat{e}_{ij}^{(l)}(\tau)\right) K_H(X_{ij} - x),$$

$$\widehat{e}_{ij}^{(l+1)}(\tau) = \mathrm{Arg}\min_{a\in\mathbb{R}} \sum_{i=1}^{n}\sum_{j=1}^{n_i} \rho_\tau\left(Y_{ij} - \widetilde{X}_{ij}^{\mathrm{T}} W_i \widehat{\gamma}_\tau^{(l+1)}(X_{ij}) - a\right),$$

其中 $l = 0, 1, \cdots$ .

**第 3 步** 重复第二步知道满足收敛准则, 直到任何参数的最大变化都充分小.

这里用均值回归 $E(\theta_i)$ 作为 $\theta_i$ 的初始值. 特别地, 系数向量 $\theta_i$ 可以通过一些合适的平滑技术可以得到, 这个直观的估计就是其均值

$$\widehat{\theta}_i^{(0)} = (\widehat{\theta}_{i0}^{(0)}, \widehat{\theta}_{i1}^{(0)}, \cdots, \widehat{\theta}_{id}^{(0)})^{\mathrm{T}} \equiv E(m(x), \nabla m(X)^{\mathrm{T}})^{\mathrm{T}}, \tag{14.9}$$

其中 $\widehat{\theta}_{i0}^{(0)}$, 响应变量的初始状态, 是所有协变量的边际效应为零的情况下的期望值, $\widehat{\theta}_{ik}^{(0)}$ ( $k = 1, \cdots, d$) 表现了在其他变量固定的情况下第 $k$ 个协变量的扰动对于响应变量的影响. 等价地, 我们想估计

$$\int (m(x), \nabla m(t)^{\mathrm{T}})^{\mathrm{T}} f(t) \mathrm{d}t.$$

显然, 直接的 plug-in 估计可以用于初始估计.

$$n_i^{-1} \sum_{j=1}^{n_i} (\widehat{m}(x), \nabla \widehat{m}(X_{ij})^{\mathrm{T}})^{\mathrm{T}}, \tag{14.10}$$

其中 $\widehat{m}(x)$ 是任何 $m(x)$ 合理的非参数估计, 参见 Chaudhuri 等 (1997). 对于估计 $T$ 和 $\sigma_i^2(x)$, 采用了下面的 E-M 型算法, 参见 Smith (1973) 与 Dempster 等 (1981):

**M 步** 最大化. $\boldsymbol{T}$ 和 $\sigma_i^2(x)$ 的最大似然估计可以直接得到

$$\widehat{\boldsymbol{T}} = \frac{1}{n} \sum_{i=1}^{n} U_i U_i^{\mathrm{T}}$$

和

$$\widehat{\sigma}_i^2(x) = \frac{1}{n_i} \sum_{j=1}^{n_i} (Y_{ij} - \widetilde{X}_{ij}^{\mathrm{T}} W_i \widehat{\gamma}_\tau(x) - \widetilde{X}_{ij}^{\mathrm{T}} U_i)^2.$$

**E 步** 取期望. $\widehat{\sigma}_i^2(x)$ 和 $\widehat{\boldsymbol{T}}$ 的条件期望 (给定数据 $Y$ 和其他参数) 可以看成

$$E\left(\widehat{\boldsymbol{T}}\middle|Y,\gamma_\tau(x),\sigma_i^2(x),\boldsymbol{T}\right)=\frac{1}{n}\sum_{i=1}^{n}\sum_{j=1}^{n_i}(U_i^*U_i^{*\mathrm{T}}+\boldsymbol{T}_i^*)$$

和

$$E\left(\widehat{\sigma}_i^2(x)\middle|Y,\gamma_\tau(x),\sigma_i^2(x),\boldsymbol{T}\right)=\frac{1}{n_i}\sum_{j=1}^{n_i}\left(Y_{ij}-\widetilde{X}_{ij}^{\mathrm{T}}W_i\gamma_\tau(x)-\widetilde{X}_{ij}^{\mathrm{T}}U_i^*\right)^2+\mathrm{tr}(\widetilde{X}_{ij}\boldsymbol{T}_i^*\widetilde{X}_{ij}^{\mathrm{T}}),$$

其中 $\boldsymbol{T}_i^*=\sigma_i^2(x)\left(\widetilde{X}_{ij}\widetilde{X}_{ij}^{\mathrm{T}}+\sigma_i^2(x)\boldsymbol{T}^{-1}\right)^{-1}$ 和 $U_i^*=\sigma_i^{-2}(x)\boldsymbol{T}_i^*\widetilde{X}_i^{\mathrm{T}}\left(Y_{ij}-\widetilde{X}_{ij}^{\mathrm{T}}W_i\gamma_\tau(x)\right)$.

这个 EM 型算法反复迭代下去, 直到所有参数的绝对变化小于一个预先给定的充分小的数为止. 由于数据假设第一层是异方差的, 即 $E(\varepsilon_{ij}^2)=\sigma_i^2(X_{ij})$ 有一个平滑函数 $\sigma_i^2(\cdot)$, 所以可以考虑一类在 $x$ 点局部方差估计作为 $\sigma_i^2(x)$ 的一个初始估计, 也就是, $\widetilde{\sigma}_i^2(x)=\left(\sum_{j=j_1}^{j_2}\omega_jY_{ij}\right)^2$, 其中 $j_1=-[m/2]$, $j_2=[m/2-1/4]$, $\sum_{j=j_1}^{j_2}\omega_j=0$ 和 $\sum_{j=j_1}^{j_2}\omega_j^2=1$, 而 $m\geqslant 2$ 是一个固定的整数, 参见 Müller 和 Stadtmüller (1987).

## 14.3 渐近结果

本节调查研究了在不同水平误差项为异方差的分层非参数分位回归模型中 $\sqrt{n\cdot\det(H)}\ (\widehat{\gamma}_\tau(x)-\gamma_\tau(x))$ 的渐近性质. 整个这一节给出下面的一些较弱的假设.

**假设 14.3.1** 令 $\{Y_{ij}\}$ $(i=1,\cdots,n;\ j=1,\cdots,n_i)$ 为一系列独立的随机变量, 有绝对连续的分布函数 $F_{ij}(\cdot)$ 且具有有限的、正的和绝对连续的密度函数 $F_{ij}'(\cdot)$, 对于所有的 $z$ 有 $0<F_{ij}(z)<1$, 且二阶偏导 $F_{ij}''(\cdot)$ 在 $F_{ij}^{-1}(\tau)$, $\tau\in(0,1)$ 的邻域有界.

**假设 14.3.2** 令 $e_k=(0,\cdots,0,1,0,\cdots,0)^{\mathrm{T}}$, 其第 $k$ 个元素都为 1. 当 $n\to\infty$ 时, $\max_{1\leqslant i\leqslant n}\sum_{k=1}^{f}\left|\widetilde{X}_{ij}^{\mathrm{T}}W_ie_k\right|=O(1/n^4)$.

**假设 14.3.3** $\frac{1}{n}\sum_{i=1}^{n}\left|\widetilde{X}_{ij}^{\mathrm{T}}W_ie_k\right|^4=O(1),\quad n\to\infty,\ k=1,\cdots,f.$

**假设 14.3.4** 这个 $d$ 维核函数 $K(\cdot)$ 是有界的密度函数, 且该密度函数在 $f(x)$ 的定义域内有紧支撑 $\boldsymbol{C}^d$, 使得 $\int K(u)\mathrm{d}u=1$, $\int uK(u)\mathrm{d}u=0_d$, $\int uu^{\mathrm{T}}K(u)\mathrm{d}u>0_{d\times d}$.

**假设 14.3.5** 核函数的带宽 $H$ 满足 $\det(H) \to 0$ 和 $n \cdot \det(H) \to \infty$, 当 $n \to \infty$.

**注** 注意到假设 14.3.1 涵盖了 $n_i = 1$ 和 $Y_{ij} = Y_i$ 这一特殊形式, 而假设 14.3.2 和假设 14.3.3 是来自于 Tian 和 Chen (2006), Jurečková 和 Sen (1984) 以及 Hendricks 和 Koenker (1992) 的常规假设. 相合性也由假设 14.3.1~ 假设 14.3.5 保证.

令 $H(\boldsymbol{b}_n) = -\dfrac{1}{\sqrt{n \cdot \det(H)}} \displaystyle\sum_{i=1}^{n} \sum_{j=1}^{n_i} \psi_\tau(Y_{ij} - (n \cdot \det(H))^{-1/2} \widetilde{X}_{ij}^{\mathrm{T}} W_i \boldsymbol{b}_n - F_{ij}^{-1}(\tau))$ $K_H(X_{ij} - x) W_i^{\mathrm{T}} \widetilde{X}_{ij}$. 下面首先给出一些对于定理 14.3.1 必要的引理.

**引理 14.3.1** 在假设 14.3.1~ 假设 14.3.5 下, 有

$$E(H(\boldsymbol{b}_n)) = \left\{ (n\det(H))^{-1/2} \sum_{i=1}^{n} \sum_{j=1}^{n_i} F'_{ij}(F_{ij}^{-1}(\tau)) W_i^{\mathrm{T}} \widetilde{X}_{ij} K_H(X_{ij} - x) \widetilde{X}_{ij}^{\mathrm{T}} W_i \right\} \boldsymbol{b}_n + o(1),$$

对于任何随机向量序列使得 $\|\boldsymbol{b}_n\|_\infty = O_P(1)$.

**证明** 注意到

$$\begin{aligned}
& E\{H(\boldsymbol{b}_n)\} \\
= & -\frac{1}{\sqrt{n \cdot \det(H)}} \\
& \cdot \sum_{i=1}^{n} \sum_{j=1}^{n_i} \int_{-\infty}^{\infty} \psi_\tau(z - (n \cdot \det(H))^{-1/2} \widetilde{X}_{ij}^{\mathrm{T}} W_i \boldsymbol{b}_n - F_{ij}^{-1}(\tau)) K_H(X_{ij} - x) W_i^{\mathrm{T}} \widetilde{X}_{ij} \mathrm{d}F_{ij}(z) \\
= & -\frac{1}{\sqrt{n \cdot \det(H)}} \sum_{i=1}^{n} \sum_{j=1}^{n_i} \int_{-\infty}^{\infty} \psi_\tau(v) K_H(X_{ij} - x) W_i^{\mathrm{T}} \widetilde{X}_{ij} \mathrm{d}F_{ij} \\
& \cdot (v + (n \cdot \det(H))^{-1/2} \widetilde{X}_{ij}^{\mathrm{T}} W_i \boldsymbol{b}_n + F_{ij}^{-1}(\tau)) \\
= & -\frac{1}{\sqrt{n \cdot \det(H)}} \sum_{i=1}^{n} \sum_{j=1}^{n_i} \left( \int_{-\infty}^{0} (\tau - 1) \mathrm{d}F_{ij}(v + (n \cdot \det(H))^{-1/2} \widetilde{X}_{ij}^{\mathrm{T}} W_i \boldsymbol{b}_n + F_{ij}^{-1}(\tau)) \right. \\
& \left. + \int_{0}^{\infty} \tau \mathrm{d}F_{ij}(v + (n \cdot \det(H))^{-1/2} \widetilde{X}_{ij}^{\mathrm{T}} W_i \boldsymbol{b}_n + F_{ij}^{-1}(\tau)) \right) K_H(X_{ij} - x) W_i^{\mathrm{T}} \widetilde{X}_{ij} \\
= & -\frac{1}{\sqrt{n \cdot \det(H)}} \sum_{i=1}^{n} \sum_{j=1}^{n_i} \Big[ (\tau - 1) F_{ij}((n \cdot \det(H))^{-1/2} \widetilde{X}_{ij}^{\mathrm{T}} W_i \boldsymbol{b}_n + F_{ij}^{-1}(\tau)) \\
& + \tau \left\{ 1 - F_{ij}((n \cdot \det(H))^{-1/2} \widetilde{X}_{ij}^{\mathrm{T}} W_i \boldsymbol{b}_n + F_{ij}^{-1}(\tau)) \right\} \Big] K_H(X_{ij} - x) W_i^{\mathrm{T}} \widetilde{X}_{ij} \\
= & -\frac{1}{\sqrt{n \cdot \det(H)}} \sum_{i=1}^{n} \sum_{j=1}^{n_i} \left\{ \tau - F_{ij}((n \cdot \det(H))^{-1/2} \widetilde{X}_{ij}^{\mathrm{T}} W_i \boldsymbol{b}_n + F_{ij}^{-1}(\tau)) \right\}
\end{aligned}$$

$$
\begin{aligned}
&\cdot K_H(X_{ij}-x)W_i^{\mathrm{T}}\widetilde{X}_{ij}\\
=&-\frac{1}{\sqrt{n\cdot\det(H)}}\sum_{i=1}^{n}\sum_{j=1}^{n_i}\Big\{\tau-F_{ij}(F_{ij}^{-1}(\tau))-F'_{ij}(F_{ij}^{-1}(\tau))(n\cdot\det(H))^{-1/2}\widetilde{X}_{ij}^{\mathrm{T}}W_i\boldsymbol{b}_n\\
&-\frac{1}{2}\boldsymbol{b}_n^{\mathrm{T}}W_i^{\mathrm{T}}\widetilde{X}_{ij}\widetilde{X}_{ij}^{\mathrm{T}}W_i\boldsymbol{b}_n\cdot F''_{ij}(F_{ij}^{-1}(\tau)+\theta(n\cdot\det(H))^{-1/2}\widetilde{X}_{ij}^{\mathrm{T}}W_i\boldsymbol{b}_n)\Big\}\\
&\cdot K_H(X_{ij}-x)W_i^{\mathrm{T}}\widetilde{X}_{ij}\\
=&\left\{\frac{1}{n\cdot\det(H)}\sum_{i=1}^{n}\sum_{j=1}^{n_i}F'_{ij}(F_{ij}^{-1}(\tau))W_i^{\mathrm{T}}\widetilde{X}_{ij}K_H(X_{ij}-x)\widetilde{X}_{ij}^{\mathrm{T}}W_i\right\}\boldsymbol{b}_n\\
&+\frac{1}{\sqrt{(n\cdot\det(H))^3}}\sum_{i=1}^{n}\sum_{j=1}^{n_i}\Big\{F''_{ij}(F_{ij}^{-1}(\tau)+\theta(n\cdot\det(H))^{-1/2}\widetilde{X}_{ij}^{\mathrm{T}}W_i\boldsymbol{b}_n)\\
&\cdot\frac{1}{2}\boldsymbol{b}_n^{\mathrm{T}}W_i^{\mathrm{T}}\widetilde{X}_{ij}\widetilde{X}_{ij}^{\mathrm{T}}W_i\boldsymbol{b}_n\Big\}K_H(X_{ij}-x)W_i^{\mathrm{T}}\widetilde{X}_{ij}\\
=&\varDelta_n\boldsymbol{b}_n+\nu_n,\theta\in[0,1].
\end{aligned}
$$

现在, 剩下的要证明 $\sup_{\|\boldsymbol{b}_n\|_\infty\leqslant C}\|\nu_n\|_\infty=o(1)$ 对于某个固定的 $C>0$. 根据假设 14.3.1, 有 $|F''_{ij}(\cdot)|=O(1)$. 对于假设 14.3.2, 假设 14.3.3 和假设 14.3.5, 容易得到

$$
\sup_{\|\boldsymbol{b}_n\|\leqslant C}\|\nu_n\|_\infty\leqslant O\Big((n\ \det(H))^{-1/2}\Big)\|\boldsymbol{b}_n\|_\infty^2,
$$

对于个固定的 $C>0$, 当 $n\to\infty$ 时. ■

**引理 14.3.2** 假设 $F_{ij}$ 的二阶偏导在 $F_{ij}^{-1}(\tau),\tau\in(0,1)$ 的邻域内有界, 有

$$
\sup_{\|\boldsymbol{b}_n\|\leqslant C}\Big\|H(\boldsymbol{b}_n)-H(\mathbf{0})\Big\|_\infty=EH(\boldsymbol{b}_n)+O_P(1),\quad n\to\infty,
$$

对于任何常数 $C$ 和任何随机向量序列使得 $\|\boldsymbol{b}_n\|_\infty=O_P(1)$.

**证明** 记 $U\leqslant V$ 为 $U,V\in\mathbb{R}^f$, 如果 $U^{\mathrm{T}}e_j\leqslant V^{\mathrm{T}}e_j$, $j=1,\cdots f$, 其中 $e_j=(0,\cdots,1,\cdots,0)^{\mathrm{T}}$. 计 $H^*(\boldsymbol{b}_n)=H(\boldsymbol{b}_n)-EH(\boldsymbol{b}_n)-H(\mathbf{0})$. 由引理 14.3.1 的证明可以得到 $EH(\mathbf{0})=0$. 对于任何 $U,V\in\mathbb{R}^f$, $\|U\|_\infty=O(1),\|V\|_\infty=O(1)$, 及 $U\leqslant V$, 有

$$
\begin{aligned}
&H^*(U)-H^*(V)\\
=&\Big[-(n\det(H))^{-1/2}\sum_{i=1}^{n}\sum_{j=1}^{n_i}\Big\{\psi_\tau(Y_{ij}-(n\det(H))^{-1/2}\widetilde{X}_{ij}^{\mathrm{T}}W_iU-F_{ij}^{-1}(\tau))\\
&-\psi_\tau(Y_{ij}-(n\det(H))^{-1/2}\widetilde{X}_{ij}^{\mathrm{T}}W_iV-F_{ij}^{-1}(\tau))\Big\}K_H(X_{ij}-x)W_i^{\mathrm{T}}\widetilde{X}_{ij}\Big]\\
&-\Big[(n\det H)^{-1/2}\sum_{i=1}^{n}\sum_{j=1}^{n_i}\Big\{F_{ij}((n\det(H))^{-1/2}\widetilde{X}_{ij}^{\mathrm{T}}W_iU+F_{ij}^{-1}(\tau))
\end{aligned}
$$

$$-F_{ij}((n\det(H))^{-1/2}\widetilde{X}_{ij}^{\mathrm{T}}W_iV+F_{ij}^{-1}(\tau))\Big\}K_H(X_{ij}-x)W_i^{\mathrm{T}}\widetilde{X}_{ij}\Big],$$

其中最后一个等式来自引理 14.3.1 的证明中的第 5 个等式. 在假设 14.3.2 和假设 14.3.3 下, 可以容易的证明 $E\Big\|H^*(U)-H^*(V)\Big\|_\infty^4\leqslant O\Big((n\det(H)^{-1})\Big)\|U-V\|^8$. 由 Schwarz 不等式: $P(E_1\cap E_2)\leqslant P^{1/2}(E_1)P^{1/2}(E_2)$, 对于任何事件 $E_1$ 和 $E_2$. 根据改良的 Markov 不等式/ Chebyshev 不等式: 如果 $g:[0,\infty)\to[0,\infty)$ 是一个严格递增且非负的函数, 那么对于任何随机变量 $X$ 和 $\varepsilon>0$, 有 $P\{|X|\geqslant\varepsilon\}\leqslant E[g(|X|)]/g(\varepsilon)$. 因此, 对于 $U,V,W\in R^f$ 和 $g(t)=t^4$, 有

$$\begin{aligned}&P\{\|H^*(W)-H^*(V)\|_\infty\geqslant\lambda,\ \|H^*(V)-H^*(U)\|_\infty\geqslant\lambda\}\\ \leqslant&P^{1/2}\{\|H^*(W)-H^*(V)\|_\infty\geqslant\lambda\}\cdot P^{1/2}\{\|H^*(V)-H^*(U)\|_\infty\geqslant\lambda\}\\ \leqslant&\{\lambda^{-4}E\|H^*(W)-H^*(V)\|_\infty^4\}^{1/2}\cdot\{\lambda^{-4}E\|H^*(V)-H^*(U)\|_\infty^4\}^{1/2}\\ \leqslant&\lambda^{-2}O((n\det(H))^{-1/2})\|W-V\|_\infty^4\cdot\lambda^{-2}O((n\det H))^{-1/2})\|V-U\|_\infty^4\\ \leqslant&\lambda^{-4}O(n\det(H)^{-1})\|W-U\|_\infty^4.\end{aligned}$$

由 Billingsley (1968) 的定理 12.1 拓展到向量的情况 (Jurečkovǎ, Sen, 1984), 很容易知道以上结果成立. ■

**引理 14.3.3** 在假设 14.3.1~ 假设 14.3.5 下, 有

$$\sup_{\|\boldsymbol{b}_n\|\leqslant C}\Big\|H(\boldsymbol{b}_n)-H(\mathbf{0})-\varDelta_n\boldsymbol{b}_n\Big\|_\infty=o_P(1),\quad n\to\infty,$$

对于固定的常数 $C$.

**证明** 下面的引理是一个引理 14.3.1 和引理 14.3.3 的自然结果. ■

**引理 14.3.4** 在假设 14.3.1~ 假设 14.3.3 下, 有

$$\sqrt{n\cdot\det(H)}\Big(\widehat{\gamma}_\tau(x)-\gamma_\tau(x)\Big)=O_P(1),\quad \text{当}\quad \det(H)\to0,\ n\ \det(H)\to\infty\text{时}.$$

**证明** 采用 Ruppert 和 Carroll (1980) 得到的方法. 令 $\widehat{\gamma}_\tau(x)$ 为最小化式 (14.6) 的解. 由 Ruppert 和 Carroll (1980) 中的引理 A.2, 有

$$\begin{aligned}&\frac{1}{\sqrt{n\cdot\det(H)}}\sum_{i=1}^n\sum_{j=1}^{n_i}\psi_\tau(Y_{ij}-\widetilde{X}_{ij}^{\mathrm{T}}W_i\widehat{\gamma}_\tau(x)-e_{ij}(\tau))K_H(X_{ij}-x)W_i^{\mathrm{T}}\widetilde{X}_{ij}\\ =&O_p(n^{-1/2}).\end{aligned}\tag{14.11}$$

进而, 可以证明式 (14.6) 的一阶偏导条件为

$$\begin{aligned}&(n\det(H))^{-1/2}\nabla(R_n)(\boldsymbol{b}_n)\\ =&(n\det(H))^{-1/2}\sum_{i=1}^n\sum_{j=1}^{n_i}\psi_\tau(Y_{ij}-\widetilde{X}_{ij}^{\mathrm{T}}W_i\mathbf{b}_n-e_{ij}(\tau))K_H(X_{ij}-x)W_i^{\mathrm{T}}\widetilde{X}_{ij}\\ =&o_p(1).\end{aligned}\tag{14.12}$$

从而,

$$(n\det(H))^{-1/2}\sum_{i=1}^{n}\sum_{j=1}^{n_i}\psi_\tau(Y_{ij}-\widetilde{X}_{ij}^{\mathrm{T}}W_i\{\boldsymbol{b}_n-\gamma_\tau(x)\}-F_{ij}^{-1}(\tau))K_H(X_{ij}-x)W_i^{\mathrm{T}}\widetilde{X}_{ij}$$
$$=O_p(1), \tag{14.13}$$

从引理 14.2.1 立即可得.

值得一提的是, 这些一阶线性偏导条件不一定是严格为 0 的. 因此, 可以放宽条件 (14.12). 通过 Jurečkovă (1984) 中的引理 5.2, 对于任何 $\varepsilon>0$ 有 $\delta>0,\eta>0$ 和 $N\in\mathcal{N}$, 使得

$$P\Big\{\inf_{\|\boldsymbol{\Delta}\|_\infty\geqslant\delta}(n\det(H))^{-1/2}\Big\|\sum_{i=1}^{n}\sum_{j=1}^{n_i}\psi_\tau(Y_{ij}-(n\det(H))^{-1/2}\widetilde{X}_{ij}^{\mathrm{T}}W_i\boldsymbol{\Delta}-F_{ij}^{-1}(\tau))$$
$$K_H(X_{ij}-x)W_i^{\mathrm{T}}\widetilde{X}_{ij}\Big\|_\infty<\eta\Big\}<\varepsilon. \tag{14.14}$$

令 $A=\Big\{(n\det(H))^{1/2}\|\widehat{\gamma}_\tau(x)-\gamma_\tau(x)\|_\infty\geqslant\delta\Big\}$ 和 $B=\Big\{\Big\|(n\det(H))^{-1/2}\sum_{i=1}^{n}\sum_{j=1}^{n_i}\psi_\tau(Y_{ij}-\widetilde{X}_{ij}^{\mathrm{T}}W_i\widehat{\gamma}_\tau(x)-e_{ij}(\tau))K_H(X_{ij}-x)W_i^{\mathrm{T}}\widetilde{X}_{ij}\Big\|_\infty<\eta\Big\}$. 通过不等式 $P(A)\leqslant P(AB)+P(\bar{B})$ 和引理 14.2.1, 对于 $n>N$ 有

$$\begin{aligned}
&P\Big\{|(n\det(H))^{1/2}\|\widehat{\gamma}_\tau(x)-\gamma_\tau(x)\|_\infty\geqslant\delta\Big\}\\
\leqslant&P\Big\{(n\det(H))^{1/2}\|\widehat{\gamma}_\tau(x)-\gamma_\tau(x)\|_\infty\geqslant\delta,\ \|(n\det(H))^{-1/2}\\
&\sum_{i=1}^{n}\sum_{j=1}^{n_i}\psi_\tau(Y_{ij}-(n\det(H))^{-1/2}\widetilde{X}_{ij}^{\mathrm{T}}W_i\\
&\cdot(n\det(H))^{1/2}(\widehat{\gamma}_\tau(x)-\gamma_\tau(x))-F_{ij}^{-1}(\tau))\cdot K_H(X_{ij}-x)W_i^{\mathrm{T}}\widetilde{X}_{ij}\|_\infty<\eta\Big\}\\
&+P\Big\{\Big\|(n\det(H))^{-1/2}\sum_{i=1}^{n}\sum_{j=1}^{n_i}\psi_\tau(Y_{ij}-\widetilde{X}_{ij}^{\mathrm{T}}W_i\widehat{\gamma}_\tau(x)\\
&-e_{ij}(\tau))K_H(X_{ij}-x)W_i^{\mathrm{T}}\widetilde{X}_{ij}\Big\|_\infty\geqslant\eta\Big\}\\
\leqslant&2\varepsilon,
\end{aligned}$$

由式 (14.11), (14.13) 和 (14.14), 完成了证明. ■

**定理 14.3.1** 在假设 14.3.1∼ 假设 14.3.5 下, 有下面的 Bahadur 表达:

$$\begin{aligned}
&\sqrt{n\cdot\det(H)}\Big(\widehat{\gamma}_\tau(x)-\gamma_\tau(x)\Big)\\
=&\frac{1}{\sqrt{n\cdot\det(H)}}\varDelta_n^{-1}\left\{\sum_{i=1}^{n}\sum_{j=1}^{n_i}\psi_\tau(Y_{ij}-F_{ij}^{-1}(\tau))K_H(X_{ij}-x)W_i^{\mathrm{T}}\widetilde{X}_{ij}\right\}+o_P(1),
\end{aligned}$$

其中 $\Delta_n=(n\ \det(H))^{-1/2}\sum_{i=1}^{n}\sum_{j=1}^{n_i}F'_{ij}(F_{ij}^{-1}(\tau))W_i^{\mathrm{T}}\widetilde{X}_{ij}K_H(X_{ij}-x)\widetilde{X}_{ij}^{\mathrm{T}}W_i$.

**证明** 根据引理 14.3.3, 对任何 $\|\boldsymbol{b}_n\|_\infty=O_p(1)$, 有

$$\begin{aligned}&\Big\{-(n\det(H))^{-1/2}\sum_{i=1}^{n}\sum_{j=1}^{n_i}\psi_\tau(Y_{ij}-(n\det(H))^{-1/2}\widetilde{X}_{ij}^{\mathrm{T}}W_i\boldsymbol{b}_n-F_{ij}^{-1}(\tau))\\&\cdot K_H(X_{ij}-x)W_i^{\mathrm{T}}\widetilde{X}_{ij}\Big\}-\Big\{-(n\det(H))^{-1/2}\sum_{i=1}^{n}\sum_{j=1}^{n_i}\psi_\tau(Y_{ij}-F_{ij}^{-1}(\tau))\\&\cdot K_H(X_{ij}-x)W_i^{\mathrm{T}}\widetilde{X}_{ij}\Big\}-\Delta_n\boldsymbol{b}_n=o_p(1),\end{aligned}\tag{14.15}$$

这里取 $\boldsymbol{b}_n=\sqrt{n\cdot\det(H)}\Big(\widehat{\gamma}_\tau(x)-\gamma_\tau(x)\Big)$, 且注意到式 (14.15) 左边第一项是 $o_p(1)$, 这可由式 (14.12) 得知. 由引理 14.3.4, 有

$$\begin{aligned}&\sqrt{n\cdot\det(H)}\Big(\widehat{\gamma}_\tau(x)-\gamma_\tau(x)\Big)\\&=\frac{1}{\sqrt{n\cdot\det(H)}}\Delta_n^{-1}\Big\{\sum_{i=1}^{n}\sum_{j=1}^{n_i}\psi_\tau(Y_{ij}-F_{ij}^{-1}(\tau))K_H(X_{ij}-x)W_i^{\mathrm{T}}\widetilde{X}_{ij}\Big\}+o_p(1),\end{aligned}\tag{14.16}$$

这就完成了证明. ■

下面的定理描述了 $\widehat{\gamma}_\tau(x)$ 的渐近分布.

**定理 14.3.2** 在假设 14.3.1∼ 假设 14.3.5 下, 假设 $\Delta_n$ 和 $\Theta_n$ 趋于正定矩阵. $\sqrt{n\cdot\det(H)}\ (\widehat{\gamma}_\tau(x)-\gamma_\tau(x))$ 收敛于一个多元高斯向量分布. 具体地, 有

$$\sqrt{n\cdot\det(H)}(\widehat{\gamma}_\tau(x)-\gamma_\tau(x))\xrightarrow{D}N\Big(0,\tau(1-\tau)\Delta_n^{-1}\Theta_n\Delta_n^{-1}\Big),$$

其中 $\Theta_n=(n\det(H))^{-1}\sum_{i=1}^{n}\sum_{j=1}^{n_i}W_i^{\mathrm{T}}\widetilde{X}_{ij}K_H^2(X_{ij}-x)\widetilde{X}_{ij}^{\mathrm{T}}W_i$.

**证明** 通过冗长的代数运算之后, 有 $\mathrm{var}(\psi_\tau(Y_{ij}-F_{ij}^{-1}(\tau)))=\tau(1-\tau)$, 这由引理 14.3.1 的证明可以得到. 计 $\Gamma_n=(n\cdot\det(H))^{1/2}\Big\{\sum_{i=1}^{n}\sum_{j=1}^{n_i}\psi_\tau(Y_{ij}-F_{ij}^{-1}(\tau))K_H(X_{ij}-x)W_i^{\mathrm{T}}\widetilde{X}_{ij}\Big\}$. 很容易证明

$$\begin{aligned}&\mathrm{var}(\Gamma_n)\\&=\frac{1}{n\det(H)}\tau(1-\tau)\left\{\sum_{i=1}^{n}\sum_{j=1}^{n_i}W_i^{\mathrm{T}}\widetilde{X}_{ij}K_H^2(X_{ij}-x)\widetilde{X}_{ij}^{\mathrm{T}}W_i^T\right\}=\tau(1-\tau)\Theta_n.\end{aligned}\tag{14.17}$$

最后很容易从假设 14.3.4∼ 假设 14.3.5 得到, $\sqrt{n\cdot\det(H)}(\widehat{\gamma}_\tau(x)-\gamma_\tau(x))$ 满足标准的多元 Lindeberg 条件, 因此是一个渐近的高斯向量. 协方差矩阵由式 (14.16) 和 (14.17) 得到. ■

定理 14.3.2 的假设与 Koenker 和 Machado (1999) 中 A.4 及 Hendricks 和 Koenker (1992) 附录中假设类似. 有大量针对估计 $\{F'_{ij}(F_{ij}^{-1}(\tau))\}^{-1}$ 的文献. 这里的方法类似于 Koenker 和 Machado (1999) 中 A.4.

下面的定理描述了 $\widetilde{e}_{ij}(\tau)$ 的渐近分布

**定理 14.3.3** 在假设 14.3.1 和式 (14.8) 下, 有

$$\sqrt{n}\left(\widetilde{e}_{ij}(\tau)-e_{ij}(\tau)+\frac{\tau(1-\tau)G''_{ij}(e_{ij}(\tau))}{2(n_i+2)G'^3_{ij}(e_{ij}(\tau))}\right)\xrightarrow{\mathcal{D}}N(0,\tau(1-\tau)/G'^2_{ij}(e_{ij}(\tau))),$$

其中 $G_{ij}(e_{ij}(\tau))=F_{ij}\left(\widetilde{X}_{ij}^{\mathrm{T}}W_i\gamma_\tau(x)+e_{ij}(\tau)\right)$.

**证明** 该定理的证明基本上是文献 Sen (1972), 和 David (1981) 中所给出的证明的修改与扩展. 这里只是列出主要思想, 略去了所有的技术细节. 令 $\zeta_{ij}=Y_{ij}-\widetilde{X}_{ij}^{\mathrm{T}}W_i\gamma(x)$. 这里要做的就是检验是不是满足 Sen (1972) 中的那三个条件.

(1) 过程 $\{\zeta_{ij}\}(i=1,\cdots,n,\ j=1,\cdots,n_i)$ 满足所谓的 $\phi$ 混合条件. 大致上, 称 $\zeta_{i1},\cdots,\zeta_{in_i}$ 是 $\phi$ 混合的, 如果 $\zeta_{ij}$ 和 $\zeta_{i(j+k)}$ 相互独立, 当 $k$ 足够大的时候 (Billingsley, 1999). 特别地, 已知 $\zeta_{ij},j=1,\cdots,n_i$ 相互独立, 这是一个特例.

(2) 显而易见, $G_{ij}(t)=F_{ij}(\widetilde{X}_{ij}^{\mathrm{T}}W_i\gamma(x)+t)$. 因此, 累计函数 G(t) 绝对连续, 因为 $F(t)$ 在假设 14.3.1 下绝对连续.

(3) 由于 $F'(t)$ 满足假设 14.3.1 给定的条件, 所以 $G'(t)$ 对于所有的 $t=G^{-1}(\tau)$ 和 $0<\tau<1$ 是有限的、正的、绝对连续函数. 类似于 David (1981) 中给出的证明, 有

$$E(\widehat{e}_{ij}(\tau))=e_{ij}-\frac{\tau(1-\tau)F''(\widetilde{X}_{ij}^{\mathrm{T}}W_i\widehat{\gamma}_\tau(x)+e_{ij})}{2(n_i+2)F'^3(\widetilde{X}_{ij}^{\mathrm{T}}W_i\widehat{\gamma}_\tau(x)+e_{ij})}+O(1/n_i)$$

和

$$\mathrm{var}(\widehat{e}_{ij}(\tau))=\frac{\tau(1-\tau)}{(n_i+2)F'^2(\widetilde{X}_{ij}^{\mathrm{T}}W_i\widehat{\gamma}_\tau(x)+e_{ij})}+O(1/n_i),$$

从而完成了证明. ■

## 14.4 结 论

本章针对水平数据, 考虑了分层非参数分位回归模型. 不像传统的分层分位回归模型, 这里的模型允许: ① 第一层为非参数模型; ② 组内误差是异方差的; ③ 一般的非正态随机误差 (如有限均值, 方差和协方差). 我们的模拟结果清晰地表明了所提出的模型对于非正态误差是稳健的 (如柯西误差项). 也通过像素密度这个例子说明, 我们的方法对于探索不同分位函数和协变量之间的复杂内在关系是一个有力的工具. 然而, 上面没有一条可以在传统的分层分位回归模型中得到. 虽然我们

论述只限制在 2 层数据, 但是类似的结论可以很方便的推广到多层数据. 同时, 可以推广到第二层也是非参的情况.

## 14.5 主要参考文献

有大量的文献研究分层数据, 如 Lindly 和 Smith (1972) 以及 Smith (1973), Koenker 和 Bassett (1978) 提出了分位回归, 利用线性和非线性模型来估计条件分位数, 现在被认为是一个对经典均值回归最理想的改变. 非参数的方法被引进到分位回归分析中, 参见 Bhattacharya 和 Gangopadhyay (1990), Chaudhuri (1991), Fan 等 (1994), Koenker 等 (1994), Yu 和 Jones (1998), De Gooijer 等 (2002). Tian 和 Chen (2006) 提出了一类模型称为的分层线性分位回归模型, 结合了分位线性模型和分位回归二者的优点. 本章主要参考了 Tian 等 (2009), 提出了分层半参数分位回归模型, 讨论了估计的问题, 给出了渐近性质.

# 第 15 章　复合分层线性分位回归

多水平模型是线性模型和广义线性模型的推广, 在这个模型中, 参数本身又给出了自己的模型, 而模型的参数也是由数据估计得到的. 多水平模型当一个水平误差的方差趋于无穷的时候 (如柯西分布), EM 算法失效. 本章提出复合分位多水平回归模型, 充分结合多水平数据的嵌套结构和复合分位回归的稳健性, 大大地提高了估计的有效性和精确性, 建立新的估计量的渐近正态性. 新方法的有限样本的优良表现通过模拟体现出来. 基于牛顿迭代法并且有着复合分位回归和多水平模型优势的方法, 当误差项方差趋于无限的时候表现得很好. 当误差项正态的时候, 复合多水平分位回归估计的 MSE 基本等于标准均值回归.

## 15.1　引　言

多水平结构数据在日常生活中很普遍, 比如研究公司中的员工 (2 水平) 以及研究学校的班级中的学生 (3 水平). 在这样一个结构中, 个体观测由一些特征来描述, 这些特征可以分成随机部分和固定部分. 换言之, 我们在意的不仅仅是个体, 还有个体所在的大的单元.

多水平结构模型从 1970 年就开始研究. Lindley 和 Smith (1972) 与 Smith (1973) 第一次提出了 “多水平模型” 这一术语, 这可算作是他们对线性模型的贝叶斯估计的学术贡献. 自此, 多水平模型就开始流行了, 并以各种名字被提出, 比如多水平模型 (Goldstein, 1995; Mason et al., 1983), 混合效应模型和随机效应模型 (Elston, Grizzle, 1962; Singer, 1998), 随机参数回归模型 (Rosenberg, 1973) 及协方差分量模型 (Dempster et al., 1977, 1981) 以及很多相关领域比如社会学, 生物学, 经济及其他. 还有一些专门的研究中心和出版的许多书籍也是关于这一话题的. 虽然多水平线性模型技术被广泛的应用, 然而研究者意识到在实际应用中, 这并不是那么简单. 我们需要考虑数据的误差项结构, 以及由于误差项分布和离群点导致的点估计及方差估计可能的偏差. 例如, 分布的均值很容易被离群点影响, 而条件分位数则可以克服这个缺点.

用分布的条件分位数来刻画的分位回归 (Longford, 1987), 在误差项非正态的条件下, 比均值回归更加有效. Zou 和 Yuan (2008) 介绍了复合分位回归 (CQR), 它是把目标函数设为 $K$ 个分位函数的平均. 而通过最小化目标函数, 可以得到稳健的估计. CQR 则在分位回归的基础上改进了传统的最小二乘估计. 这里 CQR 可

以看成是 (Konker, 2005) 中提到的加权函数和的一个特例, 即每个分位函数有一个同样的权重. Zou 和 Yuan (2008) 进一步建立了局部 CQR 平滑来估计回归函数的非参数部分以及其导数. 渐近理论显示局部二次 CQR 估计不管误差项如何, 都是有效性较好的估计. 然后对于多水平建模分位回归的方法没有太多的研究, 有研究的空间. 本章中结合多水平线性模型以及复合分位回归的优点, 提出一种新的方法, 称为复合多水平分位回归模型 (CMQRM). 模型的特征包括:

被称为边际效应的估计的系数向量, 对于响应变量观测的离群点是稳健的;

新的方法有着多水平模型的所有优良性质;

CQR 的相对有效性和最小二乘相比, 不论误差项分布如何, 都大于 70%.

## 15.2 模 型

为了简化表达, 考虑两水平的多水平模型. 结果很容易延伸到三水平或者多水平. 考虑 $J$ 个单元, 每个有 $n_j$ 个元素. 定义 $Y_{ij}$ 是第 $j$ 个单元的第 $i$ 个元素. $Y_{ij}$ 是实值响应变量. $X_{ij}$ 是第一层 $1\times d$ 的解释变量, $W_j$ 是第二层 $d\times f$ 的设计阵.

第一层的模型:

$$Y_{ij}=X_{ij}\beta_j+\varepsilon_{ij},\quad \varepsilon_{ij}\sim N(0,\sigma^2),\quad i=1,\cdots,n_j,j=1,\cdots,J, \tag{15.1}$$

此处 $\beta_j$ 是第一层未知的 $d\times 1$ 参数向量, 而 $\varepsilon_{ij}$ 是独立同分布的, 不可观测的随机效应变量, 假设 $\varepsilon_{ij}$ 和 $X_{ij}$ 相互独立, 并且服从均值为 0, 方差为 $\sigma^2$ 的正态分布.

第二层, 将第一层的系数作为因变量:

$$\beta_j=W_j\gamma+u_j,\quad u_j\sim N(0,T),\quad j=1,\cdots,J, \tag{15.2}$$

此处 $\gamma$ 是一个 $f\times 1$ 的固定效应向量, $u_j$ 是一个 $d\times 1$ 的第二层的随机效应并假设与 $W_j$ 和 $\varepsilon_{ij}$ 独立, $u_j$ 服从均值向量为 0, 协方差阵为 $T$ 的多元正态分布. 合并两层, 得到模型:

$$Y_{ij}=X_{ij}W_j\gamma+X_{ij}u_j+\varepsilon_{ij},\quad \varepsilon_{ij}\sim N(0,\sigma^2),\quad u_j\sim N(0,T). \tag{15.3}$$

为了在给定 $(X,W)=(x,w)$ 的条件下, 考虑响应变量 $Y$ 的条件分布函数 $F(y|x,w)$, 考虑 $Y$ 的分位函数. 假设 $F(y|x,w)$ 是 $y$ 的递增函数, 且在 $x$ 和 $w$ 处连续. 在点 $x$ 和 $w$ 给定的条件下 $Y$ 的 $\tau$ 阶分位数定义为 $q_\tau(x,w)$, 使得

$$q_\tau(x,w)=\inf\{t\in\mathbb{R}:F(t|x,w)\geqslant\tau\},0<\tau<1.$$

给定模型 (15.3), 有

$$q_\tau(x,w)=xw\gamma+(xTx^{\mathrm{T}}+\sigma^2)^{1/2}\Phi^{-1}(\tau), \tag{15.4}$$

此处 $\Phi(\cdot)$ 是标准正态累积分布函数.

当误差项方差无限的情况下, 均值回归不能得到结果. 如果误差项无限, 参数的估计不再是 $\sqrt{n}$ 相合估计, 且不是参数估计的理想方法. 为了进一步改进多水平情况下经典均值回归的一些性质, 我们提出了将几个 $\tau$ 阶分位数合并. 注意到在不同的分位回归模型中回归系数是假定不变的. 通常取等分的分位点: $\tau_k(k=1,2,\cdots,K)$ 为合并的分位数, 后面会建议选择 $K$ 的选择.

## 15.3 估　计

EM 算法被广泛地应用于估计多水平模型的系数, 其中随机部分可以看成是不完整数据. E 步表示期望, 用来得到未知部分的充分统计量的期望, M 步表示最大化, 用来得到极大似然估计.

代替 EM 算法, 我们提出了 E-CQ 算法. 两者之间的差异是利用复合分位回归代替均方期望来作为检验函数. 凭直觉, E-CQ 算法会稳健些, 因为分位数可以避免由于离群点的影响造成的误差, 而均值则不能. 下面说明 E-CQ 算法:

**CQ 步**　固定效应 $\gamma$ 通过最小化下面的式子得到

$$\hat{\gamma}=\operatorname{Arg}\min_{\gamma\in\mathbb{R}^f}\sum_{k=1}^{K}\left\{\sum_{j=1}^{J}\sum_{i=1}^{n_j}\rho_{\tau_k}(Y_{ij}-X_{ij}W_j\gamma\right.$$
$$\left.-(X_{ij}TX_{ij}^{\mathrm{T}}+\sigma^2)^{1/2}\Phi^{-1}(\tau_k))\right\},\tag{15.5}$$

其中 $\rho_\tau=\tau zI_{[0,\infty)}(z)-(1-\tau)zI_{(-\infty,0)}(z)$, 称为检验函数. 由于检验函数在 0 点不可导, 所以式 (13.5) 没有一个显式解, 但是可以通过迭代的算法来解最小化问题.

首先可以直接得到 $T$ 和 $\sigma^2$ 的极大似然估计

$$\hat{T}=\frac{1}{J}\sum_{j=1}^{J}u_ju_j^{\mathrm{T}},\tag{15.6}$$

其中 $J$ 是第二层的单元个数

$$\hat{\sigma}^2=\frac{1}{N}\sum_{j=1}^{J}\sum_{i=1}^{n_j}(Y_{ij}-X_{ij}W_j\hat{\gamma}-X_{ij}u_j)^2,\tag{15.7}$$

其中 $N=n_1+n_2+\cdots+n_J$.

然而 $u_j$ 是不可观测的. 给定数据 $y_{ij}$, 考虑用条件期望来估计参数 $\hat{\sigma}^2$ 和 $\hat{T}$, 在下面的迭代算法里会具体介绍.

**E 步**　把所有的元素合并到一个矩阵里, 并且定义

$$Y_j = \begin{pmatrix} Y_{1j} \\ Y_{2j} \\ \vdots \\ Y_{n_j j} \end{pmatrix}, \quad X_j = \begin{pmatrix} X_{1j} \\ X_{2j} \\ \vdots \\ X_{n_j j} \end{pmatrix}, \quad \varepsilon_j = \begin{pmatrix} \varepsilon_{1j} \\ \varepsilon_{2j} \\ \vdots \\ \varepsilon_{n_j j} \end{pmatrix}.$$

$$\begin{pmatrix} Y_j \\ u_j \end{pmatrix} \sim N\left[\begin{pmatrix} X_j W_j \gamma \\ 0 \end{pmatrix}, \begin{pmatrix} X_j T X_j^{\mathrm{T}} + \sigma^2 I & X_j T \\ T X_j^{\mathrm{T}} & T \end{pmatrix}\right].$$

现在, 考虑 $(Y_j, u_j)$ 的联合分布

$$\begin{pmatrix} Y_j \\ u_j \end{pmatrix} \sim N\left[\begin{pmatrix} X_j W_j \gamma \\ 0 \end{pmatrix}, \begin{pmatrix} X_j T X_j^{\mathrm{T}} + \sigma^2 I & X_j T \\ T X_j^{\mathrm{T}} & T \end{pmatrix}\right].$$

显而易见

$$u_j | Y_j, \gamma, T, \sigma^2 \sim N(u_j^*, T_j^*),$$

其中 $T_j^* = \sigma^2 (X_j^{\mathrm{T}} X_j + \sigma^2 T^{-1})^{-1} = \sigma^2 \left( \sum_{i=1}^{n_j} X_{ij}^{\mathrm{T}} X_{ij} + \sigma^2 T^{-1} \right)^{-1}$, 且 $u_j^* = \sigma^{-2} T_j^* X_j^{\mathrm{T}} \cdot (Y_j - X_j W_j \gamma)$.

下面给出 $\hat{T}$ 和 $\hat{\sigma}^2$ 的条件期望:

$$E(\hat{T} | Y, \gamma, \sigma^2, T) = J^{-1} \sum (u_j^* u_j^{*\mathrm{T}} + T_j^*) \tag{15.8}$$

和

$$E(\hat{\sigma}^2 | Y, \gamma, \sigma^2, T) = N^{-1} \sum_{j=1}^{J} \sum_{i=1}^{n_j} [(Y_{ij} - X_{ij} W_j \gamma - X_{ij} u_j^*)^2 + \operatorname{tr}(X_{ij} T_j^* X_{ij}^{\mathrm{T}})]. \tag{15.9}$$

**迭代**

这些条件期望激发我们考虑如下的牛顿迭代方法.

(1) 迭代初始值 $(\sigma^2, T) = (\sigma_{(0)}^2, T_{(0)})$;

(2) 从

$$\min_{\gamma \in \mathbb{R}^f} \sum_{k=1}^{K} \left\{ \sum_{j=1}^{J} \sum_{i=1}^{n_j} \rho_{\tau_k} (Y_{ij} - X_{ij} W_j \gamma - (X_{ij} T_{(q)} X_{ij}^{\mathrm{T}} + \sigma_{(q)}^2)^{1/2} \varPhi^{-1}(\tau_k)) \right\}$$

中估计 $\gamma_{(q+1)}$;

(3) 从

$$E(\widehat{T}|Y_{ij},\gamma_{(q+1)},\sigma^2_{(q)},T_{(q)})=J^{-1}\sum_{j=1}^{J}\left(u^*_{j(q)}u^{*'}_{j(q)}+T^*_{j(q)}\right)$$

中估计 $T_{(q+1)}$, 其中

$$T^*_{j(q)}=\sigma^2_{(q)}(X_j^{\mathrm{T}}X_j+\sigma^2_{(q)}T^{-1}_{(q)})^{-1} \text{ 且 } u^*_{j(q)}=T^*_{j(q)}X_j^{\mathrm{T}}(Y_j-X_jW_j\gamma_{(q+1)})/\sigma^2_{(q)};$$

(4) 从

$$\begin{aligned}&E(\widehat{\sigma}^2|Y_i,\gamma_{(q+1)},\sigma^2_{(q)},T_{(q+1)})\\=&N^{-1}\left\{\sum_{j=1}^{J}\sum_{i=1}^{n_j}\left[\left(Y_{ij}-X_{ij}W_j\gamma_{(q+1)}-X_{ij}u^*_{j(q+1)}\right)^2+\mathrm{tr}(X_{ij}T^*_{j(q+1)}X_{ij}^{\mathrm{T}})\right]\right\}\end{aligned}$$

中估计 $\sigma^2_{(q+1)}$, 其中 $T^*_{j(q+1)}=\sigma^2_{(q)}(X_j^{\mathrm{T}}X_j+\sigma^2_{(q)}T^{-1}_{(q+1)})^{-1}$ 且 $u^*_{j(q+1)}=T^*_{j(q+1)}X_j^{\mathrm{T}}\cdot(Y_j-X_jW_j\gamma_{(q+1)})/\sigma^2_{(q)}$, $q=0,1,\cdots$;

(5) 重复步骤 (2)~(4), 知道任何参数的最大的变化都充分小.

**注 15.3.1** 本章提出的 E-CQ 算法, 正如用到多水平线性模型的最大似然, 有很多优点: 首先, 它可信地收敛到参数空间内的局部最大值; 该算法肯定能产生正的方差矩阵和协方差矩阵, 其收敛性的证明也是很直接的, 这有点像 EM 算法与 E-Q 算法的收敛性证明; 其次, 计算很容易推导和验证; 再者, 每次迭代所做的努力相对较小.

当然, E-CQ 算法也有它自己的不足: 收敛速度较慢, 在很多情况下很耗时间, 但不是对绝大多数情况都是这样的.

## 15.4 大样本性质

### 15.4.1 误差项为正态分布情形

为了研究估计的性质, 需要下面的假定.

**假设 15.4.1** 存在一个 $d\times d$ 的矩阵 $\Omega$, 使得

$$\lim_{N\to\infty}\frac{1}{N}\sum_{j=1}^{J}\sum_{i=1}^{n_j}W_j^{\mathrm{T}}X_{ij}^{\mathrm{T}}X_{ij}W_j=\Omega,$$

其中 $N=n_1+n_2+\cdots+n_J$.

这个假设被认为是建立单个分位回归或者单个复合分位回归渐近性质的推广.

**定理 15.4.1**　假定观测 $(X_{ij},W_j,Y_{ij}),(i=1,\cdots,n_j,j=1,\cdots,J)$ 来自总体 $(X,W,Y)$, 且设计矩阵 $X_{ij}$ 和 $W_j$ 满足假设 15.4.1. 令 $\hat{\gamma}$ 为式 (15.5) 的解. 则有

$$\sqrt{n}(\hat{\gamma}-\gamma)\xrightarrow{d}N\left(0,\ \varOmega^{-1}\frac{\displaystyle\sum_{k,k'=1}^{K}\min(\tau_k,\tau_{k'})(1-\max(\tau_k,\tau_{k'}))}{\left(\displaystyle\sum_{k=1}^{K}f(xTx^{\mathrm{T}}+\varPhi^{-1}(\tau_k))\right)^2}\right),$$

其中 $\widetilde{\sigma}=xTx^{\mathrm{T}}+\sigma^2$, $f(x)=\dfrac{1}{\sqrt{2\pi\widetilde{\sigma}}}\mathrm{e}^{-\frac{x^2}{2\widetilde{\sigma}^2}}$, 它是随机变量 $\xi=xU+\varepsilon$ 的密度函数.

**证明**　令 $u_n=\sqrt{n}(\hat{\gamma}-\gamma)$ 和 $v_{n,k}=\sqrt{n}((x\widehat{T}x^{\mathrm{T}}+\widehat{\sigma}^2)^{\frac{1}{2}}\varPhi^{-1}(\tau_k)-(xTx^{\mathrm{T}}+\sigma^2)^{\frac{1}{2}}$ $\varPhi^{-1}(\tau_k))$. 该问题可以转化为最小化下面的准则:

$$\begin{aligned}L_n=&\sum_{k=1}^{K}\sum_{j=1}^{J}\sum_{i=1}^{n_j}\left(\rho_{\tau_k}(Y_{ij}-X_{ij}W_j\gamma-(X_{ij}TX_{ij}^{\mathrm{T}}+\sigma^2)^{1/2}\varPhi^{-1}(\tau_k)-\frac{v_k+X_{ij}W_ju}{\sqrt{n}}\right)\\&-\rho_{\tau_k}(Y_{ij}-X_{ij}W_j\gamma-(X_{ij}TX_{ij}'+\sigma^2)^{1/2}\varPhi\ \ ^1(\tau_k))\Big).\end{aligned}$$

根据等式 (Knight, 1998):

$$|r-s|-|r|=-s(I(r>0)-I(r<0))+2\int_0^s[I(r\leqslant t)-I(r\leqslant 0)]\mathrm{d}t,$$

有

$$\rho_\tau(r-s)-\rho_\tau(r)=s(I(r<0)-\tau)+\int_0^s[I(r\leqslant t)-I(r\leqslant 0)]\mathrm{d}t.$$

这样, 重写 $L_n$ 如下:

$$\begin{aligned}L_n=&\sum_{k=1}^{K}\sum_{j=1}^{J}\sum_{i=1}^{n_j}\frac{v_k+X_{ij}W_ju}{\sqrt{N}}(I(Y_{ij}-X_{ij}W_j\gamma-(X_{ij}TX_{ij}^{\mathrm{T}}+\sigma^2)^{1/2}\varPhi^{-1}(\tau_k)<0)\\&-\tau_k)+\sum_{k=1}^{K}\sum_{j=1}^{J}\sum_{i=1}^{n_j}\int_0^{\frac{v_k+X_{ij}W_ju}{\sqrt{N}}}[I(Y_{ij}-X_{ij}W_j\gamma-(X_{ij}TX_{ij}^{\mathrm{T}}+\sigma^2)^{1/2}\varPhi^{-1}(\tau_k)<t)\\&-I(Y_{ij}-X_{ij}W_j\gamma-(X_{ij}TX_{ij}^{\mathrm{T}}+\sigma^2)^{1/2}\varPhi^{-1}(\tau_k)<0)]\mathrm{d}t\\=&\sum_{k=1}^{K}z_{n,k}v_k+z_nu+\sum_{k=1}^{K}B_n^{(k)},\end{aligned}$$

其中

$$z_{n,k}\equiv\frac{1}{\sqrt{N}}\sum_{j=1}^{J}\sum_{i=1}^{n_j}(I(Y_{ij}-X_{ij}W_j\gamma-(X_{ij}TX_{ij}^{\mathrm{T}}+\sigma^2)^{1/2}\varPhi^{-1}(\tau_k)<0)-\tau_k),$$

$$z_n \equiv \frac{1}{\sqrt{N}}\sum_{j=1}^{J}\sum_{i=1}^{n_j} X_{ij}W_j\left[\sum_{k=1}^{K}(I(Y_{ij}-X_{ij}W_j\gamma-(X_{ij}TX_{ij}^{\mathrm{T}}+\sigma^2)^{1/2}\varPhi^{-1}(\tau_k)<0)-\tau_k)\right],$$

$$\begin{aligned}B_n^{(k)}=\sum_{j=1}^{J}\sum_{i=1}^{n_j}\int_0^{\frac{v_k+X_{ij}W_ju}{\sqrt{N}}}&[I(Y_{ij}-X_{ij}W_j\gamma-(X_{ij}TX_{ij}^{\mathrm{T}}+\sigma^2)^{1/2}\varPhi^{-1}(\tau_k)<t)\\&-I(Y_{ij}-X_{ij}W_j\gamma-(X_{ij}TX_{ij}^{\mathrm{T}}+\sigma^2)^{1/2}\varPhi^{-1}(\tau_k)<0)]\mathrm{d}t.\end{aligned}$$

根据 Cramer-Wald 机制与中心极限定理, 知

$$(z_{n,1},\cdots,z_{n,k},z_n)\to_d(z_1,\cdots,z_k,z)\sim N(0,\varSigma),\ \text{对某个}\ \varSigma$$

和

$$\sum_{k=1}^{K}z_{n,k}v_k+z_nu\to_d\sum_{k=1}^{K}z_kv_k+zu.$$

再者, 定义 $\xi_{ij}=Y_{ij}-X_{ij}W_j\gamma=X_{ij}u_j+\varepsilon_{ij}$, $b_{\tau_k}=(X_{ij}TX_{ij}^{\mathrm{T}}+\sigma^2)^{1/2}\varPhi^{-1}(\tau_k)$. 显然有 $\xi\sim N(0,(xTx^{\mathrm{T}}+\sigma^2))$, 其 $\xi$ 分布函数是 $F(x)=\int_{-\infty}^{x}\frac{1}{\sqrt{2\pi}(xTx^{\mathrm{T}}+\sigma^2)^{1/2}}\mathrm{e}^{-\frac{t^2}{2(xTx^{\mathrm{T}}+\sigma^2)}}\mathrm{d}t$. 所以有

$$\begin{aligned}E[B_n^{(k)}]&=\sum_{j=1}^{J}\sum_{i=1}^{n_j}\int_0^{\frac{v_k+X_{ij}W_ju}{\sqrt{N}}}[F(t+b_{\tau_k})-F(b_{\tau_k})]\mathrm{d}t\\&=\frac{1}{N}\sum_{j=1}^{J}\sum_{i=1}^{n_j}\int_0^{v_k+X_{ij}W_ju}\sqrt{N}\left[F\left(\frac{t}{\sqrt{N}}+b_{\tau_k}\right)-F(b_{\tau_k})\right]\mathrm{d}t\\&\to\frac{1}{2}f(b_{\tau_k})(v_k,u)^{\mathrm{T}}\begin{pmatrix}1&0\\0&\varOmega\end{pmatrix}(v_k,u)^{\mathrm{T}},\end{aligned}$$

其中 $\varOmega=\lim\limits_{N\to\infty}\frac{1}{N}\sum_{j=1}^{J}\sum_{i=1}^{n_j}W_j^{\mathrm{T}}X_{ij}^{\mathrm{T}}X_{ij}W_j$.

$$\begin{aligned}&\operatorname{var}[B_n^{(k)}]\\=&\sum_{j=1}^{J}\sum_{i=1}^{n_j}E\left(\int_0^{\frac{v_k+X_{ij}W_ju}{\sqrt{N}}}(I(\xi_{ij}<b_{\tau_k}+t)-I(\xi_{ij}<b_{\tau_k})-[F(t+b_{\tau_k})-F(b_{\tau_k})])\mathrm{d}t\right)^2\\\leqslant&\sum_{j=1}^{J}\sum_{i=1}^{n_j}E\left[\left|\int_0^{\frac{v_k+X_{ij}W_ju}{\sqrt{N}}}(I(\xi_{ij}<b_{\tau_k}+t)-I(\xi_{ij}<b_{\tau_k})-[F(t+b_{\tau_k})-F(b_{\tau_k})])\mathrm{d}t\right|\right]\end{aligned}$$

$$
\begin{aligned}
&\times 2\left|\frac{v_k + X_{ij}W_j u}{\sqrt{N}}\right| \\
&\leqslant 4E[B_n^{(k)}]\frac{\max\limits_{1\leqslant j\leqslant J}\left|\sum\limits_{i=1}^{n_j} v_k + X_{ij}W_j u\right|}{\sqrt{N}} \\
&\to 0.
\end{aligned}
$$

所以,

$$
B_n^{(k)} \xrightarrow{p} \frac{1}{2}f(b_{\tau_k})(v_k, u)^{\mathrm{T}}\begin{pmatrix} 1 & 0 \\ 0 & \varOmega \end{pmatrix}(v_k, u)^{\mathrm{T}}.
$$

因此

$$
L_n \xrightarrow{d} V(v_1, \cdots, v_k, u) = \sum_{k=1}^{K} z_k v_k + zu + \sum_{k=1}^{K}\frac{1}{2}f(b_{\tau_k})v_k^2 + \frac{1}{2}\left(\sum_{k=1}^{K} f(b_{\tau_k})\right)u\varOmega u^{\mathrm{T}}.
$$

有 Knight (1998) 和 Koenker (2005), 有

$$
\widehat{u}_n \xrightarrow{d} \left[\left(\sum_{k=1}^{K} f(b_{\tau_k})\right)\varOmega\right]^{-1} M \sim N\left(0, \left(\sum_{k=1}^{K} f(b_{\tau_k})\right)^{-2}\varOmega^{-1}\varSigma_M\varOmega^{-1}\right),
$$

其中 $f(x) = \frac{1}{\sqrt{2\pi}\widetilde{\sigma}}\mathrm{e}^{-\frac{x^2}{2\widetilde{\sigma}^2}}, \widetilde{\sigma} = X_{ij}TX_{ij}^{\mathrm{T}} + \sigma^2$. 所以

$$
\widehat{Z}_n \sim N\left(0, \left(\sum_{k=1}^{K} f\left((xTx^{\mathrm{T}} + \sigma^2)^{1/2}\varPhi^{-1}(\tau_k)\right)\right)^{-2}\varOmega^{-1}\varSigma_M\varOmega^{-1}\right),
$$

其中

$$
\varSigma_M = \varOmega\mathrm{var}\left(\sum_{k=1}^{K}[I(\xi < b_{\tau_k}) - \tau_k]\right) = \varOmega\left[\sum_{k,k'=1}^{K}\min(\tau_k, \tau_{k'})(1 - \max(\tau_k, \tau_{k'}))\right].
$$

所以,

$$
\sqrt{n}(\widehat{\gamma} - \gamma) \xrightarrow{d} N\left(0, \varOmega^{-1}\frac{\sum\limits_{k,k'=1}^{K}\min(\tau_k, \tau_{k'})(1 - \max(\tau_k, \tau_{k'}))}{\left(\sum\limits_{k=1}^{K} f\left((xTx^{\mathrm{T}} + \sigma^2)^{1/2}\varPhi^{-1}(\tau_k)\right)\right)^2}\right).
$$

■

### 15.4.2 误差项分布非正态情形

推广渐近性质到其他误差项分布的情况, 特别是那些方差为无限的误差项. 为了下面的讨论, 需要一些记号. 令 $F_\varepsilon(\cdot)$ 和 $f_\varepsilon(\cdot)$ 分别为误差项分布的密度函数和累计分布函数. 令 $G(\cdot)$ 和 $g(\cdot)$ 分别为随机部分 $xU+\varepsilon$ 的密度函数和累计分布函数. 如果 $xU \sim N(0, xTx')$, 则从假设 $U$ 和 $\varepsilon$ 相互独立, 可以得到

$$g(z)=\int_{-\infty}^{\infty}\frac{1}{\sqrt{2\pi}(xTx^{\mathrm{T}})^{1/2}}\mathrm{e}^{-\frac{t^2}{2(xTx^{\mathrm{T}})}}f_\varepsilon(z-t)\mathrm{d}t.$$

更一般的情况, 如果 $U$ 服从非正态分布, 令 $F_{xU}(\cdot)$ 和 $f_{xU}(\cdot)$ 分别为 $xU$ 的密度函数和累计分布函数, 则 $xU+\varepsilon$ 的密度函数是 $F_{xU}$ 和 $F_\varepsilon$ 的卷积.

$$G(z)=F_{xU}*F_\varepsilon=\int_{-\infty}^{z}\int_{-\infty}^{\infty}f_{xU}(t)f_\varepsilon(u-t)\mathrm{d}t\mathrm{d}u.$$

相应地, $Y$ 的条件分位函数变成

$$q_{\tau_k}(x,w)=xw\gamma+G^{-1}(\tau_k). \tag{15.10}$$

代替式 (15.5), 固定效应 $\gamma$ 可以通过解下面最小化的问题得到:

$$\hat{\gamma}=\mathrm{Arg}\min_{\gamma\in\mathbb{R}^f}\sum_{k=1}^{K}\left\{\sum_{j=1}^{J}\sum_{i=1}^{n_j}\rho_{\tau_k}(Y_{ij}-X_{ij}W_j\gamma-G^{-1}(\tau_k))\right\}. \tag{15.11}$$

为了研究渐近性质, 需要进行下面的假设.

**假设 15.4.2** 令 $F(\cdot)$ 和 $f(\cdot)$ 分别为误差项 $\varepsilon$ 的密度函数和累计分布函数, 对于每个 $p$ 向量 $u$, 有

$$\begin{aligned}&\lim_{n\to\infty}\frac{1}{N}\sum_{j=1}^{J}\sum_{i=1}^{n_j}\int_0^{v_k+X_{ij}W_ju}\sqrt{N}\left[G\left(\frac{t}{\sqrt{N}}+b_{\tau_k}\right)-G(b_{\tau_k})\right]\mathrm{d}t\\&=\frac{1}{2}g(b_{\tau_k})(v_k,u')\begin{pmatrix}1&0\\0&\Omega\end{pmatrix}(v_k,u')^{\mathrm{T}}.\end{aligned}$$

和假设 15.4.1 一样, 假设 15.4.2 也是一个建立所提出的估计量的渐近正态性的基本假设.

**定理 15.4.2** 在定理 15.4.1 和假设 15.4.1 下, 如果误差项为柯西或者其他方差无限的分布, 则 $\sqrt{n}(\hat{\gamma}-\gamma)$ 的渐近性质转化为

$$\sqrt{n}(\hat{\gamma}-\gamma)\xrightarrow{d}N\left(0,\ \Omega^{-1}\frac{\displaystyle\sum_{k,k'=1}^{K}\min(\tau_k,\tau_{k'})(1-\max(\tau_k,\tau_{k'}))}{\left(\displaystyle\sum_{k=1}^{K}g(G^{-1}(\tau_k))^2\right.}\right).$$

**证明** 仿照定理 15.4.1 类似的证明过程, 可以得到定理 15.4.2 的证明. ■

## 15.5 讨 论

我们提出了两水平的复合多水平分位回归模型. 两水平的模型可以推广到任意水平. 事实上, 假设有 $P$ 个水平的模型, 可以得到 $P$ 阶段的多水平模型

$$
\begin{aligned}
&Y_{i_1 i_2\cdots i_p} = X^{(1)}_{i_1 i_2\cdots i_p}\alpha^{(1)}_{i_1 i_2\cdots i_{p-1}} + \varepsilon^{(1)}_{i_1 i_2\cdots i_p}\\
&\alpha^{(1)}_{i_1 i_2\cdots i_{p-1}} = X^{(2)}_{i_1 i_2\cdots i_{p-1}}\alpha^{(2)}_{i_1 i_2\cdots i_{p-2}} + \varepsilon^{(2)}_{i_1 i_2\cdots i_{p-1}}\\
&\cdots\\
&\alpha^{(p-1)}_{i_1} = X^{(p)}_{i_1}\alpha^{(p)} + \varepsilon^{(p)}_{i_1}.
\end{aligned}
\tag{15.12}
$$

合并之后, 可以得到

$$
\begin{aligned}
Y_{i_1 i_2\cdots i_p} = & X^{(1)}_{i_1 i_2\cdots i_p}X^{(2)}_{i_1 i_2\cdots i_{p-1}}\cdots X^{(p)}_{i_1}\alpha^{(p)}\\
&+X^{(1)}_{i_1 i_2\cdots i_p}X^{(2)}_{i_1 i_2\cdots i_{p-1}}\cdots X^{(p-1)}_{i_1 i_2}\varepsilon^{(p)}_{i_1}\\
&+\cdots\\
&+X^{(p)}_{i_1}\varepsilon^{(2)}_{i_1 i_2\cdots i_{p-1}}\\
&+\varepsilon^{(1)}_{i_1 i_2\cdots i_p}.
\end{aligned}
\tag{15.13}
$$

等价地, 可以将它改写成

$$
Y = A_f\theta_f + A_r\theta_r + \varepsilon, \tag{15.14}
$$

其中 $\theta_f$ 是固定效应 $\alpha^{(p)}$, $\theta_r$ 是随机效应, 从而得到

**定理 15.5.1** 在定理 15.4.2 的假设下, $\sqrt{n}(\hat\theta_f - \theta_f)$ 的渐近性质转换为

$$
\sqrt{n}(\hat\theta_f - \theta_f) \xrightarrow{d} N\left(0, \varOmega^{-1}\frac{\sum\limits_{k,k'=1}^{K}\min(\tau_k,\tau_{k'})(1-\max(\tau_k,\tau_{k'}))}{\left(\sum\limits_{k=1}^{K} g(G^{-1}(\tau_k))\right)^2}\right),
$$

其中 $G(\cdot)$ 和 $g(\cdot)$ 为随机部分 $A_r\theta_r + \varepsilon$ 的密度函数和累计分布函数.

## 15.6 主要参考文献

多水平结构模型从 1970 年就开始研究. Lindley 和 Smith (1972) 与 Smith (1973) 提出了“多水平模型” 这一术语, 另外还有多水平模型 (Goldstein, 1995; Mason et al., 1983), 混合效应模型和随机效应模型 (Elston, Grizzle, 1962; Singer, 1998), 随机参数回归模型 (Rosenberg, 1973) 以及协方差分量模型 (Dempster et al., 1977, 1981). 用分布的条件分位数来刻画的分位回归 (Longford, 1987). Zou 和 Yuan (2008) 介绍了复合分位回归. 本章主要参考 Tian 等 (2009) 以及 Chen 等 (2013), 定义了复合多水平分位回归模型, 提出了估计的算法, 研究了渐近性质, 给出了模拟以及用一个实际数据来检验估计的有效性.

# 第 16 章　复合分层半参数分位回归

在生物学、医学以及社会学等学科中，分层结构数据很常见. 针对这类数据分析，分层模型有必要考虑同一层的个体内部不同观测值之间的相依性以及个体之间的相依关系. 这里提出的半参数分层模型是一个应用广泛的嵌套模型，其中回归系数本身又给出了一个模型. 它兼具参数分层模型的解释性和非参数分层模型的灵活性. 然而，非参数分层模型当误差项方差趋于无穷时 (例如柯西分布) 失效. 本章提出了半参数复合分层分位回归模型，将分层数据的嵌套结构和复合分位回归的稳健性相结合，极大地提高了估计的有效性和准确性. 我们建立了估计量的渐近正态性并在模拟中证实了提出的方法在很多误差项非正态的情况下比最小二乘方法更加有效.

## 16.1　引　言

半参数回归模型由于结合了参数模型的易于解释性和非参数模型的灵活性而被广泛地应用. 偏线性模型作为非参数回归模型中最常见的一个模型，被研究者们津津乐道，比如 Härdle 等 (2000), Yatchew (2003) 和其他一些研究文章. 现有的建模过程许多都是基于最小二乘或者似然的方法. 两种方法都对异常值和误差项的分布很敏感. 当误差分布非正态的时候，比如柯西分布，两种方法都失效. 分层结构的数据在日常生活中非常常见，比如研究公司里的员工 (两水平) 和研究学校的班级里的学生 (三水平). 在这种结构中，我们感兴趣的不仅仅是个体，也有包含个体的大的单元. 而描述个体特征或者包含个体单元的特征可以被分成随机部分和固定部分.

分层结构模型自从 1970 年开始被研究后，以很多名字出现在人们的视野里. 社会学研究中，通常被称为分层线性模型 (Goldstein, 1995; Mason et al., 1983). 生物学中，固定效应模型和随机效应模型比较常见 (Elston, Grizzle, 1962; Laird, Ware, 1982; Singer, 1998). 在经济学中，通常被称为随机系数回归模型 (Roserberg, 1973; Longford, 1993). 在统计学中通常被称为协方差分量模型 (Dempster et al., 1981; Longford, 1987), 等等. 由于分层线性模型被广泛的应用，研究者意识到实际应用中远非这么简单. 我们需要考虑分层误差的结构并关注由于误差项分布和异常值可能出现的有偏点估计和方差估计. 例如，分布的均值通常会被异常值影响，但是条件分位数可以克服这个问题.

分位回归 (Koenker, 2005) 描述了分布的条件分位数, 被认为是均值回归的一个转化形式. 比如 He 和 Shi (1996), He 等 (2002), Lee (2003), Tian 等 (2008). Tian 等 (2008) 将分位回归引入分层模型, 放宽了误差项正态性的假设. Zou 和 Yuan (2008) 最近介绍了复合分位回归 (CQR), 是令估计的目标函数是 $K$ 个分位函数的平均. 通过最小化目标函数, 我们可以得到一个稳健的估计. CQR 利用分位回归的稳健性来改进传统的最小二乘估计. 这里 CQR 可以看作是 (Koenker, 2005) 提到的加权方程的一种特殊形式, 每个分位函数都有相同的权重. Kai 等 (2010) 进一步建立了局部 CQR 平滑来估计非参数函数和它的一阶导数. 同年, Kai 等 (2010) 提出了半参数复合分位回归估计来估计偏线性模型. 他们推得半参 CQR 估计有最优的收敛率且证明了半参 CQR 估计的渐近正态性. 渐近性质证明, 和半参最小二乘估计相比, 半参 CQR 估计对很多非正态性的误差具有显著的有效性, 对于正态性误差会损失一些有效性. 且估计变系数函数的相对有效率至少 88.9%, 而参数部分, 至少 86.4%.

## 16.2 模　型

为了简化陈述, 我们只考虑两层的分层模型. 结果很容易推广到三层或者更多层. 假设有 $J$ 个单元, 每个单元有 $n_j$ 个元素, 我们定义 $Y_{ij}$ 是第 $j$ 个单元的第 $i$ 个个体. $Y_{ij}$ 是一个实值随机变量, $X_{ij}$ 是第一层 $d_1\times 1$ 的非参数部分的解释向量, $Z_{ij}$ 是 $d_2\times 1$ 参数部分解释向量.

**第一层单元内部模型**

$$Y_{ij}=m(X_{ij}^{\mathrm{T}})+Z_{ij}^{\mathrm{T}}\beta_j+\varepsilon_{ij},\quad j=1,\cdots,J,i=1,\cdots,n_j,$$

其中 $m(\cdot)$ 是一个未知的函数. $\varepsilon_{ij}$ 是不可观测的随机误差项, 其分布未知, $\beta_j=(\beta_{j1},\beta_{j2},\cdots,\beta_{jd_2})^{\mathrm{T}}$ 是一个 $d_2$ 维的系数向量. 对于 $x$ 点周围的 $X_{ij}$, 有下面的局部线性展开:

$$m(X_{ij})\approx m(x)+(X_{ij}-x)^{\mathrm{T}}\nabla m(x).$$

从而

$$Y_{ij}\approx m(x)+(X_{ij}-x)^{\mathrm{T}}\nabla m(x)+Z_{ij}^{\mathrm{T}}\beta_j+\varepsilon_{ij}\triangleq\tilde{X}_{ij}^{\mathrm{T}}\theta_j+\varepsilon_{ij},$$

其中 $\tilde{X}_{ij}=(1,(X_{ij}-x)^{\mathrm{T}},Z_{ij}^{\mathrm{T}})^{\mathrm{T}}$, $\theta_j(x)=(m(x),\nabla m(x)^{\mathrm{T}},\beta_j^{\mathrm{T}})^{\mathrm{T}}$.

**第二层单元之间模型**

$$\theta_j(x)=W_j\gamma(x)+U_j,$$

其中 $W_j$ 是 $(1+d_1+d_2)\times f$ 维第二层的解释变量矩阵, $\gamma(x)$ 是 $f\times 1$ 的固定效应向量, $U_j$ 是 $(1+d_1+d_2)\times 1$ 的第二层的随机误差向量, 和 $\varepsilon_{ij}$ 相互独立, 有均值向量 $E(U_j)=0$, 它与协方差阵 $\mathrm{cov}(U_j)=T$.

合并两层, 得到

$$Y_{ij}=\tilde{X}_{ij}^{\mathrm{T}}W_j\gamma(x)+\tilde{X}_{ij}^{\mathrm{T}}U_j+\varepsilon_{ij}. \tag{16.1}$$

令 $\xi_{ij}=\tilde{X}_{ij}^{\mathrm{T}}U_j+\varepsilon_{ij}$, 其中 $\xi_{ij}\sim G_{ij}$.

记 $F(y)$ 为 $Y$ 的分布函数. 为了得到给定条件 $(X,Z,W)=(x,z,w)$ 下响应变量 $Y$ 的分布 $F(y|x,z,w)$, 考虑 $Y$ 的分位函数. 假定 $F(y|x,z,w)$ 是 $y$ 的增函数, 且在 $x$ 和 $w$ 处连续, 于是在条件条件 $(X,Z,W)=(x,z,w)$ 下 $Y$ 的 $\tau$ 阶分位数定义为 $q_\tau(x,z,w)$, 使得

$$q_\tau(x,z,w)=\inf\{t\in\mathbb{R}:F(t|x,z,w)\geqslant\tau\},\quad 0<\tau<1.$$

根据模型 (16.1), 很容易证明有

$$F_{Y|x,z,w}^{-1}(\tau)=\tilde{X}^{\mathrm{T}}W_j\gamma(x)+G^{-1}(\tau). \tag{16.2}$$

## 16.3 估计与算法

本节对估计给定任意点 $x$ 的固定效应向量 $\gamma(x)$ 感兴趣. 为此, 考虑下面的目标函数, 它是基于复合分位回归的. 该目标函数是

$$R_n=\sum_{k=1}^{K}\sum_{j=1}^{J}\sum_{i=1}^{n_j}\rho_{\tau_k}(Y_{ij}-\tilde{X}_{ij}^{\mathrm{T}}W_j\gamma(x)-G_{ij}^{-1}(\tau_k))K_H(X_{ij}-x), \tag{16.3}$$

此处 $K_H(x)=\dfrac{1}{\det(H)}K(H^{-1}x)$, $K(\cdot)$ 是给定的核函数. 于是可以获得 $\gamma(x)$ 的估计, 记为 $\hat{\gamma}(x)$, 这通过关于 $b_n$ 最小化 $R_n(b_n)$ 得到 (即 $b_n$ 代表未知的 $\gamma(x)$). 也就是

$$\hat{\gamma}(x)=\mathrm{Arg}\min_{b_n\in\mathbb{R}^f}R_n(b_n). \tag{16.4}$$

设定 $H=hI_d$, 其中 $I_d$ 为 $d\times d$ 单位矩阵, 得到等宽的核函数. 比如, $K_d(X_{ij}-x)=\dfrac{1}{h^d}\left(K\left(\dfrac{X_{ij1}-x_1}{h}\right),\cdots,K\left(\dfrac{X_{ijd}-x_d}{h}\right)\right)$. 对于不等窗宽的和函数, 可以设

$$H=\mathrm{diag}(h_1,\cdots,h_d),$$

其相应核函数

$$K_d(X_{ij}-x)=\frac{1}{h_1\cdots h_d}\left(K\left(\frac{X_{ij1}-x_1}{h_1}\right),\cdots,K\left(\frac{X_{ijd}-x_d}{h_d}\right)\right).$$

于是, 通过最小化 $R_n$ (即 $\hat{\gamma}(x)=\operatorname{Arg\,min} R_n$), 可以得到 $\gamma(x)$ 的最小化子. 我们称之为半参 HCQR 估计量. 为了这一目的, 采用 Hunter 和 Lange(2000) 提出的 majorization-&-minimization (MM) 算法. 该算法的执行包括下面几步:

(1) 给定 $x$, 初始值 $\gamma^0(x)$ 以及较小的常数 $\varepsilon$. 令 $q=0$, 其中 $q$ 代表迭代次数.

(2) 定义 $\gamma^{(q+1)}(x)$ 为

$$\gamma^{(q+1)}(x)=\gamma^{(q)}(x)+\alpha^{(q)}\Delta_{\varepsilon}^{(q)},$$

其中

$$\begin{aligned}
&\alpha^{(q)}=\max\{2^{-\nu}:Q_{\varepsilon}(\gamma^{(q)}(x)+2^{-\nu}\Delta_{\varepsilon}^{(q)}|\gamma^{(q)}(x))<Q_{\varepsilon}(\gamma^{(q)}(x)|\gamma^{(q)}(x),\nu\in N)\},\\
&\Delta_{\varepsilon}^{(q)}=-[df(\gamma^{(q)}(x))^tW_{\varepsilon}(\gamma^{(q)}(x))df(\gamma^{(q)}(x))]^{-1}df(\gamma^{(q)}(x))^t\nu_{\varepsilon}(\gamma^{(q)}(x))^t,\\
&f_i(\gamma^{(q)}(x))=\tilde{X}_{ij}^{\mathrm{T}}W_j\gamma(x)+G_{ij}^{-1}(\tau_{(q)}),
\end{aligned}$$

其中 $df(\gamma(x))$ 是 $n\times p$ 矩阵, 其 $i$ 行 $j$ 列元素为 $\dfrac{\partial}{\partial\theta_j}f_i(\gamma(x))$, 且 $W_{\varepsilon}(\gamma^{(q)}(x))$ 是一个 $n\times n$ 对角矩阵, 其第 $i$ 个对角元为 $[\varepsilon+|m_i^{(q)}(\gamma(x))|]^{-1}$.

$$Q_{\varepsilon}(\gamma(x)|\gamma^{(q)}(x))=\sum_{k=1}^{K}\sum_{j=1}^{J}\sum_{i=1}^{n_j}\frac{1}{4}\Big[\frac{m^2}{\varepsilon+|m^{(q)}|}+(4\tau_k-2)m+c\Big]K_H(X_{ij}-x),$$

其中 $m=Y_{ij}-\tilde{X}_{ij}^{\mathrm{T}}W_j\gamma(x)-G_{ij}^{-1}(\tau_k)$, 且 $c$ 是个常数, 它来自方程:

$$\frac{1}{4}\Big[\frac{m^2}{\varepsilon+|m^{(q)}|}+(4\tau_k-2)m+c\Big]=\rho_{\tau_k}(Y_{ij}-\tilde{X}_{ij}^{\mathrm{T}}W_j\gamma^{(q)}(x)-G_{ij}^{-1}(\tau_k)).$$

(3) 用 $q+1$ 替换 $q$; 如果收敛准则不满足, 则返回到第 2 步.

## 16.4 大样本性质

这一节研究 $\sqrt{J\cdot\det(H)}(\hat{\gamma}(x)-\gamma(x))$ 的渐近性质. 我们给出如下较弱的假设.

**假设 16.4.1** 令 $e_q=(0,\cdots,0,1,0,\cdots,0)^{\mathrm{T}}$, 其第 $q$ 个元素为 1, 且

$$\max_{1\leqslant j\leqslant J}\sum_{q=1}^{f}|\widetilde{X}_{ij}^{\mathrm{T}}W_je_q|=O(1/J^4),\quad J\to\infty.$$

**假设 16.4.2** 当 $J\to\infty$ 时, $\dfrac{1}{J}\sum_{j=1}^{J}|\widetilde{X}_{ij}^{\mathrm{T}}W_je_q|^4=O(1)$, $q=1,2,\cdots,f$.

**假设 16.4.3**　当 $n \to \infty$ 时, 核函数的窗宽矩阵 $H$ 满足 $\det(H) \to 0$ 和 $n \cdot \det(H) \to \infty$, 其中 $n = n_1 + n_2 + \cdots + n_J$.

令

$$\begin{aligned}&H(b_n)\\=&-\frac{1}{\sqrt{J \cdot \det(H)}}\sum_{k=1}^{K}\sum_{j=1}^{J}\sum_{i=1}^{n_j}\psi_{\tau_k}\left(Y_{ij}-(n\cdot\det(H))^{-1/2}\widetilde{X}_{ij}^{\mathrm{T}}W_j b_n - F_{ij}^{-1}(\tau_k)\right)\\&\cdot K_H(X_{ij}-x)W_i^{\mathrm{T}}\widetilde{X}_{ij}.\end{aligned}$$

首先提出定理 16.4.1 的一些引理.

**引理 16.4.1**　在假设 16.4.1~ 假设 16.4.3 之下, 有

$$\begin{aligned}&E(H(b_n))\\=&\left\{(J\det(H))^{-1/2}\sum_{k=1}^{K}\sum_{j=1}^{J}\sum_{i=1}^{n_j}f_{ij}(F_{ij}^{-1}(\tau_k))W_j^{\mathrm{T}}\widetilde{X}_{ij}K_H(X_{ij}-x)\widetilde{X}_{ij}^{\mathrm{T}}W_j\right\}b_n+o(1).\end{aligned}$$

**证明**　由于

$$\begin{aligned}&EH(b_n)\\=&-\frac{1}{\sqrt{J\det(H)}}\sum_{k=1}^{K}\sum_{j=1}^{J}\sum_{i=1}^{n_j}\int_{-\infty}^{\infty}\psi_{\tau_k}\left(z-(J\det(H))^{-1/2}\widetilde{X}_{ij}^{\mathrm{T}}W_j b_n - F_{ij}^{-1}(\tau_k)\right)\\&\cdot K_H(X_{ij}-x)\cdot W_j^{\mathrm{T}}\widetilde{X}_{ij}\mathrm{d}F_{ij}(z)\\=&-\frac{1}{\sqrt{J\det(H)}}\sum_{k=1}^{K}\sum_{j=1}^{J}\sum_{i=1}^{n_j}\int_{-\infty}^{\infty}\psi_{\tau_k}(\nu)K_H(X_{ij}-x)W_j^{\mathrm{T}}\widetilde{X}_{ij}\mathrm{d}F_{ij}\\&\cdot\left(\nu+(J\det(H))^{-1/2}\widetilde{X}_{ij}^{\mathrm{T}}W_j b_n+F_{ij}^{-1}(\tau_k)\right)\\=&-\frac{1}{\sqrt{J\det(H)}}\sum_{k=1}^{K}\sum_{j=1}^{J}\sum_{i=1}^{n_j}\left(\int_{-\infty}^{0}(\tau_k-1)\mathrm{d}F_{ij}\left(\nu+(J\det(H))^{-1/2}\widetilde{X}_{ij}^{\mathrm{T}}W_j b_n+F_{ij}^{-1}(\tau_k)\right)\right.\\&\left.+\int_{0}^{\infty}\tau_k\mathrm{d}F_{ij}(\nu+(J\det(H))^{-1/2}\widetilde{X}_{ij}^{\mathrm{T}}W_j b_n+F_{ij}^{-1}(\tau_k))\right)K_H(X_{ij}-x)W_j^{\mathrm{T}}\widetilde{X}_{ij}\\=&-\frac{1}{\sqrt{J\det(H)}}\sum_{k=1}^{K}\sum_{j=1}^{J}\sum_{i=1}^{n_j}\{\tau_k-F_{ij}((J\det(H))^{-1/2}\widetilde{X}_{ij}^{\mathrm{T}}W_j b_n+F_{ij}^{-1}(\tau_k))\}\\&\cdot K_H(X_{ij}-x)W_j^{\mathrm{T}}\widetilde{X}_{ij}\end{aligned}$$

$$
\begin{aligned}
&=\left\{\frac{1}{\sqrt{J\det(H)}}\sum_{k=1}^{K}\sum_{j=1}^{J}\sum_{i=1}^{n_j} f_{ij}(F_{ij}^{-1}(\tau_k))W_j^{\mathrm{T}}\widetilde{X}_{ij}K_H(X_{ij}-x)\widetilde{X}_{ij}^{\mathrm{T}}W_j\right\}b_n\\
&\quad+\frac{1}{\sqrt{(J\det(H))^3}}\sum_{k=1}^{K}\sum_{j=1}^{J}\sum_{i=1}^{n_j}\Big\{f'_{ij}(F_{ij}^{-1}(\tau_k)+\theta(J\cdot\det(H))^{-1/2}\widetilde{X}_{ij}^{\mathrm{T}}W_jb_n)\\
&\quad\cdot\frac{1}{2}b_n^{\mathrm{T}}W_j^{\mathrm{T}}\widetilde{X}_{ij}\widetilde{X}_{ij}^{\mathrm{T}}W_jb_n\Big\}K_H(X_{ij}-x)W_j^{\mathrm{T}}\widetilde{X}_{ij}\\
&=\Delta_nb_n+\nu_n,\quad \theta\in[0,1].
\end{aligned}
$$

基于所给定的假设, 很容易证明 $\sup_{\|b_n\|_\infty\leqslant C}\|\nu_n\|_\infty = o(1)$, 从而就完成了证明. ■

**引理 16.4.2** 如果 $F_{ij}$ 的二阶导数在 $F_{ij}^{-1}(\tau)$ 的某个邻域内有界, $\tau\in(0,1)$, 那么有

$$
\sup_{\|b_n\|\leqslant C}\|H(b_n)-H(0)-\Delta_nb_n\|_\infty = O_P(1),\ \text{当}\ n\to\infty\text{时}, \tag{16.5}
$$

对于某个固定常数 $C$ 和任何向量序列使得 $\|b_n\|_\infty = O_P(1)$.

**证明** 本引理的证明和 Tian (2009) 的类似. 记 $U\leqslant V$ 对 $U,V\in\mathbb{R}^f$, 如果 $U'e_j\leqslant V'e_j$, $j=1,\cdots f$, 其中 $e_j=(0,\cdots,1,\cdots,0)^{\mathrm{T}}$. 定义 $H^*(b_n)=H(b_n)-EH(b_n)-H(0)$. 由引理 16.4.1, 有 $EH(0)=0$. 对于任何 $U,V\in R^f$ 满足 $\|U\|_\infty = O(1),\|V\|_\infty=O(1)$, 且 $U\leqslant V$, 有

$$
\begin{aligned}
&H^*(U)-H^*(V)\\
&=\Big[-(J\det(H))^{-1/2}\sum_{i=1}^{n}\sum_{j=1}^{n_i}\Big\{\psi_{\tau_k}(Y_{ij}-(J\det(H))^{-1/2}\widetilde{X}_{ij}^{\mathrm{T}}W_iU-F_{ij}^{-1}(\tau_k))\\
&\quad-\psi_{\tau_k}(Y_{ij}-(J\det(H))^{-1/2}\widetilde{X}_{ij}^{\mathrm{T}}W_iV-F_{ij}^{-1}(\tau_k))\Big\}K_H(X_{ij}-x)W_i^{\mathrm{T}}\widetilde{X}_{ij}\Big]\\
&\quad-\Big[(J\det(H))^{-1/2}\sum_{i=1}^{n}\sum_{j=1}^{n_i}\Big\{F_{ij}((J\ det(H))^{-1/2}\widetilde{X}_{ij}^{\mathrm{T}}W_iU+F_{ij}^{-1}(\tau_k))\\
&\quad-F_{ij}((J\det(H))^{-1/2}\widetilde{X}_{ij}^{\mathrm{T}}W_iV+F_{ij}^{-1}(\tau_k))\Big\}K_H(X_{ij}-x)W_i^{\mathrm{T}}\widetilde{X}_{ij}\Big],
\end{aligned}
$$

在假设 16.4.1 和假设 16.4.2 之下, 很容易证明

$$
E\Big\|H^*(U)-H^*(V)\Big\|_\infty^4\leqslant O\Big((J\det(H)^{-1})\Big)\|U-V\|^8.
$$

根据 Schwarz 不等式: $P(E_1\cap E_2)\leqslant P^{1/2}(E_1)P^{1/2}(E_2)$ 对任何事件 $E_1$ 和 $E_2$. 根据改进的 Markov 不等式/ Chebyshev 不等式: 如果 $g:[0,\infty)\to[0,\infty)$ 是一个严格递

增和非负函数, 那么 $P\{|X| \geqslant \varepsilon\} \leqslant E[g(|X|)]/g(\varepsilon)$ 对于任何速记变量 $X$ 和 $\varepsilon > 0$. 所以, 对 $U,V,W \in \mathbb{R}^f$ 和 $g(t)=t^4$, 有

$$\begin{aligned}
&P\{\|H^*(W)-H^*(V)\|_\infty \geqslant \lambda,\ \|H^*(V)-H^*(U)\|_\infty \geqslant \lambda\}\\
\leqslant &P^{1/2}\{\|H^*(W)-H^*(V)\|_\infty \geqslant \lambda\} \cdot P^{1/2}\{\|H^*(V)-H^*(U)\|_\infty \geqslant \lambda\}\\
\leqslant &\left\{\lambda^{-4}E\|H^*(W)-H^*(V)\|_\infty^4\right\}^{1/2} \cdot \left\{\lambda^{-4}E\|H^*(V)-H^*(U)\|_\infty^4\right\}^{1/2}\\
\leqslant &\lambda^{-2}O((J\ \det(H))^{-1/2})\|W-V\|_\infty^4 \cdot \lambda^{-2}O((n\det H))^{-1/2})\|V-U\|_\infty^4\\
\leqslant &\lambda^{-4}O(J\ \det(H)^{-1})\|W-U\|_\infty^4.
\end{aligned}$$

由引理 16.4.1 和上面不等式立刻得到引理 16.4.2 的结论. ■

**引理 16.4.3** 在假设 16.4.1～ 假设 16.4.3 之下, 有

$$\sqrt{J\cdot\det(H)}\,(\hat{\gamma}(x)-\gamma(x)) = O_P(1),\ 当\ \ \det(H)\to 0, J\det(H)\to\infty. \tag{16.6}$$

**证明** 仿照 Ruppert (1980) 中的证明方法. 令 $\hat{\gamma}(x)$ 为目标函数的解, 可以得到

$$\begin{aligned}
&\frac{1}{\sqrt{(J\det(H))}}\sum_{k=1}^{K}\sum_{j=1}^{J}\sum_{i=1}^{n_j}\psi_{\tau_k}\left(Y_{ij}-\widetilde{X}_{ij}W_j\hat{\gamma}(x)-G_{ij}^{-1}(\tau_k)\right)K_H(X_{ij}-x)W_j^{\mathrm{T}}\widetilde{X}_{ij}\\
=&O_p(n^{-1/2}).
\end{aligned}$$

进而, 可以证明目标函数的一阶偏导数是

$$\begin{aligned}
&\frac{1}{\sqrt{(J\det(H))}}\nabla(R_n)(b_n)\\
=&\frac{1}{\sqrt{(J\det(H))}}\sum_{k=1}^{K}\sum_{j=1}^{J}\sum_{i=1}^{n_j}\psi_{\tau_k}\left(Y_{ij}-\widetilde{X}_{ij}W_jb_n-G_{ij}^{-1}(\tau_k)\right)K_H(X_{ij}-x)W_j^{\mathrm{T}}\widetilde{X}_{ij}\\
=&o_p(1).
\end{aligned}$$

所以,

$$\begin{aligned}
&\frac{1}{\sqrt{(J\det(H))}}\sum_{k=1}^{K}\sum_{j=1}^{J}\sum_{i=1}^{n_j}\psi_{\tau_k}\left(Y_{ij}-\widetilde{X}_{ij}W_j\{b_n-\gamma(x)\}-G_{ij}^{-1}(\tau_k)\right)\\
&\cdot K_H(X_{ij}-x)W_j^{\mathrm{T}}\widetilde{X}_{ij}=O_p(1).
\end{aligned}$$

通过 Jurečkovǎ 中的引理 5.2, 我们知道: 对于任何 $\varepsilon>0$, 存在 $\delta>0,\eta>0$, 使得

$$\begin{aligned}
P\Bigg\{&\inf_{\|\varDelta\|_\infty\geqslant\delta}\frac{1}{\sqrt{(J\det(H))}}\Bigg\|\sum_{k=1}^{K}\sum_{j=1}^{J}\sum_{i=1}^{n_j}\psi_{\tau_k}(Y_{ij}-(J\det(H))^{-1/2}\widetilde{X}_{ij}W_j\varDelta-F_{ij}^{-1}(\tau_k))\\
&\cdot K_H(X_{ij}-x)W_j^{\mathrm{T}}\widetilde{X}_{ij}\Bigg\|_\infty<\eta\Bigg\}<\varepsilon.
\end{aligned}$$

令

$$A=\{(J\det(H))^{-1/2}\|\hat{\gamma}(x)-\gamma(x)\|_\infty \geqslant \delta\}$$

和

$$B=\|(J\det(H))^{-1/2}\sum_{k=1}^{K}\sum_{j=1}^{J}\sum_{i=1}^{n_j}\psi_{\tau_k}(Y_{ij}-\widetilde{X}_{ij}W_j\hat{\gamma}(x)\\ -G_{ij}^{-1}(\tau_k))K_H(X_{ij}-x)W_j^{\mathrm{T}}\widetilde{X}_{ij}\|_\infty<\eta.$$

由不等式 $P(A)\leqslant P(AB)+P(\overline{B})$, 对于充分大的 $n$, 有

$$\begin{aligned}&P\{(J\det(H))^{-1/2}\|\hat{\gamma}(x)-\gamma(x)\|_\infty\geqslant\delta\}\\ &\leqslant P\{(J\det(H))^{-1/2}\|\hat{\gamma}(x)-\gamma(x)\|_\infty\geqslant\delta,\\ &\|(J\det(H))^{-1/2}\sum_{k=1}^{K}\sum_{j=1}^{J}\sum_{i=1}^{n_j}\psi_{\tau_k}(Y_{ij}-(J\det(H))^{-1/2}\widetilde{X}_{ij}W_j\cdot(J\det(H))^{-1/2}\\ &\cdot(\hat{\gamma}(x)-\gamma(x))-F_{ij}^{-1}(\tau_k))K_H(X_{ij}-x)W_j^{\mathrm{T}}\widetilde{X}_{ij}\|_\infty<\eta\}\\ &+P\{\|(J\det(H))^{-1/2}\sum_{k=1}^{K}\sum_{j=1}^{J}\sum_{i=1}^{n_j}\psi_{\tau_k}(Y_{ij}-\widetilde{X}_{ij}W_j\hat{\gamma}(x)-G_{ij}^{-1}(\tau_k))K_H(X_{ij}-x)\\ &\cdot W_j^{\mathrm{T}}\widetilde{X}_{ij}\|_\infty\geqslant\eta\}\leqslant 2\varepsilon.\end{aligned}$$

从而证毕. ■

**定理 16.4.1** 在假设 16.4.1～ 假设 16.4.3 之下, 有

$$\begin{aligned}&\sqrt{J\cdot\det(H)}\,(\hat{\gamma}(x)-\gamma(x))\\ &=\frac{1}{\sqrt{(J\det(H))}}\varDelta_n^{-1}\left\{\sum_{k=1}^{K}\sum_{j=1}^{J}\sum_{i=1}^{n_j}\psi_{\tau_k}(Y_{ij}-F^{-1}(\tau_k))K_H(X_{ij}-x)W_j^{\mathrm{T}}\widetilde{X}_{ij}\right\}\\ &+o_p(1),\end{aligned}$$

其中 $\varDelta_n=\dfrac{1}{\sqrt{J\det(H)}}\sum_{k=1}^{K}\sum_{j=1}^{J}\sum_{i=1}^{n_j}f_{ij}(F_{ij}^{-1}(\tau_k))W_j^{\mathrm{T}}\widetilde{X}_{ij}K_H(X_{ij}-x)\widetilde{X}_{ij}^{\mathrm{T}}W_j$.

**证明** 根据引理 16.4.3, 对于任意的 $\|b_n\|=O_p(1)$, 有

$$\begin{aligned}&\{-(J\det(H))^{-1/2}\sum_{k=1}^{K}\sum_{j=1}^{J}\sum_{i=1}^{n_j}\psi_{\tau_k}(Y_{ij}-(J\det(H))^{-1/2}\widetilde{X}_{ij}W_jb_n-F_{ij}^{-1}(\tau_k))\\ &\cdot K_H(X_{ij}-x)W_j^{\mathrm{T}}\widetilde{X}_{ij}\}-\{-(J\det(H))^{-1/2}\sum_{k=1}^{K}\sum_{j=1}^{J}\sum_{i=1}^{n_j}\psi_{\tau_k}(Y_{ij}-F_{ij}^{-1}(\tau_k))\\ &\cdot K_H(X_{ij}-x)W_j^{\mathrm{T}}\widetilde{X}_{ij}\}-\varDelta_nb_n\\ &=o_p(1).\end{aligned}$$

如果令 $b_n = \sqrt{J\cdot\det(H)}\,(\hat{\gamma}(x)-\gamma(x))$, 那么肯定能得到所期望证明的等式. ■

**定理 16.4.2**　在假设 16.4.1∼ 假设 16.4.3 之下, 有

$$\sqrt{J\cdot\det(H)}\,(\hat{\gamma}(x)-\gamma(x)) \xrightarrow{D} N(0,\Delta^{-1}\Theta\Delta^{-1}), \tag{16.7}$$

其中

$$\begin{aligned}
\Delta &= \lim_{J\to\infty}\frac{1}{\sqrt{J\det(H)}}\sum_{k=1}^{K}\sum_{j=1}^{J}\sum_{i=1}^{n_j} f_{ij}(F_{ij}^{-1}(\tau_k))W_j^{\mathrm{T}}\widetilde{X}_{ij}K_H(X_{ij}-x)\widetilde{X}_{ij}^{\mathrm{T}}W_j,\\
\Theta &= \lim_{J\to\infty}\frac{1}{J\det(H)}\mathbf{t}\left\{\sum_{k=1}^{K}\sum_{j=1}^{J}\sum_{i=1}^{n_j}W_j^{\mathrm{T}}\widetilde{X}_{ij}K_H^2(X_{ij}-x)\widetilde{X}_{ij}^{\mathrm{T}}W_j^{\mathrm{T}}\right\},\\
\tau_{kk'} &= \tau_k\wedge\tau_k'-\tau_k\tau_{k'},
\end{aligned}$$

$\boldsymbol{t}=\mathbf{1}^{\mathrm{T}}T\mathbf{1}$, 其中 $T$ 是一个 $K\times K$ 矩阵, 其 $(k,k')$ 元为 $\tau_{kk'}$.

**证明**　我们已经推导出了 $\sqrt{J\cdot\det(H)}(\hat{\gamma}(x)-\gamma(x))$ 的方差. 注意到 $\mathrm{var}(\psi_{\tau_k}(Y_{ij}-F_{ij}^{-1}(\tau_k)))=\tau_k(1-\tau_k)$. 计

$$\Lambda_n=\frac{1}{\sqrt{(J\det(H))}}\Delta_n^{-1}\left\{\sum_{k=1}^{K}\sum_{j=1}^{J}\sum_{i=1}^{n_j}\psi_{\tau_k}(Y_{ij}-F^{-1}(\tau_k))K_H(X_{ij}-x)W_j^{\mathrm{T}}\widetilde{X}_{ij}\right\}.$$

很容易证明

$$\mathrm{var}(\Lambda_n)=\frac{1}{J\det(H)}t\left\{\sum_{k=1}^{K}\sum_{j=1}^{J}\sum_{i=1}^{n_j}W_j^{\mathrm{T}}\widetilde{X}_{ij}K_H^2(X_{ij}-x)\widetilde{X}_{ij}^{\mathrm{T}}W_j^{\mathrm{T}}\right\}\triangleq\Theta_n,$$

其中 $\tau_{kk'}=\tau_k\wedge\tau_k'-\tau_k\tau_{k'}$ 和 $T$ 是 $K\times K$ 矩阵, 其 $(k,k')$ 元是 $\tau_{kk'}$, 而 $t=\mathbf{1}^{\mathrm{T}}T\mathbf{1}$. ■

## 16.5 讨　　论

我们已经提出了一类半参数分层复合分位回归模型 (SHCQRM). 这里呈现的两水平模型其实可以推广到 $p$ 阶模型. 事实上, 如果有 $p$ 阶模型, 那么就有了下面 $p$ 阶多水平模型,

$$\begin{aligned}
Y_{i_1i_2\cdots i_p} &= m_1(X_{i_1i_2\cdots i_p}^{(1)},\alpha_{i_1i_2\cdots i_{p-1}}^{(1)})+\varepsilon_{i_1i_2\cdots i_p}^{(1)},\\
\alpha_{i_1i_2\cdots i_{p-1}}^{(1)} &= m_2(X_{i_1i_2\cdots i_{p-1}}^{(2)},\alpha_{i_1i_2\cdots i_{p-2}}^{(2)})+\varepsilon_{i_1i_2\cdots i_{p-1}}^{(2)},\\
&\cdots\\
\alpha_{i_1}^{(p-1)} &= m_p(X_{i_1}^{(p)},\alpha^{(p)})+\varepsilon_{i_1}^{(p)}.
\end{aligned} \tag{16.8}$$

利用局部线性展开, 并且将这些模型合并起来, 有

$$
\begin{aligned}
Y_{i_1 i_2 \cdots i_p} = & X^{(1)}_{i_1 i_2 \cdots i_p} X^{(2)}_{i_1 i_2 \cdots i_{p-1}} \cdots X^{(p)}_{i_1} \alpha^{(p)} \\
& + X^{(1)}_{i_1 i_2 \cdots i_p} X^{(2)}_{i_1 i_2 \cdots i_{p-1}} \cdots X^{(p-1)}_{i_1 i_2} \varepsilon^{(p)}_{i_1} \\
& + \cdots \\
& + X^{(p)}_{i_1} \varepsilon^{(2)}_{i_1 i_2 \cdots i_{p-1}} \\
& + \varepsilon^{(1)}_{i_1 i_2 \cdots i_p} + C_0,
\end{aligned}
\tag{16.9}
$$

其中 $C_0$ 是常数.

等价地, 将它重写如下:

$$
Y = A_f \theta_f + A_r \theta_r + \varepsilon, \tag{16.10}
$$

其中 $\theta_f$ 是固定效应 $\alpha^{(p)}$, 且 $\theta_r$ 是随机效应.

根据我们的模拟结果发现, SHCQRM 优越于传统的最小二乘方法, 特别是当误差分布不存在有限矩的时候. 实际上, 似乎基于 $K = 3$, SHCQRM 就已经能够产生合理的估计了.

## 16.6 主要参考文献

半参数回归模型由于其灵活性而被广泛地应用. 比如 Härdle 等 (2000), Yatchew (2003) 和其他一些研究文章. 分层结构模型从 1970 年开始被研究, 参见 Gold -stein (1995), Mason 等 (1983), Elston 和 Grizzle (1962), Laird 和 Ware (1982), Singer (1998), Rosenberg (1973), Longford (1993), Dempster 等 (1981), Longford (1987), 等等. 分位回归 (Koenker, 2005), 描述了分布的条件分位数, 被认为是均值回归的一个转化形式. 参见 He 和 Shi (1996), He 等 (2002), Lee (2003), Tian 等 (2008). Tian 等 (2008) 将分位回归引入分层模型, 放宽了误差项正态性的假设. Zou 和 Yuan (2008) 最近介绍了复合分位回归 (CQR), 它可以看作是 (Koenker, 2005) 提到的加权方程的一种特殊形式, 每个分位函数都有相同的权重. Kai 等 (2010) 进一步建立了局部 CQR 平滑来估计非参数函数和它的一阶导数. 同年, Kai 等 (2010) 提出了半参数复合分位回归估计来估计偏线性模型. 本章主要参考的文章包括 Chen, Tang 和 Tian (2013) 以及 Tian 和 Chen (2006), 等等, 结合了分层线性模型和半参复合分位回归模型, 提出了一个新的模型, 称为半参复合分层分位回归模型 (SCMQRM), 定义了半参复合分层分位回归模型, 提出了估计的算法, 得到渐近性质. 以及给出了模拟. 最后通过一个实际数据来检验估计的有效性和效率.

# 参考文献


田茂再, 陈歌迈. 2006. 条件分位中的分层线性回归模型. 中国科学 A 辑数学, 36(10): 1103-1118.

张圆圆, 邓文礼, 田茂再. 2012. 基于变系数模型的自适应分位回归方法. 数学年刊, 33A(5): 539-556.

Alekseev V M, Tikhomorov V M, Fomin S V. 1979. Optimal control (in Russian). Mosco: Nauka.

Abadie A, Angrist J, Imbens G. 2001. Instrumental Variables Estimation of Quantile Treatment Effects. Econometrica forthcoming.

Abreveya J. 2001. The effects of demographics and maternal behavior on the distribution of birth outcomes. Empirical Economics, 6: 247-257.

Aitkin M, Anderson D, Hinde J. 1981. Statistical modelling of data on teaching styles (with discussion). J. R. Statist. Soc. A, 144: 419-461.

Aitkin M, Longfrod N. 1986. Statistical modelling issues in school effectiveness studies (with discussion). Journal of the Royal Statistical Society, Ser., A 149: 1-43.

Allen D M. 1974. The relationship between variable selection and data augmentation and a method for prediction. Technometrics, 16: 125-127.

Altman N S. 1990. Kernel smoothing of data with correlated errors. Journal of the American Statistical Association, 85 :749-759.

An L T H, Tao P D. 2005. The DC (Difference of Convex Functions) Programming and DCA Revisited with DC Models of Real World Nonconvex Optimization Problems. Annals of Operations Research, 133:23-46.

Andersen E B. 1970.Asymptopic properties of conditional maximum-likehood estimator. J. R. Statist. Soc. B, 32: 283-301.

Anderson D A, Aitkin M. 1985. Variance component models with binary responses: interviewer variability. Journal of the Royal Statistical Society, Ser., B, 47: 203-210.

Antoch J,Janssen P. 1989. Nonparametric Regression M-Quantiles. Statistics and Probability Letters, 8: 355-362.

Arias O, Hallock K, Sosa-Escudero W. 2001. Indidividual heterogeneity in the returns to schooling: instrumental variables quantile regression using Twins data. Empirical Economics, 26: 7-40.

Atkinson A C.1981.Two graphical displays for outlying and influential observations in regression,Biometrika, 68: 13-20.

Atkinson A C.1985 . Plots, Transformations, and Regression. Oxford: Oxford University

Press.

Aydelotib W O .1966. Quantification in history. Amer, Hist. Rev. 71: 814-833.

Bai Z, Wu Y. 1994 . Limiting behavior of M-estimators of regression coefficients in high dimensional linear models, I. scale-dependent case. Journal of Multivariate Analysis, 51: 211-239.

Bailar B. 1991. Salary survey of U.S. colleges and universities offering degrees in statistics. Amstat News, 182: 3-10.

Balke N, Fomby T. 1997.Threshold cointegration.International Economic Review, 38: 627-645.

Bard Y. 1974.Nonlinear Parameter Estimation. New York: Academic Press.

Bargmann N, Mimeo R. 1957. A study of independence and dependence in multivariate normal analysis.Series No. 186, University of North Carolina.

Barndorff-Nielsen O E, Cox D R. 1989. Asymptotic Techniques for Use in Statistics, New York: Chapman and Hall.

Barrodale I, Roberts F. 1974. Solution of an overdetermined system of equations in the $\ell_1$ norm. Communications of the ACM, 17: 319-320.

Bartholomew D J. 1987. Latent Variable Models and Factor Analysis. New York: Oxford University Press.

Bassett G W, Chen H. 2001. Portfolio style:return-based attribution using quantile regression. Emp.Econ., 26: 293-305.

Bassett G, Koenker R. 1986. Strong consistency of regression quantiles and related empirical processes. Econometric Theory, 2: 191-201.

Bassett G, Koenker R, Kordas G. 2004. Pessimistic portfolio allocation and choquet expected utility. Journal of Financial Econometrics, 4: 477-492.

Bates D M, Lindstrom M J. 1986. Nonlinear Least Squares With Conditionally Linear Parameters. Proceedings of the Statistical Computing Section, American Statistical Association: 152-157.

Bates D M, Watts D G. 1981. A relative offset orthogonality convergence criterion for nonlinear least squares. Technometrics, 23: 179-183.

Batschelet E. 1960. Über eine Kontingenztagel mit fehlenden Daten. Biometr. Zeitschr., 2: 236-243.

Beal S L, Sheiner L B. 1992. NONMEM User's Guide. University of California. San Francisco: NONMEM Project Group.

Beal S L,Sheiner L B. 1982. Estimating Population Kinetics.CRC Critical Reviews in Biomedical Engineering, 8: 195-222.

Beaudry P, Koop G. 1993. Do recessions permanently change output? Journal of Monetary Economics, 31: 149-163.

Beckman R J, Nachtsheim C J, Cook R D. 1987. Diagnostics for mixed-model analysis of variance.Technometrics, 29: 413-426.

Belloni A, Chernozhukov V. 2011, L1-penalized quantile regression in high-dimensional sparse models. The Annals of Statistics, 39:82-130.

Bentler P. 1983. Some contributions to efficient statistics in structural models: Specification and estimation of moment structures. Psychometrika, 48: 493-518.

Berlinet A, Gannoun A, Matzner-Leber E. 2001. Asymptotic Normality of Convergent Estimates of Conditional Quantiles. Statistics, 35: 139-169.

Bertail P, Politis D N,Romano J P.1999. On Subsampling Estimators With Unknown Rate of Convergence, Journal of the American Statisticl Association 94: 569-579.

Bertsekas D P. 2008. Nonlinear Programming. 3rd ed, Belmont:Athena Scientific.

Besag J. 1974. Spatial interaction and the statistical analysis of lattice systems. Journal of the Royal Statistical Society. Series B (Methodological), 36(2): 192-236.

Besag J, Higdon D. 1999. Bayesian analysis of agricultural field experiments(with discussion). Journal of the Royal Statistical Society: Series B, 61: 691-746.

Besag J.1986.On the statistical analysis of dirty pictures(with discussion). J.R.Statist.Soc.B, 48: 259-302.

Bhattacharya P K, Gangopadhyay A K. 1990. Kernel and nearest-neighbor estimation of a conditional quantile.Annals of Statistics, 18: 1400-1415.

Billingsley P. 1961. The Lindeberg-Levy theorem for martingales. Proceedings of the American Mathematical Society, 12: 788-792.

Billingsley P. 1968. Convergence of Probability Measures. New York: John Wiley & Sons, Inc.

Billingsley P. 1999. Convergence of Probability Measures 2nd ed. New York: John Wiley & Sons, Inc.

Bishop Y M M,Fienberg S E, Holland P W. 1975.Discrete Multivariate Analysis: Theory and Practice. Cambridge: M.I.T. Press.

Bofinger E. 1975. Estimation of a density function using order statistics. Australian Journal of Statistics, 17: 1-7.

Boscardin W J, Gelman A. 1996. Bayesian regression with parametric models for heteroscedasticity, Adv. Econometr, 11: A87-A109.

Box G E P, Tiao G C. 1968. Bayesian estimation of means for the random effects model. Journal of the American Statistical Association, 63: 174-181.

Box G E P, Tiao G C. 1973. Bayesian Inference in Statistical Analysis, Reading. MA: Addison-Wesley.

Box G E P. 1980. Sampling and Bayes' inference in scientific modelling robustness (with discussion). J. R. Statist. Soc. A,143:383-430.

Bradley M D, Jansen D W. 1997. Nonlinear business cycle dynamics: cross-country evidence on the persistence of aggregate shocks. Economic Inquiry, 35: 495-509.

Bradley R A, Gart J J. 1962. The asymptotic properties of ML estimators when sampling from associated populations. Biometrika, 49: 205-214.

Brandt A. 1986. The stochastic equation $Y_{n+1} = A_n Y_n + B_n$ with stationary coefficients. Advances in Applied Probability, 18: 211-220.

Breiman L, Friedman J H. 1985. Estimating optimal transformations for multiple regression and correlation. Journal of the American Statistical Association, 80: 580-598.

Breiman L. 1995. Better subset regression using the nonnegative garrote. Technometrics, 37: 373-384.

Breslow N E, Clayton D G. 1993. Approximate inference in generalized linear mixed models.Journal of the American Statistical Association, 88: 9-25.

Breslow N E, Lin X. 1995. Bias correction in generalised linear models with a single component of dispersion. Biometrika, 82: 81-92.

Breslow N E. 1984. Extra-Poisson variation in Log-Linear models. Applied Statistics, 33: 38-44.

Brinkman N D. 1981. Ethanol fuel-a single-cylinder engine study of efficiency and exhaust emissions.SAE transactions, 90: 1410-1424.

Brockmann M, Gasser T, Herrmann E.1993. Locally adaptive bandwidth choice for kernel regression estimators.Journal of the American Statistical Association, 88(5):1302-1309.

Browne M W. 1974. Generalized least squares estimators in the analysis of covariance structures.S. Afr. Statist. J, 8: 1-24.

Bryk A S, Raudenbush S W, Seltzer M, et al. 1988. An Introduction to HLM: Computer Program and User's Guide. 2nd ed. Chicago: University of Chichago, Department of Education.

Bryk A S, Rausendenbush S W. 1992. Hierarchical Linear Models. SAGE Publications, Inc.

Buchinsky M. 1994. Changes in US wage structure. 1963-1987: an application of quantile regression. Econometrica, 62: 405-458.

Buchinsky M. 1995. Quantile regression,Box-Cox transformation model, and the U.S. wage structure. 1963-1987.J.Econometr, 65: 109-154.

Buchinsky M. 1997. Women's return to education in the U.S.: exploration by quantile regression. Journal of Applied Econometrics, 13: 1-30.

Buja A, Hastie T, Tibshirani R. 1989. Linear smoothers and additive models (with discussion). The Annals of Statistics, 17: 453-555.

Cai Z, Masry E. 2000. Nonparametric estimation of additive nonlinear ARX lime series: local linear fitting and projection. Econometric Theory, 16: 465-501.

Cai Z. 2002. Regression quantiles for time series. Econometr.Theory, 18: 169-192.

Cai Z C, Xu X. 2008. Nonparametric Quantile Estimations for Dynamic Smooth Coefficient Models.Journal of the American Statistical Association, 103484: 1595-1608.

Cai Z, Fan J. 2000. Average regression surface for dependent data. Journal of Multivariate Analysis, 75: 112-142.

Cai Z, Fan J, Li Z. 2000. Efficient estimation and inferences for varying-coefficient models. J. Amer. Statist. Soc., 95: 888-902.

Cai Z, Fan J, Yao Q. 2000. Functional-coefficient regression models for nonlinear time series models.J. Statist. Ass., 92: 477-489.

Candes E J, Tao T. 2007. The Dantzig selector: statistical estimation when $p$ is much larger than $n$,The Annals of Statistics, 35: 2313-2351.

Candes E J, Wakin M, Boyd S. 2007. Enhancing sparsity by reweighted $L1$ minimization. Journal of Fourier Analysis and Applications, 14: 877-905.

Caner M, Hansen B. 2001. Threshold autoregression with a unit root. Econometrica, 69: 1555-1596.

Carroll R J, Fan J, Gijbels M P. 1990.Generalized partially linear single-index model.Journal of the American Statistical Association, 92: 477-489.

Carroll R J, Ruppert D, Welsh A H. 1998. Local estimating equations. J. Am. Statist. Ass., 93: 214-227.

Chamberlain G. 1994. Quantile regression, censoring and the structure of wages//Sims C, ed. Advances in Econometrics. New York: Elevier.

Chambers J M. 1977. Computational Methods for Data Analysis. New York: John Wiley.

Chaudhuri P. 1991. Global nonparametric estimation of conditional quantile functions and their derivatives. Journal of Multivariate Analysis, 16: 246-269.

Chaudhuri P. 1991. Estimates of regression quantiles and their local bahadur representation. The Annals of Statistics, 19: 760-777.

Chaudhuri P, Doksum K, Samarov. 1997. On average derivative quantile regression. The Annals of Statistics, 25: 715-744.

Chen E J, Kelton W D. 1999. Simulation-based estimation of quantiles. Proceedings of the 1999 Winter Simulation Conference: 428-434.

Chen Y L, Tian M Z, Yu K M, Pan, J X, 2014. Composite multilevel quantile regression. Acta Mathematical Applicatal Sinica.

Chen Y L,Tang M L, Tian M Z. 2014. Semiparametric Hierarchical Composite Quantile Regression. Communications in Statistics-Theory and Methods.

Chernozhukov V, Umantswv L. 2001. Conditional value at risk: aspects of modeling and estimation. Empirical Economics, 26: 271-292.

Chiang C T, Rice J A, Wu C O. 2001.Smoothing spline estimation for varying coefficient models with repeatedly measured dependent variables.Journal of the American Statistical Association, 96: 605-619.

Chow Y S, Teicher H. 1988. Probability Theory. 2nd ed. New York: Springer.

Christiansen C L, Morris C N.1995.Hierarchical Poisson regression modelling.Report. Department of Statistics, Harvard University,Cambrige.

Chu C K, Marron J S. 1991. Choosing a kernel regression estimator.Statistical Science, 6: 404-436.

Cizek P. 2000. Quantile regression// Härdle W, et al., ed. XploRe Application Guide. Heidelberg: Springer-Verlag.

Clayton D G. 1989. A Monte Carlo Method for Bayesian Inference in Frailty Models. University of Leicester, Department of Community Health Technical Report, Leicester, UK.

Clayton D, Bernardinelli L.1992.Bayesian methods for mapping disease risk. Elliott P,et al.,ed. Geographical and Environmental Epideniology:Methods for Small-area Studies,Oxford University Press : 205-220.

Clayton D, Kaldor J.1987.Empirical Bayes estimates of age-standardized relative risks for use in disease mapping. Biometrics, 43: 671-681.

Cleveland W, Devlin S J. 1988. Locally Weighted Regression and Smoothing Scatterplots. Journal of the American Statistical Association, 83: 597-610.

Cleveland W, Loader C. 1996. Smoothing by Local Regression: Principles and Methods, Härdle W, et al. Statistical Theory and Computational Aspects of Smoothing, Heidelberg: Physica-Verlag.

Cleveland W S. 1979. Robust locally weighted regression and smoothing scatterplots. Journal of the American Statistical Association, 74: 829-836.

Cleveland W S, Grosse E, Shyu W M. 1992. Local regression models//chambers J M,et al., ed. Statistical Models in S, Pacific Grove, Wadsworth and Brooks.309-376.

Cole T J. 1988. Fitting smoothed centile curves to reference data. Journal of the Royal Statistical Society, Series A, 151: 385-418.

Cole T J, Green P J. 1992. Smoothing reference centile curves: the LMS method and penalized likelihood. Statistics in Medicine, 11: 1305-1319.

Collobert R, Sinz F, Weston J, et al. 2006. Large scale transductive SVMs. Journal of Machine Learning Research, 7: 1687-1712.

Commonwealth Edison Company. 1985. Residual Unit Energy Consumption:A Conditional Energy Demand Approach.Xerox,Strategic Analysis Department,Load Forecasting Section.

Conley T, Galenson D. 1998. Nativity and wealth in mid-nineteenth-century cities, J. of Economic History, 58: 468-493.

Cook R D, weisberg S.1982. Residuals and Influence in Regression. London: Chapman and Hall.

Copas J B. 1969. Compound decisions and empirical Bayes (with discussion). Journal of the Royal Statistical Society, Ser. B, 31: 397-425.

Cox D. 1985. A penalty method for nonparametric estimation of the Logarithmic derivative of a density function.Annals of the Institute of Mathematical Statistics, 37: 271-288.

Cox D. 1983. Asymptotics for M-type smoothing splines.The Annals of Statistics, 2: 530-551.

Cox D R.1970.Analysis of Binary Data. London: Chapman and Hall.

Crowder M. 1995. On the use of a working correlation matrix in using generalized linear models for repeated measurements.Biometrika, 82: 407-410.

Crowder M J. 1978. Beta-binomial Anova for proportions.Appl. Statist., 27: 34-37.

Crowder M J. 1985. Gaussian estimation for correlated binary data.Journal of the Royal Statistical Society, Ser. B, 47: 229-237.

Crowley J, Hu M. 1977. Covariance analysis of heart transplant data. Journal of the American Statistical Association, 72: 27-36.

Daniel C.1983.Half-normal plots. Encyclopedia of Statistical Sciences, 3:565-568.

David H A. 1981. Order Statistics. 2nd ed. New York: Wiley.

Davidian M, Giltinan D M. 1993. Some general estimation methods for nonlinear mixed effects models. Journal of Biopharmaceutical Statistics, 3: 23-55.

Davidian M, Giltinan D M. 1995. Nonlincar Models for Repeated Measurement Data. London: Chapman and Hall.

Davison A C, Tsai C L. 1992.Regression model diagnostics.Int.Statist.Rev., 60: 337-353.

De Jong P, Shephard N. 1995. he simulation smoother for time series models. Biometrika, 82:339-350.

De Gooijer J G, Zerom D. 2003. On additive conditional quantiles with high-dimensional covariates. Journal of the American Statistical Association, 98: 135-146.

De Gooijer J G, Gannoun A, Zerom D. 2001. Multi-stage conditional quantile prediction in time series.Communications in Statistics: Theory and Methods, 30: 2499-2515.

De Gooijer J G, Gannoun A, Zerom D. 2002. Mean square error properties of the kernel-based multistage median predictor for time series. Statistics & Probability letters, 56: 51-56.

Deaton .1997. The Analysis of Household Surveys.Baltimore: Johns Hopkins.

DeBoor C. 1978. A Practical Guide to Splines. New York: SpringerVerlag.

Delong J B, Summers L H. 1986. Are Business Cycles Symmetrical? //Gordon R J,ed. American Business Cycle.Chicago: University of Chicago Press, :166-178.

Demidenko E. 1997. Asymptotic Properties of Nonlinear Mixed-Effects Models//Gregoire T G,et al.,ed. Modeling Longitudinal and Spatially Correlated Data: Methods, Applications, and Future Directions.New York: Springer.

Dempster A P, Monajemi A. 1976. An algorithmic approach to estimating variances. Research Report S-42, Dept of Statistics, Harvard University.

Dempster A P. 1971. Model searching and estimations the logic ofinference //Godambe Y P,et al.,ed. Foundations of Statistical Inference. Toronto: Holt, Rinehart and Winston:

56-77.

Dempster A P, Laird N M, Rubin D B. 1977. Maximum Likelihood from Incomplete Data via the EM Algorithm.Journal of the Royal Statistical Society. Series B (Methodological), 39: 11-38.

Dempster A P, Rubin D B, Tsutakawa R K. 1981. Estimation in covariance components models. Journal of the American Statistical Association, 76: 341-353.

Dempster A P, Laird N M, Rubin D B.1977. Maximum likelihood from incomplete data via the EM algorithm. J.Roy.Statist.Soc.Ser.B, 39: 1-38.

Denneberg D. 1994.Non-Additive Measure and Integral// Kluwer E W, et al.,ed. Unit root tests and asymmetric adjustment with an example using the term structure of interest rates. Journal of Business & Economic Statistics, 16: 304-311.

DICKEY J M. 1968. Three multidimensional-integral identities with Bayesian applications. Ann. Math. Statist., 39: 1615-1627.

Diggle P J, Verbyla A P. 1998. Nonparametric Estimation of Covariance Structure in Longitudinal Data.Biometrics, 54: 403-415.

Diggle P J, Heagerty P J, Liang K Y, et al. 2002. Analysis of Longitudinal Data. Oxford: Oxford University Press.

Diggle P J, Liang K-Y, Zeger S L. 1994. Analysis of Longitudinal Data. Oxford: Oxford University Press.

Doksum K, Koo J Y. 2000. On spline estimators and prediction intervals in nonparametric regression.Computational Statistics Data Analysis, 35: 76-82.

Doksum K, Sarnarov A. 1995. Nonparametric estimation of global functionals and a measure of the explanatory power of covariates in regression. The Annals of Statistics, 23: 1443-1473.

Dongarra J J, Bunch J R, Moler C B,et al. 1979. Linpack Users' Guide.Philadelphia: Society for Industrial and Applied Mathematics.

Donoho D L, Johnstone I M. 1995. Adapting to unknown smoothness via wavelet shrinkage. Journal of the American Statistical Association, 90: 1200-1224.

Donoho D L, Johnstone I M.1994. Ideal spatial adaptation by wavelet shrinkage. Biometrika, 81: 425-455.

Doob J. 1953. Stochastic Processes. New York: Wiley.

Draper D. 1995. Inference and hierarchical medeling in the social sciences (with discussion). J.Educ.Behav.Statist., 20: 115-147, 228-233.

Draper N R, Guttman I. 1968. Some Bayesian stratified two-phase sampling results. Biometrika, 55: 131-140,587-588.

Duncan D B, Horn S D. 1972. Linear dynamic recursive estimation from the viewpoint of regression analysis. Journal of the American Statistical Association, 67: 815-821.

Durbin J, Koopman S J.1992.Filtering,smoothing and estimation for time series models when the observations come from exponetial family distributions.Report. Department of Statistics,London School of Economics and Political Science,London.

Edward F Vonesh, Wang H, Nie L, et al.2002.Conditional second order generalized estimating equations for generalized linear and nonlinear mixed-effects models. Journal of the American Statistical Association, 97:271-283.

Edward F V.1996. A note on the use of Laplace's approximation for nonlinear mixed-effects models.Biometrika, 83: 447-452.

Edwards A W F. 1969. Statistical methods in scientific inference.Nature, Lond, 222: 1233-1237.

Edwars A W F. 1970. Estimation of the branch points of a branching diffusion process (with discussion). J. R. Statist. Soc. B, 32: 155-174.

Efron B, Morris, C. 1972. Empirical Bayes on vector observations. Biometrika, 59(2): 335-347.

Efron B, Morris C. 1975. Data analysis using Stein's estimator and its generalization.Journal of the American Statistical Association, 70: 311-319.

Eide E, Showalter M. 1998. The effect of school quality on student perfomance: a quantile regression approach.Economics Letters, 58: 345-350.

Ekholm A,Smith P W F, Mcdonald J W.1995.Marginal regression analysis of a mutivariate binary response. Biometrika, 82: 847-854.

Elston R C, Grizzle J E. 1962. Estimation of time responsecurves and their confidence bands.Biometrics, 18: 148-159.

Engel B,Buist W, Visscher A.1995.Inference for threhold models with vatiance components from the generalized linear mixed model perspective.Genet.Select.Evoln, 27: 15-32.

Engel B, Keen A.1994. A simple approach for the analysis of generalized linear mixed models.Statist.Neerland, 48: 1-22.

Engle R F, Granger C, Rice J, et al.1986. Semiparametric estimates of the relation between weather and electricity sales. Journal of the American Statistical Association, 81: 310-320.

Epri. 1989. Residential End-Use Energy Consumption: A Survey of Conditional Demand Estimates. CU-6487, Research Project 2547-1, Palo Alto: Electric Power Research Institute, October.

Ericson W A. 1969. Subjective Bayesian models in sampling finite populations (with discussion). Journal of the Royal Statistical Society, Ser. B, 31: 195-233.

Evans M, Wachtel P. 1993. Inflation regions and the Sources of Inflation Uncertainty. Journal of Money, Credit, and Banking, 25: 475-511.

Everitt B S, Hand D J. 1981. Finite Mixture Distributions. London: Chapman & Hall.

Everson P.1995.Inference for multivariate normal hierarchical models. PhD Dissertation. Department of Statistics,Harvard University,Cambridge.

Fahrmeir L, Tutz G. 1994. Multivariate Statistical Modelling Based on Generalized Linear Models. New York: Springer-Verlag.

Fahrmeir L.1992.Posterior mode estimation by extended Kalman filering for multivatiate dynamic generalised linear models.J.Am.Statist.Ass., 87: 501-509.

Fan J. 1992. Design-adaptive nonparametric regression. J. Amer. Statist. Assoc, 87: 998-1004.

Fan J. 1993. Local linear regression smoothers and their minimax efficiencies. Ann. Statist, 21: 196-216.

Fan J, Gijbels I. 1992. Variable bandwidth and local linear regression smoothers. Ann. Statist, 20: 2008-2036.

Fan J, Gijbels I. 1996. Local Polynomial Modelling and Its Application.London: Chapman and Hall.

Fan J, Hu T C, Troung Y K. 1994. Robust nonparametric function estimation. Scandinavian Journal of Statistics, 21: 433-446.

Fan J, Gijbels I. 1995. Data-driven bandwidth selection in local polynomial fitting: variable bandwidth and spatial adaptation. Journal of the Royal Statistical Society, Series B, 57: 371-394.

Fan J, Wu Y. 2008. Semiparametric estimation of covariance matrices for Longitudinal Data. Journal of the American Statistical Association, 103: 1520-1533.

Fan J, Zhang W. 1999. Statistical estimation in varying coefficient models. The Annals of Statistics, 27: 1491-1518.

Fan J, Zhang W. 2000. Simultaneous confidence bands and hypothesis testing in varying-coefficient models. Scand. J. Statist., 27: 715-731.

Fan J, Zhang W. 2008. Statistical methods with varying coefficient models. Statistics and Its Interface, 1: 179-195.

Fan J, Li R. 2001.Variable selection via nonconcave penalized likelihood and its oracle properties. Journal of the American Statistical Association, 96: 1348-1360.

Fan J, Lv J. 2008.Sure independence screening for ultra-high dimensional feature space(with discussion). Journal of Royal Statistical Society, Series B, 70: 849-911.

Fan J, Lv J.2011. Non-concave penalized likelihood with NP Dimensionality. IEEE Transactions on Information Theory, 57:5467-5484.

Fan J, Peng H. 2004. Nonconcave penalized likelihood with a diverging number of parameters. The Annals of Statistics, 32: 928-961.

Fan J, Fan Y, Lv J. 2008. High dimensional covariance matrix estimation using a factor model. Journal of Econometrics, 147: 186-197.

Fan J, Farmen M. 1998. Local maximum likelihood estimation and inference. Journal of the Royal Statistical Society, Series B, 60: 591-608.

Fan J, Härdle W, Mammen E. 1998.Direct estimation of low dimensional components in additive models. Ann. Statist., 26: 943-971.

Fan J, Huang T, Li R Z. 2007. Analysis of Longitudinal data with semiparametric estimation of covariance function. Journal of the American Statistical Association, 35: 632-641.

Fan J, Yao Q, Tong H. 1996. Estimation of conditional densities and sensitivity measures.Biometrika, 83: 189-206.

Fan J, Li R. 2001. Variable selection via nonconcave penalized likelihood and its oracle properties. J. Amer. Statist. Assoc, 96: 1348-1360.

Fan J, Li R. 2006. Statistical challenges with high dimensionality: feature selection in knowledge discovery. Proceedings of the Madrid International Congress of Mathematicians 2006, III : 595-622.

Fedorov V V. 1972. Theory of Optimal Experiments. New York: Academic Press.

Feller W. 1968. An Introduction to Probability Theory and Its Applications. 1.3rd ed.New York:Wiley.

Fellman J. 1974. On the allocation of linear observations. Commentationes Phys.-Math, 44: 2-3.

Fisher R A. 1925. Theory of statistical estimation. Proc. Camb. Phil. Soc, 22: 700-725.

Fisk P R. 1967. Models of the second kind in regression analysis. J. R. Statist. Soc. B, 29: 266-281.

Fitzenberger B.1999,Wages and employment across skill grups Heidleberg:Physica-Verlag.

Fmnbero S F. 1967. Cell estimates for one-way and two-way analysis of variance tables. Memorandum NS-69, Department of Statistics, Harvard University. on incomplete data.

Follmann D, Wu M. 1995. An approximate generalized linear model with random effects for informative missing data. Biometrics, 51: 151-168.

Foulley J L, Im S,Gianola D,et al.1987.Empirical estimation of parameters for $n$ polygenic binary traits. Genet.Select.Evoln, 19: 197-224.

Fuller W A, Hidiroglou M A. 1978. Regression estimation after correcting for attenuation. J. Am.Statist. Assoc, 73: 99-104.

Fuller W A, Battese G E. 1973. Transformations for estimation of linear models with nested error structure. J. Am. Statist. Assoc., 68: 626-632.

Collomb G.1977.Quelques proprietes de la methode du noyau pourl' estimation nonparametrique de la regression en un point fixe. C.R.Acad.Sci.Ser.A, 285:289-292.

Garcia J, Hernandez P, Lopez A. 2001. How wide is the gap? An investigation of gender wage differences usng quantile regression. Empirical Economics, 26: 149-167.

Gasser T, Müller H G. 1979. Kernel estimation of regression functions//Smoothing Techniques for Curve Estimation. New York: Springer-Verlag.

Gasser T, Kneip A. 1995. Searching for Structure in Curve Samples. Journal of the

American Statistical Association, 90:1179-1188.

Gelfand A E, Smith A F M. 1990. Sampling based approaches to calculating marginal densities, Journal of the American Statistical Association, 85: 398-409.

Gelfand A E, Hills S I, Racine-Poon A, et al. 1990. Illustration of bayesian inference in normal data models using Gibbs sampling. Journal of the American Statistical Association, 90: 972-985.

Gelman A, Bois F, Jiang J. 1996. Physiological pharmacokinetic analysis using population modeling and informative prior distributions. J. Am. Statist. Assoc., 91: 1400-1412.

Gelman A, Carlin J B, Stern H S,et al.1995.Bayesian Data Analysis.London:Chapman and Hall.

Geman S, Geman D. 1984. Stochastic relaxation,Gibbs distributions and the Bayesian restoration of images. IEEE Transactions on Pattem Analysis and Machine Intelligence, 6: 721-741.

Geppert M P. 1961. Erwartungstreue plausibelste Schutzen aus dreieckig gestutzen Kontingenstafeln. Biometr. Zeitschr, 3: 54-67.

Gerald C F. 1970. Applied Numerical Analysis. Reading, Addison-Wesley.

Geweke J. 1989. Bayesian Inference in Econometric Models Using Monte Carlo Integration. Econometrica, 57: 1317-1339.

Geyer C J, Thompson E A. 1992.Constrained maximum likelihood for dependent data (with discussion). J. R. Statist. Soc. B, 39: 657-699.

Giesbrecht F G, Burrows P M. 1978. Estimating variance components in hierarchical structures using MINQUE and restricted maximum likelihood. Comm Statist A, 7: 891-904.

Gilks W R, Thomas A, Spiegelhalter D J.1994. A language and program for complex Bayesian modelling.Statistician, 43: 169-178.

Gilks W R, Wild P. 1992.Adaptive rejection sampling for Gibbs sampling.Appl.Statist, 41: 337-348.

Gilmour A R, Anderson R D, Rae A L. 1985. The analysis of Binomial data by a generalized linear mixture model. Biometrika, 72: 593-599.

Godambe V P. 1966. A new approach to sampling from finite populationsv $L$ sufficiency and linear estimation. Journal of the Royal Statistical Society, Ser. B, 28: 310-319.

Goldenshluger, A, Nemirovski A. 1997. On spatial adaptive estimation of nonparametric regression. Mathematical Methods of Statistic, 6: 135-170.

Goldstein H. 1995. Multilevel Statistical Models, 2nd ed. New York: John Wiley.

Goldstein H. 1979. The Design and Analysis of Longitudinal Studies. London: Academic Press.

Goldstein H. 1986. Multilevel mixed linear model analysis using iterative generalized least squares. Biometrika, 73: 43-56.

Goldstein H. 1991. Nonlinear multilevel models, with an application to discrete response data. Biometrika, 78: 45-51.

Goldstein H. 1995. Multilevel Statistical Models. 2nd ed. New York:JohnWiley.

Goldstein H.1986. Multilevel mixed linear model analysis using iterative generalized least squares. Biometrika, 73: 43-56.

Goldstein H,Healy M J R, Rasbansh J.1994.Multilevel time series models with applications to repeated measuress data.Statist.Med. 13: 1643-1655.

Gonzalez M, Gonzalo J. 1998. Threshold Unit Root Models, working paper, University Carlos III de Madrid.

Gonzalo P L, Linton O B. 2001. Testing additivity in generalized nonparametric regression models with estimated parameters. Journal of Econometrics, 104: 1-48.

Goodman L A. 1968. The analysis of cross-classified data. Independence, quasi-independence and interaction in contingency tables with or without missing entries. J. Amer. Statist. Ass, 63, 1091-1131.

Goodman L A.1974. Exploratory latent-structure analysis using both identifiable and unidentifiable models. Biometrika, 61: 215-231.

Gooijer Z. 2003. On additive conditional quantiles with high-dimensional covariates. Journal of the American Statistical Association, 98: 135-146.

Gosling A, Machin, S, Meghir C. 1996. What Has Happened to the Wages of Men since 1966?// Hills J,ed. New inequalities: The changing distribution of income and wealth in the United Kingdom.

Green P J, Silverman B W.1994 Nonparameteric regression and generalized linear models: a roughness penalty approach.London:Chapman and Hall.

Gu C. 1993, Structural multivariate function estimation: some automatic density and hazard estimates. Journal of the American Statistical Association. 88: 495- 504.

Gu C. 1996.Smoothing spline density estimation: response-based sampling, Technical Report 267. University of Michigan, Dept. of Statistics.

Gu C, Qiu C. 1993. Smoothing spline density estimation: theory.The Annals of Statistics, 21:217-234.

Gu C, Wahba G. 1993, Semiparametric ANOVA with tensor product thin plate spline. Journal of the Royal Statistical Society, Ser. B, 55:353-368.

Guo J,Tian M Z, Zhu K. 2012.New efficient and robust estimation in varying-coefficient models with heteroscedasticity. Statistica Sinica, 22: 1075-1101.

Gutenbrunner C, Jurečková J. 1992. Regression rank scores and regression quantiles.The Annals of Statistics, 20: 305-330.

Gutenbrunner C, Jureckova J, Koenker R, et al. 1990. A New Approach to Rank Tests for the Linear Model. unpublished manuscript, The University of Illinois, Dept. of Statistics.

Guttman I. 1971. A remark on the optimal regression designs with previous observations of Covey-Crump and Silvey. Biometrika, 58: 683-685.

Härdle W. 1984. Robust regression function estimation. J. Multivar. Analysis, 14:169-180.

Härdle W, Liang H, Gao J. 2000. Partially Linear Models. Berlin.Springer-Verlag.

Härdle W. 1990. Applied nonparametric regression. Cambridge: Cambridge University Press.

Härdle W, Gasser T. 1984. Robust non-parametric function fitting. J. Roy. Statist. Soc. Ser. B, 46: 42-51.

Haberman S J. 1971. Tables based on imperfect observation. Invited paper at the 1971 ENAR meeting,Pennsylvania State University.

Haberman S J. 1974. Loglinear models for frequency tables derived by indirect observation: maximum likelihood equations. Ann. Statist, 2: 911-924.

Hall P, Jones M C. 1990.Adaptive M-estimation in nonparametric regression. Ann. Statist, 18: 1712-1728.

Hall P, Wehrly T E. 1991. A geometrical method for removing edge effects from kernel-type nonparametric regression estimators.J. Amer. Statist. Assoc, 86: 665-672.

Hall P, Sheather S. 1988. On the Distribution of a Studentized Quantile. Journal of the Royal Statistcal Society, Series B, 50: 381-391.

Hall P, Wolff R C L, Yao Q. 1999. Methods for estimating a conditional distribution function. Journal of the American Statistical Association, 94: 154-163.

Hallin M, Jurečková J. 1999. Optimal tests for autoregressive models based on autoregression rank scores. The Annals of Statistics, 27:1385-1414.

Hamilton J. 1989. A new approach to the economic analysis of nonstationary time series and the business cycle. Econometrica, 57:357-384.

Hampel F R, Ronchetti E M, Rousseeuw P J,et al. 1986. Robust statistics: the approach based on influence functions.New York: Wiley.

Hansen B. 2000. Sample Splitting and Threshold Estimation. Econometrica, 68: 575-603.

Härdle W, Stoker T.1989. Investigating smooth multiple regression by the method of average derivatives. Journal of the American Statistical Association, 84: 986-995.

Härdle W. 1990. Applied nonparametricregression. Cambridge:Cambridge University Press.

Härdle W, Hall P, Ichimura H. 1993. Optimal smoothing in single-index models. Annals of Statistics, 21: 157-178.

Harney A C.1989.Forecasting,Structural Time Series Models and the Kalman FIlter. Cambiridge: Cambridge University Press.

Harrison J, West M. 1991.Dynamic linear model diagnostics.Biometrika, 78: 797-808.

Hartley H O, Rao J N K. 1967. Maximum Likelihood Estimation for the Mixed Analysis of Variance Model. Biometrika, 54: 93-108.

Harville D A. 1974. Bayesian Inference for Variance Components Using Only Error Contrasts. Biometrika, 61: 383-385.

Harville D A. 1976. Extension of the Gauss-Markov theorem to include the estimation of random effects. Ann. Statist., 4: 384-395.

Harville D A. 1977. Maximum likelihood approaches to variance component estimation and to related problems. J. Am. Statist. Assoc., 72: 320-340.

Harville D A, Mee R W. 1984. A mixed-model procedure for analyzing ordered categorical data. Biometrics, 40: 393-408.

Harville David A. 1978. Football Ratings and Predictions via Linear Models. Proceedings of the American Statistical Association (Social Statistics Section), 74-82.

Hasan M N, Koenker R. 1997. Robust rank tests of the unit root hypothesis. Econometrica, 65: 133-161.

Hastie T, Loader C. 1993. Local regression: automatic kernel carpentry. Statistical Science, 8: 120-143.

Hastie T J, Tibshirani R J. 1993. Varying-coefficient Models. Journal of the Royal Statistical Society, Series B, 55: 757-796.

Hastie T, Tibshirani R J. 1986. Generalized additive models (with discussion). Statistical Science, 1: 297-318.

Hastie T J, Tibshirani R J. 1990. Generalized Additive Models.London: Chapman and Hall.

Hastings W K. 1970. Monte Carlo Sampling Methods using Markov Chains and their applications. Biometrika, 57: 97-109.

He X. 2009. Modeling and inference by quantile regression. Technical Report, University of Illinois at Urbana-Champaign, Dept. of Statistics.

He X, Portnoy S. 2000. Some asymptotic results on bivariate quantile splines. Journal of Statistical Planning and Inference, 91: 341-349.

He X, Shao Q M. 2000. On parameters of increasing dimensions. Journal of Multivariate Analysis, 73: 120-135.

He X, Shi P. 1994. Convergence rate of B-spline estimators of nonparametric conditional quantile functions. Journal of Nonparametric Statistic, 3: 299-308.

He X, Shi P.1996. Bivariate tensor-product B-splines in a partly linear model. Journal of Multivariate Analysis. 58:162C181.

He X, Shi P.1998. Monotone B-spline smoothing. Journal of the American Statistical Association, 93: 643-650.

He X, Shao Q M. 2000. On Parameters of Increasing Dimensions, Journal of Multivariate Analysis. 73: 120-135.

He X, Fung W K, Zhu Z Y. 2005. Robust estimation in generalized partial linear models for clustered data. Journal of the American Statistical Association, 472: 1176-1184.

He X, Ng P, Portnoy S. 1998. Bivariate quantile smoothing splines. Journal of the Royal

Statistical Society: Series B, 60: 537-550.

He X, Zhu Z Y, Fung W K. 2002. Estimating in a semiparametric model for Longitudinal data with unspecified dependence structure. Biometrika, 89: 579-590.

Heagerty P J, Pepe M S. 1999. Semiparametric estimation of regression quantiles with application to standardizing weight for height and age in US children. Journal of Applied Statistics, 48: 533-551.

Heckman J J. 1979. Sample selection bias as a specification error. Econometrica, 47: 153-161.

Heckman N E. 1986. Spline smoothing in a partly linear model. Journal of the Royal Statistical Society, Ser. B, 48: 244-248.

Hedeker D, Gibbons R D. 1994. A random effects ordinal regression model for multilevel analysis.Biometrics, 50: 933-944.

Hemmerle J O.1976. Improved algorithm for the W-transform in variance component W. J. and LORENS, estimation. Technometrics, 18: 207-212.

Hemmerle W J, Hartley H O. 1973. Computing maximum likelihood estimates for the mixed A.O.V. model using the W transformation. Technometrics. 15: 819-831.

Hemmerle W J. 1974. Nonorthogonal analysis of variance using iterative improvement and balanced residuals. J. Amer. Statist. Ass, 69: 772-778.

Henderson C R. 1973. Sire evaluation and genetic trends. Proceedings of the Animal Breeding and Genetics Symposium in Honor of Dr. Jay L. Lush: 10-41.

Henderson C R. 1975. Best linear unbiased estimation and prediction under a selection model. Biometrics, 31: 423-447.

Henderson C R, Kempthorne O, Searle S R,et al. 1959. The estimation of environmental and genetic trends from records subject to culling. Biometrics,15: 192-218.

Henderson H V, Searle S R. 1981. Vec-permutation matrix, the vec operator and Kronecker products: a review. Linear and Multilinear Algebra, 9: 271-288.

Hendricks W O, Koenker R. 1992. Hierarchical spline models for conditional quantiles and the demand for electricity. Journal of the American statistical Association, 87: 58-68.

Hendricks W O, Koenker R, Podlasek R. 1977. Consumption patterns for electricity. Journal of Econometrics, 5: 135-153.

Hendricks W, Koenker R. 1991. Hierarchical spline models for conditional quantiles and the demand for electricity. J. of Am. Stat. Assoc, 87: 58-68.

Hendricks W, Koenker R. 1992. Hierarchical spline models for conditional quantiles and the demand for electricity. Journal of the American Statistical Association, 93: 58-68.

Hendricks W, Koenker R, Poirier D. 1979. Stochastic Parameter Models for Panel Data: An Application to the Connecticut Peak Load Pricing Experiment. International Economic Review, 20: 707-724.

Hercé M. 1996. Asymptotic Theory of LAD Estimation in a Unit Root Process With Finite

Variance Errors.Econometric Theory, 12:129-153.

Hess G D, Iwata S. 1997. Asymmetric persistence in GDP? A deeper look at depth. Journal of Monetary Economics, 40: 535-554.

Hidiroglou M A. 1981. Computerization of complex survey estimates. Proc. Statist. Comp. Sect..Am. Statist. Assoc : 1-7.

Hill B M. 1969. Foundations for the theory of least squares. Journal of the Royal Statistical Society, Ser. B, 31: 89-97.

Hoadley B. 1971. Asymptotic properties of maximum likelihood estimators for the independent not identically distributed case. Ann. Math. Statist., 42: 1977-1991.

Hobert J P. 2000. Hierarchical models: a current computational perspective. Journal of the American Statistical Association, 95: 1312-1316.

Hodges J, Lehmann E. 1956. The efficiency of some nonparametric competitors of the t-test. Annals of Mathematical Statistics, 27: 324-335.

Hogg R V. 1975. Estimates of percentile regression lines using salary data. J. Amer. Statist. Assoc, 70: 56-59.

Hogg R V, Craig A T. 1995. Introduction to Mathcmatical Statistics. New York: Macmillan.

Hold D, Smith T M F, Winter P D. 1980. Regression analysis of data from complex surveys. J. R. Statist. Soc. A, 142: 474-487.

Holt D, Smith T M F, Winter P D. 1980. Regression analysis of data from complex surveys. J. R. Statist. Soc. A, 143: 474-487.

Honda T. 2004. Quantile regression in varying coefficient models. J. Statist. Plann. Inference., 121: 113-125.

Hoover D R, Rice J A, Wu C O, et al. 1998.Nonparametric smoothing estimates of time-varying coefficient modelsWith Longitudinal Data. Biometrika, 85: 809-822.

Horowitz J L. 1993. Semiparametric estimation of a work-trip mode choice model. Journal of Econometrics, 58: 49-70.

Horowitz J L. 1998. Semiparametric Methods in Econometrics.NewYork: Springer.

Horowitz J L, Hardle W. 1996. Direct semiparametric estimation of single-index models with discrete covariates. Journal of the American Statistical Association, 91: 1632-1640.

Horowitz, J L, Lee S. 2002. Semiparametric methods in applied econometrics: do the models fit the data? Statistical Modelling, 2: 3-22.

Horowitz J L, Lee S. 2005. Nonparametric estimation of an additive quantile regression model. Journal of the American Statistical Association, 100: 1238-1249.

Horowitz J L, Mammen E. 2004. Nonparametric estimation of an additive model with a link function. The Annals of Statistics, 32: 2412-2443.

Horowitz J L, Savin N E. 2001. Binary response models: logits, probits,and semiparametrics. Journal of Economic Perspectives, 15: 43-56.

Horowitz J L, Spokoiny V G. 2002. An adaptive, rate-optimal test of linearity for median regression models. Journal of the American Statistical Association, 97: 822-835.

Howe W G. 1955. Some contributions to factor analysis. Report ORNL 1919, Oak Ridge National Laboratory.

Hristache M, Juditsky A, Spokoiny V. 2001. Direction estimation of the index coefficients in a single-index model. The Annals of Statistics, 39: 595-623.

Huang J Z. 2003. Local asymptotics for polynomial spline regression. The Annals of Statistics, 31: 1600-1635.

Huang J, Ma S G, Zhang C H. 2008. Adaptive lasso for sparse high-dimensional regression models. Statistica Sinica, 18:1603-1618.

Huang J Z, Wu C O, Zhou L. 2002.Varying-Coefficient Models and Basis Function Approximations for the Analysis of Repeated Measurements. Biometrika, 89: 111-128.

Huber P J. 1981. Robust Statistics. New York: Wiley.

Hull J, White A. 1998. Value at risk when daily changes in market variables are not normally distributed. J.Deriv, 5: 9-19.

Hunter D R, Lange K. 2000. Quantile regression via an MM algorithm. J.Computnl Graph. Statist. 9: 60-77.

Huttenlocher J E, Haight W, Bryk A S, Seltzer M. 1991. Early vocabulary growth: relation to language input and gender. Developmental Psychology, 27: 236-249.

Ichimura H. 1993. Serniparametric Least Squares(SLS)and WeightedSLS Estimation of Single-Index Models. Journal of Econometrics, 58: 71-120.

Inner London Education Authority. 1969. Literacy Survey: Summary of Interim Results. London: I.L.E.A. Research & Statistics Division.

Isaacs D, Altman D G, Tidmarsh C E, et al. 1983. Serum Immunoglobin concentrations in preschool children measured by laser nephelometry:reference ranges for IgG,IgA and IgM. J.Clin.Path, 36: 1193-1196.

Jackson P H, Novick M R, Thayer D T. 1971. Estimating regressions in m-groups. Brit. J. Math. Statist. Psychol., 24: 129-153.

James W, Stein C. 1960. Estimation with quadratic loss. Proceedings of the Fourth Berkeley Symposium on Mathematical Statistics and Probability, 1: 361-379.

Janssen P, Veraverbeke N. 1987. On nonparametric regression estimators based on regression quantiles. Commun. Statist. Theory Methods, 16: 383-396.

Jennrich R I, Schluchter M D. 1986. Unbalanced repeated measures models with structural covariance matrices. Biometrics, 42: 805-820.

Jiang J. 2000, A non-linear Gauss-Seidel Algorithm for inference about GLMM, Computational Statistics, 15:229-241.

Jobson J D, Fuller W A. 1980. Least squares estimation when the covariance matrix and parameter vector are functionally related. J. Am. Statist. Assoc, 75: 176-181.

Johansen S.1984. Functional relations, random coefficients and nonlinear regression with application to kinetic data. New York: Springer.

Johnson N L, Kotz S, Balakrishnan N. 1995. Continuous Univariate Distributions. 2nd ed.New York:Wiley.

Johnson N L, Kotz S.1970. Continuous Univariate Distributions.2. Boston: Houghton Mifflin.

Jones R G. 1980. Best linear unbiased estimation in repeated surveys. J. R. Statist. Soc, B, 42. 221 6.

Jones M C, Marron J S, Sheather S J. 1996. A brief survey of bandwidth selection for density estimation. Journal of the American Statistical Association, 91: 401-407.

Joreskog K, Sorbom D. 1979. Advances in Factor Analysis and Structural Equation Models.Cambridge : Abt Books.

Jurečkovă J. 1977. Asymptotic relations of M-estimates and R-estimates in linear regression model. Annals of Statistics, 5: 464-472.

Jurečkovă J. 1984. Regression quantiles and trimmed least squares estimator under a general design. Kybernetika, 20: 345-356.

Jurečkovă J, Sen P K. 1984. On adaptive scale-equivariant M-estimators in linear models. Statistics & Decisions, Supplement Issue, 1: 31-46.

Jurečkovă J.1984. Regression quantiles and trimmed least squares estimator under a general design. Kybernetika, 20: 345-356.

Koonker R, Xiao Z J. 2006. Quantile autoregression. Journal of the American Statistical Association, 101: 980-990.

Katkovnik V Y.1979.Linear an nonlinear methods of nonparametric regression analysis. Avtomatika, 5:35-46.

Katkovnik V Y. 1983.Convergence of linear and nonlinear nonparametric estimates of kernel type. Avotmat.i Telemekhan, 4:108-120.

Kahn L. 1998. Collective bargaining and the interindustry wage structure: international evidence. Economica, 65: 507-534.

Kai B, Li R. 2010. Local composite quantile regression smoothing: an efficient and safe alternative to local polynomial regression. Journal of the Royal Statistical Society, Ser. B, 72: 49-69.

Kai B, Li R, Zou H. 2009. Supplementary materials for 'local cqr smoothing: an efficient and safe alternative to local polynomial regression'. Technical Report, Pennsylvania State University, University Park.(Available from http://www.stat.psu.edu/rli/research/ Supplement-of-localCQR.pdf.)

Kai B, Li R, Zou H. 2010. Local composite quantile regression smoothing: an efficient and safe alternative to local polynomial regression. Journal of the Royal Statistical Society,

Series B, 72: 49-69.

Kai B, Li R, Zou H. 2011. New efficient estimation and variable selection methods for semiparametric varying-coefficient partially linear models. The Annals of Statistics, 39: 305-332.

Karlsen H A. 1990. Existence of moments in a stationary stochastic difference Equation. Advances in Applied Probability, 22:129-146.

Kaslow R A, Ostrow D G, Detels R, et al. 1987. The multicenter AIDS cohort study: rationale, organization, and selected characteristics of the participants. Am J Epidemiol, 126(2): 310-318.

Kass R E, Steffey D. 1989. Approximate Bayesian inference in conditionally independent hierarchical models (parametric empirical Bayes models). Journal of the American Statistical Association, 84: 717-726.

Kauermann G, Tutz G. 1999. On model diagnostics using varying-coefficient models. Biometrika, 86: 119-128.

Ke C L, Wang Y D. 2001.Semiparametric nonlinear mixed-effects models and their applications. Journal of the American Statistical Association, 96:456,1272-1298.

Kelley T L. 1927. The interpretation of Educational Measurements. New York: World Books.

Kempthorne, O. 1957. An Introduction to Genetic Statistics. New York: Wiley.

Kennedy W J, Gentle J E. 1980. Statistical Computing. New York: Marcel Dekker.

Khan S. 2001. Two-stage rank estimation of quantile index models. Journal of Econometrics, 100: 319-355.

Khmaladze E. 1981. Martingale approach to the goodness of fit tests. Theory of Probability and Its Applications, 26: 246-265.

Kim M O. 2007. Quantile regression with varying coefficients. The Annals of Statistics, 35: 92-108.

Kim Y, Choi H, Oh H S. 2008. Smoothly clipped absolute deviation on high dimensions. Journal of the American Statistical Association, 103:1665-1673.

Knight K. 1989. Limit theory for autoregressive-parameter estimates in an infinite-variance random walk. Canadian Journal of Statistics, 17:261-278.

Knight K. 1998. Limiting distributions for l1 regression estimators under general conditions. The Annals of Statistics, 26: 755-770.

Koenker R. 1987. A comparison of asymptotic testing Methods for $L_1$ regression. Statistical Data Analysis Based on the $l_1$-Norm and Related Methods: 287-296.

Koenker R. 1984. A note on l-estimates for linear models. Statistics and Probability Letters, 2: 323-325.

Koenker R. 1994. Confidence Intervals for Regression Quantiles. Berlin: Springer-Verlag: 349-359.

Koenker R. 1995. Quantile Regression Software. www.econ.uiuc.edu/~roger/research/rq/rq.html.

Koenker R. 2000. Galton, edgeworth, frisch and prospects for quantile regression in econometris. Journal of Econometrics, 95: 347-374

Koenker R. 2004. Unit root quantile regression inference. Journal of the American Statistical Association, 99: 775-787.

Koenker R. 2005. Quantile Regression. Cambridge: Cambridge University Press.

Koenker R, Bassett G. 1982. Robust tests for heteroscedasticity based on regression quantiles, Econometrica 50: 43-61.

Koenker R, Bassett G. 1978. Regression quantiles. Econometrica, 46: 33-50.

Koenker R, Geling R. 2001. Reappraising medfly longevity: a quantile regression survival analysis. Journal of the American Statistical Association, 96: 458-468.

Koenker R, Machado J A F. 1999. Goodness of fit and related inference processes for quantile regression. Journal of the American statistical Association, 94: 1296-1310.

Koenker R, Mizera P I. 2004. Penalized triograms: total variation regularization for bivariate smoothing. Journal of the Royal statistical Society B, 66(1): 145-163.

Koenker R, Park B J. 1996. An interior point algorithm for nonlinear quantile regression. J.Econometr, 71: 265-283.

Koenker R, D'Orey V. 1987. Algorithm AS 229:Computing regression quantiles. Journal of Applied Statistics, 36: 383-393.

Koenker R, D'Orey V. 1993. A remark on computing regression quanitles. Applied Statistics, 36: 383-393.

Koenker R, Bilias Y. 2001. Quantile regression for duration data: a reappraisal of the pennsylvania reemployment bonus experiments. Empirical Economics, 26: 199-220.

Koenker R, Hallock K. 2000. Quantile regression: an introduction. www.econ.uiuc.edu/~roger/research/intro/intro.html.

Koenker R, Machado J. 1999. Goodness of fit and related inference processes for quantile regression. J. of Am. Stat. Assoc, 94: 1296-1310.

Koenker R, Bassett G. 1978. Regression quantiles. Econometrica, 46: 33-49.

Koenker R, Machado J. 1999. Goodness of fit and related inference processes for quantile regression. Journal of the American Statistical Association, 81: 1296-1310.

Koenker R, Portnoy S. 1987. L-estimation of linear models. Journal of the American Statistical Association, 82: 851-857.

Koenker R, Portnoy S. 1990. M estimation of multivariate regressions. Journal of the American Statistical Association, 85: 1060-1068.

Koenker R, Xiao Z. 2002. Inference on the quantile regression processes. Econometrica, 70: 1583-1612.

Koenker R, Ng P, Portnoys S. 1994. Quantile smoothing splines. Biometrika, 81: 673-680.

Koenker R, Portnoy S, Ng P. 1992. Nonparametric Estimation of Conditional Quantile Functions:$L_1$ Statistical Analysis and Related Methods : Amsterdam: Elsevier: 217-229.

Koenker R, Bassett G.1978. Regression quantiles. Econometrica, 46: 33-50.

Koenker R O, D′Orey V. 1987. Computing regression quantiles. Applied Statistics, 36: 383-393.

Koenker R, Geling R. 2001. Reappraising medfly longevity: a quantile regression survival analysis. J. Amer. Statist.Assoc, 96: 458-468.

Koenker R, Hallock K. 2001. Quantile regression. J. Economic Perspectives, 15:143-156.

Kong E, Xia Y. 2010. Quantile estimation of a general single-index model. Working paper, 2010. http://arxiv.org/abs/0803.2474.

Kottas A, Gelfand A E. 2001. Bayesian semiparametric median regression model. Journal of the American Statistical Association, 96: 1458-1468.

Koul H, Mukherjee K. 1994. Regression quantiles and related processes under long range dependent errors. Journal of Multivariate Analysis, 51: 318-317.

Koul H, Saleh A K 1995. Autoregression quantiles and related rank-scores processes. The Annals of Statistics, 23: 670-689.

Kuan C M, Huang Y L. 2001. The semi-nonstationary process:model and empirical evidence. Hong Kong: University of Hong Kong.

Kux A Y C, Cheng Y W. 1999. Pointwise and functional approximations in Monte Carlo maximum likelihood estimation. Statist. Comp, 9: 91-99.

Lai T L, Simi M C. 2003. Nonparametric estimation in nonlinear mixed effects models. Biometrika, 90:1-13.

Laird N M, Ware H. 1982. Random-effects models for longitudinal data. Biometrics, 38: 963-974

Laird N M. 1975. Log-linear models with random parameters. Ph.D. Thesis, Harvard University.

Laird N M, Louis T A. 1982. Approximate posterior distributions for incomplete data problems. Journal of the Royal Statistical Society, Ser. B, 44: 190-200.

Laird N M. 1976. Nonparametric maximum-likelihood estimation of a distribution function with mixtures of distributions. Technical Report S-47, NS-338, Dept of Statistics, Harvard University.

Laird N M, Lange N, Stram D. 1987. Maximum likelihood computations with repeated measures: application of the EM algorithm. Journal of the American Statistical Association, 82: 97-105.

Laird N M, Ware J H. 1982. Random effects models for longitudinal data. Biometrics, 38: 963-974.

Lam C, Fan J. 2008. Profile-kernel likelihood inference with diverging number of parameters. The Annals of Statistics, 36: 2232-2260.

Lamotte L R. 1972. Notes on the covariance matrix of a random, Nested ANOVA Model. Ann. Math. Statist., 43: 659-662.

Lauridsen S. 2000. Estimation of value of risk by extreme value methods. Extremes,3: 107-144.

Lavine M.1992,Some aspects of Polya tree distributions for statistical modelling. Ann. Statist, 20:1222-1235.

Lavine M. 1994.More aspects of Polya tree distributions for statistical modelling. Ann. Statist., 22:1161-1176.

Lawley D N, Maxwell A E. 1971. Factor Analysis as a Statistical Method. 2nd ed. London: Butterworth.

Lawrence D, Brown T. Tony C, et al. 2008. Robust nonparametric estimation via wavelet median regression. The Annals of Statistics, 36: 2055-2084.

Lee L F. 1992. On efficiency of methods of simulated moments and maximum simulated likelihood estimation of discrete response models. Economet. Theory, 8: 518-552.

Lee L F. 1995. Asymptotic bias in simulated maximum likelihood estimation of discrete choice models. Economet. Theory, 11: 437-483.

Lee S. 2003. Efficient semiparametric estimation of a partially linear quantile regression model. Econometric Theory, 19: 1-31.

Lee S. 2003. Efficient semiparametric estimation of a partially linear quantile regression model. Econometric Theory, 19: 1-31.

Lee Y, Nelder J A. 1996. Hierarchical generalized linear models. Journal of the Royal Statistical Society, Ser. B, 58: 619-678.

Lejeune M G, Sarda P. 1988. Quantile regression: a nonparametric approach. Comput. Statist. Data Anal, 6: 229-281.

Leng C, Zhang W, Pan J.2009.Semiparametric mean-covariance regression analysis for Longitudinal data.Journal of the American Statistical Association, 105: 181-193.

Lenth R. 1977. Robust splines. Communicationsin Statistics-Theory and Methods, 6: 847-854.

Leonard T. 1975. Bayesian estimation methods for two-way contingency tables. Journal of the RoyalStatistical Society, Ser. B, 37: 23-37.

Levin J. 2001. Where the reductions count: a quantile regression analysis of effects of class size on scholastic acheivement. Empirical Economics, 26: 221-246.

Li K-H. 1988. Imputation using markov chains. Journal of Statistical Computing and Simulation, 30: 57-79.

Li Y J, Zhu J. 2008.L1-norm quantile regression. Journal of Computational and Graphical Statistics, 17:163-185.

Liang K Y, Zeger S L. 1986. Longitudinal data analysis using generalized linear models.

Biometrika, 73: 13-22.

Liang K Y,Zeger S L, Qaqish B. 1992. Multivariate regression analyses for categorical data (with discussion). J. R. Statist. Soc. B, 54, 3-40.

Lin W, Kulasekera K B. 2007. Indentifiability of single-index models and additive-index models. Biometrica, 94: 496-501.

Lin X, Breslow N E. 1996. Bias correction in generalized linear mixed models with multiple components of dispersion. Journal of the American Statistical Association, 91: 1007-1016.

Lin X, Carroll R J. 2001. Semiparametric regression for clustered data using generalized estimating equations. Journal of the American Statistical Association, 96: 1045-1056.

Lindley D V, Smith A F M. 1972. Bayes estimates for thelinear model. Journal of the Royal Statistical Society, Series B, 34: 1-41.

Lindstrom M J. 1999. Penalized estimation of free-knots splines. Journal of Computational and Graphical Statistics, 8:333-352.

Lindstrom M J, Bates D M. 1988. Newton-Raphson and EM algorithms for linear mixed-effects models for repeated measure data. Journal of the American Statistical Association, 83: 1014-1022.

Lindstrom M J, Bates D M. 1990. Nonlinear Mixed Effects Models for Repeated Measures Data. Biometrics, 46: 673-687.

Linton O B, Nielsen J P. 1995. A kernel method of estimating structured nonparametric regression based on marginal integration. Biometrika, 82: 93-100.

Lipsitz S R, Fitzmaurice G M, Molenberghs G,et al. 1997. Quantile regression methods for lonitudinal data with drop-outs: application to CD4 cell counts of patients infected with the human immunodeficiency virus. Journal of Applied Statistics, 46: 463-476.

Littell R C, Milliken G A, Stroup W W,et al. 1996. SAS System for Mixed Models. Cary: SAS Institute.

Little R J A. 1974. Missing values in multivariate statistical analysis. Ph.D. Thesis, University of London.

Liu Q, Pierce D A. 1994. A note on Gauss-Hermite Quadrature. Biometrika, 81: 624-629.

Liu Y F, Shen X, Doss H. 2005. Multicategory psi-learning and support vector machine: computational tools. Journal of Computational and Graphical Statistics, 14: 219-236.

Longford N. 1987. A fast scoring algorithm for maximum likelihood estimation in unbalanced models with nested random effects. Biometrika, 74: 817-827.

Longford N. 1993. Random Coefficient Models. Oxford: Clarendon.

Longford N T. 1985. Statistical modelling of data from hierarchical structures using variance component analysis //Gilchrist R,et al.,ed. textsl Generalized Linear Models. Proceedings, Lancaster 1985, Lecture Notes in Statistics 32. Berlin: Springer-Verlag:112-119.

Longford N T. 1994. Logistic Regression With Random Coefficients. Computational Statistics and data Analysis, 17: 1-15.

Louis T A.1982, Finding the observed information matrix when using the EM algorithm. J.R.Statist.Soc. B, 44,226-233.

Lower W R, Tsutakawa R K. 1978. Statistical analysis of urinary 8-aminolevulinic' acid excretion in the white footed mouse associated with lead smelting. Journal of Environmental Pathology and Toxicology, 1: 551-560.

Luo Z, Wahba G. 1997, Hybrid adaptive splines. Journal of the American Statistical Association, 92:107-116.

LUSH J L. 1937. Animal Breeding Plans. Ames: Iowa State University Press.

Machado J, Mata J. 2001. Counterfactual decomposition of changes in wage distributions using quantile regression. Empirical Economics, 26: 115-134.

Manning W, Blumberg, Moulton L. 1995. The demand for alcohol: the differential response to price. Journal of Health Economics, 14: 123-148.

Marquardt D W. 1970. Generalized inverses, ridge regression, biased linear estimation and nonlinear estimation. Technometrics, 12: 591-612.

Mason W M, Wong G M, Entwistle B. 1983. Contextual analysis through the multilevel linear model. Sociological methodology, San francisco, Jossey-Bass. 83: 72-103.

Mason W M, Wong G Y, Entwisle B. 1984. The multilevel linear model: a better way to do. contextual analysis //Schuessler K F,ed. Sociological Methodology. London: Jossey Press:72-103.

Masry E, Tjestheim D. 1997. Additive nonlinear ARX time series and projection estimates. Econometric Theory, 13: 241-252.

Mazumder R, Friedman J, Hastie T. 2011. Sparse Net: coordinate descent with nonconvex penalties. Journal of the American Statistical Association, 106: 1125-1138.

Mccabe B, Tremayne A. 1993. Elements of Modern Asymptotic Theory with Statistical Applications. Manchester: Manchester University Press.

Mcclachlan G J.1975. Iterative reclassification procedure for constructing an asymptotically optimal rule of allocation in discriminant analysis. J. Amer. Statist. Ass, 70: 365-369.

Mccullagh P, Neider J A. 1989. Generalized Linear Models, 2nd edn. London: Chapman and Hall.

Mcculloch C E. 1997. Maximum likelihood algorithms for generalized linear mixed models. Journal of the American Statistical Association, 92: 162-170.

Mcfadden D. 1989. A method of simulated moments for estimation of discrete response models without numerical integration.Econometrica, 57: 995-1026.

McGilchrist C A, Aisbett C W. 1991. Regression with frailty in survival analysis. Biometrics, 47: 461-466.

Metropolis N, Rosenbluth A W, Rosenbluth M N,et al. 1953. Equations of state calculations by fast computing machines. Journal of Chemical Physics, 21: 1087-1091.

Moler C. 1981. Matlab Users' Guide, technical report, University of New Mexico, Dept. of Computer Science.

Morrison D F. 1967. Multivariate Statistical Methods. New York: McGraw-Hill.

Mosteller F, Wallacb D L. 1964. Inference and Disputed Authorship: the Federalist Papers. Reading: Addison-Wesley.

Mosteller F, Tukey J. 1977. Data Analysis and Regression: A Second Course in Statistics. Addison-Wesley, Reading Mass.

Mueller R. 2000. Public and Private Wage Differentials in Canada Revisited. Industrial Relations, 39: 375-400.

Muller H G, Stadtmuller U. 1987. Estimation of heteroscedasticity in regression analysis. The Annals of Statistics, 15: 610-625.

Muller P, Rosner G L.1997. A Bayesian population model with hierarchical mixture priors applied to blood count data. J. Am. Statist. Assoc, 92: 1279-1292.

Nadaraya E A. 1964. On estimating regression. Theory Probab. Appl., 9: 141-142.

Neftci S. 1984. Are economic time series asymmetric over the business cycle? Journal of Political Economy, 92: 307-328.

Nelder J A. 1972. Discussion of paper by lindley and smith. Journal of the Royal Statistical Society. Ser. B, 24: 1-41.

Nelder J A, Wedderburn R W M. 1972. Generalized linear models. Journal of the Royal Statistical Society. Ser. A, 135: 370-384.

Nelson C R, Plosser C I. 1982. Trends and random walks in macroeconomic time series: some evidence and implications. Journal of Monetary Economics, 10: 139-162.

Nemirovskii A S, Polyak B T, Tsybakov A B.1984.Signal processing by the nonparametric maximum-likelihood method.Probl.Peredachi Inform, 20:29-46.

Neuhaus J M, Segal M R 1997. An assessment of approximate maximum likelihood estimators in generalized linear mixed models//Gregoire T G,et al.,ed. Modeling Longitudinal and Spatially Correlated Data: Methods, Appli cations, and Future Directions. New York: Springer.

Neuhaus J M, Hauck W W, Kalbfleisch J D. 1992. The effects of mixture distribution misspecifica- tion when fitting mixed-effects logistic models. Biometrika, 79: 755-762.

Neuhaus J M, Kalbfleisch J D, Hauck W W. 1994. Conditions for consistent estimation in mixed- effects models for binary matched-pairs data. Can. J. Statist., 22: 139-148.

Newey W K. 1995. Kernel estimation of partial means. Econometric Theory, 10: 233-253.

Newey W K. 1997. Convergence rates and asymptotic normality for series estimators, Journal of Econometrics, 79: 147-168.

Ng P. 1994. Smoothing spline score estimation. SIAM Journal of Scientific and Statistical Computing, 15: 1003-1025.

Nicholls D F, Quinn B G. 1982. Random Coefficient Autoregressive Models: An Introduction. Berlin: Springer-Verlag.

Novick M R, Jackson P H. 1970. Bayesian guidance technology. Rev. Educ, Res.,40: 459-494.

Novick M R, Jackson P H, Thayer D T. 1971. Bayesian inference and the classical test theory model: reliability and true scores. Psychometrika, 36: 207-328.

Novick M R, Jackson, P H, Thayer D T,et al. 1972. Estimating multiple regressions in m groups: a cross-validation study. British Journal of Mathematical and Statistical Psychology, 25: 33-50.

O' Sullivan, F. 1990. Convergence characteristics of methods of regularization estimators for nonlinear operator equations. SIAM Journal on Numerical Analysis, 27:1635- 1649.

Ochi Y, Prentice R L. 1984. Likelihood inference in a correlated probit regression model. Biometrika, 71: 531-543.

Odell P L, Feiveson A H. 1966. A numerical procedure to generate a sample covariance matrix. Journal of the American Statistical Association, 61: 198-203.

Opsomer J D, Ruppert D. 1998. A fully automated bandwidth selection for additive regression model. Journal of the American Statistical Association, 93: 605-618.

Osborne M. 1989. An Effective Method for Computing Regression Quantiles, unpublished manuscript. Australian National University, Research School.

Pakes A, Pollard D. 1989. Simulation and asymptotics of optimization estimators. Econometrica, 57: 1027-1057.

Pan J, Mackenzie G. 2003. Model selection for joint mean-covariance structures in Longitudinal studies. Biometrika, 90: 239-244.

Pandey G R, Nguyen V T. 1999. A comparative study of regression based methods in regional flood frequency analysis. J.Hydrol., 225 92-101.

Parzen E. 1962. On estimation of a probability density function and model. nnals of Mathematical Statistics, 33: 1065-1076.

Parzen E. 1979. Nonparametric Statistical Modeling. Journal of the American Statistical Association, 74: 105-131.

Patterson H D, Thompson R. 1971. Recovery of interblock information when block sizes are unequal. Biometrika, 58: 545-554.

Pearce S C. 1965. Biological Statistics: an Introduction. New York: McGraw-Hill.

Pearce S C, Jeffers J N R. 1971. Block designs and missing data. J.R. Statist. Soc. B, 33:131-136.

Peterson A V 1975. Nonparametric estimation in the competing risks problem. Ph.D. Thesis, Stanford University.

Petrov V V. 1972. Sums of independent Random Variables [in Russian]. Mosco: Nauka.

Pierson R A, Ginther O J. 1987. Follicular population dynamics during the estrous cycle of the mare. Animal Reproduction Science, 14: 219-231.

Pinheiro J C, Bates D M. 1995. Approximations to the Log- likelihood function in the nonlinear mixed-effects model. Journal of Computational and Graphical Statistics, 4: 12-35.

Plackett R L. 1950. Some theorems in least squares. Biometrika, 37: 149-157.

Poirier D. 1973. Piecewise regression using cubic splines. Journal of the American Statistical Association, 68: 515-524.

Poirier D. 1987. Individual Household Demand for Electricity in the Ontario Time-of-Use Pricing Experiment, unpublished manuscript, University of Toronto, Dept. of Economics.

Pollard D. 1991. Asymptotics for Least Absolute Deviation Regression Estimators. Econometric Theory, 7: 186-199.

Polzehl J, Spokoiny V. 2000. Adaptive weights smoothing with applications to image restoration. Journal of the Royal Statistical Society: Series B, 62: 335-354.

Portnoy S, Koenker R. 1997. The Gaussian hare and the Laplacian tortoisc: computability of square-error versus absolute-error estimators (with discussion). Statistical Sciences, 12: 279-300.

Portnoy S. 1984. Tightness of the sequence of empiric cdf processes defined from regression fractiles//Frank J,et al.,ed. Robust and Nonlinear Time Series Analysis. New York: Springer-Verlag: 231-246.

Portnoy S. 1990. Asymptotic behavior of regression quantiles in non-stationary, dependent Cases. Journal of Multivariate Analysis, 38: 100-113.

Portnoy S, Koenker R. 1997. The Gaussian hare and the Laplacian tortoise: computability of squared-error versus absolte-error estimators, with discusssion. Stat. Science, 12: 279-300.

Portnoy S, Koenker R. 1989. Adaptive L-Estimation of Linear Models. The Annals of Statistics, 17: 362-381.

Portnoy S.1997. Local Asymptotics for Quantile Smoothing Splines. The Annals of Statistics, 25: 414-434.

Poterba, J, Rueben K. 1995. The distribution of public sector wage premia: new evidence using quantile regression methds. NBER Working paper : 4734.

Pourahmadi M. 1986. On stationarity of the solution of a doubly stochastic model.Journal of Time Series Analysis, 7: 123-131.

Pourahmadi M. 1999. Joint mean-covariance models with applications to Longitudinal data: unconstrained parameterisation. Biometrika, 86:677-690.

Powell J. 1989. Estimation of monotonic regression models under quantile restrictions// Powell J,et al.,ed Nonparametric and Semiparametric Methods in Econometrics. Cambridge: Cambridge University Press, : 357-386.

Powell J L, Stock J H, Stoker T M. 1989. Semiparametric estimationo $f$ index coefficients. Econometrica, 57: 1403-1430.

Preece D A. 1971. Iterative procedures for missing values in experiments. Technometrics, 13: 743-753.

Prentice R L. 1988. Correlated Binary Regression With Covariates Specific to Each Binary Observation. Biometrics, 44: 1033-1048.

Prentice R L, Zhao L P. 1991. Estimating equations for parameters in means and covariances of multivariate discrete and continuous responses. Biometrics, 47: 825-839.

Press W H, Teukolaky S A, Vetterling W T, et al. 1992. Numerical Recipes in C. The Art of Scientific Computing, 2nd ed.Cambrige:Cambridge University Press.

Quintana F A, Liu J S, Delping G E. 1999. Monte Carlo EM with importance reweighting and its applications in random effects models. Comp. Statist. Data Anal., 29: 429-444.

Ramsay J O. 1998. Estimating smooth monotone functions. Journal of the Royal Statistical Society, Ser. B, 60: 365-375.

Ramsay J O, Silverman B W. 1997. The Analysis of Functional Data. New York: Springer.

Ramsey J O. 1988. Monotone regression splines. with discussion. Statistical Science, 3: 425-461.

Rao C R. 1965. The theory of least squares when the parameters are stochastic and its application to the analysis of growth curves. Biometrika, 52: 447-458.

Rao C R. 1973.Linear statistical inference and its applications. 2nd ed. New York: Wiley.

Rao C R. 1955. Estimation and tests of significance in factor analysis. Psychometrika, 20: 93.

Rasbash J, Woodhouse G.1995, MLn Command Reference. London: Institute of Education.

Rice J A. 1984. Bandwidth choice for nonparametric regression. Ann. Statist, 12: 1215-1230.

Ripley B. 1987. Stochastic Simulation. New York: John Wiley.

Rissanen J. 1978. Modelling by Shortest Data Description. Automatica, 14:465-471.

Robertson A. 1955. Prediction equations in quantitative genetics. Biometrics, 11: 95-98.

Robinson P M. 1988. Root-N-Consistent Semiparametric Regression. Econometrica, 56: 931-954.

Rodriguez G, Goldman N. 1995. An assessment of estimation procedures for multilevel models with binary response. Journal of the Royal Statistical Society, Ser. A, 158: 73-89.

Roe D J. 1997. Comparison of population pharmacokinetic modeling methods using simulated data. Statistics in Medicine, 16: 1241-1262.

Rosenberg B. 1973. Linear regression with randomly dispersed parameters. Biometrika, 60, 61-75.

Rosenblatt M. 1956. A central limit theorem and a strong mixing condition. Proceedings of the National Academy of Science of the United States of America, 42: 43-47.

Royston P, Altman D G. 1994. Regression using fractional polynomials of continuous covariates: parsimonious parametric modelling(with discussion). Journal of Applied Statistics, 43: 429-467.

Royston P, Wright E M. 2000. Goodness-of-fit statistics for age specific reference intervals. Statist.Med., 19: 2943-2962.

Rubin D B.1981.Estimation in parallel randomized experiments.J.Educ. Statist, 6:377-401.

Rubin D. 1987. Comment on paper by Tanner and Wong. Journal of the American Statistical Association, 82: 543-546.

Rubin D B. 1980. Using empirical Bayes technique in the law school validity studies. Journal of the American Statistical Association, 75: 801-816.

Rubin D R. 1972. A non-iterative algorithm for least squares estimation of missing values in any analysis of variance design. Appl. Statist, 21: 136-141.

Rudan J W, Searle S R. 1971. Large sample variances of maximum likelihood estimators of variance components in the 3-way nested classification, random model, with unbalanced data. Biometrics, 27: 1087-1091.

Ruppert D, Carroll R J. 1980. Trimmed least squares estimation in the linear regression model. Journal American Statistical Association, 75: 828-838.

Ruppert D, Wand M P. 1994. Multivariate Locally Weighted Least Squares Estimation. The Annals of Statistics, 22: 1346-1370.

Ruppert D, Sheather S J, Wand M P. 1995. An effective bandwidth selector for local least squares regression. Journal of the American Statistical Association, 90: 1257-1270.

Samanta M. 1989. Non-Parametric Estimation of Conditional Quantiles. Statistics and Probability Letters, 7: 407-412.

Schall R. 1991. Estimation in generalized linear models with random effects. Biometrika, 78: 719-728.

Scheetz T E, Kim K Y A, Swiderski R E,et al. 2006. Regulation of Gene Expressionin the Mammalian Eye and Its Relevance to Eye Disease. Proceedings of the National Academy of Sciences, 103: 14429-14434.

Schmeidler D. 1986. Integral Representation Without Additivity. Proceedings of the American Mathematical Society, 97: 255-261.

Schultz T, Mwabu G. 1998. Labor unions and the distribution of wages and employment in South Africa. Industrial and Labor Relations Review, 51: 680-703.

Schumaker L L. 1981. Spline Functions. New York: Wiley.

Schwarz G. 1978. Estimating the dimension of a model. The Annals of Statistics, 6: 461-464.

Scott L Z, Karim M R. 1991. Generalized linear models with random effects; a Gibbs sampling approach. Journal of the American Statistical Association, 86:79-86.

Scott D W. 1992. Multivariate Density Estimation: Theory, Practice, and Visualization.New York: John Wiley & Sons.

Searle S R. 1970. Large sample variances of maximum likelihood estimates of variance components using unbalanced data. Biometrics, 26: 505-524.

Searle S R. 1971. linear Models. New York: John Wiley.

Searle S R, Casella G, McCulloch C E. 1992. Variance Components. New York: Wiley.

Sen P K. 1996. Generalized linear models in biomedical applications // Proc. Applied Statistical Science Conf. :3-24. New York: Nova.

Sen P K, Singer J M. 1993.Large Sample Methods in Statistics: an Introduction with Applications. London:Chapman and Hall.

Sen P K. 1972. On the Bahadur representation o sample quantiles for sequences of $\phi$-mixing random variables. Journal of Multivariate analysis, 2: 77-95.

Serfling R J. 1980. Approximation Theorems of Mathematical Statistics. New York: Wiley.

Sheather S J, Maritz J S. 1983. An estimate of the asymptotic standard error of the sample median. Australian Journal of Statistics, 25: 109-122.

Sheiner L B, Beal S L. 1980. Evaluation of methods for estimating population pharmacokinetic parameters. I. michaelis-menten model: routine clinical pharmacokinetic data. Journal of Pharmacokinetics and Biopharmaceutics, 8: 553-571.

Shephard N, Pitt M. 1995.Parameter-driven exponential family models. Working Paper. Nuffield College,Oxford.

Shun Z, McCullagh P. 1995. Laplace approximation of high dimensional integrals. J. R. Statist. Soc. B, 57: 749-760.

Siddiqui M. 1960. Distribution of quantiles from a bivariate population. Journal of Research of the National Bureau of standards, 64B: 145-150.

Silverman B. 1986.Density Estimation for Statistics and Data Analysis. London: Chapman & Hall.

Silverman B W. 1985. Some aspects of the spline smoothing approach to non-parametric regression curve fitting (with discussion). Journal of the Royal Statistical Society: Series B, 47: 1-52.

Silverman B W. 1986. Density Estimation for Statistics and Data Analysis. Vol. 26 of Monographs on Statistics and Applied Probability. London: Chapman and Hall.

Singer J D. 1998. Using SAS PROC MIXED to fit multilevel models,hierarchical models and individual growth models. Journal of Educational and Behavioral Statistics, 23: 323-355.

Smith A F M. 1973. A general Bayesian linear model. Journal of the Royal Statistical Society, Series B, 35:67-75.

Smith C A B. 1969. Biomathematics. 2. London: Griffin.

Smith C A B. 1970. Discussion of a paper by A. W. F. Edwards. Journal of the Royal

Statistical Society, Ser. B, 32: 165,166.

Smith E L, Sempos C T, Smith P E,et al. 1988. Calcium Supplementation and Bone Loss in Middle-Aged Women. unpublished manuscript submitted to the American Journal of Clinical Nutrition.

Snedecor G W, Cochran W G. 1967. Statistical Methods. 6th ed.Ames: Iowa State University Press.

Solomon P J, Cox D R. 1992. Nonlinear components of variance models. Biometrika, 79:1-11.

Sommer A, Katz J, Tarwotjo I. 1983. Increased Mortality in Children With Mild Vitamin A Deficiency. American Journal of Clinical Nutrition, 40: 1090-1095.

Speckman P. 1988. Kernel Smoothing in Partly Linear Models. Journal of the Royal Statistical Society, Ser. B, 50: 413-436.

Sperlich S, Linton O B, Hardie W. 1997. Integration and Backfitting Methods in Additive Models: Finite Sample Properties and Comparison. Test, 8: 419-458.

Spiegelhalter D, Thomas A, Best N,et al. 1994. BUGS Reference Manual Version 0.30. Cambridge: Medical Research Council Biostatistics Unit.

Stefanski L A. 1985. The Effect of Measurement Error on Parameter Estimation. Biometrika, 72: 583-592.

Stein C. 1966. An approach to the recovery of inter-block information in balanced incomplete block designs //David F N,ed. Festschrift for J. Neyman: Research Papers in Statistics. New York: Wiley:351-366.

Stewart G W. 1973. Introduction to Matrix Computations. New York: Academic Press.

Stiratelli R, Laird N M, Ware J H. 1984. Random-effects model for several observations with binary response. Biometrics, 40: 961-971.

Stone C J. 1977. Consistent Nonparametric Regression (with discussion). The Annals of Statistics, 5: 595-645.

Stone C J. 1980. Optimal rates of convergence for nonparametric estimators.Ann.Statist, 8:1348-1360.

Stone C J. 1985. Additive Regression and Other Nonparametric Models. The Annals of Statistics, 13: 689-705.

Stone C J. 1986. Comments on 'Generalized Additive Models,' by T. Hastie and R. Tibshirani. Statistical Science,I: 312-314.

Stone C J. 1986.The dimensionality reduction principle for generalized additive models. The Annals of Statistics, 14: 590-606.

Stone C J. 1997. Consistent nonparametric regression. The Annals of Statistics, 5: 595-645.

Stram D O, Laird N M, Ware J H. 1986. An algorithmic approach for the fitting of a general mixed ANOVA model appropriate in Longitudinal settings // Computer Science and Statistics: Proceedings of the Seventeenth Symposium on the Interface. Amsterdam:

North-Holland: 149-158.

Su Y N, Tian M Z. 2010. Adaptive local linear quantile regression. Acta Mathematicae Applicatae Sinica, 27: 509-516.

Tanner M, Wong W. 1987. The calculation of posterior distributions by data augmentation (with discussion). Journal of the American Statistical Association, 82: 528-550.

Tannuri M. 2000. Are the assimilation processes of low and high income immigrants distinct? A Quantile Regression Approach, preprint.

Tao P D, An L T. 1997. Convex analysis approach to D.C. programming: theory, algorithms and applications. Acta Mathematica Vietnamica, 22: 289-355.

Taylor J. 1999. A quantile regression approach to estimating the distribution of multiperiod returns. Journal of Derivatives: 64-78.

Ten Have T R. Localio A R. 1999. Empirical bayes estimation of random effects parameters in mixed effects logistic regression models. Biometrics, 55: 1022-1029.

Thall P F, Vail S C. 1990. Some covariance models for Longitudinal count data with overdispersion. Biometrics, 46: 657-671.

Thomas D C. 1989. A Monte Carlo Method for genetic linkage analysis, technical report. University of Southern California, Dept. of Preventive Medicine.

Thompson R. 1979 Sire evaluation. Biometrics, 35:339-353.

Thompson R. 1990 Generalized linear models and applications to animal breeding //Gianola D,et al.,ed. Advances in Statistical Methods for Genetic Improvement of Livestock.Berlin: Springer: 312-328.

Thompson E A. 1975. Human Evolutionary Trees. Cambridge: Cambridge University Press.

Thompson R. 1980. Maximum likelihood estimation of variance components. Math. Oper. Statist., ser. Statist., II: 545-561.

Tian M Z, Chan N H. 2010. Saddle point approximation and volatility estimation of value-at-risk. Sinica, 20: 1239-1256.

Tian M Z, Chen G M. 2006. Hierarchical linear regression models for conditional quantiles. Science in China, Series A Mathematics 2006, 49(12): 1800-1815.

Tian M Z, Tang M L, Chan P S.2009.Semiparametric quantile modelling of hierarchical data. Acta Mathematica Sinica, English Series, 4:597-616.

Tian M Z, Wu X, Li Y, et al. 2008. Longitudinal study of the external pressure effects on children's mathematics and science achievements using nonparametric quantile regression. Chinese Journal of Applied Probability and Statistics, 24 No. 327-336

Tiao G C, Zellner A. 1964. Bayes's theorem and the use of prior knowledge in regression analysis. Biometrika, 51: 219-230.

Tibshirani, R. 1996. Regression shrinkage and selection via the lasso. J. Roy. Statist. Soc. Ser. B, 58: 267-288.

Tjϕstheim D, Auestad B H. 1994. Nonparametric identification of nonlinear time series: projections, Journal of the American Statistical Association, 89: 1398-1409.

Tjϕtheim D. 1986. Some doubly stochastic time series models. Journal of Time Series Analysis, 7: 51-72.

Tong H. 1990. Nonlinear Time Series: A Dynamical Approach. Oxford: Oxford University Press.

Trede M.1998.Making Mobility Visible:A Graphical Device. Economics Letters, 59:77-82.

Troung Y K. 1989. Asymptotic properties of kernel estimators based on local medians. The Annals of Statistics, 17: 606-617.

Tryong Y K. 1989. Asymptotic properties of kernel estimators based on local medians. The Annals of Statistics, 17: 606-617.

Tsay R. 1997. Unit root tests with threshold innovations. Chicago: University of Chicago.

Tsians A. 1975. A nonidentifiability aspect of the problem of competing risks. Proc. Nut. Acad. Sci. USA, 71: 20-22.

Tsutakawa R K. 1988. Mixed models for analyzing geographic variability in mortality rates. Journal of the American Statistical Association, 83: 37-42.

Tsybakov A B 1982a. Nonparametric signal estimation in the case of incomplete information on noise distribution. Probl.Peredachi Inform, 18:44-60.

Tsybakov A B.1982b. Robust estimates of nonparametric robust algrithms for function reconstruction. Probl.Peredachi Inform, 18:39-52.

Tsybakov A B. 1983.Convergence of nonparametric robust algorithms for function reconstruction. Avtomat.i Telemekhan, 12:66-76.

Tsybakov A B.1986.Robust reconstruction of functions by the local-approximation method. Probl. Peredachi Inf, 2:69-84.

Tukey J W. 1962. The future of data analysis. Ann. Math. Statist, 33: 1-67.

Turnbull B W. 1976. The empirical distribution function with arbitrarily grouped censored and truncated data. J. R. Statist. Soc. B, 38: 290-295.

Turnbull B W, Weiss L. 1976. A likelihood ratio statistic for testing goodness of fit with randomly censored data. Technical Report No. 307, School of Operations Research, Cornell University.

Tze L L, Shih M C. 2003.A hybrid estimator in nonlinear and generalised linear mixed effects models. Biometrika, 90: 859-879.

Vainberg M M. 1972. Variational Method and Method of Monotonic Operators in the Theory of Nonlinear Equations [in Russian]. Mosco: Nauka.

Viscusi W, Hamilton J. 1999. Are risk regulators rational? Evidence from hazardous waste cleanup decisions. American Economic Review, 89: 1010-1027.

Vonesh E F. 1996. A note on the use of Laplace's approximation for nonlinear mixed-effects models. Biometrika, 83: 447-452.

Vonesh E F. 1992. Nonlinear models for the analysis of Longitudinal data. Statistics in Medicine, 11: 1929-1954.

Vonesh E F, Carter R L. 1992. Mixed-effects nonlinear regression for unbalanced repeated measures. Biometrics, 48 1-17.

Vonesh E F, Chinchilli V M. 1997. Linear and Nonlinear Models for the Analysis of Repeated Measurements. New York: Marcel Dekker.

Vonesh E F, Wang H, Majumdar D. 2001. Generalized least squares, Taylor series linearization, and Fisher's scoring in multivariate nonlinear regression. Journal of the American Statistical Association, 96: 282-291.

Wang L, Wu Y C, Li, R. 2012.Quantile regression for analyzing heterogeneity in ultra-high dimension. Journal of the American Statistical Association, 107(497):214-222.

Waddington D, Welham S J, Gilmour A R,et al. 1994. Comparisons of some GLMM estimators for a simple binomial model. Genstat Newslett., 30:13-24.

Wahba G. 1990. Spline Models for Observational Data.Philadelphia: Society for Industrial and Applied Mathematics.

Wahba G, Wang Y. 1993. Behavior near zero of the distribution of GCV smoothing parameter estimates for splines. Statistics and Probability Letters, 25:105-111.

Wahba G, Wang Y, Gu C, et al. 1995. Smoothing spline ANOV a for exponential families, with application to the wisconsin epidemiological study of diabetic retinopathy. The Annals of Statistics, 23:1865-1895.

Wakefield J, Bennett J. 1996. The Bayesian modeling of covariates for population pharmacokinetic models. J. Am. Statist. Assoc., 91: 917-927.

Wakefield J C, Smith A F M, Racine-Poon A, et al. 1994. Bayesian analysis of linear and non-linear population models by using the Gibbs sampler. Applied Statistics, 43: 201-221.

Walker S G, Mallick B K. 1995. Hierarchical generalised linear models and frailty models with Bayesian nonparametric mixing. Technical Report. Imperial College of Science, Technology and Medicine, London.

Wand M P, Jones M C. 1995. Kernel Smoothing. London: Chapman and Hall.

Wang H J, Zhu Z, Zhou J. 2009.Quantile regression in partially linear varying-coefficient models. Ann. Statist., 37: 3841-3866.

Wang H. 2009. Forward regression for ultra-highdimensional variable screening. Journal of the American Statistical Association, 104:1512-1524.

Wang N. 2003. Marginal nonparametric kernel regression accounting within-subject correlation. Biometrika, 90: 29-42.

Wang N, Carroll R J, Lin X. 2005. Efficient Semiparametric Marginal Estimation for Longitudinal/Clustered Data. Journal of the American Statistical Association, 100: 147-157.

Wang Y. 1997.GRKPACK: Fitting smoothing spline analysis of variance models to data from exponential families. Communications in Statistics:Simulation and Computation, 26:765-782.

Wang Y, Wahba G. 1998, Discussion of smoothing spline models for the analysis of nested and crossed samples of curves by brumback and rice. Journal of the American Statistical Association, 93: 976-980.

Wang Y G, Carey V. 2003. Working correlation structure misspecification, estimation and covariate design: implications for generalised estimating equations performance. Biometrika, 90: 29-41.

Ware J H. 1985. Linear models for the analysis of Longitudinal studies. The American Statistician, 39: 95-101.

Warren R D, White J K, Fulleruller W A. 1974. An errors in variables analysis of managerial role performance. J. Am. Statist. Assoc, 69: 886-893.

Watson G S. 1964. Smooth regression analysis. Sankhyā Ser. A, 26: 359-372.

Wedderburn R. 1974. Quasi-likelihood functions, generalized linear models,and the Gauss Newton method. Biometrika, 61:439-447.

Wei Y, He X. 2006. Conditional growth charts(with discussions).The Annals of Statistics, 34: 2069-2097, 2126-2131.

Weinberg C R, Gladen B C. 1986. The beta-geometric distribution applied to comparative fecundability studies. Biometrics, 42: 547-560.

Weiss A. 1987. Estimating nonlinear dynamic models using least absolute error estimation. Econometric Theory, 7: 46-68.

Welsh A. 1987. Kernel estimates of the sparsity function// Dodge Y, ed. Statistical Data Analysis Based on the $L_1$-norm and Related Methods. New York: Elsevier:369-377.

Welsh A H. 1989. On M-Processes and M-Estimation. The Annals of Statististics, 17: 337-361.

Welsh A H. 1996. Robust estimation of smooth regression and spread functions and their derivatives. Statist. Sin, 6: 347-366.

Welsh A H, Lin X, Carroll R J. 2002. Marginal Longitudinal Nonparametric Regression: Locality and Efficiency of Spline and Kernel Methods. Journal of the American Statistical Association, 97: 482-493.

West M, Harrison J P, Migon H S. 1985.Dynamic Generalized Linear Models and Bayesian Forecasting (with discussion). Journal of the American Statistical Association, 80: 73-97.

White H. 1990. Nonparametric Estimation of Conditional Quantiles Using Neural Networks. unpublished manuscript. The University of California, San Diego, Dept. of Economics.

Williams D A. 1987.Generalized linear model diagnostics using the deviance and single case deletions. Appl.Statist., 36:181-191.

Williams D A. 1982. Extra-binomial variation in Logistic linear models. Applied Statistics, 31: 144-148.

Wolfinger R. 1993. Laplace's approximation for nonlinear mixed models. Biometrika, 80: 791-795.

Wolfinger R D, Lin X. 1997. Two Taylor-Series Approximation Methods for Nonlinear Mixed Models. Computational Statistics and Data Analysis, 25: 465-490.

Woodhouse G, Rasbash J, Goldstein H, et al. 1995. A Guide to MLn for New Users. London: Institute of Education.

Wu X, Tian M Z.2008. A longitudinal study of the effects of family background factors on mathematics achievements using quantile regression. Acta Mathematicae Applicatae Sinica, 24:85:98.

Wu C O, Chiang T, Hoover, D R. 1998. Asymptotic confidence regions for kernel smoothing of a time-varying coefficient model with Longitudinal data. Journal of the American Statistical Association, 88: 1388-1402.

Wu H, Zhang J. 2006. Nonparametric Regression Methods for Longitudinal Data Analysis: Mixed-Effects Modeling Approaches. New York: Wiley.

Wu T Z, Yu K, Yu Y. 2010. Single-index Quantile Regression. Journal of Multivariate Analysis, 101: 1607-1621.

Wu W, Pourahmadi M. 2003. Nonparametric estimation of large covariance matrices of Longitudinal data. Biometrika, 90: 831-844.

Wu Y C, Liu Y F. 2009. Variable selection in quantile regression. Statistica Sinica 19: 801-817.

Xia Y, Tong H, Li W K,et al. 2002. An adaptive estimation of optimal regression subspace. J. Roy. Statist. Soc. Ser. B, 64: 363-410.

Xia Y, Hardle W. 2006. Semi-parametric estimation of partially linear single index models. Journal of Multivariat Analysis, 97: 1162-1184.

Xie M, Yang Y. 2003. Asymptotics for generalized estimating equations with large cluster sizes. The Annals of Statistics, 31: 310-347.

Ya Z. 1984. Fundamentals of the Informational Theory of Identification [in Russian].Moscow: Nauka.

Yafeh Y, Yosha, O. 2003. Large shareholders and banks: who monitors and how? Economic Journal, 113: 128-146.

Yang S. 1999. Censored median regression using weighted empirical survival and hazard functions. Journal of the American Statistical Association, 94: 137-145.

Yatchew A. 2003. Semiparametric Regression for the Applied Econometrician. Cambrige: Cambridge University Press.

Ye H, Pan J. 2006. Modelling covariance structures in generalized estimating equations for

Longitudinal data. Biometrika, 93: 927-941.

Yu K, Jones M C. 1998.Local linear quantile regression. Journal of the American Statistical Association, 93:228-237.

Yu K, Lu Z, Stander J.2003.Quantile regression: applications and current research areas. The Statistician, 52:331-350.

Yu K, Jones M C. 1998. Local linear quantile regression. Journal of the American Statistical Association, 93: 228-237.

Yu K. 1997. Smooth Regression Quantile Estimation. unpublished Ph.D. thesis, The Open University.

Yu K. 1999. Smoothing regression quantile by combining $k$-NN with local linear fitting, Statist.Sin., 9: 759-771.

Yu K. 2002. Quantile regression using RJMCMC algorithm. Computational Statistics And Data Analysis, 40: 303-315.

Yu K, Jones M C. 1997. A Comparison of Local Constant and Local Linear Regression Quantile Estimation. Computational Statistics and Data Analysi, 25: 159-166.

Yu K, Jones M C. 1998. Local linear quantile regression. Journal of the American Statistical Association, 93: 228-237.

Yu K, Jones M C. 2003. Quantile regression: applications and current research areas. Statist., 52: 331-350.

Yu K, Lu Z. 2004. Local linear additive quantile regression. Scandinavian Journal of Statistics, 31: 333-346.

Yu K, Moyeed R A. 2001. Bayesian quantile regression. Statistics And Probability Letters, 54: 437-447.

Yu Y, Ruppert D. 2002. Penalized spline estimation for partially linear single-Index models. Journal of the American Statistical Association, 97: 1042-1054.

Zeger S L, Karim M R. 1991. Generalized linear models with random effects; A Gibbs sampling approach. Journal of the American Statistical Association, 86: 79-86.

Zeger S L, 1988. A regression model for time series of counts. Biometrika, 75: 621-629.

Zeger S L, Diggle P J. 1994. Semiparametric models for longitudinal data with application to CD4 cell numbers in HIV seroconverters. Biometrics, 50: 689-699.

Zeger S L, Liang K Y, Albert P S. 1988. Models for longitudinal data: a generalized estimating equation approach. Biometrics, 44: 1049-1060.

Zeger S L, See L C, Diggle P J. 1988. Statistical methods for monitoring the AIDS epidemic. Statistics in Medicine, 8: 3-22.

Zhang C H. 2010. Nearly unbiased variable selection under minimax concave penalty,The Annals of Statistics, 38: 894-942.

Zhang W, Lee S Y. 2000. Variable bandwidth selection in varying coefficient models. J. Multivariate Anal., 74: 116-134.

Zhao L P, Prentice R L. 1989. Correlated binary regression using a quadratic exponential model. Biometrika, 77: 642-648, 36: 1509-1566.

Zhao Q. 2001. Asymptotically efficient median regression in the presence of heteroscedasticity of unknown form. Econometric Theory, 17: 765-784.

Zou H. 2006. The adaptive Lasso and its Oracle properties. Journal of the American Statistical Association, 101: 1418-1429.

Zou H, Li R. 2008. One-step sparse estimates in nonconcave penalized likelihood models(with discussion). The Annals of Statistics, 36,1509-1533.

Zou H, Yuan M. 2008. Composite quantile regression and the Oracle model selection theory. The Annals of Statistics, 36: 1108-1126.

# 索　引